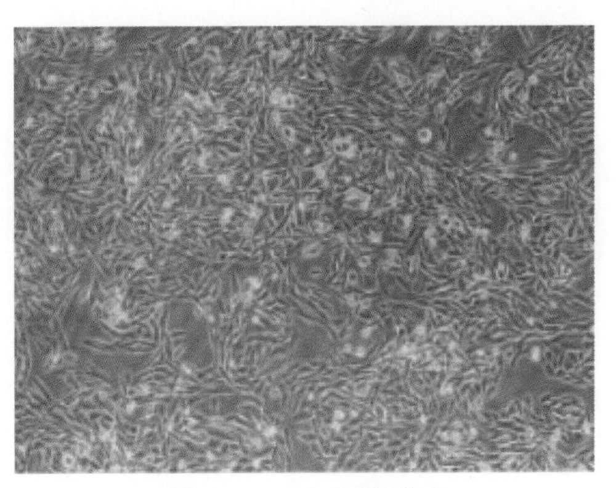

图 1.4　CHO 细胞形态

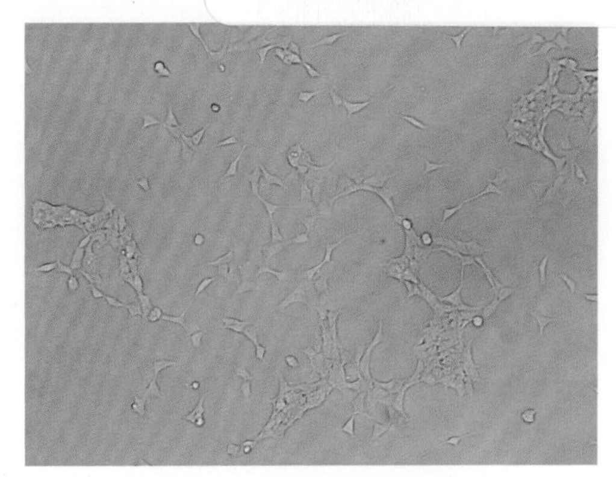

图 1.5　HEK293 细胞形态

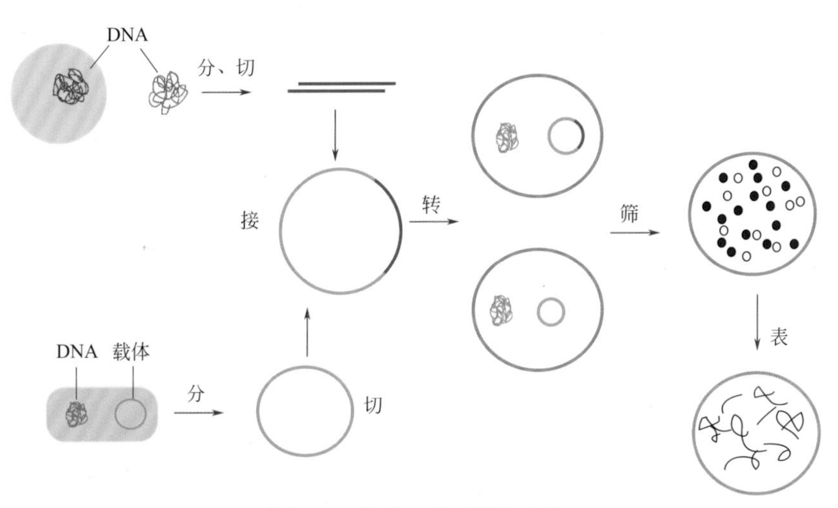

图 2.2　基因工程的操作步骤

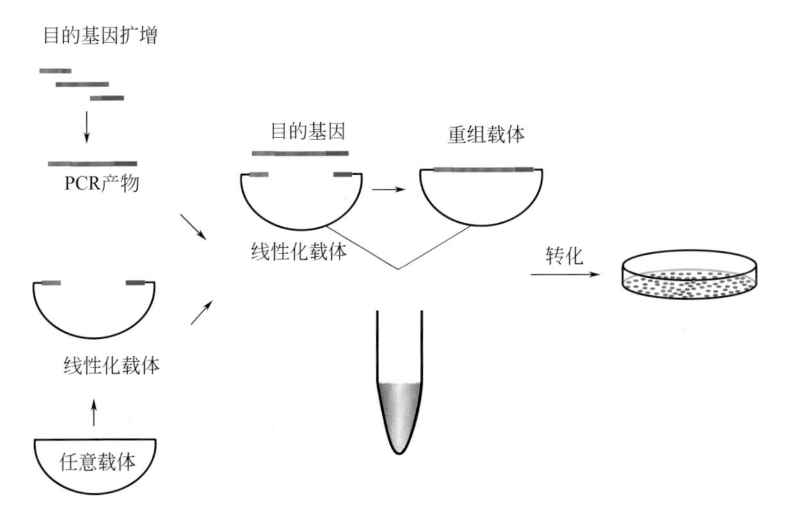

图 2.3　无缝克隆技术操作步骤

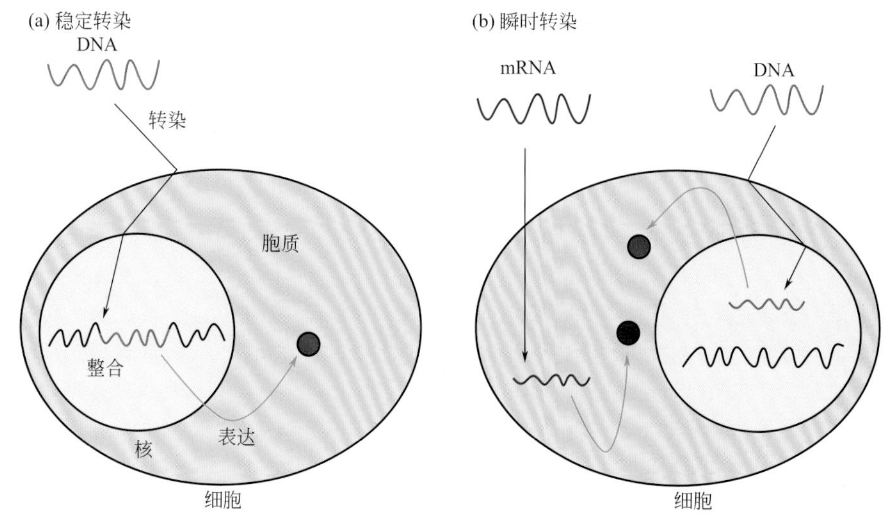

图 4.1　瞬时转染和稳定转染(Kim et al.,2010)

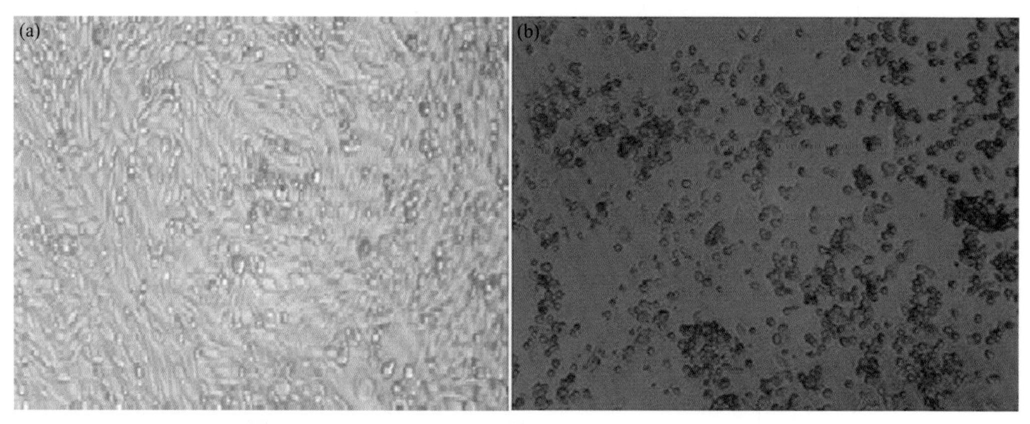

图 4.2　G418(800μg/mL)筛选 5 天、10 天后细胞状态

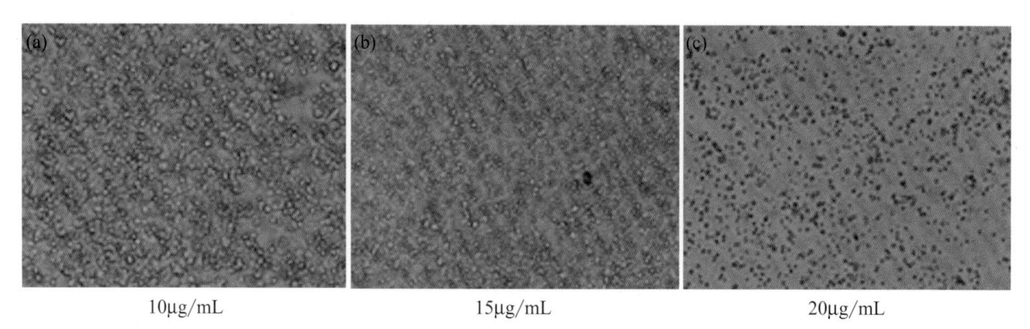

10μg/mL　　15μg/mL　　20μg/mL

图 4.3　使用不同浓度 Blasticidin 筛选,第 5 天时 CHO 细胞状态

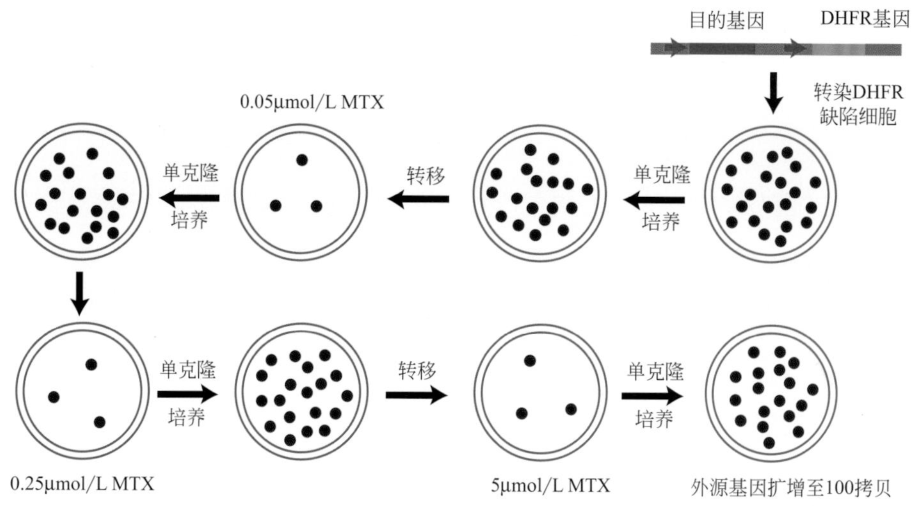

图 4.4　DHFR-MTX 表达系统原理示意图

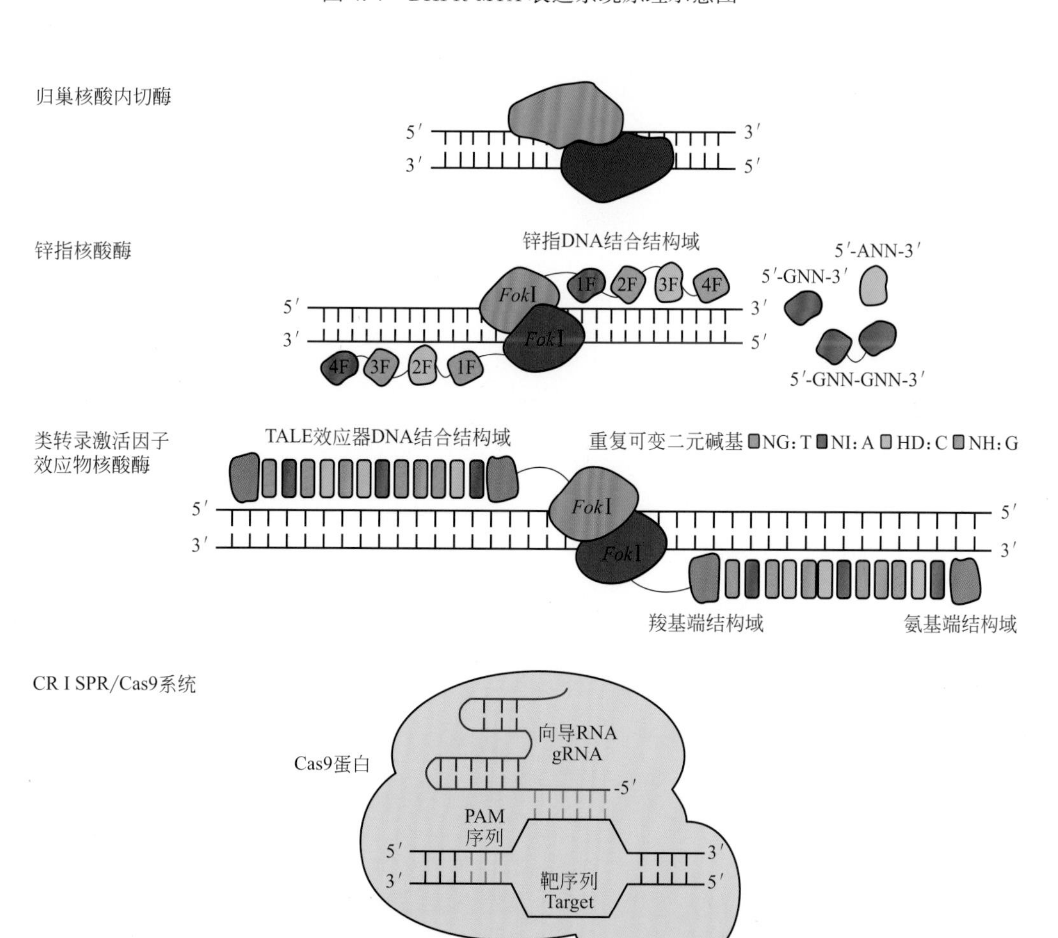

图 5.1　基因组编辑技术图示(Gaj et al. ,2016)

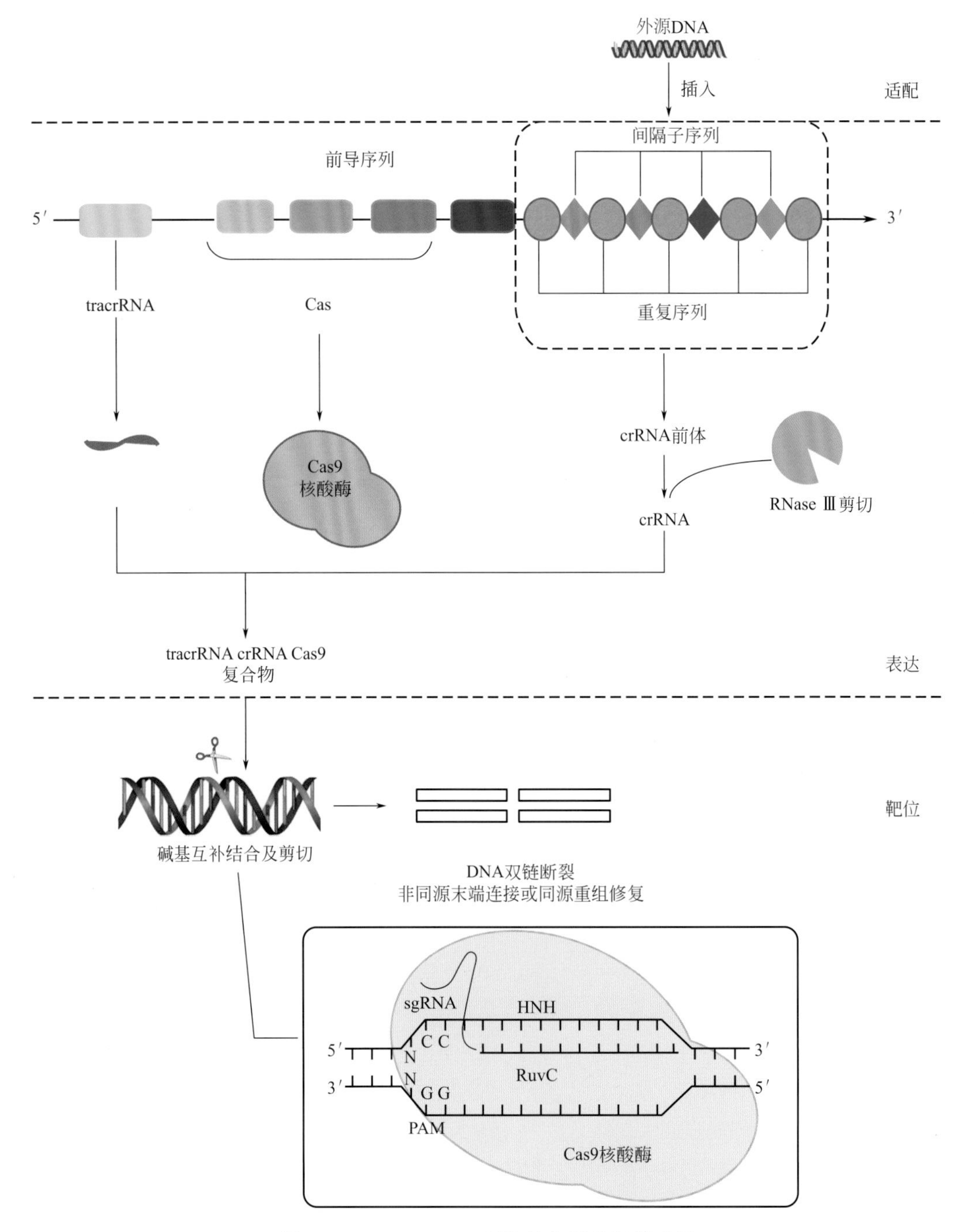

图 5.3 CRISPR/Cas9 系统的作用机制模式图

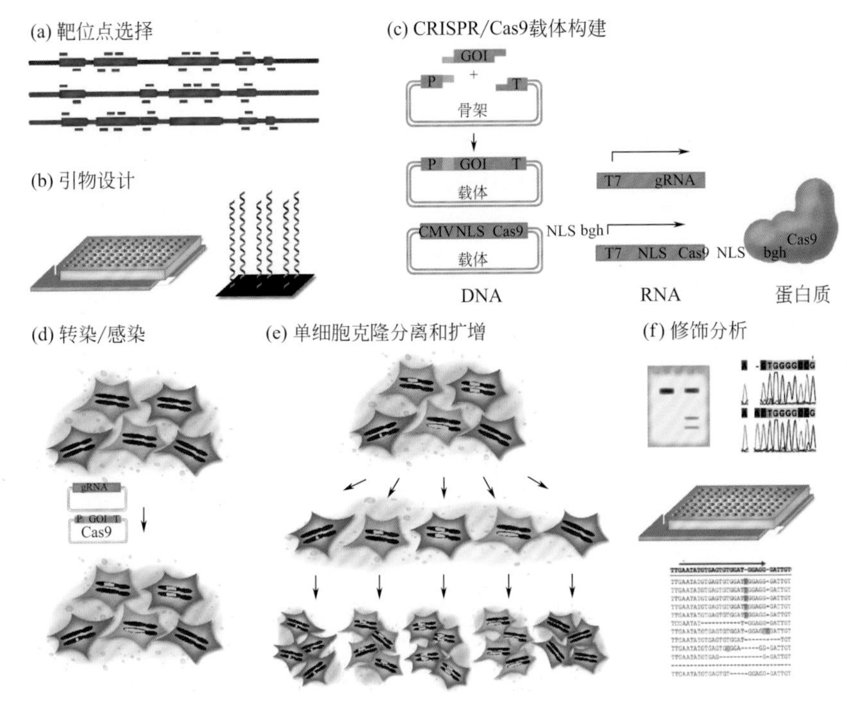

图 5.4 细胞基因组编辑工程的实验流程(Lee et al. ,2015)

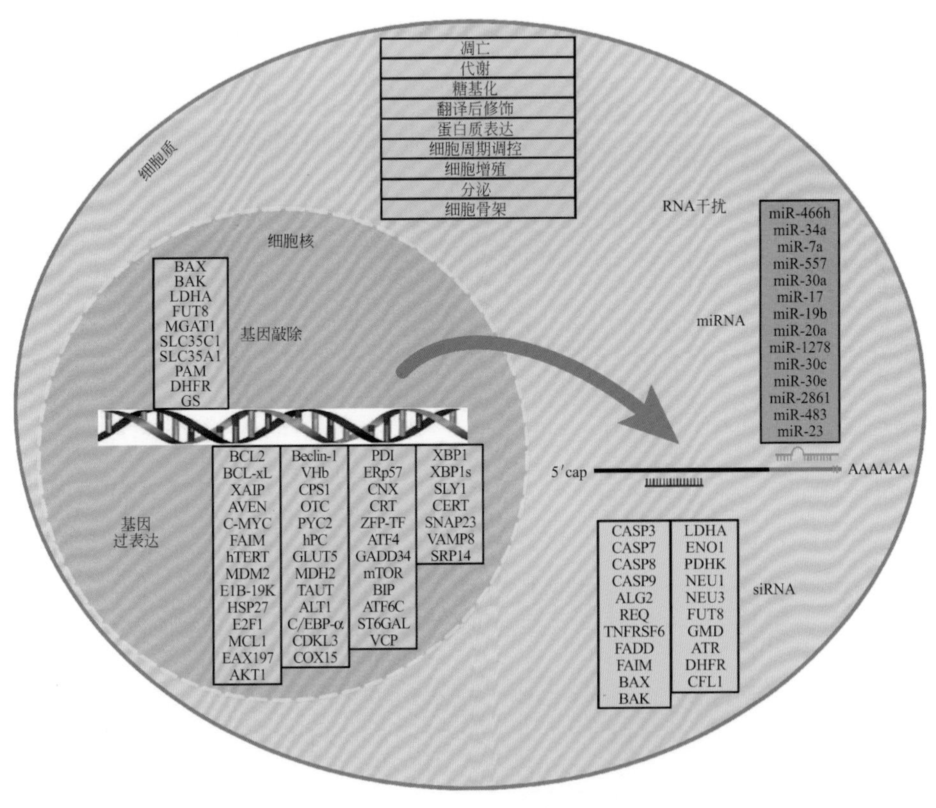

图 5.5 用于 CHO 细胞工程的功能基因组学

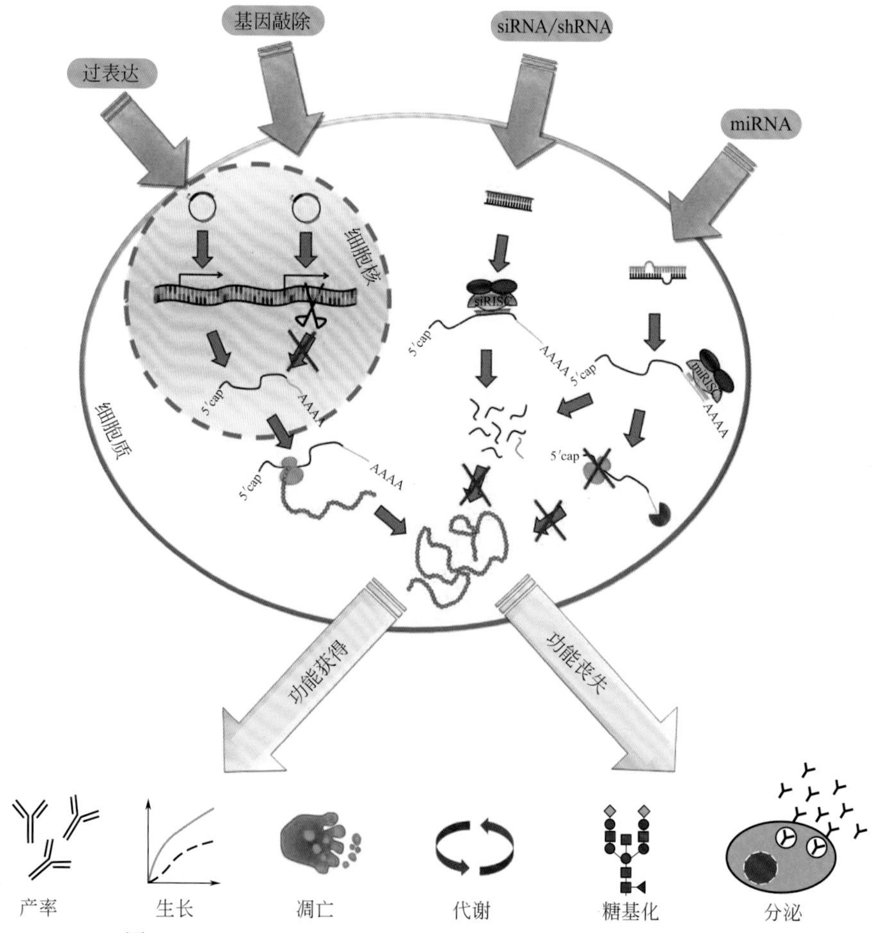

图 5.6　CHO 细胞中通过基因工程得到的细胞功能性目标位点

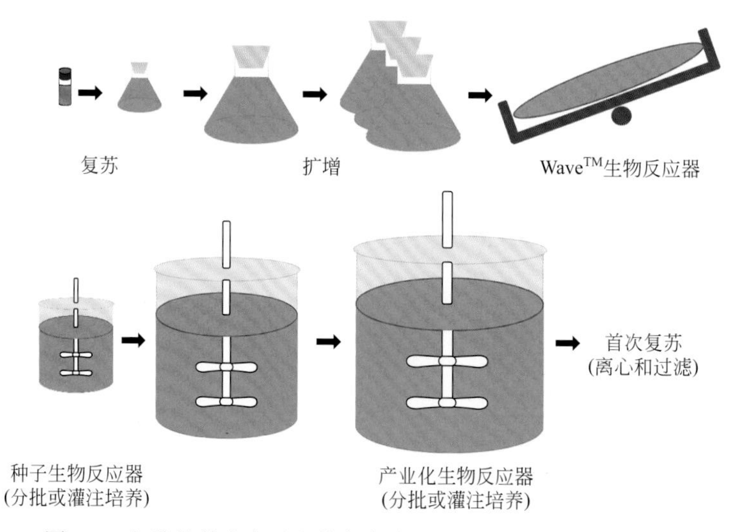

图 7.1　细胞培养生产过程的各个阶段(Susan A-A et al. ,2013)

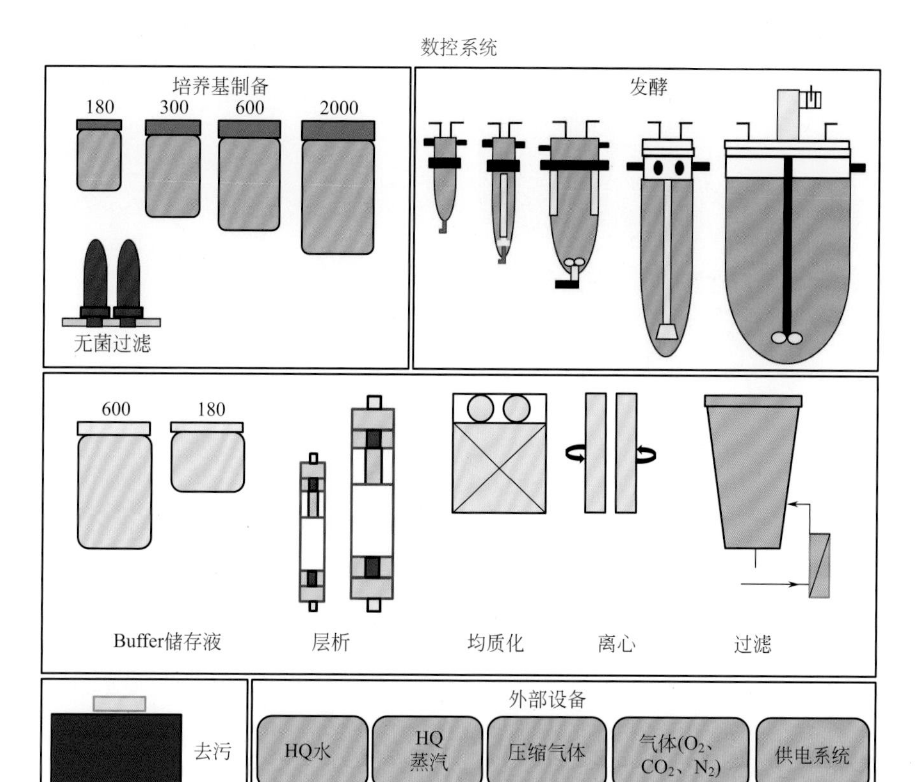

图 7.4　生产工艺流程图

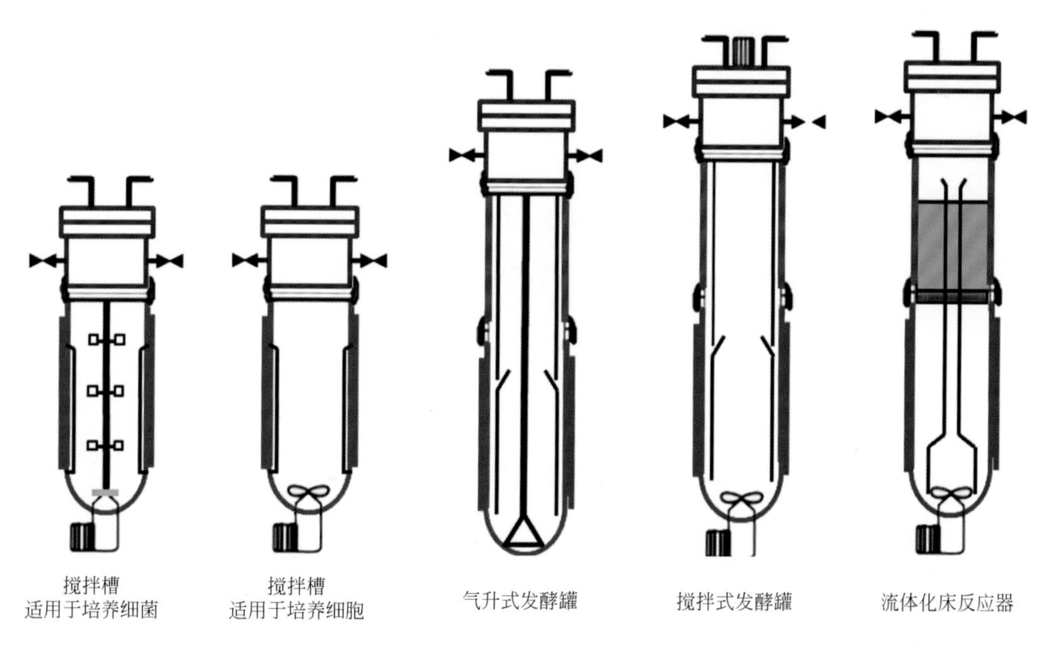

图 7.5　不同反应器的构造(Courtesy of Polymun Scientific Gmbh, Vienna, Austria)

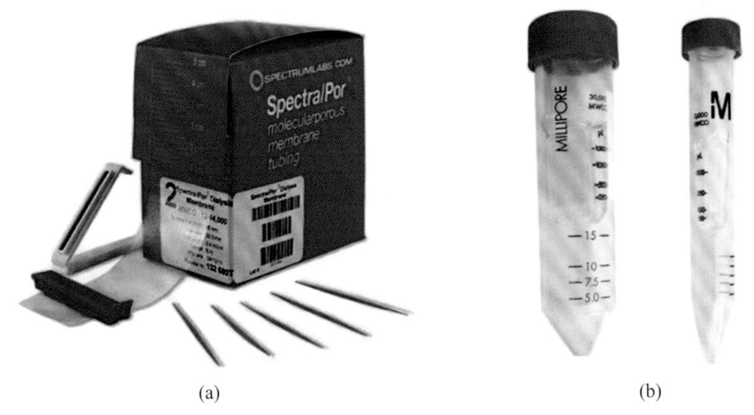

图 8.1　商品化的透析膜(a)和超滤管(b)

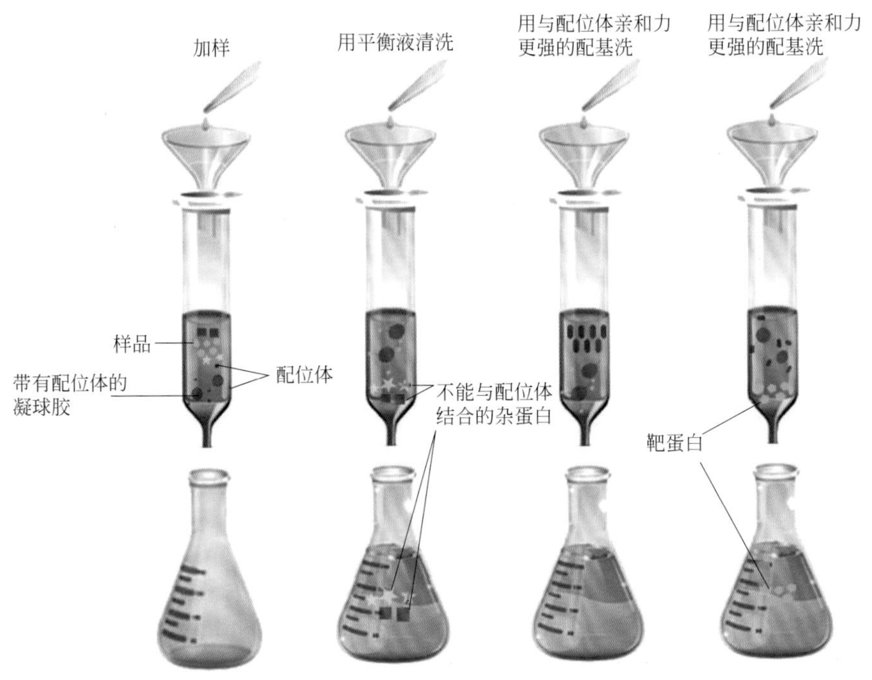

图 8.2　免疫亲和色谱的整个工艺记录

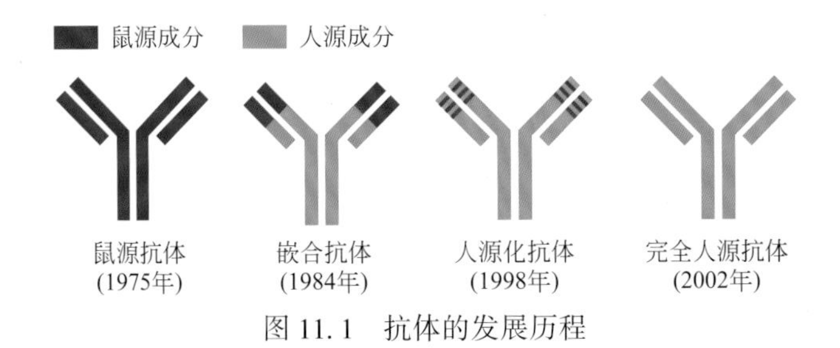

图 11.1　抗体的发展历程

Recombinant Protein Engineering of Mammalian Cell

哺乳动物细胞重组蛋白工程

王天云　贾岩龙　王小引　等 著

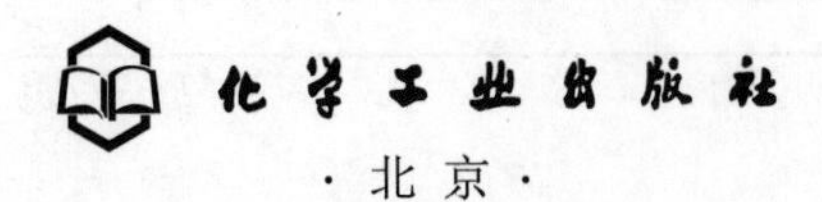
化学工业出版社

· 北 京 ·

内 容 提 要

《哺乳动物细胞重组蛋白工程》围绕建立哺乳动物细胞高效表达体系所需的关键技术，从哺乳动物细胞 、基因工程、载体工程、细胞工程、培养基优化、培养工艺和重组蛋白的分离及纯化、分析鉴定、重组蛋白糖基化修饰与控制、重组抗体高效表达与质量控制以及重组蛋白技术产品的研究开发与管理等方面详细介绍了哺乳动物细胞重组蛋白工程相关的理论和技术。

本书内容反映了近十年来哺乳动物细胞重组蛋白工程领域的最新进展，可作为生物制药相关专业本科生、研究生及从事生物制药的广大科研工作人员的参考用书。

图书在版编目（CIP）数据

哺乳动物细胞重组蛋白工程/王天云等著.—北京：化学工业出版社，2020.9

ISBN 978-7-122-37016-7

Ⅰ.①哺… Ⅱ.①王… Ⅲ.①哺乳动物纲-单细胞蛋白-蛋白质工程 Ⅳ.①TQ93

中国版本图书馆CIP数据核字（2020）第083068号

责任编辑：赵玉清　李建丽　　装帧设计：王晓宇

责任校对：杜杏然

出版发行：化学工业出版社（北京市东城区青年湖南街13号　邮政编码100011）

印　　装：三河市延风印装有限公司

787mm×1092mm　1/16　印张23¼　彩插4　字数489千字　2020年10月北京第1版第1次印刷

购书咨询：010-64518888　　售后服务：010-64518899

网　　址：http://www.cip.com.cn

凡购买本书，如有缺损质量问题，本社销售中心负责调换。

定　　价：120.00元

著者名单

（按姓名笔画排序）

王　芳	王　蒙
王小引	王天云
米春柳	张俊河
林　艳	赵春澎
姚朝阳	贾岩龙
倪天军	郭　潇

序 1

三十多年来，生物制药的飞速发展为制药业开辟了广阔的前景，世界各国都把生物制药确定为 21 世纪科技发展的关键技术和新兴产业。随着疾病诊断和治疗需求的增加，市场对生物药品的需求也随之增加。全球生物市场预期的需求量每年的增长率达到 12.3%，生物药品占药品的市场份额将会从 2016 年的 25%（2020 亿美元）上升到 2022 年的 30%（3260 亿美元），这使得集中体现生命科学和生物技术领域前沿新成就与新突破的生物技术创新药物研发成为 21 世纪国际竞争的战略制高点之一。我国也把以生产重组蛋白为主的生物技术药物作为医药领域的重点发展方向和新的生长点列入面向 2050 年科技发展路线图。

作为生物药品的重要部分，广义上的重组蛋白药物可分为三类：重组蛋白、重组抗体和重组疫苗。利用外源蛋白表达系统生产具有重要价值的药用蛋白是现代生物技术产业的核心内容和研究热点。目前用来表达重组蛋白药物的宿主系统包括微生物、昆虫细胞和哺乳动物细胞等。哺乳动物细胞可对重组蛋白进行正确折叠、装配和翻译后修饰等作用，使其具有与人源蛋白分子结构更为接近的优势，因此哺乳动物细胞已经成为临床治疗用蛋白质药物的主要表达宿主，其中应用最广泛的是中国仓鼠卵巢(CHO)细胞。但与大肠杆菌等表达系统相比，哺乳动物细胞的表达水平仍较低、获得高表达工程细胞株所需的时间长、细胞大规模培养的成本高等导致哺乳动物细胞生产蛋白质类药物的成本较高。这就需要改善哺乳动物细胞表达系统，进一步提高重组蛋白的表达量、增强细胞株的稳定性、降低生产成本的同时确保产品的质量和安全。

目前我国的重组蛋白药物产品的研发和生产正处在蓬勃发展的上升期。近年来，哺乳动物细胞重组蛋白工程技术有了很大的发展，新技术、新方法层出不穷。对于从事重组蛋白药物研发的科研人员和从业人员来说，迫切需要一本代表国际最新进展、最前沿领域发展、具有实际指导意义的参考工具书。王天云教授及其团队多年来一直从事哺乳动物细胞表达系统的研究工作，积累了丰富的理论和实践经验。在繁忙的工作之余，他们花费了大量的时间和精力投入到书稿的著述工作。全书紧紧围绕建立哺乳动物细胞高效表达体系所需的关键技术，对之进行了系统的论述，并对近年来取得的一些新进展进行了详述与分析。该书内容丰富、深入全面，既有基本原理介绍和应用实例，又有新技术、新进展，是一本全面实用的哺乳动物细胞重组蛋白工程技术工具书。该书不仅对从事重组蛋白研发生产的科技工作者和从业者有较大的指导意义，对于生物医药其他领域的研究者也有很大的参考价值。

该书的出版是一个良好的开端，希望著者在今后的工作实践中不断探索、不断总结、不断修订、日臻完善，使书再版时成为本领域的一本精品著作。

张中健

美国国家卫生研究院前研究员　张中健

序 2

由于哺乳动物细胞具有翻译后加工修饰等特殊的优势，自从 1984 年人组织型纤溶酶原激活剂首次在中国仓鼠卵巢细胞成功重组表达以来，人们围绕哺乳动物细胞表达系统生产重组蛋白开展了大量的研究工作，克服了哺乳动物细胞表达量较低等许多不足和缺点。近 30 年来，重组蛋白的表达量已经提高了上百倍。目前，近 50% 批准上市的重组蛋白药物都是在哺乳动物细胞生产的，其已经成为重组蛋白药物生产的重要平台。因此哺乳动物细胞重组蛋白理论和技术已经成为当前生物制药研究的热点。

重组蛋白药物产业在经历了以大肠杆菌生产的重组细胞因子为代表的第一波产业发展后，目前正值以哺乳动物细胞生产重组单克隆抗体的第二波产业热潮。正值重组蛋白药物产业蓬勃发展之机，出版一本哺乳动物细胞生产重组蛋白方面的论著十分必要。

王天云教授主编的《哺乳动物细胞重组蛋白工程》一书从哺乳动物细胞、基因工程、载体工程、细胞工程、培养基优化、培养工艺和重组蛋白的分离及纯化、重组蛋白分析与鉴定、重组蛋白糖基化修饰与控制、重组抗体高效表达与质量控制以及重组蛋白技术产品的研究开发与管理等方面详细介绍了哺乳动物细胞重组蛋白工程相关的理论和技术。该书参考了大量国内外近期的科研成果，同时结合作者自身的研究实践和经验，涉及很多新的理论、方法和技术，较好地反映了哺乳动物细胞重组蛋白工程领域的较为先进的理论和技术，是一部基础理论与实用技术相结合的技术专著，内容广泛、资料翔实，实用性、可操作性强。

该书的出版能使从事生物制药的相关科研工作者更系统、更全面地了解国内外最新的哺乳动物细胞生产重组蛋白的理论和技术，对于引导国内重组蛋白药物产业的发展，促进我国哺乳动物细胞重组蛋白药物产业的发展具有积极的意义。

军事医学研究院研究员　范明

前言

基因工程技术诞生早期，重组蛋白生产主要以原核细胞为主，后期逐渐发展起来酵母、昆虫等表达系统，但这些表达系统都由于缺乏人类细胞的翻译后修饰，不适合表达结构复杂的大分子蛋白。因此，哺乳动物细胞表达系统是目前重组蛋白药物生产的重要平台，并且越来越成为重组蛋白的主要表达系统。

近三十年特别是近十年来，科研工作者围绕哺乳动物细胞表达系统重组蛋白表达做了大量卓有成效的工作，克服了哺乳动物细胞重组蛋白表达量低、表达不稳定等问题，重组蛋白的产量和质量都有了大幅度提高，重组抗体表达量已经达到克级水平。

为了适应国内哺乳动物细胞表达重组蛋白的迅猛发展及其教学、科研的需要，在长期的科研中，我们不断积累总结经验并归纳提炼，在阅读大量国内外文献的基础上，编著了这本《哺乳动物细胞重组蛋白工程》。全书共分十二章，主要内容包括哺乳动物细胞、基因工程、载体工程、细胞工程、培养基优化、培养工艺、分离与纯化、分析鉴定及重组蛋白技术产品的研究开发与管理、重组蛋白糖基化修饰与控制及重组抗体高效表达与质量控制等内容。

为了方便读者阅读，本书尽可能减少专业术语，力求做到通俗易懂；为了保证理论和技术的前沿性，第一次出现的专业术语都进行了英文注释，并且书后附有中英文词汇表；为便于读者了解国内外近期的发展动态，每章附有引自国内外不同学者近期的重要文献。

本书可作为生物制药相关专业本科生、研究生及从事生物制药的广大科研工作人员的参考用书。参加本书撰写的人员来自河南省重组药物蛋白表达系统国际合作实验室、新乡医学院从事重组蛋白表达科研一线的科研人员，他们具有多年的哺乳动物细胞重组蛋白表达的科研工作经验，为本书编写投入了大量的精力。另外，化学工业出版社在编辑加工中做了大量细致的工作，在此对他们表示衷心感谢！

写作是一项十分复杂而繁重的工作，尽管每位著者都为本书付出了辛勤劳动，但是由于著者水平有限，书中难免有疏漏和不足，敬请读者提出宝贵意见，以便再版时改正。

2020 年 3 月于新乡医学院　王天云

目录

第一章 适合重组蛋白表达的哺乳动物细胞

20 世纪 70 年代以来，随着基因工程技术的诞生与发展，原来从动物脏器、组织或人类血液提取蛋白质转变为利用基因工程生产蛋白质。利用基因工程生产的蛋白质称为重组蛋白（recombinant protein），指应用基因克隆或化学合成技术获得目的基因（gene of interest，GOI），连接到适合的表达载体，导入到特定的宿主细胞，利用宿主细胞的遗传信息系统，表达出有功能的蛋白质分子。其中，重组蛋白药物是生物药物的重要组成部分，包括细胞因子类、抗体、治疗性疫苗、激素及酶等。

当前生产重组蛋白主要有四大表达系统：原核细胞、酵母细胞、昆虫细胞以及哺乳动物细胞表达系统。也可以利用植物、动物器官（如乳腺等）生产重组蛋白。此外，无细胞蛋白质表达系统（cell-free protein synthesis system）能以外源 DNA 或 mRNA 为模板，利用细胞抽提物中的酶系、底物和能量来合成蛋白质，在重组蛋白生产尤其是难以表达的蛋白质如膜蛋白、毒性蛋白等方面展示了良好的应用前景。

原核表达系统以大肠杆菌（*Escherichia coli*，*E. coli*）表达系统为主。*E. coli* 具备遗传背景清楚、易于操作、生长快速、产量高、成本低、过程易放大及生产周期短等优点。*E. coli* 适合表达分子量较小、结构相对简单的蛋白质，但缺乏哺乳动物类的翻译后修饰（post-translational modification，PTM），如糖基化、磷酸化、乙酰化、泛素化、甲基化等。PTM 对某些蛋白质的活性非常重要，有些蛋白质只有经过了 PTM 过程才可以发挥其生理功能。因此，*E. coli* 表达系统不适合表达需要 PTM 的重组蛋白。

酵母表达系统适合表达分子量较大、结构较复杂、较少糖基化的蛋白质，主要有酿酒酵母和毕赤酵母表达系统，能够产生具有适当折叠和 PTM 的重组蛋白，然而，细胞内的 PTM 往往会导致非预期的高甘露糖基化（hypermannosylation），从而改变蛋白质的结合活性，并可能在临床治疗中发生免疫反应改变。昆虫细胞表达系统优于细菌系统，具备 PTM，但缺乏哺乳动物细胞表达系统的糖基化模式，昆虫细胞的要求较低，细胞密度比哺乳动物细胞高。

哺乳动物细胞由于具备类似于人类细胞的 PTM，能够生产结构复杂或具备 PTM 的蛋白质，因此，哺乳动物细胞表达系统是目前重组蛋白药物生产的重要平台。常用的哺乳动物细胞主要包括：①非人源化细胞系，主要来自仓鼠、小鼠，常用的如中国仓鼠卵巢（Chinese hamster ovary，CHO）细胞、仓鼠幼肾（baby hamster kidney，BHK）细胞、小鼠胸腺瘤 NS0 细胞、小鼠骨髓瘤 Sp2/0 细胞。②人源化细胞系，如人类胚肾细胞 293（human embryonic kidney 293，HEK293）、纤维肉瘤细胞系 HT-1080（fibrosarcoma HT-1080）、PER. C6、HKB-11、CAP 及 HuH-7 细胞系等（图 1. 1）。各类重组蛋白表达系统的优缺点见表 1. 1。

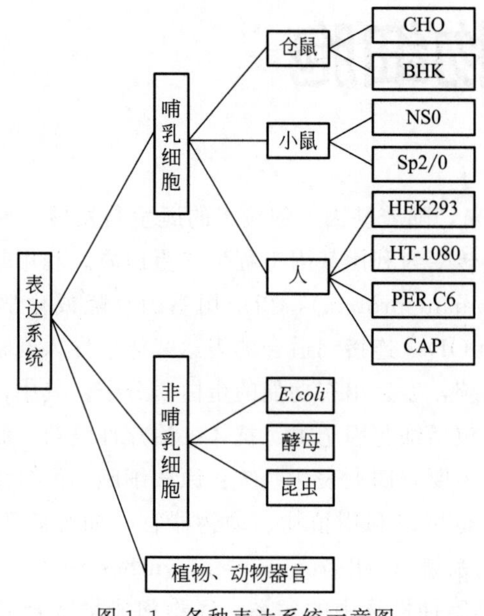

图 1. 1　各种表达系统示意图

表 1. 1　各类重组蛋白表达系统的优缺点

表达系统	代表菌株/细胞系	优点	缺点	表达水平
大肠杆菌	BL21/pET 系统	遗传背景清楚；繁殖速度快、成本低廉、不易污染；蛋白质得率高、分离纯化简单；有商品化的载体和菌株	无翻译后修饰功能；不能进行翻译后修饰，难以形成正确的二硫键配对和空间构象折叠；表达的蛋白质常是不溶的，聚集成包涵体；产生一些致热源（内毒素），本身含有内毒素和有毒蛋白	占细菌总蛋白质量：胞内表达 10%～70%，胞外表达 0.3%～4%

续表

表达系统	代表菌株/细胞系	优点	缺点	表达水平
酵母	毕赤酵母属(*Pichia*)、汉森酵母属(*Hansenula*)、球拟酵母属(*Torulopsis*)等,毕赤酵母属应用最多	生长繁殖快,成本较低、遗传稳定。毕赤酵母可进行细胞高密度培养,蛋白质不易分泌到培养基中,纯化简单	发酵周期长、表达量较低;糖基化不正确;培养上清液多糖浓度高,不利于纯化	占菌体总蛋白质量:10%～30%
昆虫杆状病毒系统	病毒:AcNPV、BmNPV 昆虫:sf9 细胞	正确的蛋白质折叠、二硫键的配对及翻译后修饰;表达水平高;可容纳大分子的插入片段;能同时表达多个基因	蛋白质表达受极晚期病毒启动子的调控;病毒感染会导致细胞死亡	含量:1～500mg/L
植物细胞	根、叶等	大规模培养和生产容易	费时、表达量低、分离纯化困难	植物总蛋白质的4%左右
哺乳动物细胞	CHO、HEK293、COS、BHK、Sp2/0、NIH3T3 等细胞	具备翻译后修饰,活性更接近于天然蛋白质;适合表达完整的大分子蛋白质	培养基成本高、周期长、培养困难,表达量较低;操作技术要求高,易发生病毒、支原体感染	含量:0.2～300mg/L。重组抗体可达克每升(g/L)水平

第一节　CHO 细胞表达系统

一、CHO 细胞历史与分类

（一）CHO 细胞历史

CHO 细胞来源于雌性中国仓鼠（Chinese hamster，*Cricetulus griseus*）卵巢组织，中国仓鼠属于啮齿目仓鼠科，主要来自中国北部地区。北京协和医院在早期进行的肺炎球菌研究中，由于条件所限，试验小白鼠很难获得，便就地取材，把野外的中国仓鼠带到实验室做动物模型。后来，研究人员发现中国仓鼠容易感染，可以用来研究各种传染性疾病，成了流行病学研究的有力工具。研究发现中国仓鼠染色体有 22 条，少于大鼠（42 条）和小鼠的染色体（40 条）。

1957 年，科罗拉多大学医学中心研究者等从波士顿癌症研究中心获得了一个雌性中国仓鼠，将中国仓鼠卵巢组织酶解消化获得了一株成纤维细胞，经过 10 个多月的体外培养后，细胞并未表现出普通二倍体细胞的 Hayflick 界限，仍然可以继续分裂生长，但细胞形态从最初的成纤维细胞转变成近上皮细胞的形态，这是世界上首次成功分离建立的 CHO 细胞株，即 CHO-K1 细胞系（图 1.2）。CHO-K1 细胞系是上皮贴壁生长型细胞，容易培养。最原始的 CHO 细胞系是脯氨酸缺陷型的，在培养基中必须添加额外的脯氨酸才能支持其生长，目前所有已知的 CHO 细胞系均保留了这个特性。随后他们把 CHO 细胞免费供给需要的研究机构，使得这一细胞系成了研究细胞生物学的基本工具之一。后来，CHO 细胞系流转到不同的实验室和公司，经过

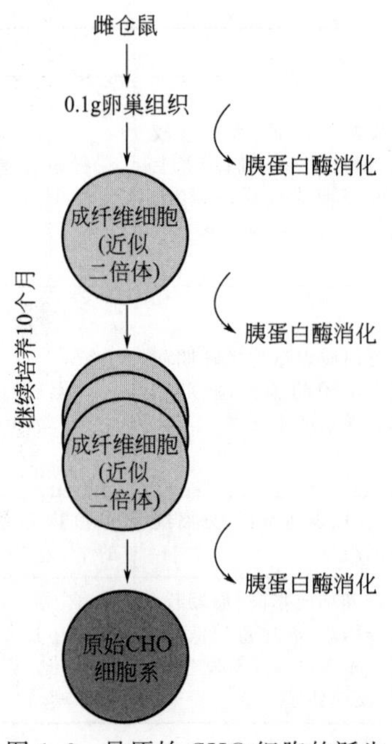

图 1.2　最原始 CHO 细胞的诞生

不同的培养、驯化、改造和重新克隆后形成了不同种类的 CHO 细胞系。这些细胞系虽然都是来源于同一细胞系，但由于 CHO 细胞基因组内在的不稳定性及后续不同实验室的筛选培养条件不同，不同 CHO 细胞系之间的形态、生长、表达、代谢甚至基因组都有较大差异。

1984 年，世界上第一例由哺乳动物 CHO 细胞重组表达人组织型纤溶酶原激活剂（human tissue plamnipen activator，t-PA）在 Genentech 公司首次获得成功，并于 1987 年获美国食品与药物管理局（Food and Drug Administration，FDA）批准成功上市，标志着哺乳动物细胞表达系统生产重组蛋白药物的开始。从此，CHO 细胞作为哺乳动物蛋白表达系统进入制药行业。随着 CHO 细胞大规模培养技术及其生物反应器工程的进一步发展，重组蛋白表达水平已经从最初的毫克级提高到了当前的克级水平，重组抗体表达水平甚至高达 10～20g，广泛应用于重组抗体、蛋白质药物、病毒疫苗等生产，极大地促进了生物医药产业的发展。

（二）CHO 细胞分类

随着 CHO 细胞在实验室的普及及在生物制药中的应用，科学家分离培育出了不同亚型的 CHO 细胞株，比如 CHO-S、CHO DXB11、CHO DG44、CHO-M 以及谷氨酰胺合成酶（glutamine synthetase，GS）基因敲除的 CHO 细胞（如 Merck/Sigma Aldrich 公司的 CHOZN，Lonza 的 CHO GS Xceed，Horizon 公司用 rAAV 技术敲除的 CHO 细胞）。表 1.2 列出了目前常用的 CHO 细胞系。

1. CHO-K1 细胞系

CHO-K1 是未经改造的野生型 CHO 细胞，保存于欧洲标准细胞收藏中心（European Collection of Authenticated Cell Cultures，ECACC），后期该细胞系保存在美国典型培养物保藏中心（American Type Culture Collection，ATCC）及世界许多实验室。最原始的 CHO-K1 细胞是贴壁培养，需要添加 5%～10%的胎牛血清（fetal bovine serum，FBS）才能正常生长和增殖。由于 FBS 成分不清楚，批次间差异大、成分不能保持一致，造成细胞培养的不稳定性或无法重复，给标准化实验和生产带来困难。取材中还可能带入支原体、病毒等，对细胞产生潜在的不安全性，例如，牛海绵状脑病（bovine spongiformous encephalopathy，BSE）曾在 20 世纪 90 年代严重影响生物制药产业。工业生产中，血清往往来源于无 BSE 的新西兰胎牛，但实验室却很难做到。此外，FBS市场价格昂贵，进出口受到管制，使用不方便。因此，利用无血清培养基（serum-free medium，SFM）悬浮培养CHO细胞成为目前的发展趋势。

表1.2　目前常用的CHO细胞系

细胞系	构建时间	特点	储藏号
CHO-ori	1956年，科罗拉多大学医学中心分离	无Hayflick界限，细胞近上皮细胞，这是世界上首次成功分离建立的CHO细胞株	
CHO-K1	1968年，科罗拉多大学医学中心分离	未经改造的野生型CHO细胞。最原始的CHO-K1细胞是贴壁培养，驯化可悬浮培养。脯氨酸缺陷型	ECACC（85051005）、ATCC（CCL-61）、其他公司及实验室
CHO-S	1973年，Thompson实验室分离	野生型细胞株，没有基因敲除，不属于缺陷型。悬浮高密度培养	Thermo Fisher Scientific公司（A1136401）
CHO-DXB11	1980年，哥伦比亚大学构建	二氢叶酸还原酶（dihydrofolate reductase，DHFR）基因缺陷	
CHO-DG44	1983，Chasin实验室构建	双等位DHFR基因缺失，完全缺失了DHFR基因的活性	Life Technologies（A1097101）
CHO-K1SV	2002年，Lonza公司构建	CHO-K1细胞驯化到悬浮无血清培养	
CHO-K1SV/GS-KO	2012年，Lonza公司构建	CHO-K1SV细胞基础上，GS的双等位基因缺陷	
CHOZN@GS	2006年，默克公司Merck构建	GS双等位基因缺陷	

基于CHO-K1细胞的表达平台多采用GS筛选系统和/或抗生素筛选系统。GS筛选系统目的基因与GS基因同时转入CHO细胞，在筛选阶段采用不含谷氨酰胺的培养基进行筛选。但由于CHO-K1细胞具有内源的GS基因，因此在筛选时往往需要添加甲硫氨酸二甲基代砜（methionine sulphoximine，MSX）或与适当浓度的抗生素同时筛选，以提高筛选效率。此外，内源GS基因的存在，往往也可导致筛选出的高表达细胞克隆株稳定性较差，需要进行充分的稳定性评估后，方可用于后期的工艺开发及规模化生产。而单独采用抗生素进行筛选的平台，由于筛选效率较低，多用于研究阶段。目前多个已经上市的重组蛋白药物均是基于CHO-K1细胞开发生产的。

2. CHO-S细胞系

在原始的CHO细胞系基础上，1973年Thompson实验室分离了一株可悬浮培养的CHO细胞，并命名为CHO-S细胞。CHO-S是野生型细胞株，没有基因敲除，不属于任何缺陷型。虽然CHO-K1和CHO-S细胞都来源于最原始的CHO细胞系，但CHO-S和CHO-K1分属于不同的代系。后来Gibco公司（Thermo Fisher Scientific）获得了CHO-S细胞系，并将CHO-S细胞驯化至能在完全化学成分确定

(chemically defined，CD）的培养基生长，并建库命名为CHO-S进行推广应用。因CHO-S细胞能在SFM中悬浮高密度培养，其已被用作重组蛋白表达的宿主细胞。目前符合相应药品生产质量管理规范（Good Manufacturing Practices，GMP）的CHO-S细胞库已经建立，并已进行商业化开发。

3. CHO-DXB11细胞系

1978年，斯坦福大学的罗伯特·席姆克（Robert Schimke）等在研究细胞对肿瘤药物耐药时发现了基因扩增（gene amplification）现象，发现甲氨蝶呤（methotrexate，MTX）能抑制细胞的二氢叶酸还原酶（dihydrofolate reductase，DHFR），而耐药细胞则会十倍甚至百倍地扩增这一基因的现象。

CHO-DXB11细胞系又名DUK-XB11，是第一个用于大规模生产重组蛋白（t-PA）的哺乳动物细胞系，并且此细胞系被Genentech用于后续的多个商业化产品生产。该细胞系由哥伦比亚大学Urlaub和Chasin于1980～1982年通过，DHFR基因缺陷的方法获得的，DHFR是催化叶酸（folic acid）还原成四氢叶酸（tetrahydrofolic acid，THFA）的酶。CHO-DXB11最初来源于CHO-K1，首先采用甲磺酸乙酯（ethyl methanesulfonate，EMS）进行化学诱变产生UKB25细胞系（dhfr+/dhfr−），然后进行第二轮γ射线诱变，形成新的突变细胞系——CHO-DXB11细胞系（dhfr−/dhfr−）。该细胞系缺少一个DHFR位点且另外一个位点存在一个错义突变（T137R），使细胞不能还原叶酸，叶酸是胸苷（thymidine，T）和次黄嘌呤（hypoxanthin，H）合成的前体物质。CHO-DXB11细胞由于突变不能有效地还原叶酸，进而不能合成次黄嘌呤（H）和胸苷（T）。

在表达目的蛋白质时，将外源的DHFR基因和目的基因构建在一个载体上或者不同载体上，将两个基因共转染CHO-DXB11细胞，并通过缺乏HT的培养基进行筛选。由于DHFR基因可以通过重组重排进行基因扩增，在适当的MTX压力下，可以通过DHFR基因扩增同时获得目的基因的扩增，从而获得更高表达的稳定细胞株。DHFR缺陷细胞生长需要5%～10% FBS，但血清会带来潜在的风险。转染和克隆筛选通常在贴壁细胞状态下完成，克隆筛选往往用克隆环或棉签来完成。细胞筛选策略常用透析血清，以避免混入HT或其他核酸代谢底物。

Wlaschin等（2005）年从CHO-DXB11细胞RNA提取了4608个表达序列标签（expressed sequencing tags），建立了CHO特异的cDNA芯片，并进行了CHO细胞线粒体基因组测序。Kaas等（2015）完成了CHO-DXB11细胞测序工作并和CHO-K1细胞基因组进行了对比，发现CHO-DXB11存在一个重要的基因组漂移，GC点突变为AT，与CHO-DXB11细胞系的化学突变策略相一致。测序结果表明17%的基因是单倍体，说明有大量的基因容易被消除。DHFR基因在CHO-DXB11中被确认为单倍体，等位基因包含一个G410C点突变，导致了Thr137Arg的错义突变。在CHO-DXB11基因组中还发现了250万个单核苷酸多态性（single nucleotide polymorphisms，SNP）、44个基因缺失，其中的9357个SNP干扰了3458个基因的编码区域。此外，还发现每条染色体从中国仓鼠进化到CHO细胞的独特模式，其中1号染色体和 4 号染色体的变化最稳定。

4. CHO-DG44 细胞系

由于 CHO-DXB11 细胞仅有一个等位基因被敲除，另外一个基因发生错义突变，在长期传代过程中，会发生低概率的突变使宿主细胞重新恢复 DHFR 基因活性，造成筛选压力的下降甚至导致重组蛋白表达量的下降。因此，获得一个双等位 DHFR 基因完全敲除的 CHO 细胞很有必要。Chasin 实验室进行了 DHFR 基因突变的筛选工作，先后通过化学诱变和 γ 射线诱变，在 1983 年筛选出了在 2 号染色体上双等位 DHFR 基因缺失的 CHO 宿主细胞，并命名为 CHO-DG44（Urlaub et al.，1983）。虽然和 DXB11 都属于 DHFR 基因缺陷型，但从谱系分枝来看，DG44 和 CHO-S 更为接近。DG44 细胞完全缺失了 DHFR 基因的活性，可以在无 FBS 的培养基中悬浮培养，使得筛选和加压过程变得更加有效。目前，多家公司采用此细胞作为平台进行重组蛋白药物的开发，已经有多个产品进入临床及上市阶段。

5. CHO-K1SV/GS-KO 细胞系

2002 年，Lonza 公司将 CHO-K1 细胞驯化到悬浮无血清培养，建立 CHO-K1SV 细胞系。2012 年 Lonza 在 CHO-K1SV 细胞中的基础上，利用归巢核酸内切酶（meganucleases）技术将 CHO-K1SV 细胞中 GS 的双等位基因完全敲除，建立 CHO-K1SV/GS-KO 细胞株。由于内源性的 GS 基因被完全敲除，这提高了筛选效率并缩短了稳定细胞株的开发周期（比 CHO-K1SV 系统缩短了 6 周），同时提高了细胞克隆的稳定性。基于 GS-KO 细胞的 GS Xceed 表达平台除包括宿主细胞株外，还包括相应的质粒及 V8 培养基系统。GS Xceed 已经在全球用于多个产品的开发，并向全球授权（Lonza 一代 CHO-K1SV 未给中国授权）。但由于 V8 培养基系统相对复杂，多数 CHO-K1SV/GS-KO 客户并未采用其培养基系统。

6. CHOZN@GS 细胞系

默克公司（Merck）于 2006 年通过 ECACC 获得 CHO-K1 细胞株，并将其驯化至 CD 培养基中，然后进行亚克隆建立 CHOZN CHO K1 细胞系。在此细胞系基础上，通过锌指核酸酶（zinc finger nucleases，ZFNs）技术敲除 GS 双等位基因，获得 GS 缺陷型细胞株 CHOZN@GS，并于 2012 年推向市场。整个平台除细胞株外，还包括质粒、克隆构建阶段用的培养基及流加培养基。通过优化的培养工艺进行细胞筛选，可将稳定细胞株构建及上游工艺开发周期缩短到 18 周。目前，以 CHOZN@GS 作为宿主细胞的多个项目已经在全球多个国家推进到临床试验阶段。

图 1.3 是通过 CHO 细胞的演变历史及 CHO 细胞测序，绘制出的 CHO 细胞系进化系统树，其准确地概括了整个 CHO 细胞系发展历史。

7. 其他 CHO 细胞系

除了上述在工业界应用较多的细胞系外，还有其他一些 CHO 细胞系也在被应用，如在欧洲应用比较多的 Selexis 公司 SURE CHO-M 细胞株，其源于 ECACC CHO-K1 细胞系，并经驯化后获得，Selexis 表达平台同时运用核基质附着区（ma-

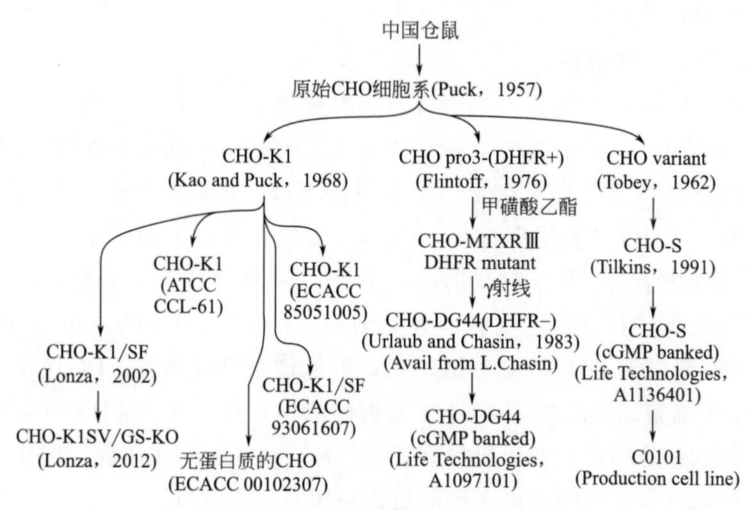

图 1.3　CHO 细胞系的进化系统树

trix attachment regions，MARs）元件来提升筛选效率和目的蛋白质表达量，运用 CHO-M 的多个项目已经进入临床试验阶段并有一个分子获得批准上市。

ECACC 的重组蛋白的 CHO 和 C0101 细胞系可以在无血清培养基悬浮培养，但目前尚未见到相关重组蛋白表达的报道。

不同实验室之间的交流时常发生，因此可以通过不同途径获得 CHO 细胞用于研究，但最终如果想走向商业化应用，就要求所采用的宿主细胞必须有清晰的历史背景信息，并且尽可能记录所有传代培养过程中采用的关键原材料信息，以确保细胞株的安全性。特别是当前对生命科学的了解还相当有限，即便是对于转基因食品，包括专业人士在内的不同群体之间尚且争论不断，因此背景清晰且有成功进入临床或上市产品作为参考的宿主细胞更容易获得监管机构的认可。

此外，需要注意的是，尽管在研发阶段很多细胞株可以免费（或极低费用）使用，一旦需要进入商业化（临床试验）阶段，均需要支付商业化生产许可费用（表 1.3）。

表 1.3　部分细胞株的研发及商业化授权费用模式

授权类型	ATCC CHO-K1	CHO-S/CHO-DG44	CHOK1SV/GS-KO	CHOZN@GS	CHOZN CHO K1
研发	免费	免费	年费	年费	免费
商业化	销售提成	一次性买断	年费＋销售提成	一次性买断	一次性买断

（三）CHO 细胞遗传学

CHO 细胞由数百个不同的实验室在不同的条件下培养和保存，因此，存在着 CHO 细胞基因组结构的流动和变异。任何克隆或非克隆细胞系的培养都对细胞群体所表现出的基因型多样性产生巨大而持久的影响。

细胞生物学的发展使细胞染色体可以方便地被识别和计数。相对于二倍体动植物稳定的染色体而言，动物来源的永生化细胞系染色体却表现出数量及结构不一致的倾向，但在不同的 CHO 细胞系没有发现染色体的不同。

Omasa等（2008）构建了CHO-K1和CHO-DG44细胞的基因组BAC文库，建立了仓鼠染色体的图谱。CHO-K1细胞没有仓鼠基因组的11对染色体，但含有大多数仓鼠基因组的染色体结构，只是发生了重新排列。

CHO-K1细胞系的染色体数目较宽泛，有16～30条染色体，在研究的100个细胞中，有18%、23%和18%的细胞分别有19条、20条和21条染色体。CHO-K1SV细胞系在无蛋白质条件下生长，染色体数目分布更为广泛，有10～30条染色体。在这种情况下，10%、13%、17%、7%、12%（总59%）的细胞分别有16条、17条、18条、19条和20条染色体。因此CHO-K1是一个存在明显差异的细胞群，最显著的是它们的核型。

（四）CHO细胞稳定性

在重组蛋白的生产过程中，表达的稳定性被定义为一个构建好的细胞系从主细胞库的细胞系解冻到大规模生产，能保持重组蛋白的产量和质量稳定性的时间。一般要求的稳定性最短时间大约3个月：从冷冻瓶向大型生产反应器细胞扩增需要4周的时间，大型反应器的生产阶段需要3周的时间来进行批处理，而基于灌注的生产方法则需要更长的时间。由于几批产品通常是按顺序从一瓶解冻的细胞中生产出来的，因此这一工作的3个月时间窗计算得非常严密。对于批准的蛋白质产品，标准的稳定性，研究期至少6个月。

CHO细胞大约每天增加一倍，因此3个月内初始细胞大约90倍增。重组蛋白药物所用的起始细胞种子，常保存在冻存管的细胞库中，通常每瓶由（1～2）$\times 10^6$个细胞组成，相当于约30μL的细胞生物量。如果解冻后不受限制地继续生长，这种生物量可以在3个月的时间内倍增到大约10^{192}L或10^{180}km^{3}的生物量。一个10000L的生物反应器含约5×10^{12}个细胞（相当于约300L的生物量）（Wurm，2013）。

与CHO种群的多样性无关，重组蛋白在CHO细胞的稳定性表达是一个没有得到充分研究和了解的问题。由于缺乏对目的基因在CHO细胞中整合位点的控制，其在基因组中的稳定性问题是一个尚未解决的问题。尽管对CHO细胞进行了几十年的研究，但至今尚未开发出一套可控的、可复制的CHO细胞基因转移系统。实际上，每次筛选的细胞克隆，都会产生一个群体，在进行细胞筛选并将其放大到大型生物反应器的同时，也会经历微观进化。

真正的“克隆”性不能被保留，因此稳定性问题无法解决，维持准物种种群平衡基因库的最佳途径是最小化生长限制（选择性）条件。在工业化重组蛋白药物生产中，必须尽可能采取一切手段维持主细胞库（master cell bank）中细胞的基因库组成。通过将细胞种群保持在环境变化不大的环境中，以将基因库修饰的趋势降到最低。遗憾的是，许多标准的细胞培养技术可能倾向于或选择在CHO细胞的准物种种群特定的基因库修饰。例如，细胞从贴壁培养转移到悬浮培养是比较大的环境改变，将导致细胞亚群的适应性选择。此外，抑制或促进细胞高密度生长的培养基也是一种选择性条件。最后，生物反应器可能也是影响细胞群体稳定性的原因之一。例如，某些反应器的气体交换能力很差，因此需要搅拌或以其他方式大力搅拌，而且经常需要加入纯氧气体，以维持数百万细胞的基本代谢活动。但这种条件可以杀死敏感细胞，选择那些适应恶劣条件的细胞群体。其他生物反应器系统比搅拌槽生物反应器具有更高的气体传输速率，因此，需要更少的能量（与剪切力和液体湍流相关）把氧气输送到细胞中，这类生物反应器在较温和的条件能维持敏感细胞，然而，对于从毫升培养到成百上千升的细胞群来说，并不是那么严格。

二、CHO 细胞表达系统的优点

糖基化等 PTM 对某些重组蛋白药物的活性至关重要，因此，绝大部分重组蛋白药物需要在哺乳动物细胞完成重组表达，其中 CHO 细胞是最常用的表达系统。目前，有近 70%的重组蛋白药物都是用 CHO 细胞表达系统生产的。

与其他表达系统相比，CHO 表达系统有很大优势：①既可贴壁生长，又可以驯化适应悬浮培养，细胞培养密度高，且能耐受较高的剪切力和渗透压，可以满足大规模工业生产重组蛋白的要求；②具有类似于人类细胞的 PTM 修饰功能，表达的蛋白质 PTM 修饰方面最接近于人源化的天然蛋白质；③CHO 细胞不易感染人类的病毒；④目的基因易于稳定整合在 CHO 细胞基因组中，具有基因的高效扩增和表达能力；⑤CHO 细胞是成纤维细胞，内源性蛋白几乎不分泌到细胞外，表达的蛋白质具有胞外分泌功能，利于重组蛋白质的分离纯化；⑥能以悬浮培养方式在 SFM 中达到高密度培养，培养体积能达到 1000L 以上，适合大规模生产。

当前，经欧洲药品管理局（European Medicines Agency，EMA）或美国 FDA 已批准上市的重组蛋白药物超过 80 种，其中 41 种是由 CHO 细胞产生的（表 1.4）。

表 1.4 EMA 或 FDA 批准上市的重组蛋白药物①

表达系统		重组蛋白药物产品	FDA 批准否	EMA 批准否
植物细胞	酶	Taliglucerase alfa	批准	未批准
昆虫细胞	疫苗	Cervical cancer vaccine	批准	批准
细菌	单克隆抗体	Certolizumab pegol	批准	批准
	细胞因子	tbo-filgrastim	批准	未批准
		Romiplostim	批准	批准
	酶	Asparaginase Erwinia chrysanthemi	批准	未批准
		Glucarpidase	批准	未批准
		Pegloticase	批准	批准
		Collagenase Clostridium histolyticum	批准	未批准
		Peptides	批准	未批准
		Metreleptin	批准	未批准
	毒素	Incobotulinumtoxin A	批准	批准
	疫苗	Meningitis vaccine	批准	批准
		Pneumococcal vaccine	批准	批准

续表

表达系统		重组蛋白药物产品	FDA 批准否	EMA 批准否
酵母	酶	Ocriplasmin	批准	批准
	肽	Albiglutide	批准	批准
		Liraglutide	批准	批准
	凝血因子	Catridecacog	批准	批准
CHO 细胞	单克隆抗体	Adalimumab	批准	批准
		Alemtuzumab	批准	未批准
		Bevacizumab	批准	批准
		Brentuximab vedotin	批准	批准
		Denosumab	批准	批准
		Golimumab	批准	批准
		Biotherapeutic product	批准	批准
		Ibritumomab tiuxetan	批准	批准
		Ipilimumab	批准	批准
		Obinutuzumab	批准	批准
		Omalizumab	批准	批准
		Panitumumab	批准	批准
		Pertuzumab	批准	批准
		Rituximab	批准	批准
		Siltuximab	批准	批准
		Tocilizumab	批准	批准
		Trastuzumab	批准	批准
		Vedolizumab	批准	批准
		Ado-trastuzumabemtansine	批准	批准
		Ustekinumab	批准	批准
	细胞因子	Darbepoetin alfa	批准	批准
		Interferon beta-1α	批准	批准
		Epoetin alfa	批准	批准
		Epoetin beta	未批准	未批准
		Epoetin theta	未批准	批准
	酶	Agalsidase beta	批准	批准
		Alglucosidase alfa	批准	批准
		Alteplase	批准	批准
		Elosulfase alfa	批准	未批准
		GalNAc 4-sulfatase	批准	未批准
		HumanDNase	批准	批准

续表

表达系统		重组蛋白药物产品	FDA 批准否	EMA 批准否
CHO 细胞	酶	Hyaluronidase	批准	未批准
		Imiglucerase	批准	未批准
		Laronidase	批准	未批准
		Tenecteplase	批准	批准
	Fc-融合蛋白	Abatacept	批准	批准
		Aflibercept	批准	批准
		Alefacept	批准	批准
		Belatacept	批准	批准
		Etanercept	批准	未批准
		Rilonacept	批准	批准
		Ziv-aflibercept	批准	批准
	激素	Choriogonadotropin alfa	批准	未批准
		Biotherapeutic product	批准	批准
		Follitropin alfa	批准	批准
		Follitropin beta	批准	批准
		Luteinizing hormone	批准	批准
		Osteogenic protein-1	批准	批准
		Thyrotropin alfa	批准	批准
	凝血因子	Factor Ⅷ	批准	批准
		Factor Ⅸ	批准	批准
NS0 细胞	单克隆抗体	Belimumab	批准	批准
		Natalizumab	批准	批准
		Ofatumumab	批准	批准
		Palivizumab	批准	批准
		Ramucirumab	批准	未批准
Sp2/0 细胞	单克隆抗体	Abciximab	批准	未批准
		Basiliximab	批准	批准
		Canakinumab	批准	批准
		Cetuximab	批准	批准
		Infliximab	批准	批准
BHK 细胞	凝血因子	Factor Ⅶa	批准	批准
		Factor Ⅷ	批准	批准
Murine C127 细胞	激素	Somatropin	批准	批准

①公共资源获得数据（2017.10）；已批准的重组蛋白药物未全部列出。

注：FDA，美国食品与药物管理局（US Food and Drug Administration）；EMA，欧洲药品管理局（European Medicines Agency）。

三、CHO 细胞培养

（一）CHO 细胞形态

CHO 细胞最初为贴壁型，经多次传代驯化筛选后，细胞也能适应悬浮高密度生长。CHO 属于成纤维细胞，细胞形态呈梭形，由于经过霍乱毒素适应，形态学发生改变（图 1.4）。

图 1.4　CHO 细胞形态（附彩图）

工业生产上应用较多的是 CHO-K1 细胞，为亚二倍体细胞（$2n=22$）。CHO-K1 细胞株由 ATCC 保存（编号为 CCL-61），已经广泛地用于重组蛋白的表达。CHO-K1 细胞属于脯氨酸遗传缺陷型，无法将谷氨酸转变为谷氨酸-γ-半醛，因此在 CHO 细胞培养过程中，培养基中需要添加 L-脯氨酸才能维持 CHO 细胞正常生长和增殖。

（二）CHO 细胞的生长和增殖过程

由于细胞培养的生存空间和营养有限，当细胞增殖达到一定密度后，则需要分离出一部分细胞及更新营养液，以使细胞继续生长和增殖，这一过程称为传代（passage 或 subculture）。传代周期与所用培养基的组成、接种细胞的密度和细胞增殖速率有关。在相同细胞增殖率的条件下，细胞密度越高、细胞数目越多，细胞数量增加得较快。

所谓细胞“一代”，是指从细胞接种到分离再培养的时间，这已经成为细胞培养的一个惯用语，其含义不同于细胞倍增一代。如果一个细胞系是第 100 代细胞，是指该细胞系已经被传代 100 次，不同于细胞世代（generation）或倍增（doubling）。在细胞一代中，细胞能倍增 3～6 次。

细胞传代后，通常经历以下几个阶段。①潜伏期（latent phase）：细胞接种培养后，首先在培养基中经过潜伏期。细胞质收缩，细胞体呈圆形。当细胞处于潜伏期时，细胞一般不分裂，不发生增殖。细胞潜伏期时间与不同的细胞类型、细胞的接种密度及培养基成分等密切相关。②贴附期（attachment phase）：细胞贴附于培养壁过程，其与多种因素相关，是一个较为复杂的过程。支持物的特性对细胞的贴附有一定的影响，表面带有正电荷的支持物对贴附有利，而表面脏污的支持物不利于贴附。细胞贴附于支持物后，还要经过一个潜伏阶段，才进入生长和增殖期。③指数增殖期（logarithmic-growth phase）：细胞增殖最旺盛的阶段，细胞分裂相增多。一般以细胞有丝分裂指数（mitotic index，MI）表示，即细胞群中每1000个细胞中的分裂相数。体外培养细胞的分裂指数受多种因素的影响，如细胞类型、培养液组成、pH、温度等。指数增殖期是细胞一代最活跃的时期，也是进行各种实验最重要、最好的阶段。④停滞期（stagnate phase）：细胞数量达到饱和密度时，细胞增殖停止，继而转入停滞期。停滞期细胞不再增殖，但仍有代谢活动。当观察到细胞代谢物发生累积及培养液pH降低情况，培养基中的营养物质已经逐渐被耗尽，此时应该尽早进行细胞培养传代。细胞传代越早进行越好，否则可能会导致细胞中毒，形态异常，严重者细胞会从支持物脱落死亡。

（三）CHO细胞的贴壁培养方法

细胞低温冻存是防止因污染、传代而出现变异等最佳的策略，对于维持一些特殊细胞株的遗传特性极为重要。其基本原理是：细胞内的酶在低温－70℃以下时，已经基本没有活性，代谢已经完全停止，因此细胞可以长期保存。0～20℃的阶段低温处理对细胞的低温保存非常关键，因为在这个温度范围内，水晶呈针状，极易对细胞造成严重的损伤。

1. 细胞冻存

1）冻存细胞前，应检查细胞是否污染，如果发生污染，细胞不宜进行冻存。

2）细胞冻存液配制：准备一支洁净、无菌的EP管，加入900μL的FBS，然后缓慢滴入100μL二甲基亚砜（dimethyl sulfoxide，DMSO），轻轻混合均匀，放入4℃冰箱，待用。

3）细胞冻存的前一天建议更换新鲜培养基。

4）收集细胞，低速离心，收集到离心管中。按照（1～5）×10^6细胞/mL密度将细胞悬浮到冻存液，确保细胞分散成单个细胞，移入冻存管中。

5）将冻存管依次于4℃放置30min、－20℃放置2h、－80℃放置12h或者过夜。第二天将冻存管放到液氮罐口上悬吊20min左右，然后直接浸入液氮罐中，进行长期冻存。

2. 细胞复苏

冻存细胞复苏要快速融化，并直接加入完全生长培养基中。若细胞对冻存剂（DMSO或甘油）敏感，离心去除冻存培养基，然后加入完全生长培养基。

1）将保存的CHO细胞快速从液氮罐中取出，立即放入提前调好温度的37℃水浴锅中（动作一定要迅速）。不停地进行晃动，要在短时间内（1min）融化。操作中切忌冻存管口碰到水，否则可能会发生细胞污染。

2）等冻存液完全融化，将冻存管取出，用75%乙醇进行消毒，将冻存管打开，将已融化的细胞悬液移入新的无菌离心管中，离心约2min，弃上清液。

3）离心管中加入含10%FBS的DMEM/F12完全培养基，小心吹打细胞，待细胞被吹散后，将细胞转移到细胞培养瓶，加入新鲜培养基。

4）显微镜下观察细胞的形态，并进行细胞计数。将正常的细胞放入5%CO_2的细胞培养箱，37℃进行培养。最好在24h后更换一次培养液。

5）每2～3天换液一次，观察细胞生长情况及培养液颜色。

3. 细胞传代

1）观察CHO细胞的生长情况，当细胞的生长密度达到约90%时，可以进行传代或者冻存。

2）取出培养瓶，将细胞瓶中全部培养基弃尽，加入适量的磷酸缓冲盐溶液（phosphate buffer saline，PBS），轻轻晃动，反复进行2～3次，充分洗涤底部细胞。

3）洗涤后，根据细胞密度及培养瓶体积加入适量的胰酶消化液，轻轻进行摇动，确保胰酶液能够完全覆盖所有细胞，然后弃去胰酶液，将培养瓶重新放入培养箱中继续消化。

4）显微镜下观察细胞形态，发现细胞间隙变大、细胞质回缩呈圆形时，向培养瓶中加入适量体积的DMEM/F12完全培养基终止消化。

5）轻轻吹打CHO细胞，根据细胞密度转移细胞悬液至几个已加培养基的培养瓶中，旋紧瓶盖，轻轻摇晃，混合均匀，然后放入37℃、5% CO_2培养箱中培养。

（四）CHO细胞的无血清驯化

CHO细胞的无血清驯化过程按照细胞对无血清培养基的适应性，可将培养方法分为直接适应法和连续适应法两种，方法如下：

1. 直接适应法

1）取活性大于95%、处于对数生长期的贴壁CHO细胞，进行无血清驯化。

2）取无FBS培养基、含FBS培养基，按照等体积的比例混合，按照（2～4）×10^5细胞/mL接种密度进行接种，37℃、5% CO_2培养箱进行培养。

3）观察细胞生长密度和细胞存活率，逐步降低FBS含量，每一阶段稳定传代1～3代，维持（2～4）×10^5细胞/mL的接种密度。

4）逐步提高无FBS培养基的比例，降低混合液中的FBS含量，传代过程仍维持（2～4）×10^5细胞/mL的细胞接种密度。

5）降低混合液中的FBS浓度至0.1%～0.2%，细胞存活率大于90%，将CHO细胞在完全无FBS培养基中培养。

6）CHO在完全无FBS的培养基中进行放大培养，建立适应FBS培养的CHO种子细胞库。

2. 连续适应法

连续适应法逐步降低FBS比例，直至转换到无FBS的培养基中。与直接适应相比，此方法对 CHO 细胞更加温和一些。

1）以 2 倍正常接种密度接种对数生长期细胞到有 FBS 培养基和无 FBS 培养基为 3∶1 的混合培养基中，进行传代培养。

2）当细胞密度大于 5×10^5 细胞/mL 时，按照 $(2\sim3)\times10^5$ 细胞/mL 细胞密度，在无 FBS 培养基及含 FBS 培养基等体积比例混合培养基中传代培养。

3）以 $(2\sim3)\times10^6$ 细胞/mL 细胞密度，在有 FBS 培养基和无 FBS 细胞培养基体积比为 1∶3 的培养液中进行传代培养。

4）接种后 4～6 天，细胞密度达到 $(1\sim3)\times10^6$ 细胞/mL，在完全无 FBS 细胞培养基中传代培养。

5）每隔 3～5 天，当细胞存活率在 90%以上，细胞密度达到 $(1\sim3)\times10^6$ 细胞/mL 时，进行细胞再次传代培养。

（五）CHO 细胞的悬浮培养方法

由于 FBS 培养所带来的问题，人们急切地需要找到能够替代 FBS 的物质。从 20 世纪 50 年代起，学者们就开始研发无 FBS 培养基。目前无 FBS 培养基已经发展到第三代，第一代无 FBS 培养基用动物或植物蛋白，如 BSA 或激素等替代 FBS；第二代无 FBS 培养基，完全不用动物来源的蛋白质，但含有微量的植物或重组蛋白，目前市场商品化的无 FBS 培养基主要是第二代无 FBS 培养基；第三代无血清培养基不含任何蛋白质，完全是无 FBS、无蛋白质的培养基，由于 CHO 细胞表达的重组蛋白为分泌型，因此使用第三代培养基可以方便地从培养基上清液分离纯化重组蛋白，简化了下游分离纯化工艺。CHO 细胞悬浮培养方法如下：

1）将驯化成功适应无 FBS 培养基的 CHO 细胞用胰蛋白酶消化、离心。

2）计数：可选择血细胞计数板或者全自动细胞计数仪（如 Thermo Fisher Scientific 公司的 Countess Ⅱ FL 全自动细胞计数仪）。以血细胞计数板细胞计数为例。首先根据细胞密度决定是否需要用培养基进行稀释以及稀释的倍数。用吸管吸取适量的细胞悬液轻轻滴于计数板上，使细胞悬液自由浸入盖片下方间隙，切忌有气泡产生。稍停片刻后，显微镜下对四角的四个大格内的细胞进行计数。压线细胞按照“计上不计下、数左不数右”的原则进行计数。按下述公式计算出细胞浓度：细胞数/mL=四个大格的细胞总数/4×10^4。细胞计数中，如遇到细胞成团的现象，将成团出现的细胞均算成一个细胞。

3）125mL 摇瓶中加入 30mL CHO 无血清悬浮培养基，其中含 1%的青霉素/链霉素双抗。

4）接种细胞密度为 $(5\sim6)\times10^5$ 细胞/mL，将相应的细胞量接种到悬浮培养瓶中。

5）放入二氧化碳振荡培养箱中，调整转速 120～130r/min。悬浮培养瓶固定在摇床上持续培养 7～9 天。

6）每天取样台盼蓝细胞计数，记录总细胞数及细胞存活率。染色使用 0.8%的台盼蓝染液，并按照 1∶1 的比例加入染色液，充分混合均匀。然后用移液枪从计数板的边缘加入，以完全充满为准，显微镜计数，方法如上。

7）从悬浮培养第四天开始从摇瓶中取样 1mL，1000g 离心 5min。将 80μL 上清液、20μL 蛋白质上样缓冲液混合均匀后，100℃煮样 5min，置于－80℃保存。每天取样后都需尽快煮样并保存，蛋白质易降解。其余上清液保存于－80℃用于后续实验。

第二节　HEK293 细胞表达系统

人源化细胞系用于重组蛋白药物的生产，其优点在于以下两个方面：一方面是具备人类细胞完全一致的 PTM 方式，虽然其他哺乳动物细胞具备和人细胞相似的 PTM 方式，但还是存在差别（Ghaderi et al.，2010）。已经证实 PTM 的糖基化影响蛋白质的活性、产量以及在循环系统的清除（Ghaderi et al.，2012）。羟乙酰神经氨酸（*N*-glycolylneuraminic acid，NGNA）的抗体普遍存在于人类细胞（Ghaderi et al.，2010）。Ghaderi 等（2010）利用 NGNA 敲除的鼠实验证实，抗 NGNA 抗体能够增加西妥昔单抗的免疫原性。此外，在接受西妥昔单抗治疗的结、直肠癌，头、颈部癌症患者中，大多数严重的过敏反应是与预先存在的 α-gal 抗体 IgE 有关（Ghaderi et al.，2012），这些抗体因具有人类细胞没有的多聚糖结构而改变其疗效或者免疫原性，因此人源细胞作为药物蛋白的表达系统非常有价值和意义。另一方面，人源细胞的高密度培养及高水平的蛋白质表达也是其具备的优势。目前，非人源化哺乳动物细胞系药物蛋白的表达量已经达到 50～90pg/(细胞・d)（PCD）及 1～5g/L 水平（Wells and Robinson，2017）。而人源细胞系 PER. C6 已经达到 27g/L 的抗体表达水平（李琴 等，2018；Swiech et al.，2012）。

一、HEK293 细胞的分类与优点

HEK 细胞是最早公布的 Ad5-转化的人类细胞系。HEK293 细胞是人肾上皮细胞系，有多种衍生株，比如 HEK293、293A、293T/17 等，来源都是人胚胎肾细胞，比较容易转染（表 1.5）。293 细胞系是原代人胚肾细胞转染 5 型腺病毒（Ad 5）DNA 的永生化细胞，表达腺病毒 5 的基因。商业化的 HEK 细胞均来源于 1977 年 Graham 转化的 HEK 细胞。目前，HEK293 细胞系已经成为一个常用的表达目的蛋白质的细胞株。

293T 细胞能同时表达 SV40 大 T 抗原。有些真核表达载体含 SV40 病毒的复制起始点（如 pcDNA3. 1）中，能够在表达 SV40 病毒 T 抗原的细胞系中复制，能够作为基因治疗表达高滴度的病毒基因载体，常用于生产腺病毒（Robert et al.，2017）。HEK293-EBNA1 细胞系能够稳定表达爱泼斯坦-巴尔病毒（Epstein-Barr virus，EBNA-1），受巨细胞病毒启动子调控，其生长速率及细胞密度比 HEK293 细胞高（李琴 等，2018；Halff et al.，2014）。

表 1.5　293 细胞系及瞬时表达系统（Geisse，2009）[①]

表达系统	细胞系特征	培养方式	载体系统
HEK. EBNA（HE，293-EBNA）	EBNA-1 转化(Invitrogen)	悬浮培养：ExCell293（SAFC Biosciences），Freestyle 293（Invitrogen）	pCEP4 载体（Invitrogen）/pEAK8、pcDNA 3.1、pTT 载体(加拿大国家研究委员会)
HEK. EBNA（HE，293-EBNA）	EBNA-1 转化 HEK293 细胞系	贴壁培养：DMEM＋10% FCS＋400μg/mL G418，不能悬浮	同上
293-SFE（293SF-3F6，NRC）	EBNA-1 转化，适合悬浮	悬浮培养：杂交瘤无血清培养基	pTT 载体
HEK293T	SV40 T 抗原转化	贴壁培养：DMEM＋10%血清	pCMV/myc/ER 及衍生物（Invitrogen）
293Freestyle（293-F）	HEK293 野生型	悬浮培养：Freestyle 培养基(Invitrogen)	pcDNA 3.1、pCMV SPORT 载体
HKB-11 肾细胞和 B 细胞融合	Fusion of 293 cell with B-Cell lymphoma cell line	悬浮培养：拜耳公司培养基	pTAT/TAR 载体(拜耳公司)

①所有的细胞系能够在 DMEM 培养基或者 1∶2DMEM/Ham's F12 混合培养基，补充 10%胎牛血清培养。

293FT 细胞能生产高滴度的慢病毒。因此，293T 细胞广泛应用于病毒包装。293A 是 293 后来建的细胞亚株，来源于人肾纤维母细胞，组成性表达 E1A 蛋白和 E1B 蛋白。A 是 adhere 的意思，做计算病毒数量的空斑试验（plaque assay），293A 细胞是均匀的一层，不发生细胞重叠、无细胞空隙。HEK293T 通常用于哺乳动物蛋白质的表达，但被认为具有生物危险性，应在生物安全级别Ⅱ进行处理。穿戴适当的个人防护服，使用无菌技术在认可的生物安全柜内进行工作，所有废物和表面应按照要求进行消毒。建议在使用前对细胞进行支原体污染测试。细胞可用环丙沙星（10μg/mL）处理 10d，以根除任何来源的支原体污染。

HEK293 能够在 SFM 悬浮生长，易转染，具备生产重组蛋白药物的优点（Nettleship et al.，2015；Karengera et al.，2017）。对 HEK293 细胞进行驯化和改造，目前已经培育出能在 SFM 生长迅速、转染效率高、表达水平高的细胞系，如 HEK293H、293F 等（Vink et al.，2014）。迄今已有 5 种由 HEK293 细胞系生产的重组蛋白药物获美国 FDA 或欧洲 EMA 批准生产。目前应用于临床的 Drotrecogin alfa（活化蛋白 C），是美国 FDA 批准的第一个治疗严重败血症药物（商品名为 Xigris），Xigris 具备前肽断裂及谷氨酸残基羧化作用的 2 种 CHO 细胞不能完成的 PTM 方式（Berkner，1993；Kahn and Le，2016）。重组因子Ⅸ Fc 融合蛋白（rFⅨFc）和重组因子Ⅷ Fc 融合蛋白（rFⅧFc）是 2014 年 FDA 批准的 2 种用于预防和控制血友病 A 和 B 出血的重组蛋白药物（Fischer et al.，2017；Iorio et al.，2017），目前已获加拿大、澳大利亚和日本等多个国家批准。rFⅧFc 和 rFⅨFc 都是由 HEK293 细胞生产，富含 γ-羧基谷氨酸域，依赖于维生素 K12 谷氨酸残基 γ-羧化作用修饰谷氨酸残基，形成 γ-羧基谷氨酸，是 Factor Ⅸ（FⅨ）活性的基本 PTM 方式，这种方式促进 FⅨ结合到磷脂膜上。和 CHO 细胞相比，HEK293 细胞具有活性更高的 γ-羧化活性，因此更适合表达 rFⅨFc（Berkner，1993）。此外，FⅧ包含 6 个潜在的酪氨酸硫酸化位点，这对于 FⅧ的功能及结合到血管性血友病因子（von Willebrand factor，vWF）至关重要。已经证实人源细胞表达的 FⅧ能够彻底发生硫酸化（Kannicht et al.，2013；Peters et al.，2013）。

重组人凝血因子Ⅷ作为一种用于治疗血友病 A 凝血因子Ⅷ的替代产品，在 HEK293-F 细胞系成功表达，已获 EMA 批准（Octapharma，2014）。这种产品和人 FⅧ具备相似的糖基化修饰方式，没有发生 α-1，3-半乳糖和羟乙酰神经氨酸（*N*-glycolylneuraminic acid，NGNA）作用（Kannicht et al.，2013）。

胰高血糖素-1 类似肽 Fc 融合蛋白（dulaglutide）是 2014 年 FDA 批准的用于治疗Ⅱ型糖尿病的药物，是用 HEK293-EBNA 细胞生产的。大量临床数据证实其疗效优于二肽基肽酶抑制剂拮抗剂——艾塞那肽（exenatide）、不低（non-inferiority）于利拉鲁肽（liraglutide）（Blonde et al.，2015；Wysham et al.，2015；李琴等，2018）。

二、HEK293 细胞培养与鉴定

（一）HEK293 细胞培养

哺乳细胞的大规模培养方式有三种：贴壁培养、微载体培养和无血清悬浮培养。293T 细胞的大规模培养可用这三种方式进行。293T 细胞能生长在降低血清浓度的培养基中，培养基中含 Ca^{2+} 或不含 Ca^{2+} 都能生长良好。HEK293 细胞贴壁培养采用的培养基为 DMEM＋丙酮酸钠＋10％血清＋青链霉素。

HEK293 细胞购自美国 ATCC，登录号为 CRL-1573。除了原来的 Ad5 转化细胞系外，ATCC 还保留了另一个名为 HEK293E 的变种，该变体已被 Epstein-Barr（EBNA1）病毒转化。HEK293T 含有 SV40 病毒转化产物，并未广泛使用。除非保持在 37℃，否则这些细胞不会附着在基质上，因此，它们可以在悬浮液中不受机械损伤的情况下运输。一般情况下，细胞可以在 37℃、5％ CO_2、95％空气湿度的培养箱中连续培养，但随着传代次数的增加，细胞的健康状况（即形态、生长速率、翻译效率）会下降。

一般情况下，从 ATCC 获得的一批新细胞应先生长至 70％融合，经连续两次传代，然后在液氮中冷冻保存。从该细胞的自然表型、转染效率和电生理稳定性来看，从该原种复苏和铺板的细胞传代 20～30 次是可靠的。

293 细胞在酸性环境条件下可以正常生长，pH 值在 6.9～7.1 条件下，能够顺利贴壁。在低代时 293 细胞生长良好、易贴壁，但几十代传代后，易脱落，贴壁不牢，聚集成团。细胞换液时用 PBS 冲洗可能造成细胞脱落，因此购入时最好先大量冻存，以免造成细胞丢失。293 细胞复苏时，贴壁所需时间长且贴壁不牢，细胞会发生不同程度的肿胀。刚复苏的细胞贴壁很慢，建议复苏后 48h 左右再观察细胞贴壁，并进行首次更换培养基较为合适，24h 内应尽量减少观察次数或不观察，以免因晃动而影响细胞贴壁。如果用一次性培养瓶能够增加细胞贴壁牢固度，换液前将培养基预热为宜。根据293细胞贴壁不牢的特性，进行细胞传代和复苏时不进行离心处理，直接加入胰酶消化液培养6～8h，轻轻振荡细胞培养瓶，切忌反复剧烈吹打细胞，待细胞贴壁后更换新鲜培养基。

（二）HEK293细胞核型

HEK293是上皮细胞，来源于人体肾脏，为亚三倍体人细胞系（图1.5），多数细胞有三条X染色体，两条Xq+，一条Xp+。模式染色体为64，30%的细胞有64条染色体。4.2%的细胞染色体数目更多。多数细胞der（1）t（1；15）（q42；q13）、der（19）t（3；19）（q12；q13）、der（12）t（8；12）（q22；p13），有4条标记染色体，有的细胞另有5条标记染色体。der（1）与M8（或Xq+）常常成对出现。

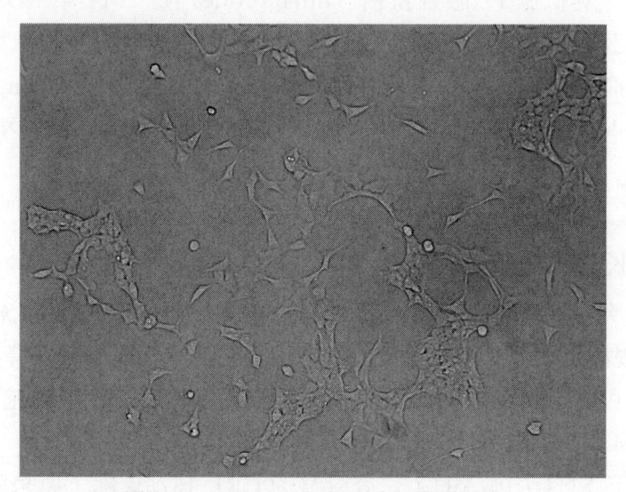

图1.5 HEK293细胞形态（附彩图）

（三）HEK293细胞鉴定

在重组蛋白和疫苗研发中，对早代的HEK293细胞及其细胞种子库进行鉴定，明确和鉴别细胞的来源及传达过程中是否存在其他细胞污染尤其重要。STR基因分型方法是进行细胞交叉污染和传代稳定性鉴定最有效和最准确的方法。

鉴定方法如下：

① HEK293细胞复苏和传代培养见上。

② 细胞DNA的提取：收集约10^6个细胞，采用DNA提取试剂盒提取细胞DNA，A260/A280测OD值，计算提取的DNA浓度和纯度。

③ PCR扩增：根据扩增的STR序列设计PCR引物，进行PCR扩增。具体扩增体系和程序根据不同的STR序列进行摸索。

④ 扩增产物的分析：对STR位点图谱进行分析，和ATCC的图谱进行比对。

ATCC对293细胞STR图谱分析参考标准为9位点，分别是Amelogenin、D16S539、D19S433、D6S1043、D12S391、D2S1338、D5S818、TH01和TPOX，中国食品药品检定研究院对293细胞STR图谱分析参考标准为16个位点，分别是

Amelogenin、vWA、D21S11、D18S51、PentaE、D5S818、D13S17、D7S820、D16S539、FGA、D3S1358、TH01、D8S1179、TPOX、CSFIPO和PentaE。吴洁等（2012）采用20个基因位点检测，在兼容了9个基因位点和16个基因位点的数据之外，又增加4个高度多态性基因位点（D19S433、D6S1043、D12S391和D2S1338），比较的范围更广，具有更多的遗传信息和更高的准确性。

第三节　其他哺乳动物细胞

一、人源化细胞系

与鼠源性细胞相比，人源性的细胞表达用于治疗人体疾病的重组蛋白具有得天独厚的优势。鼠源细胞系中诸多的糖基化方式与人源细胞不尽相同，其中N末端的糖基化大体相同，但会产生免疫原性较强的Galal-3Gal残基，唾液酸组成与人源细胞也不同。另外，鼠源细胞系如CHO细胞中缺乏某些糖基转移酶，包括α-2,6-唾液酸转移酶、α-1,3/4-墨角藻糖转移酶、N-乙酰葡糖胺转移酶等（Grabenhorst et al.，1999）。例如，CHO细胞表达的子宫内膜蛋白缺乏天然蛋白GdA中的部分糖链，使得其结构与天然蛋白质结构相异（Lee et al.，2009）。因此，使用人源细胞株表达用于治疗人体疾病的重组蛋白将会成为今后发展的趋势。表1.6总结了人源细胞系与鼠源细胞系糖基化结构的区别。

表1.6　人源细胞系与鼠源细胞系糖基化结构的区别（Swiech et al.，2012）

特性	影响	CHO细胞	NS0细胞	人源细胞
唾液酸化	蛋白水解敏感性清除率	可变	可变	35%～40%
N-乙酰神经氨酸	人源糖结构	高	低	100%
N-羟乙酰神经氨酸	免疫原性	低	>50%	不发生
α-2,6-唾液酸	未知	不发生	不发生	可变
α-1,3-半乳糖基	预先存在的抗体(增加清除率)	可变	高	不发生
平分型N-乙酰-D-葡萄糖胺	抑制核心岩藻糖基化	不发生	不发生	10%
缺乏核心岩藻糖基化	增加抗体依赖性细胞毒性和Fcγ结合	5%	10%～50%	5%
G0结构	二聚体增多;G2增加补体依赖性细胞毒性	可变	可变	低

（一）HT-1080细胞系

HT-1080细胞是一种人纤维肉瘤细胞，通过基因激活技术产生的细胞系，目前有4种HT-1080细胞生产的蛋白质药物上市生产（Nettleship et al.，2015）。促红细胞生成素（erythropoietin，EPO）于2002年由EMA批准，用于修复和维持透析治疗的慢性肾脏病患者的血红蛋白水平。研究表明，HT-1080细胞产生的Epoetin delta和CHO细胞产生的红细胞生成素具有不同的糖基化方式，包括缺乏NGNA（Reichel；2013；Shahrokh et al.，2011）。艾杜糖醛酸-2-硫酸酯酶（iduronate-2-

sulfatase，idursulfase，ELAPRASE）是一种用于治疗亨特氏综合征（黏多糖累积病Ⅱ型）的酶，亨特氏综合征的患者体内缺乏艾杜糖醛酸-2-硫酸酯酶，该酶对机体内诸如葡糖胺聚糖（glucosaminoglycan，GAG）这样的碳水化合物循环利用非常重要。α-半乳糖苷酶是2001年由EMA批准用于治疗法布里病（Fabry disease）的蛋白质药物，和CHO细胞生产的β-阿加糖酶（β-agalsidase beta）相比，α-半乳糖苷酶具有相似的酶动力学，但α-半乳糖苷酶在法布里病人纤维母细胞吸收较少，在鼠的心、肾、脾等器官累计浓度较低（Pisani et al.，2017）。第4种由HT-1080细胞生产的蛋白质药物是α-葡糖脑苷脂酶（velaglucerase alfa），是2010年FDA和EMA批准用于治疗1型高歇氏病的药物（Elstein et al.，2014；Nettleship et al.，2015；Zimran et al.，2015；Zimran et al.，2018），和由CHO细胞生产的伊米苷酶（imiglucerase）及胡萝卜细胞产生的α-他利苷酶（taliglucerase alfa）相比，这些产品有不同的多聚糖方式，具备可比拟的巨噬细胞吸收方式、体外酶活性、稳定性、器官分布及有效性（Ben Turkia et al.，2013；Tekoah et al.，2013；李琴 等，2018）。

（二）PER. C6

PER. C6细胞最早由人胚胎视网膜细胞转染Ad5 E1A和E1B病毒产生（Fallaux，1998），最初用于生产疫苗和基因治疗的腺病毒载体。PER. C6细胞能够在SFM培养基上悬浮或贴壁高密度生长（$>10^7$细胞/mL），因此能够产生高水平的重组蛋白（Arnold and Misbah，2008；Tsuruta et al.，2016）。此外，无需选择压力及基因扩增，较低水平的基因拷贝就能生产足够的IgG（Jones et al.，2003）。一些利用PER. C6细胞系产生的重组蛋白产品已进入Ⅰ期、Ⅱ期临床阶段（Kahn and Le，2016），包括以粒-巨噬细胞集落刺激因子（granulocyte-macrophage colony stimulating factor，GM-CSF）为靶标的人单克隆抗体MOR103和抗狂犬病毒抗体CL184（Nagarajan et al.，2014）。研究表明，活动性中度类风湿性关节炎患者对MOR103抗体耐受良好，药物安全性高。Ⅰ期临床试验证明，抗体CL184能够快速中和狂犬病毒活性（李琴 等，2018）。

（三）CAP细胞系

CAP细胞系来源于人羊水细胞，通过5型腺病毒E1转染永生化而成，这个细胞系具备高水平生产重组蛋白药物的能力，能表达完全糖基化和唾液酸蛋白（glycosylated and sialylated protein），表达量高达30pg/(细胞·d)（Schiedner et al.，2008），并且在无选择压力情况下能够稳定传代90代。CAP细胞系已经引起研究者及企业的极大兴趣（李琴 等，2018）。

（四）HKB-11细胞系

HEK293细胞在大规模细胞培养过程中，会产生细胞凝结。为避免这种现象，Cho等（2002）用PEG方法融合293S细胞和2B8细胞，筛选出一株能够在SFM高密度悬浮培养（8.6×10^6细胞/mL），并且高水平表达细胞因子［interleukin（IL）-2及IL-4］、ICAM-1及rFⅧ的细胞克隆，命名为HKB11细胞系，其表达水平可以与

293 细胞和 CHO 细胞相比，是一种可用于人类药物蛋白生产的良好宿主细胞系（Biaggio et al.，2015；李琴 等，2018）。

（五）HuH-7 细胞系

HuH-7 细胞系来源于人的肝癌细胞（Enjolras et al.，2015）。研究表明，HuH-7-CD4 细胞能够产生具备人源细胞糖基化的重组因子Ⅸ，PTMs 方式如糖基化、唾液酸化作用、磷酸化作用及硫酸盐化，与血浆源重组因子Ⅸ（rFⅨ）类似，优于 CHO 细胞产生的 rFⅨ（Enjolras et al.，2015）。最近，HuH-7 细胞系用于生产 rFⅨ的突变体，提高活化 FⅧ的亲和力（李琴 等，2018）。

二、非人源化细胞系

除了 CHO 细胞系，也有几种非人源化细胞系适合重组蛋白的生产。仓鼠幼肾（baby hamster kidney，BHK）细胞也是常用的鼠源哺乳动物细胞表达系统。现已有由 BHK 细胞生产的重组蛋白药物，如Ⅶa 因子（NovoSeven）、重组人凝血因子Ⅷ（Kogenate）、重组猪凝血因子Ⅷ（Obizur）。Ⅷ因子可能是最大的（约 300kDa）、最复杂的（大约有 25 个 *N*-糖基化位点、很多个 *O*-糖基化位点、6 个酪氨酸硫胺酸化位点、7 个二硫键）、最难表达的重组蛋白（Soukharev et al.，2002）。Ⅷ因子在酪氨酸残基上的硫酸化效果不仅与Ⅷ因子的生物活性相关，同时也与凝血因子的结合活性相关（Moore，2003）。这也证明了 BHK 细胞在翻译后加工修饰功能方面的强大。

NS0 细胞是小鼠浆细胞瘤细胞，不需要基因扩增的过程就可以得到高表达细胞株，这一特点不但可以节约 6 个月的工程细胞株开发时间，而且可以大大简化药物申报时对细胞株稳定性的鉴定工作。此外 NS0 细胞是悬浮培养的细胞，不需要从贴壁到悬浮的驯化过程，这也是其相对于 CHO 细胞的优势之一。Sp2/0-Ag14 细胞株是 1978 年因特定抗体生产需求建立起来的（Shulman et al.，1978）。国际制药公司已经应用 NS0、Sp2/0 细胞生产出 Empliciti 等多种单抗药物（Ghaderi et al.，2012），见表 1.7。

表 1.7　部分上市抗体的来源及优缺点分析

细胞系及来源	上市抗体	优点	缺点
CHO DHFR-（ATCC CRL 9096）	Avastin、Campath、Herceptin、Humira、Raptiva、Rituxan、Vectivbix、Xolair、Zevalin、Tocillizumab 等	遗传背景清晰，产业化应用广泛	非人源糖基化修饰（如 NeuGc 型唾液酸，高甘露聚糖等）
NS0（ATCC CRL-1827，ATCC CRL-2695，ATCC CRL-2696）	Mylotarg、Soliris、Synagis、Tysabri、Zenapax、Arzerra、RAXIBACUMAB、Cyramza、Portrazza、Emplicit、ANTHIM、Clinqair、inbryta、Lartruvo	缺乏内源性谷氨酰胺合成酶，更适合 GS 筛选系统	培养过程须添加外源胆固醇；非人源糖基化修饰，如(α-1,3)-半乳糖结构
Sp2/0（ATCC CRL-2016）	Erbitux、Remicade、Reopro、Simponi、Ilaris、STELARA、Unituxin	能无血清悬浮培养	非人源糖基化修饰，如 α-(1,3)-半乳糖结构

续表

细胞系及来源	上市抗体	优点	缺点
Murine Hybridomas	Bexaar、Othoclone、Simulect 等	鼠杂交瘤技术成熟	多用于表达鼠源抗体
E. coli	Lucentis、CIMZIA、NPlate	技术成熟，培养成本低	只适合表达抗体片段

在过去的三十多年中，哺乳动物细胞已成为重组蛋白药物生产的主要表达系统。所使用的细胞系主要为CHO细胞，此外人源化细胞系因为在PTM方面的优势显示出了广阔的前景。每种表达系统都有自己的优势和不足。对表达系统遗传调控机制的研究，以及新的分子细胞生物学技术的应用，如基因编辑技术、基因过表达、基因沉默技术及细胞工程技术等，加上培养基研发、生产工艺优化、大规模细胞培养、重组蛋白质量及蛋白质纯化等方面的进步，进一步促进了哺乳动物细胞生产重组蛋白的进展。降低生产成本和提高治疗药物的安全性，主要依赖于细胞系工程和蛋白质生产技术的持续进步。随着理论和技术的不断发展，加上人们对细胞代谢、信号传导等方面研究的持续深入以及新的分子和细胞技术的研究和应用，未来还将会继续提高哺乳动物系统生产重组蛋白的表达水平和安全性，同时将会有新的适合重组蛋白表达的细胞系开发。

参考文献

李琴，王天云，王小引，郭潇，林艳，2018. 用于重组药物蛋白生产的人源化细胞系研究进展. 中国免疫学杂志，8：42-43.

吴洁，李剑波，毛子安，2012. 短串联重复序列图谱分析法鉴定HEK293细胞传代的稳定性. 国际流行病学传染病学杂志，6：365-368.

Arnold D F，Misbah S A，2008. Cetuximab-induced anaphylaxis and IgE specific for galactose-alpha-1，3-galactose. N Engl J Med，358：2735.

Ben Turkia H，Gonzalez D E，Barton N W，Zimran A，Kabra M，Lukina E A，Giraldo P，Kisinovsky I，Bavdekar A，Ben Dridi M F，Gupta N，Kishnani P S，Sureshkumar E K，Wang N，Crombez E，Bhirangi K，Mehta A，2013. Velaglucerase alfa enzyme replacement therapy compared with imiglucerase in patients with Gaucher disease. Am J Hematol，88：179-184.

Berkner K L，1993. Expression of recombinant vitamin K-dependent proteins in mammalian cells：factors Ⅸ and Ⅶ. Methods Enzymol，222：450-477.

Biaggio R T，Abreu-Neto M S，Covas D T，Swiech K，2015. Serum-free suspension culturing of human cells：adaptation，growth，and cryopreservation. Bioprocess Biosyst Eng，38：1495-1507.

Blonde L，Jendle J，Gross J，Woo V，Jiang H，Fahrbach J L，Milicevic Z，2015. Once-weekly dulaglutide versus bedtime insulin glargine，both in combination with prandial insulin lispro，in patients with type 2 diabetes (AWARD-4)：a randomised，open-label，phase 3，non-inferiority study. Lancet，385：2057-2066.

Cho M S，Yee H，Chan S，2002. Establishment of a human somatic hybrid cell line for recombinant protein production. J Biomed Sci，9：631-638.

Elstein D，Hughes D，Goker-Alpan O，Stivel M，Baris H N，Cohen I J，Granovsky-Grisaru S，Samueloff A，Mehta A，Zimran A，2014. Outcome of pregnancies in women receiving velaglucerase alfa for Gaucher disease. J

Obstet Gynaecol Res，40：968-975.

Enjolras N，Perot E，Le Quellec S，Indalecio A，Girard J，Negrier C，Dargaud Y，2015. In vivo efficacy of human recombinant factor Ⅸ produced by the human hepatoma cell line HuH-7. Haemophilia，21：e317-e321.

Fallaux F J，Bout A，van der Velde I，van den Wollenberg D J，Hehir K M，Keegan J，Auger C，Cramer S J，van Ormondt H，van der Eb A J，Valerio D，Hoeben R C，1998. New helper cells and matched early region 1-deleted adenovirus vectors prevent generation of replication-competent adenoviruses. Hum Gene Ther，9：1909-1917.

Fischer K，Kulkarni R，Nolan B，Mahlangu J，Rangarajan S，Gambino G，Diao L，Ramirez-Santiago A，Pierce G F，Allen G，2017. Recombinant factor Ⅸ Fc fusion protein in children with haemophilia B (Kids B-LONG)：results from a multicentre，non-randomised phase 3 study. Lancet Haematol，4：e75-e82.

Geisse S，2009. Reflections on more than 10 years of TGE approaches. Protein Expr Purif，64：99-107.

Ghaderi D，Taylor R E，Padler-Karavani V，Diaz S，Varki A，2010. Implications of the presence of N-glycolylneuraminic acid in recombinant therapeutic glycoproteins. Nat Biotechnol，28：863-867.

Ghaderi D，Zhang M，Hurtado-Ziola N，Varki A，2012. Production platforms for biotherapeutic glycoproteins. Occurrence，impact，and challenges of non-human sialylation. Biotechnol Genet Eng Rev，28：147-175.

Grabenhorst E，Schlenke P，Pohl S，Nimtz M，Conradt H S，1999. Genetic engineering ofrecombinant glycoproteins and the glycosylation pathway inmammalian host cells. Glycoconj J，16：81-97.

Halff E F，Versteeg M，Brondijk T H，Huizinga E G，2014. When less becomes more：optimization of protein expression in HEK293-EBNA1 cells using plasmid titration-a case study for NLRs. Protein Expr Purif，99：27-34.

Iorio A，Krishnan S，Myrén K J，Lethagen S，McCormick N，Yermakov S，Karner P，2017. Continuous prophylaxis with recombinant factor Ⅸ Fc fusion protein and conventional recombinant factor Ⅸ products：comparisons of efficacy and weekly factor consumption. J Med Econ，20：337-344.

Jones D，Kroos N，Anema R，van Montfort B，Vooys A，van der Kraats S，van der Helm E，Smits S，Schouten J，Brouwer K，Lagerwerf F，van Berkel P，Opstelten D J，Logtenberg T，Bout A，2003. High-level expression of recombinant IgG in the human cell line PER. C6. Biotechnol Prog，19：163-168.

Kaas C S，Kristensen C，Betenbaugh M J，Andersen M R，2015. Sequencing the CHO DXB11 genome reveals regional variations ingenomic stability and haploidy. BMC Genomics，16：160.

Kahn J M，Le T Q，2016. Adoption and de-adoption of drotrecogin alfa for severe sepsis in the United States. J Crit Care，32：114-119.

Kannicht C，Ramstrom M，Kohla G，Tiemeyer M，Casademunt E，Walter O，Sandberg H，2013. Characterisation of the post-translational modifications of a novel，human cell line-derived recombinant human factor Ⅷ. Thromb Res，131：78-88.

Karengera E，Robotham A，Kelly J，Durocher Y，De Crescenzo G，Henry O，2017. Altering the central carbon metabolism of HEK293 cells：Impact on recombinant glycoprotein quality. J Biotechnol，242：73-82.

Lee C L，Pang P C，Yeung W S，Tissot B，Panico M，Lao T T，Chu I K，Lee K F，Chung M K，Lam K K，Koistinen R，Koistinen H，Seppälä M，Morris H R，Dell A，Chiu P C，2009. Effects of differential glycosylation of glyeodelins on lymphocyte survival. J Biol Chem，284：15084-15096.

Moore K L，2003. The biology and enzymology of protein tyrosine Osulfation. J Biol Chem，278：24243-24246.

Nagarajan T，Marissen W E，Rupprecht C E，2014. Monoclonal antibodies for the prevention of rabies：theory and clinical practice. Antibody Technol J，4：1-12.

Nettleship J E，Watson P J，Rahman-Huq N，Fairall L，Posner M G，Upadhyay A，Reddivari Y，Chamberlain J M，Kolstoe S E，Bagby S，Schwabe J W，Owens R J，2015. Transient expression in HEK 293 cells：an alternative to E. coli for the production of secreted and intracellular mammalian proteins. Methods Mol Biol，1258：209-222.

Octapharma, 2014. European Commission publishes approval of Octapharma' s human cell line recombinant FⅧ (NUWIQ?) across all agegroups in haemophilia A. Octapharma press release [online], Available from: http: //www. octapharma. com/ en/ about/ newsroom/ press-releases/ news-single-view. html? tx _ ttnews [tt _ news] ¼ 528&cHash.

Omasa T, Takami T, Ohya T, Kiyama E, Hayashi T, Nishii H, Miki H, Kobayashi K, Honda K, Ohtake H, 2008. Overexpression of GADD34 enhances production of recombinant human antithrombin Ⅲ in Chinese hamster ovary cells. J Biosci Bioeng, 106: 568-573.

Peters R T, Toby G, Lu Q, Liu T, Kulman J D, Low S C, Bitonti A J, Pierce G F, 2013. Biochemical and functional characterization of a recombinant monomeric factor Ⅷ-Fc fusion protein. J Thromb Haemost, 11: 132-141.

Pisani A, Bruzzese D, Sabbatini M, Spinelli L, Imbriaco M, Riccio E, 2017. Switch to agalsidase alfa after shortage of agalsidase beta in Fabry disease: a systematic review and meta-analysis of the literature. Genet Med, 19: 275-282.

Reichel C, 2013. Differences in sialic acid O-acetylation between human urinary and recombinant erythropoietins: a possible mass spectrometric marker for doping control. Drug Test Anal, 5: 877-889.

Robert M A, Chahal P S, Audy A, Kamen A, Gilbert R, Gaillet B, 2017. Manufacturing of recombinant adeno-associated viruses using mammalian expression platforms. Biotechnol J, 12: 1600193.

Schiedner G, Hertel S, Bialek C, Kewes H, Waschütza G, Volpers C, 2008. Efficient and reproducible generation of high-expressing, stable human cell lines without needs for antibiotic selection. BMC Biotechnol, 8: 13.

Schimke R T, Kaufman R J, Alt F W, Kellems R F, 1978. Gene amplification and drug resistance in cultured murine cells. Science, 202: 1051-1055.

Shahrokh Z, Royle L, Saldova R, Bones J, Abrahams J L, Artemenko N V, Flatman S, Davies M, Baycroft A, Sehgal S, Heartlein M W, Harvey D J, Rudd P M, 2011. Erythropoietin produced in a human cell line (Dynepo) has significant differences in glycosylation compared with erythropoietins produced in CHO cell lines. Mol Pharm, 8: 286-296.

Shulman M, Wilde C D, Köhler G, 1978. A better cell line for making hybridomas secreting specific antibodies. Nature, 276: 269-270.

Soukharev S, Hammond D, Ananyeva N M, Anderson J A, Hauser C A, Pipe S, Saenko E L, 2002. Expression of factor Ⅷ in recombinant and transgenic systems. Blood Cells Mol Dis, 28: 234-248.

Swiech K, Picanço-Castro V, Covas D T, 2012. Human cells: New platform for recombinant therapeutic protein production. Protein Expr Purif, 84: 147-153.

Tekoah Y, Tzaban S, Kizhner T, Hainrichson M, Gantman A, Golembo M, Aviezer D, Shaaltiel Y, 2013. Glycosylation and functionality of recombinant β-glucocerebrosidase from various production systems. Biosci Rep Sep, 33: e00071.

Tsuruta L R, Lopes Dos Santos M, Okamoto O K, Moro A M, 2016. Genetic analyses of Per. C6 cell clones producing a therapeutic monoclonal antibody regarding productivity and long-term stability. Appl Microbiol Biotechnol, 100: 10031-10041.

Urlaub G, Käs E, Carothers A M, Chasin L A, 1983. Deletion of the diploid dihydrofolate reductase locus form cultured mammalian cells. Cell, 33: 405-412.

Vink T, Oudshoorn-Dickmann M, Roza M, Reitsma J J, de Jong R N, 2014. A simple, robust and highly efficient transient expression system for producing antibodies. Methods, 65: 5-10.

Wells E, Robinson A S, 2017. Cellular engineering for therapeutic protein production: product quality, host modification, and process improvement. Biotechnol J, 12: 1-12.

Wlaschin K F, Nissom P M, Gatti M D L, Ong P F, Arleen S, Tan K S, Rink A, Cham B, Wong K, Yap M, Hu W S, 2005. EST sequencing for gene discovery in Chinese hamster ovary cells. Biotechnol Bioeng, 91:

592-606.

Wurm F M, 2013. CHO Quasispecies—Implications for Manufacturing Processes. Processes, 1: 296-311.

Wysham C, Blevins T, Arakaki R, Colon G, Garcia P, Atisso C, Kuhstoss D, Lakshmanan M, 2015. Erratum. Efficacy and Safety of Dulaglutide Added Onto Pioglitazone and Metformin Versus Exenatide in Type 2 Diabetes in a Randomized Controlled Trial (AWARD-1). Diabetes Care 2014; 37: 2159-2167. Diabetes Care, 38: 1393-1394.

Zimran A, Elstein D, Gonzalez D E, Lukina E A, Qin Y, Dinh Q, Turkia H B, 2018. Treatment-nave Gaucher disease patients achieve therapeutic goals and normalization with velaglucerase alfa by 4 years in phase 3 trials. Blood Cells Mol Dis, 68: 153-159.

Zimran A, Wang N, Ogg C, Crombez E, Cohn G M, Elstein D, 2015. Seven-year safety and efficacy with velaglucerase alfa for treatment-naive adult patients with type 1 Gaucher disease. Am J Hematol, 90: 577-583.

（王天云　郭　潇）

第二章
基因工程

基因是DNA分子上具有遗传效应的DNA分子片段。基因工程是通过克隆基因DNA分子，与病毒、细菌、质粒或其他载体重组进行拼接，然后借助基因转染、转化技术，将目的基因转入到宿主细胞，借助宿主细胞使目的基因进行复制和表达的技术。

基因工程自20世纪70年代诞生以来，促进了生命科学快速发展。以基因工程为核心的现代生物技术已广泛应用到农业、工业、化工、环境、医药等各个领域，其中受影响最大的是医药卫生领域。发展迅速的基因工程技术不仅促进了基础医学学科的发展，也为生物制药和基因治疗的发展开辟了广阔的前景。基因工程技术的发展，使人们对生命本质有了新的认识，比如对疾病发生的分子机制、疾病的遗传特性、代谢性疾病的病因、免疫系统的功能、大脑功能的物理化学机理的理解，因此产生了对遗传性疾病和一些重大疑难疾病治疗的新途径。基于基因工程技术研发的药物主要用于弥补机体由于先天基因缺陷或后天疾病等因素所导致的体内相应功能蛋白质的缺失。基因工程从诞生至今，经过50多年来的不断进步与发展，已成为生物技术的核心技术并具有广阔的应用前景。

第一节　基因工程简介

一、基因工程概念

基因工程（genetic engineering）又称为DNA重组技术（recombinant DNA technique）、分子克隆（molecular cloning）、遗传工程（genetic engineering），是在

分子水平上将不同生物的基因进行体外剪接组合，和适当载体（质粒、噬菌体、病毒）DNA连接，转入细胞内进行扩增，并利用宿主细胞的酶、原料等使转入的基因在细胞内转录翻译进行表达，产生出所需要的蛋白质。基因工程有狭义和广义之分，狭义上仅指将目的基因和载体体外重组，导入宿主细胞，表达目的蛋白质。广义的基因工程由上游和下游两大技术组成。上游技术是指对基因进行重组、克隆和表达的体外设计和构建（即狭义基因工程）；下游技术是指对大规模培养的基因工程菌（细胞）所表达的产物进行分离纯化。所以广义的基因工程概念比较倾向于工程学范畴。广义的基因工程是高度统一的，上游设计的重组DNA必须以简化下游操作工艺和设备为准则，下游过程则是对上游重组宏图的体现和保证。

二、基因工程的发展史

基因工程是在分子遗传学和分子生物学综合发展的基础上逐步发展起来的，它的诞生，与当时的生命科技技术发展的状况密切相关，与此较为紧密的有理论上的三大发现和技术上的三大发明，这些发现和发明对基因工程的诞生起到了决定性的作用。

（一）理论上的三大发现

首先是DNA被证实是遗传物质，美国微生物学家O. T Avery等研究者于1944年在肺炎双球菌转化实验中通过细菌转化第一次证明了DNA是遗传物质，蛋白质不是遗传物质（Avery et al.，1944）。其次是DNA双螺旋模型的提出，1953年，Francis Crick和James Watson在前期工作的基础上结合他人的研究成果提出了DNA的双螺旋模型（Watson and Crick，1953）。紧接着为基因工程的诞生奠定坚实理论基础的是DNA的半保留复制和半不连续复制机理的阐明。后来，以Nireberg等为代表的科学家提出了“中心法则”和“操纵子学说”，经过努力，他们确定了一个密码子决定一个氨基酸，由三个核苷酸组成，即遗传信息以密码子方式传递，至1966年，64个密码子被全部破译，“中心法则”被提出，遗传信息传递的整个过程被阐明。Jacques Monod和Fancois Jacob于1961年提出了操纵子模型（Jacob，1961），即原核基因调控的普遍规律。

（二）技术上的三大发明

工具酶的发现和应用：20世纪60～70年代科学家相继分离并纯化了限制性核酸内切酶*Hin*d Ⅱ、*Eco*R Ⅰ，并发现DNA连接酶，特别是发现了T4 DNA连接酶具有高的连接活性，此外，还在RNA肿瘤病毒中发现了反转录酶，这些工具酶的发现和应用促进了基因工程技术的诞生。

载体的应用：基因工程技术的诞生离不开载体的发现和应用。

重组子导入受体细胞技术：1970年，利用$CaCl_2$成功进行了大肠杆菌的转化，标志着重组子导入受体技术诞生。

（三）基因工程技术的诞生

美国Stanford大学的研究者用*Eco*RⅠ切割SV40 DNA和λDNA并连接，首次成功地实现了DNA的体外重组（Jackson，1972）。1973年，Stanford大学的Cohen在体外用限制性内切酶*Eco*RⅠ切割大肠杆菌的抗四环素质粒PSC10和鼠伤寒沙门氏菌的抗链霉素的质粒RSF1010，把它们连接成新的重组质粒，接着转化进入大肠杆菌内，在含四环素和链霉素的平板培养基中，选出了抗四环素和链霉素的重组菌落（Cohen，1973）。Cohen成功地利用体外重组实现了细菌间性状的转移，确定了质粒可以作为携带克隆基因的载体，为重组DNA技术提供了实验基础，标志着基因工程的诞生。1974年Cohen等又用金黄色葡萄球菌中的耐药性质粒与大肠杆菌的耐药性质粒结合，得到了同样结果。接着他们又用高等动物非洲爪蛙的rRNA基因与大肠杆菌的质粒重组在一起，并转入大肠杆菌中，发现爪蛙的基因在细菌中同样可以复制与表达，产生与爪蛙rRNA完全一样的RNA。Cohen教授的基因克隆实验被全世界所关注，随后科学家设计出了一系列实验方案，使鉴定、分离、研究和运用基因变得更加简单和有效。

1976年，博耶和斯旺森在美国南旧金山注册登记了世界上第一家遗传工程公司“Genetech”，专门用于制造基因工程药物。1978年，Genetech公司成功在大肠杆菌生产出了胰岛素。1980年10月14日，纽约证券交易所仅开盘20min，Genetech公司的股票就从每股35美元飙升到89美元，是当时纽约证券交易所历史上增长最快的股票。1982年10月28日，美国FDA批准了由Eli Lilly公司正式生产的基因重组人胰岛素。基因工程重组人胰岛素，这个通过基因工程生产的革命性药物，将胰岛素的临床应用推动到空前未有的速度，同时也标志着制药工业一个全新历史阶段的到来。从1997年世界上第一支重组人胰岛素进入中国至今，它的全系列都已经进入到国家的基本药物目录。

（四）基因工程的发展

基因工程技术的诞生，从根本上改变了生物技术的本质。利用基因工程技术，人们可以根据自己的意愿对生物技术过程进行优化和遗传改变，可以使自然条件下存在的极其微量的有用的蛋白质分子生产变得简便、廉价。微生物和细胞成了胰岛素、干扰素、促生长激素等重组蛋白药物的“生产工厂”。另外，基因工程技术的发展也促进了基因诊断和基因治疗技术的迅速发展。

基因工程诞生以来，发展突飞猛进。随着新的分子生物学理论和技术的不断发展和进步，新的基因工程技术也不断发展和建立起来，迄今已经发展到第四代基因工程。

第一代基因工程为经典基因工程，主要是通过一定的技术手段获得目的基因，克隆到表达载体上，在宿主细胞实现目的蛋白质的高效表达，宿主细胞以细菌和酵母菌为主。

第二代基因工程称为蛋白质工程，在技术方面有许多与基因工程技术相同。主要采用定位致变或人工合成基因的方法对编码蛋白质的基因进行重新设计，改变编码蛋白质基因中的核苷酸序列，达到定向改造蛋白质的结构或创造出完全新型的蛋白质。如人胰腺核糖核酸酶（RNase）的改造，牛血清 RNase 是一种蛋白质二聚体，可以作为抗肿瘤药物，但长期使用这种异源蛋白质会导致人体产生抗体，减弱牛血清 RNase 的抗肿瘤作用。牛血清 RNase 与人胰腺 RNase 同源性超过 70%，可以改造人胰腺 RNase 为二聚体（图 2.1），作为人类肿瘤的治疗药物。蛋白质中的天冬酰胺和谷氨酰胺暴露在高温中，会发生脱氨基作用，变成天冬氨酸和谷氨酸，导致肽链折叠中的局部变化，可能导致活性丧失。当把酵母丙糖磷酸异构酶的第 14 位和第 78 位的天冬酰胺的任意一个改变为苏氨酸或异亮氨酸都可增强酶的稳定性，长效胰岛素就是通过将天冬氨酸残基置换成甘氨酸得到的。

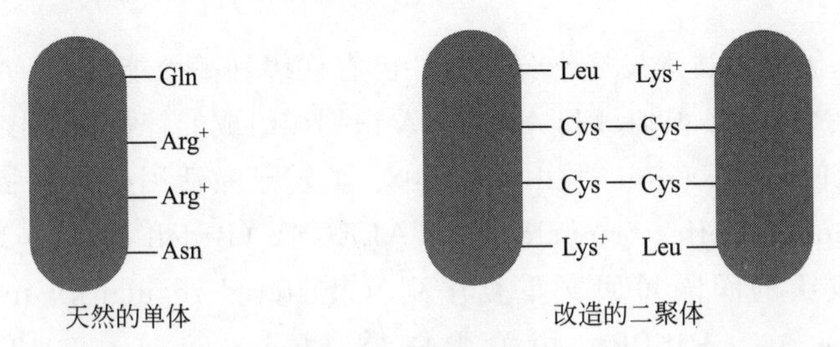

图 2.1　天然的单体人胰腺核糖核酸酶改造为二聚体人胰腺核糖核酸酶

（源自 B. R. 格利克、J. J. 帕斯捷尔纳克主编，陈丽珊、任大明主译的《分子生物学技术——重组 DNA 的原理与应用》，化学工业出版社，2005）

第三代基因工程是定向改造细胞的代谢途径，是基因工程的延伸，称为代谢工程（metabolic engineering）或代谢设计（metabolic design）或途径工程（pathway engineering），通过对细胞代谢途径的改造以达到对产物性质和细胞性能的改造。基因工程的改造一般只涉及少量基因，比如将编码某种药物蛋白的单一基因导入酵母，利用酵母的繁殖来表达这种药物蛋白。而代谢工程涉及的是基因的大幅度改变，涉及的基因改变数量远比基因工程庞大。如紫杉醇要想在 *E. coli* 中表达生产，必须导入一整套相关途径酶的全部基因，并且要敲除 *E. coli* 中原有代谢通路中要害和不必要的通路，从而构建一系列原来 *E. coli* 中没有的紫杉醇的代谢途径，使其可以在 *E. coli* 中表达生产。还比如在酿酒酵母糖基人源化的改造中，为了产生具有人源化的寡聚糖蛋白和 *O*-连接寡糖，需要突变酵母的 4 个基因，导入 1 个人的糖基转移酶基因才能够实现表达蛋白质的糖基化。由于涉及多基因的联合协同表达控制机制，与传统的第一代基因工程即单基因表达蛋白质多肽以及第二代基因工程的定向突变基因已有显著的区别。

第四代基因工程又称为基因组工程（genome engineering），对细胞的基因组进行工程性操作，以产生有用的、新的生物体性状，如对基因组 DNA 进行改造、编辑和重组以实现细菌品种的改良、农作物产量的提高或是生产用于治疗的干细胞等。

一般基因组工程采用的载体不是基因工程常用的质粒或病毒载体，通常是人工染色体，容纳的基因可达几十到几百个，甚至几千个，是基因群的克隆和表达，而且能够根据生理活动控制基因表达。克隆 DNA 片段长度可达几千千碱基对（kb），也称为 Mb 级工程性遗传操作。宿主细胞主要以酵母和哺乳类培养细胞为主。Annaluru 等以野生型酿酒酵母第Ⅲ号染色体的 317kb 序列为蓝本，设计并合成了一个 273kb 长的功能性染色体模仿物 synⅢ。改造内容包括终止密码子的置换，亚端粒区、内含子、tRNA 基因、转座子、交配位点 a 的删除及 96 个 loxP 元件的插入，这条人工设计和改造的染色体对细胞生长无损害，且表现出多代遗传稳定性（Annaluru et al.，2014）。将化学合成的蕈状支原体基因组克隆在酵母中，经甲基化修饰后移植到山羊支原体受体细胞中，由此生成了一个基因组最小化的蕈状支原体化学合成型活性细胞 JCVI-syn3.0，仅含 473 个基因，但生长速度降低为原来的 1/2（Hutchison C A et al.，2016）。

近年来，基因编辑技术发展十分迅速，已有许多种高效能的 DNA 靶向内切酶被发现，比如由一个 DNA 剪切域和一个 DNA 识别域组成的锌指核糖核酸酶（zinc finger nuclease，ZFN）（Carroll et al.，2011）、类转录激活因子效应物核酸酶（transcription activator-like effector nuclease，TALENS）（Bedell et al.，2012；Li et al.，2011）和规律成簇的间隔短回文重复序列（clustered regulatory interspaced short palindromic repeats，CRISPR）相关蛋白质（Cong et al.，2013；Mali et al.，2013）。利用 CRISPR/Cas9 系统在哺乳动物活细胞内对基因组上的各基因进行定向敲除，由此建立起基因与表型之间的因果关联。在该系统中，细菌来源的核酸内切酶 Cas9 能在短小单链 RNA（sgRNA）的指导下，序列特异性地定位并作用于复杂基因组上，从而实现对哺乳动物大型基因组各区域的功能查询（Shalem et al.，2014；Wang et al.，2014）。这些靶向内切酶均可以特异性地结合到 DNA 的特定位点并进行切割，引起 DNA 双链断裂（double-strand break，DSB），随后细胞利用自身的修复机制（DNA repair pathway）修复断裂的双链，从而实现对靶基因的编辑。在断裂位点的修复方式可以是同源重组（homology-directed recombination，HDR），也可以是非同源末端连接（non-homologous endjoining，NHEJ）。目前，这些基因编辑技术已成为基因组工程学极其有力的基本工具，同时，这些技术的应用也为生命科学带来新的发展和突破。

三、基因工程的应用和基因工程医药的前景

（一）基因工程的应用

依照人们的主观意愿来控制基因的基因工程，可以将不同种类的一些生物基因组合到一起，创造出自然界中并不存在的新生物类型，打破了不同物种在亿万年形成的天然屏障。目前，基因工程已经在工业、农牧业、医药卫生、环境保护等各方面得到了广泛应用。下面仅以其在生物制药和基因治疗方面的应用进行叙述。

1. 生物制药中的应用

利用基因工程技术，人们可以生产自然界中微量存在或者难以得到的蛋白质。自

从1982年基因工程第一个产品——人胰岛素投放市场以来，已经有许多的基因工程产品和蛋白质药物上市，对人类健康起到了重要作用。如在基因工程胰岛素问世之前，仅仅依赖从牛、猪等动物的胰腺来提取胰岛素，提取4～5g胰岛素大约需要100kg胰腺，如此之低的产量，可想而知价格有多高。利用基因工程在*E.coli*生产胰岛素，每2000L培养液就能产生100g胰岛素。再如治疗病毒感染的"万能灵药"——干扰素（interferon，IFN），如果从人的血液中提取，大约1mg就需要300L血，其价格之高就不言而喻了。利用基因工程生产的人干扰素α-2b（安达芬），具有抗病毒、调节人体免疫功能、抑制肿瘤细胞增生等作用，是第一个中国利用基因工程技术产生的人干扰素，广泛应用于病毒性疾病和各种肿瘤的治疗。另外，利用基因工程技术实现了乙肝疫苗、白细胞介素等的大规模生产，为人类疾病的解除、健康水平的提高发挥了重要作用。

利用基因工程技术生产的药物主要包括：基因工程（重组）细胞因子类药物、激素类、抗体类、溶栓和抗凝血及其他活性蛋白质药物等。细胞因子类药物在体内含量很低，纯化困难。利用基因工程技术，许多新的细胞因子被发现和大量生产，如干扰素、集落刺激因子（colonystimulating factor，CSF）、肿瘤坏死因子（tumor necrosis factor，TNF）、白细胞介素（interleukin，IL）、趋化性细胞因子（chemokine）、趋化因子（chemokine）等六个家族。激素是内分泌细胞分泌的活性物质，体内含量很少。按照化学结构激素可以分为蛋白质/多肽类激素和类固醇激素。重组激素目前批准上市的有重组人生长激素、胰岛素、人促卵泡激素和人甲状旁腺激素等。治疗性抗体是当前国际生物技术研究的热点，目前，FDA已经批准50余种单克隆抗体类药物，其中多个药物实现了超级重磅炸弹级别的销售额。利用基因工程生产的溶栓和抗凝血药物有重组组织型纤溶酶原激活剂、链激酶、葡激酶、bat-PA、R-PA、水蛭素等。其他重组蛋白药物包括可溶性受体和黏附分子药物、抗菌肽类药物、骨形成蛋白等。

此外，基因工程还可以生产出大量质优价廉的抗病毒疫苗和诊断试剂，对于传染病和肿瘤等的预防和治疗具有重要的意义。

2. 基因治疗中的应用

基因治疗（gene therapy）指将正常的外源基因或者有治疗作用的外源DNA序列导入靶细胞，替代或矫正引起疾病的DNA序列。基因治疗一般可借助基因置换、基因修饰、基因失活、基因修正等手段，通过基因水平的操作进而达到预防或治疗疾病的目的。基因治疗过程的实质是基因工程技术的应用。

1990年临床上首次将腺苷脱氨酶（adenosine deaminase，ADA）基因导入患者白细胞治疗重度联合免疫缺损症，这次治疗的成功使基因治疗迅速发展起来。基因治疗的方案在过去的近30年中，也在不断发展和调整。基因治疗的范围也已经由过去的单基因遗传病扩展到恶性肿瘤、心脑血管疾病、神经系统疾病、代谢性疾病等。基因治疗包括缺陷基因的精确原位修复、基因增补、基因沉默或失活。基本过程分为5个步骤：选择治疗基因、选择载体、选择靶细胞、治疗基因导入、治疗基因表达的检测。常用的基因治疗载体有逆转录病毒、腺病毒、腺相关病毒、单纯疱疹病毒等。基因治疗常用的靶细胞有造血干细胞、皮肤成纤维细胞、肌细胞等。

目前已经批准的基因治疗方案已经有两百种以上，可治疗的疾病包括肿瘤、艾滋病、遗传病和其他疾病。虽然在基因治疗方面取得了很大的进步，但还存在一些问题需要进一步解决：①有效治疗基因如何选择的问题；②目前基因治疗使用最多的载体是病毒载体，效率较高，但却存在潜在的风险和危险，因此如何构建安全有效的表达载体是基因治疗的关键；③治疗基因如何定向导入靶细胞并获得高表达的问题；④由于对真核生物基因表达调控机制理解有限，对治疗基因的表达无法做到精确调控，也无法保证安全性；⑤缺乏准确的疗效评价体系。

（二）基因工程医药前景

由于基因工程能够按照人们意愿设计出许多新的遗传结合体，增强了人们改造生物体的主观能动性、预见性，其应用前景十分广阔。基因工程技术的迅速发展为生物制药和基因治疗的发展开辟了广阔的前景，同时也为人类疾病的诊断、治疗提供了新的方法和技术。同时，基因工程技术为生物药品的生产带来了根本性变化，如激素、酶、抗体等这些价格昂贵、生产困难的药品，可以通过基因工程技术提高其产量和质量，大幅度降低其生产成本，降低了患者的经济负担。另外，基因工程技术的发展使药品的开发发生了根本性转变，传统的方式是化学合成药物或在微生物代谢产物中进行筛选有效成分作为新的药物。基因工程开发的新药能够根据疾病的发病机制，合成用于治疗疾病的有效编码基因，通过基因重组技术将目的基因进行表达，用于疾病的治疗。基因工程技术不仅是药物生产的主要手段，同时也促进了医药学的发展。目前，以基因工程药物为主导的基因工程应用产业已成为全球发展最快的产业之一，在很多领域特别是疑难病症治疗方面，基因工程药物起到了传统化学药物难以达到的作用。细胞因子、疫苗、抗体、激素和寡核苷酸等基因工程药物对预防人类的肿瘤、遗传病、心血管疾病、糖尿病、包括艾滋病在内的各种传染病起到了重要作用。随着人类基因组计划的完成，以及蛋白质组学、代谢组学、生物信息学等研究的不断深入，基因工程制药必将会进一步获得突破性进展，为保障人类健康做出更多更大的贡献。展望未来，必将是基因工程迅速发展和日趋完善的未来，也是基因工程产生巨大效益的未来。基因工程在医药卫生、食品工业、环境保护等各个领域都将有更加广阔的发展前景，成为21世纪的主导产业。就医药卫生方面，生物医药必将成为重点发展产业，基因工程将成为疫苗、抗体、激素等基因工程药物研发的主流技术：①开发针对肿瘤、心血管系统疾病、艾滋病等免疫缺陷重大疾病的生物技术产品；②疫苗、单克隆抗体的诊断试剂和相应药物的研发等，尤其是人源化的单克隆抗体的开发；③血液制品的研究与开发，尤其是血液替代品。目前的血液制品主要是通过大批混合的人体血浆制成的，鉴于人血难免被各种病原体如艾滋病病毒及乙肝病毒等污染，通过输血可能使被输血患者感染艾滋病或肝炎，因此开发基因工程相关血液替代品成为新的发展方向。

第二节　哺乳动物细胞基因工程

基因工程是指从某一生物体克隆或合成目的基因，连接合适的表达载体，转移到另一种生物体内进行复制和表达的技术。基因工程主要涉及目的基因、载体和宿主细胞三个基本要素。目的基因是所感兴趣的待研究或者有应用价值的基因，一般又称为外源基因。载体是运载目的DNA的工具，是经过遗传学改造的质粒、噬菌体或病毒等。载体的DNA与外源DNA经过体外酶切、连接组成新的重组DNA分子，导入宿主细胞内。宿主细胞是指接受外源DNA的细胞，如细菌、酵母或哺乳动物细胞等。

根据基因工程的原理，外源DNA与载体重组导入到受体细胞后要稳定存在和表达，载体起着关键作用。载体应具有复制、筛选、驱动外源基因表达的能力。此外，载体、宿主细胞是一套完整的表达系统，由于不同生物的基因调控方式不同，基因要在启动子、各种调控元件有效控制和驱动之下才能有效稳定高效表达，可控制的细胞复制和外源基因高效表达是基因过程产业化的基本要求。

基因工程上游技术的基因重组、克隆和表达载体的设计和构建主要在实验室里完成，其操作过程包括：从供体细胞中分离出目的基因或者合成目的基因（简称“分”）；用限制性核酸内切酶分别将目的基因和载体分子切开（简称“切”）；将酶切后的目的基因和载体用DNA连接酶连接，或者采用无缝克隆技术将目的基因与载体连接，构建DNA重组体（简称“接”）；将DNA重组分子通过转染试剂导入受体细胞中（简称“转”）；重组分子DNA在受体细胞中扩增，筛选并鉴定转化成功的细胞，获得稳定高表达的基因工程菌株或细胞株（简称“筛”）；外源基因在宿主细胞中扩增和表达（简称“表”）；重组目的蛋白质的分析和验证（简称“验”）。见图2.2。

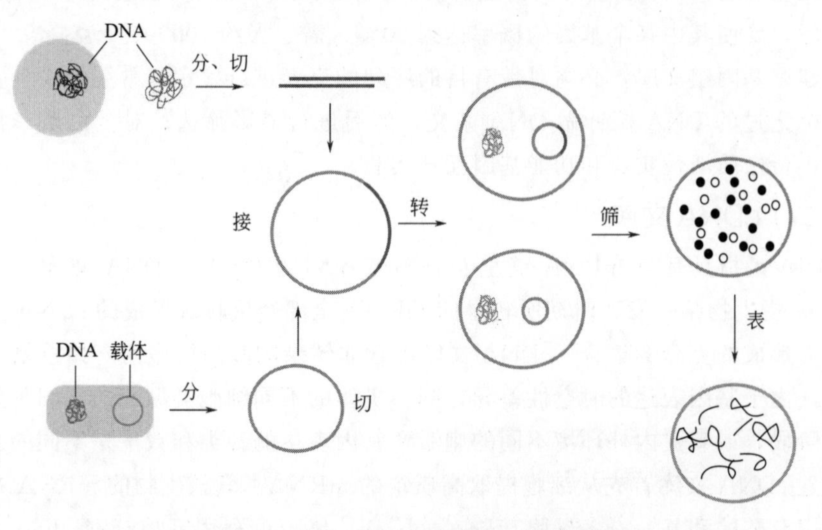

图2.2　基因工程的操作步骤（附彩图）

一、目的基因获取

目的基因主要来源于原核生物和真核生物，原核生物的染色体基因组有成百上千个基因，尽管比较简单，但也是目的基因来源的候选者。真核生物的染色体基因组，尤其是人和动植物的染色体基因组中包含着大量的基因，是获取目的基因的主要来源。另外，病毒基因组、质粒、线粒体基因组和叶绿体基因组也有少量的基因，也可以从中获取目的基因。目的基因的获取方法有很多，早期主要是通过构建基因组文库或 cDNA 文库，从中筛选出需要的基因。目前广泛采用聚合酶链反应（polymerase chain reaction，PCR）技术直接从某生物基因组中扩增出需要的基因。此外，由于目前 DNA 合成技术的成熟，大幅度降低了 DNA 合成的成本，对于某些目的基因，如难以进行 PCR 扩增或者片段较小的，也可用人工化学合成。

（一）基因组文库

基因组文库（genomic library）是把某种生物基因组的全部遗传信息通过克隆载体贮存在一个受体菌克隆子群体中，这个群体即为这种生物的基因组文库。基因组文库含有一个生物体的所有染色体 DNA。基因组文库构建的方法是首先分离高分子量的 DNA（分子质量应大于 100kb），然后用识别 4 个核苷酸的限制性核酸内切酶（如 *Sau*3AⅠ或 *Mbo*Ⅰ）酶切基因组 DNA 片段，理论上大约每 256bp 就切割一次 DNA，通过控制酶切时间和酶的用量达到不完全酶切，产生所有可能的片段长度，回收 15～25kb 的 DNA 片段，与适当的载体进行连接形成重组 DNA 分子，转化到宿主细胞并进行扩增，形成基因组文库。

理想的基因组文库应包含整个基因组的 DNA 序列，克隆与克隆之间应该有重叠。为了确保大部分或全部的基因组都包括在基因组文库中，文库中插入的 DNA 总量应该是基因组 DNA 总量的 3 倍或者更多。如对于平均插入长度为 20kb 的人类基因组文库，要使其中某个基因的概率达到 90%，需要大约 700000 个克隆。

构建好基因组文库，必须对带有目的序列的克隆进行鉴定。常用的 4 种鉴定方法为：用标记过的 DNA 探针做 DNA 杂交，然后进行显影筛选；对蛋白质产物进行免疫筛选；蛋白质活性实验和功能基因互补实验。

（二）cDNA 文库

cDNA 是指具有与 mRNA 链呈互补碱基序列的 DNA。cDNA 文库（cDNA library）是指生物某一发育时期所转录的 mRNA 全部经反转录形成的 cDNA 片段与载体连接而形成的克隆的集合。cDNA 文库不含非转录的基因组序列，如重复序列、内含子等。由于基因表达的时空性差异，同一机体的不同细胞类型或同一细胞的不同生长发育阶段，或者受内外环境不同的刺激，基因表达的种类和数量是不同的。

构建 cDNA 文库首先从细胞提取高质量的 mRNA。真核生物的 mRNA 在 3′端有个多聚腺苷酸的残基——多聚腺苷酸（poly A）尾，可利用寡核苷酸 oligo（dT）作为引物，加入逆转录酶和 4 种 dNTP，逆转录形成第一条 DNA 链。然后以第一条

DNA 链为模板，以发卡环 3′端的羟基作为起始，在合成链中加入脱氧核糖核酸。反义结束时，样品经 RNase H 处理，降解 mRNA 分子。同时用 S1 核酸酶处理，打开发卡结构及降解单链 DNA 延伸物，最后形成包含部分或完整双 cDNA 拷贝的混合物。通过片段连接或者其他连接机制，与有关载体连接形成 cDNA 文库。cDNA 文库的筛选可以通过 DNA 杂交或者免疫学检测等方法。

（三）PCR 技术

对于已知目的基因的全序列或两端的序列，通过合成一对与模板 DNA 互补的引物，采用 PCR 技术，可以有效地在体外扩增得到目的基因 DNA 片段。

PCR 反应主要由变性（denaturating）、退火（annealling）和延伸（extension）三个步骤反复循环构成。每一条双链的 DNA 模板首先变性打开形成单链，再经退火结合引物，最后延伸合成新的子链，经过这三个步骤的循环后一条 DNA 链就成了两条 DNA 分子。三步循环重复进行，每一次循环的产物将是下一次循环的模板，这样 PCR 产物以 2^n 的指数迅速扩增，每一轮循环可以使拷贝数扩增一倍，经过 30 个循环后，理论上扩增量可达 2^{30}，约为 10^9 个拷贝。

PCR 反应的标准体系一般选用 50～100μL 体积，其中包含有 KCl 50mmol/L、Tris-HCl（pH 8.3）10mmol/L、$MgCl_2$ 1.5mmol/L、吐温 20 0.5%、牛血清蛋白（BSA）1mg/L（0.01%）、4 种 dNTP 混合物各 200μmol/L、上下游引物 1μmol/L、*Taq* DNA 聚合酶 2.5 U、模板 DNA 0.1～2μg（10^2～10^5 拷贝）。

PCR 反应参数一般为：①95℃预变性 5min；②95℃变性 45s～1min；③合适的温度退火 45s～1min；④72℃延伸 45s～1min；②至④步重复进行 25～35 个循环；最后 72℃延伸 5～7min，即完成 PCR 扩增。

PCR 扩增简便易行，成本低，但此法可能会造成克隆的目的基因碱基序列改变。

（四）人工化学合成法

对于有些无法获得 DNA 或者 cDNA 的目的基因，如果已知其 DNA 序列，可以采用人工化学合成方法进行合成。对于未知 DNA 序列，根据已知多肽链或蛋白质的氨基酸顺序，可以利用遗传密码表推定其核苷酸顺序再进行人工合成。近年来，随着 DNA 合成技术的发展和 DNA 合成成本的降低，以前用 PCR 扩增的方法现在用 DNA 合成技术进行了替代。用化学方法合成基因可以保证合成的 DNA 序列与预先设计的序列一致。

（五）直接分离目的基因

有些质粒和病毒等 DNA 分子片段较短，编码基因较少，可通过酶切分离获得目的基因。对于核苷酸序列已知的 DNA 分子，可根据限制性内切核酸酶识别序列，相应的内切酶进行一次或几次酶切，就可以分离出含目的基因的 DNA 片段。

二、载体系统

基因工程载体是携带目的基因并被导入受体细胞的 DNA 分子，任何一个目的基因的克隆或表达都需要合适的载体。这种载体为质粒DNA，或是噬菌体，或是病毒DNA，且通常是人工改造的。一般至少需要以下5点要求，才可以称为理想的基因工程载体：①可以在宿主细胞中有相对较高的自主复制繁殖能力。②转染效率高，容易进入宿主细胞。③外源目的基因的核酸片段容易插入，且插入后不影响载体进入宿主细胞以及在细胞中的复制。这就要求载体DNA上要具有多克隆位点（multiple cloning site，MCS)，即有多种限制酶的酶切位点，并且每个酶切位点保持唯一。④有容易被识别筛选的标志，能被识别并分离出来。⑤对于表达载体，需要有基因表达相关的调控序列。

载体按照功能可以分为三种：克隆载体、穿梭载体和表达载体。以DNA片段增殖为目的的载体称为克隆载体，这类载体一般较小，在细胞内的拷贝数较高，如常用的pBR322载体就是这种。穿梭载体（shuttle vector）通常指那些既能在原核细胞（如大肠杆菌）又能在真核细胞（如酵母菌、哺乳动物细胞）中增殖的载体，这类载体既含有细菌的复制原点或者细菌质粒的复制原点，又含有真核生物的复制原点，如SV40的复制原点或酵母的自主复制序列（autonomously replicating sequence，ARS)。同时，穿梭载体还应该具备合适的酶切位点及筛选标记，既可以转化细菌，又可以转化真核细胞。通常是将目的DNA序列和载体的重组子先在细菌中进行分子克隆，最后转化到真核细胞中。表达载体（expression vectors）是用来将克隆的目的基因在宿主细胞内表达成蛋白质的载体，在克隆载体基本骨架的基础上增加表达元件（如启动子、RBS、终止子等)，可以调控目的基因的表达。作为表达载体除了具备克隆载体所具备的条件外，还应该具备的条件有：①强启动子，能被宿主细胞的RNA聚合酶所识别，能够有效启动目的基因的转录；②强终止子，终止子是使mRNA脱离RNA聚合酶和模板DNA的短序列。基因的启动，需要可诱导的强启动子，也需要强终止子，以便RNA聚合酶转录克隆的基因而不去转录其他的DNA序列。

哺乳动物细胞表达载体按照来源分为两大类：质粒型载体和病毒型载体。按照是否整合到基因组DNA上，分为整合型载体和附着体载体（episomal vector)。

（一）质粒型载体

1. 质粒型载体的结构

由细菌质粒改造而成的哺乳动物细胞表达载体一般都具有原核作用元件、启动子、多聚腺苷酸化位点、原核和真核的药物选择标记基因等。

(1) 原核作用元件　由于哺乳动物细胞培养过程复杂、烦琐，无成熟的提取质粒方法，因此真核表达载体在构建时往往带有一些原核作用元件，构建成能在原核增殖的穿梭质粒。如在真核表达载体上常常加入能在大肠杆菌复制的复制子、筛选标记基因（如氨苄西林基因）和便于操作的多克隆酶切位点，从而使表达载体能在大肠杆菌里大量扩增，产生哺乳动物细胞所需要的大量重组DNA分子。原核质粒序列在真核宿主细胞并没有功能，基因治疗导入宿主细胞后对患者存在潜在的危险因素，如抗生素抗性基因的失控随机分布、某些未知的表达信号的激活等。研究者在构建载体时要尽量去掉原核作用元件，如微环载体（minicircle vector）。Chen（2004）等利用来源于链霉菌温和噬菌体的ΦC31整合酶构建的微环载体，由于母体质粒上含有Ⅰ-*Sce* Ⅰ内切酶的表达盒，当ΦC31整合酶在宿主菌内完成重组后，就可以诱导Ⅰ-*Sce* Ⅰ的表达，进而逐渐被细菌核酸外切酶降解，剩下只含目的基因表达盒、不含原核作用元件的微环DNA。且微环载体的转染效率较母环DNA高10～100倍，在体内可以长期表达，最长可达1年之久。国内学者构建表达人内皮抑素的微环DNA载体，并观察其在真核细胞中的表达，结果发现在相同情况下，微环载体的表达强度优于传统的质粒载体（徐本玲 等，2006）。

（2）启动子　启动子是RNA聚合酶识别、结合和开始转录的一段DNA序列，它本身不被转录。结构上包括RNA聚合酶特异性结合序列和一些保守序列用于转录起始所需。启动子的特性最初是通过能增加或降低基因转录速率的突变而鉴定的。启动子一般位于转录起始位点的上游。不同启动子对调控转基因表达影响不同。优化启动子能提高重组蛋白的表达、阻止启动子的甲基化能增加表达的稳定性。哺乳动物细胞质粒型载体中，人巨细胞病毒（cytomegalovirus，CMV）启动子是目前应用最广泛的启动子，而延长因子-1（elongation factor-1，EF-1）启动子是目前最强的启动子。但应该注意的是，在不同细胞中，各种启动子的强弱不是一成不变的，需要根据宿主细胞类型选择不同的启动子。

（3）多聚腺苷酸化位点　目前转录终止的确切位点尚不清楚，但转录终止常终止在多聚腺苷酸化位点下游一段长度为几百个核苷酸的DNA区域内。多聚腺苷酸化信号指导转录后polyA尾的形成，它由位于多聚腺苷酸化位点上游的保守序列AAUAAA（一般约11～30个核苷酸）和下游的GU或U富含区组成。同启动子一样，也有多个polyA供选择。mRNA的polyA尾巴是多聚腺苷酸的普遍存在形式，真核mRNA的加工过程中，几乎所有的mRNA 3′末端都有polyA尾巴，它参与了mRNA的代谢过程。mRNA的3′端的polyA尾巴可以保护mRNA免受核酸外切酶作用，维持mRNA的稳定性，提高mRNA的翻译效率，且在成熟mRNA从细胞核向细胞质定向转运过程中起着重要作用，polyA还可以影响转录终止、蛋白质翻译过程。

（4）原核和真核的药物选择标记基因　为了便于从大量细胞中筛选转染成功的细胞，转染用的DNA载体必须带有筛选标记。常用的筛选标记有：①氨基糖苷磷酸转移酶基因（*APH*或*neor*基因）；②腺苷酸脱氨酶基因（*Ada*基因）；③潮霉素B磷酸转移酶基因（*HPH*基因）；④博来霉素抗性基因等（表2.1）。

表2.1　常用的哺乳动物细胞选择标记系统

选择剂	选择剂作用	标记基因
9-β-D-呋喃木糖腺苷嘌呤(Xyl-A)	破坏DNA	腺苷酸脱氨酶(ADA)
杀稻瘟菌素S(Blasticidin S)	抑制蛋白质合成	杀稻瘟菌素S脱氨酶(BSD)
博来霉素(Bleomycin)	切断DNA链	博来霉素(BLE)

续表

选择剂	选择剂作用	标记基因
G418(氨基糖苷新霉素衍生物)	抑制蛋白质合成	新霉素磷酸转移酶(NEO)
潮霉素 B(hygromycin B)	抑制蛋白质合成	潮霉素 B 磷酸转移酶(HPH)
甲氨蝶呤(MTX)	抑制蛋白质合成	二氢叶酸还原酶(DHFR)
亚砜蛋氨酸(MSX)	抑制谷氨酸盐合成	谷氨酸盐合成酶(GS)
嘌呤霉素(Puromycin)	抑制蛋白质合成	嘌呤霉素-*N*-转乙酰基(PAC)

此外，哺乳动物细胞的一些扩增系统还可以增加拷贝数，从而提高产量。如二氢叶酸还原酶扩增系统和谷氨酰胺合成酶系统。

2. 常见的哺乳动物表达质粒载体

pcDNA3.1 为 Invitrogen 公司产品，是应用较多的真核表达质粒之一，其主要特征包括：强启动子 CMV、多克隆位点、新霉素抗性基因、牛生长激素（BGH）多聚腺苷酸化信号等。

pIRESneo 为 Clontech 公司产品，其主要特征包括：高效表达的 CMV 启动子、新霉素抗性基因、多克隆位点、合成内含子、内部核糖体进入位点（internal ribosome entry site，IRES）等。

（二）病毒型载体

实验表明，一些生活史中出现有 DNA 阶段或具有 DNA 基因组的真核生物的病毒，经过改造都可以发展成为分子载体。病毒作为载体有以下 6 个方面的优点：①双链 DNA，易重组；②插入大小在 7～8kb 之间的外源 DNA 不影响正常病毒粒子的形成；③病毒粒子的形成与多角体蛋白无直接关系，因此当多角体蛋白基因被外源基因替换，仍可以形成有感染力的病毒粒子；④有非常强的启动子驱动多角体蛋白基因表达，表达的蛋白质可占全部蛋白质的 20%～30%；⑤多角体用光学显微镜可观察到，因此可以作为标记物筛选阳性克隆；⑥如用家蚕杆状病毒，还可在蚕体表达外源基因。目前用于真核细胞的病毒载体有：用于构建多价疫苗的牛痘病毒；用于基因治疗的逆转录病毒、腺病毒等。目前病毒载体也用于哺乳动物细胞重组蛋白表达。

1. 逆转录病毒载体

逆转录病毒（retrovirus）为单链 RNA 病毒，因具有逆转录酶而得名。逆转录病毒基因组大约 10kb，含有三个主要的基因，编码病毒核心蛋白的 *gag* 基因、编码病毒表面糖蛋白的 *env* 基因和编码逆转录酶的 *pol* 基因。含有启动子和调节基因的长末端重复（long terminal repeat，LTR）序列和包装信号 Ψ 顺式作用元件位于这些基因的两端，控制着逆转录基因组核心基因的表达及转移。

逆转录病毒的表达系统由载体、包装细胞系和辅助包膜质粒组成。如 Clontech 公司的 pRetroX-IRES-ZsGreen1，包含所有必需的病毒 RNA 加工元件，包括 5′和 3′ LTR、包装信号 Ψ 和 tRNA 引物结合位点、一个 ColE1 复制起点和一个大肠杆菌 Amp^r 基因，用于在细菌中繁殖和筛选。出于安全原因，该载体缺乏逆转录病毒颗粒形成和复制所必需的结构基因（*gag*、*pol* 和 *env*）。但包装细胞系含有 *gag*、*pol* 和 *env* 基因，为逆转录病毒包装提供所需的结构蛋白，没有包装信号基因序列。

逆转录病毒载体可使外源基因高效整合到宿主细胞基因组，由于整合基因可以被稳定传代和表达，介导基因在大多数细胞表达，包括原代培养细胞等那些不易转染的细胞。但由于逆转录病毒载体整合到宿主细胞染色体时，插入位点是随机的，因而有可能会破坏宿主细胞基因的结构，可能会导致细胞的异常，甚至癌变。此外，逆转录病毒只能进入正处于分裂的细胞，这在一定程度上限制了它的应用。

2. 腺病毒载体

以线性双链形式存在的腺病毒载体（adenovirus，Ad）是一种没有包装的球状颗粒，长约 36kb，包含两端的反向末端重复（inverted terminal repeats，ITR）以及内侧的包装信号，基因组包括 4 个承担调节功能的早期基因（*E*1、*E*2、*E*3、*E*4），以及 6 个负责结构蛋白编码的晚期基因（*L*1、*L*2、*L*3、*L*4、*L*5、*L*6）。

腺病毒载体可以携带外源基因高效率地进入转染细胞，一般不会整合到宿主的基因组中，从而大大减少插入突变的潜在危险，且携带的基因在细胞中能高效表达，治疗作用明显。腺病毒载体既能在分裂增殖的细胞中表达外源蛋白，也能在处于“静止”的细胞中表达。

腺病毒载体系统由腺病毒载体、腺病毒基因组质粒和包装细胞组成。目前较常用的系统有 AdEasy、AdMax 以及 Invotrogen 穿梭系统等。不同的包装系统其表达载体与包装载体发生重组的方式、场所都有所不同。如 AdEasy 系统是在细菌里发生重组的，重组的质粒线性化后转染细胞可包装成腺病毒；AdMax 系统表达载体与包装载体是在细胞中发生重组；Invitrogen 的穿梭系统则是体外重组。与传统的转染方式相比，腺病毒感染具有下列特点：宿主范围广泛，可以感染的细胞种类繁多，几乎所有类型的细胞都可以感染；感染效率高，尤其适合那些质粒载体转染效率低的细胞，如神经细胞、原代培养细胞等；表达外源基因的水平较高；包装外源基因的片段可以高达 10kb。另外，构建和包装操作简单，很容易制备出大量滴度高的病毒。

3. 腺病毒相关病毒载体

与腺病毒在基因结构和组成上毫无关联的腺病毒相关病毒（adeno-associated virus，AAV），和腺病毒属于不同属类，AAV 属于微小病毒科依赖病毒属，是目前发现的一类结构最简单的单链 DNA 缺陷型病毒，但 AAV 需要腺病毒的蛋白质成分才能合成繁殖新的病毒。AAV 可以感染多种细胞。AAV 基因组小于 5kb，两个末端有 145 个核苷酸组成的对病毒的复制和包装具有决定性作用的 ITR，中间的开放读码框架，分别编码病毒衣壳蛋白的 *cap* 基因和参与病毒复制和整合的 *rep* 基因。

AAV 与目的基因能整合到宿主细胞的基因组中，由于整合作用，目的基因可以稳定且高水平的表达几个月甚至几年的时间，因此治疗效果也可维持较长时间。另外 AAV 不会引起人体严重的免疫反应，不会致病。不足之处是 AAV 不适合携带较长的治疗基因，这是因为其本身较小的缘故；且 AAV 的复制合成离不开腺病毒的蛋白质，这样增加了整个基因治疗的复杂性；尽管 AAV 可以整合进入细胞基因组，但稳定性不如逆转录病毒那样持久存在。

4. 慢病毒载体

慢病毒载体是一种特殊的逆转录病毒，除了可以感染分裂期的细胞，还可以感染如肌纤维细胞、造血干细胞、神经细胞和肝细胞等非分裂期的细胞，并且具有容纳大片段外源目的基因、免疫反应小、不易引起宿主的免疫反应、安全性好等优点。慢病毒载体在基因治疗中的应用前景较广泛。HIV-载体系统是典型的慢病毒载体系统，它由两部分组成，分别为包装成分和载体成分。其包装成分由 HIV-1 基因组除去逆转录、包装和整合所需的 HIV 顺式作用元件构建，可以反式提供产生病毒颗粒所必需的蛋白质；与包装成分不同，载体成分则含有逆转录、包装和整合所需的 HIV 顺式作用序列，除此之外，载体成分还具有异源启动子驱动下的多克隆位点及插入在多克隆位点的目的基因。

目前慢病毒载体系统已替代原有的三质粒系统，一般为四质粒表达系统，分别为两个包装质粒，包膜质粒和慢病毒表达质粒。如 Invitrogen 的 pLenti6-V5-DEST、pLenti7. 3-V5-DEST 等。pLenti6. 2/V5-DEST 慢病毒表达载体，用于在分裂和非分裂细胞中表达靶基因。该载体具有用于驱动目的基因组成表达的 CMV 启动子和用于哺乳动物细胞稳定选择的 blasticidin 标记。

Gaillet 等（2010）将优化的慢病毒载体转染 CHO 细胞，在 30℃下培养 13d，嵌合抗体和促红细胞生成素的表达量分别为 160mg/mL 和 206mg/mL。国内研究者用慢病毒载体系统转染 CHO 细胞，72h 后上清液中人凝血因子Ⅷ抗原的浓度为 1724. 9±283. 7mU/mL（宋旭光 等，2013）。Mufarrege 等（2014）研究发现在转染的 CHO 细胞中优化的慢病毒载体介导重组人凝血因子Ⅷ的表达量可达 800ng/mL。Rodríguez 等（2017）将第三代慢病毒颗粒转入悬浮的 CHO-K1 细胞，获得高产重组人 α-半乳糖苷酶 A 的表达，表达量达 3. 5～59. 4pg/(细胞 · d)。

（三）附着体载体

附着体载体是指转染宿主细胞后以附着于染色体外的形式存在，不整合到宿主细胞基因组上的一类载体。包括病毒附着体载体和非病毒质粒附着体载体。病毒附着体载体是由病毒介导的在宿主细胞中以附着体形式复制的载体，如猿猴病毒 40（simian virus 40，SV40）、EB 病毒（epstein-barr virus，EBV）、牛乳头瘤病毒（bovine papillomavirus，BPV）等，由于病毒复制起始时病毒蛋白会转移到宿主细胞中，这样可能会引起病理损害甚至导致疾病的发生。1999 年，德国科学家 Piechaczek 等用人类的 β-干扰素核基质附着区（matrix attachment region，MAR）序列代替 SV40 编码的大 T 抗原，构建了人 β-干扰素 MAR 序列介导的附着体载体 pEPI，这是第一个采用哺乳动物序列的非病毒附着体载体（Piechaczek et al.，1999），该表达系统依赖于 MAR 序列和其上游的转录单元，在细胞内以 4～10 拷贝/细胞的低拷贝数附着存在。

MAR 介导的非病毒质粒附着体载体由于不含编码病毒的蛋白质序列，从而使基因安全稳定持续表达。但 pEPI 载体有许多不足之处，如较低的稳定克隆形成率以及转基因沉默和表达量较低等。自1999年Piechaczek等成功构建pEPI载体以来，对质粒附着体载体的研究一直是个热点，研究主要集中在通过选择组织特异性启动子，除去细菌骨架结构，减少CpG模序，使用调控元件如绝缘子、增强子等一系列措施来优化载体，达到减少载体长度或提高载体表达的目的（Haase et al.，2013；Hagedorn et al.，2013）。Nehlsen等（2006）构建了第一代的MAR微环载体，与最初的pEPI载体相比，不仅载体长度缩短，转基因表达也有很大的进步，微环载体是在Flp重组酶作用下除去了骨架结构中的细菌序列形成的。Broll等（2010）在第一代载体基础上，将β-干扰素MAR序列长度由2200bp减少到约700bp，新的MAR微环载体M18被构建，发现减少MAR序列和除去细菌序列能进一步提高转基因表达水平。Haase等（2010）构建一个仅有37个CpG基序的pEPito载体，发现新载体可以延长转基因表达的时间。Argyros等（2011）利用Cre重组酶构建了最新一代的MAR微环载体，基因表达量与不含MAR序列的相比大约增加10倍。Lin等（2015）根据MAR的分子特性将长度为2200bp的MAR元件减少为仅含387bp的MAR特征性元件，发现MAR特征性元件不仅可以介导载体在CHO细胞中附着存在，而且可以使转基因高效稳定表达。后来其对MAR介导的附着体载体的宿主细胞及启动子适配性进行了研究，筛选了适合附着体载体的宿主细胞和启动子（Wang T Y. et al.，2016；Wang X Y. et al. 2016）。

（四）表达载体的选择与目的基因的优化

1. 表达载体的选择

在表达重组蛋白时，一般应根据以下3个因素来选择哺乳动物细胞表达载体。

（1）宿主细胞　由于载体和宿主细胞具有适配性，不同载体由于含有的启动子等调控元件不同，在不同细胞中载体驱动目的基因表达水平存在差异，同一启动子在不同细胞中的活性强度亦不同。在选择表达载体时，一定要结合表达的宿主细胞进行选择。如用同一附着体载体转染12株不同的宿主细胞，结果发现转染效率和转基因表达在不同细胞系存在差异，A375、Eca-109和Chang liver细胞较高（Wang et al.，2016）。

（2）目的蛋白质　如果表达的是分泌蛋白，应选择有分泌信号的载体或者在目的基因上加分泌信号肽；如果要研究某一顺式表达调控元件的功能，则要选择某一特殊类型的载体。如要研究启动子活性，应选不含启动子的报告基因载体；若要研究增强子或其他调控元件的调控功能，应选用带有启动子的报告基因载体。常用于哺乳动物细胞的报告基因有增强绿色荧光蛋白（enhancedgreen fluorescent protein，EGFP）基因、荧光素酶（luciferase）基因和*β*-半乳糖苷酶基因等。

（3）筛选标记　哺乳动物细胞基因表达包括瞬时表达和稳定表达，若要得到稳定表达目的基因的细胞株，则需要将目的基因的质粒DNA整合到宿主细胞的染色体上，应该选择含有筛选标记的载体。在进行筛选标记的选择时，要考虑细胞是否对该药物具备抗性。

2. 目的基因的优化

基因的最优表达是通过对基因本身、载体、宿主系统、培养条件的系统性设计实现的。一般关注的是对合适的表达载体和宿主系统的选择，而往往被忽视的是基因本身是否与载体和宿主系统达到最佳匹配。目的基因的优化可以通过以下方式实现：密码子优化、对偏爱密码子（referred codons）的利用、避免对稀有密码子和利用率低的密码子的使用、对基因转录后 mRNA 的二级结构简化、对不利于高效表达的模体的去除、加入有利于高效表达的模体、对 GC 含量进行调整等。

（1）密码子偏好性　不同物种对同义密码子的使用频率是不同的，而这种密码子偏好性对翻译过程有影响。若有很多成簇的稀有密码子在同一条 mRNA 上，则会对核糖体的运动速度造成一定的负面影响，导致蛋白质表达水平的极大降低。但如果是在基因的同义密码子中使用高频率密码子且基因本身与表达宿主细胞相匹配，则蛋白质的表达水平就会得到极大提高。一般用密码子适应指数（codon adaption index，CAI）来表示匹配程度，通常情况下，CAI≥0.80 被认为是预测重组蛋白高效表达的标准。

除了密码子的偏好性外，还需要考虑密码子的组合使用效率。在大部分情况下，仅用高频密码子的效果并不会最好，考虑到高频和次高频密码子的组合使用效果会更佳。

（2）mRNA 二级结构　另一个影响蛋白质翻译过程的重要因素是 mRNA 的二级结构，稳定且复杂的二级结构会使蛋白质翻译过程受到阻碍，尤其是核糖体结合位点（ribosomebinding site，RBS）附近的二级结构。mRNA 二级结构在 DNA 序列中主要表现为发卡结构（hairpin），有效识别并尽可能地减少发卡结构是密码子优化软件优劣的重要判断标准。

（3）影响表达的反式作用元件和限制性酶切位点的去除　优化过程不仅需要考虑到对翻译有积极影响的元件/序列，还需要考虑到对转录和翻译有消极影响的元件/序列。任何对于转录和翻译有消极作用的反式作用元件需要通过密码子优化软件去除以消除转录和翻译过程中的多重障碍。

限制性酶切位点需要根据克隆策略进行个性化排除，以免酶切位点产生冲突，影响构建表达载体的操作。

（4）GC 含量　AT 间存在 2 个氢键，GC 间存在 3 个氢键，所以 GC 含量直接影响着 DNA 序列的结合稳定性和退火温度。另外，GC 含量也影响着 mRNA 热力学稳定性及 mRNA 二级结构。

（5）翻译起始与终止效率　mRNA 的稳定性、蛋白质的稳定性以及翻译效率对目的蛋白质的产量和可溶性起重要作用。翻译过程一般分为起始、延伸和终止三个阶段。

决定蛋白质表达量从无到有的是起始阶段的顺利进行，在真核细胞翻译的起始，有效的起始依赖于 Kozak 序列（Kozak consensus sequence），它围绕在起始密码子 ATG 的上下游。Kozak 序列通常是 ACCACCATGG 这样的一段核酸序列，它位于真核生物 mRNA 5′端帽子结构的后面，一般与翻译起始因子结合，介导具有 5′帽子结构的 mRNA 翻译起始。真核生物的 Kozak 序列对应于原核生物的 SD 序列。不论全长还是部分，在做真核表达时，一般都要带上 Kozak 序列，能够增强真核基因的翻译效率。高效的延伸阶段决定了蛋白质能够积累的量。翻译终止是蛋白质生命周期必须的一步，却最容易被忽略。有效的翻译终止将会促进蛋白质表达。对于绝大多数的生物都有其偏爱的围绕终止密码子的序列框架，例如单子叶植物倾向的终止密码子是 UGA、昆虫和大肠杆菌最常利用 UAA、酵母偏爱的是 UAA、哺乳动物则偏爱 UGA。

三、DNA 的体外重组

重组 DNA 技术需要多种不同功能的工具酶参与完成，如限制性核酸内切酶、DNA 聚合酶、连接酶等。此外，近年来发展起来的无缝克隆技术无需特定的酶切位点，不需要任何限制性内切酶和连接酶，可以在质粒的任何位置进行一个或多个目的片段 DNA 的插入，只需要一步重组法，就可得到高效率克隆的重组载体，是一种简单、快速的克隆新方法。

（一）限制性核酸内切酶

简称为限制性核酸酶的限制性核酸内切酶（restriction endonuclease，RE）能识别双链 DNA 中特殊核苷酸序列，并在适当的反应条件下切割特定位点上的磷酸二酯键，产生具有 3′羟基基团和 5′磷酸基团的 DNA 片段。限制性核酸酶对酶切位点要求较为严格，识别位点要求专一的核苷酸顺序。

限制性内切酶种类很多，目前发现的有 1800 种以上。根据酶的组成、所需因子及裂解 DNA 方式的不同，可将限制性内切酶分为Ⅰ型酶、Ⅱ型酶和Ⅲ型酶，它们各具特性（表 2.2）。

表 2.2　三类限制性核酸内切酶比较

性质	Ⅰ型酶	Ⅱ型酶	Ⅲ型酶
限制-修饰活性	多功能酶	限制酶与修饰酶分开	多功能酶
蛋白质结构	三种不同亚基	相同亚基	二种不同亚基
辅助因子	Mg^{2+}、ATP	Mg^{2+}	Mg^{2+}、ATP
分子量	大	小	大
切割位点	非特定，离识别位点 1kb	特定，在识别位点内	特定，离识别位点 24～26bp 处

Ⅰ型限制性核酸内切酶为多亚基双功能酶，既具有依赖于 ATP 的限制性内切酶活性，又具有如甲基化作用的修饰酶活性。

Ⅱ型限制性核酸内切酶是重组 DNA 技术中常用的限制性内切酶。与Ⅰ型酶不同，并不兼有甲基化酶的活性，甲基化由细胞内独立的甲基化酶来完成。这类酶的识别切割位点较专一，切割位点就在识别位点内或其附近，广泛应用于 DNA 的重组，被称为分子手术刀。目前已有 400 多种Ⅱ类限制性内切酶被分离，它们是分子量较小的单体蛋白，识别和切割双链 DNA 分子时需要 Mg^{2+}。Ⅱ型酶的识别位点为 4～6bp 的回文结构（表 2.3）。

表 2.3　一些Ⅱ型限制性内切酶的识别位点和切割部位

限制性内切酶	识别位点和切割部位	限制性内切酶	识别位点和切割部位
Bam HⅠ	5′ G▼GATCC 3′ CCTAG↑G	*Hin*d Ⅲ	5′ A▼AGCTT 3′ TTCGA↑A
Cla Ⅰ	5′ AT▼CGAT 3′ TAGC↑TA	*Not* Ⅰ	5′ GC▼GGCCGC 3′ CGCCGG↑CG
*Eco*R Ⅰ	5′ G▼AATTC 3′ CTTAA↑G	*Pst* Ⅰ	5′ CTGC▼AG 3′ GA↑CGTC
*Eco*R Ⅴ	5′ GAT▼ATC 3′ CTA↑TAG	*Pvu* Ⅱ	5′ CAG▼CTG 3′ GTC↑GAC

常用的Ⅱ型限制性核酸酶有 *Eco*RⅠ、*Hin* dⅢ、*Alu* Ⅰ、*Hae* Ⅲ等，其命名都以菌种名的第一个字母的大写起头，以菌种属名的字首二个小写字母继后。必要时加上菌株的标志字母，如 *Eco*RⅠ之 R 或 *Hin*d Ⅲ之 d。若由此菌株可以得到的限制性核酸酶不止一种，则依次按Ⅰ、Ⅱ、Ⅲ编号。如：*Eco*RⅠ来自 *Escherichia coli* RY13 的酶Ⅰ，*Hin*d Ⅲ来自 *Haemophilius influenzae* Rd 的酶Ⅲ。

Ⅱ型酶酶切产生两种可能的末端：平头末端和黏性末端。如 *Bam*HⅠ、*Hin*d Ⅲ等的切割产生的是黏性末端，而 *Eco*RⅤ、*Pvu* Ⅱ切割产生的是平头末端。Ⅱ类酶的酶活条件为：Tris-HCl 25～50mmol/L（pH 7.5）、10mmol/L $MgCl_2$、NaCl 0～150mmol/L、DTT 1mmol/L。根据不同酶对盐离子要求不同，可将缓冲液分为以下三种情况：高盐，100～150mmol/L；中盐，50～100mmol/L；低盐，0～50mmol/L。

在最佳缓冲系统和 20μL 体积中反应 1h，完全水解 1μg DNA 所需的酶量称为单位限制性内切酶。酶切反应时间一般为 1～1.5h，温度为 37℃，但也有例外，如 *Taq* Ⅰ在 65℃时活性最高。在 pH 不合适，或甘油浓度过高（≥10%）时，限制性内切酶的切割位点会出现非专一性，称为限制性内切酶的星活性（Star）。为避免 Star 活性应确保酶的体积小于总体积的十分之一。

（二）DNA 连接酶

DNA 连接酶（DNA ligase）是连接 DNA 分子的酶，是“缝合”基因的“分子针线”，它催化一条 DNA 链上的 5′—PO_4 与另一 DNA 链的 3′—OH 末端连接生成磷酸二酯键，封闭 DNA 链上的缺口，此反应需借助 ATP 或 NAD 水解提供能量。实验室常用的连接酶为 T4 噬菌体 DNA 连接酶和大肠杆菌 DNA 连接酶。T4 噬菌体 DNA 连接酶既可以连接黏性末端，也可以连接平末端；大肠杆菌 DNA 连接酶只能连接平末端。因此，T4 噬菌体 DNA 连接酶更加常用。

（三）DNA 聚合酶

DNA 聚合酶（DNA polymerase）的主要作用是以 DNA 为复制模板，催化 DNA 由 5′端开始复制到 3′端的酶，此过程需要有模板、引物和原料 dNTP 等的存在。

真核生物体内有5种DNA聚合酶，分别为DNA聚合酶α（定位于胞核，参与复制引发，具有5′→3′外切酶活性）、β（定位于胞核，参与修复，具有5′→3′外切酶活性）、γ（定位于线粒体，参与线粒体复制，具有5′→3′和3′→5′外切酶活性）、δ（定位于胞核，参与复制，是主要的复制酶，具有3′→5′和5′→3′外切酶活性）、ε（定位于胞核，参与损伤修复，具有3′→5′和5′→3′外切酶活性）。

原核生物有3种DNA聚合酶，分别为DNA聚合酶Ⅰ、Ⅱ和Ⅲ。它们都与DNA链的延长有关。单链多肽的DNA聚合酶Ⅰ可催化单链或双链DNA的延长，但只能延长20个核苷酸左右，故并非真正复制酶，其主要作用是对空隙进行填补；DNA聚合酶Ⅱ的功能与低分子脱氧核苷酸链的延长有关；DNA聚合酶Ⅲ是促进DNA链延长的主要酶，尽管其在细胞中存在的数目并不多。

目前常用于基因工程的是大肠杆菌DNA聚合酶Ⅰ和T4DNA聚合酶，而用于PCR扩增技术的多为耐热的*Taq* DNA聚合酶，它来自一种水生嗜热杆菌。

（四）其他酶

除上述3种主要的酶外，基因工程常用的酶还有核酸酶、磷酸酶、逆转录酶（将mRNA逆转录生成DNA）等多种酶。

（五）目的基因与载体的连接

目的基因与载体连接的方式主要有如下几种：

1. 相同黏性末端的连接

相同黏性末端来源于两种，一是来自同一限制酶切割位点，另外是不同限制性内切酶位点，称为同尾酶。在同一限制性核酸内切酶作用下切割不同的DNA片段，会产生具有完全相同的黏性末端，将具有完全相同末端的两个DNA片段一起退火，由于黏性末端单链间的碱基互补配对，最后在DNA连接酶的催化作用下实现目的基因与载体的连接，形成共价结合的重组DNA分子，但会出现自连接，需后续筛选鉴定。由两种不同的限制性核酸内切酶切割的DNA片段，如果产生的黏性末端是相同的，称为配伍末端，也进行黏性末端连接。例如*Mbo*Ⅰ（▼GATC）和*Bam*HⅠ（G▼GATCC）切割DNA后均可产生5′突出的GATC黏性末端，彼此可互相连接。但同尾酶连接后，往往不能用任何一种酶酶切。

2. 平头末端的连接

如果载体和目的基因上都没有能使用的限制性内切酶酶切位点，则需用不同的内切酶进行切割，但切割后的黏性末端是不能互补配对结合的，在T4 DNA连接酶连接之前，需要用合适的酶将突出的末端补齐或削平成为平末端。另外，内切酶切割产生的平末端也可以经T4 DNA连接酶连接，但连接的效率远不如黏性末端连接。可以通过多种方法来提高连接效率：如加大酶用量（一般为10倍）、增加平末端底物的浓度、加入10% PEG（分子量8000）、促进分子间的有效作用、加入单价阳离子（150～200mmol/L NaCl）、提高反应温度等。

3. 不同黏性末端的连接

对于不同的黏性末端，突出5′末端可用Klenow补平，或S1核酸酶切平，然后平头连接。突出3′末端可用T4DNA聚合酶（T4-DNApol）切平，然后平头连接。突出末端不同，可以用Klenow补平，或S1核酸酶切平。连接后，可能恢复限制性位点，甚至还可能产生新的位点。

4. 人工黏性末端的连接

对于5′突出的末端，外源片段先用Klenow补平，然后用TdT补加polyC，载体片段也用Klenow补平，加polyG，退火不经连接即可转化。可以不使酶切位点遭受破坏。对于3′突出的末端，外源片段先用TdT加polyG，载体片段加polyC，然后退火，再用Klenow补齐、连接。对于平头末端，可直接用TdT补加末端，但以加polyA/T为佳，稍微加热，AT区就会出现单链区域，然后用S1核酸酶水解即可回收片段。

5. 黏端与平端的连接

对平末端的DNA，可先连上人工设计合成的脱氧寡核苷酸双链接头（linker）或者具有黏性末端的寡聚核苷酸衔接子（adaptor），使DNA末端产生新的限制内切酶位点，再用识别新位点的限制性内切酶切除接头的远端，产生黏性末端，即可按黏性末端相连，此法称为人工接头连接法，也属于一种特殊的黏性末端连接。

6. 黏性末端的更换

在DNA片段上某一酶切口处换成另一种酶切口，如*Bam*H Ⅰ酶切片段用Klenow补平，或用S1酶切平，然后连接一段linker或adaptor，使之产生*Eco*R Ⅰ黏性末端，这样*Bam*H Ⅰ切口就换成了*Eco*R Ⅰ切口。由*Alu* Ⅰ替换*Eco*R Ⅰ，*Alu* Ⅰ切开，T4-DNApol切平，另一段DNA *Eco*R Ⅰ切开，Klenow补平、连接，原来含有*Alu* Ⅰ的片段变成含有*Eco*R Ⅰ的片段。

（六）无缝克隆

无缝克隆（seamless cloning/In-fusion cloning）是指不需要任何限制性内切酶和连接酶，就可以在载体的任何位置进行一个或多个目的DNA片段的插入。此方法只需要一步重组法就可以得到高效率克隆的重组载体，突破了传统的双酶切再加上连接。

无缝克隆的引物末端和载体末端均应含有15～20个同源碱基，经PCR扩增的目的基因两端就具有15～20个与载体序列同源性的碱基。通过相关酶试剂处理，除去载体与目的基因片段上同源片段双链中的一条链，这样载体和目的基因DNA两端就露出了能够互补配对的序列，无需酶连接，依靠同源序列碱基间的配对能使载体和目的基因DNA连在一起。

操作过程如下：

① 先将载体线性化，可以采用PCR扩增的方法或者酶切的方法。

② 目的DNA片段的PCR扩增，使用设计的引物进行。

③ 线性化载体和 PCR 扩增的目的 DNA 片段进行重组反应，二者反应的摩尔比一般为 1∶2，反应体系为：缓冲液-酶混合物 15μL、线性化载体 XμL、PCR 片段 YμL、ddH$_2$O ZμL，总体积为 20μL。

④ 混匀后在 PCR 仪中适当温度孵育 30～60min，然后转移至冰上。

⑤ 克隆产物直接转化宿主菌，涂平板挑选出阳性克隆子（图 2.3）。

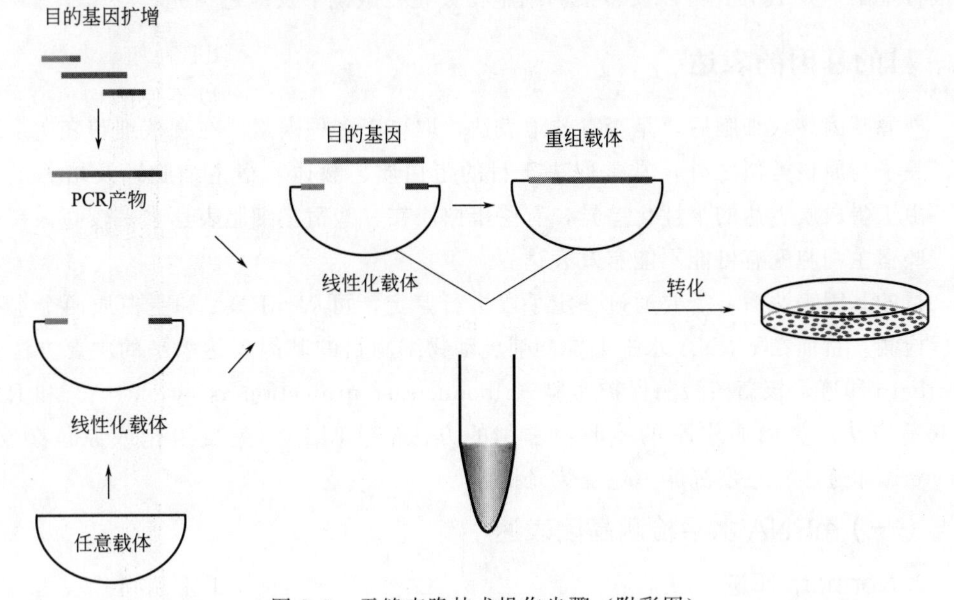

图 2.3 无缝克隆技术操作步骤（附彩图）

无缝克隆方法具有以下优点：可以在载体的任意位置进行目的基因的插入；操作简便快速，省略传统构建载体的复杂过程；构建的载体经转化阳性克隆可以高达 90%以上；一次可进行多个片段目的基因的重组。

四、重组 DNA 的转化

外源基因导入哺乳动物细胞是基因工程技术的关键，目前已经建立多种有效地将外源基因导入哺乳动物细胞的方法，常用的方法有化学转染法、物理转染法和病毒转染法等。化学转染法包括 DEAE-葡聚糖法、磷酸钙法和脂质体法。物理转染法包括电穿孔、显微注射、基因枪（genegun technology）法。通过病毒感染的方式也可以将外源基因转移到哺乳动物细胞内，常用的方法有腺病毒、逆转录病毒、慢病毒等。

五、重组 DNA 的筛选与鉴定

哺乳动物细胞重组 DNA 的筛选与鉴定包括两种，一种是载体构建过程中的筛选与鉴定，另外一种是表达载体转入宿主细胞的筛选与鉴定过程。载体构建过程的筛选方法包括抗生素筛选、插入失活法、限制性内切酶法、原位杂交法、PCR 法等。

重组 DNA 分子转入哺乳动物细胞的筛选与鉴定和原核细胞相比，方法较为单一，目前主要的方法是依据表达载体的筛选标记，以及载体上所带的报告基因。如载体带有G418筛选标记基因，可以在转染载体后，加入适量浓度的G418进行筛选，成功转入G418的细胞存活下来，而未转染成功或者传代过程中质粒丢失的细胞则被杀死。CHO细胞的DHFR和GS筛选系统还具有基因扩增功能，在实现重组细胞筛选的过程中，通过药物加压实现基因扩增，进而提高重组蛋白的表达水平。载体携带的报告基因，如EGFP可以使转染的细胞在荧光显微镜下发绿色荧光。

六、目的基因的表达

外源基因导入细胞后，是否有效地表达，取决于多种因素。在真核细胞表达系统中，除了与原核类似之外，常常取决于目的蛋白质、载体、宿主细胞以及培养工艺等。由于蛋白质表达的个性化差异，有些蛋白质在一些宿主细胞表达水平较高，在另外一些宿主细胞就有可能不能有效表达。

目的基因表达后，需要通过一定手段进行鉴定，可从mRNA和蛋白质两个水平进行检测。目前在mRNA水平上检测哺乳动物细胞目的基因表达水平的主要方法有Northern印迹、核糖核酸酶保护实验（ribonuclease protection assay，RPA）和RT-PCR等方法。蛋白质水平的检测，常用的方法有ELISA、免疫组化或原位杂交、Western印迹法、免疫沉淀、免疫荧光抗体等。

（一）mRNA水平检测基因表达

1. Northern印迹

Northern印迹（Northern blot），是一种在mRNA水平上分析基因表达的技术，其原理基于核酸杂交原理。转入到哺乳动物细胞的外源基因在宿主细胞中转录生成相应的mRNA，提取细胞总RNA或mRNA，变性凝胶电泳进行分离，将分离得到的按分子大小依次分布在凝胶上的不同RNA分子转移到固定膜上，用标记的探针进行杂交，通过有无杂交带及其显影强度来判断目的RNA在所检测样品中是否表达以及目标RNA的丰度，即表达的相对含量。Northern印迹的总RNA是以各个RNA分子的形式存在，不需要进行酶切，可以直接应用于电泳。另外，由于碱性溶液可使RNA水解，因此采用甲醛等进行变性电泳，而不是进行碱变性。

操作步骤为：提取样品的总RNA，制备变性胶，制备RNA样品，电泳，将RNA从变性胶转移到硝酸纤维素膜或尼龙膜，转移结束后，将膜在6×SSC中浸泡5min，以去除膜上残留的凝胶，80℃真空干烤1～2h。探针标记、预杂交、杂交、洗膜、压片、显影。

2. 核糖核酸酶保护实验

核糖核酸酶保护实验是一种基于杂交原理分析mRNA的方法，可对mRNA进行定量分析又可研究其结构特征，灵敏度和特异性都很高。其基本原理是将待测的RNA样品与^{32}P或生物素特异标记的RNA探针进行杂交，按碱基互补配对的原则，标记的特异RNA探针会与目的RNA特异性结合，形成双链RNA；没有结合的单链

RNA 经 RNA 酶 A 或 RNA 酶 T 被消化成寡核糖核酸，由于待测目的 RNA 与特异 RNA 探针结合形成双链 RNA，避免了 RNA 酶的消化，因此该方法被命名为 RNA 酶保护实验。

3. 逆转录 PCR

逆转录 PCR（reverse transcription-PCR，RT-PCR）首先在体外以 mRNA 为模板在逆转录酶的作用下合成 cDNA，然后再以 cDNA 为模板，进行 PCR 扩增生成目的基因产物。RT-PCR 技术可用于 RNA 的定性分析和待测 RNA 样品的半定量分析，此时需要设置阳性参照。该技术快捷、简单，适合对待测样品进行初步筛选，但目前已广泛被实时定量 PCR 替代。

4. 实时定量 PCR

实时定量 PCR（real-time quantitative polymerase chain reaction，RQ-PCR）是对 mRNA 进行定量分析的一种方法，具有通用、快速、简便、灵敏度和特异性高的优点。在 DNA 扩增反应中，以荧光化学物质检测每次 PCR 循环后产物的总量。如染料 SYBR Green 是一种只与 DNA 双链结合的荧光染料，能选择性地与双链 DNA 结合，同时产生强烈荧光。该染料处于游离状态时，荧光强度较低，一旦与双链 DNA 结合，荧光强度大大增强。因此在变性时，DNA 双链分开，不产生荧光信号或信号很弱。但在 PCR 过程中，新合成的双链可以与 DNA SYBR Green 特异性结合并产生荧光信号，所产生信号的强弱与双链 DNA 的量成正比，反应结束时，采集荧光信号进行分析。

（二）蛋白质水平检测基因表达

1. Western 印迹

当在蛋白质水平检测目的基因表达时，最常用的方法之一就是 Western 印迹（Western blot），它可以对细胞或组织的总蛋白质中的目的蛋白质进行定性和半定量分析。是一种基本原理与核酸分子杂交相似的免疫印迹技术，检测被吸附到固相载体上的多肽分子或蛋白质，与核酸分子杂交技术不同的是，Western 印迹的探针是偶联标记物的抗体分子。

Western 印迹的基本操作过程：首先制备蛋白质样品，SDS-PAGE 电泳对蛋白质样品进行分离，被分离的蛋白质转移至固相载体上，第一抗体（即特异抗体）与固相载体上的蛋白质（抗原）进行印迹杂交，再经第二抗体即偶联检测标记信号的抗体（购买的商品试剂盒中一般采用的是偶联辣根过氧化物酶 Ig），最终与酶的底物反应而显影、成像，然后扫描后获取免疫印迹信息。

2. 酶联免疫吸附分析

酶联免疫吸附分析（enzyme-linked immunosorbent assay，ELISA）也是基于抗原-抗体反应基础上的蛋白质分析方法，预先将样品包被在支持体上，而不是电泳分离待检样品蛋白质，后续的反应过程与 Western 印迹基本相同，即顺序结合（也称为“吸附”）一抗（特异抗体）、与酶连接的第二抗体（“吸附”抗原，也可预先包被抗体)，再进行酶-底物反应，最后通过酶标仪测定反应底物、记录数据。

ELISA具有特异性强、灵敏度高、稳定、操作简便、标本用量少、既可以做定性实验也可以做定量分析等特点。

3. 流式细胞术

流式细胞术（flow cytometry）是在细胞水平分析特定蛋白质的一种方法，也是建立在抗原-抗体反应基础上的技术。利用抗原与荧光标记抗体的特异性结合，所产生的荧光信号经流式细胞仪分析，作出结果判断。流式细胞术可以检测活细胞，也可以检测用甲醛固定的细胞。其广泛应用于细胞表面和细胞内分子表达水平的定量分析，并能够根据各种蛋白质的表达模式区分细胞亚群。此外，流式细胞术可以使用多个荧光标记的抗体同时对多个基因产物进行标记和监测，是对细胞进行快速分析、分选、特征鉴定的一种有效方法。

基因工程是通过分子生物学方法，将目的基因在合适的宿主细胞表达有功能的蛋白质的技术。其基本过程包括：目的基因的获取、载体的选择与改造、限制性核酸内切酶切割目的基因和载体、目的基因与载体的连接、重组载体导入受体细胞、筛选阳性克隆的细胞并进行扩增和表达。目的基因获取途径包括基因组文库、cDNA文库、PCR、人工化学合成等；载体包括病毒载体和质粒载体，根据载体本身是否能够复制又分为整合型载体和附着体载体，其中附着体载体由于转染后不整合到宿主细胞基因组上，是一种新型且安全的表达载体；DNA的体外重组包括DNA分子酶切、连接等一系列步骤，其中重要的酶是限制性核酸内切酶。无缝克隆技术是一种新的、快速、简洁的克隆方法；重组DNA的转化有化学转染法、物理方法和病毒转染法；重组DNA的筛选与鉴定是依据表达载体的筛选标记以及载体上所带的报告基因；目的基因表达后，可以从mRNA和蛋白质两个水平进行测定。运用DNA分子重组技术的基因工程，由于可以按照人们的意愿设计出新的遗传重组体，增加了人们改造生命体的预见性和主观能动性。目前已经发展到第四代基因工程技术，其应用范围和应用前景越来越广泛，已经成为医药卫生、基因诊断与基因治疗等方面的重要技术。

参考文献

宋旭光，曹江，曾令宇，张焕新，程海，王缨，王力，陈翀，徐开林，2013. 慢病毒介导的人凝血因子Ⅷ高效真核表达系统的建立. 中华血液学杂志，34（9）：757-761.

徐本玲，吴江雪，薛刚，赵鹏，肖林，黄必军，黄文林，2006. 人内皮抑素小环载体的构建及其在真核细胞中的表达. 中山大学学报（医学科学版），27：17-20.

Annaluru N，Muller H，Mitchell L A，Ramalingam S，Stracquadanio G，Richardson S M，Dymond J S，Kuang Z，Scheifele L Z，Cooper E M，Cai Y，Zeller K，Agmon N，Han J S，Hadjithomas M，Tullman J，Caravelli K，Cirelli K，Guo Z，London V，Yeluru A，Murugan S，Kandavelou K，Agier N，Fischer G，Yang K，Martin J A，Bilgel M，Bohutski P，Boulier K M，Capaldo B J，Chang J，Charoen K，Choi W J，Deng P，DiCarlo J E，Doong J，Dunn J，Feinberg J I，Fernandez C，Floria C E，Gladowski D，Hadidi P，Ishizuka I，Jabbari J，Lau C Y，Lee P A，Li S，Lin D，Linder ME，Ling J，Liu J，Liu J，London M，Ma H，Mao J，McDade J E，McMillan A，Moore A M，Oh W C，Ouyang Y，Patel R，Paul M，Paulsen L C，Qiu J，Rhee

A, Rubashkin M G, Soh I Y, Sotuyo N E, Srinivas V, Suarez A, Wong A, Wong R, Xie WR, Xu Y, Yu A T, Koszul R, Bader J S, Boeke J D, Chandrasegaran S, 2014. Total synthesis of a functional designer eukaryotic chromosome. Science, 344 (6179): 55-58.

Argyros O , Wong S P, Fedonidis C, Tolmachov O, Waddington S N, Howe S J, Niceta M, Coutelle C, Harbottle R P, 2011. Development of S/MAR minicircles for enhanced and persistent transgene expression in the mouse liver. J Mol Med (Berl), 89 (5): 515-529.

Avery O T, Macleod C M, McCarty M, 1944. Studies on the chemical nature of the substance inducing transformation of pneumococcal types : induction of transformation by a desoxyribonucleic acid fraction isolated from pneumococcus type Ⅲ. J Exp Med, 79 (2): 137-158.

Bedell V M, Wang Y, Campbell J M, Poshusta T L, Starker C G, Krug R G, Tan W, Penheiter S G, Ma A C, Leung A Y, Fahrenkrug S C, Carlson D F, Voytas D F, Clark K J, Essner J J, Ekker S C, 2012. In vivo genome editing using a high-efficiency TALEN system. Nature, 491 (7422): 114-118.

Broll S, Oumard A, Hahn K, Schambach A, Bode J, 2010. Minicircle performance depending on S/MAR nuclear matrix interactions. J Mol Biol, 395 (5): 950-965.

Carroll D, 2011. Genome engineering with zinc-finger nucleases. Genetics, 188 (4): 773-782.

Chen Z Y, He C Y, Meuse L, Kay M A, 2004. Silencing of episomal transgene expression by plasmid bacterial DNA elements in vivo. Gene Ther, 11 (10): 856-864.

Cohen S N, Chang A C, Boyer H W, Helling R B, 1973. Construction of biologically functional bacterial plasmids in vitro. Proc Natl Acad Sci U S A, 70 (11): 3240-3244.

Cong L, Ran F A, Cox D, Lin S, Barretto R, Habib N, Hsu P D, Wu X, Jiang W, Marraffini L A, Zhang F, 2013. Multiplex genome engineering using CRISPR/Cas systems. Science, 339 (6121): 819-823.

Gaillet B, Gilbert R, Broussau S, Pilotte A, Malenfant F, Mullick A, Garnier A, Massie B, 2010. High-level recombinant protein production in CHO cells using lentiviral vectors and the cumate gene-switch. Biotechnol Bioeng, 106 (2): 203-215.

Haase R, Argyros O, Wong S P, Harbottle R P, Lipps H J, Ogris M, Magnusson T, Vizoso Pinto M G, Haas J, Baiker A, 2010. pEPito: a significantly improved non-viral episomal expression vector for mammalian cells. BMC Biotechnol, 10 (20): 20.

Haase R, Magnusson T, Su B, Kopp F, Wagner E, Lipps H, Baiker A, Ogris M, 2013. Generation of a tumor- and tissue-specific episomal non-viral vector system. BMC Biotechnol, 13: 49.

Hagedorn C, Antoniou M N, Lipps H J, 2013. Genomic cis-acting Sequences Improve Expression and Establishment of a Nonviral Vector. Mol Ther Nucleic Acids, 2: e118.

Hutchison C A, Chuang R Y, Noskov V N, Assad-Garcia N, Deerinck T J, Ellisman M H, Gill J, Kannan K, Karas B J, Ma L, Pelletier J F, Qi Z Q, Richter R A, Strychalski E A, Sun L, Suzuki Y, Tsvetanova B, Wise K, Smith H O, Glass J I, Merryman C, Gibson D G, Venter J C, 2016. Design and synthesis of a minimal bacterial genome. Science, 351 (6280): 6253.

Jackson D A, Symons R H, Berg P, 1972. Biochemical method for inserting new genetic information into DNA of Simian Virus 40: circular SV40 DNA molecules containing lambda phag egenes and the galactose operon of Escherichia coli. Proc Natl Acad Sci U S A, 69 (10): 2904-2909

Jacob F, Monod J, 1961. Genetic regulatory mechanisms in the synthesis of proteins. J Mol Biol, 3: 318-356.

Lin Y, Li Z, Wang T, Wang X, Wang L, Dong W, Jing C, Yang X, 2015. MAR characteristic motifs mediate episomal vector in CHO cells. Gene, 559: 137-143.

Li T, Huang S, Zhao X, Wright D A, Carpenter S, Spalding M H, Weeks D P, Yang B, 2011. Modularly assembled designer TAL effector nucleases for targeted gene knockout and gene replacement in eukaryotes. Nucleic Acids Res, 39 (14): 6315-6325.

Mali P, Yang L, Esvelt K M, Aach J, Guell M, DiCarlo J E, Norville J E, Church G M, 2013. RNA-guided human genome engineering via Cas9. Science, 339 (6121): 823-826.

Mufarrege E F, Antuña S, Etcheverrigaray M, Kratje R, Prieto C, 2014. Development of lentiviral vectors for transient and stable protein overexpression in mammalian cells. A new strategy for recombinant human FⅧ (rhFⅧ) production. Protein Expr Purif, 2014, 95: 50-56.

Nehlsen K, Broll S, Bode J, 2006. Replicating minicircles: Generation of nonviral episomes for the efficient modification of dividing cells. Gene Ther Mol Biol, 10: 233-244.

Piechaczek C, Fetzer C, Baiker A, Bode J, Lipps H J, 1999. A vector based on the SV40 origin of replication and chromosomal S/MARs replicates episomally in CHO cells. Nucleic Acids Res, 27: 426-428.

Rodríguez M C, Ceaglio N, Antuña S, Tardivo M B, Etcheverrigaray M, Prieto C, 2017. High yield process for the production of active human α-galactosidase a in CHO-K1 cells through lentivirus transgenesis. Biotechnol Prog, 33 (5): 1334-1345.

Shalem O, Sanjana N E, Hartenian E, Shi X, Scott D A, Mikkelson T, Heckl D, Ebert B L, Root D E, Doench J G, Zhang F, 2014. Genome-scale CRISPR-Cas9 knockout screening in human cells. Science, 343 (6166): 84-87.

Wang T, Wei J J, Sabatini D M, Lander E S, 2014. Genetic screens in human cells using the CRISPR-Cas9 system. Science, 343 (6166): 80-84.

Wang T Y, Wang L, Yang Y X, Zhao C P, Jia Y L, Li Q, Zhang J H, Peng Y Y, Wang M, Xu H Y, Wang X Y, 2016. Cell Compatibility of an Eposimal Vector Mediated by the Characteristic Motifs of Matrix Attachment Regions. Curr Gene Ther, 16 (4): 271-277.

Wang X Y, Zhang J H, Zhang X, Sun Q L, Zhao C P, Wang T Y, 2016. Impact of Different Promoters on Episomal Vectors Harbouring Characteristic Motifs of Matrix Attachment Regions. Sci Rep, 6: 26446.

Watson J D, Crick F H, 1953. Molecular structure of nucleic acids; a structure for deoxyribose nucleic acid. Nature, 171 (4356): 737-738.

（王小引　贾岩龙）

第三章
载体工程

由于哺乳动物细胞生产的重组蛋白具有与人类细胞相近的翻译后修饰，因此越来越多的重组蛋白药物在哺乳动物细胞生产。然而，哺乳动物细胞生产的重组蛋白不仅表达水平远低于其他表达系统（如细菌、酵母及昆虫细胞），而且存在细胞培养周期长、细胞工艺复杂、费时费力及成本高的问题。因此，如何提高哺乳动物细胞系统重组蛋白表达水平和质量一直是研究的热点。

目的基因的高效表达是基因工程中人们最关心的问题之一，但由于位置效应等导致的外源基因沉默和表达水平较低是基因工程中普遍存在的一种现象。通过 Southern 印迹、RT-PCR 等研究方法证实转基因已整合到宿主的基因组中，且保留完整的拷贝，但有时却不能稳定表达或表达水平低下，甚至表达完全被抑制，这种外源基因在宿主中表达受到抑制的现象称之为转基因沉默（transgene silencing）。此外，由于转基因在宿主细胞随机整合导致重组细胞系之间表达水平的差异也是普遍存在的现象，因此常常需要进行大量的筛选才能获得高表达的单克隆细胞株。再者，尽管最初转染细胞系有较高的重组蛋白表达水平，在长期培养过程中经常发现蛋白质表达水平会随之降低。因此，维持目的蛋白质高表达水平同样是哺乳动物细胞表达系统的关键因素之一。在重组蛋白的生产中考虑到试剂的毒性和高成本，通常在不使用选择试剂的情况下，蛋白质表达水平能够保持 70% 以上的初始生产率视为表达水平稳定 (Bailey et al.，2012)。尽管通过优化培养基和生产工艺，改造细胞系等可以在一定程度上实现较高的目的蛋白质表达水平，但通过载体工程技术优化改造表达载体是提高和保持目的蛋白质高水平表达的最适宜策略。

应注意的是，由于表达载体通常通过随机整合引入宿主细胞基因组，因此转基因表达的水平取决于染色体上的整合位点。由于大多数基因组位点是转录抑制性

(transcriptionally repressive) 的，导致许多转基因克隆表达水平不高。这种抑制效应可通过组蛋白去乙酰化和 DNA 转染启动子甲基化引起相邻基因的表观遗传沉默 (Peters et al.，2001)。目前有两种方法可用于克服 DNA 整合依赖的抑制或负位置效应。一种方法是基于在表达载体插入存在于染色质的调控元件，以保护转基因免受周围染色质的影响。另一种方法依靠位点特异性整合或重组，将转基因导入转录活性位点。此外，还可以通过优化载体上的元件如启动子、增强子和多聚腺苷酸化等来实现目的基因的高效表达。

第一节　表达载体元件的优化

一个有效的哺乳动物细胞的表达载体的组成元件包括启动子、增强子、polyA 序列、选择标记、复制起始位点、目的基因及增强元件（如内含子）等（图 3.1)。有些表达载体如多顺反子载体还包括内部核糖体进入位点（internal ribozyme entry site，IRES）元件或 Furin-2A，通过 IRES 或 Furin-2A 实现在单个载体上表达多个顺反子。由于表达载体的不同元件之间，载体上的元件与宿主细胞、目的基因之间都具有适配性，如启动子和不同调控元件的组合会影响重组蛋白的表达（Sakaguchi et al.，2014)。染色体上其他顺式调控元件如 ployA、内含子、选择标记、IRES 等对转基因的表达作用也不尽相同（Ho et al.，2012)。因此，通过对表达载体上不同调控元件的组合进行优化，能克服转基因沉默以及提高重组蛋白的表达水平和稳定性。

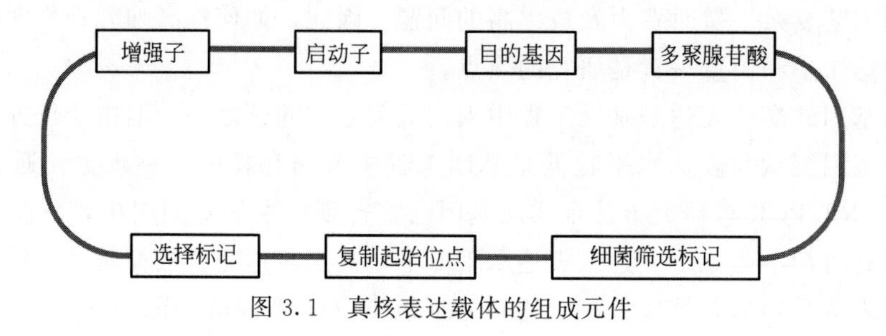

图 3.1　真核表达载体的组成元件

一、启动子

（一）定义及特点

基因表达的程序、时间和位置在不同层次上受不同的调节因素控制，这种控制机制不仅决定基因表达的水平，也决定基因表达的时空顺序。启动子（promoter）是基因表达的重要调控元件，是一段能被 RNA 聚合酶特异性识别和结合，能正确有效起始转录的一段 DNA 调控序列，一般位于基因 5′端上游区域。真核生物具有三种 RNA 聚合酶，而 RNA 聚合酶Ⅱ型启动子在真核生物中最为常见，也最为复杂。传统理论认为人类每个基因平均拥有约一个启动子，且启动子的起始点只有一个，一个启动子只能转录出一种 RNA。但最近研究发现人类平均每个基因至少有 5 个启动子，人类基因组 DNA 拥有的启动子数量超过 19 万个。此外还发现，即使是同一个启动子，根据读取遗传信息的起始点不同，转录出的 RNA 种类也存在差异。研究表明，拥有多个起始点的启动子约占启动子总数的 77%。

在哺乳动物细胞中，转录是一个由多个 DNA 信号元件和相应的结合因子控制的高度复杂的过程。在这个级联中，启动子在整合和转录信号加工过程中起着关键作用。因此，核心启动子和邻近元件的选择对于转基因表达效率至关重要。除了已知的天然病毒和真核启动子外，研究人员已经开发了一些具有特殊性能的人工合成启动子。

哺乳动物的核心启动子约有 80bp，大约位于相对于转录起始位点（transcription starting site，TSS）的－40～＋40bp 处，包括一些或全部不同的结构元件，如最为熟悉的 TATA 盒和转录起点。核心启动子的基序包含相应转录因子（transcription factors，TFs）的结合位点，其长度大约为 3～20bp 的保守序列（图 3.2）。TSS 有助于 RNA 聚合酶Ⅱ和常规转录因子结合。位于核心启动子上游的区域（大约 250bp）称为近端启动子。虽然之前认为所有启动子都具有相似的转录能力，但其在结构和作用机制上仍存在很大的差异。因此，启动子活性与载体的结构、细胞系等具有细胞的适配性（Wang et al.，2016）。

生产哺乳动物细胞重组蛋白常用的启动子有人巨细胞病毒主要早期增强子/启动子（human cytomegalovirus major immediate-early enhancer/promoter，hCMVp）、猿猴病毒 40 早期启动子（simian virus 40 early promoter，SV40E）、CMV 增强子/鸡 β-肌动蛋白启动子（CMV enhancer/chicken β-actin promoter，CAG）、人延长因子-1α 启动子（human elongation factor-1α，human EF-1α）和中国仓鼠延长因子-1α 启动子（Chinese hamster elongation factor-1α，CHEF-1α）（表 3.1）。

表 3.1 哺乳动物细胞重组蛋白表达使用的启动子

启动子	载体	供应商
人巨细胞病毒主要早期增强子	pRc	Sigma-Aldrich/Merck
	pcDNA3.3-TOPO	Invitrogen
	pCI	Promega
	gWiz	Genlantis
	phCMV	
	pAdCMV5	提供载体图谱
猿猴病毒 40 早期启动子	pGL2	Promega
	PSF-SV40	Sigma-Aldrich/Merck
劳斯肉瘤病毒启动子	pRSV(5.2kb)	Sigma-Aldrich/Merck
	pRC-RSV	Invitrogen
小鼠磷酸甘油酸激酶 1 启动子	pDRIVE5-SEAP-mPGK	Invivogen
人类泛素 C 启动子	pUB-GFP	Addgene
	pUb6/V5 His C	Invitrogen
人延长因子-1α 启动子	pDRIVE5-GFP-1	Invivogen

续表

启动子	载体	供应商
CHO细胞延长因子-1α启动子	系列载体 pSF-CHEF1-Fluc	CMC Biologics Oxford Genetics
诱导启动子	pAdenoVatorCMV5 (CuO)-IRES-GFP (AES2041) pAdTR5 Tet ON/Tet Off Tet-One	MP Biomedicals 提供载体图谱 Takara Bio USA Takara Bio USA

（二）核心启动子

核心启动子是RNA聚合酶与转录起始复合物集合的部位，分为集中型和弥散型两种类型。集中型启动子的基因转录从一个或很少几个核苷酸位点处开始；而弥散型启动子，在长约50～100bp的范围里会同时存在几个转录起始位点，不过每一个转录起始位点的转录起始作用都比较弱，有一些启动子同时具有这两种转录起始作用。

集中型启动子可见于所有生物体基因组内，在较低等的生物体内这种转录起始作用几乎是唯一的一种基因转录起始机制。不过在脊椎动物体内，大约有70%的基因都受到弥散型启动子的控制，这些基因常见于CpG岛内。一般来说，集中型启动子主要见于受调控基因（regulation gene），而弥散型启动子多见于组成型基因（constitutive gene）。

虽然在脊椎动物启动子中集中型启动子只占很小的比例，但绝大部分对RNA聚合酶Ⅱ转录机制的研究都是在集中型启动子上开展的，很少有人关注弥散型启动子，这主要是因为集中型启动子调控的基因在生物学中具有更加重要的意义。

通过对集中型核心启动子（core promoter）的分析发现了8种重要的基序。

① TATA盒：位于转录起始点上游－31～－30bp处，序列为TATAWAAR。

② 起始区（initiator region，Inr）：位于－2～－4bp处，序列为TCAKTY（果蝇）和YYANWYY（人）。

③ 基序十元件（motif ten element，MTE）：位于起始子＋1A位点下游18～27bp处，序列是CSARCSSAAC（果蝇）。

④ 下游启动子元件（downstream promoter element，DPE）：位于起始子＋1A位点下游28～33bp处，序列是RGWYVT（果蝇）。

⑤ 转录因子ⅡB上游识别元件（transcription factor ⅡB recognition element upstream，BREu）：位于TATA盒的上游，序列为SSRCGCC。

⑥ 转录因子ⅡB下游识别元件（transcription factor ⅡB recognition element downstream，BREd）：位于－23～－17bp处，序列是RTDKKKK。

⑦ X核心启动子元件1（X core promoter element，XCPE1）：位于－8～2bp处，序列为DSGYGGRASM（人）。

⑧ 下游核心元件（downstream core element，DCE）：DCE1位于6～11bp处，

序列为CTTC；DCE2位于16～21bp处，序列为CTTC；DCE3位于30～34bp处，序列为AGG（如图3.2）。

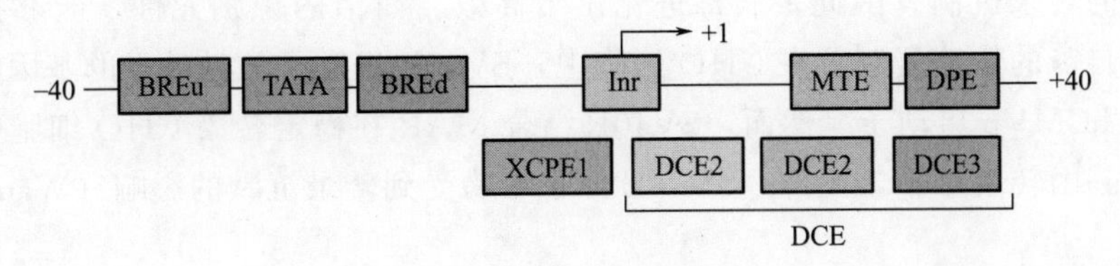

图3.2　核心启动子结构图

与集中型启动子不同，弥散型启动子一般都缺乏BRE、TATA、DPE和MTE等基序。所以这两种启动子发挥作用的原理很可能存在根本性的差别。

弥散型核心启动子往往只含有集中型启动子部分的核心元件，没有固定的核心元件及核心调控模式，其调控模式比集中型启动子要复杂得多。

（三）病毒启动子

1. 人巨细胞病毒主要早期增强子/启动子

自从hCMVp被发现以来，一直是研究和大规模生产中最常用的启动子。目前有大量商业化载体所用的启动子为hCMVp及其衍生物（表3.1），研究表明，和其他启动子比较，hCMVp驱动重组蛋白表达水平最高（Wang et al.，2016）。hCMVp转录调控中具有细胞周期依赖性，它在S期表现活跃，在G0/G1期活性非常低。虽然hCMVp在哺乳动物细胞中经常用于重组蛋白表达，但其确切机制尚不清楚。

天然hCMVp核心包括TATA盒、顺式抑制序列和转录起始点（Brown et al.，2015）。hCMV增强子位于早期启动子转录起始位点上游610bp以内。近端和远端增强子区域包含多个转录因子调控元件结合位点（transcription factor regulatory element binding sites，TFREs）的重复序列，其中8个被CHO转录机器特异性识别（Stinski et al.，2008）。

病毒启动子容易发生转录沉默，导致长时间培养后体积生产率降低。有研究表明，启动子活性的丧失是由CpG二核苷酸中细胞因子5位碳上的酶DNA甲基化引起的（Osterlehner et al.，2011）。

hCMVp包含的CpG数量高于平均水平，分布在TSS上游600bp范围内。决定CMV启动子活性丧失的关键不是整体的甲基化水平（Osterlehner et al.，2011），而是特异性位点的甲基化。在hCMVp中，179 C－G突变虽能提高转基因表达水平的稳定性，但转录活性较野生型CMV低。然而，在稳定转染CHO细胞系中无CpG的hCMVp并没有显著提高转录水平（Ho et al.，2016）。使用特定的去乙酰化酶抑制剂（trichostatin A）能有效防止组蛋白修饰引起的hCMVp沉默。添加TSA，哺乳动物细胞系中测试的启动子（CMV、SV40E、RSV）所获得的重组蛋白的产量都有大幅度增加，证实了病毒启动子沉默的根源在于表观遗传机制。

2. 猿猴病毒40早期启动子

猿猴病毒40（simian virus 40，SV40）是一种小DNA多瘤病毒，其基因组约为

5200bp。在表达载体中使用猿猴病毒 40 早期启动子（simian virus 40 early promoter，SV40E）能够在感染早期驱动病毒大 T 抗原表达。在转染过程中，病毒完全依赖于宿主细胞的转录机制。因此，病毒进化出了高效、简洁的识别元件，能够招募细胞 TFs 进行自身的快速复制。在 CHO 细胞中，SV40E 启动子驱动的目的基因瞬时表达水平低于 hCMVp 启动子。然而，SV40E 结合 MAR 在稳定转染 CHO 细胞中能够驱动最强的基因转录水平，此外，SV40E 似乎不易受到转录沉默的影响（Wang et al.，2016）。

SV40E 包含至少两个 TATA 盒，位于 17bp 富集的回文区，引导转录开始。哪种 TATA 盒用于起始转录，取决于 TATA 盒和上游调控元件之间的精确间隔。在转录起始点的 5′端，有 3 个富含 GC 的 21bp 的重复序列。重复序列中含有 Sp1 结合位点作为近端启动子，上游有两个 72bp 增强子的串联重复序列，包括 NFκ-B、AP1 以及 Oct-1 和 Oct-2 识别位点。SV40 增强子是第一个被识别的顺式作用元件，它能显著提高同源和异源启动子的转录效率。

SV40E 长度约为 200bp，通常用在载体中驱动筛选标记基因的表达，而不是驱动目的基因的表达。为了确保更严格地选择阳性克隆，对启动子进行弱化突变，进一步简化高产细胞株的筛选程序、淘汰中低产细胞株（Fan et al.，2013）。

如果需要一个相对高表达水平的短的启动子/增强子序列，SV40E 可能是 hCMVp 的一个有价值的替代启动子。关于 CHO 细胞中 SV40E 活性的结论尚存在争议，仍需要进行进一步的研究。然而，目前已经公认 SV40E 比其他病毒启动子抗沉默作用较好。

3. 劳斯肉瘤病毒启动子

劳斯肉瘤病毒（Rous sarcoma virus，RSV）是一种传播性禽流感逆转录病毒，但缺乏在哺乳动物细胞中繁殖的能力。细胞转导所需的促进和增强元件包含在位于病毒两侧高度保守的长末端重复序列（long terminal repeats，LTR）。

劳斯肉瘤病毒启动子（Rous sarcoma virus promoter，RSVp）的复合基础核心元件，包含 TATA-box 和富含嘧啶的 Inr-like 基序，称为转录起始位点核心（transcription starting site core，TSSC）。RSV 的增强区域包括丰富的激活蛋白 AP1 和八聚物 Oct-1 识别元件（Wang et al.，2016）。RSVp 驱动组成型表达，但在稳定整合到 CHO 基因组后，RSVp 的转录活性较低。

当 RSVp 用于 CHO 细胞的体外附着体转基因表达时，RSVp 的表达率仅次于 hCMVp。在 BacMam 系统（利用杆状病毒而不是质粒进行基因转移的载体）中，RSVp 比包括 CMV 在内的其他病毒启动子活性表现高。

虽然可以使用 RSVp 的质粒来驱动选择标记物的表达，但是在工业中使用 RSVp 表达目的基因的情况并不多见（表 3.1）。

（四）真核生物异源启动子

1. 小鼠磷酸甘油酸激酶 1 启动子

小鼠磷酸甘油酸激酶（mouse phosphoglycerate kinase，PGK）是一种 X 染色体

连接的泛在酶，活跃于糖酵解周期，由小鼠 PGK-1 位点编码。这种酶在所有体细胞和卵巢细胞中都有表达。哺乳动物 PGK-1 基因的核心启动子区域缺少 TATA 或 CAAG 识别基序。核心启动子的上游是一个 320bp 的特异性增强子，能够独立作用而不受位置和方向的影响。

PGK 是一种组成型启动子，由于其增强子中存在缺氧反应元件而对氧化应激敏感。尽管 PGK 对每个细胞的活性并不一致，但它在小鼠体内驱动普遍较高水平的转基因表达。

在不同哺乳动物细胞系进行不同启动子的系统性比较，PGK 的表达水平始终较低（Qin et al.，2010）。在 CHO 中检测附着体表达时，PGK 载体的表达水平和稳定性都很低（Wang et al.，2016）。

2. 人类泛素 C 启动子

泛素（ubiquitin）是由 76 个氨基酸组成的小分子，是迄今为止发现的最保守的蛋白质之一。泛素引导非特异性 ATP 依赖性细胞内蛋白质降解，参与多种信号通路。人类泛素 C（human ubiquitin C，UBC）是 4 种功能基因之一，是编码哺乳动物重要的蛋白质。

人 UBC 启动子序列长约 1.2kb，位于 TSS 序列－371/＋878bp，对于强的本地转录至关重要。如含 TFs Sp1、Sp3 和 YY1 结合位点的 5′端的唯一内含子缺少，会导致转录活性的严重受损。在氧化应激和蛋白酶体抑制以及细胞热应激的反应情况下，UBC 上调。在启动子区域中至少发现了三种调节 UBC 转录活性的热响应元件（heat-response elements，HREs）（Crinelli et al.，2015）。

在转基因小鼠中，UBC 是一个具有非常强的转录激活的单元。但在 CHO 细胞中，却具有较低的活性和克隆稳定性（Wang et al.，2016）。UBC 也不适合 BacMam 基因表达系统。

研究结果表明，真核启动子以宿主特异性的方式发挥作用，可因快速沉默而被抑制，并且不能在异源生物的细胞培养中实现高水平的表达。

（五）内源启动子

CMVp 或 SV40E 等病毒源强启动子在哺乳动物细胞中广泛用于转基因表达。然而，组成型的过表达对细胞有显著的抑制作用，可以上调未折叠蛋白反应（unfolded protein response，UPR），甚至诱导早期凋亡。此外，病毒启动子也易受表观遗传沉默的影响（Osterlehner et al.，2011）。而内源启动子则可以克服这些负面作用，因此寻找有效的内源启动子很有意义。

在 2013 年获得完整的功能清晰的 CHO 基因组之前（Brinkrolf et al.，2013），通过构建 CHO 基因组文库来寻找内源性启动子。将 DNA 片段克隆到含有报告基因的质粒中，来评估启动子活性。这种方法产生了少量强度相对较低的内源性启动子（与 SV40E 对照相比，最强的启动子的活性达到了 40%）。

另一种使用的启动子鉴定方法是在高表达的管家基因的一侧序列中寻找活跃的内

源性启动子。通过这种方式发现 CHEF-1α 位于延长因子-1α（EF-1α）开放阅读框（ORF）附近。CHEF-1α 在活跃的细胞中持续表达。CHO 细胞 EF-1α 基因由 2.2kb 的 EF-1α 开放阅读框、12.6kb 的 5′端和 4.2kb 的 3′端的侧翼序列组成。CHEF-1α 在 CHO 细胞中的活性显示高于 hCMVp 或人类 EF-1α。与 hCMV 以及人的 EF-1α 启动子相比，在目的基因前包含一段完整的 19kb 序列能够使表达增加 3～26 倍。EF-1α 3′端 4.2kb 和 5′端 4.1kb 的侧翼序列对于 CHEF-1α 转录活性是至关重要的。然而，进一步减小载体的大小会导致表达水平下降。已有含 CHEF-1 启动子/增强子的商品化表达载体（表 3.1）。

通过分析 CHO 转录组的大量转录基因，确定了一个对温度敏感的启动子元件，最可能的候选基因是一个 1.2kb 的 *S100a6* 基因及其侧翼区域。*S100a6* 基因刺激细胞生长，在高表达细胞克隆株中表达下调（Nissom et al.，2006）。启动子的全部活性集中在 TSS 上游 1.5kb 以内。与 SV40E 相比，S100a6 启动子在瞬时检测中表达水平更高。S100a6 启动子可以在低温的条件下被激活，当温度由 37℃下降 33℃，荧光素酶的表达增加 2～3 倍，这使这种元件在表达毒性蛋白方面具有潜在的意义。功能特征显示，在 S100a6 启动子区域 222bp 的核心元件内含有多个 TF 结合位点，含有 Sp1 识别基序。

识别和鉴定内源性 CHO 启动子仅包含很少一部分具有启动子活性的序列。最近的一项全基因组预测研究已经在 CHO-K1 基因组中确定了 6547 个可能的 TSSs 和相应的 ORF 序列（Jakobi et al.，2014）。大约 94%被发现的 TSSs 被分配给已知基因。5449 个（83%）预测启动子为聚焦核心型（focused core type），包含一个主要的转录起始信号。其余 1098 个（约 17%）为分散型核启动子或广谱型启动子（dispersed core or broad type promoters）。在这些启动子中，多个 TSS 信号被分散在 50～100nt 以上。据估计，超过 2/3 的真核基因是由广谱型启动子控制的，未来将有许多的转录驱动域被发现。利用 DNA 的特性（如 GC 含量、DNA 弯曲刚度、稳定性或变性性能）和生物信息学进行预测，替代传统的寻找启动子元件方法应该更有希望发现新的启动子，对真核启动子的作用机制有更好地理解。

（六）合成启动子

通常用于驱动目的蛋白质转录的病毒启动子都是强启动子，但启动子的强度缺乏调控，当需要表达不同的蛋白质时，可能会导致蛋白质的表达不平衡。例如，单克隆抗体（monoclonal antibodies，mAbs）的生产要求重链和轻链之间有一定的抗体特异性表达比率，以便进行最佳组装。

合成生物学的运用产生了合成启动子（synthetic promoters），合成启动子使用了天然病毒核心（Brown et al.，2015）或那些完全缺乏与现有启动子同源性的启动子（Baumann et al.，2012）。Juven-Gershon 等（2006）设计了超级核心启动子 1（super core promoter，SCP1），由 TATA、起始区 Inr、下游启动子元件 DPE、上游转录因子ⅡB 识别元件 BREu、下游转录因子ⅡB 识别元件 BREd、下游核心元件 DCE、下游启动子元件 DPE 及十基序元件 MTE 组成，它们不会同时出现自然的启动子（图 3.3）。体外研究表明，SCP1 活性显著强于任何已知的启动子。在体内，当 SCP1 转染到 CHO 细胞时，其转录率比 CMV 核心启动子增加了大约 3 倍。在 4 种 SCP1 基序中引入功能相关的突变都有助于 SCP1 的表达强度。与野生型病毒启动子相比，TATA、Inr、DPE 和 MTE 的协同作用与普通转录因子 TFIID 至少有 10 倍以上的亲和力。与促进其更高效转录的任何自然启动子相比，SCP1 的聚合酶Ⅱ初始化复合物组装速度更快。

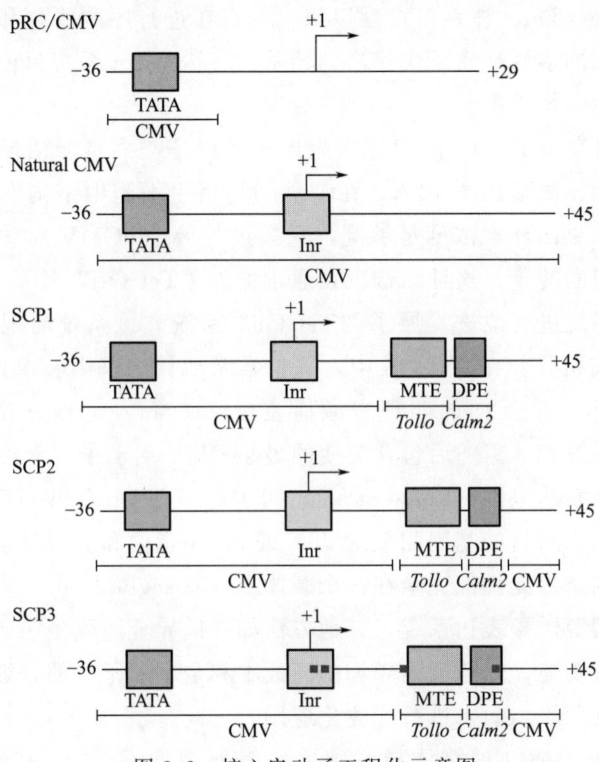

图 3.3　核心启动子工程化示意图

pRc/CMV 载体（Life Technologies）包含 CMV 增强子和 TATA 盒，但是缺少相对于＋1 转录起始位点－16 下游的任何 CMV 序列（包括 Inr 元件）。Even 等（2016）构建了三种 pRc/CMV 变异体 SCP1、SCP2 和 SCP3，SCP1 包括 Tollo MTE 和 Calm2 DPE，SCP2 和 SCP3 含有 CMV TATA 和 Inr 元素的天然 CMV 核心启动子。SCP3 相对于 SCP2，Inr、MTE 和 DPE 核心元件的单核苷酸发生变化。当瞬时转染到哺乳动物细胞系（HeLa S3 和人类骨髓神经母细胞瘤 SH-SY5Y 细胞），SCP3 保持长时间的最高的转录水平（Even et al.，2016）。因此，转录可以通过核心启动子本身来增强（图 3.3）。

Brown 等（2015）创建的 CHO 特定的合成启动子文库可以驱动转基因表达。在 CHO-K1、CHO-DG44 和 CHO-S 细胞中，与 CMV-IE 相比，这些合成启动子中最强的转录效率提高 2.2 倍（图 3.3）。

（七）诱导型启动子

诱导系统的主要优点是有效地将细胞培养的生长和生产阶段进行解耦。由于缺乏重组蛋白产生所带来的代谢压力，细胞生长分裂更快，从而能更快达到更高的细胞密度。在高细胞密度阶段诱导生产可确保高体积生产率，更均匀的产品质量和精确的生化控制。此外，生产细胞毒性蛋白需要严格诱导，以防止早期细胞快速死亡。

众所周知，在原核系统和酵母中诱导系统由敏感元件和最小核心启动子组成。四环素（tetracycline，Tet）体系自发现以来，一直在进行序列优化和开发。它能够在添加四环素或类似的多西环素后快速启动转基因表达。Tet 系统目前是最流行的哺乳动物诱导基因表达系统之一。

最初，大肠杆菌（Tn10）的四环素阻遏子操纵子与病毒激活域融合，产生了一种由四环素控制的转激活因子 tTA，在哺乳动物宿主细胞中结构性表达。tTA 蛋白对四环素敏感，如果四环素浓度足够高，它通过与最小 hCMV 启动子上游的 Tet 操纵子多重结合而阻断转录，这种结构现在通常称为“Tet-Off”。

后期对原有系统进行改进发展了“Tet-On”系统，该系统与现在的四环素相对应，但是作用方式相反。在 Tet-On 中，抗生素激活目的基因转录而不是抑制转录，而宿主细胞则产生一个反向的四环素激活蛋白（reverse tetracycline activator protein，rtTA）而不是 tTA。随后包含突变的最小 CMV 启动子，允许进一步降低背景转录和增强的动态表达范围（Loew et al.，2010）。Tet-On 和 Tet-Off 系统依赖于两个单独的载体来引入与目的基因相关的 tTA 或 rtTA 蛋白和多西环素诱导启动子。但可以将所有必需的调控元件都克隆在一个载体上（Misaghi et al.，2014）。

除了大肠杆菌源诱导表达系统，其他方法如锌诱导金属硫蛋白或类固醇基系统已有报道。尽管具有功能，但激素诱导物的高成本和金属离子的部分细胞毒性使这些系统目前还处在研究阶段，尚未进行产业化应用。

最近发展起来的哺乳动物诱导系统之一是所谓的 Cumate 基因开关（cumate-gene-switches），它利用累积敏感的细菌操纵子序列（cumate-sensitive bacterial operon sequences）和类似于 Tet-On/Tet-Off 系统的原理。通过添加无毒的小分子化合物 cumate 诱导剂进行诱导。它可以防止或诱导 cumate 诱导剂反式激活因子 cTA 或 cumate 诱导剂反向的反式激活因子 rcTA 与病毒衍生启动子序列的结合。在 CHO 细胞无血清培养中，以腺嘌呤或慢病毒载体为基础对 Cumate 基因开关进行瞬时表达的测试。LV/CHO 系统在瞬时表达系统能提高开/关诱导比率，进而提高重组蛋白 6～74 倍的表达水平，在需要快速生成相对较少蛋白质量的情况下是有益的。

Cumate 基因交换系统也可以用于补料分批培养。最近报道的一种可诱导的稳定 CHO 细胞系 CHOBRI/rcTA，可重复生产 940mg/L 的重组 Fc 蛋白和 350mg/L 的治疗性抗体（Poulain et al.，2017）。

（八）新型启动子鉴定

虽然对于启动子的研究做了大量的工作，目前在线数据库中有无数的真核生物和病毒来源的启动子被鉴定和分类（表 3.2），但目前尚缺乏一种通用的作用较好的启动子，因此一直在努力鉴定和设计新型启动子用于驱动转基因表达。表 3.2 为启动子在线数据库。

确定一种能够实现高水平并且稳定驱动转基因表达的启动子是一项挑战，特别是在使用新型宿主细胞的情况下更是如此。启动子可以从感染哺乳动物细胞的病毒源中分离出来，如 hCMV 和 mCMV 启动子，也可以从宿主内源基因的上游序列中分离出来，如 hEF-1α 和 CHEF-1α 启动子。启动子可以通过从简单的分子生物学技术到高通量微阵列和基因组学工具等方法来识别。

启动子和调控元件的捕获可以用于鉴定和研究新的序列，但由于启动子的随机性，这种方法烦琐复杂。启动子捕获是通过将 DNA 片段克隆到无启动子并携带报告基因的载体中，将该载体转染到细胞中，通过分析报告基因的表达来鉴定新的启动子。也可以用鸟枪法将基因组片段克隆到一个无启动子但携带抗生素选择标记基因的载体中。具有启动子活性的基因组片段可以从具有抗生素耐药性的克隆中分离出来。

表 3.2 启动子在线数据库

网站	用途
真核启动子数据库（Eukaryotic Promoter Database，EPD），http://epd.vital-it.ch/	由瑞士生物信息学研究所管理，EPD 带有注释，可以从人类、鼠、黑腹蛇和斑马鱼基因组中收集真核启动子。数据库中访问超过 200000 个启动子
哺乳启动子数据库（Mammalian Promoter Database，MPromDb），http://mpromdb.wistar.upenn.edu/	MPromDb 是经 ChIP-seq 实验结果鉴定的带注释基因启动子的数据库。数据是从 6 个不同的人类细胞样本（CD4＋T 细胞、HeLa S3、K562、NB4、淋巴母细胞、Jurkat）和 5 个不同的小鼠组织和 5 个不同的细胞类型中获得的
哺乳增强子/启动子数据库（Mammalian Enhancer/Promoter Database，PEDB），http://promoter.cdb.riken.jp/	通过整合保守的非编码区、转录起始位点和转录因子结合位点的信息构建的哺乳动物启动子/增强子数据库，以获得对哺乳动物动态的转录调控的系统理解

增强子捕获可以通过使用携带弱化的 SV40 启动子核心序列的载体得到。将 hCMV 和 mCMV 基因组片段插入 SV40 启动子核心上游的增强子克隆位点中以替代缺失的增强子，鉴定出具有增强基因表达特性的序列。增强子捕获的另一种方法是用无增强子载体转染细胞。只有当载体整合到增强子的下游时转基因才会表达。虽然启动子和增强子捕获是一个随机的实验，但是它有可能识别那些不能轻易地通过保守基序的筛选或不能通过生物信息学预测的启动子或调控元件。

确定强启动子的另一种方法是基于哺乳动物细胞内源基因的表达水平。例如，EF-1α 基因是一种管家基因，在不同的哺乳动物细胞中高度表达。当 CHO EF-1α 启动子与侧翼元件结合时，在 CHO 细胞中报告基因的表达水平比 hCMV 启动子提高 35 倍。

虽然高表达的内源性蛋白是明显的靶点，但在特殊条件下，诱导能够高表达的目的基因也可能包含有用的启动子元件，例如在低温诱导 RNA 结合蛋白（cold-inducible RNA-binding protein，Cirp）上游时发现低温响应增强子（mild-cold responsive enhancer，MCRE），Cirp 在低温时诱导表达。与 37℃的培养相比，在 32℃时当 MCRE

和 hCMV 启动子结合使用时，可使 EPO 的表达量增加 6 倍（Sumitomo et al.，2012）。

生产重组蛋白药物的哺乳动物细胞系可以在低温条件下培养，以减缓细胞代谢延长细胞活力，提高产品产量。随着 CHO 基因组的公布，任何内源性基因的上游序列都可以通过 PCR 定位并克隆，避免了冗长的基因组文库筛选。基因芯片数据用于鉴定细胞培养后期高丰度表达的基因，根据已知的基因组测序数据分离上游序列。利用该方法鉴定出一个有趣的 pTXnip 动态启动子，该启动子被用来表达 mGLUT5 果糖转运体（Le et al.，2013）。pTXnip 启动子可以调控重组 mGLUT5 基因动态表达，在细胞培养早期，能够调控基因表达水平与细胞生长同步。在细胞培养后期，当 mGLUT5 的表达足够高以避免葡萄糖耗尽时，果糖的摄入量会增加，增加重组蛋白的表达量。尽管基因芯片数据允许高通量的基因筛选，但它仅限于已知基因，而且难以用于尚未得到充分研究的新宿主细胞。

基因表达时启动子的活性取决于蛋白质反式激活因子和启动子序列之间的相互作用，能够通过它们之间的 DNA-蛋白质激活因子相互作用来识别启动子。染色体免疫共沉淀（chromatin immunoprecipitation，ChIP）结合大量的平行测序（massive parallel sequencing，MPS）可以用来筛选与特定因子结合的启动子。组织特异性转录因子如用于心脏相关增强子的 p300，可用于识别细胞特异性启动子元件（Blow et al.，2010）。

随着对启动子序列组成的深入了解，生物信息学算法已经被开发出来，用于从对基因组学研究中获得的数据的分类、分析和提取信息，从而预测新的启动子。由于 CHO 基因组的可用性，使这些技术可以用于从最常用的哺乳动物宿主中识别启动子。可以通过分析 DNA 结构特性，如 GC 含量、稳定能量、变性值和 DNA 弯曲刚度来预测启动子。

二、增强子

增强子（enhancer）是指能够使基因转录频率明显增加的 DNA 序列。增强子主要存在于真核生物基因组中。增强子具有以下特性：远距离效应、无方向性、顺式调节、组织特异性、相位性、无物种和基因的特异性，有的增强子可以对外部信号产生反应。

增强子可分为细胞专一性增强子和诱导性增强子两类：①组织和细胞专一性增强子。许多增强子的增强效应有较强的组织细胞专一性，只有在特定的转录因子参与下，才能发挥其功能。②诱导性增强子。这种增强子的活性通常要有特定的启动子参与。例如，金属硫蛋白基因可以在多种组织细胞中转录，又可受类固醇激素、锌、镉和生长因子等的诱导而提高转录水平。

病毒启动子区域（例如：CMV 和 SV40）含有近端增强子元件，当这种启动子用于构建载体时，常将这些增强子元件包括在内。在许多哺乳动物的基因中，增强子确保了对基因表达的精确和协调的控制。

三、多聚腺苷酸尾

3′-非翻译区域（untranslated regions，UTR）对于转录终止是必要的，会极大地影响RNA产物的稳定性，也会促进加工后的mRNA从细胞核转移到细胞质中，而且也可能在促进翻译方面发挥作用。3′-UTR需要一个或多个具有保守的AATA-AA的多聚A序列和一个富含GT的下游序列元件，用于RNA转录本的转录终止和多聚腺苷酸化。某些polyA区域不存在转录增强子或稳定子，而是存在不稳定元件。这些元件可以显著地减少新生转录本的半衰期，因此不利于基因的表达。与CMV在哺乳动物表达盒发育中的频繁使用类似，SV40病毒polyA片段是许多表达系统中常见的3′-UTR。常用的哺乳动物终止子是SV40、hGH、BGH和rbGlob polyA序列，可以同时提供多聚腺苷酸化和终止作用。

四、内含子

内含子（intron）是真核生物细胞DNA中的间插序列，被转录在前体mRNA中，经过剪接被去除，最终不存在于成熟mRNA分子中。内含子和外显子的交替排列构成了断裂基因。从目的基因的起始密码子上游添加一个内含子或一个未翻译的外显子序列已被证明能够提高目的蛋白质的表达水平（Xu et al.，2018）。未翻译的外显子含有剪接元件，能提高mRNA从细胞核到细胞质的运输能力，或增强mRNA的稳定性或半衰期，从而提供更多的转录本。在商业化的载体中，在启动子和多克隆位点（multiple cloning site，MCS）之间往往插入一段内含子，例如，内含子A与hCMV-IE1增强子-启动子结合可以提高mRNA的水平，从而提高细胞的生产力。研究发现，在瞬时表达和稳定表达的CHO细胞中，内含子都可以提高重组蛋白的表达（Xu et al.，2018）。

剪接位点（splice sites）位于外显子和内含子之间，分析剪接供体和受体序列有效剪接的概率，在编码序列允许情况下进而优化序列对于重组蛋白的表达是很重要的。内含子上游的剪接位点称为供体剪接位点（5′→3′方向），而内含子下游的剪接位点称为受体剪接位点（3′→5′方向）。供体剪接位点对应于内含子的起始（GT），受体剪接位点对应于内含子的末端（AG）。剪接位点也可以存在于编码序列中，作为可能的供体和受体剪接位点。DNA序列中的每个AG和GT都需要分析真实剪接位点或假剪接位点，以确保在翻译过程中序列不被破坏。除了紧邻剪接事件的序列之外，远端序列也对剪接的概率有影响。一些网站（如http：//www.fruitfly.org/seq_tools/other.html）能够免费进行剪接分析，特别有助于识别不必要的隐性拼接（表3.3）。

表3.3　可用于识别DNA序列中潜在剪接位点的程序（Alves et al.，2017）

程　序	网　站
Gene splicer	https://ccb.jhu.edu/software/genesplicer/
NetGene2	https://genome.cbs.dtu.dk/services/NetGene2/
HSPL	https://genomic.sanger.ac.uk/

续表

程　　序	网　　站
NNSplice	https://www.fruitfly.org/seq_tools/splice.html
GENIO splice site and exon predictor	https://biogenio.com/splice/
Splice View	https://125.itba.mi.cnr.it/~webgene/wwwspliceview.html

五、内部核糖体进入位点和 F2A

目的基因和选择标记基因可以克隆到一个载体上，也可以克隆到两个单独的载体上，通过单独的载体共转染哺乳动物细胞以达到共表达目的，但这种方法转染效率低，而且筛选能够表达目的蛋白质的细胞克隆概率非常低。如将目的基因和选择标记基因克隆在同一个载体上则能够提高筛选表达目的蛋白质的细胞克隆概率。然而，在一个载体上使用多个启动子可能导致转录干扰，在稳定转染中，一个活性转录单元会抑制另一个活性转录单元。

以上这些问题可以通过 IRES 元件的应用来解决。有许多已报道的 IRES 元件，大致分为细胞及病毒 IRES。多个基因的表达（如选择标记基因和目的基因）可以通过在 2 个基因之间插入 IRES 元件进行连接。这种情况允许 2 个基因依赖于同一个启动子转录同一条 mRNA 分子。当上游基因的转录起始为 5′端时，在 mRNA 上的 IRES 会允许 5′端作为下游基因的转录起始。因此，2 种不同的蛋白质可以从同一个 mRNA 中翻译出来。

通过使用 IRES 连接多个基因进行表达，有以下优点：单一的启动子能够用于驱动多顺反子 mRNA 的转录，连接的基因能够保持更高的表达一致性，有利于蛋白质异二聚体的成功表达（如抗体）。其次，通过 IRES 表达载体设计下游的选择标记基因时，选择标记基因的表达依赖于上游目的基因的成功转录。因此，这样可以减少或消除目的基因之外的选择标记基因的发生。

F2A 肽是在小核糖核酸病毒中首先发现的一种具有“自剪切”功能的肽链。除了首次在口蹄疫病毒（foot-and-mouth disease virus，FMDV）的 2A 肽外又在多种病毒中发现，如马鼻炎 A 病毒（equine rhinitis Avirus，ERAV）、猪特斯琴病毒-1（porcine teschovirus）和阿西尼亚扁刺蛾病毒（thosea asigna virus）等病毒。FMDV2A 是其中的典型代表，因具有多种优点而逐渐成为表达重组抗体的一种重要策略，尤其是其较高的自剪切效率、连接的两个基因表达较为平衡并且序列较短（Liu et al.，2017）。

研究表明，在 F2A 肽上游加上一段 Furin 蛋白序列可以去除裂解后多余的氨基酸（Ebadat et al.，2017）。F2A 肽比 IRES 小很多，大约 20 个氨基酸，“自剪切”发生在最后两个氨基酸甘氨酸（G）和脯氨酸（P）之间，在 F2A 肽的 C 端，产生等量的共表达重组抗体。研究发现在 CHO 细胞中，分别用 IRES 介导和 Furin-2A 介导的三顺反子载体表达重组抗体时，Furin-2A 元件表达的重组抗体表达量明显高于 IRES 元件，并且重组抗体表达量受到重链和轻链的顺反子位置的影响。当轻链置于 F2A

上游，重链置于F2A下游时（LC-F2A-HC）单克隆抗体表达量是IRES介导的LC-IRES-HC的三倍，即Furin-2A介导的表达载体重组抗体表达量高于IRES介导的表达载体，并且当轻链表达量高于重链时，更利于重组抗体的表达（Ho et al.，2013a）。此外，还发现将F2A序列与IRES一起用于构建多顺反子载体，可提高重组单克隆抗体的表达水平和质量（Ho et al.，2013b）。

六、选择标记

在严谨性较高的选择条件下，由于表达载体整合在基因组转录活性位点，目的基因得以扩增，筛选出的细胞克隆会有较高的转录水平。严谨性选择可以通过在细胞培养中增加药物浓度实现，然而药物浓度较高的情况下，细胞生长缓慢。

另一种提高转基因表达的策略是弱化筛选标记。有两种方法：一是通过突变选择标记基因降低其活性。已证明新霉素磷酸转移酶Ⅱ的突变，能够提高单克隆抗体产量达16.8倍（Ho et al.，2012）。二是通过调控选择标记的基因表达水平来实现。如通过选择标记基因的密码子去优化，使用宿主细胞不常用选择标记基因的密码子降低基因的翻译效率，从而降低筛选标记蛋白表达。此外，通过miRNA弱化DHFR筛选标记，也可以提高CHO细胞的重组蛋白表达（Jossé et al.，2018）。

七、翻译与分泌优化

哺乳动物细胞的表达载体的优化还包括翻译与分泌的优化（图3.4）。当启动子5′端非翻译先导序列被包含在启动子时，基因编码区之前的上游序列影响转录和翻译。易于形成二级结构的序列影响翻译速度，延迟核糖体向编码区域的移动（Kozak，2005）。位于MCS的上游序列含有多个回文结构的限制性内切酶序列可能影响翻译（Béliveau et al.，1999）。

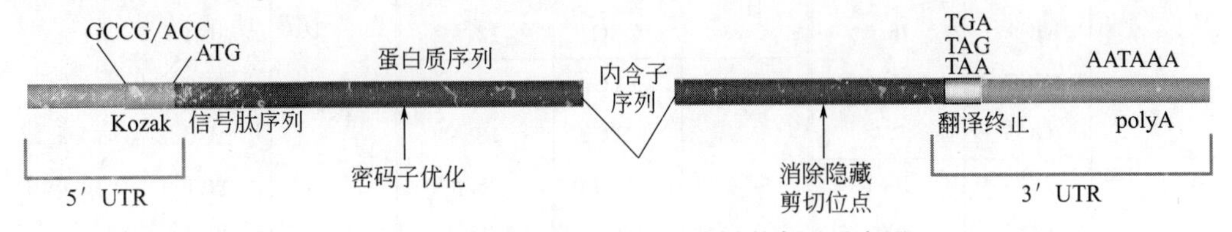

图3.4　基因编码区上游和下游侧翼序列示意图

起始密码子上游的序列在翻译起始过程中起着重要的作用。起始AUG附近的6～9个碱基称为Kozak序列，相当于原核生物的Shine-Delgarno序列。一个较好的Kozak序列（GCCG/ACCAUGG）其中的2个碱基十分重要，－3位为嘌呤和＋4位为G可明显影响翻译效率（Kozak，2005）。

在哺乳动物细胞中，当蛋白质在核糖体上合成时，细胞质中的信号识别颗粒（signal recognition particle，SRP）识别出新生蛋白质N端5～30个氨基酸的信号肽。然后，SRP将由SRP和核糖体-新生链组成的复合物转移至内质网（endoplasmic reticulum，ER）膜上的受体，最终被转移至 ER 的内腔，信号肽被信号肽酶切割。蛋白质转运到内质网腔被认为是分泌途径的瓶颈。信号肽序列能促进重组蛋白产物从细胞内转运到分泌细胞器。许多来自分泌蛋白的序列已经被用于异源蛋白的分泌，它们可以作为通用信号序列来有效地指导所需基因产物的分泌。新生蛋白质从核糖体通过胞质转运到内质网是由其信号肽介导的，是蛋白质分泌的重要阶段。CHO 细胞中重组蛋白的有效分泌强烈依赖于所使用的信号肽，这使得为每个目的蛋白质确定最佳信号序列成为蛋白质分泌效率的重要步骤。研究表明，来源于人白蛋白的天然信号肽、人天青素的天然信号肽以及优化的信号肽序列对重组蛋白的表达具有积极作用。表 3.4 列举了在线资源，可以用来评估一个肽是否是合适的信号肽序列以及该序列如何有效地从蛋白质中切割下来（Petersen et al.，2011）。由于 SRP 复合物的功能失调，信号肽轻链断裂不当会影响抗体的分泌，导致其在不溶性细胞部分中沉淀（Le Fourn et al.，2014）。

表 3.4 预测信号肽的网站

SignalP 4.1 Server(http://www.cbs.dtu.dk/services/SignalP/)
PrediSi:Prediction of Signal peptides(http://www.predisi.de/)
Signal-BLAST Signal Peptide Prediction(http://sigpep.services.came.sbg.ac.at/signalblast.html)

当宿主细胞系与基因的来源宿主完全不同时，应该考虑对目的基因的密码子优化。如果可能，在基因序列密码子优化过程中，进一步消除隐性剪接位点和 polyA，因为它们可以远程影响转录本加工。对基因编码序列的优化可能提高重组蛋白的表达，CHO 细胞常用的密码子见表 3.5。

表 3.5 中国仓鼠基因密码子使用情况

氨基酸	密码子	相对频率	氨基酸	密码子	相对频率	氨基酸	密码子	相对频率
Ala	GCT	22.4	His	CAT	10.2	Ser	TCA	10.3
	GCA	16.3		CAC	12.9		AGT	11.4
	GCC	25.9	Leu	TTG	14.1		TCC	16.5
	GCG	5.0		CTC	18.4		AGC	16.4
Arg	AGA	10.1		CTG	38.8		TCT	16.0
	CGA	7.2		CTA	7.6		TCG	3.4
	CGG	10.1		CTT	13.2	Thr	ACT	14.1
	AGG	10.2		TTA	6.4		ACA	15.7
	CGC	9.3	Ile	ATT	17.4		ACC	20.3
	CGT	5.6		ATC	24.8		ACG	4.5
Asn	AAT	17.4		ATA	6.9	Trp	TGG	13.1
	AAC	21.2	Lys	AAG	38.4	Tyr	TAT	13.1
Asp	GAT	24.6		AAA	24.6		TAC	16.4
	GAC	28.1	Met	ATG	23.0	Val	GTA	7.8

续表

氨基酸	密码子	相对频率	氨基酸	密码子	相对频率	氨基酸	密码子	相对频率
Cys	TGT	9.1	Phe	TTC	22.0	Val	GTT	11.6
	TGC	10.3		TTT	19.6		GTG	30.1
Gln	CAA	10.3	Pro	CCA	15.7		GTC	15.7
	CAG	33.4		CCC	17.0	终止信号	TGA	1.2
Glu	GAA	28.4		CCT	16.7		TAA	0.6
	GAG	41.1		CCG	4.3		TAG	0.5
Gly	GGA	15.8						
	GGG	13.4						
	GGT	12.8						
	GGC	21.3						

第二节　染色质调控元件

有两种方法可以用来保护 DNA 免受依赖整合的抑制：一种方法是将表达载体与染色质调控元件（chromatin-modifying element）结合在一起，保护基因不受染色质周围的影响；另一种方法是依靠位点特异性整合或重组，将转基因整合到转录活性的预定位点（图 3.5）。

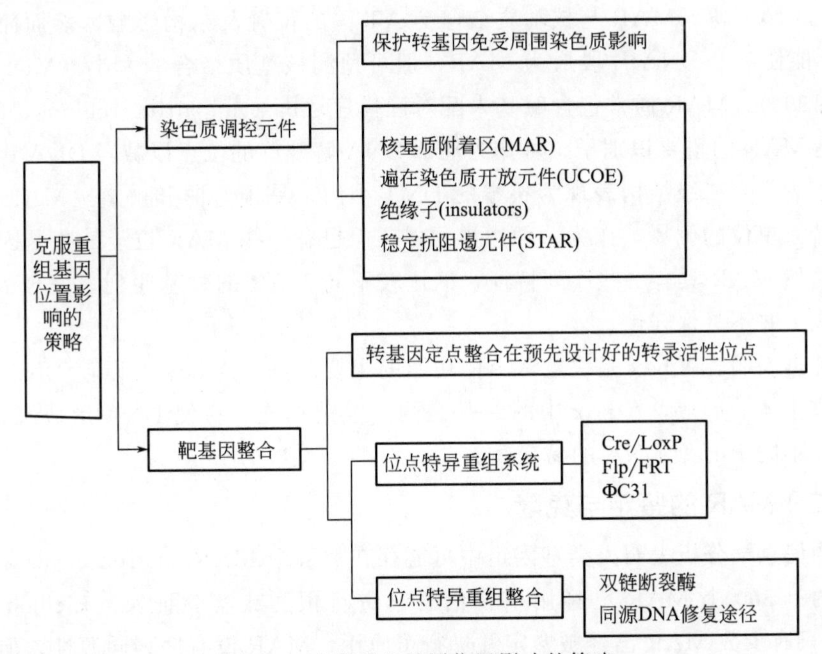

图 3.5　克服重组基因位置影响的策略

常用克服细胞转基因沉默，提高转基因表达的 DNA 元件，例如核基质附着区

(matrix attachment regions，MAR)、遍在染色质区域开放元件(ubiquitous chromatin region opening elements，UCOE)、绝缘子(insulators)、稳定抗阻遏元件(stabilizing anti-repressor elements，STAR)等。将这些元件克隆到转基因的侧翼可以提高重组蛋白表达，减少重组克隆细胞系表达的差异性。

一、核基质附着区

染色质中与核基质(或核骨架)相结合从而将染色质固定于核基质的DNA序列称为核基质结合区或核骨架结合区(scaffold attachment regions，SARs)。近年来研究发现，MAR能使染色质形成环状结构，还可以作为DNA复制的起始点或调控基因的转录。尤其是MAR用于构建表达载体能提高重组蛋白的表达水平，增强转基因表达的稳定性。

(一)MAR的分子结构特征

MAR的鉴定主要有两个依据：①作为内源DNA片段，当大多数DNA被核酸酶消化去除后与核基质仍紧密结合；②作为外源加入DNA片段，能在竞争性DNA存在情况下结合至纯化的核基质上(Allen et al.，2000)。MAR的主要特征是富含AT碱基对，几乎所有的MAR其AT含量均超过65%，长度可由100bp至数千碱基对不等，常含有一些特征性基序(sequence motifs)，如A-box(AATAAAAA/CAA)、T-box(TTTTATTTTT)、酵母自主复制序列ARS、果蝇拓扑异构酶Ⅱ识别位点和能形成蛋白质识别位点的松散DNA(unwinding DNA)、富AT区及弯曲DNA(curved DNA)等。MAR与核基质结合受AT区的位置及结构影响，然而简单富含AT并不能使一个DNA片段成为MAR，但可预测核基质结合的大小(Michalowski et al.，1999)。MAR通常包含碱基未配对区模序(base uppairing regions，BURs)，BURs是MAR的重要识别子，可作为局部DNA解螺旋的位点以减轻DNA螺旋链的超螺旋张力。其二级结构表现为狭窄的DNA小沟，易于弯曲和解链。MAR一般位于功能转录单位的侧翼，作为一种边界元件，但也有一些MAR位于某些基因的内含子中。虽然MAR具有一些序列特征，但比较不同MAR的碱基序列，发现MAR在碱基组成上并不具保守性。

有证据表明，A-box是决定MAR功能的主要序列。A-box可以使DNA弯曲或者抑制核小体的形成，A-box中的碱基是两个氢键相连，易使DNA形成窄的小沟，从而形成不同于B型DNA的易变体。

(二)MAR的鉴定与克隆

生物信息学分析表明人类基因组中可能存在数万个MAR(Girod et al.，2007)，目前大约有500个MAR已经用生物信息学进行预测或实验证实(Liebich et al.，2002)。只有少数MAR已经被鉴定并进行了应用。MAR没有序列同源性，但有许多共同的特征。基于MAR的特征，已经开发了许多算法及MAR预测的软件和程序。MAR预测程序包括：①MAR-Finder(MAR-Wiz)(http://www. genomecluster. secs.

oakland. edu/marwiz)；②SMARTest（http://www. genomatix. de/smartest）（Frisch et al. ，2002）。此外，能显著提高转基因表达的 MAR 片段特征具备以下特征：弯曲角（bending angle）大于 3. 202°；大沟深度（major groove depth）大于 9. 0025Å❶；小沟深度（minor groove width）大于 5. 2695Å；最低熔解温度（the lowest melting temperature）低于 73. 8℃，长度大于 300bp。

（三）MAR 序列对转基因表达的影响

研究表明，MAR 可能通过作为染色质结构域（如染色体环）之间的边界元件来增强转基因表达，保护转基因不受周围染色质的影响。随着越来越多的 MAR 分子被分离出来，研究人员对它的功能有了一定的认识。大量实验表明，可将 MAR 连接到目的基因的两翼、下游或者上游，以及克隆到单独载体上，与含目的基因的载体共转染，或者将 MAR 分别克隆到 2 个载体上共转染（图 3. 6）。在稳定表达的转基因哺乳动物细胞中，MAR 在一定程度上提高了转基因的表达水平，同时也可降低转化体之间转基因表达水平的差异。研究发现 MAR 插入载体的位置对转基因表达的作用较为明显，MAR 插入载体表达盒 polyA 下游有显著提高转基因增强型绿色荧光蛋白表达的作用，而插入启动子 CMV 上游其作用没有插入下游显著，说明 MAR 的作用有位置效应存在（Li et al. ，2019）。

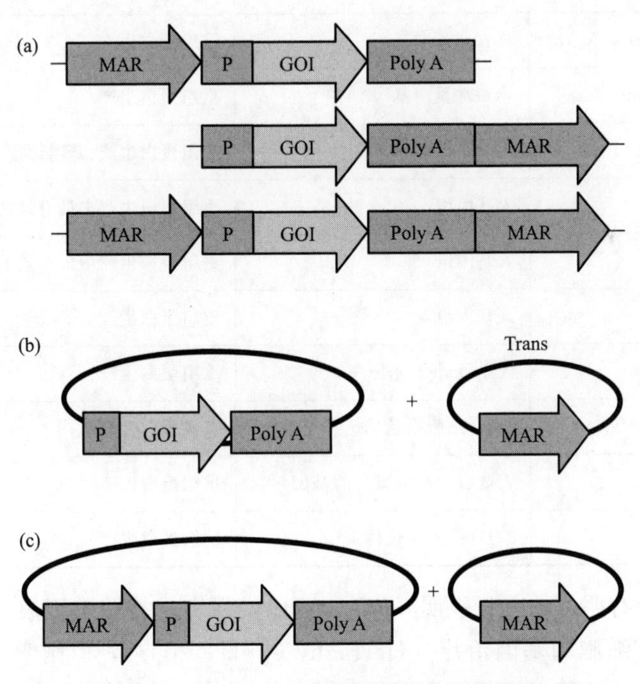

图 3. 6　MAR 序列克隆到表达载体的位置

（a）MAR 克隆到表达载体表达盒的上游、下游或者两侧；（b）MAR 序列克隆到单独载体上，与含目的基因的载体共转染；（c）MAR 分别克隆到 2 个载体上共转染

❶ 1Å=0. 1nm。

研究发现，有些 MAR 还可以提高转染效率和瞬时表达水平，如来源于人基因组的 CSP-B SAR、DHFR intron MAR、MAR2 及 Top1 MAR 等，但来自 CHO 细胞的 MAR-6 提高瞬时表达的作用并不显著（Tian et al.，2018）。

除了天然 MAR 序列能够提高转基因表达，人工合成的 MAR 序列也可以提高转基因表达，合成的 MAR 插入载体 polyA 下游能够提高转染效率及瞬时表达效果，但插入载体的 CMV 上游效果不明显。其结果与克隆的天然 MAR 序列一致。表明无论天然的 MAR 还是人工设计合成的 MAR 均有提高转基因表达的功能，并且插入表达载体 polyA 的下游效果更为显著。此外，研究还发现 MAR 提高细胞阳性克隆率，TOP1 MAR 转染 CHO 细胞阳性克隆率比对照载体高，说明 TOP1 MAR 能提高阳性克隆率。MAR 能提高细胞长期表达稳定性，TOP1 MAR 还能提高转基因长期表达的稳定性。含 MAR 元件的表达载体，已经被优化能够在真核细胞中驱动目的基因高水平和稳定表达，并且已经商品化（http://www.selexis.com）。表 3.6 总结了近年来有关 MAR 对哺乳动物细胞转基因表达的影响。

表 3.6 MAR 对哺乳动物细胞转基因表达的影响（Harraghy et al.，2015）

MAR 名称	MAR 来源	用途
Ch. lys MAR	鸡溶菌酶基因位点	重组蛋白生产
Chicken phi α-globin 5′ MAR	鸡 α-球蛋白基因	重组蛋白生产
Chicken α-globin gene	鸡 α-珠蛋白基因	重组蛋白生产
β-globin MAR	人 β 干扰素-基因	重组蛋白生产；基因治疗；构建附着体载体
MAR 1-68	人基因组	重组蛋白生产中最有效的 MAR 之一
MAR X-29	人基因组	重组蛋白生产中最有效的 MAR 之一
MAR S4	人基因组 e	重组蛋白生产
MAR AR1	人 Ig kappa 基因座	重组蛋白生产
MAR-6	CHO 细胞染色体	重组蛋白生产
CSP-B SAR	人造血丝氨酸蛋白酶基因	重组蛋白生产
DHFR intron SAR	CHO 细胞染色体	重组蛋白生产

然而，尽管有明确的分析表明，MAR 可以增强和维持转基因表达并且被用于重组蛋白生产以及细胞和基因治疗（Harraghy et al.，2008），但阐明 MAR 功能和确定其关键组成成分的研究较少。由于使用的 MAR、载体或细胞系统的不同，不同研究的结果不一致甚至相互矛盾。MAR 功能或活性可能具有特异性，并且可能受到载体成分和细胞系的影响。此外，有人认为 MAR 活性并非由 DNA 序列本身决定，可能与 DNA 形成的特定结构构象或者与组蛋白修饰等调控有关。

二、遍在染色质开放元件

遍在染色质开放元件（ubiquitously-acting chromatin opening element，UCOE）是具有组织非特异性显性染色质重塑功能的DNA结构域，能使DNA不依赖于染色体插入位点，处于转录活性的“开放”状态（Antoniou et al.，2003）。在表达载体的启动子之前插入UCOE可以显著提高转基因转录的水平和稳定性，并且有效地保护启动子免受表观遗传沉默。UCOE由无甲基化的CpG岛组成，两侧是控制普遍表达的管家基因转录的双异向转录启动子。第一个UCOE是在TATA结合蛋白-蛋白酶体亚单位C5编码蛋白（TATA-binding protein-proteasomal subunit C5-encoding protein，TBP-PSMB1）基因的染色体位点中被鉴定的（Harland et al.，2002），随后结构相似的区域异质核糖核蛋白A2/B1-异染色质蛋白1Hs-γ（heterogeneous nuclear ribonucleoprotein A2/B1-heterochromatin protein 1Hs-gamma，HNRPA2B1-CX3）被发现（Antoniou et al.，2003）。

自从UCOE发现以来，便得到了广泛应用，是保护启动子活性和实现高表达水平和稳定的重组蛋白生产的有力工具。HNRPA2B1-CX3（A2UCOE）是位于两个侧翼启动子之间的2.6kb无甲基化的CpG片段。1.5kb、4.0kb、8.0kb不同大小的UCOE片段都能提高CHO-K1细胞中hCMV驱动的EGFP和EPO的表达水平（Neville et al.，2017；Saunders et al.，2015），这种效应与转基因整合位点无关，并且可以维持199代的高水平表达。一些含有8.0kb A2UCOE结构的高表达克隆系的高水平表达维持的时间甚至更长：在没有药物选择压力的情况下超过118代，具有药物选择压力为213代，没有观察到EGFP表达水平下降。用最小的1.5kb的核心UCOE的亚片段构建表达载体，足够驱动CHO细胞稳定转基因表达（Saunders et al.，2015）。而且，与MAR、STAR和绝缘子相比，核心UCOE能更有效提高抗体表达水平（Saunders et al.，2015）。此外，还发现在CHO细胞DHFR扩增系统中，UCOE能显著提高EPO的mRNA水平、蛋白质表达水平和稳定性（Betts and Dickson，2015）。转基因的表达严格地依赖于拷贝数，证实A2UCOE完全抵制了位置效应导致的转基因沉默。UCOE的存在似乎影响质粒整合状态，并对甲氨蝶呤扩增后的染色体数目一致性有影响（Betts and Dickson，2016）。不同的UCOE表现出不同的功能，这与使用的不同细胞系和启动子有关，hCMV、Prom A和人EF-1α启动子与单个或两个3.2kb RPS3或1.5kb RNP UCOE元件组合，对于同一目的基因其作用不同。对于RPS3和RNP UCOE，与单个UCOE重复序列相比，双UCOE序列能提高抗体的表达。但在相同条件下，一些启动子在RPS3 UCOE和一些RNP UCOE中表现较好（Rocha-Pizaña et al.，2017）。UCOE序列已经用作商业化构建表达载体。

三、绝缘子

绝缘子（insulators）首先在果蝇中发现，后来在酵母和真核生物中也发现了绝缘子。虽然只有少量的绝缘子被发现，但是生物信息学分析对全基因组预测发现绝缘子在各种生物体的基因组中是普遍存在的（Gulce et al.，2018）。绝缘子通过阻止增强子、沉默子与无关启动子的相互作用，在将染色体细分为特定的结构域中起着关键作用。至少发现两种绝缘子：一种是增强子阻止子（enhancer-blockers）；另外一种是边界绝缘子，存在于开放和闭合染色质之间的过渡状态中（Kaufmann et al.，2001）。它们由长度为250bp～1.0kb的典型的富含CpG的重复序列，包含赋予绝缘子活性的多种蛋白质的识别位点。绝缘子不独立起作用，而是与相邻的基因组绝缘子的活动有关。

研究较为清楚的绝缘子是cHS4，它是鸡β-珠蛋白基因座5′端的绝缘子。cHS4具有增强子阻断和屏障活性（Lee et al.，2013），但不主动重塑周围染色质。cHS4的长度为1.2kb，绝缘子的主要活性归因于250bp的核心CpG岛。cHS4具有高度细胞培养依赖性，对鸡红系细胞、人红白血病K562细胞系和转基因小鼠均有作用，但在CHO细胞中对转基因表达水平没有显著作用（Mali et al.，2013），其原因可能由于绝缘子序列的异源以及缺乏相应的序列结合因子。在CHO新发现的内源绝缘子REN_20和MIT_LM2，能部分保护转基因免受表观遗传沉默的影响，并在延长的培养时间内提高转基因表达水平（Takagi et al.，2017）。

四、稳定抗阻遏元件

通过筛选从500bp到2.1kb的随机人类基因组片段，发现了稳定抗阻遏元件（stabilizing anti-repressor elements，STAR），并发现STAR能够抵消染色质相关阻遏因子（chromatin-associated repressor factors）的负面影响。采用一种特殊的严格筛选程序，来鉴定活性抗阻遏物，发现了10种STAR元件（Abeel et al.，2008）。STAR7和STAR40序列具有类似的抗阻遏强度，在人和CHO K1细胞中都具有活性，能提高阳性克隆细胞数目和目的蛋白质的表达水平，表现出拷贝数依赖性。但也有研究发现STAR40在CHO细胞中的作用有限（Baranyi et al.，2013）。STAR元件仅显著增加无血清培养基中生长的细胞活性和转基因表达水平（Aggarwal，2012），该系统目前为止并没有大规模的工业用途。表3.7列出了不同染色体元件及其功能。

表3.7　不同染色体元件及其功能

元件	特征	代表	功能
UCOE	CpG岛、无染色质甲基化	人A2UCOE(完整序列8kb，核心片段1.5kb) 鼠RPS3(3.2kb)	染色质主动开放
STARs	高度保守结构、缺乏CpG岛	人STAR7(2.1kb)、STAR40(1.0kb)	抑制阻遏蛋白的结合
绝缘子	DNase Ⅰ高度敏感、富含CpG结构	cHS4、β-globin5′(1.2kb)	抑制无关的增强子-启动子相互作用

第三节　靶基因整合

虽然随机整合被广泛应用于建立特定的CHO细胞系，以实现重组蛋白的稳定和高表达，但在大多数情况下，目标基因组往往整合在宿主细胞染色体活性较低位置，从而导致基因表达水平并不是十分理想。可以采用两种不同的策略将目的基因整合到一个具有良好表达特性的位置，即位点特异性重组系统和利用双链断裂酶和同源性DNA修复途径进行位点特异性整合。

一、位点特异性重组系统

一种位点特异性重组系统是Cre/LoxP，可以将目的基因靶向到基因组中的特定位置，表现出较高的表达水平（Kito et al.，2002；Cacciatore et al.，2010）。这个系统的重要因素是一个34个碱基对识别位点，称为LoxP位点（ATAACTTCG-TATAATGTATGC TATACGAAGTTAT），它可以被一种名为Cre重组酶识别，然后促进两个LoxP位点之间的重组，该位点包括两个完全相同的13bp反向重复序列，位于8bp间隔区（图3.7）。两个LoxP位点之间的重组根据这些位点的位置和方向会导致不同的结果。如果它们有相同的方向并位于一个DNA分子上，则它们之间的序列将被切除；如果它们在同一个DNA分子上但方向相反，它们之间的序列就会反向；如果这两个位点位于两个不同的DNA分子上，那么重组将会导致这些分子之间DNA片段发生交换。由于这些反应是可逆的，所以有可能进行与切除反应相反的反应。如果有一个DNA片段两侧有两个方向相同的LoxP位点，就可以进行这种反应。在这种情况下，Cre重组酶可以将DNA片段插入到靶DNA分子的LoxP中。在间隔区或13bp反向重复序列区都出现了LoxP突变体（如Lox66）（图3.7）。由于这些位点中有些没有参与Cre酶介导的重组，这些新的LoxP突变体位点使得利用这些位点之间独特的不可逆重组成为可能。如果两个LoxP在相同的方向上，在相同的DNA分子上它们之间的序列将被删除；如果两个LoxP在同一个DNA分子上，方向相反，它们之间的顺序将颠倒；如果两个LoxP存在于两个不同的DNA分子上，导致DNA片段发生交换（图3.8）。在这些重组产物中剩余的LoxP位点与原产物的不同之处在于它们彼此不相容。此外，将EGFP和DHFR构建在一个载体上，同时在其上游插入一个LoxP识别位点，转染到DHFR缺陷型CHO细胞，能够筛选出EG-FP表达较高的克隆。此外，一个含有抗体亚基（轻链和重链）基因的载体，加上一个抗性标记基因和LoxP位点与Cre重组酶一起转染细胞，Cre酶能促进位点特异性重组导致该结构与活性位点的整合。在相同的条件下，重组单克隆抗体的产量提高了4倍多（Kito et al.，2002）。利用这一策略，开发包含一个LoxP位点的CHO细胞株，该位点能够促进整合到这个位置的基因的产生。一旦产生并分离出这样的细胞株，不同的基因被靶向到其活性位点，可以获得理想的蛋白质表达。Cre重组酶系统可作为瞬时表达系统，与含有GOI的载体共转染，进行Cre/LoxP重组反应。Obayashi 等（2012）开发了一种新的整合系统，该系统可以将一系列基因整合到 CHO 细胞基因组中。首先以一个 LoxP 位点作为整合的目标位点，进而将多拷贝基因插入到同一位置，称为累积基因整合系统（accumulative gene integration system，AGIS），目的基因的模拟扩增导致重组蛋白的增加。采用同样的策略，将多个抗体基因整合到预先选定的 CHO 细胞染色体位点（Kawabe et al.，2012）中，用 AGIS 建立产生重组 scFv-Fc 的 CHO 细胞（Kawabe et al.，2015）。

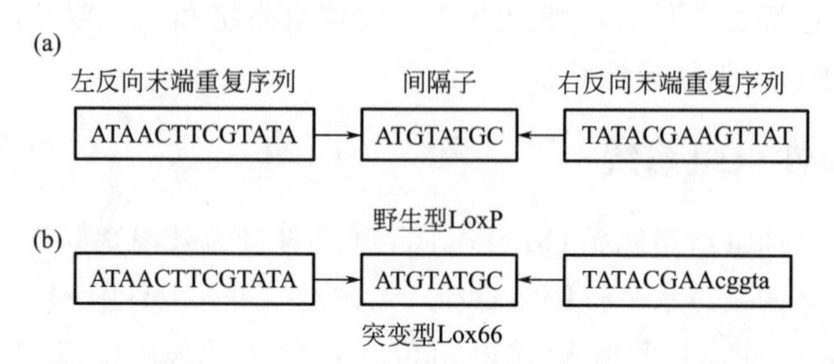

图 3.7　野生型 LoxP（a）与突变型 Lox66（b）序列的比较

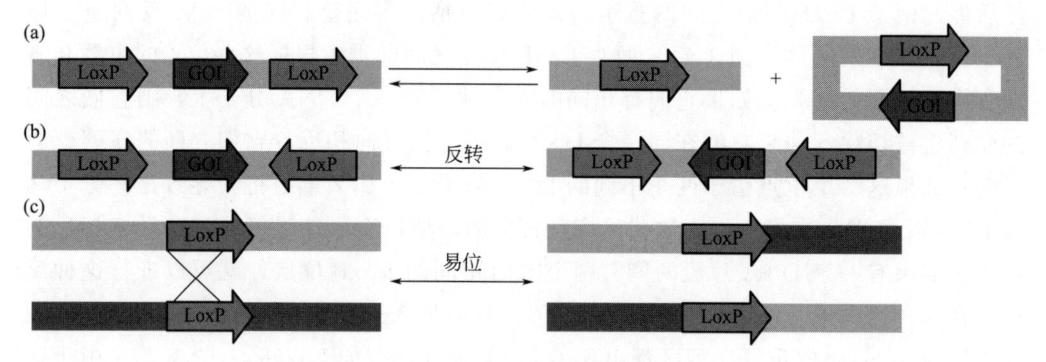

图 3.8　靶向基因整合示意图

（a）两个 LoxP 在相同的方向上；（b）两个 LoxP 在同一个 DNA 分子上；

（c）两个 LoxP 存在于两个不同的 DNA 分子上

第二个位点特异性重组系统是 Flp/FRT，与 Cre/LoxP 相似。重组是由 Flp 重组酶促进的，该酶在 DNA 序列与 34 个碱基对 FRT 序列之间进行（5′-GATTCCTATTC TCTA GAAA GTAGGAACTTC-3′）。Flp/FRT 重组反应也是可逆的，但其重组特异性较低（<10%）。

第三个位点特异性重组系统是 ΦC31 系统，不同于其他两个系统（Cacciatore et al.，2010）。首先，ΦC31 整合酶加速了两个不同位点（attP 和 attB）之间的重组；其次，重组反应产生两个不能被整合酶识别的新位点，因此这种重组是不可逆的（图 3.9）。重组特异性也低于 10%，与 FLP 重组酶相似。利用蛋白质工程技术构建了一株 ΦC31 整合酶突变型 ΦC31o，其重组特异性与 Cre 重组酶相当。ΦC31 整合酶可以催化靶基因组中的 attB 位点和类似于 attP 的序列之间的重组（Raymond and Soriano，2007）。在此情况下，将含荧光素酶编码基因与 attB 位点融合的载体与携带

ΦC31 酶的质粒一起转染 CHO 细胞，其荧光素酶表达量是随机转染的 60 倍（Thyagarajan et al.，2005）。通过使用噬菌体 lambda at 位点重组，开发了一种克隆策略，即 gateway@克隆系统。在这种策略中，包含了四个不同的位点（attB、attP、attL 和 attR）和两种不同的整合酶（BP Clonase^{TM} Ⅱ催化 attB 与 attP 之间的重组和 LR Clonase^{TM} Ⅱ催化 attL 与 attR 的重组）。利用 BP 克隆酶实现 attB 与 attP 的重组，产生的位点是 attL 和 attR，attL 和 attR 之间的重组将产生 attB 和 attP 位点（Katzen et al.，2007）。

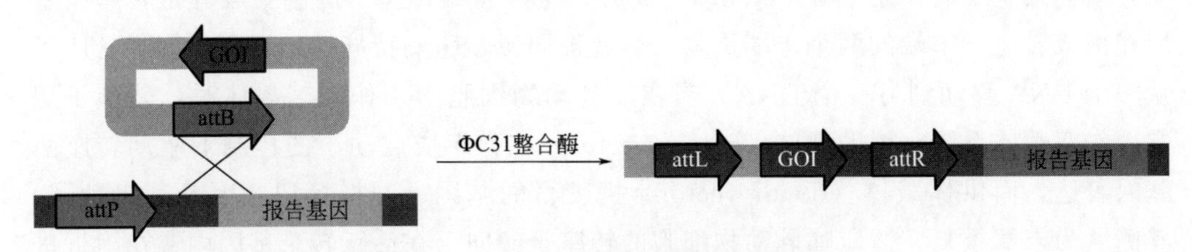

图 3.9　ΦC31 位点特异性整合系统

二、基于核酸酶和 DNA 修复途径的位点特异性整合

上述位点特异性重组系统有一定的缺陷，在基因组高度活跃的位置上实现含有 GOI 的克隆是一个耗时的过程。

目前几种 CHO 细胞系的基因组序列和特征已被阐明（Lewis et al.，2013）。这些数据使得设计特定的核酸酶成为可能，这种酶可以在细胞 DNA 的特定位置引起双链断裂（Lee et al.，2015b）。根据目的基因整合的位置，不同的核酸酶可以诱导双链断裂（DSB）。这些核酸酶包括锌指核酸酶（ZFNs）、类转录激活因子效应物核酸酶（TALENs）和规律成簇的间隔短回文重复序列（CRISPR）相关（Cas9）RNA 介导的核酸酶（Carroll et al.，2014）。通常，DSB 是通过两条 DNA 损伤修复途径之一修复的：非同源末端连接（NHEJ）或同调定向修复（HDR）（Lombardo et al.，2011）。HDR 修复途径可以通过同时导入 DNA 同源片段和携带核酸酶的载体来诱导（Lombardo et al.，2011）。通过引入另一个包含与断裂部位两侧区域同源的 DNA 片段结构，除了含有核酸酶基因的载体外，可以诱导定向的插入/缺失（indel）突变基因或者对目的基因组中的序列进行精确修改（Carroll et al.，2014；Lombardo et al.，2011）。

在 CRISPR/Cas9 系统中，该酶的核酸酶活性由一个短的单个 RNA（向导 RNA、SgRNA）引导，这种 RNA 可以在特定的靶点诱导 DSB（Mali et al.，2013）。Ronda 等（2014）研究了 CRISPR/Cas9 系统，将其应用于 CHO 细胞。结果表明，利用该系统可以在 CHO 细胞中实现高效的靶向突变（约 47.3%）。利用 CRISPR/Cas9 基因组编辑系统插入了一个包含荧光标记基因。将一个 3.7kb 的表达盒插入 CHO 细胞的三个不同位点，能够驱动目的基因在 CHO 细胞中表达（Lee et al.，2015a）。

第四节 非靶向转基因整合

一、转座子

一些自然发生的转座子（transposons），包括 Piggy Bac（PB）、睡美人（sleeping beauty，SB）、Tc1/mariner 元件 MOS1 和青鳉鱼的 Tol2 元件，已被遗传修饰在哺乳动物细胞中起作用（Wu et al.，2006）。这些Ⅱ类转座子的主要成分是转座酶基因和构成转座子末端的两个末端重复，后者被同源转座酶特异性地识别，指导转座子从一个 DNA 移动到另一个 DNA。当在哺乳动物细胞中用作基因载体时，转座子通常用作双载体系统。辅助载体（helper vector）在强组成启动子的控制下驱动转座酶基因表达，而供体载体（donor vector）携带目的基因、选择标记基因及其启动子，其侧翼为末端重复。适应哺乳动物细胞的转座子倾向于在活跃转录基因内或在附近进行转位（Huang et al.，2010），这可能在很大程度上解释了转座子载体转化的细胞系维持较高的目的蛋白质表达水平和长期稳定性（Matasci et al.，2011）。

PB 是最广泛用于基因工程的转座子，并已成功地应用于 CHO、HEK293 细胞中分泌和膜蛋白的过表达（Osterlehner et al.，2011；Balasubramanian et al.，2016）。由于 PB 系统具有较高的细胞转染率，用其生产重组细胞池是可行的（Balasubramanian et al.，2015）。高产的 CHO 细胞系和细胞池（cell pool）还可以用 SB 和 Tol2 来生产（Balasubramanian et al.，2016）。此外，在 Tet-On 系统的控制下，SB 和 PB 都被用于构建诱导性转基因表达细胞系（Chambers et al.，2015）。在无选择压力的情况下，PB 衍生的细胞系随细胞培养时间的延长也具有相当稳定的蛋白质表达水平，向供体载体中添加 MAR 元件能够降低了基因沉默的影响（Mossine et al.，2013）。除了这里提到的转座子系统外，最近其他转座子系统还有 Leap-InTM（DNA2.0、Menlo Park、CA）。

二、慢病毒载体

像转座子一样，慢病毒载体（lentivirus vectors）倾向于整合在活跃转录基因内（Moiani et al.，2012）。通过改变感染的多重性（multiplicity of infection，MOI），可以在一定程度上调节每个细胞的载体 DNA 整合数量。慢病毒载体有一些缺点，如载体本身的生产需要包装，耗时耗力，并且需要生物安全Ⅱ级别的控制，限制了它们在蛋白质生产领域的应用。此外，感染后的病毒基因组的逆转录易错，可能会导致转基因突变。在大多数这些例子中，转基因是用 HCMV-MIE 或其他强细胞启动子表达的。慢病毒载体在足够高的 MOI 下感染，能够导致细胞培养中几乎所有细胞的转基因整合，这种基因递送方法对于细胞池的产生较为理想。

目前，随着重组蛋白表达技术的不断发展，重组蛋白的产量和质量得到了很大的提高，工艺时间缩短，上游过程的设计也便于下游的纯化和应用。载体工程对提高重组蛋白表达有重要作用，载体的元件以及元件不同的分子组装，甚至不同元件之间的物理距离都在一定程度上影响重组蛋白的表达水平和质量。将染色质开放元件克隆到表达盒中可以显著提高目的基因表达，但是需要优化不同元件组合以实现表达载体的最优化。高效的表达载体不仅取决于任何单个载体元件，还取决于它们之间的干扰和相互作用。尽管考虑到以上几点，在大多数情况下，由于目的基因组中整合位置的低活性，表达水平并不理想。将目的基因通过位点特异性重组系统以及非靶向转基因整合等，可以将目的基因导入转录活性预定位点进行目的基因的定点，从而获得高产克隆细胞株。哺乳动物细胞重组蛋白的表达，需要多方因素的优化，载体的优化是极其重要的一个方面，随着分子生物学技术的进一步发展，尤其是新型基因编辑技术，如CRISPR/Cas9技术的应用，有望在载体工程方面实现新的突破。

参考文献

Abeel T, Saeys Y, Bonnet E, Rouzé P, Van de Peer Y, 2008. Generic eukaryotic core promoter prediction using structural features of DNA. Genome Res, 18: 310-323.

Aggarwal S, 2012. What' s fueling the biotech engine-2011 to 2012. Nat Biotechnol, 30: 1191-1197.

Allen G C, Spicker S, Thompson W F, 2000. Use of matrix attachment regions (MARs) to minimize transgene silencing. Plant Mol Biol, 43: 361-376.

Alves C S, Dobrowsky M, 2017. Strategies and Considerations for Improving Expression of " Difficult to Express" Proteins in CHO Cells. Methods Mol Biol, 1603: 1-23.

Antoniou M, Harland L, Mustoe T, Williams S, Holdstock J, Yague E, Mulcahy T, Griffiths M, Edwards S, Ioannou P A, Mountain A, Crombie R, 2003. Transgenes encompassing dual-promoter CpG islands from the human TBP and HNRPA2B1 loci are resistant to heterochromatin-mediated silencing. Genomics, 82: 269-279.

Bailey L A, Hatton D, Field R, Dickson A J, 2012. Determination of Chinese hamster ovary cell line stability and recombinant antibody expression during long-term culture. Biotechnol Bioeng, 109: 2093-2103.

Balasubramanian S, Matasci M, Kadlecova Z, Baldi L, Hacker D L, Wurm F M, 2015. Rapid recombinant protein production from piggyBac transposon-mediated stable CHO cell pools. J Biotechnol, 200: 61-69.

Balasubramanian S, Rajendra Y, Baldi L, Hacker D L, Wurm F M, 2016. Comparison of three transposons for the generation of highly productive recombinant CHO cell pools and cell lines. Biotechnol Bioeng, 113: 1234-1243.

Baranyi L, Doering C B, Denning G, Gautney R E, Harris K T, Spencer H T, Roy A, Zayed H, Dropulic B, 2013. Rapid generation of stable cell lines expressing high levels of erythropoietin, factor Ⅷ, and an antihuman CD20 antibody using lentiviral vectors. Hum Gene Ther Methods, 24: 214-227.

Baumann M, Höppner M P, Meier M, Pontiller J, Ernst W, Grabherr R, Mauceli E, Grabherr M G, 2012. Artificially designed promoters: understanding the role of spatial features and canonical binding sites in transcription. Bioeng Bugs, 3: 120-123.

Béliveau A, Leclerc S, Rouleau M, Guérin S L, 1999. Multiple Cloning Sites from Mammalian Expression Vectors Interfere with Gene Promoter Studies In Vitro. Eur J Biochem, 261: 585-590.

Betts Z, Dickson A J, 2015. Assessment of UCOE on Recombinant EPO Production and Expression Stability in

Amplified Chinese Hamster Ovary Cells. Mol Biotechnol，57：846-858.

Betts Z，Dickson A J，2016. Ubiquitous Chromatin Opening Elements（UCOEs）effect on transgene position and expression stability in CHO cells following methotrexate（MTX）amplification. Biotechnol J，11：554-564.

Blow M J，McCulley D J，Li Z，Zhang T，Akiyama J A，Holt A，Plajzer-Frick I，Shoukry M，Wright C，Chen F，Afzal V，Bristow J，Ren B，Black B L，Rubin E M，Visel A，Pennacchio L A，2010. ChIP-seq identification of weakly conserved heart enhancers. Nat Genet，42：806-810.

Brinkrolf K，Rupp O，Laux H，Kollin F，Ernst W，Linke B，Kofler R，Romand S，Hesse F，Budach W E，Galosy S，Muller D，Noll T，Wienberg J，Jostock T，Leonard M，Grillari J，Tauch A，Goesmann A，Helk B，Mott J E，Puhler A，Borth N，2013. Chinese hamster genome sequenced from sorted chromosomes. Nat Biotech，31：694-695.

Brown A J，Sweeney B，Mainwaring D O，James D C，2015. NF-kappa B，CRE and YY1 elements are key functional regulators of CMV promoter-driven transient gene expression in CHO cells. Biotechnol J，10：1019-1028.

Cacciatore J J，Chasin L A，Leonard E F，2010. Gene amplification and vector engineering to achieve rapid and high-level therapeutic protein production using the Dhfr-based CHO cell selection system. Biotechnol Adv，28：673-681.

Carroll D，2014. Genome engineering with targetable nucleases. Annu Rev Biochem，83：409-439.

Chambers C B，Halford W P，Geltz J，Villamizar O，Gross J，Embalabala A，Gershburg E，Wilber A，2015. A system for creating stable cell lines that express a gene of interest from a bidirectional and regulatable herpes simplex virus type 1 promoter. PLoS One，10：e0122253.

Crinelli R，Bianchi M，Radici L，Carloni E，Giacomini E，Magnani M，2015. Molecular Dissection of the Human Ubiquitin C Promoter Reveals Heat Shock Element Architectures with Activating and Repressive Functions. PLoS One，10：e0136882.

Ebadat S，Ahmadi S，Ahmadi M，Nematpour F，Barkhordari F，Mahdian R，Davami F，Mahboudi F，2017. Evaluating the efficiency of CHEF and CMV promoter with IRES and Furin/2A linker sequences for monoclonal antibody expression in CHO cells. PLoS One，12：e0185967.

Even D Y，Kedmi A，Basch-Barzilay S，Ideses D，Tikotzki R，Shir-Shapira H，Shefi O，Juven-Gershon T，2016. Engineered Promoters for Potent Transient Overexpression. PLoS One，11：e0148918.

Fan L，Kadura I，Krebs L E，Larson J L，Bowden D M，Frye C C，2013. Development of a highly-efficient CHO cell line generation system with engineered SV40E promoter. J Biotechnol，168：652-658.

Frisch M，Frech K，Klingenhoff A，Cartharius K，Liebich I，Werner T，2002. In silico prediction of scaffold/matrix attachment regions in large genomic sequences. Genome Res，12：349-354.

Girod P A，Nguyen D Q，Calabrese D，Puttini S，Grandjean M，Martinet D，Regamey A，Saugy D，Beckmann J S，Bucher P，Mermod N，2007. Genome-wide prediction of matrix attachment regions that increasegene expression in mammalian cells. Nat Methods，4：747-753.

Gulce Iz S G，Inevi M A，Metiner P S，Tamis D A，Kisbet N，2018. A BioDesign Approach to Obtain High Yields of Biosimilars by Anti-apoptotic Cell Engineering：a Case Study to Increase the Production Yield of Anti-TNF Alpha Producing Recombinant CHO Cells. Appl Biochem Biotechnol，184：303-322.

Harland L，Crombie R，Anson S，de Boer J，Ioannou P A，Antoniou M，2002. Transcriptional Regulation of the Human TATA Binding Protein Gene. Genomics，79，479-482.

Harraghy N，Calabrese D，Fisch I，Girod P A，LeFourn V，Regamey A，Mermod N，2015. Epigenetic regulatory elements：Recent advances in understanding their mode of action and use for recombinant protein production in mammalian cells. Biotechnol J，10：967-978.

Harraghy N，Gaussin A，Mermod N，2008. Sustained transgene expression using MAR elements. Curr Gene Ther，8：353-366.

Ho S C，Bardor M，Feng H，Mariati，Tong Y W，Song Z，Yap M G，Yang Y，2012. IRES-mediated Tricistronic vectors for enhancing generation of high monoclonal antibody expressing CHO cell lines. J Biotechnol，157：130-139.

Ho S C，Bardor M，Li B，Lee J J，Song Z，Tong Y W，Goh L T，Yang Y，2013b. Comparison of internal ribosome entry site（IRES）and Furin-2A（F2A）for monoclonal antibody expression level and quality in CHO cells. PLoS One，8：e63247.

Ho S C，Koh E Y，Soo B P，Chao S H，Yang Y，2016. Evaluating the use of a CpG free promoter for long-term recombinant protein expression stability in Chinese hamster ovary cells. BMC Biotechnology，16：71.

Ho S C，Tong Y W，Yang Y，2013a. Generation of monoclonal antibody-producing mammalian cell lines. Pharm Bioprocess，1：71-87.

Huang X，Guo H，Tammana S，Jung Y C，Mellgren E，Bassi P，Cao Q，Tu Z J，Kim Y C，Ekker S C，Wu X，Wang S M，Zhou X，2010. Gene transfer efficiency and genome-wide integration profiling of Sleeping Beauty，Tol2，and piggybac transposons in human primary T cells. Mol Ther，18：1803-1813.

Jakobi T，Brinkrolf K，Tauch A，Noll T，Stoye J，Pühler A，Goesmann A，2014. Discovery of transcription start sites in the Chinese hamster genome by next-generation RNA sequencing. J Biotechnol，190：64-75.

Jossé L，Zhang L，Smales C M，2018. Application of microRNA Targeted 3′UTRs to Repress DHFR Selection Marker Expression for Development of Recombinant Antibody Expressing CHO Cell Pools. Biotechnol J，13：e1800129.

Juven-Gershon T，Cheng S，Kadonaga J T，2006. Rational design of a super core promoter that enhances gene expression. Nat Methods，3：917-922.

Katzen F，2007. Gateway® recombinational cloning：A biological operating system. Expert Opin Drug Discov，2：571-589.

Kaufmann H，Mazur X，Marone R，Bailey J E，Fussenegger M，2001. Comparative analysis of two controlled proliferation strategies regarding product quality，influence on tetracycline-regulated gene expression，and productivity. Biotechnol Bioeng，72：592-602.

Kawabe Y，Inao T，Komatsu S，Ito A，Kamihira M，2015. Cre-mediated cellular modification for establishing producer CHO cells of recombinant scFv-Fc. BMC Proceedings，9：P5.

Kawabe Y，Makitsubo H，Kameyama Y，Huang S，Ito A，Kamihira M，2012. Repeated integration of antibodygenes into a pre-selected chromosomal locus of CHO cells using an accumulative site-specific gene integration system. Cytotechnology，64：267-279.

Kito M，Itami S，Fukano Y，Yamana K，Shibui T，2002. Construction of engineered CHO strains for high-level production of recombinant proteins. Appl Microbiol Biotechnol，60：442-448.

Kozak M，2005. Regulation of Translation via mRNA Structure in Prokaryotes and Eukaryotes. Gene，361：13-37.

Le Fourn V，Girod P A，Buceta M，Regamey A，Mermod N，2014. CHO cell engineering to prevent polypeptide aggregation and improve therapeutic protein secretion. Metab Eng，21：91-102.

Le H，Vishwanathan N，Kantardjieff A，Doo I，Srienc M，Zheng X，Somia N，Hu W S，2013. Dynamic gene expression for metabolic engineering of mammalian cells in culture. Metab Eng，20：212-220.

Lee J S，Grav L M，Lewis N E，Faustrup Kildegaard H，2015a. CRISPR/Cas9-mediated genome engineering of CHO cell factories：Application and perspectives. Biotechnol J，10：979-994.

Lee J S，Kallehauge T B，Pedersen L E，Kildegaard H F，2015b. Site-specific integration in CHO cells mediated by CRISPR/Cas9 and homology-directed DNA repair pathway. Sci Rep，5：8572.

Lee K H，Honda K，Ohtake H，Omasa T，2013. Construction of transgene-amplified CHO cell lines by cell cycle checkpoint engineering. BMC Proceedings，97：5731-5741.

Lewis N E，Liu X，Li Y，Nagarajan H，Yerganian G，O'Brien E，Bordbar A，Roth A M，Rosenbloom J，Bian C，Xie M，Chen W，Li N，Baycin-Hizal D，Latif H，Forster J，Betenbaugh M J，Famili I，Xu X，Wang J，Palsson B O，2013. Genomic landscapes of Chinese hamster ovary cell lines as revealed by the Cricetulusgriseus draft genome. Nat Biotechnol，31：759-765.

Li Q，Zhao C P，Lin Y，Song C，Wang F，Wang T Y，2019. Two human MARs effectively increase transgene expression in transfected CHO cells. J Cell Mol Med，23：1613-1616.

Liu Z，Chen O，Wall J B J，Zheng M，Zhou Y，Wang L，Ruth Vaseghi H，Qian L，Liu J，2017. Systematic comparison of 2A peptides for cloning multi-genes in a polycistronic vector. Sci Rep，7：2193.

Liebich I，Bode J，Frisch M，Wingender E，2002. S/MARt DB：a database on scaffold/matrix attached regions. Nucleic Acids Res，30：372-374.

Loew R，Heinz N，Hampf M，Bujard H，Gossen M，2010. Improved Tet-responsive promoters with minimized background expression. BMC Biotechnol，10：81.

Lombardo A，Cesana D，Genovese P，Di Stefano B，Provasi E，Colombo D F，Neri M，Magnani Z，Cantore A，Lo Riso P，Damo M，Pello O M，Holmes M C，Gregory P D，Gritti A，Broccoli V，Bonini C，Naldini L，2011. Site-specific integration and tailoring of cassette design for sustainable gene transfer. Nat Methods，8：861-869.

Mali P，Yang L，Esvelt K M，Aach J，Guell M，DiCarlo J E，Norville J E，Church G M，2013. RNA-guided human genome engineering via Cas9. Science，339：823-826.

Matasci M，Baldi L，Hacker D L，Wurm F M，2011. The PiggyBac transposon enhances the frequency of CHO stable cell line generation and yields recombinant lines with superior productivity and stability. Biotechnol Bioeng，108：2141-2150.

Michalowski S M，Allen G C，Hall G E Jr，Thompson W F，Spiker S，1999. Characterization of randomly-obtained matrix attachment regions（MARs）from higher plants. Biochem，38：12795-12804.

Misaghi S，Chang J，Snedecor B，2014. It's time to regulate：Coping with productinduced nongenetic clonal instability in CHO cell lines via regulated protein expression. Biotechnol Prog，30：1432-1440.

Moiani A，Paleari Y，Sartori D，Mezzadra R，Miccio A，Cattoglio C，Cocchiarella F，Lidonnici M R，Ferrari G，Mavilio F，2012. Lentiviral vector integration in the human genome induces alternative splicing and generates aberrant transcripts. J Clin Invest，122：1653-1666.

Mossine V V，Waters J K，Hannink M，Mawhinney T P，2013. piggyBac transposon plus insulators overcome epigenetic silencing to provide for stable signaling pathway reporter cell lines. PLoS One，8：e85494.

Neville J J，Orlando J，Mann K，McCloskey B，Antoniou M N，2017. Ubiquitous Chromatin-opening Elements

(UCOEs): Applications in biomanufacturing and gene therapy. Biotechnol Adv, 35: 557-564.

Nissom P M, Sanny A, Kok Y J, Hiang Y T, Chuah S H, Shing T K, Lee Y Y, Wong T K, Hu W, Sim M Y, Philp R, 2006. Transcriptome and proteome profiling to understanding the biology of high productivity CHO cells. Mol Biotechnol, 34: 125-140.

Obayashi H, Kawabe Y, Makitsubo H, Watanabe R, Kameyama Y, Huang S, Takenouchi Y, Ito A, Kamihira M, 2012. Accumulative gene integration into a pre-determined site using Cre/loxP. J Biosci Bioeng, 113: 381-388.

Osterlehner A, Simmeth S, Göpfert U, 2011. Promoter methylation and transgene copy numbers predict unstable protein production in recombinant chinese hamster ovary cell lines. Biotechnol Bioeng, 108: 2670-2681.

Peters A H, O'Carroll D, Scherthan H, Mechtler K, Sauer S, Schöfer C, Weipoltshammer K, Pagani M, Lachner M, Kohlmaier A, 2001. Loss of the Suv39h histone methyltransferases impairs mammalian heterochromatin and genome stability. Cell, 107: 323-337.

Petersen T N, Brunak S, von Heijne G, Nielsen H, 2011. SignalP 4.0: discriminating signal peptides from transmembrane regions. Nat Methods, 8: 785-786.

Poulain A, Perret S, Malenfant F, Mullick A, Massie B, Durocher Y, 2017. Rapid protein production from stable CHO cell pools using plasmid vector and the cumate gene-switch. J Biotechnol, 255: 16-27.

Qin J Y, Zhang L, Clift K L, Hulur I, Xiang A P, Ren B Z, Lahn B T, 2010. Systematic Comparison of Constitutive Promoters and the Doxycycline-Inducible Promoter. PLoS One, 5: e10611.

Raymond C S, Soriano P, 2007. High-efficiency FLP andϕC31 site-specific recombination in mammalian cells. PLoS One, 2: e162.

Rocha-Pizaña M D R, Ascencio-Favela G, Soto-García B M, Martinez-Fierro M L, Alvarez M M, 2017. Evaluation of changes in promoters, use of UCOES and chain order to improve the antibody production in CHO cells. Protein Expr Purif, 132: 108-115.

Ronda C, Pedersen L E, Hansen H G, Kallehauge T B, Betenbaugh M J, Nielsen A T, Kildegaard H F, 2014. Accelerating genome editing in CHO cells using CRISPR Cas9 and CRISPy, a web-based target finding tool. Biotechnol Bioeng, 111: 1604-1616.

Sakaguchi M, Watanabe M, Kinoshita R, Kaku H, Ueki H, Futami J, Murata H, Inoue Y, Li S A, Huang P, Putranto E W, Ruma I M, Nasu Y, Kumon H, Huh N H, 2014. Dramatic increase in expression of a transgene by insertion of promoters downstream of the cargo gene. Mol Biotechnol, 56: 621-630.

Saunders F, Sweeney B, Antoniou M N, Stephens P, Cain K, 2015. Chromatin function modifying elements in an industrial antibody production platform--comparison of UCOE, MAR, STAR and cHS4 elements. PLoS One, 10: e0120096.

Stinski M F, Isomura H, 2008. Role of the cytomegalovirus major immediate earlyenhancer in acute infection and reactivation from latency. Med Microbiol Immun, 197: 223-231.

Sumitomo Y, Higashitsuji H, Liu Y, Fujita T, Sakurai T, Candeias M M, Itoh K, Chiba T, Fujita J, 2012. Identification of a novel enhancer that binds Spl and contributes to induction of cold-inducible RNA-binding protein (cirp) expression in mammalian cells. BMC Biotechnol, 12: 72.

Takagi Y, Yamazaki T, Masuda K, Nishii S, Kawakami B, Omasa T, 2017. Identification of regulatory motifs in the CHO genome for stable monoclonal antibody production. Cytotechnology, 69: 451-460.

Thyagarajan B, Calos M P, 2005. Site-specific integration for high-level protein production in mammalian cells. Methods Mol Biol, 308: 99-106.

Tian Z W, Xu D H, Wang T Y, Wang X Y, Xu H Y, Zhao C P, Xu G H, 2018. Identification of a potent MAR element from the human genome and assessment of its activity in stably transfected CHO cells. J Cell Mol Med, 22: 1095-1102.

Wang X Y, Zhang J H, Zhang X, Sun Q L, Zhao C P, Wang T Y, 2016. Impact of Different Promoters on Episomal Vectors Harbouring Characteristic Motifs of Matrix Attachment Regions. Sci Rep, 6: 26446.

Wu S C, Meir Y J, Coates C J, Handler A M, Pelczar P, Moisyadi S, Kaminski J M, 2006. PiggyBac is a flexible and highly active transposon as compared to sleeping beauty, Tol2, and Mos1 in mammalian cells. Proc Natl Acad Sci U S A, 103: 15008-15013.

Xu D H, Wang X Y, Jia Y L, Wang T Y, Tian Z W, Feng X, Zhang Y N, 2018. SV40 intron, a potent strong intron element that effectively increases transgene expression in transfected Chinese hamster ovary cells. J Cell Mol Med, 22: 2231-2239.

（王天云　郭　潇）

第四章 转染与筛选

随着分子生物学和细胞生物学的不断发展，转染和筛选已经成为研究真核细胞基因功能和生产重组蛋白的常规方法。在基因功能、基因表达调控、结构分析和重组蛋白生产的研究中，其应用越来越广泛。转染是将外源遗传物质如 DNA、RNA 等导入真核细胞以产生遗传修饰细胞的过程。

哺乳动物宿主系统是适用于生成具有天然结构和活性的哺乳动物蛋白质的首选表达平台。哺乳动物表达系统可以实现高水平的翻译后加工，使蛋白质获得最佳功能活性，常用于生产治疗性蛋白质（抗体）以及适用于人类功能细胞分析的蛋白质。利用哺乳动物表达系统生产蛋白质的转染方式有两种：瞬时转染和稳定筛选。瞬时转染，外源基因不与细胞染色体基因组发生整合，可以在短时间内收获转染的细胞，并检测目的基因的表达以及收获目的蛋白质。稳定转染是将外源基因整合到细胞染色体基因组上，随着细胞的生长分裂可以稳定表达外源遗传物质，同时经过抗生素等的加压筛选，最终得到能够稳定表达蛋白质的细胞株（Sambrook et al.，2002）。

第一节　细胞转染

一、细胞转染的原理

目前在研究真核细胞基因功能和重组蛋白生产中，转染已成为常用的基本方法。细胞的转染机理为：在某种条件下细胞膜打开瞬时孔或洞，细胞处于易摄取外源基因的状态。物理转染方法是通过打开细胞膜瞬时孔或洞来克服静电排斥，以利于外源基因插入。而化学转染中，则是利用带正电的转染试剂将带负电的核酸包裹起来，能被表面带负电荷的细胞膜吸附。

转入细胞质的DNA不能穿过细胞核的核膜，只有在细胞有丝分裂过程中核膜溶解时，DNA才有可能进入细胞核。因此在细胞处于分裂期时，DNA转染是至关重要的，并且处于分裂期的细胞必须尽可能有较高的比例才能实现高效率转染。另外，研究表明真核细胞对外源物质的侵入具有先天免疫功能，细胞能够检测外来物质如脂多糖、细菌、病毒、核酸以及蛋白质，并抑制潜在病原体的入侵。此外，细胞还可通过信使分子向周围细胞传递有害物质的信号。这种细胞先天免疫系统也是转染成功的一个屏障。转染的主要目的是通过增强或抑制细胞中特定的基因表达，研究基因或基因产物的功能，并在哺乳动物细胞中产生重组蛋白药物（Kim et al.，2010）。

转染技术可分为物理、化学和生物转染三类方法。物理转染是通过物理方法将外源基因转入细胞的方法，有显微注射法、基因枪法和电穿孔法；化学转染技术是使用化学材料作为载体，有经典的磷酸钙共沉淀法、脂质体转染法和阳离子聚合物转染法；现在较为常用的生物转染方法是使用各种病毒作为载体的一种转染技术，使用的病毒有腺病毒、腺相关病毒、慢病毒和逆转录病毒等。

二、细胞转染方法

（一）物理转染

1. 显微注射法

在显微镜下，将目标DNA经细胞玻璃针（玻璃毛细管经过加热后拉出的细微针头）直接注入细胞，该法适合于各种类型的细胞，但需要专门的操作系统和操作技巧。整合率较高，适用于工程改造和转基因动物的建立；操作复杂，外源基因的整合位点和拷贝数无法控制，会导致片段缺失、突变。显微注射法的原理也被应用在试管婴儿中，当进行人工受孕时，取单一精子注射到卵子细胞内从而受孕。

2. 基因枪法

基因枪介导转化法，利用火药爆炸、高压气体加速、低压气体加速，将外面包裹了外源基因DNA的金属（金或钨）颗粒进行加速，打入完整的植物和动物组织和细胞中，从而使外源基因DNA得以在靶细胞中稳定转染并获得表达。这种方法操作简单、效率高、适应性强，不受细胞、组织或器官的类型限制。基因枪还可用于导入DNA疫苗（Fry et al.，2019）。

3. 电穿孔法

电穿孔法不仅能将核苷酸、DNA和RNA，还能将抗体、酶、糖类及其他生物活性分子导入原核和真核细胞内。与脂质体转染相比，电穿孔有其独特的优势，脉冲不仅能在外膜上开孔，也能在核膜上产生缺口。

细胞暴露在强烈的电场中（场强＝1kV/cm），细胞膜上形成短暂的穿孔，导致核酸进入细胞。转染效率（即转染细胞数占细胞总数的比例）通常为30%，但也可高达80%。用于转染细胞的外源DNA都是在无内毒素缓冲液中制备的。在电穿孔实验中，

500μL 细胞悬浮液的转染在电穿孔杯中进行，并且需要 10μg DNA。大约 25%（2.5μg）被指定用于报告基因（如增强型绿色荧光蛋白，EGFP）以鉴定转染的细胞。

沉淀后的细胞颗粒在再沉淀（85g，5min）前，用 25mL Optimem（含谷氨酸-1）冲洗（用大口径移液管吹打几次）。除去上清液，每次转染（即每个小瓶）加入 500μL 的 Optimem。细胞需要传代时，添加 500μL Optimem（将 500μL 细胞悬浮液中的一部分接种到含 10mL DMEM 培养基的 10cm 培养皿中）。用巴斯德吸管吹打重悬细胞（10 次）。每次转染时 10cm 细胞培养皿中细胞达到 70%融合是电穿孔实验最合适的细胞密度（约 3.0×10^4 个细胞）。

通过温和的振荡（引起最小通气）将细胞和 DNA 在电击杯中混合。基因脉冲发生器Ⅱ设置为：无限电阻（脉冲控制器）、125μF 电容和 0.4kV 电压。当细胞仍处于悬浮状态时，释放电压，移除电击杯，并且在再次释放电压之前再混合细胞（这可以显著提高转染效率）。最后，将细胞原位悬浮（手指击打），放置 10min。在此阶段内每隔 3min 搅拌一次，转染效率显著提高。

从电击杯中取活细胞稀释、悬浮在 10mL 的 DMEM 培养基中。每个盖玻片上的这种悬浮液的体积 150～300μL，再添加 500μL 的培养基（用于 22mm 盖玻片），然后轻轻旋转，使细胞在盖玻片上分散。在显微镜下检查细胞密度，并在贴壁前进行相应的调整。使细胞完全沉降并在 37℃下黏附 30min，然后向每个培养皿中再加入 1mL DMEM。在转染后 3～4h 记录全细胞内安培电流，此后记录 3～4d。只有一小部分电穿孔细胞接种用于电生理学测定，因此有足够的空间来培养足够数量的细胞用于生化测定。

现代的电穿孔仪能够控制脉冲的持续时间、幅度（电压）、数量，甚至是极性和波形。例如，Life Technologies 的 Neon、Bio-Rad 的 Gene Pulser 和 NEPA21 系统都是开放的系统，让用户能够单独控制每个参数。制造商通常也有一个数据库，提供特定细胞类型的建议设置，客户可在这个基础上优化和调整。

转染之后尽快将细胞放回培养箱去培养，越早放回去，细胞状态和细胞活力越好。细胞活力和转染效率通常在转染后 24h 测定。如果经过一切优化和调整，表达目的蛋白质的细胞数量仍达不到要求，那么可以尝试 RNA，它不需要进入细胞核就可以表达，因此，当 DNA 转染失败时，使用 mRNA 或 siRNA 转染有时却能成功。

（二）化学转染

1. 磷酸钙共沉淀法

利用磷酸钙作为细胞转染方法是成本最低的化学转染方法之一。此方法需要两种试剂：带有磷酸根的 HEPES 缓冲溶液及带有外源 DNA 的氯化钙溶液，当将这两种溶液混合，带正电的钙离子将会和带负电的磷酸根结合形成磷酸钙，而外源 DNA 则会结合在磷酸钙的表面上，接着此混合物被加到细胞培养皿中（通常以单层生长的细胞培养皿），细胞将会摄取外源 DNA。

这种转染方法非常简单，不需要专门的设备，但转染效率有很大的差异，通常是由于不同批次的培养基 pH 值的变化以及 Hanks 平衡盐溶液（Hank's balanced salt solution，HBSS）介质所需的临界 pH 值的变化引起的。与电穿孔相比，磷酸钙沉淀法的工作强度要小得多，并且不必为了维持细胞存活而除去钙-DNA 混合物。目前尚不清楚细胞摄取和 DNA 的核转运的具体情况，该技术适合于大规模生产转染细胞。这种方法的缺点是，如果细胞初始的接种密度很低，成功率不可预测，并且不允许 DNA 沉淀达到形成大量聚集体的水平，这在很大程度上取决于溶液的 pH 值。

每次转染需制备 4μL DNA（每 22mm 盖玻片 2μg）与 20μL $CaCl_2$ 的混合物，并与 24μL 双倍强度的 HBSS 混合，静置 20min。如果混合物没有放置足够长的时间，则形成的沉淀不足并且转染率下降；如果时间太长，就会形成较大的颗粒聚集体，或许不会被细胞吸收，或许被大量吸收，从而产生细胞毒性。以 HEK293 细胞为例，将细胞接种于 22mm 盖玻片上，用 HBSS（不含 Ca^{2+}/Mg^{2+}）洗涤，并用 1.5mL DMEM 基本培养基替换。将 45μL DNA-$CaCl_2$ 混合物逐滴添加到细胞中，并将培养皿放回培养箱（37℃、5% CO_2）孵育。如果细胞毒性明显，可在 12h 后更换培养基。

磷酸钙转染技术是实验室中转染哺乳动物细胞最广泛使用的方法。尽管磷酸钙转染是一种简单的基因治疗方法，但由于受沉淀条件（比如 pH 值、温度、盐和 DNA 浓度以及沉淀与转染的时间控制等）影响很大，并且磷酸钙易失活，因此这个过程很难标准化。磷酸钙在良好的转染条件下，可以对 HEK293T 等细胞的转染达到较高的转染效率。但磷酸钙转染非常不稳定，尤其易受到 pH 值的影响，在实验中用到的每一种试剂都必须要认真校准，保证质量。同时，小体积的转染效果比较理想（比如使用 6 孔板、12 孔板或者是 24 孔板进行转染），大体积转染效率则下降很快。

2. 脂质体转染法

脂质体转染是一种通过脂质体作为载体将外源遗传物质导入细胞的技术。脂质体是容易与细胞膜融合的囊泡，因为它们都是由磷脂双分子层构成。脂质体具有膜的融合及内吞的特性，因此可作为外源 DNA 或 RNA 进入细胞的载体。对于真核动物细胞而言，使用阳离子脂质体能有效地增加转染成功率，因为真核动物细胞对脂质体有更高的敏感性。

脂质体转染操作简单、成本适中，具有较高的转染效率和较小的细胞毒性。用脂质体转染某一特定的细胞时，首先需要优化转染条件，找出脂质体和 DNA 两者最佳的剂量比例和作用时间等。使用不同批次的脂质体时，都需要优化转染条件：首先需要确定 DNA 和脂质体两者的最佳剂量，其次是 DNA-脂质体混合物与细胞相互作用的时间。因脂质体对细胞有一定的毒性，转染时间以不超过 24h 为宜。

转染试剂和 DNA 两者之间的最佳比例有利于形成稳定的空间结构，便于转染的顺利进行。当 DNA 使用过量时，产生游离的 DNA 分子会影响脂质体-DNA 复合物的稳定性；当脂质体使用过量时，产生的游离脂质体则可增加细胞毒性，对细胞的代谢产生负面作用，降低细胞的转染效率，最终影响细胞表达外源基因。DNA 和脂质体的比例也决定了复合物表面电荷的分布以及复合物颗粒的大小，这些都可能影响转染实验的结果。在DNA和脂质体处于最佳比例时，细胞的转染效率最高。

Lipofectamine 3000是最近发展起来的一种采用先进的脂质纳米颗粒技术的转染试剂，其可实现绝佳转染性能和可重复性的结果。其可针对最广泛类型的常见及难转染细胞，保持低毒性的同时实现高转染效率和细胞活力（Rao et al.，2015）。还有专为CRISPR/Cas9系统设计的新一代转染试剂Lipofectamine CRISPER MAX，转染效率高，细胞毒性低，适用于原代细胞、神经细胞及干细胞转染（Yu et al.，2016）。目前已有几十种不同的转染试剂，提供了多种质粒转染的方法，如通过多阳离子脂质体、右旋体、活化树状大分子，甚至是受体介导的内吞作用。

3. 阳离子聚合物转染法

采用阳离子聚合物，如DEAE-葡聚糖或聚乙烯亚胺。带负电荷的DNA将结合到聚阳离子上，再由细胞通过胞吞作用摄取。

（1）DEAE-葡聚糖　DEAE-葡聚糖可以结合带负电的DNA分子，形成的转染复合物能够被带负电的细胞所吸附，通过细胞的内吞作用，转染复合物从而进入细胞。DEAE-葡聚糖用于瞬时转染效果比较好，对细胞有一定的毒副作用，转染时要去掉血清。

（2）聚乙烯亚胺　聚乙烯亚胺（polyethylenimine，PEI）是由氨基和两个脂肪族碳的重复单元组成的一种聚合物分子。PEI包括线型PEI（line PEI，LPEI）和分枝状PEI（branched PEI，BPEI）。BPEI具有所有类型的1级、2级和3级氨基，而LPEI仅含有1级和2级氨基。LPEI在室温下是固体，熔点是73～75℃；而BPEI无论分子量多大，在室温下均是液体（Lungu et al.，2016）。研究表明BPEI的分枝度高有利于形成小的转染复合物，从而提高转染效率，但同时细胞毒性也增大，还可以在靶细胞中引发细胞凋亡（Kafil et al.，2011；Dai et al.，2011）。

目前一种纳米材料的聚合物已经研发出来，其原理是：分子内含有许多氨基，在生理pH条件下会发生质子化，这些质子化的氨基可以中和DNA或RNA表面的负电荷，使DNA分子由伸展结构折叠为体积相对较小的DNA粒子，并包裹在其中，使DNA免受核酸酶的降解，然后再通过细胞内吞作用将转染复合物转入细胞，形成内涵体，DNA从内涵体释放，进入到细胞质中，再进一步进入核内转录、表达。通过纳米技术生产出的转染试剂在纳米尺度表现出结合DNA能力强、毒性低的独特性能（Chernousova et al.，2017；Dzięgiel et al.，2016；McNamara et al.，2015）。细胞转染常用方法比较见表4.1。

表4.1　细胞转染常用方法比较

转染方法	细胞转染原理	主要特点	适用范围
阳离子脂质体转染法	带正电荷的脂质体靠静电作用和DNA结合形成DNA-脂质体复合物，然后通过细胞的内吞作用进入细胞	操作简便；适用于各种裸露的DNA和RNA片段；适合转染各种的细胞；对DNA浓度有一定要求；对细胞有一定的毒性	瞬时转染，稳定转染，所有细胞

续表

转染方法	细胞转染原理	主要特点	适用范围
阳离子聚合物	带正电的阳离子聚合物与核酸的磷酸基团形成带正电的复合物，复合物和带负电的细胞膜接触，并通过内吞作用进入细胞	与脂质体转染法类似，但是具有较低的毒性，操作简单，适用性广，是新一代转染试剂	瞬时转染，稳定转染，所有细胞
磷酸钙法	磷酸钙能够促进外源DNA和细胞的结合，磷酸钙-DNA复合物能够附着在细胞表面，并通过内吞作用进入细胞	操作简单；对DNA浓度要求高；适用性有局限（不适用于原代细胞）	瞬时转染，稳定转染
电穿孔法	高脉冲的电压破坏细胞膜，在细胞膜表面形成孔道，DNA通过孔道进入细胞	适用性广，适用于质粒和几十千碱基对(kb)的基因组片段；针对不同细胞要优化实验条件；细胞致死率较高	瞬时转染，稳定转染，所有细胞
显微注射法	利用显微操作系统和显微注射技术将DNA直接注入细胞中	整合率较高，适用于工程改造和转基因动物的建立；操作复杂，且需要昂贵精密的设备；外源基因的整合位点和拷贝数无法控制，会导致片段缺失、突变	瞬时转染，稳定转染

（三）影响细胞转染的因素

一种理想的细胞转染方法，应该具有转染效率高、细胞毒性小等优点。无论采用哪一种转染技术，要想获得最佳的转染结果，可能都需要对转染条件进行优化。影响转染效率的因素很多，需要考虑细胞类型、细胞生长状态和细胞培养条件，还有转染方法的操作细节。

1. 血清

一般细胞对无血清培养可以耐受几小时，转染时用的培养液可以含血清也可以不含血清，但曾认为转染时血清的存在会降低转染效率，转染培养基中加入血清需要对条件进行优化。对于血清缺乏比较敏感的细胞，可以在转染培养基中使用血清，或者是使用营养丰富的无血清培养基。有条件的话，可以用无血清培养基代替PBS清洗细胞，清洗的时候动作要轻柔，靠着板的边缘缓缓加入液体，上下轻微转动培养板使液体在细胞表面流动。如果清洗太过剧烈，细胞会损失一部分，加入转染试剂后，细胞所受影响就会更大，死亡细胞会增多。

2. 抗生素

抗生素，比如青霉素和链霉素，作为培养基添加物是影响转染效果的。对于正常状态下的真核细胞，抗生素是无毒的。转染时，由于转染试剂能够增加细胞膜的通透性，抗生素进入细胞内，这会降低细胞的活性，从而导致转染效率降低。所以，在转染培养基中不能使用抗生素，甚至在准备转染前24h进行细胞铺板时也要避免使用抗生素。这样，在转染前就不必润洗细胞。目前一些转染试剂在使用时，对抗生素的要求已经不再那么严格，转染时的培养液可以含抗生素也可以不含抗生素。

3. 细胞状态

一定要让细胞处于最佳的生长状态，即细胞处于对数生长期时再做转染，这点非常重要。细胞复苏后传代到第3代时细胞状态最好，不要使用传了很多代的细胞进行转染，细胞的状态会变差，形态也会发生改变。

4. 细胞铺板密度

根据不同的细胞类型或转染试剂，用于转染的最佳细胞密度是不同的。由于转染试剂对细胞有毒性，细胞太少，容易死亡，转染效率降低；细胞太多，营养不够，也会影响转染效率。一般转染时，贴壁细胞密度为70%～90%，悬浮细胞密度为1×10^6～2×10^6细胞/mL。

5. DNA质量

高质量的DNA对于进行高效的转染至关重要。用于转染的质粒一定要纯度高、无内毒素，浓度不要低于0.35μg/μL。产物表达，48h mRNA表达最高；72h蛋白质表达最高。

第二节 细胞转染后的筛选

一、瞬时转染与稳定转染

根据遗传物质的性质，引入的遗传物质（DNA和RNA）可以稳定或瞬时存在于细胞中。对于稳定转染，通常引入具有选择标记基因的遗传物质（转基因）被整合到宿主基因组中，并且即使在宿主细胞复制后也维持转基因表达。与稳定转染的基因相反，瞬时转染的基因仅在有限的时间内表达，并未整合到基因组中，见图4.1。

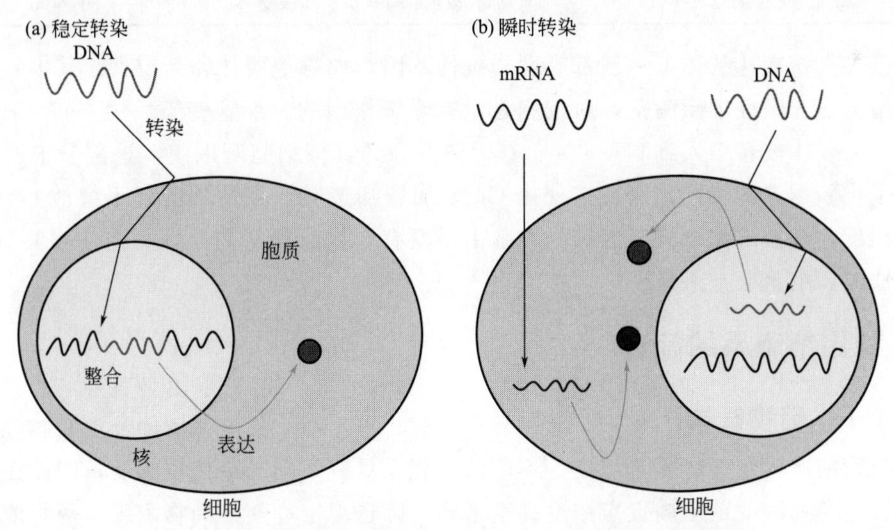

图4.1 瞬时转染和稳定转染（Kim et al.，2010）（附彩图）

哺乳动物细胞表达系统可分为瞬时表达系统（transient expression system）和稳定表达系统。瞬时表达系统通过瞬时转染的方法，将带有外源基因的表达载体直接导入细胞，其重组DNA不与细胞组染色体DNA发生整合，而以游离的方式在细胞质中进行转录和翻译。瞬时表达系统较稳定表达系统有明显的优势：表达周期短，通常表达周期 2～10d 即可得到目的蛋白质；操作简单，可适用于大规模培养，表达体系可以达到 100L 以上；不需要进行加压筛选。也因此，在临床前的产品早期研发中，通常采用瞬时表达系统来表达重组抗体。这种表达系统的缺陷主要是在细胞增殖传代的过程中，带有外源基因的质粒容易丢失，最终被宿主细胞降解；另一个主要的劣势是瞬时表达系统对质粒的需求量大，且产量稳定，通常瞬时表达系统的目的蛋白质产量在 0%～50%的范围内波动。

稳定表达系统通过稳定转染，将外源基因整合到细胞染色体的基因组中，从而得以复制。在建立稳定表达系统时，需要通过一些选择性标记反复筛选，从而得到稳定转染的同源细胞系。稳定转染细胞系中真核细胞常用选择性抗生素见表 4.2。将这些选择性标记与基因共同表达，可以筛选出外源基因已成功整合到基因组的细胞。在需要进行长期基因表达时需要稳定转染，例如大规模蛋白质合成、长期药理学研究、基因治疗研究和长期遗传调控机制研究等。

表 4.2　真核细胞选择性抗生素

选择性抗生素	选择用法	工作浓度/(μg/mL)
杀稻瘟菌素 S	真核生物和细菌	1～20
遗传霉素(G418)	真核生物	200～500
潮霉素 B	双重选择实验和真核生物	200～500
霉酚酸	哺乳动物和细菌	25
嘌呤霉素	真核生物和细菌	0.2～5
博来霉素(Zeocin)	哺乳动物、昆虫、酵母、细菌和植物	50～400

很多真核表达载体上一般都有两个抗性基因，如氨苄西林和新霉素。其中氨苄西林是用于筛选阳性细菌菌落，对细胞是没有筛选作用的。细胞转染后用 G418 来加压筛选，当载体被转染入细胞后，*neo* 基因被整合到真核细胞基因组，这部分细胞从而拥有了抗新霉素的特性，因此在使用 G418 加压筛选时，阳性细胞就不会被 G418 杀死。相反，载体未整合到基因组的细胞由于没有产生新霉素的抗性，当使用 G418 加压筛选时，细胞会被杀死。

二、稳定细胞系的筛选

（一）药物筛选

药筛前应确定药物筛选浓度，不同的细胞系具有不同的药物敏感度，因此在筛选前应该在药物浓度范围内设定浓度梯度来确定筛选稳定克隆的药物浓度。药物浓度确定为能使转染细胞在 7d 之内全部死亡，如 G418 一般需要 7d，而嘌呤霉素一般时间很短，只需要 3～4d 即可。

1. G418 筛选标记

将 CHO 细胞消化、计数后，均匀地铺在 24 孔板上，放入细胞培养箱培养。次日，加入0～100μg/mL不同浓度的G418，加入完全培养基。在培养的过程中，用对应浓度的培养基换液，观察并记录CHO细胞在含不同终浓度G418的DMEM/F12完全培养基中的形态变化及死亡时间，同时观察对照组细胞的生长状况来确定杀死CHO细胞的最佳浓度。确定G418最佳浓度是800μg/mL，使用该浓度筛选5d、10d后细胞状态见图4.2（孙秋丽，2016）。当转染细胞24h后开始用G418高浓度药物筛选，当未转染细胞全部杀死（一般10～15d），降低G418药物浓度至200～400μg/mL低浓度维持。

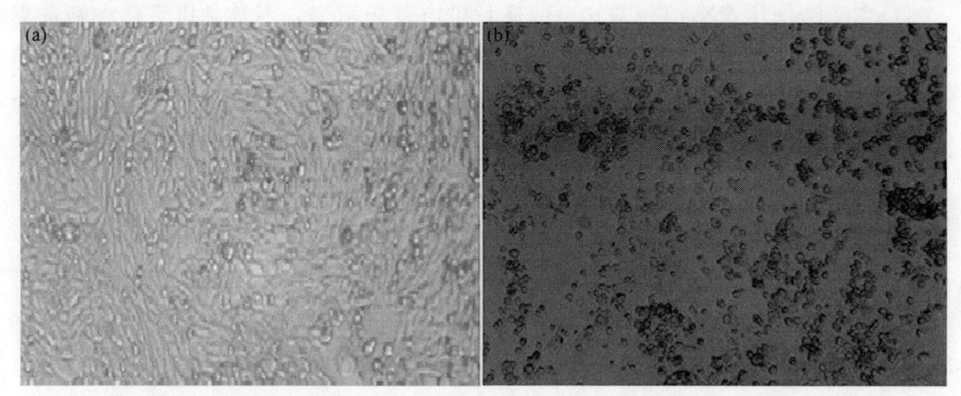

图4.2　G418（800μg/mL）筛选5天、10天后细胞状态（附彩图）

2. 杀稻瘟菌素筛选标记

杀稻瘟菌素（blasticidin）又称稻瘟散，白色针状晶体。由产生杀稻瘟菌素的放线菌发酵液中提取的一种抗生素，可通过抑制核糖体中肽结合形式从而抑制原核细胞和真核细胞蛋白质的合成。Blasticidin最重要的是用于选择携带BSD基因的转染细胞。杀稻瘟菌素筛选浓度和时间见表4.3。使用不同浓度Blasticidin筛选CHO细胞阳性克隆，在第5天时细胞状态见图4.3。

表4.3　Blasticidin筛选浓度及时间

Blasticidin/(μg/mL)	筛选时间/d
10	10
15	8
20	5

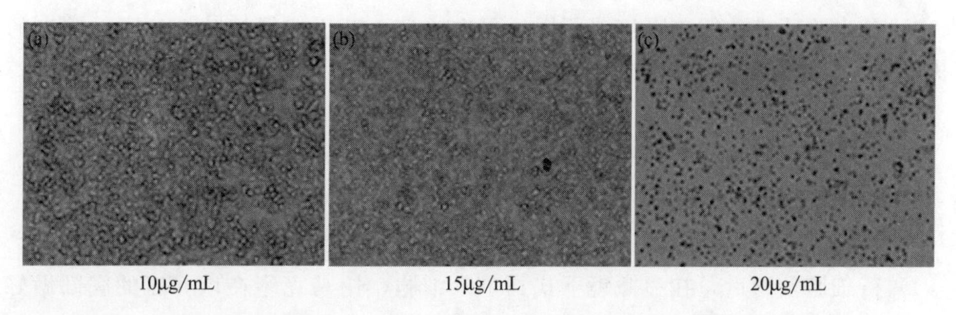

图4.3　使用不同浓度Blasticidin筛选，第5天时CHO细胞状态（附彩图）

3. 注意事项

（1）药筛的时间　加药时间一般为转染后 24h。加药筛选时，最好设置空白对照，即未转染细胞同时给药，待空白对照中细胞全部死亡，转染组中不具有耐药性的细胞基本全部死亡，但还需继续加药维持。

（2）换液　如果加药后，细胞死亡较多，需及时换药，以防死细胞释放有害物质导致具有耐药性的细胞死亡。另外，随着细胞的代谢，抗生素的活性会降低，因此，每隔 2～3d 应更换一次抗生素筛选培养液。

（3）克隆筛选注意事项　若转染的质粒带有荧光标记，不管是以下哪种筛选克隆的方法，都应该选择带有荧光较强的细胞克隆，因为加药筛选时，可能会产生耐药性的细胞，因此最好选择带有荧光较强的细胞。若是转染的质粒不带荧光，那么只能盲挑。不管是带或者是不带荧光标记，都应该挑出克隆后验证，验证存在不成功的概率。因此，挑克隆时，应尽量多挑几个克隆，一般为 15～20 个左右。

4. 稳定克隆筛选步骤

（1）有限稀释法

1）将药筛后的细胞，一般长满 6 孔板即可，若细胞生长很快药筛时可以在 10cm 的培养皿中进行，用胰酶消化下来；

2）对消化后的细胞悬液进行计数，如果细胞量过大，可先稀释后计数；

3）计算后，用枪头吸取约 200 个细胞（其中有部分为死细胞）到 10mL 培养液中充分混匀；

4）然后将以上 10mL 细胞悬液加到 96 孔板中，每孔 100μL，这样有的孔可能只有一个细胞，操作过程中注意不时用枪头吹打混匀细胞悬液（一个 96 孔板得到的克隆可能较少，可以用同样的方法做 2～3 个 96 孔板）；

5）待细胞贴壁后，在显微镜下逐孔观察，没有细胞或者多于一个细胞的孔划“×”，只有一个细胞的孔划“√”，做好标记。如果只有一个细胞的孔数量太少，可将一个孔内两个细胞的孔也划“√”，但这样克隆就可能不纯；

6）待细胞长起来后，从 96 孔板到 24 孔板，再到 6 孔板逐渐扩大培养；

7）细胞分 6 孔板中培养起来后，可分出部分细胞提取蛋白质，用 Western 印迹验证克隆是否为我们所需要的克隆，也可以用 RT-PCR 进行验证，若验证发现克隆并不是所需要的克隆，即失败的克隆，扔掉，保留验证成功的克隆并大量培养；

8）首次验证成功的克隆培养两周后再次验证，若仍能保持特性，表示筛出的克隆比较稳定，这样较为稳定的克隆即可大量培养保种，并进行后续实验。

（2）无限稀释法

1）将药筛后的细胞，一般长满 6 孔板即可，用胰酶消化下来；

2）对消化后的细胞悬液进行计数，如果细胞量过大，可先稀释后计数；

3）计算后，吸出约 5000 个细胞，铺到 10cm 的培养皿中摇匀；

4）待细胞贴壁后，在显微镜下找到单个细胞，用马克笔在培养皿的底部做好标记，然后放到培养箱中培养；

5）待单个细胞长成了细胞团，约10个，在显微镜下观察，如果有两个细胞团靠得很近，则用马克笔在底部做好标记，然后在安全柜内用白枪头刮掉周围舍弃的细胞团，并不断在显微镜下观察，看周围的细胞是否已经都被刮掉，然后换培养液；

6）放到培养箱中培养数天，细胞团较大，有100～200个细胞时，克隆在肉眼下可见；

7）将培养液倒掉，用PBS洗两遍，再吸10μL的胰酶在标记好细胞团的地方不停地快速吹打约1～2min，最后将枪头里的细胞悬液打到24孔板内培养，即为挑出的一个克隆，此过程切记不能过长，以免培养皿太干导致细胞死亡；

8）按照步骤7的方法每种细胞至少挑出15个克隆，培养一段时间后，消化至6孔板中培养；

9）细胞分6孔板中培养起来后，可分出部分细胞提取蛋白质，用Western印迹验证克隆是否为我们所需要的克隆，也可以用RT-PCR进行验证，若验证发现克隆并不是所需要的克隆，即失败的克隆，扔掉，保留验证成功的克隆并大量培养；

10）首次验证成功的克隆培养两周后再次验证，若仍能保持特性，表示筛出的克隆比较稳定，这样较为稳定的克隆即可大量培养保种，并进行后续实验。

在本实验室做稳定克隆筛选时，我们通常使用的是有限稀释法筛选稳定单克隆。

（二）流式筛选

1. 流式筛选的原理

流式细胞仪（flow cytometer）是一种能够探测和计数以单细胞液体流形式穿过激光束的细胞检测装置，由于在检测中使用的细胞标志示踪物质为荧光标记物，因此，用来分离、鉴定细胞的流式细胞仪又被称为荧光激活细胞分类仪，是分离和鉴定细胞群及亚群的一种强而有力的应用工具（Nolan et al.，2018，2013）。

FACS（fluorescence activated cell sorting）技术的出现使得开发显著简化克隆过程的方法成为可能。FACS是一种强大的技术，可以快速异质群体中单个细胞的高通量分析。首先分析每个细胞的生产力并确定每个特定细胞是否可以被克隆。只有达到预定义阈值的细胞才会被克隆到其中96孔板，显著减少不必要的分类后测试生产力较低的细胞。许多方法已经开发开放以允许通过FACS评估细胞生产力。CD20等细胞表面标记物，是不能由CHO细胞自然产生的，可以混入载体中与抗体序列共表达。可以使用荧光标记的抗CD20结合CD20表位并允许近端定量产品。其他方法使用多孔基质或冷捕获产物采取更直接的方法捕获在细胞表面上的分泌物，然后产品本身可以标记为fluo-最新标记的抗人抗体和最高荧光的细胞（即最高的生产者）仅被克隆。高效率亚克隆的重复分类需要超过十倍和细胞系开发持续时间超过50%已被证明可以大大减少筛选实验的数量，能够显著提高生产力。

2. 流式筛选的方法

（1）培养细胞

1）培养细胞用0.25%的胰酶消化。

2）PBS或生理盐水洗涤细胞2次，再用PBS或生理盐水悬浮细胞，加入预冷的无水乙醇，终浓度为60%～70%，快速混匀，并用封口膜封口，置4℃可以保存15d左右。

（2）直接免疫荧光标记的样品制备　用标有荧光素的特异抗体对细胞进行直接染色，然后用流式细胞仪检测，阳性者即表示有相应抗原存在。实验步骤如下：

1）每份取100μL单细胞悬液（细胞密度约1×10^6个细胞）。

2）一份加入相应量的FITC或PE标记的特异性荧光直标单抗，另一份加入荧光标记的无关单抗，作为同型对照样品。

3）室温下避光反应一定时间（时间长短根据试剂说明书要求进行），一般在室温下反应15～30min即可。

4）加入500μL PBS重悬成单细胞悬液即可上机检测。

（3）间接免疫荧光标记的样品制备

1）取1×10^6个细胞/100μL，加入一抗混匀，置室温下避光反应30min。

2）用PBS洗涤细胞2次，800～1000r/min、离心5min，弃掉上清液。

3）用100μL PBS重悬细胞，再加入FITC或PE标记荧光二抗（用量均按说明书要求加入）混匀，室温下反应30min。

4）用PBS再洗涤细胞2次，加入500μL PBS重悬成单细胞悬液，上机检测。

注意：以上两种染色方法的抗体加入量和反应时间，一般根据试剂使用说明书的要求进行。若说明书上未说明，应先进行预实验，掌握好剂量与最佳反应时间后，再进行流式样品的制备。制备好的样品，若不能及时上机检测，用1%～4%的多聚甲醛固定，4℃可保存5d。

（4）DNA荧光染色的样品制备　DNA是细胞内含量比较恒定的参量，随着细胞增殖周期的各时相而发生变化。荧光染料（如PI）可选择性地定量嵌入核酸（DNA/RNA）的双螺旋碱基之间，与细胞特异性结合，DNA含量与荧光染料的结合量成正比，因此通过测定荧光强度可获知细胞的增殖情况。

1）将固定过的细胞离心（500～1000r/min，5min）弃上清液，使用PBS洗涤2次。

2）使用PBS调整细胞浓度为1×10^6个细胞/100μL。

3）加入1000μL DNA荧光染料（通常用Coulter公司提供的DNA染色试剂盒），室温下避光染色15min。

4）上流式细胞仪检测。

以上样品的制备可分析细胞周期各时相的百分比，同时可粗略观察有无凋亡细胞现象，如果用对照液（鸡红细胞）作参照标准，可进行细胞DNA倍体分析，通过DNA指数（DNA index，DI）衡量DNA的相对含量，DI可用下式计算：DI＝样品G0/G1期的均值/正常二倍体细胞G0/G1期均值。

如何减少非特异荧光染色呢？

细胞的活性和状态：流式细胞仪不但可探测细胞表面的荧光，也可探测细胞内的荧光。因此，如果要检测细胞表面的分子，一定要保证细胞的活性，还应尽可能保持细胞静止，通常在4℃进行操作。否则，荧光抗体进入死细胞内，会产生非特异结果。

封闭抗体的应用是必不可少的，因为大多数的免疫细胞表面都表达有Fc-R。细胞与抗体相互作用后，一定要用FACS缓冲液洗2～3次，以除去游离的抗体。

（5）样品制备应注意的问题和影响因素

1）单细胞悬液的制备是流式细胞术分析的关键。如遇细胞团块应先用300～500目的细胞筛网过滤后，再上机检测。

2）标本采集后要及时固定或深低温保存，手术切除的新鲜标本或使用活检针取材时，要避免出血与坏死组织。

3）免疫荧光标本应注意死细胞和碎片的去除，要求每份样品中杂质、碎片、团块重叠细胞应小于2%，尤其是对稀少细胞或细胞亚群的测定时，这些细胞的非特异性荧光增加，会干扰免疫荧光测定。

4）细胞样品的采集要保证足够的细胞浓度，一般每份样品要求的细胞数为$5\times10^5\sim1\times10^6$个/mL，对肿瘤细胞DNA异倍体的样品分析，至少应有20%的肿瘤细胞存在（占主峰1/5以上的异倍体才可确认为异倍体峰）。

5）石蜡包埋组织单细胞制备时要注意：选取含待测细胞丰富的区域；石蜡组织片的厚度要适宜，最好为40～50μm；彻底脱蜡，以免残留的石蜡影响酶的消化活性；充分水化，使组织还原到与新鲜组织相似的状态。

6）温度对荧光强度的影响：一般认为，温度升高时荧光减弱，所以在荧光测量时要保持染色后的样品在适当低温环境下进行，并尽可能减少样品的光照射时间。有条件时，应控制样品观察室温度，使温度对荧光染色的影响减少到最小，这样会得到更好的荧光定量测定的结果。

7）pH值对荧光强度的影响：每一种荧光染料分子发光的最高量子产额，都有自己最适合的pH值，以保持荧光燃料分子与溶剂间的电离平衡，如果pH值发生改变，可能造成荧光光谱的改变，如FITC在酸性溶剂中呈蓝色荧光，为阳离子发光；在碱性溶剂中呈黄绿色荧光，为阴离子发光。

三、CHO细胞加压筛选

目前有近70%已经上市的治疗性蛋白是由CHO细胞表达生产的，CHO细胞已成为生产复杂翻译后修饰的治疗性蛋白的主要工具（Dhara et al.，2018）。基本上CHO细胞生产的治疗性蛋白都分泌到细胞外，从而可以从细胞培养液中收获产物。CHO细胞属于成纤维细胞，是一种非分泌型细胞，它本身很少分泌内源蛋白。

（一）CHO细胞加压筛选的原理

CHO细胞中最常用的扩增系统是：二氢叶酸还原酶（dihydrofolatereductase，DHFR）和谷氨酰胺合成酶（glutaminesynthetase，GS）系统。筛选标记可以分为显性筛选标记和隐性筛选标记。隐性筛选标记是细胞内固有的基因，缺失时影响细胞生长（如 DHFR）。通过引入外源补偿基因可以克服这类缺陷。比如，CHO DG44 细胞是 DHFR 基因敲除的细胞株，需要在培养基中添加次黄嘌呤（hypoxanthine，H）和胸腺嘧啶核苷（thymidine，T）才能正常生长。通过转染使其获得功能性的 DHFR 基因，能使它在不含 HT 的培养基中也能生长。相反，显性筛选标记（一般为抗生素）对细胞具有杀伤作用。通过向细胞中引入抗性基因可以赋予细胞对抗显性筛选标记的能力。每一个抗性基因编码一种酶，可以破坏显性筛选标记的化学结构。

基于 CHO-K1 细胞的表达平台多采用 GS 筛选系统和/或抗生素筛选系统。采用 GS 筛选系统的平台可在转入目的蛋白质基因的同时转入 GS 基因，在筛选阶段采用不含谷氨酰胺的培养基进行筛选。但由于 CHO-K1 细胞具有内源的 GS 基因，因此在筛选时往往需要添加谷氨酰胺合成酶抑制剂（methlonine sulfoximine，MSX）甚至和一定量的抗生素同时筛选，以提高筛选效率。此外，由于内源 GS 基因的存在，筛选出的高表达克隆往往稳定性较差，需要进行充分的稳定性评估后，方可用于后期的工艺开发及规模化生产。而单独采用抗生素进行筛选的平台，因筛选效率较低，多用于研究阶段。

（二）DHFR 筛选加压系统

DHFR 是催化二氢叶酸还原成四氢叶酸的酶，四氢叶酸是甘氨酸、胸苷一磷酸和嘌呤生物合成核酸所必需的。DHFR 缺陷型 CHO 细胞是指不含二氢叶酸还原酶基因，不能合成核酸，必须在含有 HT 的培养基里生长（Jossé et al.，2018；Yeo et al.，2018）。当转染的目的基因连有 DHFR 基因时，阳性细胞也就获得了 DHFR 基因。甲氨蝶呤（amethopterin，MTX）是叶酸的类似物，可以与 DHFR 结合并抑制其活性（Hausmann et al.，2018）。从而使细胞在缺乏胸苷和嘌呤的培养基中死亡。当细胞在 MTX 的压力下生长时，只有 DHFR 基因扩增并高效表达的群体才能存活下来。当细胞培养基内含有 MTX 时，二氢叶酸还原酶被抑制，通过反馈调节，使得该基因自我扩增，连带其上下 100～1000kb 的基因都会扩增。如此目的基因也得到扩增，即可提高目的蛋白质的表达量。随着 MTX 浓度的升高，存活下来的细胞 DHFR 扩增程度越高。能耐受高浓度 MTX 压力的细胞，可能含有几千个拷贝的 DHFR 基因。

为实现外源基因的高效表达，基于上述筛选系统人们开发出了更为复杂有效的筛选途径。比如将 DHFR 与 G418 抗性基因相连，转染后加 G418 压力，这时只有质粒载体整合到转录活跃区的细胞才能表达足够高的新霉素抗性，抵抗 G418 的压力从而存活下来。这时筛选出的克隆只含有外源基因的少数几个拷贝。接着通过 MTX 的扩增作用，使整合基因在细胞基因组中进一步扩增，从而实现外源基因的高表达（图 4.4）。

通过 1～2 周的基因扩增过程，筛选试剂浓度相应降低。在较低的筛选压力下，外源基因的拷贝数可能减少，导致转录水平和蛋白质产量的下降。拷贝数的丢失与外源基因整合到染色体上的位置有关，位于染色体两臂末端的基因更倾向于丢失。通常在降低筛选压力后，细胞株先是经历一个外源基因拷贝数和表达量迅速下降的过程，

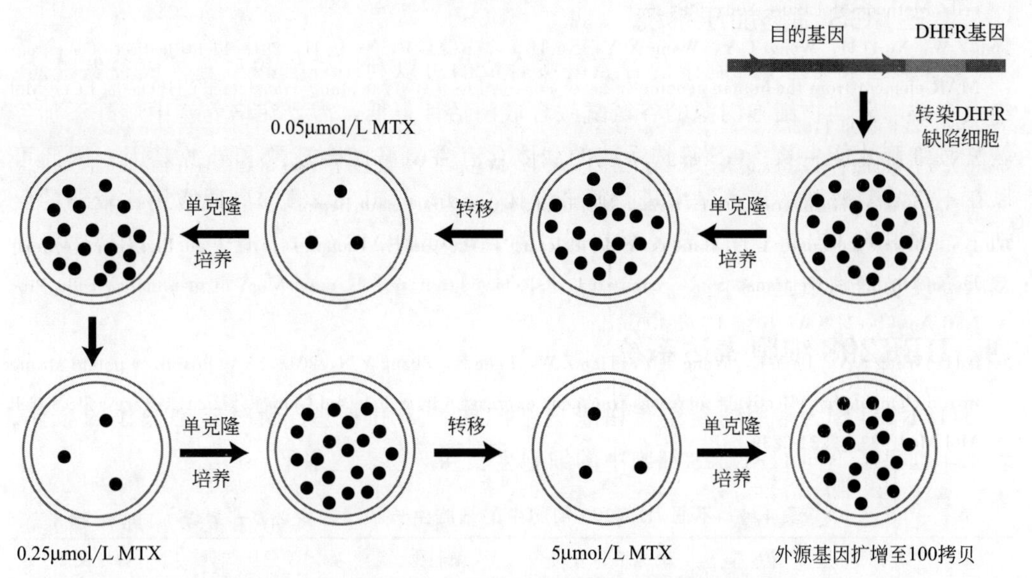

图 4.4　DHFR-MTX 表达系统原理示意图（附彩图）

随后便趋向于稳定。所以，通常需要维持一个合适的选择压力来防止细胞不利突变的发生，影响拷贝数或引起细胞生长速率的变化。

DHFR 筛选实验步骤：

1）克隆培养亲代细胞形成生长旺盛、基因型一致的细胞群体，用于筛选。

2）用无菌 NaCl 0.15mol/L（0.85%）稀释 MTX，临床使用的包装是浓度为 2.5mg/mL 的溶液。

3）在几个相同的培养瓶中分别接种 2.5×10^{5} 个细胞，每个培养瓶中加入不含 MTX 或含 0.01μg/mL、0.02μg/mL、0.05μg/mL 和 0.1μg/mL MTX 的完全培养基，将培养基的 pH 调至 7.4，37℃培养 5～7d。

4）在倒置显微镜下观察细胞，如果培养瓶中出现有一小部分细胞克隆生长，其余的一些细胞是变大的，附着在基质层上的可能是要死的细胞，选择这种培养瓶的细胞，换含有相同量 MTX 的新鲜培养基继续培养。

5）如果需要，可以更换新鲜培养基，再培养 5～7d，但是细胞必须始终处于 MTX 环境中。当细胞密度达到 $2\times10^{6}\sim10\times10^{6}$ 个/瓶，将细胞以每瓶 2.5×10^{5} 个的数量转入新培养瓶，分别加入原浓度的 MTX 和 2～10 倍原浓度的 MTX。

6）5～7d 后观察新传代的和原来加入较高浓度 MTX 的细胞，更换培养基，选择可用细胞，方法同上。

7）每步传代的细胞用逐步增高的药物浓度持续筛选，直至获得要求的耐药水平。改变药物浓度而获得低到中等水平耐药、DHFR 活性增加和（或）转运能力改变的 CHO 细胞需要 2～3 个月；对于中国仓鼠细胞、小鼠细胞或生长快的人的细胞来说，获得高水平耐药性和酶过度产生的变异株需要 4～6 个月或更长时间。

8）定期冻存筛选中的细胞于液氮中。

（三）GS筛选加压系统

GS筛选系统基于细胞中的谷氨酰胺合成酶可以利用谷氨酸和氨合成谷氨酰胺。绝大多数哺乳动物细胞内源的谷氨酰胺合成酶活性很低，需要在培养基中额外添加谷氨酰胺细胞才能生长。GS筛选系统的载体含有谷氨酰胺合成酶和外源基因，因此可以在不含谷氨酰胺的培养基中进行筛选（Rajendra et al.，2015）。通常用比较弱的启动子，如SV40启动子来启动GS基因。在高浓度的MSX的作用下，可以筛选得到基因高度扩增的细胞。

四、HEK293细胞表达系统

HEK293作为常用的重组蛋白表达细胞株，常用来进行瞬时转染操作的载体。表4.4列举了不同HEK293细胞中的细胞生长和产物表达水平。

表4.4 不同HEK293细胞中的细胞生长和产物表达水平

细胞系	重组蛋白	培养基	细胞培养方式	细胞生长	蛋白质产量	参考文献
HEK293 EBNA	人源IFNα2b	无血清F17	摇床，120r/min分批培养	DT=26h $C_{X\max}=3\times10^6$ 细胞/mL（第7天）	222～333mg/mL	Grabenhorst et al.，1999
HEK293	蛋白聚糖	无血清293SFMⅡ	膜生物反应器灌注培养	$C_{X\max}=28.1\times10^6$ 细胞/mL（第7天）	174～208μg/mL	Lee et al.，2009
HEK293 EBNA	层粘连蛋白5	无血清Pro293sCDM	微型PERM™生物反应器灌注培养	$C_{X\max}=16\times10^6$ 细胞/mL（第25天）	70μg/mL	Soukharev et al.，2002
HEK293 EBNA1	促红细胞生成素	无血清293SSFMⅡ	搅拌式生物反应器 分批培养和补料培养	$C_{X\max}=2\times10^6$ 细胞/mL（第25天）	18.1mg/mL（分批） 33.6mg/L（分批补料）	Moore，2003
HEK293 EBNA1	分泌型碱性磷酸酶	HSFM+1%小牛血清	搅拌式生物反应器	$C_{X\max}=4.7\times10^6$ 细胞/mL（第9天）	20μg/L	Asghar et al.，2015

HEK293瞬时表达细胞在无血清条件下高密度悬浮培养，在整个表达周期中，营养物质和生长因子大量消耗，有毒代谢产物过量积累，细胞外环境渗透压持续升高，悬浮培养对细胞产生剪切力等因素都会产生程序性细胞凋亡，从而使活细胞密度降低。增加活细胞密度可以通过两条途径实现，即通过营养补加方式改变细胞外环境或者通过过量表达抗凋亡蛋白的策略来改变细胞内环境。

（一）HEK293贴壁细胞转染

用HEK293悬浮细胞进行瞬时转染，一定要在无菌条件下进行操作。在开始操作之前，需要清洁并设置生物安全柜参数，即紫外杀菌30min、风机工作10min后方可使用。本实验是按照Invitrogen 2000基因转染试剂的操作方法进行质粒转染的，当细胞密度达到转染试剂所需细胞量时进行转染，操作方法如下：

1）转染前一天，胰酶消化细胞，将细胞均匀地铺在24孔板上，使得24孔板每孔含$1.5\times10^5\sim2\times10^5$个细胞，并使其在转染当日细胞密度达到80%～90%。细胞铺板在0.5mL含血清、不含抗生素的DMEM-F12培养基中。

2）转染时，取一新的无菌离心管，将50μL不含血清和抗生素的DMEM-F12培养基加入离心管中，吸取1μg质粒溶解其中，轻轻混合均匀。

3）另取一新的离心管，离心管中先加入50μL DMEM不完全培养基，再吸取2μL Invitrogen 2000试剂加入管中，轻轻混匀，室温孵育5min。

注意：要在30min中内同稀释的DNA混合，保温时间过长会降低活性。

4）轻轻混匀稀释的DNA和稀释的转染试剂，将离心管放置在超净工作台上，静置20min。

5）直接将100μL复合物加入每孔中，前后或左右摇动培养板，轻轻混匀（每个质粒平行转染3个孔），同时设立未转染组作为对照。

6）37℃、5% CO_2培养箱中孵育24h后，中间无需去掉复合物或更换培养基，在荧光显微镜下检测报告基因活性，分析转染效率。

7）第二天，将孔中培养基更换为DMEM-F12完全培养基，继续培养。

（二）HEK293悬浮细胞转染

培养悬浮293F细胞，一般是在250mL的细胞培养摇瓶开始培养30～100mL的体积。转染前准备工作：将密度为$0.3\times10^6\sim0.35\times10^6$细胞/mL的HEK293F细胞传代接种于20mL培养基中，在36.5℃、175r/min、5%CO_2的条件下培养。3天后细胞密度约$2\times10^6\sim3\times10^6$细胞/mL时用培养基稀释处理细胞密度至$1\times10^6$细胞/mL，每瓶细胞液体积为20mL，然后旋紧瓶口放入摇床继续培养，2～4h后可以进行转染。配制转染液（1mL）：质粒DNA与转染试剂的用量需根据具体的实验进行优化。取约800μL的150mmol/L灭菌的NaCl溶液稀释10μg DNA，混匀后在工作台放置5min；在DNA稀释液中加入约50μL的转染试剂，最终转染液的总体积为1mL，混匀后在工作台放置10min。将转染液逐滴加入细胞培养液中，摇匀后旋紧瓶口放回摇床（36.5℃、5%CO_2、175r/min）。转染20～24h后加入SMS 293-Ⅰ加料液（0.7mL/瓶，具体加入量可以自己摸索），以后隔天加料培养6～10d。转染48～72h后可检测基因表达，如用于重组蛋白、抗体生产等。也可以进行简易操作：即直接把DNA和转染试剂加入细胞悬液中进行转染。但必须对DNA和转染试剂的比例和用量进行优化实验，选择最佳的比例。

本实验室使用PEI转染293F悬浮细胞实验步骤如下：

1）按照0.5×10^6细胞/mL的接种量在1L的摇瓶、300mL培养基中接种细胞。

注：1L摇瓶可装培养基的体积是150～300mL。

2）于37℃、120r/min、5%CO_2摇床培养箱中孵育24h，细胞密度达到1×10^6细胞/mL，细胞每24h需增殖1倍，细胞密度不得高于2.5×10^6细胞/mL。

3）吸取300μg经过滤除菌的DNA加到300mL PBS中，涡旋混匀3s，充分混匀。

4）将1.2mL同样过滤除菌的PEI溶液（0.5mL/mL）加入PBS/DNA的混合液中。

5）PEI-DNA混合液室温下静置20min。

6）将PEI-DNA混合液加到摇瓶中，细胞密度必须达到1×10^6细胞/mL。

7）然后，于37℃、120r/min、5%CO_2摇床培养箱中孵育48h。

8）3000*g*，5min离心收获胞内蛋白，放在-80℃保存。

由于各实验操作细节可能不同，建议转染前做优化实验，确定转染试剂与DNA的最佳比例。为提高瞬时表达系统蛋白质表达水平，需要对瞬时表达系统进行产量优化，可以从细胞工程、基因工程及培养基等方面着手。

（三）稳定多克隆细胞株的筛选

HEK293细胞系也可以利用药物筛选标记基因进行筛选，如G418、杀稻瘟菌素等，其筛选方法类似于CHO细胞。

1）质粒转染48h后，将孔中培养基更换为终浓度为800μg/mL的G418 DMEM-F12完全培养基，视细胞生长情况进行换液，培养直至对照孔细胞全部死亡，约5～7天。

2）将G418培养液改为维持浓度400μg/mL持续筛选2周，其间不断观察，并用G418浓度（400μg/mL）的DMEM-F12完全培养基换液，直至观察到细胞转染组形成阳性细胞克隆。

3）待观察到细胞转染组形成阳性多克隆后，消化每组转染的细胞，转入6孔板扩大培养，培养基仍用G418浓度（400μg/mL）的DMEM-F12完全培养基。待细胞长满，用PBS轻轻洗涤细胞，使用胰酶将细胞消化，3孔/6孔板/每质粒转入250mL细胞培养摇瓶中悬浮培养，加入293F悬浮培养基，总体积为30mL。于37℃、120r/min、5% CO_2摇床培养箱中孵育6天，在第7天获取蛋白质。

4）1000r/min、10min，第一次离心；12000r/min、6min，第二次离心，收获蛋白质，-80℃保存。

（四）提高HEK293细胞重组蛋白的表达水平

1. 化学药物

有大量结果表明，化学药物的添加也能增加目的蛋白质的产量。外源基因进入细胞后，由于DNA的甲基化或组蛋白的去乙酰化，导致基因沉默，外源蛋白的表达产量降低。瞬时基因表达时加入DNA甲基转移酶抑制剂氮胞苷（azacytidine）或组蛋白去乙酰化酶抑制剂丁酸钠（sodium butyrate），均可以提高外源基因的表达水平。目前的报道中，DNA甲基转移酶抑制剂和组蛋白去乙酰化酶抑制剂对CHO及其衍生细胞系瞬时表达产量的提高是显著的，但对在HEK293细胞中的表达效果还缺乏有力的证据。组蛋白去乙酰化酶抑制剂中丙戊酸（valproicacid，VPA）效果与丁酸钠相似，且成本比丁酸钠低，是目前应用最广泛的组蛋白去乙酰化酶抑制剂。

2. 基因工程

除表达细胞株本身的影响外，目的基因的基因序列对目的蛋白质的产量也有很大的影响。在蛋白质表达过程中，还有一个限速步骤是蛋白质翻译完后转移至内质网中进行翻译后加工和修饰，这个过程与定位内质网的信号肽有关。但不同细胞系表达蛋白质的信号肽并不是固定的而是根据不同物种、不同蛋白质之间差异而呈现出不同的变化。已经证明了真核信号肽与原核信号肽可以相互替换，而效果几乎相同。因此，在蛋白质表达之前有必要对可能的信号肽进行筛选，从而找出最适合此种蛋白质在特定的宿主细胞中表达的信号肽序列。蛋白质基因序列的密码子对蛋白质的表达也有极其重要的作用。因此，在产物表达之前，将产物的基因序列优化成宿主细胞偏好的基因密码子序列，可以有效提高产物的表达产量。

3. 细胞工程

HEK293 细胞瞬时表达细胞在无血清条件下高密度悬浮培养。整个表达周期中，营养物质和生长因子大量消耗，有毒代谢产物过量积累，细胞外环境渗透压持续升高，悬浮培养对细胞产生剪切力等因素都能使细胞产生程序性细胞凋亡，从而使活细胞密度降低，增加活细胞密度可以通过两条途径实现：通过营养补加方式改变细胞外环境或者通过过量表达抗凋亡蛋白的策略来改变细胞内环境。

根据细胞生长代谢需求逐步添加营养物质和培养基，将 L-谷氨酰胺（L-glutamine，LG）和葡萄糖维持在一个合适的浓度，从而减少代谢废物的产生，降低有毒物质的积累，从而达到提高细胞密度、延长表达时间的效果。采用补料分批培养方式(fed-batch)，添加的营养物质通常为培养基浓缩液，此外还常见各种短肽、氨基酸、微量元素、无机盐和植物蛋白水解物（如蚕豆、大豆、小麦等水解物）。

另一种增加活细胞密度的方法为共转染抗凋亡基因，如 FGF、P21、P18、Bcl-2 等，例如过量表达周期性蛋白 Bcl-2 能阻止由丁酸钠引起的细胞凋亡，使活细胞数目增加，延长表达周期。另外也可以通过代谢途径来延长细胞表达周期，它是通过抑制代谢有毒物质（如乳酸、铵盐等）的产生来间接增加活细胞率，从而达到提高表达量的效果。例如乳酸脱氢酶（LDHA）敲除的细胞株，其葡萄糖消耗速率降低，产生的有毒代谢产物乳酸的量减少。

对于增加细胞产率方面，目前使用最广泛的办法是低温表达和添加分子伴侣。大量的实验中，我们可以观察到：表达产量高的细胞株，其生长速率比一般的细胞株低，它们将大量的能量用于代谢而不是用于生长。低温可以降低细胞的生长速率，达到提高产物表达量的效果。蛋白质表达过程中的限速步骤通常是转录和翻译过程，分子伴侣在细胞中的共表达，不仅可以帮助目的蛋白质折叠成正确的构象还可以促进目的蛋白质分子的转录和翻译。

细胞转染是哺乳动物细胞重组蛋白生产的必须步骤，常用的转染方法有物理转染和化学转染，每种方法都有自己的优点和缺点。转染效率又受血清、抗生素、细胞状态、细胞密度、DNA 质量等影响，因此需要进行不同条件的优化才能达到最佳的转染。哺乳动物细胞表达系统分为瞬时表达系统和稳定表达系统，稳定表达系统由于目的基因能够整合到宿主细胞基因组中，能够长期稳定表达，是目前重组蛋白表达系统的首选。可以通过药物筛选、流式筛选来获得稳定表达细胞株，此外，CHO 细胞表达系统可以通过 DHFR 和 GS 加压筛选获得高表达稳定细胞株。HEK293 表达系统作为人源化表达系统具有很多优势，其中 HEK293 瞬时表达系统应用较多。随着技术的不断发展，未来的转染技术可以精确到亚细胞区域，直至全个体转染，将外源核酸（特别是 mRNA）输送到亚细胞位置（如轴突或树突）和细胞器（如线粒体、高尔基体或细胞核）。新的筛选表达系统也会不断推出，将大力促进哺乳动物细胞表达系统的发展。

参考文献

孙秋丽，2016. 核基质附着区调控 CHO 细胞转基因表达序列分子特征的研究. 新乡医学院.

Chernousova S，Epple M，2017. Live-cell imaging to compare the transfection and gene silencing efficiency of calcium phosphate nanoparticles and a liposomal transfection agent. Gene Ther，24（5）：282-289.

Dai Z，Gjetting T，Mattebjerg M A，Wu C，Andresen T L，2011. Elucidating the interplay between DNA-condensing and free polycations in gene transfection through a mechanistic study of linear and branched PEI. Biomaterials，32（33）：8626-8634.

Dhara V G，Naik H M，Majewska N I，Betenbaugh M J，2018. Recombinant Antibody Production in CHO and NS0 Cells：Differences and Similarities. BioDrugs，32（6）：571-584.

Dzięgiel N，2016. Nanoparticles as a tool for transfection and transgenesis-a review. Ann Animals Sci，16（1）：53-64.

Fry L M，Bastos R G，Stone B C，Williams L B，Knowles D P，Murphy S C，2019. Genegun DNA immunization of cattle induces humoral and CD4 T-cell-mediated immune responses against the Theileria parva polymorphic immunodominant molecule. Vaccine，37（12）：1546-1553.

Hausmann R，Chudobová I，Spiegel H，Schillberg S，2018. Proteomic analysis of CHO cell lines producing high and low quantities of a recombinant antibody before and after selection with methotrexate. J Biotechnol，265：65-69.

Jossé L，Zhang L，Smales C M，2018. Application of microRNA Targeted 3′UTRs to Repress DHFR Selection Marker Expression for Development of Recombinant Antibody Expressing CHO Cell Pools. Biotechnol J，13（10）：e1800129.

Kafil V，Omidi Y，2011. Cytotoxic impacts of linear and branched polyethylenimine nanostructures in a431 cells. Bioimpacts，1（1）：23-30.

Kim T K，James H E，2010. Mammalian cell transfection：the present and the future. Anal Bioanal Chem，397：3173-3178.

Lungu C N，Diudea M V，Putz M V，Grudziński I P，2016. Linear and Branched PEIs（Polyethylenimines）and Their Property Space. Int J Mol Sci，17（4）：555.

McNamara K，Tofail S A，2015. Nanosystems：the use of nanoalloys，metallic，bimetallic，and magnetic nanoparticles in biomedical applications. Phys Chem Chem Phys，17（42）：27981-27995.

Nolan J P，Condello D，2013. Spectral flow cytometry. Curr Protoc Cytom，Chapter 1：Unit1. 27.

Nolan J P，Duggan E，2018. Analysis of Individual Extracellular Vesicles by Flow Cytometry. Methods Mol Biol，1678：79-92.

Rajendra Y，Hougland M D，Alam R，Morehead T A，Barnard G C，2015. A high cell density transient transfection system for therapeutic protein expression based on a CHO GS-knockout cell line：process development and product quality assessment. Biotechnol Bioeng，112（5）：977-986.

Rao S，Morales A A，Pearse D D，2015. The Comparative Utility of Viromer RED and Lipofectamine for Transient Gene Introduction into Glial Cells. Biomed Res Int，2015：458624.

Sambrook J，David W R，2002. 分子克隆实验指南. 北京：科学出版社，1272.

Yeo J H M，Mariati，Yang Y，2018. An IRES-Mediated Tricistronic Vector for Efficient Generation of Stable，High-Level Monoclonal Antibody Producing CHO DG44 Cell Lines. Methods Mol Biol，1827：335-349.

Yu X，Liang X，Xie H，Kumar S，Ravinder N，Potter J，de Mollerat du Jeu X，Chesnut J D，2016. Improved delivery of Cas9 protein/gRNA complexes using lipofectamine CRISPRMAX. Biotechnol Lett，38（6）：919-929.

（王　芳　姚朝阳）

第五章 基因组编辑与细胞工程

近些年来迅速发展的基因组编辑技术（genome-editing technology）作为一种新型基因工程技术可实现对基因组基因进行靶向精确修饰，这项技术以特异性改变遗传物质靶向序列为目标，可对基因进行定位突变、插入或敲除。运用基因组编辑技术可在宿主细胞的基因组特定靶向位点实现DNA双链的断裂，随后发生断裂的双链将会通过两种分子机制进行DNA链的修复：同源重组修复机制（homology directed repair，HDR），即损伤的DNA以同源DNA序列作为模板进行修复；非同源末端连接修复机制（non-homology end-joining，NHEJ），即非同源DNA片段断裂末端可进行相互连接。随着基因组编辑工具相继出现和不断发掘，从最早使用的锌指核酸酶（zinc finger nucleases，ZFNs）到类转录激活因子效应物核酸酶（transcription activator-like effector nucleases，TALENs），再到目前广泛应用的基因组编辑工具-规律成簇的间隔短回文重复（clustered regularly interspaced short palindromic repeats，CRISPR），使得研究人员对基因组进行定向编辑修饰的改造工作变得更加方便快捷、精准高效。不但为生物基因功能研究提供了新的有用工具，还为生命医学提供了新的治疗策略方案。在当今生物制药产业研发和生产中，哺乳动物细胞是应用最为广泛的宿主细胞，尤其是CHO细胞已成为世界各大制药公司生产重组蛋白药物特别是单克隆抗体药物的首选宿主细胞。目前如何获得表达高效稳定且产品质量一致的工程细胞株是CHO细胞表达系统在重组蛋白药物研发中面临的巨大挑战之一。而新型基因组编辑技术的应用可方便高效地改造甚至设计出理想的工程细胞株用于重组蛋白的工业化表达生产。本章内容将对基因组编辑技术进行简要介绍；主要关注基因组编辑工具CRISPR/Cas9技术在哺乳动物细胞中修饰改造方面的应用以及CHO细胞工程方面的进展。

第一节　基因组编辑技术

一、概念

近年来，高通用性基因组编辑技术的出现，为科研人员提供了一种快速而经济的将序列特异性修饰引入到不同细胞类型和生物体基因组中的新方法。基因组编辑技术是一种对基因组及其转录产物进行定点修饰、定向敲除或插入目的基因的技术，该技术是指用可编辑的核酸酶识别基因组特定位点并介导DNA双链断裂，随后诱发DNA非同源末端连接（NHEJ）或同源重组修复（HDR）等机制，从而实现对DNA序列的定点修饰。基因组编辑技术是目前进行基因功能研究并对基因功能加以改造利用的最有效手段之一。它可以实现对一个或者同时对多个目的基因的敲除，或是在特定靶点实现外源基因的敲入，也可以在转录水平上通过转录因子对目的基因的表达进行调控。从20世纪末研究人员就开始对基因编辑技术进行探索，直到2013年CRISPR/Cas9技术成功用于哺乳动物细胞，才极大地推动了基因编辑技术的发展热潮（Mali et al.，2013）。目前最常用于基因组编辑的核心技术包括①CRISPR/Cas9系统；②类转录激活因子效应物核酸酶（TALENs）；③锌指核酸酶（ZFNs）；④归巢核酸内切酶（homing endonuclease，HE）和单碱基编辑（base editor，BE）（任云晓等，2018）。如图5.1所示，归巢核酸内切酶通常切割其作用的DNA底物作为二聚体，结构中不具有明显的结合和切割结构域。ZFNs识别由两个锌指结合位点组成的靶位点，这两个锌指结合位点位于*Fok*Ⅰ切割结构域识别的5～7bp间隔序列的侧翼。TALENs识别由两个TALE DNA结合位点组成的靶位点，这两个位点位于*Fok*Ⅰ裂解结构域识别的12～20bp间隔序列的侧翼。Cas9核酸酶作用于单链向导RNA（gRNA）内的靶序列互补的DNA序列，此靶DNA序列紧邻的上游序列为前间区序列邻近基序（protospacer adjacent motif，PAM）。

近年来，基因编辑技术发展日新月异，不仅极大地推动了基因功能研究进程，同时为人类遗传疾病的治疗带来了希望。特别是利用CRISPR/Cas9和TALENs技术易识别新的基因组序列，推动了基因组编辑的一场革命，进而加速了科学研究的突破和在诸如合成生物学、基因治疗、疾病模型建立、药物发现、神经科学等领域发挥重要的作用（Knott and Doudna，2018）。

二、常用的基因组编辑技术

基于DNA核酸酶的基因编辑技术发展迅速，从ZFNs（第一代DNA核酸酶编辑系统）、TALENs（第二代）到CRISPR/Cas9系统（第三代），基因编辑效率不断提高，使用成本逐渐降低，应用范围不断扩大。ZFNs、TALENs和CRISPR/Cas9等三种基因编辑技术均是在作用的基因组靶标位点引起DNA双链断裂（double-strand breaks，DSBs），进而激活细胞内部DNA修复机制的基础上建立的。细胞内DNA双

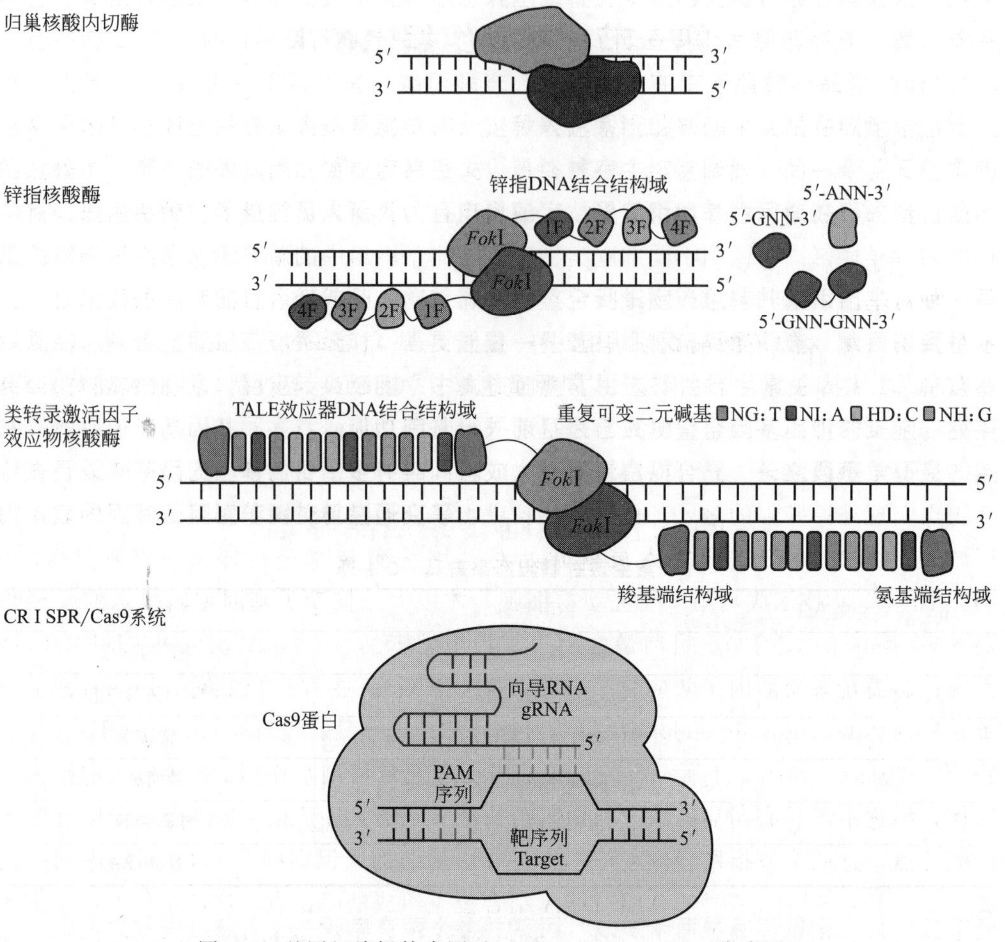

图 5.1 基因组编辑技术图示（Gaj et al.，2016）（附彩图）

链断裂的修复机制包括易引起随机插入、缺失的非同源末端连接（NHEJ）和需要同源模板存在才可以激活的同源重组修复（HDR）（Ahmad et al.，2018）。2016 年，单碱基编辑（base editor，BE）技术的出现可以有效地弥补基于 HDR 和 NHEJ 机制修复双链 DNA 断裂的基因组编辑技术的不足，进而可在不引起 DNA 双链断裂和无需同源模板的情况下实现单个碱基的转换。基因编辑技术的发展和应用进程如图 5.2 所示。

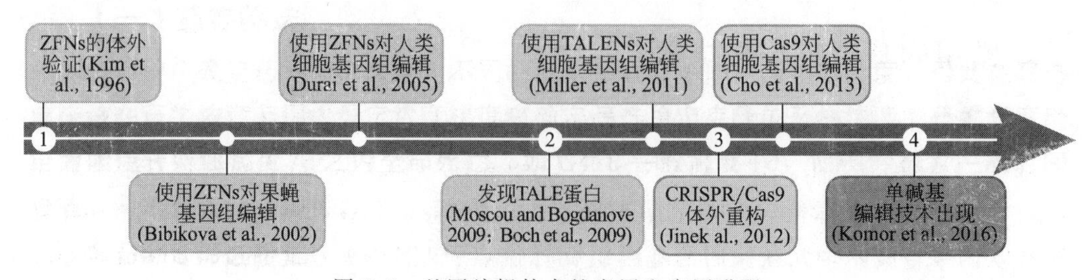

图 5.2 基因编辑技术的发展和应用进程

（一）锌指核酸酶

20 世纪 90 年代发现的 *Fok* Ⅰ酶促进了 ZFNs 的出现，1996 年科学家构建了基于 *Fok* Ⅰ酶和锌指蛋白融合的 ZFNs 技术（Kim et al.，1996）。ZFNs 作为第一代基因组编辑技术，主要包含两个结构域：DNA 结合的锌指蛋白区域和限制性核酸内切酶 *Fok* Ⅰ的核酸酶切活性区域（图 5.1），前者决定了 ZFNs 的序列特异性。锌指蛋白结构域（zinc finger protein domain）可以特异性识别靶基因位点，结构上由 3～6 个 Cys2-His2 或 Cys4 锌指基序（zinc finger motif）串联组成。每个锌指基序的三个肽段包含约 30 个氨基酸构成一个 α 螺旋和两个反平行的 β 折叠，基序中有恰好可容纳一个 Zn^{2+} 空间结构的保守区域（由基序 C 端的一对组氨酸残基和 N 端的一对半胱氨酸残基形成）。α 螺旋镶嵌于 DNA 的大沟中，其 1、3、6 位的氨基酸分别特异性地识别并结合 DNA 双螺旋中一条单链上的三个连续核苷酸（这三个连续的核苷酸称为一个三联子）。由于不同的锌指基序具有不同的 α 螺旋 1、3、6 氨基酸，所以由 3～6 个锌指基序组成的锌指蛋白区与 *Fok* Ⅰ核酸酶区的结合构成了一种能特异识别 DNA 序列并进行切割的人工核酸酶。*Fok* Ⅰ是 ZFNs 的另一种组分，来源于海床黄杆菌（*Flavobacterium okeanokoites*）的一种非特异性内切酶，能在双链 DNA 上特异识别 5′-GGATG-3′和 5′-CATCC-3′序列。一般情况下，从两个 DNA 结合位点之间的间隔区 5～7bp 处进行切割并产生双链断裂。由于 *Fok* Ⅰ核酸酶必须二聚化形成有活性的二聚体，因此设计成对的锌指结构域来结合切割位点的上游和下游，从而将完全 ZFNs 的特异性提高到 24～36bp。此外，*Fok* Ⅰ自身进行的二聚化也可以切割 DNA 序列，但效率较低，容易产生非特异性的切割，因此在设计 ZFNs 时对 *Fok* Ⅰ核酸酶可以进行突变，以防止同源二聚体的形成。当用 5～7bp 的间隔子（spacers）隔开两个与不同靶序列结合的突变的 *Fok* Ⅰ核酸酶，就可形成具有核酸酶活性的异源二聚体。因此，由此设计的 ZFNs 可以提高 DNA 序列识别的特异性（Durai et al.，2005）。

基于 Chandrasegaran 的开创性工作，Bibikova 等（2002）使用 ZFNs 用于果蝇胚胎研究，第一次实现了在动物中的基因编辑。随后，研究人员用 ZFNs 技术在动物、植物和人类细胞中都实现了靶基因的编辑。然而，尽管 ZFNs 技术在多个物种中成功进行了基因编辑，但该技术从设计 ZFNs 到后期实验操作耗时又费力，使用成本较高进而限制了该方法的大规模应用（Hatada and Horii，2016）。

（二）类转录激活因子效应物核酸酶

2009 年，科学家发现了来自植物致病黄单胞菌属的类转录激活样效应蛋白（transcription-activator-like effector，TALE）和 DNA 的相互作用（Boch et al.，2009；Moscou et al.，2009）。植物病原菌黄单胞菌入侵宿主细胞时释放的一种蛋白效应子即 TALE 能特异性地影响宿主细胞基因的转录。随着 TALE 特异性结合 DNA 的规律被破解后，研究者利用该规律进一步人工改造将 TALE 蛋白与 *Fok* Ⅰ酶区域结合构建了新一代的核酸酶编辑技术——TALENs 并投入应用，成为基因编辑的热门工具酶（Miller et al.，2011）。

TALENs首先由若干个氨基酸残基形成的重复单元以尾对尾的方式连接形成TALE臂，一个非特异性核酸酶*Fok* Ⅰ再连接到这样一条TALE臂上，从而形成一条TALE-*Fok* Ⅰ臂。TALENs则由两条TALE-*Fok* Ⅰ臂组成并能特异性结合靶DNA序列。因此，在组成上，TALENs和ZFNs的相似之处在于两者的羧酸末端（C端）都含有*Fok* Ⅰ核酸酶结构域，不同的地方则是前者TALENs的TALE蛋白为其DNA结合域。在结构上，TALE具有特殊的N末端转运信号，C末端存在核定位信号（nucleus location signal，NLS）和转录激活结构域（activation domain，AD），中间是DNA结合结构域（DNA binding domain，DBD）。DBD通常由14～20个氨基酸重复单元串联而成，决定了其特异性。TALE蛋白中每个氨基酸重复单元由33～35个高度保守的氨基酸组成（34个aa重复序列），第12位和13位氨基酸称为重复序列可变的双氨基酸残基（repeat variable di-residue，RVD），是TALENs特异性识别靶序列的关键氨基酸。RVD起到识别TALE并结合的DNA碱基的决定作用，也造成四种不同的碱基都有与之对应的TALE识别模块。所以，进行TALENs人工核酸酶的构建，只需要将不同的TALE识别模块的序列按照目标序列的顺序进行连接，随后再与*Fok* Ⅰ的编码序列进行融合即可。相对于ZFNs来说，TALENs比ZFNs更容易设计，理论上对任何的DNA序列都可以设计并构建一个特异的TALEN。但由于目标序列的每个碱基都需要一个与之对应的TALE识别模块，因此TALENs的构建是一项较繁杂的工作。此外，TALENs在人类细胞中的毒性较低，Miller等（2011）第一次使用TALENs在人类细胞中对*NTF3*和*CCR5*基因进行编辑，证明了TALENs对内源靶向基因的调节和修饰作用。

（三）CRISPR/Cas9核酸酶

CRISPR/Cas9序列在古细菌与细菌中广泛存在，CRISPR/Cas9系统是细菌的一种获得性免疫防御系统，其作用是防止外源DNA或病毒再次入侵。CRISPR最早是1987年在大肠杆菌K12 *iap*基因侧翼序列中发现的；2002年命名为规律成簇的间隔短回文重复序列（CRISPR）（Jansen et al.，2002）。CRISPR/Cas9的体外重构和在人类细胞中证明了其基因编辑功能，标志着新一代基因编辑时代的开始（Jinek et al.，2012）。

根据CRISPR/Cas系统作用机制与Cas蛋白的差异性，CRISPR/Cas系统可以分为五类：类型Ⅰ、Ⅲ和Ⅳ的CRISPR位点包含crRNA与多个Cas蛋白形成的复合物；类型Ⅱ（Cas9）和类型Ⅴ（Cpf1）只需要RNA介导的核酸酶。Ⅰ型与Ⅲ型CRISPR/Cas系统，都是由特定Cas蛋白加工出crRNA（CRISPR RNA），crRNA再与多个Cas蛋白复合体识别并剪切外源DNA，由于其涉及多个Cas蛋白，研究难度大。目前应用最多的是来源于产脓链球菌的Ⅱ型CRISPR/Cas9系统，主要是因为该系统在进行靶位点切割时只用到一种核酸内切酶Cas9蛋白（结构中含有HNH核酸酶结构域与RuvC-like结构域），进而对外源DNA或病毒核酸起到降解作用。

CRISPR/Cas9系统通过CRISPR RNA（crRNA）和反式激活RNA（trans-activating crRNA，tracrRNA）以及Cas9蛋白组成的复合体抵御外源性DNA的入侵。

CRISPR/Cas9 系统发挥作用的基本过程可以分为三个阶段：第一个阶段为适应阶段(间隔序列获得期)，即质粒或噬菌体携带的外源 DNA 片段在第一次入侵细菌后，被宿主的核酸酶切割成短的 DNA 片段，符合条件的 DNA 片段（核酸序列信息）整合进宿主 CRISPR 位点（CRISPR 基因座前导序列与第一个重复序列之间），形成 crRNA 重复序列间的间隔序列；第二个阶段为表达阶段（CRISPR/Cas9 表达期），即 Cas9 蛋白进行表达，CRISPR 序列转录形成未成熟的 Pre-crRNA（pre-CRISPR-derived RNA），同时，与其重复序列互补的反式激活 crRNA（tracrRNA）也被转录出来。成熟的 crRNA/tracrRNA/Cas9 复合物是先由 Pre-crRNA 和 tracrRNA 相互作用结合为复合物，进而激发 RNA 内切酶Ⅲ进行切割而形成。成熟的 crRNA 含有间隔序列可与外来入侵的 DNA 靶向结合。第三阶段为 DNA 干扰阶段（DNA 干扰期），即成熟的 crRNA/tracrRNA 复合物干扰导致靶基因沉默。通过碱基互补配对的方式 crRNA/tracrRNA 复合物可对 crRNA 互补的序列进行识别并结合，进而引导 Cas9 核酸内切酶对靶序列进行切割。

目前，广泛应用进行基因编辑的 CRISPR/Cas9 由 Cas9 蛋白和向导 RNA(singleguide RNA，sgRNA）组成。sgRNA 是根据 crRNA 和 tracrRNA 形成的高级结构设计的，与 Cas9 核酸酶蛋白结合，指导其识别并剪辑靶向序列。CRISPR/Cas9 系统切割靶序列的先决条件是在靶向 DNA 下游存在一段保守的 PAM，crRNA-tracrRNA 复合物识别靶位点 3′端的 PAM 通常为 5′-NGG-3′序列，三元复合物于靶位点 3′端的 PAM 邻近的 20 个核苷酸互补结合，引导 Cas9 切割靶位点，HNH 负责切割 crRNA 互补链 PAM 上游 3nt 处，另一条链由 RuvC 切割，切割位点为 PAM 上游 3～8bp 处，产生 DBS（图 5.3）。

相比较 ZFNs 和 TALENs，CRISPR/Cas9 通过一段与目标 DNA 片段匹配的向导 RNA（sgRNA）引导核酸酶识别靶向位点，提高了 Cas9 核酸酶的特异性；同时，Cas9 在向导 RNA 的引导下以单体蛋白的形式发挥功能，不像 ZFNs 和 TALENs 的 *Fok* Ⅰ酶只有二聚化才具有切割靶向 DNA 的活性，因此 CRISPR/Cas9 系统避免了精细复杂的蛋白质设计或组装的需要（表 5.1）。然而，由于 CRISPR/Cas9 系统是一种来源于原核生物对外来遗传物质的天然获得性免疫防御系统。Cas9 核酸酶可能由于继承序列特异性低的特点而增加了非特异性切割的概率，进而导致脱靶效应的增加。为此研究人员提出了改造编辑 Cas9 及 sgRNA 的不同方法以减少脱靶效应。如将 Cas9 蛋白与 *Fok* Ⅰ核酸酶、锌指蛋白或者 TALE 蛋白结合，从而提高 Cas9 的特异性；用失活的 Cas9 蛋白和 *Fok* Ⅰ区域融合形成新的核酸酶，使其只有在核酸酶二聚化时才具有活性；Bolukbasi 等（2017）将锌指蛋白或者 TALE 蛋白与 Cas9 蛋白变异体融合增强核酸酶的特异性。

表 5.1 ZFNs、TALENs 与 CRISPR/Cas9 编辑技术比较

评估项	ZFNs	TALENs	CRISPR/Cas9 系统
核心组分	ZFA-*Fok* Ⅰ	TALE-*Fok* Ⅰ	sgRNA 与 Cas9

续表

评估项	ZFNs	TALENs	CRISPR/Cas9 系统
作用模式	配对	配对	不配对
设计难度	难	易	很容易
成本	高	中等	低
编辑效率	不稳定	高	高
脱靶率	高	低	高

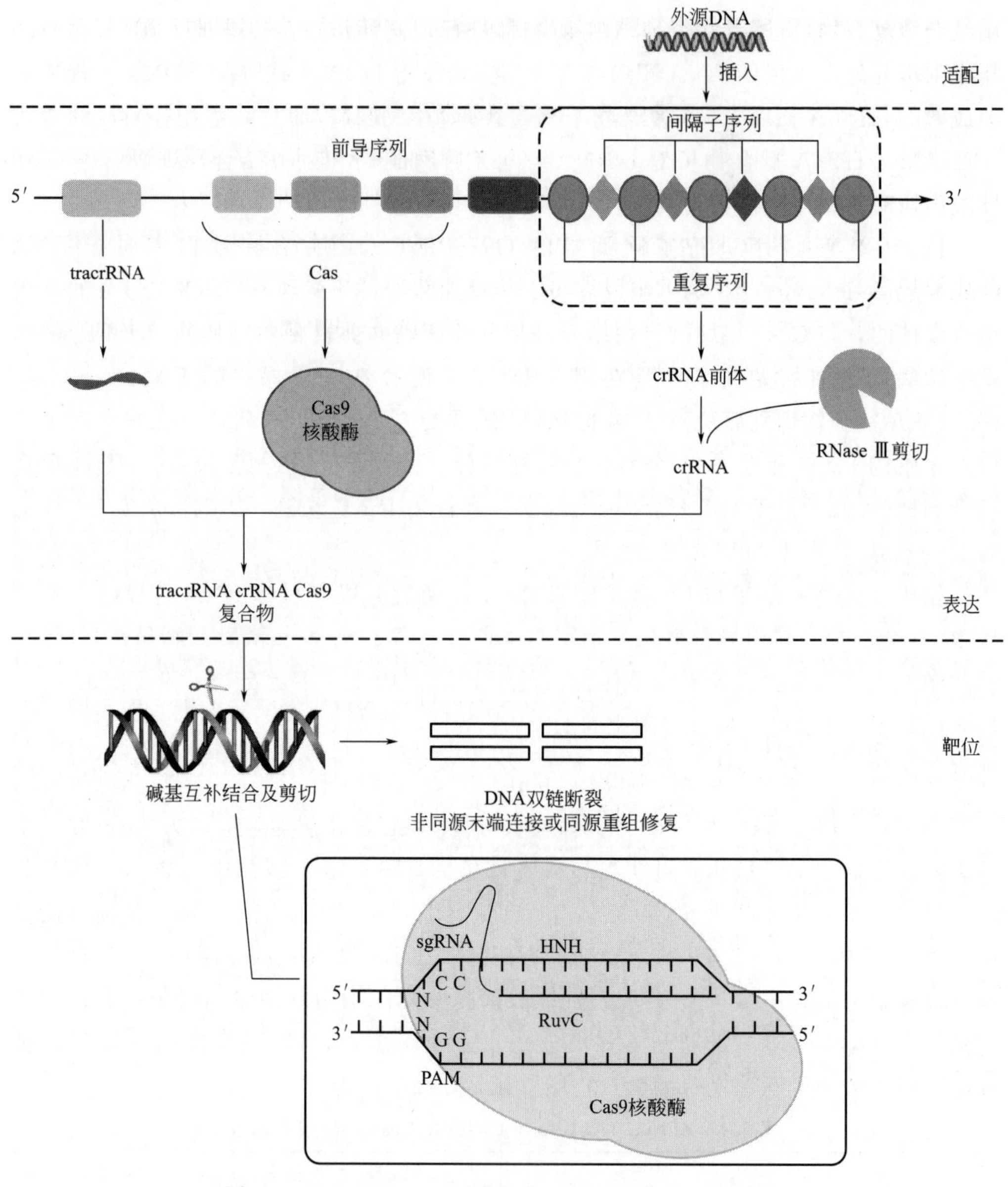

图 5.3　CRISPR/Cas9 系统的作用机制模式图（附彩图）

2015年，科学家在改进CRISPR系统方面取得了突破性的成果（Zetsche et al.，2015）。从细菌中分离出的数百种蛋白酶中发现了一种蛋白酶Cpf1，它对核酸序列具有编辑能力并可以防止病毒入侵。与常规的CRISPR/Cas9系统相比，CRISPR/Cpf1系统编辑靶基因序列更简单、更高效，几乎没有脱靶效应。CRISPR/Cpf1系统由42～44个核苷酸（nt）的gRNA和Cpf1组成。Cpf1只有RuvC样结构域和假定的核酸酶结构域，但没有HNH结构域。它具有切割5′末端DNA和RNA的能力，其作用机理与CRISPR/Cas9相似，但基因编辑效率却有突破性的提高。在CRISPR转录成crRNA前体（pre-crRNA）后，由Cpf1切割pre-crRNA形成成熟的crRNA，crRNA通过识别靶序列5′端富含胸腺嘧啶的PAM序列，引导Cpf1在PAM序列下游靶DNA链的第23位核苷酸和非靶DNA链的18位核苷酸处进行切割，产生5bp凸出的黏性末端，引发NHEJ修复机制。CRISPR/Cas9系统通常在靶位点产生小于20bp的缺失与插入。与CRISPR/Cas9系统相比，CRISPR/Cpf1则可通过切割靶位点产生黏性末端，进而导致较大基因片段的缺失与插入。这在一定程度上提高了目标序列编辑的可塑性。

（四）归巢核酸内切酶

归巢核酸内切酶也是一种工程化应用的内切酶，这种酶可识别的位点序列较长（从12～40bp不等）（Prieto et al.，2018）。应用最广泛的为普遍存在于真核生物的线粒体和叶绿体中的LAGLIDADG家族，常见的有HNH（Ⅰ-*Hmu* Ⅰ）、His-Cys box（Ⅰ-*Ppo* Ⅰ）和GIY-YIG（Ⅰ-*Tev* Ⅰ），其家族成员在结构上具有一定的保守性，均含有DNA结合结构域和酶切活性结构域。由于天然的归巢核酸内切酶具有细胞毒性低及特异性高的优点，此技术早在1990年已应用于基因修饰研究。但目前存在的问题在于已知的归巢核酸内切酶的种类还较少，识别的DNA序列也有限。

工程化的归巢核酸内切酶是利用生物技术的手段，通过改造天然存在的归巢核酸内切酶（如在内切酶上引入一定数量的其他氨基酸序列，或是将不同的识别结构域进行融合），从而实现识别DNA序列的目的。目前归巢核酸内切酶技术的研发和应用主要集中在某些较大的生物技术公司，如澳大利亚Cellestis公司和德国拜耳作物科学（Bayer CropScience）公司。在基因治疗方面，已有将归巢核酸内切酶成功用于修复着色性干皮病的报道（Redondo et al.，2008）。

（五）单碱基编辑

ZFNs、TALENs和CRISPR/Cas9基因编辑技术都依赖于在靶位点诱导双链断裂进而激活DNA的非同源末端连接（NHEJ）和同源重组修复（HDR）（表5.2）。NHEJ易发生随机插入和缺失，导致移码突变，影响靶基因的功能。HDR虽然比NHEJ更精确，但对细胞内同源重组的修复效率较低（约为0.1%～5%）。BE技术的出现有效地改善了以上问题（Gaudelli et al.，2017）。

表 5.2 ZFNs、TALENs、CRISPR/Cas9 和 BE 技术的比较

类型	特点	优点	局限性
ZFNs	内切核酸酶 *Fok* Ⅰ融合多个锌指基序，每个基序分别靶向基因组 DNA 的三连密码 靶向位点 18～36bp 结合特异性-3 个核苷酸 核酸酶设计成功率低 CpG 甲基化影响未知	基因靶向传递效率高 基因靶向结合效率高	核酸酶设计成功率低 可能有较高的脱靶率 不适合高通量靶向目的基因
TALENs	非特异性 DNA 核酸酶融合一个特异靶向一个基因位点的结构域 靶向位点 DNA 长度 30～40bp 结合特异性-1 个核苷酸 核酸酶设计成功率高 对 CpG 甲基化敏感	易设计、特异性强 基因靶向结合效率高 核酸酶设计成功率高	靶向传递效率低 重复序列可能造成非特异性剪切 通量低
CRISPR/Cas9	20 个 crRNA 融合 Cas9 核酸酶和 tracrRNA 靶向位点长度 20～22bp 结合特异性-1∶1 核苷酸 核酸酶设计成功率高 CpG 甲基化不敏感	基因编辑效率高 操作简捷、成本较低 无通量限制	脱靶效率较高 同源重组效率低
BE	不引起双链 DNA 断裂，直接使靶向位点的碱基 C→U，互补链上 G→A，实现单碱基精准编辑 需要 1～2 个核苷酸活性窗口	脱靶效应较低 单碱基的转换精准	不能进行敲除和敲入 靶点临近的非靶向胞嘧啶的编辑

2016 年，科学家第一次发表了不需要 DNA 双链断裂也不需要同源模板即可进行单碱基转换的基因编辑技术——BE 技术（Komor et al.，2016），该技术基于无核酸酶活性的“无效”Cas9（Inactive or dead Cas9，dCas9）或有单链 DNA 切口酶活性的 Cas9n（Cas9 nickase）、胞嘧啶脱氨酶、尿嘧啶糖基化酶抑制子（uracil DNAglycosylase inhibitor，UGI）以及 sgRNA 形成的复合体，在不引起双链 DNA 断裂的情况下，直接使靶向位点的胞嘧啶（cytosine，C）脱氨基变成尿嘧啶（uracil，U）；由于尿嘧啶糖基化酶抑制子的存在，抑制了 U 的切除；随着 DNA 复制，U 被胸腺嘧啶（thymine，T）取代；同时，互补链上原来与 C 互补的鸟嘌呤（guanine，G）将会替换为腺嘌呤（adenine，A），最终实现了在一定的活性窗口内 C 到 T 和 G 到 A 的单碱基精准编辑。BE 技术的出现促进了点突变基因编辑的有效性和使用范围。

该研究组进一步对 BE 技术做了多方面改进。首先，针对常用的化脓性链球菌（*Streptococcus pyogenes*）的 Cas9（SpCas9）蛋白靶向范围较窄，只识别含有 NGG 或 NGA 的 PAM 序列的靶位点的限制，他们使用金黄色葡萄球菌（*Staphylococcus aureus*）的 Cas9（SaCas9）、SaCas9 突变体（Sacas9-KKH）、SpCas9 突变体（SpCas9-VQR、SpCas9-EQR、SpCas9-VRER）替代 SpCas9，可以识别含有 NGG、NGA、NGAN、NGAG、NGGG、NNGRRT 和 NNNRRT 的 PAM 序列，从而显著提高了单碱基基因编辑的靶向范围。其次，通过突变胞嘧啶脱氨酶，降低酶的活性，改变底物的结合和构象，或直接降低底物进入胞嘧啶脱氨酶活性区的能力。将单碱基编辑系统的活动窗口从五个核苷酸窗口缩小到一个或两个核苷酸，缩小了单碱基编辑系统的活性窗口。再次，通过对 BE3 引入突变来减少脱靶效应，产生了高保真的碱基编辑器（high-fidelity base editor，HF-BE3）。最近，又报道了基于 *E. coli* TadA（ecTadA）的新型单碱基编辑器-腺嘌呤碱基编辑器（adenine base editors，ABEs），实现了 A-T 碱基对向 G-C 碱基对的转换。经过不断改进，第 7 代的腺嘌呤碱基编辑器将靶向的 A-T 碱基转化为 G-C 碱基对可以达到约 50%的效率（人类细胞），并且引入插入或缺失的频率低于 0.1%（Gaudelli et al.，2017）。

第二节 CRISPR/Cas9 技术在哺乳动物细胞中的应用

CHO 细胞是用于重组蛋白（抗体）生产的主要表达系统。尽管其已成为生物制药的主要生产系统，但由于缺乏足够的基因组信息，CHO 细胞仍被认为是“未知的黑匣子”。这也阻碍了人们对 CHO 细胞中高效生产重组蛋白分子基础的了解。尽管如此，通过单克隆重组细胞株筛选和工艺优化等经验方法，CHO 细胞培养技术取得了令人瞩目的进展。这些方法可有效获得一些高水平生产的重组蛋白，包括重组抗体和 Fc 融合蛋白，产量高达 10g/L 以上（Huang et al.，2010）。然而，这种产量通常仅限于某些类型的蛋白质（抗体）。此外，重组 CHO（rCHO）细胞的高度可变性使得用于生产新的重组蛋白药物最佳克隆的筛选过程费事费力且昂贵。

已开发的基因组编辑工具，包括锌指核酸酶（ZFNs）、类转录激活因子效应物核酸酶（TALENs）和规律成簇的间隔短回文重复序列（CRISPR）/CRISPR 相关（Cas）系统，能够以精确的方式切割和修饰特定的靶位点 DNA。利用基因组编辑技术进行 CHO 细胞的大规模遗传操作和基因组分析是切实可行的，能够在 CHO 宿主细胞中研发生产新的重组蛋白，同时提高重组细胞的生产力和蛋白质质量。目前，用于基因组编辑的核酸酶中，以 CRISPR/Cas9 系统为代表的 RNA 引导的工程化核酸酶（RNA-guided DNA endonucleases，RGEN）组成简单，其编辑原理是基于向导 RNA 和靶向基因组位点之间的 Watson-Crick 碱基配对，而不是使用模块化 DNA 识别蛋白质。该基因组编辑系统具备了靶向效率高、快速易用、成本较低的优点。这些优点使得 CRISPR/Cas9 系统可以广泛实施用于各种生物和多种类型细胞的遗传修饰（Doudna and Charpentier，2014）。本节主要介绍 CRISPR/Cas9 在 CHO 细胞工程中的应用。虽然 ZFNs 和 TALENs 已应用了较长一段时间，但自从 2013 年 CRISPR/Cas9 系统成功地通过重组表达 crRNA-tracrRNA 与 Cas9 构建 DSB，完成了哺乳动物细胞的基因组编辑（Cong et al.，2013），许多研究人员现已利用 CRISPR/Cas9 系统作为基因组编辑工具将其用于多种哺乳动物细胞（参见表 5.3）（Sander and Joung，2014）。

表 5.3 哺乳动物细胞中 CRISPR/Cas9 系统靶向基因组编辑应用一览表（Lee et al.，2015）

细胞类型(物种)	应用	Cas9 形式	转染方法	靶基因位点
HEK293FT 细胞(人) N2A 细胞(小鼠)	基因中断	Cas9 核酸酶 Cas9 核酸内切酶(D10A)	质粒、化学转染	EMX1 PVALB Th(小鼠)
HEK293T 细胞(人) K562 细胞(人) PGP1 细胞(人)	基因中断 基因插入	Cas9 核酸酶	质粒(Cas9)、RNA(gRNA)、质粒或寡核苷酸(供体)、化学转染或核转染	AAVS1 DNMT3a/b
HEK293T 细胞(人)	基因中断 基因插入 基因激活	Cas9 核酸酶 Cas9 核酸内切酶(D10A) dCas9	质粒、化学转染	ZFP42(REX1) POU5F1(OCT4) SOX2 NANOG AAVS1
HEK293FT 细胞(人) HUES62 细胞(人)	基因中断 基因插入	Cas9 核酸酶 Cas9 核酸内切酶(D10A,H840A)	质粒(Cas9)和 PCR 产物(gRNA)或寡核苷酸(供体)、化学转染或核转染	EMX1 DYRK1A GRIN2B VEGFA
HEK293T 细胞(人) K562 细胞(人)	基因中断	Cas9 核酸酶	质粒(Cas9)和 RNA(gRNA)、核转染	CCR5 C4BPB
CHO 细胞(中国仓鼠)	基因中断	Cas9 核酸酶	质粒、核转染	C1GALT1C1 FUT8
HEK293T 细胞(人)	基因中断	Cas9 核酸酶	慢病毒、转导	AAVS1
真皮成纤维细胞(人)	基因激活	dCas9		IL1RN HBG1
HEK293T 细胞(人)	基因中断	Cas9 核酸酶 Cas9 核酸内切酶	质粒、化学转染	HPRT1 ATM APC CDH1 AXIN2 CFTR
CHO 细胞(中国仓鼠)	基因中断	Cas9 核酸酶	质粒、化学转染	FUT8 BAK BAX
K562 细胞(人) HeLa 细胞(人)	基因中断	Cas9 核酸酶 Cas9 核酸内切酶	质粒(Cas9)和 RNA(gRNA) 质粒、化学转染或核转染	CCR5 C4BPB VEGFA EMX1 AAVS1
红白血病细胞(小鼠)	基因组缺失	Cas9 核酸酶	质粒、电穿孔	12 基因座
HAP1 细胞(人) KBM7 细胞(人)	基因组缺失	Cas9 核酸酶	质粒、化学转染	Chr 15
HEK293T 细胞(人) AALE 细胞(人)	染色体重排	Cas9 核酸酶	质粒、化学转染或核转染	CD74 ROS1 EML4 ALK KIF5B RET

续表

细胞类型(物种)	应用	Cas9 形式	转染方法	靶基因位点
CHO 细胞(中国仓鼠)	基因插入	Cas9 核酸酶	质粒、化学转染	C1GALT1C1 MGAT1 LDHA
HEK293T 细胞(人)	基因插入	Cas9 核酸酶	质粒、化学转染	FBL
HEK293 细胞(人)	基因阻遏	dCas9	质粒、化学转染	EGFP
HEK293 细胞(人)	基因激活	dCas9	质粒、化学转染	VEGFA NTF3
HEK293 细胞(人) HeLa 细胞(人)	基因激活 基因阻遏	dCas9	慢病毒、转导或质粒、化学转染	EGFP CXCR4 CD71
KBM7 细胞(人) HL60 细胞(人)	基因组规模筛选	Cas9 核酸酶	慢病毒、转导	7114 个基因转录本的编码外显子
A375 细胞(人) HUES62 细胞(人)	基因组规模筛选	Cas9 核酸酶	慢病毒、转导	18080 个编码基因的组成性外显子
ESC(小鼠)	基因组规模筛选	Cas9 核酸酶	慢病毒、转导	小鼠蛋白编码的 19150 个基因
K562 细胞(人)	基因组规模基因调控	dCas9	慢病毒、转导	全套蛋白质编码基因(15977 个基因)

一、基因的破坏

在哺乳动物细胞中，CRISPR/Cas9 产生的 DSB 优先由易出错的 NHEJ 机制进行修复，这导致靶位点的插入/缺失（indel）突变。插入/缺失形成可导致基因编码区中的移码突变，这破坏了基因的正确翻译并导致靶基因的功能性敲除。当 Cas9 和 gRNA 与含有过早终止密码子或不同长度的碱基的供体修复模板一起引入时，HDR 也可用于产生基因敲除，诱导移码突变。没有外源供体修复模板的 CRISPR/Cas9 诱导的许多突变也可能与微同源介导末端连接（microhomology-mediated end-joining, MMEJ）相关。一般而言，NHEJ 由于其机械灵活性，缺乏对 DNA 末端切除和修复模板的要求而被应用，并且因为它在细胞周期中不局限于 S 期和 G2 期。基于 HR 的基因打靶很少发生在哺乳动物细胞中，并且通常用可编辑核酸酶诱导的 DSB 以更可变的频率观察。因此，NHEJ 驱动的方法主要用于通过 CRISPR/Cas9 在哺乳动物细胞中实现基因敲除（Cong et al.，2013；Mali et al.，2013）。有研究证实了 CHO 细胞中 CRISPR/Cas9 介导的基于 NHEJ 的高效率编辑 C1GALT1 特异性伴侣蛋白（COSMC）和岩藻糖基转移酶 8（FUT8）基因，插入/缺失频率高达 47.3%（Ronda et al.，2014）。CRISPR/Cas9 的简单设计和制备能够通过引入多种 gRNA 同时修饰多个靶序列，称为多路复用（Cong et al.，2013；Kabadi et al.，2014）。

由 Cas9 切口酶和一对偏移 gRNA 组成的双切口策略可在不同 DNA 链上产生单链断裂（SSB），导致复合 DSB 的产生和在靶位点的有效插入/缺失突变。虽然 Cas9

通常诱导 DSB，但 Cas9 切口酶可以产生单链断裂（SSB），其仅具有一个活性核酸酶结构域。通过高保真 HDR 或碱基切除修复（BER）途径修复 SSB，以降低在脱靶位点产生不需要的插入/缺失的频率。因为脱靶切口被精确修复，双切口法显著增加了 Cas9 介导的敲除的靶向特异性（Ran et al.，2013）。另外，在不同的基因组位点使用成对的 CRISPR/Cas9 切割同时引入 DSB 可以导致编辑的染色体片段从几千碱基到上兆碱基或染色体重排的缺失（Canver et al.，2014；Essletzbichler et al.，2014），包括依赖于靶位点的染色体间易位和染色体内转化（Choi and Meyerson，2014）。染色体规模基因组编辑工程的可行性不仅有助于整个基因簇的失活，还有助于研究染色体的结构变化及其影响。特别是用于基因组区域的大量缺失允许表征基因和遗传元件的研究，例如启动子、增强子和其他调节元件。

二、位点特异性基因整合

传统的基因打靶通过同源重组（HR）用于确定序列的插入或置换，这通常需要在目的载体上加载几千碱基对（kb）的同源序列和阳性/阴性筛选标记，但成功率非常低 [1/(10^5～10^7）个处理细胞]，因此妨碍了 HR 的使用。而 DSB 的引入可以克服这些束缚，同时增加 HR 的频率并减少对载体设计的限制。质粒 DNA 或单链寡脱氧核苷酸（single-stranded oligodeoxynucleotides，ssODNs）形式的供体修复模板可用于将目的基因插入与 CRISPR/Cas9 偶联的靶位点。同源序列，又称为同源臂，位于插入位点的侧翼，并且它们的大小在基于质粒的供体修复模板上各小于 1kb。具有 CRISPR/Cas9 组分的质粒供体的编码实现了编码报告蛋白和/或抗生素抗性标记的转基因的位点特异性整合（Lee et al.，2015；Mali et al.，2013）或将限制性位点引入哺乳动物细胞的靶位（Cong et al.，2013）。ssODNs 的使用为在靶位点进行短修饰提供了一种高效率且合成简单的可选方法。ssODNs 侧翼 40～50bp 的短侧翼同源序列可以成功地产生基于 HDR 的基因替换（Cong et al.，2013；Mali et al.，2013）。还可以利用双切口诱导的 HDR 在靶基因座处引入限制性位点，具有与野生型 Cas9 核酸酶相当的效率。

不依赖于 HDR 的敲入策略扩展了由 CRISPR/Cas9 介导的基因插入的应用范围（Nakade et al.，2014）。在一个靶基因组位点上由双缺口介导的明确 DNA 悬臂的产生可以插入一个双链脱氧寡核苷酸（ouble-stranded oligodeoxynucleotide，dsODN）（包含相容的悬臂 DNA，通过非 HDR 介导的连接）。MMEJ 介导的基因敲入也可以应用于人类细胞，导致盒式整合（Nakade et al.，2014）。

三、基因激活或抑制

Cas9 核酸酶的两个核酸酶结构域的失活导致核酸酶无效的 Cas9，通常称为“无效（dead）”Cas9（dCas9）。尽管核酸酶活性丧失，但 dCas9 在被 gRNA 指导时仍保留靶特异性 DNA 结合能力。将 dCas9-gRNA 复合物靶向特定位点能够干扰转录延伸、RNA 聚合酶结合或转录因子结合。这导致靶基因的可逆抑制，称为 CRISPR 干扰（CRISPRi）（Qi et al.，2013）。dCas9也可用于调节内源基因表达，特别是当dCas9与效应结构域如转录激活结构域VP64或抑制结构域KRAB融合时（Gilbert et al.，2013；Mali et al.，2013）。dCas9激活剂的多重募集导致更高水平基因激活的协同作用，并且dCas9-阻遏物增强CRISPRi的抑制功能（Gilbert et al.，2013）。与表观遗传相关酶类融合的dCas9也可以实现靶向的表观遗传变化，如在TALE DNA结合结构域的组蛋白修饰或DNA甲基化（Konermann et al.，2013）。

四、基因组水平目的基因敲除的筛选

几十年来，CHO细胞的一些理想性状在进行诱变、药物处理或培养基优化后，已通过筛选和选择系统得到了鉴定。这一过程能够鉴定改善细胞系以及在少数情况下也鉴定了与这些性状相关的突变。CRISPR/Cas9系统提供了一种系统化鉴定具有理想性状突变的方法。特别是，虽然大多数CRISPR/Cas9应用仅靶向作用于单个基因，但基于芯片的寡核苷酸文库合成的进展（Kosuri and Church，2014）使基因组范围基因功能丧失和基因过度表达筛选的发展成为可能（Gilbert et al.，2014；Konermann et al.，2015；Shalem et al.，2014）。这样的筛选是在芯片上平行合成数千种gRNA并与Cas9一起引入慢病毒转移质粒中。通过病毒感染的滴定使得大多数感染的细胞得到单个gRNA，进而允许在细胞群中进行单个阴性和阳性筛选。通过下一代测序方法，对筛选前后细胞群中的gRNA进行定量分析，可以鉴定出具有期望性状的突变体。虽然这些筛选在概念上与RNA干扰（RNAi）介导的筛选相似，但CRISPR/Cas9全基因组功能缺失的筛选通常使基因完全失活，残留活性产生的模糊性更少。此外，用于同一基因的不同gRNA比RNAi筛选中不同的短发卡RNAs（short haripin RNAs，shRNAs）表现出更一致的表型（Shalem et al.，2014）。因此，CRISPR/Cas9筛选已用于鉴定癌症耐药性基因（Shalem et al.，2014；Konermann et al.，2015）和毒性的潜在机制（Gilbert et al.，2014；Zhou et al.，2014）。理论上，这些方法可用于鉴定实现高通量选择系统任何所需性状的突变体。

五、基因编辑应用实验设计

细胞的基因组编辑需要几个步骤，包括靶位点选择、引物设计、CRISPR/Cas9试剂的克隆、转染、重组细胞系生成和分析。实验流程的概述如图5.4所示，主要包括：①在目的基因蛋白质编码区靶位点的选择。重点考虑目的基因的潜在剪接可变体。②在目标靶位选定后，可设计并合成用于gRNA构建的寡核苷酸，将其放在微量板中或芯片上以实现高通量克隆的形成。③可以使用无连接克隆在退火的寡核苷酸的简单步骤中克隆gRNA，并与Cas9一起进行DNA的递送。对于RNA的递送，可构建表达载体以促进Cas9和gRNA的体外转录。对于蛋白质的递送，可将Cas9蛋白质与体外转录的gRNA一起纯化并递送。U6聚合酶Ⅲ启动子通常用于驱动gRNA的表达。对于Cas9表达，常用巨细胞病毒（cytomegalovirus，CMV）载体；核定位信号（nuclear localization signal，NLS）用于促进Cas9靶向细胞核；Bgh编码牛生长激素多腺苷酸化信号；T7启动子可用于体外转录。④Cas9和gRNA通过转染或感染导入细胞内对基因组加以修饰。⑤使用流式细胞仪荧光激活细胞分选（fluorescence activated cell sorter，FACS）或有限稀释的方法分离编辑的细胞，并扩大培养分离的细胞以产生工程化的单克隆细胞系。⑥不同的分析方法适用于扩增产物的制备和消化，然后通过凝胶分离，包括Surveyor核酸酶或限制性片段长度多态性（restriction fragment length polymorphism，RFLP）分析。测序可应用于微量滴定板上进行高通量筛选，以获得有关细胞池或克隆细胞系中引入的DNA变化的信息。具体步骤如下。

1. 靶位点选择和引物设计

对于20bp靶序列的选择，主要考虑两个因素：直接位于化脓性链球菌Cas9（SpCas9）的靶序列下游的5′-NGG-3′ PAM序列的存在和潜在的脱靶活性的最小化。为此可以使用多种在线目标选择工具。对于哺乳动物细胞中的靶标选择，必须考虑目的基因的各种外显子和剪接变体［图5.4(a)］。gRNA可能会由于未知原因而不起作用，因此建议为每个靶基因设计至少两个gRNA并测试它们的作用效率（Ran et al.，2013）。在线目标选择工具有助于识别感兴趣的基因组序列中的潜在靶位点，并为每个鉴定的靶标提供计算预测的脱靶位点。常用的在线设计工具如CRISPR Design（http://tools.genome-engineering.org）（Ran et al.，2013）、ZiFiTtargeter（http://zifit.partners.org）（Hwang et al.，2013）和E-CRISP（http://www.e-crisp.org）（Heigwer et al.，2014）。CRISPy（http://staff.biosustain.dtu.dk/laeb/crispy）则可以用于CHO细胞的基因组工程研究（Ronda et al.，2014）。该在线生物信息学工具提供了预编译的数据库，其中包含CHO-K1基因组中已鉴定的靶位点。在CHO-K1基因组23750个基因（ref-seq assembly GCF_000223135.1）编码区序列区域中，存在GN19NGG格式的2379237个Cas9靶标。为了提高靶向特异性，可以使用Cas9的D10A切口酶突变体（Cas9n）和一对gRNA。CRISPy工具还提供潜在的伴侣gRNA用于切割与CHO细胞相容的Cas9。gRNA方向和间距的选择至关重要，建议在−4～100bp之间（Ran et al.，2013）。此外，CRISPy有助于引物设计，用于验证目标位点上的切割效率和计算预测脱靶位点。选择靶位点后，可以设计用于gRNA合成的寡核苷酸。重要的是，要注意PAM位点在目标位点是必需的，但并非20bp gRNA靶序列的一部分。此外，通常用于表达gRNA的U6 RNA聚合酶Ⅲ启动子优选鸟嘌呤（G）核苷酸作为其转录物的第一个碱基。靶序列如果没有G，可添加一个G作为gRNA转录物的第一碱基（Ran et al.，2013）。对于高通量克隆，寡核苷酸可以在微量滴定板中递送或在芯片上标样［图5.4(b)］。

2. CRISPR/Cas9载体的构建

根据基因组工程的目标，gRNA的递送主要通过表达gRNA的质粒或含有一个表达盒的PCR扩增产物。利用一对部分互补的寡核苷酸进行一个克隆步骤，便可快速克隆出gRNA表达质［图5.4(c)］。PCR扩增物的产生更快，非常适合于gRNA

的大规模测试或大型敲除文库的构建。根据基因组编辑的目的，gRNA 和 Cas9 可以在体外转录时作为 RNA 递送，或者作为纯 Cas9 蛋白与体外转录的 gRNA 一起递送[图 5.4(c)]。表 5.3 中给出了在哺乳动物基因组编辑中应用的递送方法。用于驱动哺乳动物细胞中 gRNA 表达的最常用的启动子是 RNA 聚合酶Ⅲ U6 启动子。用于驱动哺乳动物细胞中 Cas9 表达的常见启动子是巨细胞病毒（CMV）启动子和延伸因子 1-α（EF1-α）启动子。对于 Cas9 和 gRNA 的 RNA 递送，T7 启动子通常用于体外转录。将 2A-GFP 或抗生素抗性基因融合至 Cas9 可促进筛选或选择具有 Cas9 表达的转染细胞。分离的细胞中高水平 Cas9 的表达有利于高基因组编辑效率细胞的获得。但基因组编辑效率的提高也可能导致增加非靶向切割和突变效果的折中。

3. DNA 修复模板

DNA 修复模板的生成通常基于具有不同长度同源臂（通常大于 500bp）的质粒载体。ssODNs 需要至少 40bp 的短同源臂，因此可以在不克隆的情况下制备。它们可以定向于目标基因靶位的正义或反义方向。

4. 工程细胞系的生成

根据细胞类型和应用情况，可通过传统的转染方法包括化学转染、电穿孔、核仁感染和病毒递送等导入用于编辑修饰基因组的 CRISPR/Cas9 试剂[图 5.4(d)，表 5.3]。转染处理过程通常导致靶细胞池中存在基因组编辑修饰的异质混合物，编辑的效率高度依赖于转染的效率。有几种分析方法可用于量化和表征引入的插入/缺失（indel）和编辑修饰。通常需要从野生型和修饰型混合物中分离那些编辑修饰的细胞，这可以通过荧光激活的细胞分选（FACS）或有限稀释的方法来进行[图 5.4(e)]。需要注意的是，不同的细胞类型对单细胞分离的反应可能不同。分离的细胞可以进行扩大培养以建立新的克隆细胞系。下面描述的测定法也可用于表征产生的克隆以鉴定具有所需基因组编辑修饰的克隆。

5. 改造分析

在 CRISPR/Cas9 介导的基因组编辑中，可以通过不同的分析来监测由 NHEJ 或 HDR 引入突变的异质混合细胞[图 5.4(f)]。为检测插入/缺失，可以使用 Surveyor 核酸酶或 T7 核酸内切酶Ⅰ（两种错配识别核酸酶）的突变筛选测定方法。在与野生型序列再退火后，两种酶可识别扩增产物中的异源双链 DNA，并促进错配双链扩增产物的选择性消化。这有助于估计扩增产物中的突变部分。如果在基因组编辑过程中引入限制性位点，则可以用限制性片段长度多态性（RFLP）的方法确定一些突变。使用该方法，扩增产物可被所选择的限制酶消化并在分析前通过大小进行分离。Surveyor 核酸酶和 RFLP 测定已应用于几个基因组编辑研究中的克隆验证，包括 CRISPR/Cas9 介导的突变小鼠的产生（Wang et al.，2013）。还可以通过 Sanger 测序分析经编辑修饰细胞池或细胞克隆的基因组变化。当对具有异源突变混合物的扩增产物进行测序时，亚克隆可用于在测序之前分离不同的扩增产物。对于基因组编辑修饰的高通量鉴定，深度测序可用于扩增产物的直接测序而无需亚克隆。

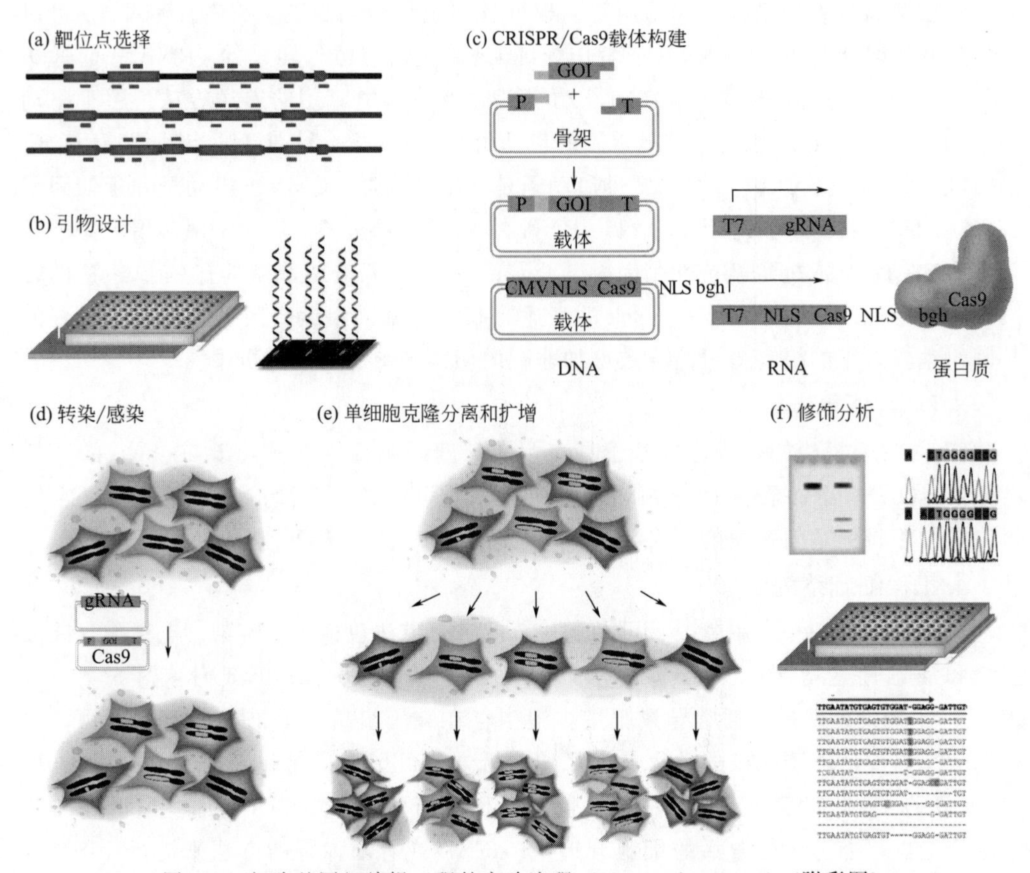

图 5.4 细胞基因组编辑工程的实验流程（Lee et al.，2015）（附彩图）

六、脱靶分析

由于 Cas9 通过简单的 Watson-Crick 碱基配对规则识别靶标，因此推测产生脱靶活性结果的原因是核酸酶与靶序列具有一定程度同源性的序列结合进而诱导 DSB 引起的。脱靶活性可导致对细胞具有或多或少严重后果的改变，可能破坏正常的细胞功能，并引起不必要的染色体重排，如缺失、倒位和易位（Kim et al.，2013）。

现有多种方法来检测给定的引导序列出现脱靶情况的程度。最直接的方法是基于对基因组中可能发生易于脱靶位点的初始预测。可用的预测工具整合了生物学原理及其在预测算法中驱动 Cas9-DNA 相互作用的因素。这些可能包括一些信息，如 PAM 近端区域对 Cas9 进行靶标识别和切割至关重要（Jinek et al.，2012；Cong et al.，2013）并可以容忍单个碱基错配；可以容忍 PAM 远端区域中的 3～5 个碱基的错配（Mali et al.，2013；Fu et al.，2013）；Cas9 结合需要与 PAM 相邻的 5 个核苷酸种子区域（Wu et al.，2014）。脱靶预测之后通常进行基于凝胶的检测，例如 T7 核酸内切酶Ⅰ或 Sanger-深度测序，用于验证预测位点的脱靶效应，其中基于测序的方法更敏感。但已有研究报道了由这种方法得出的截然不同的结果（Lin et al.，2014）。

现在已有用于基因组范围鉴定脱靶活性的方法。这些方法均基于Cas9结合位点和Cas9的切割。染色质免疫沉淀-测序（ChIP-seq）可以测定Cas9的结合位点。去除核酸酶后对结合的DNA片段进行测序并将其定位到基因组中的所在位置（Wu et al.，2014）。Cas9结合位点法常出现假阳性，是因为Cas9并不总是切割dCas9结合的位点。测定Cas9切割脱靶效应的其他方法还包括DSBs处的整合酶缺陷型慢病毒（IDLV）和基于DNA底物文库的体外选择。但IDLV捕获远低于实际的突变频率，因而不能检测到许多真正的脱靶位点。对于体外选择而言，许多已鉴定的脱靶位点并不存在于基因组中。更新、更灵敏的全基因组方法是高通量、全基因组易位测序（high-throughput，genome-wide translocation sequencing，HTGTS），全基因组DSBs的无偏鉴定测序（genome-wide，unbiased identificationof DSBs enabled by sequencing，GUIDE-seq）和体外Cas9消化的全基因组DSBs无偏鉴定测序（in vitro Cas9-digested whole-genome sequencing，Digenome-seq）。Digenome-seq是不受染色质可及性（chromatin accessibility）限制的唯一方法。即使是使用敏感的全基因组检测方法对脱靶活性进行鉴定，仍然需要确定哪些突变是自发的，哪些突变是由核酸酶的脱靶活性引起的。

一个好的脱靶效应解决方案是尽量减少脱靶活性的影响。目前已测试了几种有效策略：包括调整Cas9的浓度以及Cas9与gRNA的比例，改变脱靶切割的量。如前所述，成对切口酶（nickases）的使用不会促进不需要的易位产生或Cas9介导的诱变特异性成倍增加（Mali et al.，2013；Ran et al.，2013）。在5′末端使用3′截短的gRNA或具有两个额外鸟嘌呤核苷酸的gRNA可以产生更好的中靶/脱靶比率（on-/off-target ratios），但绝对的中靶效率降低。使用5′截短的gRNA可以降低诱变效应和增强对DNA-RNA连接处单或双错配的敏感性。dCas9与*Fok* Ⅰ核酸酶的融合可以提高基因组编辑的特异性，降低脱靶活性。在基因组中其他地方选择缺乏任何同源序列的独特靶位点也可以使脱靶效应最小化。

第三节　CHO细胞工程

由于CHO细胞的诸多优点，CHO细胞已经成为重组蛋白药物生产的主要宿主细胞系。CHO细胞能够产生克级水平的高质量生物制剂。然而，使用哺乳动物细胞的生物制药生产工艺仍然存在细胞限制，例如生长受限、生产效率低和抗应激能力差，以及与细菌或酵母表达系统相比费用更高等。因此，降低生产成本和提高重组蛋白产量及稳定性一直是利用哺乳动物细胞进行规模化重组蛋白生产和研发的重要课题。提高哺乳动物细胞生产重组蛋白的方法主要集中在两方面：提高整体活细胞密度（integrated viable cell density，IVDC）和增加细胞特异性生产率（cell-specific productivity，QP）。生产工艺和培养基优化可以在一定程度上提高最大IVDC，进而提高重组蛋白的表达水平（Li et al.，2010）。此外，通过基因工程技术改造哺乳动物细胞系，提高细胞株的性能，有效改善细胞活力和提高重组蛋白的产量，这种细胞工程策略主要包括抗凋亡工程、代谢工程、细胞周期工程和蛋白质翻译后修饰工程等，涉及过表达优势基因、基因敲除以及 siRNA 干扰抑制不利的基因表达。此外，非编码 RNAs（non-coding RNAs）技术目前已经成为最先进的细胞工程技术，能够使细胞系在生长、细胞凋亡抑制、新陈代谢、产率以及表达糖基化重组蛋白的能力方面有所改善和提高（Stiefel et al.，2015），显示出极大的潜力（图 5.5）。

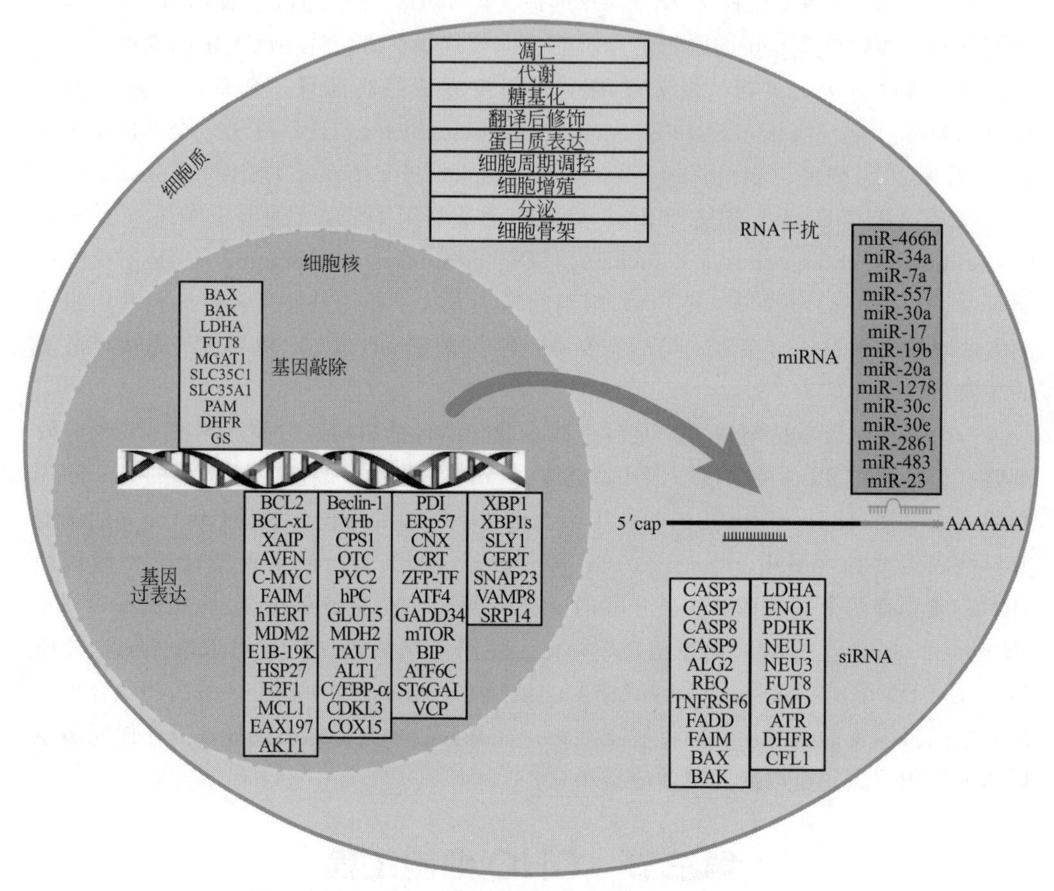

图 5.5 用于 CHO 细胞工程的功能基因组学（附彩图）

一、目的基因

目前，基因工程技术已经成熟，利用基因工程技术提高哺乳动物细胞株的表达能力已成为可能。通常情况下，首先需要确定一个目的基因，将该基因不含内含子的 cDNA（通常经过密码子优化）克隆到哺乳动物表达载体上；随着包含目的基因的质粒 DNA 导入细胞，被转染的重组细胞经过抗生素筛选压力，形成稳定转染的细胞池（cell pool），质粒 DNA 整合到细胞的基因组中（图 5.6）。为了保证目的基因的高表达水平，常常采用较强的病毒或者细胞启动子/增强子进行驱动，而筛选基因一般采用弱启动子驱动，进而提高目的基因的表达水平（Wurm，2004）。然而，通常转染后筛选出的细胞是一个混合的异质性细胞池，表现出不同程度的转基因表达，并且会导致不同细胞之间的表型差异。因此，需要从异质性的细胞池中筛选出那些具有高表达和稳定性好的单细胞克隆。表5.4列出了已实施CHO细胞工程研究的不同目的基因。

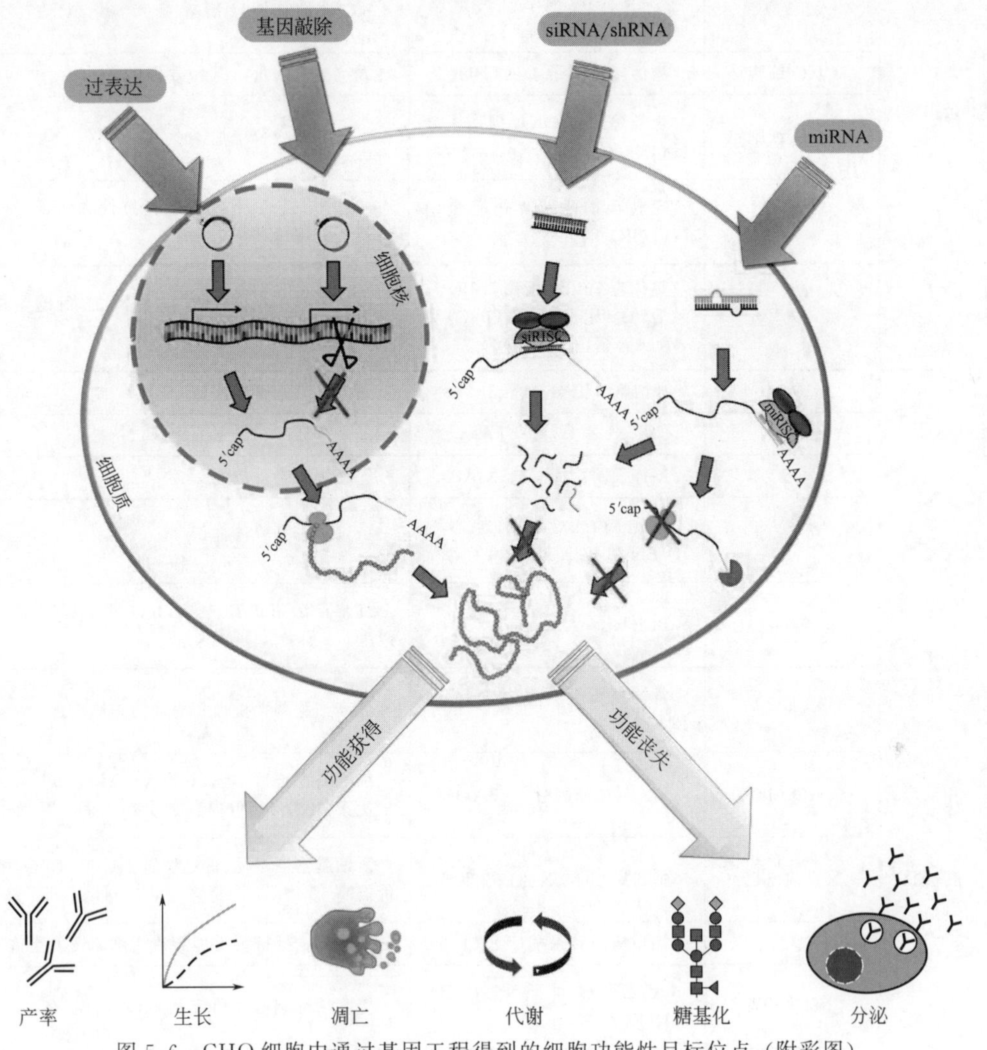

图5.6　CHO细胞中通过基因工程得到的细胞功能性目标位点（附彩图）

表5.4　用于CHO细胞工程的靶标基因及其细胞途径一览表（Fischer et al.，2015）

细胞途径	基因来源	靶标基因	细胞工程表型
蛋白质表达	未注明	蛋白质二硫键异构酶(PDI)	单克隆抗体生产率提高
	CHO细胞	ERp57(PDI异构体)	在不降低细胞生长的情况下，特异性促血小板生成素(TPO)产量增加2.1倍
	CHO细胞	钙连蛋白(CNX)和钙网蛋白(CRT)	特异性TPO生产率提高1.9倍，未对重组TPO的细胞生长和生物活性产生负面影响

续表

细胞途径	基因来源	靶标基因	细胞工程表型
蛋白质表达	牛	真核细胞翻译起始因子2a(eIF2a)的非磷酸化形式	重组蛋白的瞬时表达增强
	人工合成	人工锌指蛋白转录因子(ZFP-TF)	IgG效价增加11倍
	CHO细胞	激活转录因子4(ATF4)	人抗凝血酶Ⅲ(at-Ⅲ)效价提高
	CHO细胞	生长停滞和DNA损伤诱导蛋白34(GADD34)	人AT-Ⅲ效价增加40%
	人	哺乳动物西罗莫司靶蛋白(mTOR)	细胞生长、活力、细胞凋亡抗性和糖蛋白的特定生产率增加
	人	热休克70kDa蛋白5(BIP),激活转录因子6C(ATF6C)和x盒结合蛋白1(XBP 1)	表达困难单克隆抗体的表达增加,细胞生长降低
细胞凋亡	人	B细胞淋巴瘤2(CL2)	最大活细胞密度增加75%
	人	BCL-xL	提高存活率和增强细胞凋亡抗性
	人	X-连锁凋亡抑制剂(XIAP)	提高细胞凋亡抗性
	人	细胞凋亡、Casp酶抑制剂AVEN和BCL-xL	提高细胞凋亡抗性
	人	BCL-xL	细胞存活率提高88%,IgG效价提高2倍以上
	人	骨髓细胞瘤癌基因(c-myc)和BLC2	提高细胞凋亡抗性和增加活细胞密度
	CHO细胞	Fas凋亡抑制分子(FAIM)	细胞凋亡抗性增强,导致VCD增加80%,γ-干扰素(IFNγ)效价提高2.5倍
	家蚕血淋巴	抑制凋亡的30K蛋白(30Kc6)	活细胞密度增加,促红细胞生成素(EPO)效价提高10倍
	人	端粒酶反转录酶(TERT)	细胞凋亡抵抗力增加导致活细胞密度更高
	人和腺病毒	AVEN和对照蛋白E1B 19K(E1B-19K)	提高活细胞密度和活力;IgG效价提高50%
	小鼠	双突变体小鼠2(MDM2)	增加细胞凋亡抵抗力
	人	E2F转录因子1(E2F1)	活细胞密度增加20%,增殖能力增强
	人和腺病毒	AVEN、E1B-19K和XIAP的突变体	活细胞密度增加60%,IgG效价提高80%
	CHO细胞	热休克蛋白27和热休克蛋白70(HSP27和HSP70)	延长细胞培养时间,γ-干扰素效价增加2.5倍
	人	髓系细胞白血病1(MCL1)	提高细胞存活率和IgG效价增加20%~35%。

续表

细胞途径	基因来源	靶标基因	细胞工程表型
细胞凋亡	人	RAC-α 丝氨酸/苏氨酸蛋白激酶(AKT1)	延迟细胞凋亡和细胞自噬的发生
	人	BCL-XL 突变型(Asp29Asn 变异体)	提高细胞凋亡抗性
	CHO 细胞	中国仓鼠热休克蛋白 27(HSP27)	VCD 峰值增加 2.2 倍,维持生存能力,MAb 滴度增加 2.3 倍
自噬与凋亡	CHO 细胞	BCL-xL	延迟自噬和凋亡的发生
	人 BCL-2 和 CHO 细胞 Beclin-1	BCL-2 和 Beclin-1	细胞凋亡和自噬减少,延长细胞培养时间和提高活细胞密度
糖基化	人	α-2,6-唾液酸转移酶(ST6GAL)	部分 α-2,6-唾液酸化重组蛋白的表达
	大鼠	ST6GAL	重组人组织纤溶酶原激活物(tPA)α2,6-唾液酸的表达
	牛 GnT-Ⅳ和人 GnT-Ⅴ	α-1,3-D-甘露糖苷 β-1,4-N-乙酰氨基葡萄糖基转移酶(GnT-Ⅳ)和 α-1,6-D-甘露苷 β-1,6-N-乙酰氨基葡萄糖转移酶(GnT-Ⅳ)	重组 γ-干扰素中四角糖链增加 56.2%
	小鼠 ST3GAL、大鼠 ST6GAL 和人 GnT-Ⅴ	ST3GAL、ST6GAL 和 GnT-Ⅴ	人重组 γ-干扰素的唾液酸化程度提高 80%
	大鼠	ST6GAL	重组 IgG 3 的制备及治疗活性的改进
	人	α-2,3-唾液酸转移酶(ST3GAL)和 β-1,4-半乳糖基转移酶(GalT)	均匀分布且唾液酸糖蛋白的表达大于 90%
	人	ST6GAL 和 GalT	重组人促红细胞生成素(EPO)唾液化水平的提高
	CHO 细胞	唾液酸转运体(CMP-SAT)	人 γ-干扰素的唾液酸化增加 4%～6%
	人	CMP-唾液酸合成酶(CMP-SAS)、CMP-SAT 和 ST3GAL	重组人促红细胞生成素的进一步增强
	CHO 细胞 CMP-SAT 和人 ST3GAL	突变型尿苷二磷酸-N-乙酰氨基葡萄糖-2-差向异构酶(GNE)、CMP-SAT 和 ST3GAL	CMP 唾液酸浓度增加大于 10 倍,人重组 EPO 唾液酸化增加 32%
	大鼠	β-1,4-乙酰氨基葡萄糖基转移酶Ⅲ(GnT-Ⅲ)	增加双糖链的抗体表达,使高 ADCC 的抗体剂量降低至 1/20
	大鼠 GnT-Ⅲ和人 ManⅡ	GnT-Ⅲ和高尔基 α-甘露糖苷酶(ManⅡ)	具有复合型 N-聚糖的非岩藻糖基化抗体的表达

续表

细胞途径	基因来源	靶标基因	细胞工程表型
糖基化	人	β-1,6 *N*-乙酰氨基葡萄糖转移酶(C2GnT)	CHO 细胞 *O*-糖基化途径的改变
	绿脓杆菌	GDP-6-脱氧-D-赖氧-4-己糖还原酶(RMD)	ADCC 增强的 IgG 生产
代谢	透明颤菌(*Vitreoscilla*)	透明颤菌血红蛋白(VHb)	特异人 TPA 生产率提高 40%～100%
	大鼠	氨甲酰磷酸合成酶Ⅰ(CPSⅠ)和鸟氨酸转氨酶(OTC)	25%～33%的铵积累减少,15%～30%的细胞生长增加
	酵母	丙酮酸羧化酶 2(PYC2)	乳酸产量减少 35%,产品滴度增加 2 倍
	人	丙酮酸羧化酶(PC)	乳酸产量降低 21%～39%,细胞活力增加
	小鼠	葡萄糖转运蛋白 5(GLUT5)	果糖补料分批过程中乳酸产量较低,细胞密度较高
	小鼠	GLUT5	乳酸产量减少,生长速度增加,培养时间延长,产品滴度提高
	CHO 细胞	苹果酸脱氢酶Ⅱ(MDH2)	细胞内 ATP 和 NADH 水平升高导致整合的活细胞数增加 1.9 倍
	CHO 细胞	牛磺酸转运蛋白(TAUT)	提高细胞活力和增加 IgG 滴度
	CHO 细胞	TAUT 和丙氨酸氨基转移酶 1(ALT1)	较短的细胞培养时间内 IgG 产量较高
分泌	人	X-box 结合蛋白 1(XBP1)	较高内质网含量和产物滴度的增加
	人	拼接形式的 XBP-1(XBP1s)	特异性 IgG 生产力提高 4 倍
	人	SLY1 和 MUNC18C	IgG 产量提高 16 倍
	人	SLY1、MUNC18C 和 XBP1 的三顺反子表达	IgG 产量提高 21 倍
	人	神经酰胺转移蛋白(CERT)	提高人血清白蛋白(HSA)和单克隆抗体的产率
	人	CERT 的突变形式 S132A	特异 t-PA 生产率提高 35%
	人	23 kDa 的突触体相关蛋白(SNAP-23)和囊泡相关的膜蛋白 8(VAMP8)	通过增强分泌能力提高 SEAP 产率
	人	人类信号传导受体蛋白 14(SRP14)	改善难以表达的蛋白质的分泌和产生
细胞周期	人	细胞周期蛋白依赖性激酶抑制剂 1A(p21CIP1)和 CCAAT/增强子结合蛋白 α(C/EBP-alpha)	生长停滞和特定 SEAP 产率增加 10～15 倍

续表

细胞途径	基因来源	靶标基因	细胞工程表型
细胞周期	人	p21CIP1、C/EBP-alpha 和 BCL-xL 三顺反子表达	生长停滞和特定 SEAP 产率增加 30 倍
	人	细胞周期蛋白依赖性激酶抑制剂 1B(p27KIP1)	提高特定的 SEAP 产率
	人	p21CIP1	IgG 产量提高 5 倍
	人	髓细胞瘤癌基因(C-MYC)	在没有额外供应营养的情况下，最大细胞密度增加大于 70%
细胞增殖	人	细胞周期蛋白依赖激酶样 3(CDKL3)和细胞色素氧化酶亚单位(COX15)	增加最大活细胞密度
	CHO 细胞	[含缬酪肽的蛋白质(VCP)]	增加细胞增殖和活力

二、细胞工程常用技术

(一)基因过表达

基因过表达的基本原理是通过人工构建的方式将目的基因导入宿主细胞，使基因可以在人为控制的条件下实现大量转录和翻译，从而实现基因产物的过表达。

(二)基因敲除

除了过表达有益的目的基因以提高 CHO 细胞的生产能力外，对表达无益的基因敲除可能也是细胞工程中一种新的有用的方法。有多种不同的方法可以从基因组中删除某个基因，或者说将其功能关闭，如通过化学、放射诱导的随机突变或者基因编辑定向突变的方法。靶向基因工程具有极高的特异性，优于随机突变。在这方面，目前最先进的技术主要包括 ZFNs、TALENs 及最近发现的 CRISPR/Cas 9 系统。表 5.5 全面概述了利用基因敲除技术改进 CHO 细胞工程的靶向基因和途径。

表 5.5　利用基因敲除技术改进 CHO 细胞工程的靶向基因及其细胞途径一览表

(Fischer et al.，2015)

细胞途径	靶向基因	工程表型
细胞凋亡	BCL2 相关 X 蛋白(BAX)和 BCL2 拮抗剂/杀伤细胞(BAK)	由于抑制半胱天冬酶活化而增加的细胞凋亡抗性，导致 IgG 滴度增加 5 倍
蛋白质表达	二氢叶酸还原酶(DHFR)	转基因扩增增加蛋白质产量
	谷氨酰胺合成酶(GS)	转基因扩增增加蛋白质产量
	DHFR	在一个月内快速建立 $DHFR^{-/-}$ 细胞
	GS	提高高产 CHO 细胞的选择效率
糖基化	α-1,6-岩藻糖基转移酶(FUT8)	生产完全非岩藻糖基化抗体，使抗体依赖性细胞毒性(ADCC)提高 100 倍

续表

细胞途径	靶向基因	工程表型
糖基化	FUT8	ADCC 增强的完全非岩藻糖基化抗体生产
	FUT8	FUT8 基因敲除同时整合一个抗体表达盒
	N-乙酰葡糖氨基转移酶 1(MGAT1)	以 Man5 为主要 *N*-键糖基化重组蛋白的生产
	GDP-岩藻糖转运蛋白(SLC35C1)和 CMP-唾液酸转运蛋白(SLC35A1)	缺乏岩藻糖和唾液酸以增加 ADCC 的重组抗体生产
	MGAT4A、MGAT4B 和 MGAT5	含少量多聚 *N*-乙酰-内酯胺(poly-LacNAc)的近同质双烯聚糖的 EPO 的表达
	MGAT4A/4B/5 和 β-1,4-半乳糖基转移酶 1(B4GALT1)	重组 EPO 的半乳糖基化降低大于 90%
	β-1,3-*N*-乙酰葡糖氨基转移酶 2(B3GNT2)	缺乏 poly-LacNAc 的重组 EPO 的表达
	ST3GAL4/6 和 MGAT4A/4B/5	重组 EPO 与异质四触角 *N*-聚糖的表达,无唾液酸化
	FUT8 和 B4GALT1	不含岩藻糖和几乎没有半乳糖的同源双触角 *N*-聚糖表达 IgG1
翻译后修饰	肽酰甘氨酸 α-酰胺化单加氧酶(PAM)	重组单克隆抗体 C 末端酰胺化物减少
细胞凋亡和糖基化组合	BAX、BAK、FUT8	由于细胞凋亡减少,延长细胞培养时间;工程化细胞克隆产生非岩藻糖基化的 IgG

使用基因操纵技术在 CHO 细胞表达重组蛋白药物生产中,最重要的技术之一就是二氢叶酸还原酶(DHFR)基因的敲除/失活。虽然 DHFR 基因改造是通过化学突变和电离辐射得到的,不同的 DHFR-缺陷株 CHO 细胞分别被定义为 DXB11 和 DG44,它们是 CHO 细胞在生物技术领域商业化的开始性标志(Wurm and Hacker,2011)。之后,以谷氨酰胺合成酶(GS)为基础,引入了另一个基因扩增系统,该酶可被甲硫氨酸磺胺肟(MSX)抑制,从而产生高表达的重组 CHO 细胞。利用内源性 GS 基因(CHO-GS)的基因组敲除技术产生 CHO-K1SV 细胞,扩大了适合代谢选择和基因扩增的 CHO-GS 细胞系(Fan et al.,2012)。如果细胞先前转染了一个表达载体,其编码有转基因以及功能性 DHFR 或 GS 基因,则可以在缺乏次黄嘌呤/胸腺嘧啶和 L-谷氨酰胺的培养基中分别筛选出稳定表达的 CHO-DXB11/DG44 和 CHO-GS 细胞。更重要的是,稳定转染的细胞在不断加压下能够进行基因扩增,二氢叶酸类似物甲氨蝶呤(MTX)是 CHO-DXB11 和 CHO-DG44 的筛选药物,甲硫氨酸二甲基代砜(MSX)是 CHO-GS 的筛选药物(Wurm,2004)。

(三)CRISPR/Cas9 技术

使用 CRISPR/Cas9 技术进行精准基因编辑最近已进入 CHO 细胞工程领域,与更复杂和更昂贵的替代方法相比,基因敲除看起来更易构建、更节省时间并且成本更低。因此，这种新的方法无疑对当今细胞株的优化层面带来革命性的改变，使哺乳动物细胞库的合理设计成为可能（Lee et al.，2015）。CRISPR代表着微生物适合的免疫防御机制，保护细胞免于外源核酸的破坏。几年前，CRISPR/Cas9系统已被证明可以在真核细胞中作为基因编辑工具使用，其已在许多不同的模型生物体和真核细胞中成功应用（Cong et al.，2013；Hwang et al.，2013）。Cas9基因的翻译产物是一种RNA介导的内切酶，是CRISPR/Cas9系统中催化DNA断裂的效应蛋白（Mali et al.，2013）。Cas9与小向导RNA靶向基因组中特定的靶点，其包括反式激活RNA（tracrRNA）和CRISPR-RNA（crRNA），共同形成嵌合sgRNA复合体。crRNA序列是基因组靶向DNA序列的互补序列，因此除了决定其特异性外，还需要靶点位于前间区序列邻近基序（PAM）旁边，其中包括一个随机核苷酸序列，后面还有两个鸟嘌呤（NGG）。一旦CRISPR/Cas9-sgRNA核苷核酸蛋白复合体能够识别靶点，它就会从PAM元件的上游3个碱基开始打开双链，而PAM元件一般通过非同源性末端接合进行修复（NHEJ）。然而，通过NHEJ的DNA修复经常由于DNA碱基的插入和缺失导致读框移位，从而致使相应基因的功能丧失。这将使得CRISPR/Cas9系统对于CHO细胞工程的应用极其有趣，因为它能更快地产生多重敲除的细胞系。关于CHO细胞中使用CRISPR/Cas9技术进行精准基因编辑的研究中提及了*O*-糖基化和*N*-糖基化途径中COSMC和FUT8这两个基因的破坏（Ronda et al.，2014）。此外，一个被称为“CRISPy”的新型网络生物信息工具也已问世，它能够设计自定义sgRNA序列以达到基因敲除的目的（Ronda et al.，2014）。最近，Grav和他的同事们证明了CRISPR/Cas9能够快速地一步敲除多个基因（Grav et al.，2015）。将Cas9转染到基于荧光功能的细胞中，可同时破坏FUT8、BAX和BAK，且频率异常高也无明显的脱靶效应。该研究明确强调了CRISPR/Cas9较TALENs或是ZFNs技术在CHO细胞中进行多基因编辑的优势，便于在更短的时间内创建合理的“Designer CHO细胞库”，并提高成本效益。

（四）RNAi介导的基因沉默

自从在秀丽隐杆线虫（*C. elegans*）中发现了RNA干扰（RNAi）（Fire et al.，1998），利用双链小RNAs（又称dsRNAs或siRNAs）进行基因沉默（又称基因干扰），已成为细胞工程中一种常用的技术。siRNAs是具有20～25个碱基对的双链RNA，与靶信使RNA（mRNA）序列完全互补。外源导入的siRNAs被RNase Ⅲ解旋酶解链并结合在AGO2（Argonaute-2）蛋白上，形成细胞质中RNA诱导的沉默复合物（RISC）的核心。AGO2是AGO蛋白家族中唯一具有切割能力的蛋白质，一旦被siRNAs结合，AGO2随即降解靶mRNA。双链RNA的5′末端的热力学稳定性决定了哪条链作为指导链。尽管siRNAs介导目标基因沉默是人为的，但是最近有研究表明真菌中天然存在siRNAs介导目标基因沉默，这些siRNAs来自内源性元件，比如转座子转录、重复序列、长循环结构或是转录-反转录等。

三、抗凋亡工程

细胞凋亡（cell apoptosis）指为维持内环境稳定，由基因控制的细胞自主有序的死亡。在重组蛋白生产的细胞培养过程中，由于各种压力包括营养缺乏、毒性产物的累积、渗透压升高、剪切力、DNA 损伤等都会诱导细胞凋亡，影响细胞密度和重组蛋白的产量。在重组蛋白生产过程中减少细胞凋亡，有益于延长细胞培养时间从而增加单位体积的产率。目前主要有两种策略构建抗凋亡细胞：增加抗凋亡基因的表达和抑制促凋亡基因的表达。

（一）增加抗凋亡基因的表达

已经证明，抗凋亡基因的过表达对 CHO 细胞工程的基因改造是有利的。哺乳动物细胞内存在一些抑制凋亡通路的蛋白质，这些蛋白质包括 Bcl-2 家族（Bcl-2、Mcl-1、Bcl-XL、A1）、X 连锁细胞凋亡抑制蛋白（XIAP）、细胞凋亡半胱天冬酶抑制剂（AVEN）、Fas 凋亡途径抑制剂分子（FAIM）、骨髓瘤细胞白血病 1（MCL1）等。另外，还有其他的抗凋亡蛋白如家蚕 30k 蛋白、热休克蛋白（HSP70）、EIB19k、Aven 等。它们主要的作用机制是抑制培养后期营养缺乏和代谢副产物累积导致的细胞凋亡。

（二）敲除凋亡基因

同样，用基因敲除技术敲除凋亡基因，也是提高哺乳动物细胞重组蛋白表达水平的一种策略。Bcl-2 家族蛋白中的 Bak 和 Bax 是凋亡促进因子和凋亡下游执行因子 Caspase 家族正向调控凋亡通路。研究表明，利用锌指蛋白核酸酶完全敲除 CHO 细胞中 Bcl-2-关联 X 蛋白（BAX）和 Bcl-2-拮抗物（BAK），通过抑制胱天蛋白酶活性（细胞凋亡核心酶）增强抗细胞凋亡能力，可使单克隆抗体产量提高 2～5 倍。

（三）敲弱促凋亡基因

在 CHO 细胞中，siRNA 已被广泛用于特定的基因沉默，以提高细胞凋亡抗性、糖基化、代谢或比生产力。siRNA 可以作为小的双链 RNA 直接导入到细胞质中，也可以由含有小发卡 RNA（shRNA）的载体表达，其中首先用上述提到的内源性 RNA 干扰机制将 siRNA 解链形成单链的 siRNA。细胞凋亡是一种极其重要的细胞过程，可以通过调节不同凋亡途径中关键蛋白质的表达来减少细胞凋亡。siRNA 介导的促凋亡基因的稳定敲弱，例如 BAX 和 BAK，已被证明能在缺乏营养或高渗透压的培养基中延长 CHO 细胞的寿命。这使得在流加培养过程中获得更高的活细胞密度，并最终提高了 γ-干扰素（IFNγ）的产量。分别用 siRNA 对胱天蛋白酶-3 和胱天蛋白酶-7 进行沉默，发现 CHO 细胞显示出更高的活性和更长的培养时间，使人血小板生成素（hTPO）的产量提高了 55%。有研究用 RNAi 技术敲弱 REQUIEM 和 ALG2 这两个促凋亡基因，CHO 细胞显示出更高的抗细胞凋亡能力，从而大大提高了活细胞密度和 IFNγ 的产量。

（四）miRNAs调节细胞凋亡

在缺乏营养的培养基中，在饥饿状态下，miR-466h 可诱导 CHO 细胞凋亡。因此，在 CHO-SEAP 细胞中，shRNA 介导的促凋亡 pre-miR-466h 的基因敲弱，能够延长培养周期并且增加活细胞密度。pre-miR-466h 的基因敲弱导致 5 个抗凋亡基因的上调（BCL2L2、DAD1、BIRC6、STAT5A 以及 SMO）。根据生物信息学 miRNA 靶预测工具，所有这些基因都在其 3′UTR 内隐藏了可能的 miR-466h 靶位点，表明这些基因很可能是 CHO 细胞中 miR-466h-5p 的直接作用靶位点。同时，引入新的基因组编辑技术，如 CRISPR/Cas9 系统，将会成为 miRNA 敲除的有前景的工具，从而产生优化设计的 CHO 细胞。

四、代谢工程调控

哺乳动物细胞在培养过程中，自身代谢产物乳酸和氨的积累会抑制细胞生长，从而降低重组蛋白的产量。目前，对细胞代谢调控的研究主要在降低细胞培养过程中氨和乳酸等代谢产物的累积，改善细胞生长环境，提高细胞生长密度，进而增加重组蛋白的产量。

（一）提高细胞代谢基因过表达

细胞新陈代谢相关的基因被作为目的基因导入细胞，以此来提高 CHO 细胞的性能。如通过过表达影响细胞代谢的特定基因来改变 CHO 生产细胞的新陈代谢活性，延长培养时间和产量。在 CHO 细胞中加强透明颤菌血红蛋白（vitreoscilla hemoglobin，VHb）的表达已被证明能够将人组织纤溶酶原激活剂（tPA）产量提高 40%～100%。此外，其他与代谢相关基因的过表达，可以优化 CHO 细胞在培养基中的营养物消耗以及代谢副产物的累积。除了优化了工程 CHO 细胞的代谢活性外，大部分研究还表明，由于培养基利用率的提高，产品产量也有所提高。

（二）代谢关键酶的敲弱

真核表达系统的一个主要问题是培养基随着乳酸的积累而逐渐酸化，乳酸是由乳酸脱氢酶（lactate dehydrogenase，LDH）将丙酮酸转化而产生的。乳酸导致的 pH 值下降最终导致细胞生长受到抑制。避免丙酮酸氧化成乳酸的方法包括抑制 LDH。将乳酸脱氢酶 A（lactate dehydrogenase A，LDHA）降低到酶活性的 11%～25%，在不影响细胞增殖和产率的情况下，可将乳酸水平下降至 79%。此外，LDH 和丙酮酸脱氢激酶（pyruvate dehydrogenase kinase，PDHK）活性的同时降低，可以导致乳酸浓度的降低并且增加单位体积的抗体产率。Jeong 等证明用 LDH 反义 mRNA 表达可以消除 LDH 活性，成功减少了 CHO 细胞培养过程中因环境酸化引起的细胞凋亡（Jeong et al.，2001）。然而，相较于没有基因改造的对照组细胞，稳定表达 LDH 反义 mRNA 的 CHO 细胞线粒体功能紊乱，细胞色素 C 的释放以及半胱天冬酶-3 的活性下降。近期有研究证明 LDH 的完全敲除对 CHO 细胞是致命的，甚至连 PDHK-1、PDHK-2、PDHK-3 的表达都随之下调（Yip et al.，2014），这也是通过完全基因敲除方法提高部分细胞表型时值得注意的地方。

五、细胞骨架与细胞周期工程

研究发现，细胞骨架基因常常在高产量的细胞库中失调。通过基因工程来进行优化细胞分裂、细胞内转运、细胞稳定性和分泌，影响细胞骨架动力学进而改善生产药物的细胞表型（Kim et al.，2011）。在重组CHO细胞基因扩增的蛋白质组学分析中，丝切蛋白（cofilin）作为肌动蛋白细胞骨架的一个关键调节蛋白，随着细胞特异性分泌型碱性磷酸酶（secreted alkaline phos-phatase，SEAP）产量的提高，它被下调了1/10。当siRNA介导的CFL1在CHO细胞中被敲除时，重组蛋白的产量提高了80%，而稳定的CFL1下调则分别使细胞的SEAP和tPA的产量分别提高了65%和47%。

细胞周期检测关键激酶控制细胞周期和增殖。通过调控细胞周期过程中的关键激酶，抑制细胞周期的进程G1/G0、G2/M或者G1/S（其中G1/S期最普遍），降低增殖速率，使细胞停滞在一个静止状态，增强代谢活性，提高蛋白质表达水平。细胞周期蛋白依赖性蛋白激酶（cyclin-dependent protein kinases，Cdks）能够磷酸化下游的视网膜母细胞瘤（retinoblastoma，Rb）蛋白，使其活化，使得细胞进入S期。周期蛋白依赖性蛋白激酶抑制因子（cyclin-dependent kinaseinhibitor，CKI）能够抑制CDKs，阻断细胞周期G1/S进程，以增加蛋白质表达。CKI家族p21Cip1和p27Kip1已经用于CHO细胞工程改善重组蛋白表达（Astley et al.，2007；Meents et al.，2002）。在CHO细胞中过表达细胞分裂周期蛋白CDC25A(cell division cycle 25)，使G2/M转变速率提高了1.5倍，过表达突变CDC25A使单克隆抗体表达提高了2～6倍，野生型CDC25A产率提高了3倍。通过RNA干扰技术将CHO DG44细胞中的共济失调毛细血管扩张症Rad3（ataxia telangiectasia and Rad3 related，ATR）相关细胞周期检测点激酶的进行沉默，发现促进了高产单抗细胞克隆的筛选。在此过程中，观察到加速细胞修复的原因是ATR抑制使MTX介导的细胞周期被阻断。

六、蛋白质翻译后修饰工程

糖基化相关基因的过表达：虽然用CHO细胞生产的治疗性蛋白主要用于人类，并且通常被认为是安全的，但它们只表现出类似人类的，而不是与人类相同的翻译后修饰（Butler and Spearman，2014）。不正确的*N*-糖基化模式可能导致严重的免疫反应，并且可能导致单克隆抗体（mAbs）依赖的抗体细胞作用（ADCC）毒性。因此，糖基化状态严重影响重组蛋白的性能，比如血清半衰期、稳定性、免疫源性等在人体中的功能（Elliott et al.，2003）。相较于人细胞和鼠细胞，CHO细胞缺乏α-2,6-唾液酸转移酶（alpha-2,6-sialyltransferase ST6GAL）的表达。因此，CHO细胞生产的糖蛋白不能达到与人细胞系相近的末端唾液酸含量。随着对复杂糖蛋白的需求日益增多，研究人员已经成功构建稳定过表达ST6GAL的CHO细胞系。这种构建的细胞株能够分泌含α-2,6-唾液酸糖苷残基的重组蛋白。目前已证实，过表达多种不同物种（人、小鼠、大鼠）的 *ST6GAL* 基因确实能够增加 CHO 细胞产生重组蛋白 *N*-糖苷的唾液酸含量。后续步骤需要导入参与 *N*-糖基化途径的不同部分基因，以稳定地改善重组蛋白药物的 *N*-糖苷结构。这些基因包括 *N*-乙酰基葡萄糖转移酶（nacetyl-glucosaminyltransferases，GnT-Ⅲ，Ⅳ和Ⅴ）、尿嘧啶二磷酸-*N*-乙酰基葡萄糖 2-异构酶（uridine diphosphate-N-acetylglucosamine 2-epimerase，GNE）、CMP-唾液酸合成酶（CMP-sialic acid synthetase，CMP-SAS）、高尔基 α-甘露糖苷酶Ⅱ（Golgi alphamannosidase Ⅱ ManⅡ）或者 GDP-6-脱氧-4-己酮酶还原酶（GDP-6-deoxy-d-lyxo-4-hexulose reductase，RMD）。

在过去的几十年中，对重组蛋白 *N*-糖基化模式的改变已引起人们的重视，此外还进行了 *O*-糖基化研究。然而，由于对 *N*-糖基化方面的修改似乎对重组蛋白疗效和安全性具有更显著的影响，因此关于 *O*-糖基化方面尚未进一步详细研究。

基因编辑调节重组蛋白的翻译后修饰：提高 CHO 细胞生产重组蛋白的糖基化性能所使用的不同方法中，参与糖基化的各种靶基因已成为敲除研究的靶标。缺少核心岩藻糖的单克隆抗体诱导较强的依赖抗体的细胞毒性（ADCC）和较低的抗体剂量。同源重组介导了稳定的 α-1,6-岩藻糖转移酶（FUT8）的基因组敲除，该酶可以催化核心岩藻糖转移到抗体的 Fc 片段，从而在 CHO 细胞培养中消除 FUT8 活性。由 FUT8 缺失的 CHO 细胞产生的单克隆抗体上存在 *N*-糖苷，因此被证明不存在任何岩藻糖基化。相似的，也有研究利用基于锌指蛋白的基因编辑技术将 FUT8 基因从基因组中敲除，得到了 FUT8 缺陷型 CHO 细胞株。最近另有研究人员将 FUT8 基因敲除的同时引入了抗体表达盒，以此来研究 CHO 细胞中联合敲除或敲入技术方法的功能。利用锌指核酸酶技术将 GDP-岩藻糖（SLC35C1）和 CMP-唾液酸（SLC35A1）两种不同关键糖基转运体联合敲除，得到一株岩藻糖和唾液酸含量低的 CHO 细胞。CHO 细胞中 *N*-乙酰葡萄糖转移酶的基因敲除已被证明能够产生以 Man5 作为主要糖基化位点的糖蛋白。干扰糖基化途径中涉及的其他基因也可能是一种很有前景的策略，以产生能够表达特定糖基化模式重组蛋白的 CHO 细胞。最近，Yang 等（2015）利用锌指核酸酶技术敲除了重组 CHO 细胞中 19 种不同的糖基化基因，得到了一种新的"designer CHO 细胞"，它能够生产特定糖基化模式的糖蛋白。此项研究很好地诠释了通过基因组编辑技术进行多种联合敲除能够得到预期中糖基化属性的重组蛋白，因此该基因工程技术未来有望成为热点。

另外，对氨基酸残基的翻译后修饰影响着单克隆抗体的多变性，因此影响其质量的另一个因素就是 CHO 细胞产生的单克隆抗体 C 端酰胺化种类。Skulj 等（2014）最近证明，在 CHO 细胞中使用 ZFNs 技术将肽酰甘氨酸 α-酰胺化单氧酶基因敲除，使单抗 C 端酰胺化明显减少，从而得到更加均一化的产物。

除了用于治疗的重组蛋白，其他基因工程方面的研究也一直致力于构建新型 CHO 细胞系，使其能够产生具有特定糖基化结构的蛋白质。例如，具有简单和更加均一化糖型的蛋白质被认为有利于 X 射线晶体解析技术来进行结构分析。与此同时，有研究敲除了 CHO 细胞中甘露糖（α-1,3-）-糖蛋白 β-1,2-*N*-乙酰葡萄糖转移酶

(MGAT1) 基因，得到以 Man5 为主要 *N*-连接糖基化种类的重组蛋白。相较于利用化学突变法删除 MGAT1 基因，在 CHO 细胞中 ZFNs 介导的 MGAT1 基因敲除不影响其他细胞特性如生长或者产量。这都支持一种观点：精准基因编辑技术通常被认为优于化学和物理突变。

与稳定基因 FUT8 的基因敲除相似，由抗 FUT8 siRNA 介导的 FUT8 mRNA 下降 80%，可至少降低 60% 的单抗岩藻糖基化，并最终提高 ADCC 100 倍。此外，FUT8 的敲弱去除了抗胰岛素生长因子-1 受体抗体 88%的去糖基化，而不会对产量产生负面影响。与岩藻糖基化途径其他基因相关的功能丧失相比，GDP-岩藻糖脱水酶 (GDP-fucose 4,6-dehydratase，GMD) 蛋白质表达的减少明显优于 FUT8 基因敲除，并产生完全非岩藻糖基化的单克隆抗体。最后，FUT8 和 GMD 的联合敲除也使单抗完全去糖基化，并显示出增强的 ADCC。

另一个重要的 PTM 是唾液酸化作用。去唾液酸化与唾液酸化相比，血清糖蛋白的循环半衰期明显降低。因此，提高唾液酸化水平是影响治疗性蛋白生产的一个重要因素。CHO 细胞中 siRNA 介导的唾液酸酶基因的敲弱，可使唾液酸酶活性降低 60%以上，筛选出的 CHO 细胞克隆能够保留重组 IFNγ 完整的唾液酸含量，直到流加培养结束。也可以通过沉默 *NEU1* 和 *NEU3* 这两个唾液酸酶基因，唾液酸酶活性降低了 98%，使得唾液酸含量增加了约 23%～33%。

七、蛋白质合成工程

导入促进蛋白质生产的基因、通过增强细胞蛋白质生物合成或分泌策略，可以增加 CHO 细胞重组蛋白的产率。研究证实，转录因子如 ZFP-TF、ATF4 或者 GADD34 的过表达，与亲代细胞相比，可显著提高各种细胞重组蛋白的产量，最高可达 10 倍。另一种在蛋白质生物合成中起重要作用的关键蛋白质是哺乳动物西罗莫司靶蛋白 (mTOR)，增强 mTOR 基因的异位表达，亦可显著提高重组 CHO 细胞的整体培养性能，可提高细胞生长速率、细胞活性、细胞凋亡抑制率和比生产速率。

值得注意的是，随着对复杂而难以表达的治疗性蛋白需求的增加，须制定有效策略提供足够量的重组蛋白产品满足临床和市场需求。Pybus 等 (2014) 报道共同过表达热休克蛋白 70kDa 5、活化转录因子 6C 以及 X-box 结合蛋白 1 能够增加 CHO 细胞中难表达单抗的产率。Le 等 (2014) 报道过表达人信号受体蛋白 14 亦可成功提高重组蛋白产量。另外，过表达蛋白二硫键异构酶、X-box 连接蛋白 1、神经酰胺转移蛋白、23kDa 突出体连接蛋白、囊泡连接膜蛋白 8 或者其中的某些组合都已被证明能增加重组蛋白的产量。

基因组编辑技术的迅速发展大大提高了精确改变真核细胞基因组的能力。用于基因编辑的核酸酶，尤其是效率更高、操作更便捷、成本较低的 CRISPR/Cas9 基因编辑技术，从研究方法和策略上彻底改变了我们对基因组功能的认识和了解。目前，基于 5′-NGG-3′PAM 靶序列识别并进行基因编辑剪切的 CRISPR/Cas9 技术已广泛在植物、动物、微生物等多种生物的基因功能研究领域得到应用。CRISPR/Cpf1 和

CRISPR/xCas9 编辑系统是后续通过 CRISPR/Cas9 系统进行改进发展而得。这两个基因编辑系统都可以在不同的 PAM 附近剪切 DNA 序列，大大扩展了可编辑目标基因的覆盖范围，为研究人员进行基因功能研究奠定了坚实的技术基础。新型单碱基基因编辑技术的出现和不断改进，可对单个碱基进行精确转换，有效减少了脱靶效应。虽然目前基因编辑技术仍然存在脱靶效应和潜在的免疫反应等问题，但有理由相信在未来多学科的交叉融合和研究人员的共同努力下，新一代基因编辑技术将会更加便捷、高效、精准，目前存在的缺陷和问题也会逐步得以解决。

基因组编辑技术，特别是 CRISPR/Cas9 将成为 CHO 细胞株工程改造最强有力的工具之一。但要实现该目标仍需继续进行探索：其一，目前 CRISPR/Cas9 技术仍需不断进行改进。在哺乳动物细胞中，由于细胞类型及靶位点的不同，使用 CRISPR/Cas9 技术进行基因改造时靶向效率存在很大差异（2.3%～79%）。该技术还可能造成不同程度的脱靶效应，为此，高活性 gRNA 和工程化 Cas9 的合理设计将增强 CRISPR/Cas9 系统的编辑功能，在一定程度上解决上述问题。其二，需增加对哺乳动物细胞，尤其是 CHO 细胞全基因组、代谢通路的理解。明确定义的参考基因组将有助于促进基因的编辑操作和对结果的深入分析，如 Cas9 核酸酶的全基因组脱靶效应以及 CHO 细胞的结构变异分析（插入/缺失和染色体易位）。参考基因组序列的改进还将降低基因组规模敲除，激活或抑制筛选中的假阴性率，从而有助于鉴定对于期望的表型必需的更多候选基因。目的基因插入 CHO 细胞基因组位点将直接影响细胞生长和表达，探究转录活性位点位置将有助于快速得到高表达工程细胞株。此外，表达产物关键质量属性与多种关键代谢途径、糖基化、信号传导和转录调控等有关，通过改造决定这些代谢通路的基因可最终获得理想质量的目的蛋白质。

目前国内外使用 CHO 细胞生产的生物制品越来越多，质量源于设计的理念也逐渐深入人心。随着基因编辑工具不断改进以及新工具的出现，改造原有工程细胞株，甚至定制设计全新细胞株将变得更加高效快捷，在极大缩短生物制品开发周期的同时，还能生产出安全性更高、质优价廉的重组蛋白药物造福于全人类。

参考文献

任云晓，肖茹丹，娄晓敏，方向东，2018. 基因编辑技术研究进展和在基因治疗中的应用. 遗传，10.16288/j. yczz. 18-142.

Ahmad H I，Ahmad M J，Asif A R，Adnan M，Iqbal M K，Mehmood K，Muhammad S A，Bhuiyan A A，Elokil A，Du X，Zhao C，Liu X，Xie S，2018. A review of crispr-based genome editing：Survival，evolution and challenges. Curr Issues Mol Biol，28：47-68.

Astley K，Naciri M，Racher A，Al-Rubeai M，2007. The role of p21cip1 in adaptation of CHO cells to suspension and protein-free culture. J Biotechnol，130：282-290.

Bibikova M，Golic M，Golic K G，Carroll D，2002. Targeted chromosomal cleavage and mutagenesis in Drosophila using zinc-finger nucleases. Genetics，161（3）：1169-1175.

Boch J，Scholze H，Schornack S，Landgraf A，Hahn S，Kay S，Lahaye T，Nickstadt A，Bonas U，2009. Breaking the code of DNA binding specificity of TAL-type Ⅲ effectors. Science，326（5959）：1509-1512.

Bolukbasi M F，Gupta A，Oikemus S，Derr A G，Garber M，Brodsky M H，Zhu L J，Wolfe S A，2017. DNA-binding domain fusions enhance the targeting range and precision of Cas9. Nat Methods，12：39-46.

Butler M，Spearman M，2014. The choice of mammalian cell host and possibilities for glycosylation engineering. Curr Opin Biotechnol，30：107-112.

Canver M C，Bauer D E，Dass A，Yien Y Y，Chung J，Masuda T，Maeda T，Paw B H，Orkin S H，2014. Characterization of genomic deletion efficiency mediated by clustered regularly interspaced palindromic repeats（CRISPR）/Cas9 nuclease system in mammalian cells. J Biol Chem，289：21312-21324.

Cho S W，Kim S，Kim J M，Kim J S，2013. Targeted genome engineering in human cells with the Cas9 RNA-guided endonuclease. Nat Biotechnol，31（3）：230-232.

Choi P S，Meyerson M，2014. Targeted genomic rearrangements using CRISPR/Cas technology. Nat Commun，5：3728.

Cong L，Ran F A，Cox D，Lin S，Barretto R，Habib N，Hsu P D，Wu X，Jiang W，Marraffini L A，Zhang F，2013. Multiplex genome engineering using CRISPR/Cas systems. Science，339：819-823.

Doudna J A，Charpentier E，2014. Genome editing. The new frontier of genome engineering with CRISPR-Cas9. Science，346：1258096.

Durai S，Mani M，Kandavelou K，Wu J，Porteus M H，Chandrasegaran S，2005. Zinc finger nucleases：Custom-designed molecular scissors for genome engineering of plant and mammalian cells. Nucleic Acids Res，33（18）：5978-5990.

Elliott S，Lorenzini T，Asher S，Aoki K，Brankow D，Buck L，Busse L，Chang D，Fuller J，Grant J，Hernday N，Hokum M，Hu S，Knudten A，Levin N，Komorowski R，Martin F，Navarro R，Osslund T，Rogers G，Rogers N，Trail G，Egrie J，2003. Enhancement of therapeutic protein in vivo activities through glycoengineering. Nat Biotechnol，21：414-421.

Essletzbichler P，Konopka T，Santoro F，Chen D，Gapp B V，Kralovics R，Brummelkamp T R，Nijman S M，Bürckstümmer T，2014. Megabasescale deletion using CRISPR/Cas9 to generate a fully haploid human cell line. Genome Res，24：2059-2065.

Fan L，Kadura I，Krebs L E，Hatfield C C，Shaw M M，Frye C C，2012. Improving the efficiency of CHO cell line generation using glutamine synthetase gene knockout cells. Biotechnol Bioeng，109：1007-1015.

Fire A，Xu S，Montgomery M K，Kostas S A，Driver S E，Mello C C，1998. Potent and specific genetic interference by double-stranded RNA in Caenorhabditis elegans. Nature，391：806-811.

Fischer S，Handrick R，Otte K，2015. The art of CHO cell engineering：a comprehensive retrospect and future perspectives. Biotechnol Adv，33（8）：1878-1896.

Fu Y，Foden J A，Khayter C，Maeder M L，Reyon D，Joung J K，Sander J D，2013. High-frequency off-target mutagenesis induced by CRISPR-Cas nucleases in human cells. Nat Biotechnol，31：822-826.

Gaj T，Sirk S J，Shui S L，Liu J，2016 Genome-Editing Technologies：Principles and Applications. Cold Spring Harb Perspect Biol. 8（12）.

Gaudelli N M，Komor A C，Rees H A，Packer M S，Badran A H，Bryson D I，Liu D R，2017. Programmable base editing of A・T to G・C in genomic DNA without DNA cleavage. Nature，551（7681）：464-471.

Gilbert L A，Larson M H，Morsut L，Liu Z，Brar G A，Torres S E，Stern-Ginossar N，Brandman O，Whitehead E H，Doudna J A，Lim W A，Weissman J S，Qi L S，2013. CRISPR-mediated modular RNA-guided regulation of transcription in eukaryotes. Cell，154：442-451.

Gilbert L A，Horlbeck M A，Adamson B，Villalta J E，Chen Y，Whitehead E H，Guimaraes C，Panning B，Ploegh H L，Bassik M C，Qi L S，Kampmann M，Weissman J S，2014. Genome-scale CRISPR-mediated control of gene repression and activation. Cell 159：647-661.

Grav L M，Lee J S，Gerling S，Kallehauge T B，Hansen A H，Kol S，Lee G M，Pedersen L E，Kildegaard H F，2015. One-step generation of triple knockout CHO cell lines using CRISPR/Cas9 and fluorescent enrichment. Biotechnol J, 10: 1446-1456.

Hatada I, Horii T, 2016. Genome editing: A breakthrough in life science and medicine. Endocr J, 63 (2): 105-110.

Heigwer F, Kerr G, Boutros M, 2014. E-CRISP: fast CRISPR target site identification. Nat Methods, 11: 122-123.

Huang Y M, Hu W, Rustandi E, Chang K, Yusuf-Makagiansar H, Ryll T, 2010. Maximizing productivity of CHO cell-based fed-batch culture using chemically defined media conditions and typical manufacturing equipment. Biotechnol Prog, 26, 1400-1410.

Hwang W Y, Fu Y, Reyon D, Maeder M L, Tsai S Q, Sander J D, Peterson R T, Yeh J R, Joung J K, 2013. Efficient genome editing in zebrafish using a CRISPR-Cas system. Nat Biotechnol, 31: 227-229.

Jansen R, van Embden J D A, Gaastra W, Schouls L M, 2002. Identification of genes that are associated with DNA repeats in prokaryotes. Mol Microbiol 43 (6): 1565-1575.

Jeong D, Kim T S, Lee J W, Kim K T, Kim H J, Kim I H, Kim I Y, 2001. Blocking of acidosismediated apoptosis by a reduction of lactate dehydrogenase activity through antisense mRNA expression. Biochem Biophys Res Commun, 289: 1141-1149.

Jinek M, Chylinski K, Fonfara I, Hauer M, Doudna J A, Charpentier E, Charpentier E, 2012. A programmable Dual-RNA-Guided DNA endonuclease in adaptive bacterial immunity. Science, 337 (6096): 816-821.

Kabadi A M, Ousterout D G, Hilton I B, Gersbach C A, 2014, Multiplex CRISPR/Cas9-based genome engineering from a single lentiviral vector. Nucleic Acids Res, 42: e147.

Kim J Y, Kim Y G, Han Y K, Choi H S, Kim Y H, Lee G M, 2011. Proteomic understanding of intracellular responses of recombinant Chinese hamster ovary cells cultivated in serum-free medium supplemented with hydrolysates. Appl Microbiol Biotechnol, 89: 1917-1928.

Kim Y, Kweon J, Kim A, Chon J K, Yoo J Y, Kim H J, Kim S, Lee C, Jeong E, Chung E, Kim D, Lee M S, Go E M, Song H J, Kim H, Cho N, Bang D, Kim S, Kim J S, 2013. A library of TAL effector nucleases spanning the human genome. Nat Biotechnol, 31: 251-258.

Kim Y G, Cha J, Chandrasegaran S, 1996. Hybrid restriction enzymes: zinc finger fusions to Fok I cleavage domain. Proc Natl Acad Sci USA, 93 (3): 1156-1160.

Knott G J, Doudna J A, 2018. CRISPR-Cas guides the future of genetic engineering. Science, 361 (6405): 866-869.

Komor A C, Kim Y B, Packer M S, Zuris J A, Liu D R, 2016. Programmable editing of a target base ingenomic DNA without double-stranded DNA cleavage. Nature, 533 (7603): 420-424.

Konermann S, Brigham M D, Trevino A, Hsu P D, Heidenreich M, Cong L, Platt R J, Scott D A, Church G M, Zhang F, 2013. Optical control of mammalian endogenous transcription and epigenetic states. Nature, 500: 472-476.

Konermann S, Brigham M D, Trevino A E, Joung J, Abudayyeh O O, Barcena C, Hsu P D, Habib N, Gootenberg J S, Nishimasu H, Nureki O, Zhang F, 2015. Genome-scale transcriptional activation by an engineered CRISPRCas9 complex. Nature, 517: 583-588.

Kosuri S, Church G M, 2014. Large-scale de novo DNA synthesis: Technologies and applications. Nat Methods, 11: 499-507.

Le Fourn V, Girod P A, Buceta M, Regamey A, Mermod N, 2014. CHO cell engineering to prevent polypeptide aggregation and improve therapeutic protein secretion. Metab Eng, 21: 91-102.

Lee J S, Grav L M, Lewis N E, Faustrup Kildegaard H, 2015. CRISPR/Cas9-mediated genome engineering of CHO cell factories: Application and perspectives. Biotechnol J, 10: 979-994.

Li F, Vijayasankaran N, Shen A Y, Kiss R, Amanullah A, 2010. Cell culture processes for monoclonal antibody production. MAbs，2：466-479.

Lin Y，Cradick T J，Brown M T，et al.，2014. CRISPR/Cas9 systems have off-target activity with insertions or deletions between target DNA and guide RNA sequences. Nucleic Acids Res，42：7473-7485.

Mali P，Yang L，Esvelt K M，Aach J，Guell M，DiCarlo J E，Norville J E，Church G M，2013. RNA-guided human genome engineering via Cas9. Science，339（6121）：823-826.

Meents H，Enenkel B，Werner R G，Fussenegger M，2002. p27Kipl-mediated controlled proliferation technology increases constitutive sICAM production in CHO-DUKX adapted for growth in suspension and serum-free media. Biotechnol Bioeng，79（6）：619-627.

Miller J C，Tan S，Qiao G，Barlow K A，Wang J，Xia D F，Meng X D，Paschon D E，Leung E，Hinkley S J，Dulay G P，Hua K L，Ankoudinova I，Cost G J，Urnov F D，Zhang H S，Holmes M C，Zhang Lei，Gregory P D，Rebar E J，2011. A TALE nuclease architecture for efficient genome editing. Nat Biotechnol，29（9）：143-148.

Moscou M J，Bogdanove A J，2009. A simple cipher governs DNA recognition by TAL effectors. Science，326（5959）：1501.

Nakade S，Tsubota T，Sakane Y，Kume S，Sakamoto N，Obara M，Daimon T，Sezutsu H，Yamamoto T，Sakuma T，Suzuki K T，2014. Microhomologymediated end-joining-dependent integration of donor DNA in cells and animals using TALENs and CRISPR/Cas9. Nat Commun，5：5560.

Prieto J，Redondo P，López-Méndez B，D'Abramo M，Merino N，Blanco F J，Duchateau P，Montoya G，Molina R，2018 Understanding the indirect DNA read-out specificity of I-CreI Meganuclease. Sci Rep，8（1）：10286.

Pybus L P，Dean G，West N R，Smith A，Daramola O，Field R，Wilkinson S J，James D C，2014. Model-directed engineering of "difficult-to-express" monoclonal antibody production by Chinese hamster ovary cells. Biotechnol Bioeng，111：372-385.

Qi L S，Larson M H，Gilbert L A，Doudna J A，Weissman J S，Arkin A P，Lim W A，2013. Repurposing CRISPR as an RNA-guided platform for sequence-specific control of gene expression. Cell，152：1173-1183.

Ran F A，Hsu P D，Lin C Y，Gootenberg J S，Konermann S，Trevino A E，Scott D A，Inoue A，Matoba S，Zhang Y，Zhang F，2013. Double nicking by RNA-guided CRISPR Cas9 for enhanced genome editing specificity. Cell，154：1380-1389.

Redondo P，Prieto J，Muñoz I G，Alibés A，Stricher F，Serrano L，Cabaniols J P，Daboussi F，Arnould S，Perez C，Duchateau P，Pâques F，Blanco F J，Montoya G，2008. Molecular basis of xeroderma pigmentosum-group C DNA recognition by engineered meganucleases. Nature，456（7218）：107-111.

Ronda C，Pedersen L E，Hansen H G，Kallehauge T B，Betenbaugh M J，Nielsen A T，Kildegaard H F，2014. Accelerating genome editing in CHO cells using CRISPR Cas9 and CRISPy，a web-based target finding tool. Biotechnol Bioeng，111：1604-1616.

Sander J D，Joung J K，2014. CRISPR-Cas systems for editing，regulating and targeting genomes. Nat Biotechnol，32：347-355.

Shalem O，Sanjana N E，Hartenian E，Shi X，Scott D A，Mikkelson T，Heckl D，Ebert B L，Root D E，Doench J G，Zhang F，2014. Genome-scale CRISPR-Cas9 knockout screening in human cells. Science，343：84-87.

Skulj M，Pezdirec D，Gaser D，Kreft M，Zorec R，2014. Reduction in C-terminal amidated species of recombinant monoclonal antibodies by genetic modification of CHO cells. BMC Biotechnol，14：76.

Stiefel F，Fischer S，Hackl M，Handrick R，Hesse F，Borth N，Otte K，Grillari J，2015. Noncoding RNAs，post-transcriptional RNA Operons and Chinese hamster ovary cells. Pharmaceutical Bioprocessing，3：227-247.

Wang H，Yang H，Shivalila C S，Dawlaty M M，Cheng A W，Zhang F，Jaenisch R，2013. One-step generation of mice carrying mutations in multiplegenes by CRISPR/Cas-mediated genome engineering. Cell，153：910-918.

Wu X，Scott D A，Kriz A J，Chiu A C，Hsu P D，Dadon D B，Cheng A W，Trevino A E，Konermann S，Chen S，Jaenisch R，Zhang F，Sharp P A，2014. Genome-wide binding of the CRISPR endonuclease Cas9 in mammalian cells. Nat Biotechnol，32：670-676.

Wurm F M，Hacker D，2011. First CHO genome. Nat Biotechnol，29：718-720.

Wurm F M，2004. Production of recombinant protein therapeutics in cultivated mammalian cells. Nat Biotechnol，22：1393-1398.

Yang Z，Wang S，Halim A，Schulz M A，Frodin M，Rahman S H，Vester-Christensen M B，Behrens C，Kristensen C，Vakhrushev S Y，Bennett E P，Wandall H H，Clausen H，2015. Engineered CHO cells for production of diverse，homogeneous glycoproteins. Nat Biotechnol，33：842-844.

Yip S S，Zhou M，Joly J，Snedecor B，Shen A，Crawford Y，2014. Complete Knockout of the Lactate Dehydrogenase A Gene is Lethal in Pyruvate Dehydrogenase Kinase 1，2，3 Down-Regulated CHO Cells. Mol Biotechnol，56：833-838.

Zetsche B，Gootenberg J S，Abudayyeh O O，Slaymaker I M，Makarova K S，Essletzbichler P，Volz S E，Joung J，van der Oost J，Regev A，Koonin E V，Zhang F，2015. Cpfl is a single RNAguided endonuclease of a Class 2 CRISPR-Cas system. Cell，163（3）：759-771.

Zhou Y，Zhu S，Cai C，Yuan P，Li C，Huang Y，Wei W，2014. High-throughput screening of a CRISPR/Cas9 library for functionalgenomics in human cells. Nature，509：487-491.

（贾岩龙　王小引）

第六章
动物细胞培养基及其优化

动物细胞培养技术是当今组织工程领域中的前沿研究课题之一。利用细胞培养技术不但可以进行大规模生物制品如单克隆抗体、疫苗及重组蛋白的制备和临床新型药物的研发，还有助于进行干细胞移植、人造器官的培养等。因此，细胞培养技术业已逐渐成为基础研究和临床药物技术开发的关键因素。而细胞培养基的优劣则直接影响了细胞培养状态甚至产品表达的产量和质量，同时还具备极大的经济潜能。

培养基的种类根据培养物有植物类、动物类、微生物类，本章针对哺乳类动物细胞的培养基做出具体的介绍，并对其他动物细胞培养基简单涉猎。动物细胞培养基主要经历了天然培养基、合成培养基、无血清培养基三个阶段。不同培养基由于成分不同及来源差异具备不同的优缺点，尤其是无血清培养基，因其避免了因血清的加入而带来的种种弊端，是目前基础研究及临床应用最为广泛的一种。

2017 年全球生物制药并购交易金额总计约为 775 亿美元。生物制药市场的迅速发展，为细胞培养基的快速成长营造了发展环境，并随之保持着强劲的发展势头。近几年，我国细胞培养基行业规模快速增长，占全球比重日益增长，从 2011 年的 3.59%，增长到 2017 年的 7.60%，并处于增长态势。2011 年全世界细胞培养基的需求就已经超过了 10 亿美元，2019 年全世界细胞培养基市场总值达到了 125 亿美元，根据这个发展趋势和生物制药行业的预期前景，预计到 2026 年会增长到 223 亿美元。在国内市场上，虽然起步晚，但伴随国内生物制药行业的蓬勃发展，无论从科研上还是市场看，细胞培养基制造业都有很强的增值潜力。

哺乳类动物细胞培养基在当前生物制药行业应用十分广泛，其产品涉及药物开发、抗体制造、临床疫苗生产，以及原药研发等各个方面，伴随国家对国民健康的日益重视和临床医药改革的深度开展，哺乳类动物细胞培养基这几年已取得了非常瞩目的发展。2017年国内培养基市场规模已达11.67亿元，但仍大量依赖进口，进口依赖程度甚至达到88.77%。毫无疑问，细胞培养基质量的优劣对于疫苗和药物等生物制品的产量乃至质量是决定性的因素。早在20世纪80年代动物细胞大规模培养技术相关的研究及应用就已经进入了国家“863”计划，伴随当今生物制药行业的迅速增长，作为动物细胞大规模培养的重要原材料——细胞培养基越来越受到众多科研机构和科学工作者的关注。

第一节 细胞培养基

一、细胞培养基简介

（一）培养基的概念

培养基（medium）是指供微生物类、植物和动物组织在特定环境下生长和维持生长繁殖而采用的人工配制而成的各种养料的混合物，通常会含有碳水化合物、含氮物质、无机盐（包括微量元素）、水和维生素等。不同的培养基可以根据实际需要，添加一些特定的化学成分，如动物细胞培养基中常添加生长因子。培养基可以根据成分组成分为天然培养基与合成培养基等，也可以根据培养基性状分为固体培养基、半固体培养基、液体培养基、脱水培养基等，或者根据培养物分为微生物培养基、细胞培养基、细菌培养基、植物培养基、动物培养基等，以及根据培养基功能分为选择性培养基、鉴别性培养基与无氮培养基等。

其中细胞培养基及细胞培养中的方法技术最早源于体外培养技术，体外培养（*in vitro* culture）技术可以根据培养物的不同分为组织培养（tissue culture）、器官培养（organ culture）、细胞培养（cell culture）。总的来说体外培养就是将生物体的部分结构成分如组织、细胞、器官等在生物存活的情况下取出，然后在体外放置于类似于体内环境的条件下，使之在体外模拟环境下继续维持生长的过程。

（二）培养基的功能

细胞培养基就是在离体培养过程中采用的、人工配制的，模拟细胞、组织等在体内的生长环境，提供其生长发育过程中的各类营养成分，从而可以很好地维持细胞、组织等在体外继续生长发育的物质的总和。当今生命科学领域，伴随着生物制药行业的迅速发展，细胞培养基及细胞培养技术在临床及基础研究中越来越受到广泛的重视。

从理论研究和实际应用上，以细胞培养基为基础衍生出的细胞培养技术不但可以应用于生物制药、医学临床和医学基础研究，也可以在动植物和微生物病原学研究中发挥重要的作用。在生物制药方面，如应用于疫苗的创新与生产（Brühlmann et al.，2017）、基因工程药物如促红细胞生成素（erythropoietin）的开发（Yang et al.，

2017)、以及很多抗体药物、单克隆抗体、活性多肽的生产等；在医学基础与临床医学方面，则可用于疾病发病机制的探讨、药物相互作用的深入研究（Prasad et al.，2014)、临床活检组织的保存与运输等。

由于动物细胞通常对营养物质、培养环境的要求都较为严格，目前市场的很多动物细胞培养基至少包括60～80种各类营养物质，甚至某些培养基因培养细胞和条件的不同，组分会超过100种。此外，不同类型来源的动物细胞对培养基组分的组成、含量、浓度等要求也不尽相同，已知培养基组分的改变会显著影响产物如抗体的质量。因此，好的培养基应该既可以保证产品有较高的产量，同时又要使产品具备较高的质量，如何根据动物细胞的种类同时达到这两个目的，日益成为重组蛋白药物生产研发中的“瓶颈”技术。

二、动物细胞培养基的分类

培养基因学科的不同，类别的划分略有差异。仅就哺乳动物细胞培养基而言，目前，细胞培养基根据历史沿革以及成分组成的不同分为天然培养基、合成培养基、无血清培养基三大类。如图6.1，分述如下。

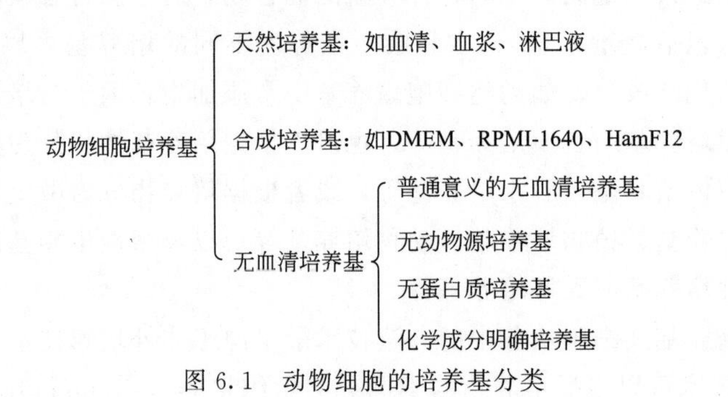

图6.1　动物细胞的培养基分类

（一）天然培养基

天然培养基通常是指由动物体液提取或利用组织分离得到的一类培养基，比如血清、血浆、淋巴液等。天然培养基因为是直接来源于组织机体的，所以化学成分还不完全清楚。天然培养基的具体种类很多，比如生物体的各类体液如血清、脑脊液等；一些组织浸液如胚胎浸液、胎肝浸液、胸腺浸液等。正因为其是直接来源于组织机体的，所以具备营养成分丰富全面，并且含有各种天然的细胞生长因子、激素类物质，且细胞渗透压、环境pH值等也与体内环境相似的优点，故而组织适应性高，培养效果通常较好。缺点是来源不同，成分不明确且成分复杂，同时有差异性，因涉及动物伦理学等问题，来源经常受限，所以造成批次间差异较大，制作过程烦琐的弊端，已逐渐被合成培养基所取代。实际工作中经常将天然培养基与合成培养基结合使用，如目前较为常用的胎牛血清和水解乳清蛋白组合。此外在培养某些特殊细胞时，一些组织提取液和促进细胞贴壁的物质也是不可或缺的。

水解乳清蛋白是指乳清白蛋白在一些蛋白酶和肽酶作用下水解的产物，其中含有丰富的氨基酸、多肽和碳水化合物。一般配制成0.5%的溶液（采用平衡盐溶液溶解）与合成培养基（如MEM细胞培养基）以1∶1的比例混合使用。

因为实践证明胎牛血清对绝大多数哺乳动物细胞的培养都是较为适合的，所以目前在细胞培养过程中应用的血清主要是胎牛血清，有时候也会用到人血清、马血清等。血清是一种非常复杂的混合物，其已知的成分至少包括了各种血浆蛋白、多肽、氨基酸、脂类、碳水化合物、生长因子、各类激素、无机物等，这些物质来源于天然血清，对于细胞的生长繁殖已经达到了生理平衡，因此血清的添加对于细胞培养是绝对有益的。但是，血清也含有某些会对细胞产生毒性作用的物质，典型的如多胺氧化酶。已知多胺氧化酶可以催化多胺类物质（如精胺、亚精胺）发生反应，进而产生对细胞生长有毒性作用的聚精胺，而多胺类物质往往在代谢繁殖旺盛的细胞中含量尤为丰富。此外，血清中天然存在的一些补体、抗体、细菌毒素等都会影响细胞的生长，有些如细菌毒素甚至可能造成细胞死亡。目前，血清多作为一种添加成分与合成培养基混合使用，使用浓度一般为5%～20%，最常用的是10%。

由于水解乳清蛋白和血清成分复杂，批次间差异大及存在病毒、支原体等外源污染风险，对下游生物制品的进一步分离纯化和产品安全性都存在较大的隐患，血清在生物制药行业中的使用越来越少。因此，基于对血浆成分的分析，合成细胞培养基应运而生。

（二）合成培养基

合成培养基是经过人工配制而成的，具体成分可以根据培养物的不同设计不同的组成与比例。

合成培养基是经过人为设计后配制而成的。最早开发的基础培养基（minimal essential medium，MEM），其本质为含有盐、氨基酸、维生素和其他必需营养物的pH缓冲的等渗混合物。在此基础上，DMEM、IMDM、Ham F12、RPMI-1640等各种合成细胞培养基被不断开发出来。常用合成培养基的组成各不相同，其特性及应用范围请参考表6.1。

因为天然培养基中仍有些天然的未知成分，它们尚无法用已知的化学成分替代，所以，细胞培养过程中如果使用合成培养基则必须加入一定量的天然培养基，以克服合成培养基的不足。最普遍的做法是添加5%～10%的血清制成低血清培养基，这样才能有效地维持细胞活力与稳定性，促进细胞增殖。针对不同的动物细胞，伴随代谢组学等新技术的出现，现已开发出了多种商业化、个性化的低血清细胞培养基，使之营养成分更加丰富全面，血清使用量可降低至1%～3%，由此可极大地减少血清等动物来源成分对生物制品安全性的影响。

表6.1　常用合成培养基的特性及应用的范围

培养基名称	特性及应用范围
199细胞培养基	经过添加适量的血清，可用于各种类型细胞的培养，应用范围包括病毒学研究、疫苗开发生产等

续表

培养基名称	特性及应用范围
MEM 细胞培养基	MEM(minimal essential medium)培养基种类繁多：有的含 Earle's 平衡盐，有的含 Hanks' 平衡盐；有的经过了高压灭菌，有的以过滤方式除菌；有的含有不同种类和含量的非必需氨基酸等。MEM 是最基本、适用范围最广的细胞培养基
DMEM 细胞培养基	DMEM(Dulbecco's modified minimal essential medium)是由 Dulbecco 发明的经过改良的 MEM 培养基。特点体现在各种成分含量都有所加倍，可以分为低糖型(1000mg/L)、高糖型(4500mg/L)。所培养细胞生长快、附着能力稍差的细胞如肿瘤细胞以及克隆培养时用高糖效果较好。DMEM 常用于杂交瘤的骨髓瘤细胞以及 DNA 转染的转化细胞培养
IMDM 细胞培养基	IMDM(Iscove's modified DMEM)是由 Iscove 在 DMEM 基础上改良的。特点是增加了几种氨基酸和胱氨酸的含量。IMDM 可用于杂交瘤细胞的培养，以及用作无血清培养过程中的基础细胞培养基
RPMI-1640 细胞培养基	针对淋巴细胞培养专门设计的培养基。组成特点是含有平衡盐溶液(BSS)及 21 种氨基酸、各类维生素等，RPMI-1640 广泛适用于各种正常细胞和肿瘤细胞的培养，也可以用于悬浮细胞的培养
HamF12 细胞培养基	含微量元素，可在血清含量低时使用，适用于克隆化培养。F12 适用于 CHO 细胞，也是无血清细胞培养基中常用的基础细胞培养基
DMEM/F12 细胞培养基	将 DMEM 和 F12 按照 1∶1 比例混合，混合后营养成分丰富，血清使用量也减少。常在开发无血清细胞培养基时作为基础细胞培养基使用

相比天然培养基多采用取自动物体液或从组织中提取的成分作为培养基，合成培养基最大的特点是各种成分已知。

（三）无血清培养基

而无血清培养基则是在去除血清成分后仍能够保证细胞在体外的正常生长繁殖。既然去除了血清，那么血清带来的各种弊端就会迎刃而解，所以无血清培养基的开发毫无疑问成为当代细胞培养技术方面的重大方向。因为血清的存在对细胞的生长虽然很有效，但是血清的存在也带来了很多弊端，如高质量的动物血清来源有限、价格昂贵，常用的动物血清成分复杂、各种生物大小分子混合在一起，有些成分作用机制至今仍未搞清楚等，这对后期培养产物的分离提纯以及活性检测都会造成潜在影响。同时非常重要的是，血清也是支原体等污染的重要来源，每批次血清的质量不同，会影响到实验结果的可靠性和产物的稳定性，因此虽然含血清培养基诞生很多年，但到目前为止还没有用血清培养基进行大规模的商业化生产案例。反之，无血清培养基却越来越受到更多的重视。

无血清培养基是以合成培养基作为基础发展起来的，与传统的天然培养基或继之研发的合成培养基最大的区别在于它可以保证细胞在失去血清的离体环境下稳定培养传代，另一方面可以避免因动物血清的添加而带来的实验方面或伦理方面的影响。对无血清细胞培养的相关研究最早可追溯到 20 世纪中叶，当时有科学家提出以人工配制的某些介质代替原生质，这一设想为后续的细胞培养指明了研究方向。在后续研究过程中，各种混合营养成分的培养基相继问世。各种培养基的出现和广泛使用促使了细胞培养技术的迅速发展，并紧密应用于相关研究领域，随着科学研究的发展和需要，逐步对体外细胞培养所需的各种营养成分进行了严格的分析，合成了适合相应细胞体外生长的基础培养基。

在经历了天然培养基、合成培养基后，无血清培养基和无血清培养技术由于其明显的优势，在当今细胞培养领域占据了绝大的优势。比如采用无血清培养不但可以降低资金成本，使分离纯化步骤更为简化，而且可以大大避免各类污染造成的影响。而在实际制作过程中，无血清培养基的生产，通常是以某种合成培养基为基础，而后添加某些完全明确成分的或部分明确成分的血清替代物，其结果既可以满足动物细胞体外培养的要求，又能有效克服血清可能带来的各种问题。综合各类培养基的优缺点比较见表 6.2。

表 6.2　各类培养基优缺点比较

培养基类别	优　点	缺　点
天然培养基	营养成分丰富全面；细胞环境与体内环境相似；血清更接近细胞环境	来源不同；成分不明确；批次间差异大；制作过程烦琐
合成培养基	各种成分已知；营养成分更丰富	血清来源有限、价格昂贵；动物血清成分复杂；部分成分机制不清楚；易造成支原体等污染；批次间差异大；伦理学弊端大
无血清培养基	摒除了血清的影响；成分已知且清楚；分离纯化过程得以简化；生产成本降低	通用性较差；部分化学成分作用不确定

其中无血清培养基经过 60 余年的发展，历经了普通意义的无血清培养基，无任何动物来源成分的培养基，无任何蛋白质来源成分的培养基以及完全无血清、无任何蛋白质的化学成分明确的培养基四代。各类无血清培养基具体分述如下。

1. 普通意义的无血清培养基

普通意义的无血清培养基即是在原培养基组成基础上仅仅去除了血清成分。但是为了维持细胞体外的生长，需要给体外细胞培养提供一个类似体内生长的环境，需要添加一些从功能上可以替代血清的生物类制品，比如经常用到的有转铁蛋白、胰岛素类、动植物的一些提取物等。这些替代物的添加可以在一定程度上替代血清，但会大大提高制作成本。更重要的是会使培养基中含有大量动植物来源的蛋白质，而且因为这些添加物质有些是直接提取到的，故此化学成分并不十分明确，那就必然会对下游的一些生产过程如重组蛋白药物的分离纯化等产生负面影响。但是因为研究者可以依据细胞类型、产物特点、下游的分离方法等做出各种改进，因此就目前来看普通意义的无血清培养基应用还是比较广泛的。

2. 无动物源培养基

无动物源的培养基去除了所有可能的动物来源成分，而对于普通意义无血清培养基中的动物来源蛋白质则用一些蛋白水解物，基因工程制备的一些重组蛋白，甚至是各种化学物质的组合来替代。要求其既应该能够维持细胞的体外生长及增殖，提高重组蛋白类药物的生物安全性（Ritacco et al.，2018），同时还应尽可能降低培养基的生产成本。目前主要应用于生物药品的研发和生产中。

3. 无蛋白质培养基

无蛋白质培养基理论上应完全去除任何蛋白质，但实际操作中常常包含一些蛋白质类的衍生物，这些衍生物主要来源于一些植物蛋白的水解，当然也可以应用基因重组技术人工合成一些需要的多肽。因为其蛋白质含量非常低，而且所含的蛋白质成分及功能都十分明确，所以对于重组蛋白下游的分离、纯化等生产环节是十分有利的。弊端则在于培养基的细胞通用性比较差，实际操作中需要根据不同的细胞株进行有针对性的个性化设计和成分的进一步改良。在生命科学领域的一些基础研究以及基因工程某些药物的开发中无蛋白质培养基应用多一些。

4. 化学成分明确培养基

化学成分明确的培养基是目前实际应用中最为理想的。有些类型细胞的化学成分明确的培养基已经实现了商业化。此类培养基已完全去除了血清以及所有已知的蛋白质组分，而且组成成分的比例、功能都十分清楚，完全可以保证培养基在批次间的一致性。此类培养基成分明确，可以通过代谢组学等技术手段追踪细胞在培养过程中各种营养物质的代谢过程、消耗速率、转化途径等，而且因为化学成分都是清楚的，可以根据不同成分的性质进行分离纯化就更为方便。但需要指出的是，不同类型的细胞生长特点的不同、对环境营养素的需求不同，因而化学成分相似的培养基无法使各个类型的细胞培养均达到高效的表达状态，这需要研究者根据细胞功能及生产目的不断改进设计方案和配制比例。

各类无血清培养基的发展及优缺点见表 6.3。

表 6.3　无血清培养基的发展及优缺点（杨颜慈 等，2013）

培养基代数	优缺点
第一代	各种可替代血清功能的生物材料，含大量动、植物来源蛋白质和不明成分； 相较于含血清培养基，实验准确性、可重复性、稳定性高一些； 添加物质的化学成分不明确，不利于目标蛋白质的分离纯化，成本较高
第二代	完全不用动物来源蛋白质，需要的蛋白质来源于重组蛋白或蛋白质水解物； 一定程度上降低了成本，提高了效率，加快了报批速度； 成分没有十分明确，实验及生产的稳定性没有达到很高
第三代	完全不含血清、无蛋白质或蛋白质含量极低，所含蛋白质是成分已明确的； 细胞培养与生产易恒定，目标蛋白质的分离纯化更容易，成本大为降低； 对培养的细胞具有很高的特异性，所以适于培养的细胞系较少
第四代	完全无血清、无蛋白质、成分十分明确； 可高温消毒，适合多种不同细胞生长的全能型培养基； 目前在不断改进克服上述缺点，尚未广泛应用，缺点尚不明确

三、细胞培养基的相关政策与标准

（一）细胞培养基的国际相关标准与要求

细胞培养基是生物制药产业的重要原材料之一，培养基的组成及质量优劣对生物制品的产量和质量都有重要的影响。而细胞培养基的生产工艺和配制细胞培养基的原材料选用、制备过程及培养基质量检验过程及其质量控制标准对于细胞培养的产品质量具有直接影响。其中原材料的成分及其质量直接决定了细胞培养基产品的质量及安全性，选择优质合适的原材料是实现细胞培养基培养过程中需要解决的基础问题。除此之外，生产工艺的选择（如原料的研碎、混合技术等）及生产过程中的质量控制等会直接影响产品的溶解性、批次生产量及批次间的差异，进而影响产品的质量（生产工艺在第七章培养工艺与大规模培养中详细介绍）。

1. 现行药品生产管理规范相关细胞培养基的要求

当前美国、欧洲及日本等国家和地区执行的现行药品生产管理规范（current good manufacture practices，cGMP）在对我国内细胞培养基生产企业进行 cGMP 审计时指出，细胞培养基的生产工艺及仪器设备都是应该经过实际验证的，生产过程中用到的各种原材料必需做鉴别实验和相应的技术筛选，培养制作过程中的各类记录应是生产过程实际情况的真实反映，不能有任何人为修改，且在生产过程中对出现偏差进行处理时，出现偏差前涉及的所有批次也均应该进行查证等。这些要求最初是基于美国食品与药物管理局对生物制药中原料质量提出的要求，这个标准远远高于当时国内对药用原材料的相关要求。目前国内主要遵从 2010 年修订的药品生产质量管理规范相关规定。

2. 美国食品与药物管理局相关细胞培养基的要求

美国食品与药物管理局（FDA）对于无菌药物类生物制剂的质量控制囊括了生产过程涉及的各个方面，如厂房与设施、人员培训监督与生产过程管理、培养基组分和盛装培养基的容器、胶塞、内毒素含量控制、培养时间及质保时间控制、无菌条件等级与灭菌方法规程，甚至生产环境监督等。

比如在培养基的无菌检验过程中，1993 年 FDA 药品质量控制微生物实验室检查指南提出如下要求：①用于进行无菌检验的所有设施以及用于制药生产过程的各类设施在无菌方面应该是一致的；②用于无菌检验的仪器设施与无菌加工生产过程中用到的仪器设施相比较，造成微生物污染的概率应该更低；③合理的无菌检验过程设计应该既包括更衣区域也包含通过气闸设施；④生产环境的监测和生产者的着装应该与药品生产中的要求相一致（FDA. 药品质量控制微生物实验室检查指南，1993）。

无菌检验的过程需要涉及大量生产药品和培养基制造的相关操作甚至场地人员，检查的时候应该对无菌过程做实地实时检验，而不应仅仅审查质检报告；若个别机构以无菌、配制、人员等任何借口试图阻止实地勘察时，检验人员首先应分辨清楚其真实目的，并在不干扰正常生产操作的前提下进行实地检验。但是要注意的是，无论任何情况，都不应该放弃这部分检查。

无菌检验的程序检查中，最重要的一项是对原菌检验初次显示结果为阳性的结果记录的审查。这一过程中应要求被检方列出所有不合格的检验结果，特别是对于风险性很大的无菌分装的培养基，这一点尤为重要，通过所有合格与不合格结果的审查，以分辨生产、质量控制和调查报告的准确性。如果无菌检验中采用无菌分装的产品的对照组未发现异常，但检测组在初次无菌检验时就出现了阳性结果，那么该种产品是否可以发放准入证明是需要更加慎重的（FDA. 药品质量控制微生物实验室检查指南，1993）。

无菌检验程序检查中另一个同样重要的事项是检查是否在初次检测时设立了阴性对照组，尤其对高质量的无菌检验设立阴性对照尤为重要；一个规范的无菌检验流程应该使用已知的最终灭菌的样品作为系统阴性对照。

另外也有一种现象是需要引起检测者注意的，即生产无菌分装培养基的生产商家在自我监测监督过程中从未发现过阳性无菌检验结果，当然这种情况是有可能发生的，但概率实在太低了。此外不存在初次阳性检验结果，也有可能是根本没有验证培养基有没有来自药品或原料的残留物。

无菌检验的过程检查还包括自动化无菌检验系统或无菌隔离技术自身的检查，比如用于无菌检验的 La Calhene 装置，可以直接移取样品而不需要人为参与。如果应用 La Calhene 装置检测样品时发现初次检验不合格，那么根据一次复检的结果就决定药品是否发放是非常不负责任的，尤其是检验对照组是阴性结果的情况下更应该审慎（FDA. 药品质量控制微生物实验室检查指南，1993）。

最后无菌检验样品的培养时间也有必要被列入评价项目。美国药典提出样品的培养时间至少是 7d，有的学者则认为是 14d；大多数评估者认为应根据实际的检验过程以及产品的性质、种类甚至最终用途等来判定其最佳培养时间。对于细胞培养而言，7d 时间可能略短，尤其是对于那些生长过程缓慢的微生物，因此在培养基灌装、环境储存过程中、无菌检验和其他数据核查时都应确保没有发现生长缓慢的微生物。此外，建议加入各种细胞培养方法的培养结果比较，以此衡量采用的培养方法对于生产要求、培养目的、培养物种类、细胞系等是否最佳（FDA. 药品质量控制微生物实验室检查指南，1993）。

随着医用保健生物制品安全性要求的提高，尤其是人用重组蛋白药物的大规模开发与生产，以及当前社会临床对相应药品的巨大需求，无论从生物安全的角度，还是人类健康的层面，严格按照 cGMP 规范进行细胞培养基生产是最基本的要求。

（二）哺乳类动物细胞培养基的国内标准与检测方法

1. 哺乳类动物细胞培养基的标准分级

根据 2017 年 11 月 4 日召开的第十二届全国人民代表大会常务委员会第三十次会议议程修订通过的《中华人民共和国标准化法》，此处的标准指的是包括农业、工业、服务业等各个领域生产过程中需要统一的一些技术准则。我国目前的标准有五级：国家标准、行业标准、地方标准、团体标准、企业标准。其中国家标准又可以分为强制性标准、推荐性标准，行业标准、地方标准（中华人民共和国标准化法，2017）。其中哺乳动物细胞培养基为行业标准中的推荐性标准。

2. 哺乳类动物细胞培养基的主要检测内容及标准

1997 年调整后的《中华人民共和国化工行业标准》及 2020 年版《中华人民共和国药典》（简称《中国药典》）对哺乳类动物细胞培养基的主要检测内容及方法做了详细的介绍，具体如下。

（1）培养基澄清度测定的方法与标准

测定方法：按浓度或体积分数计算每升液体培养基中样品量，以天平称取后倒入 1000mL 烧杯中，加水定容至 1000mL，轻微搅拌至彻底溶解。

测定标准：按《中华人民共和国药典》进行。

依据《中华人民共和国药典》2020 年版三部物理检查法：

澄清度的检查方法：澄清度的检查方法是把药品溶液与药典中规定的液体浊度标准液进行比较，通过对比判定溶液的澄清度。有目视法和浊度仪法，除非另有规定，通常采用第一法即目视法进行判定。

第一法（目视法）：

除另有规定外，按各品种项下规定的浓度要求，首先采用专业的比浊用玻璃管，要求玻璃管内径 15～16mm，平底，具塞，以无色、透明、中性硬质玻璃材质制成。在室温条件下将供试品溶液与等量的浊度标准液（配制方法见表 6.4 目视法澄清度测定中浊度标准液的配制方法）分别置于配对的比浊用玻璃管中，在浊度标准液制备 5min 后，在暗室内垂直共同置于伞棚灯下，照度为 1000lx，从水平方向观察、比较即可。除另有规定外，供试品溶解后应立即检视。

表 6.4　目视法澄清度测定中浊度标准液的配制方法

级号	0.5	1	2	3	4
浊度标准原液/mL	2.50	5.0	10.0	30.0	50.0
水/mL	97.50	95.0	90.0	70.0	50.0

（中华人民共和国药典，2020）

表 6.4 中浊度标准原液的配制方法可分为两步进行，首先称取于 105℃干燥至恒重的硫酸肼 0.50g，置 50mL 干燥洁净量瓶中，加水适量使之溶解，必要时可在 40℃的水浴中温热溶解，并用水稀释至刻度；然后与 50mL 的 10%乌洛托品液充分混合。

浊度标准原液的制备标准：取配制好的标准原液 3mL，使用紫外-可见分光光度仪，在 550nm 的波长处测定，以配制水为空白对照测定其吸光度，当其吸光度波动在 0.12～0.15 之间时标准液可用。

第一法无法准确判定两者的澄清度差异时，改用第二法进行测定并以其测定结果进行判定。

第二法（浊度仪法）（需要用散射光式浊度仪）：

供试品溶液的浊度可采用浊度仪测定。溶液中不同大小、不同特性的微粒物质包括有色物质均可使入射光产生散射，通过测定透射光或散射光的强度，可以检查供试品溶液的浊度。仪器测定模式通常有透射光式、散射光式和透射光-散射光比较测量式三种类型。

（2）培养基 pH 值的测定方法与标准

操作方法：按浓度或体积分数计算每升液体培养基中样品量，以天平称取后放入 1000mL 烧杯中，加水定容至 1000mL，轻微搅拌至完全溶解。

测定标准：按《中华人民共和国药典》进行。

依据《中华人民共和国药典》2020 年版三部物理检查法：

pH 值的测定方法：溶液的 pH 值可以使用酸度计进行测定。酸度计应符合国家有关规定。为了保证酸度计的测定精度和测定结果的可信性，酸度计必需定期标定。此外测定前，也应采用一些标准缓冲液先校正仪器，下边列举几种常用的标准缓冲液。

测定前校正仪器常用的几种标准缓冲液：

1）草酸盐标准缓冲液　精密称取于 54℃±3℃ 干燥 4～5h 的草酸三氢钾 12.71g，置 1000mL 干燥洁净量瓶中，加水使之溶解并稀释至 1000mL。

2）磷酸盐标准缓冲液　精密称取于 115℃±5℃ 干燥 2～3h 的无水磷酸氢二钠 3.55g 和磷酸二氢钾 3.40g，置 1000mL 干燥洁净量瓶中，加水定容至 1000mL，并轻轻摇匀，使二者彻底完全溶解。

3）邻苯二甲酸盐标准缓冲液　精密称取于 115℃±5℃ 干燥 2～3h 的邻苯二甲酸氢钾 10.21g，置 1000mL 干燥洁净量瓶中，加水定容至 1000mL，并轻轻摇匀，使二者彻底完全溶解。

各种标准缓冲液在不同温度条件下的 pH 值如表 6.5（中华人民共和国药典，2020）中所示。

表 6.5　各种标准缓冲液在不同温度条件下的 pH 值变化

环境温度/℃	草酸盐标准缓冲液	磷酸盐标准缓冲液	邻苯二甲酸盐标准缓冲液	硼砂-硼酸标准缓冲液	氢氧化钙标准缓冲液（25℃饱和溶液）
0	1.67	6.98	4.01	9.46	13.43
5	1.67	6.95	4.00	9.40	13.21
10	1.67	6.92	4.00	9.33	13.00
15	1.67	6.90	4.00	9.27	12.81
20	1.68	6.88	4.00	9.22	12.63
25	1.68	6.86	4.01	9.18	12.45
30	1.68	6.85	4.01	9.14	12.30
35	1.69	6.84	4.02	9.10	12.14
40	1.69	6.84	4.04	9.06	11.98
45	1.70	6.83	4.05	9.04	11.84

续表

环境温度/℃	草酸盐标准缓冲液	磷酸盐标准缓冲液	邻苯二甲酸盐标准缓冲液	硼砂-硼酸标准缓冲液	氢氧化钙标准缓冲液（25℃饱和溶液）
50	1.71	6.83	4.06	9.01	11.71
55	1.72	6.83	4.08	8.99	11.57
60	1.72	6.84	4.09	8.96	11.45

培养基 pH 值测定过程中的部分注意事项：

1）所有仪器的操作均应严格按照仪器生产厂家配备的使用说明书进行。

2）测定过程中用水的要求：采用室温的单蒸水或双蒸水均可，但要求水的 pH 值必须介于 5.5～7.0 之间。

3）测定前标准缓冲液的选择：应选取两种 pH 值的标准缓冲液，要求被测溶液的 pH 值必须在这两种标准缓冲液 pH 值之间，且这两种标准缓冲液的 pH 值相差不能超过 3 个 pH 值标准单位。

4）测定前对仪器的第一次校正：取与被测溶液 pH 值比较接近的一个标准缓冲液第一次校正仪器，校正标准即仪器读数值与表 6.5 中的数值一致。

5）测定前对仪器的第二次校正：仪器经过第一次校正后，再用另一个标准缓冲液检测仪器，校正标准即仪器读数值与表 6.5 中的数值误差不大于±0.02 个 pH 值标准单位。如果误差超过±0.02 个 pH 值标准单位，处理方法为小心调节仪器斜率，使读数值与第二种标准缓冲液的表中数值相一致。

6）测定后仪器的简单清洗：使用后，应对电极进行及时清洗，方法是以超纯水清洗电极，再以仪器专用的吸水纸将水吸尽，也可以用待测的供试品溶液润洗电极。

7）标准缓冲液的保存和应用有效期，表 6.5 中的标准缓冲液常温下可以保存 2～3 个月。如果使用时发现缓冲液有浑浊、发霉或沉淀的现象时，需要重新配制。

8）其他未尽注意事项可参考《中华人民共和国药典》(2020)。

（3）培养基干燥减量的测定方法与标准

操作方法：取两次以相同方法同时测定结果的平均值为最终测定结果，两次以相同方法同时测定结果的绝对差值不大于这两个测定值的算术平均值的 10%认为有效。

测定标准：依据《中华人民共和国药典》干燥失重测定法进行操作。

依据《中华人民共和国药典》2020 年版三部含量测定法：

干燥失重的测定方法：该测定方法包括实验器材的准备、测定样品的准备、干燥失重的测定流程三个步骤。

实验器材的准备：取实验用扁形称量瓶，将瓶盖半开或取下放入烘箱或干燥器进行干燥，干燥后首先应在烘箱或干燥器内拧紧瓶盖，然后小心取出并称取扁形称量瓶质量，记录备用。

测定样品的准备：取待测定的培养基等样品，首先于超净台中小心搅拌均匀，对于一些较大的固体类物质如结晶体，建议先在研钵中研磨成 2mm 以下的小颗粒，之后称取大约1g或药典规定的样品，进行干燥失重的测定。

干燥失重的测定流程：取称好的待测样品，于超净工作台中小心放入扁形称量瓶中，要求平铺放置，厚度小于5mm，对于疏松物质，厚度小于10mm。之后进行第一次称重，记录干燥前重量。于烘箱或干燥器中瓶盖半开或取下，在105℃干燥至质量不再变动，然后在烘箱或干燥器中拧紧瓶盖取出进行第二次称重，根据两次称取的质量计算样品的干燥失重。需要注意的是，如果操作是在烘箱中进行的话，称重时必须等待样品晾至室温才可以进行，晾制过程要在干燥器中进行。

另外还有105℃干烤法（参考药典3101固体总量测定法）：精密量取一定体积供试品，放入干燥至恒重的适宜大小的玻璃称量瓶中，置干烤箱中在105℃下烘烤至恒重。

（4）培养基渗透压的测定方法

操作方法：按浓度或体积百分比计算每升液体培养基中样品量，准确称取后放置于1000mL烧杯中，加水定容至1000mL，轻微搅拌至彻底溶解。

测定标准：按《中华人民共和国药典》渗透压摩尔浓度测定法进行操作。

依据《中华人民共和国药典》2020年版三部物理检查法：

渗透压摩尔浓度测定方法：该测定方法的具体内容如下所述。

渗透压的表示方法：渗透压的大小通常以渗透压摩尔浓度（Osmolality）来表示，渗透压摩尔浓度的单位多为毫渗透压摩尔浓度（mOsmol/kg），如人体血液的正常渗透压摩尔浓度为285～310mOsmol/kg。

毫渗透压摩尔浓度可以通过如下公式计算得出：

$$\text{毫渗透压摩尔浓度（mOsmol/kg）}=\frac{\text{每千克溶剂中溶解的溶质克数}}{\text{分子量}}\times n\times 1000$$

式中，n为一个溶质分子溶解或解离时形成的粒子数。

渗透压的测定方法：渗透压的测定采用的是一种间接的方法，即通过测量待测溶液的冰点下降来获得样品渗透压的摩尔浓度。

取两次以相同方法同时测定结果的平均值为最终测定结果，注意两次以相同方法同时测定结果的绝对差值不大于这两个测定值的算术平均值的5%视为有效。

测定过程中用的仪器称渗透压摩尔浓度测定仪，仪器使用前需要经过校正。

渗透压摩尔浓度测定仪校正用标准溶液的制备：按表6.6（中华人民共和国药典，2020）中所列数据称取氯化钠试剂，然后在650℃下干燥50min，之后放在干燥器中晾至室温，溶于1kg水中，使之彻底溶解混匀即可。

待测样品的要求：待测样品应结合临床应用，直接测定或按药典规定的具体溶解或稀释方法制备供试品溶液，注意应使其渗透压摩尔浓度处于表中测定范围内。

待测样品渗透压的测定流程：整个流程应严格按照厂家附赠的渗透压仪器说明书实施。首先取超纯水调节仪器读数至零点，然后从表6.6渗透压摩尔浓度测定仪校正用标准溶液中选择两种渗透压标准溶液校正仪器（注意应根据文献或经验预测待测样品的大致渗透压范围，使之处于两种渗透压标准溶液之间），最后依据仪器操作要求测定待测样品的冰点下降值。

表 6.6 渗透压摩尔浓度测定仪校正用标准溶液

每千克水中氯化钠质量/g	毫渗透压摩尔浓度/(mOsmol/kg)	冰点下降温度 ΔT/℃
3.087	100	0.186
6.260	200	0.372
9.463	300	0.558
12.684	400	0.744
15.916	500	0.930
19.147	600	1.116
22.380	700	1.302

(5) 培养基细菌内毒素的测定方法与标准

操作方法：按浓度或体积百分比计算每升液体培养基中样品量，准确称取精确至0.0001g的待测样品，取细菌内毒素检查用水将样品彻底溶解并定容至10mL，取0.1mL彻底溶解后的样品与3.9mL细菌内毒素检查用水充分混匀即得样品测定溶液。

测定标准：依据《中华人民共和国药典》细菌内毒素检查法中的凝胶法相关标准进行。

依据《中华人民共和国药典》2020年版三部微生物检查法：

细菌内毒素检查方法之凝胶法：该检查方法的具体内容如下所述。

细菌内毒素检查过程中水的要求：应符合灭菌注射用水标准，其内毒素含量应小于0.015 EU/mL，EU代表细菌内毒素的量，1 EU代表的细菌内毒素量与1个内毒素国际单位（IU）相当。

测定过程用的器皿的预处理：目的是去除可能存在的一些外源性内毒素污染。处理方法因材质不同有所差异，例如一般耐热器皿用干热灭菌法（250℃、30min以上）去除内毒素；塑料器具则应选用明确标明无内毒素并且对试验无干扰的器材。

待测样品的处理与制备：一般待测样品溶液和鲎试剂混合后溶液的pH值在6.0～8.0的范围内为宜，必要时，可调节被测溶液（或其稀释液）的pH值，可通过适宜的酸、碱溶液或缓冲液调节其pH值。

细菌内毒素凝胶检查法流程：凝胶法的原理是利用了鲎试剂与内毒素产生凝集反应，从而进行限度检测或半定量检测。

1) 凝胶限度试验方法　表6.7（中华人民共和国药典，2020）为制备凝胶限度试验中溶液A、B、C和D的方法和标准。

表 6.7 凝胶限度试验溶液的制备

编号	内毒素浓度/配制内毒素的溶液	平行管数
A	无/供试品溶液	2
B	2λ/供试品溶液	2

续表

编号	内毒素浓度/配制内毒素的溶液	平行管数
C	2λ/检查用水	2
D	无/检查用水	2

注：A为供试品溶液；B为供试品阳性对照；C为阳性对照；D为阴性对照。

结果判断时间标准：被测样品液保温60min±2min后才可观察结果。

判定标准：①D的平行管均为阴性，B的平行管均为阳性，C的平行管均为阳性，试验有效。②A的两个平行管均为阴性，判定供试品符合规定。③A的两个平行管均为阳性，判定供试品不符合规定。④A的两个平行管中的一管为阳性，另一管为阴性，需进行复试。⑤复试时A需做4支平行管，若所有平行管均为阴性，判定供试品符合规定，否则判定供试品不符合规定。⑥若供试品的稀释倍数小于最大有效稀释倍数（MVD）而溶液A出现不符合规定时，需将供试品稀释至MVD重新实验，再对结果进行判断。

2）凝胶半定量试验（鲎试剂灵敏度的标示值设为λ） 这种方法是通过测定反应终点的浓度来量化供试品中内毒素的含量。依照表6.8制备凝胶半定量试验溶液A、B、C和D（中华人民共和国药典，2020）。

结果判断方法：表6.8凝胶半定量试验溶液中编号A的系列溶液中每一系列的终点稀释倍数乘以λ，为每个系列的反应终点浓度。若阴性对照溶液D的平行管均为阴性，供试品阳性对照溶液B的平行管均为阳性，系列溶液C的反应终点浓度的几何平均值在0.5～2λ，则试验才为有效。

表6.8 凝胶半定量试验溶液的制备

编号	内毒素浓度/被加入内毒素的溶液	稀释用液	稀释倍数	所含内毒素浓度	平行管数
A	无/供试品溶液	检查用水	1	—	2
			2	—	2
			4	—	2
			8	—	2
B	2λ/供试品溶液	—	1	2λ	2
C	2λ/检查用水	检查用水	1	2λ	2
			2	1λ	2
			4	0.5λ	2
			8	0.25λ	2
D	无/检查用水	—	—	—	2

注：A为不超过MVD并且通过干扰试验的供试品溶液；B为2λ浓度标准内毒素的溶液A（供试品阳性对照）；C为鲎试剂标示灵敏度的对照系列；D为阴性对照。

（6）培养基微生物限度的测定标准与方法

测定方法与内容：依照《中华人民共和国药典》2005年版附录ⅪJ微生物限度检

查法进行，检查项目包括细菌数、霉菌数。

样品的预处理：精确称取样品 1.00g，于超净工作台中以 10mL 经过灭菌的超纯水完全溶解，彻底混匀后即可获得试验用样品溶液。

检查方法依据《中华人民共和国药典》2020 年版三部微生物检查法：

无菌检查方法：该检查方法包括计数方法和平皿法，具体内容如下。

计数方法：本文主要介绍实验室较常用的平皿法，除此以外还有最可能数法（most-probable-number method，MPN）和薄膜过滤法，可参考《中华人民共和国药典》(2020)。

平皿法：平皿法根据操作方式又分为倾注法和涂布法。从平行实验的角度，每株试验菌每种培养基至少同时制备 2 个平皿，以平均值作为计数的最终结果。

1）平皿法之倾注法　取供试液 1mL 置于直径 90mm 的无菌平皿中，于超净工作台中直接注入 15～20mL、45℃以下但尚未开始凝固的胰酪大豆胨琼脂或沙氏葡萄糖琼脂培养基，将供试液与培养基小心混匀，于超净台中静置约 30min，待其凝固后，倒置培养。按药典规定的条件进行培养、计数。同法测定供试品对照组及菌液对照组细菌数。计算各试验组的平均菌落数。

2）平皿法之涂布法　取 15～20mL，45℃以下但尚未开始凝固的胰酪大豆胨琼脂或沙氏葡萄糖琼脂培养基，在已灭菌的超净工作台中直接注入直径 90mm 的无菌平皿，静置约 30min 等待其凝固后，制成无菌的平板，可通过低温烘烤或室温灭菌的超净台晾干培养基表面。每一平皿接种供试液不少于 0.1mL。按药典规定的条件进行培养、计数。同法测定供试品对照组及菌液对照组菌数。计算各试验组的平均菌落数。

结果判断：采用平皿法时，试验组菌落数减去供试品对照组菌落数的值与菌液对照组菌落数的比值应在 0.5～2 范围内。

（7）培养基细胞生长试验方法　培养基细胞生长试验操作流程与要求包括以下几个方面。

1）培养基细胞生长试验中用到的容器及溶液均应无菌，全部操作过程应在无菌条件下进行。

2）细胞生长温度：37℃恒温。

3）细胞生长时长：48～72h。

4）细胞生长的细胞培养液：10％的小牛血清。

5）细胞生长的过程：首先以 10％的小牛血清细胞培养液生长 48～72h，然后把培养液更换为不含小牛血清的细胞培养液，再继续培养 48h。计数备用。

培养基细胞生长试验用到的试剂和材料：

1）小牛血清：血清标准依照国家卫生免疫部门相关要求及《中华人民共和国药典》，目前多有市售。

2）平衡盐溶液的配制：精确称取氯化钾 0.20g、氯化钠 8.00g、无水磷酸二氢钾 0.20g、无水磷酸氢二钠 1.150g，将它们于 1000mL 量瓶中充分混匀定容至 1000mL，再过滤除菌。

3）VERO 细胞：可市售购买，要求传代不超过 150 代为宜。

4）细胞培养液：按不同培养基的组成要求配制，市售培养基需经过预实验检测。

5）胰蛋白酶溶液：天平精确称取胰蛋白酶 2.50g，于 1000mL 量瓶中加平衡盐溶液并稀释至 1000mL，充分混匀，再过滤除菌即可得。

培养基细胞生长试验用到的仪器设备：

1）医用级别超净工作台：要求洁净级别达到百级及以上。

2）恒温二氧化碳培养箱：作用是持续提供二氧化碳并且保持细胞生长环境中二氧化碳体积分数始终波动在 5%±0.1%。

3）细胞培养瓶：市售 T25 型、用前需要无菌处理。

4）显微镜要求：倒置显微镜即可。

5）血细胞计数板：市售。

6）盖玻片要求：以无水乙醇浸泡并晾干备用。

培养基细胞生长试验操作基本流程：

1）细胞悬液的制备方法和步骤

① 以经过灭菌的玻璃长颈滴管从细胞培养瓶内吸出细胞培养液弃去，更换玻璃长颈滴管吸取平衡盐溶液对培养细胞进行第一轮洗涤。

② 以一个新的经过灭菌的玻璃长颈滴管吸取胰蛋白酶溶液 1mL 加入细胞培养瓶内，在 37℃下静置 3～5min。然后在显微镜下观察培养细胞的生长状态，当细胞变成小球形代表已经脱壁，即可倒掉胰蛋白酶溶液。

③ 部分脱壁的细胞会随着蛋白酶溶液被弃去，可重新观察细胞形态和数量，根据显微镜下观察到的细胞数量加入适量的细胞培养液，然后用新的玻璃长颈滴管轻轻吹打数次，目的是使细胞脱壁，得到的即是细胞悬液，此处命名为细胞悬液 A。

2）细胞培养的主要过程

① 以经过灭菌的玻璃长颈滴管吸取 1）中制备的细胞悬液 A，加到一个新的无菌的细胞培养瓶内，加入体积 0.5～3mL 不等，具体视细胞悬液 A 的细胞密度。

② 以一个新的灭菌的玻璃长颈滴管吸取 10mL 10%小牛血清的细胞培养液加入此细胞培养瓶内，应使细胞接种密度达到 5×10^4 个/mL。

③ 标记细胞培养瓶操作时间、细胞类型、操作者等，然后小心平稳地将细胞培养瓶放入二氧化碳恒温培养箱内，在 37℃下，注意保持二氧化碳体积分数为 5%±0.1%进行细胞培养。

④ 待细胞培养 48～72h 时，取出标记的细胞培养瓶，并在显微镜下观察细胞形态和密度，按《中华人民共和国药典》方法计数细胞。

⑤ 计数细胞，当细胞密度达到 1×10^5 个/mL 时，按照操作流程更换培养液为不含小牛血清的细胞培养液，添加体积为 10mL，在相同环境下继续培养 48h，再次观察细胞形态并计数。

3）细胞计数的方法与步骤

① 首先将需要计数的培养细胞按1）细胞悬液的制备方法和步骤中标示的方法处理后制备成细胞悬液，此处命名为细胞悬液B。

② 然后在灭菌超净工作台中以经过灭菌的玻璃长颈滴管吸取细胞悬液B 100μL转移至1.5mL离心管中，可以根据前期培养时镜下观察的细胞量确定是否需要稀释及稀释的具体倍数。

③ 镜下观察方法，取灭菌或新购的计数板，将盖玻片盖在计数板中心的计数室上方。以另一根经过灭菌的玻璃长颈滴管沿盖玻片边缘滴加细胞悬液B使其通过毛细作用自然渗入盖玻片下，注意不要留有气泡，也不要有外溢，然后放置在显微镜下进行细胞计数。

④ 细胞计数方法原则，镜下观察计数板四角大方格中的细胞数，细胞压中线时，遵循“计左不计右，计上不计下”的组织学原则。将计数板观察到的细胞数代入下列公式计算细胞数：

计数板观察到的细胞数$\times 10^4 \times$稀释倍数/4＝培养细胞数/mL培养液

培养基细胞生长试验细胞观察和计数结果的分析与表述：

所培养细胞经过48～72h的培养后，细胞形态应呈现成纤维细胞样，如梭形，此为贴壁细胞生长型，正常成纤维细胞形态参见本书的细胞培养具体章节。经过48～72h的培养，细胞数量应达到1×10^5个/mL。制备细胞培养液B后继续培养48h的细胞形态仍呈现成纤维细胞样，贴壁样生长，正常细胞形态亦参见本书细胞培养具体章节。再经过48h的细胞培养后，细胞计数应不小于1×10^5个/mL。具体计数结果会受到接种量、生长环境、培养液状态、细胞原始状态、操作者的习惯等诸多因素的影响。

（8）培养基各指标检验中的通用规则与要求

1）以上技术指标中的所有项目均为培养基完成制备时必须检验的项目。

2）同一个批次是指使用同一台仪器设备由同一批操作者一次混合所生产的培养基产品。每个批次均必须检验。

3）采样过程必需按GB/T 6679—2003《固体化工产品采样通则》国家标准的规定进行。采样后应将样品均匀分成两份，一份供本次检验用，另一份作为留样保存备查。两份样品均应粘贴完整标签，并注明相同的内容包括样品名称、生产批次、生产日期，以及采样日期和采样者姓名。

4）所有产品均应由研发者所在单位的质量检验部门进行质量检验。

5）检验结果的判定标准与方法应按《中华人民共和国国家标准极限数值的表示方法和判定方法》GB/T 1250修约值比较法进行，根据比较法要求如果检验结果中有一项指标不符合标准，则应重新自两倍量的包装单元中采样进行复验，若复验结果仍有不符合标准的，即使只有一项指标不符合标准，则整批产品也应被定性为不合格。

依据《中华人民共和国药典》2020年版，哺乳类动物细胞培养基主要技术指标见表6.9。

表 6.9 哺乳类动物细胞培养基主要技术指标

项目		指标(粉末细胞培养基)			
		DMEM	199	MEM	RPMI1640
澄清度		澄清			
pH 值[①](每升标示量/L)		3.20～6.40	3.90～6.30	3.90～6.90	6.40～8.30
干燥减量的质量分数/%		≤5.0			
渗透压[②](mOsmol/kg H_2O)		238～291	238～299	228～301	223～273
细菌内毒素/(EU/mL)		≤10			
微生物限度	细菌数/(CFU/g)	≤200			
	霉菌数/(CFU/g)	≤50			
细胞生长实验	细胞形态	正常			
	细胞生长实验	合格			

①每种亚型允许的 pH 偏差范围为±0.30。②每种亚型允许的渗透压偏差范围为±5%。

四、细胞培养基的主要成分

细胞培养基是为了满足新细胞合成、细胞代谢等生化反应所需要的物质和能量需求，因此必须具备充分的营养物质。常用细胞培养基的主要成分包括水、氨基酸、维生素、碳水化合物、无机盐和其他一些辅助营养物质等。此外，还可能含有血清、血清替代成分、pH 指示剂、细胞保护剂等。

1. 水

水是细胞生存主要的成分，也是细胞实现物质与能量代谢的主要环境载体。哺乳动物细胞对水的纯度及水中的杂质种类和含量都非常敏感。细胞体外培养过程中，培养基中 90%以上的成分都是水，因此水的纯度和成分将直接影响细胞培养的效果。通常水中都会含有一些微量元素、细菌、内毒素，以及微量的有机物和微粒等。为了防止细胞培养物的生长受到这些杂质的干扰，或者由于培养基中无法预测的离子和微量元素浓度导致细胞培养产物的不均一性，细胞培养用水必须经过纯化，其品质应符合《中国药典》注射用水标准或者超纯水的标准。

用于制备无污染水的水源包括蒸馏水、去离子水、超纯水，制备方法包括微滤和超滤等。

水的纯度可以通过电导率或电阻（>18MΩcm）以及低有机碳含量（$<15\times10^{-9}$）来测量，为了尽量避免内毒素等对细胞培养的不利影响，应尽量去除内毒素等热源物质。

2. 能源和碳源

能源物质和碳元素来源物质是维持细胞生存和支持细胞体外生长的主要培养基成

分，主要包括糖类、糖酵解的产物和谷氨酰胺，有的细胞类型培养基中也加入不同种类和含量的其他氨基酸。哺乳动物细胞能量代谢过程中能够直接利用的糖类多是六碳糖，在大多数的动物培养基配方中，特别是用于CHO细胞培养的化学成分确定的培养基中，葡萄糖是主要的能源和碳源物质，含量一般为5～25mmol/L。

在葡萄糖浓度较高时，所培养细胞主要通过扩散作用摄取葡萄糖，细胞膜内外的葡萄糖浓度梯度是细胞摄入葡萄糖的主要动力；在葡萄糖浓度较低时，主要由细胞内外的钠离子浓度梯度通过特异的载体蛋白使细胞摄取葡萄糖。葡萄糖进入细胞后可以参与糖的无氧氧化、糖的有氧氧化、核酸的代谢、糖原的合成、能量代谢以及脂质和一些氨基酸的合成。与细胞在体内的能量代谢途径不同，细胞在体外培养时，一定的浓度范围下，葡萄糖主要经糖的无氧氧化转化成乳酸来为细胞提供能量。

参与葡萄糖代谢过程的酶活性都相对较高，特别是在无血清培养基中，CHO细胞可以在葡萄糖浓度低于3mmol/L(0.540g/L）的限制性培养基中维持比较高的活力（Neermann et al.，1996)。前期研究实验证明，只要葡萄糖浓度保持在1.22mmol/L（0.220g/L）以上，细胞的生长速率、细胞内ATP浓度和氨基酸代谢率就不会显著地随着培养基中葡萄糖浓度的降低而降低。这表明葡萄糖在这个浓度以上是不影响细胞培养的。

然而，由于单克隆抗体生产用培养基中CHO细胞的快速生长所导致的营养的消耗速率比较高，故有学者认为培养基中的葡萄糖水平通常应被控制在更高的水平，即使在一些限制葡萄糖的培养策略中也是如此。

虽然葡萄糖是典型的CHO细胞培养基中碳元素来源，但目前普遍认为葡萄糖的消耗通常会导致丙酮酸的积累和乳酸的增加。也有学者认为高浓度的乳酸则可以抑制哺乳动物细胞培养中的细胞生长（Cruz et al.，2000)。

前期有学者通过实验观察到在细胞培养的早期阶段，乳酸的生成速率并不受培养基中葡萄糖浓度高低的显著影响，而在后期阶段，较高的葡萄糖浓度则可导致乳酸的积累增加。通过对CHO细胞糖代谢过程的分析表明，在细胞增殖的对数期，无论氧的浓度如何，CHO细胞都会通过糖的无氧氧化生成能量并伴随乳酸的产生；而在稳定期，细胞则可以通过氧化磷酸化产生能量并消耗掉乳酸。这些实验结果导致在培养基中开始出现逐渐利用低葡萄糖浓度或有限葡萄糖浓度的方法策略。

为了进一步降低葡萄糖水解产生的代谢物对细胞培养的影响，开始寻找并已经评估了培养基中许多可以取代葡萄糖的能源物质。半乳糖就是一种重要的葡萄糖替代碳源，可用于CHO细胞培养。与葡萄糖一样，半乳糖在糖的无氧氧化中可以转化为丙酮酸。对半乳糖代谢过程的分析表明，在同时含有葡萄糖和半乳糖的培养基中，CHO细胞倾向于首先利用葡萄糖，然后再利用半乳糖。这种代谢转变可导致乳酸产量的降低和乳酸消耗量的增加，其结果可以延缓细胞活力的下降。然而，Altamirano等曾报道其研究发现即使在乳酸以及氨浓度控制很好的情况下，在培养基中用半乳糖完全替代葡萄糖会导致细胞生长率的减少和细胞活力的早期下降，认为这可能是由己糖激酶对半乳糖的亲和活性低所造成的（Altamirano et al.，2006)。

同时，在产物如抗体表达方面，Gramer 等报道，在 CHO 细胞培养过程中可以通过调整半乳糖、尿苷和氯化锰三种成分的浓度比例，最终控制抗体的半乳糖基化水平（Gramer et al.，2011）。而且半乳糖还可能通过两种不同的机制影响抗体唾液酸化。由于半乳糖残基是抗体 *N*-聚糖中唾液酸化的靶部位，因此增加的半乳糖基化可通过提供额外的唾液酸化位点来增加潜在的唾液酸化水平。然而，Clark 等提出唾液酸酶基因表达谱和对细胞内酶活性的研究表明，半乳糖可能具备增加脱唾液酸化作用（Clark et al.，2005）。

其他己糖如果糖、甘露糖等也有报道被用作 CHO 细胞培养基中葡萄糖的替代物。如 Gawlitzek 等提出的向含有葡萄糖的培养基中添加甘露糖，结果显示对 *N*-糖基化没有影响或略有降低（Gawlitzek et al.，2009）。在培养基中用甘露糖替代葡萄糖，可以加速细胞生长和减少乳酸的累积而不影响产品质量，同时提高产品体积生产率（Gonzalez et al.，2011）。但需要注意的是，含有高浓度甘露糖的培养基也可以抑制细胞内 α-甘露糖苷酶，从而增加产品中甘露糖糖基化的比率，这可以增加抗体依赖性细胞介导的细胞毒性和人体内抗体的清除率（Slade et al.，2016）。

类似半乳糖和甘露糖，果糖也可用于控制乳酸积累并延缓细胞活力的下降。然而，已有研究表明葡萄糖被果糖完全取代的培养基会导致细胞生长减缓和抗体滴度下降。

除了葡萄糖和其他己糖之外，CHO 细胞培养基中也常常用谷氨酰胺作为细胞的主要能量来源。理论上谷氨酰胺可以通过谷氨酰胺酶催化生成谷氨酸，再经脱氢氧化为 α-酮戊二酸，α-酮戊二酸可以进入三羧酸循环。谷氨酰胺是 CHO 细胞培养过程中必需的营养物质，谷氨酰胺的缺失会推迟指数生长期的开始。据报道，在基础培养基中补充足量的谷氨酰胺可以改善细胞的活力，同时减少乳酸的积累并提高抗体生产率，即使在转染后产生大量谷氨酰胺合成酶的 CHO-GS 细胞也是如此（Xu et al.，2014）。

但是，在应用谷氨酰胺的过程中发现谷氨酰胺降解过程中，经常转化为谷氨酸。谷氨酸是体内游离氨的一个重要来源，因此会在培养基中积累游离氨。培养基中的氨浓度升高会降低细胞的生长速率、增加糖型的异质性、影响其他氨基酸的消耗速率，进而可能对细胞培养产生显著的负面影响（Chen et al.，2005）。

因此，需要设计一些优化方案替代谷氨酰胺或降低谷氨酰胺浓度。比如用谷氨酰胺二肽（包括丙氨酰谷氨酰胺和甘氨酰谷氨酰胺）替代培养基中的谷氨酰胺，从而降低谷氨酰胺代谢率并可以控制氨的释放。目前，该类产品技术已经商品化（如 GIBCO 的 GlutaMAX^{TM} 培养基），并且通常用于 CHO 细胞培养。

为了减少谷氨酰胺代谢产生的氨的积累，谷氨酸也可作为谷氨酰胺降解的主要中间物质，用作 CHO 细胞培养基中的替代能源物质。有研究报道，在 CHO 细胞培养基中用相同浓度的谷氨酸替代谷氨酰胺可以降低产物生产阶段的氨和乳酸的生成速率，从而促进细胞的生长和增加抗体的滴度。

丙酮酸钠是另一种能源物质，也可用于代替 CHO 细胞培养基中的谷氨酰胺。在

CHO 细胞培养基中用丙酮酸钠替代谷氨酰胺，氨积累的速度和量均大大减少，细胞生长至少在 19 代内没有受到显著影响，并且不需要任何中间适应步骤来维持细胞的生长速率。

由于丙酮酸既是乳酸生成的中间体，也是丙氨酸脱氨基的产物，丙酮酸的补充可以限制 CHO 细胞培养过程中乳酸消耗时丙氨酸的消耗，从而减少丙氨酸代谢产生的氨（Besson et al.，1997）。

3. 氮源

氨基酸是包括 CHO 细胞在内的各类哺乳动物细胞培养基中的关键组分，特别是在化学成分确定的培养基中。氨基酸在细胞内的生理功能是多方面的：首先氨基酸是蛋白质的基本结构单元，用于合成蛋白质和多肽；其次氨基酸代谢中会产生某些具有重要生理作用的含氮化合物，如 5-羟色胺、牛磺酸、烟酰胺等；此外，某些氨基酸还具有一些特殊的生理作用，如甘氨酸可以参与生物转化作用，丙氨酸和谷氨酰胺参与体内氨的运输等；当然，氨基酸也可以通过代谢转变成糖类和脂肪，参与氧化供能。

研究表明，细胞培养基中氨基酸组成的微小变化就可以改变细胞的生长曲线和产物表达的滴度，并且还可以显著影响产物的糖基化模式（Li et al.，2012）。通过代谢高通量分析优化培养基中的各种氨基酸浓度，在融合蛋白生产过程中，峰值细胞密度可以增加 50%以上，滴度会增加 25%以上（Fan et al.，2015）。在另一项研究中，Torkashvand 等利用 Plackett-Burman 设计了一个实验流程，通过识别影响细胞生长和滴度的关键氨基酸，并通过响应面法分析这些氨基酸的变化，优化细胞培养基中的氨基酸浓度，最终在不改变产品质量的前提下使滴度增加了 70%（Torkashvand et al.，2015）。

除了增加滴度和峰值细胞密度之外，某些特定的氨基酸还可能对生物反应器中生长的细胞具有保护作用。比如 Chen 等已经证明某些氨基酸可以消除或减轻氨和 CO_2 积累以及高渗透压的一些负面影响（Chen and Harcum，2005）。

除此之外，一些早期报道，某些氨基酸也可作为信号分子，降低哺乳动物细胞的凋亡率，因此，在培养基设计中应仔细确定并优化氨基酸的种类和浓度。

通常，根据哺乳动物细胞自身合成能力的差异，氨基酸可以分为可自身合成的营养非必需氨基酸和必须由食物提供的营养必须氨基酸。哺乳动物细胞不能合成营养必需氨基酸。因此营养必需氨基酸必须作为细胞培养基的组分之一。譬如已发现色氨酸是一些培养基研究中的限制因素。已经证实补充色氨酸可以提高滴度和峰值细胞密度（Xing et al.，2011）。然而，色氨酸可被氧化成 5-羟色氨酸、*N*-甲酰基犬尿氨酸或其他氧化产物，导致细胞生长减缓（McElearney et al.，2016；Zang et al.，2011）。虽然培养基中某些成分比例的变化（如色氨酸、铜和锰浓度的增加以及半胱氨酸浓度的降低）可以减少色氨酸的光诱导氧化（Hazeltine et al.，2016），但在培养基存储和处理过程中防止强光照射仍然是防止色氨酸降解和氧化的最佳方法。多种浓度的氨基酸响应面分析显示营养非必需氨基酸和营养必需氨基酸对 CHO 细胞生长具有显著的统计学意义。

此外，已经证明，优化了的培养基中营养非必需氨基酸和营养必需氨基酸的相对浓度以及各类氨基酸之间的浓度比例可以提高重组单克隆抗体的产量。比如有研究者通过实验证实天冬酰胺和天冬氨酸是细胞培养基中重要的非必需氨基酸，在代谢途径中起着重要作用。与其他氨基酸相比，CHO 细胞倾向于以相对较高的速率消耗天冬酰胺和天冬氨酸，特别是在细胞对数生长期。与葡萄糖、谷氨酰胺和谷氨酸一样，这两种氨基酸对于维持三羧酸循环和能量代谢非常重要。天冬氨酸和天冬酰胺可以通过转氨基反应在谷氨酰胺和谷氨酸之间的实现氨的传递，代谢中产生谷氨酸和草酰乙酸（Dean et al.，2013）。有学者已证实若在培养基中限制天冬酰胺和天冬氨酸，对 CHO 细胞的单克隆抗体生产是有害的。此外，培养基中的天冬酰胺还可用于控制产物中半乳糖基化糖形式的分布。

最后，培养基中尚有一些因溶解度和稳定性需要优化的氨基酸。例如，酪氨酸等溶解度低的氨基酸，可以用磷酸酪氨酸二钠盐或含酪氨酸的二肽代替以提高溶解度（Kang et al.，2012；Von Hagen et al.，2018）。半胱氨酸是最不稳定的氨基酸之一，可在中性 pH 下被氧化成胱氨酸。胱氨酸的低溶解度降低了半胱氨酸在培养基中的表观溶解度。一种高度可溶且稳定的半胱氨酸衍生物 *S*-磺基半胱氨酸已被报道成为 CHO 细胞培养基中替代半胱氨酸的重要来源和抗氧化剂。

4. 维生素类

维生素对于细胞生长是必不可少的营养物质，在细胞物质代谢、能量代谢甚至遗传信息传递中都起非常重要的调节和辅助作用，在信号转导以及酶活性调节中可用作辅助因子。根据溶解性的不同可分为水溶性维生素和脂溶性维生素两大类。水溶性维生素主要有维生素 C、烟酰胺、吡哆醛、叶酸、泛酸、胆碱、肌醇、硫胺素、核黄素、维生素 B_{12} 等；脂溶性维生素主要有维生素 A、维生素 D、维生素 E、维生素 K 等。有的细胞培养基中还直接补充了 ATP 类和辅酶 A 类物质，大部分培养基中还有生物素。

尽管只需要微量，但维生素对于细胞培养基是必不可少的成分，特别是在化学成分确定的培养基中。例如，补充叶酸、钴胺素、生物素和 4-氨基苯甲酸，可有效促进细胞生长和提高生产力。许多商业化培养基中均含有 B 族维生素及其衍生物，包括生物素、胆碱、叶酸、泛酸、吡哆醇、核黄素、硫胺素、钴胺素、肌醇、烟酰胺和 4-氨基苯甲酸。而在 CHO 细胞培养中，已证实添加维生素可使抗体体积产量增加 3 倍。当然，并非所有维生素都对细胞生长很重要。其原因是：一方面不同种类维生素的作用不同；另一方面是不同种类的细胞对维生素的需求也可能有较大差异，相应细胞培养基中维生素含量也可能不同。而且许多维生素很容易受热、强光和空气暴露的影响。在 CHO 细胞培养基常用的维生素中，抗坏血酸和生育酚对空气氧化敏感，硫胺素、核黄素、钴胺素和抗坏血酸对光敏感，硫胺素和泛酸对热敏感（Yao et al.，2017）。因此，在培养基储存期间，对光和热的保护是至关重要的。

5. 无机盐

无机盐同样是细胞维持生命活动所不可缺少的营养成分。无机盐在CHO细胞培养基中起着重要的化学和生物学作用，包括维持细胞膜的静息电位、组织细胞内外的渗透压平衡、对机体酸碱环境的缓冲作用，并可以参加细胞的各种代谢活动如葡萄糖、氨基酸的跨膜主动吸收。无机盐离子主要有K^+、Na^+、Ca^{2+}、Mg^{2+}、Cl^-、PO_4^{3-}、SO_4^{2-}、HCO_3^-等，通过提供Na^+、K^+和Ca^{2+}，帮助细胞调节细胞膜的功能。所有哺乳动物细胞都使用钠离子和钾离子梯度来产生跨膜电位，支持信号转导、营养富集和离子交换。在许多常用的CHO细胞培养基中，钠离子与钾离子的比例范围约为（20∶1）～（40∶1）。据报道，钠离子与钾离子比例较低［（6∶1）～（8∶1）］或钾离子浓度较高的培养基更有利于提高CHO细胞的活力和提高生产力（Leist et al.，2017）。

培养基中钙离子和镁离子的浓度通常分别设计为约1.0～3.0mmol/L和0.2～1.0mmol/L。已经证明，钙和镁的缺乏会通过CHO细胞中的清道夫受体BI（细胞膜上的一种糖蛋白，第一个被证实的HDL-C受体）引发细胞凋亡，而细胞内钙过载也可能导致细胞凋亡（Feng et al.，2012）。

除了它们的生理学作用外，适量的无机盐还有助于控制培养基渗透压浓度。前期研究报道，将渗透压从290mOsmol/kg增加到435mOsmol/kg可以减少杂交瘤细胞系的细胞生长，但是生产率提高了两倍以上，从而产生了类似的最终抗体浓度。对于CHO细胞，据报道，特定细胞生长速率随着提高培养基渗透压而呈线性下降，介于316～450mOsmol/kg之间。然而，渗透压逐渐增加至约450mOsmol/kg时显示出在CHO细胞培养过程中显著提高了比生产率和抗体产量。因此，在优化细胞培养基时，也应考虑无机盐总量与离子相关的最终渗透压浓度。

上述离子对于不同细胞的作用也各有不同，但是它们共同参与构成了细胞赖以生存的微环境，维持了细胞内外的渗透压、pH稳定和电化学平衡等。当然由于细胞代谢的特点以及各种无机离子的相互作用，某种无机离子的吸收或利用可能会受到其他离子的影响，例如，培养基中钙离子浓度过高就可能会使镁离子和锌离子的吸收受到影响。因此，在培养基的配制中除了满足各个离子浓度的要求以外，还要注意各种离子之间的平衡。

6. 微量元素

微量元素在体内含量少，有的地方甚至又称之为“痕量元素”，但是对于细胞生长不可或缺，同时微量元素种类繁多，包括铁、锌、铜、碘、硒、锰、钴、镍、铬、钼、氟等。细胞培养基中微量元素的有效浓度通常非常低，并且在许多情况下，它们甚至低于标准分析仪器的检测阈值。微量元素虽然添加的量很少，但是非常重要。

许多微量元素在代谢途径的调节以及某些酶和信号分子的活性调节中起关键作用。在CHO细胞培养中，无论溶解氧浓度如何，缺铜都会导致乳酸脱氢酶和其他线粒体氧化酶活性的下调，从而导致组织缺氧（Luo et al.，2013）。因此，相对高的铜浓度可以将CHO细胞的乳酸代谢从净乳酸产生转变为净乳酸消耗，继而促进细胞生长和增加抗体滴度（Yuk et al.，2015；Qian et al.，2012）。

微量元素在细胞内的存在形式有游离型和结合型两种，以结合型为主。其中铁参与构成血红素，在细胞代谢中主要参与氧的供应；钴是维生素 B_{12} 的组成部分，维生素 B_{12} 对于叶酸的代谢和脂肪酸的合成必不可少；镍是体内一些代谢酶重要的激活剂，如脱氧核糖核酸酶、乙酰辅酶 A 合成酶，此外镍对于核酸的稳定性也有一定的作用；硒可以以亚硒酸钠的形式提供，硒是谷胱甘肽过氧化物酶的重要辅助因子，已知过氧化物酶具有抗过氧化物能力，可以促进细胞内脂代谢产物的进一步代谢去除，从而提高细胞的生长速率和生存活性。

已知锰、钼、硒和钒均是细胞培养所必需的，因此它们包含在大多数培养基中。有研究者提出某些哺乳动物细胞可能还需要其他微量元素，包括锗、铷、锆、钴、镍、锡和铬，因此也包括在某些培养基中。表 6.10 中提供了 CHO 细胞培养基中主要微量元素的功能与最佳浓度。

表 6.10　CHO 细胞培养基中主要微量元素的功能与最佳浓度（Frank et al.，2018）

微量元素	功　能	最佳浓度/(μmol/L)
铜	激活线粒体氧化酶；调节乳酸消耗	0.8～100
铁	影响产物的糖基化；维持细胞生长	10～110
锌	增加单抗产量；抑制细胞凋亡	3～60
锰	改善半乳糖基化；减少产物催化	0.4～40①
钼	增加生理活性物质的产量	0.001～0.1
硒	促进铁的运输；保护细胞免受氧化应激和自由基的影响	0.005～0.5
钒	模仿胰岛素或胰岛素类似物的代谢功能，促进细胞生长	0.1～70
钴	促进产物糖基化；提高化学成分限定培养基的产率	0～50

①锰的浓度取决于糖基化要求。

7. 其他添加成分

在低血清、无血清细胞培养基中，为满足细胞生长增殖的需要，常常添加一些其他有效成分，如多肽类、一些具有特殊功能的蛋白质、嘌呤碱基类、核苷类，甚至三羧酸循环的一些中间产物及一些血清替代物等。

生长因子通常是肽、小蛋白质和激素，可作为影响细胞生长、增殖、恢复和分化的信号分子。早期研究表明，生长因子是细胞培养基中不可或缺的一部分，没有生长因子，细胞生长可能会受到显著抑制甚至停止。在许多早期培养基中，生长因子以血清形式提供。然而，在无血清培养基中，并未提供通常在血清中发现的广谱生长因子，而是仅提供少量特定生长因子，从而最大限度降低培养基配方的总体复杂性。如在某些 CHO 细胞的无血清培养基中经常添加一些自分泌生长因子，如脑源性神经营养因子（brain-derived neurotrophic factor，BDNF）、成纤维细胞生长因子 8（fibroblast growth factor 8，FGF8）、生长调节 α 蛋白（growth regulated oncogene Alpha，

GROα)、肝细胞生长因子（hepatocyte growth factor，HGF）、肝细胞瘤衍生生长因子（hepatoma-derived growth factor，HDGF）、白血病抑制因子（leukemia inhibitory factor，LIF）、巨噬细胞集落刺激因子 1（colony stimulating factor 1，CSF1）和血管内皮生长因子 C（vascular endothelial growth cactor C，VEGFC）。研究表明，添加一种或多种生长因子如 FGF8、HGF 和 VEGFC 可促进无血清培养基中细胞增殖。

胰岛素及其类似物是无血清培养基中最广泛使用的生长因子。胰岛素可促进细胞对葡萄糖和氨基酸的利用，商业化中的一些生长因子以重组蛋白形式添加到培养基中，主要用来刺激细胞增殖，并可促进糖原和脂肪酸的合成。研究表明，与缺乏生长因子的培养基相比，含量即使低至 50 ng/mL 的胰岛素也可将滴度提高 3～4 倍。已有研究者证实 1μg/mL 胰岛素可改善分批培养中的 CHO 细胞状态，并抑制 ICE、Bcl-2 和 Bax 等细胞凋亡标志物的表达。已有学者研究证明在无血清培养基中，添加的胰岛素类似物包括胰岛素生长因子 1（IGF-1）和 LONG R3，即使培养基中所加的胰岛素类似物浓度低于胰岛素，CHO 细胞活力仍与胰岛素添加时相似或可得到更好的改善。

多胺类，通常在 CHO 细胞培养基中补充的外源性多胺包括腐胺、亚精胺和精胺。腐胺是合成精胺和亚精胺的前体，而精胺和亚精胺在细胞中是可以相互转化的。早期关于多胺功能的研究表明，这些多胺中的每一种都可以单独提高细胞生长速度和活力，而精胺可能是这三种中最为有效的。许多 CHO 细胞培养基都含有几种不同的多胺。但是，多胺分解代谢可通过多种途径产生氧化物质、醛类、丙烯醛和氨，它们可抑制细胞生长，最终影响细胞活力（Pegg，2014）。因此，细胞培养基中多胺的补充应经过精心设计控制在细胞毒性极限以下。

乙醇胺是一种重要的刺激细胞生长的化合物，也是脑磷脂的合成前体。

转铁蛋白是一种重要的转运蛋白，能够与铁结合，促进细胞对铁离子的吸收利用，并具有解毒作用，其促生长作用可能与其具有生长因子的功能相关。

另外，酚红作为 pH 值的指示剂常被加入细胞培养基中。酚红在产物纯化过程中会造成干扰，并且具有一定的固醇类激素样作用，如雌激素样作用。现在商业化细胞培养基中的酚红含量可根据需求调整。

8. 保护剂

细胞保护剂是保护细胞免受渗透压变化、剪切力、氧化及气泡作用等引起的细胞损伤的物质。在使用生物反应器培养动物细胞时，细胞易被机械搅拌和通气鼓泡产生的流体剪切力和气泡作用所伤害甚至造成细胞破裂死亡。Pluronic F-68 是一种培养基中经常使用到的表面活性剂，其物理性质稳定，能够耐受热压灭菌和低温冰冻，可因表面活性作用形成胶团增加多种药物的表面溶解度。在生物反应器培养中，Pluronic F-68 通过降低泡沫层中细胞的浓度，保护细胞免受气泡破裂引起的机械应力损伤。此外，有研究者提出 Pluronic F-68 还可以通过一种或多种机制保护细胞，如在细胞膜上形成保护层，降低了疏水性，稳定了生物反应器中细胞培养物顶部的泡沫层，或者通过掺入和加强细胞膜提高细胞对流体剪切力的抵抗性。一般来说，人们普遍认为 Pluronic F-68 可显著提高细胞活力，增加生产率和改善糖基化（Clincke et al.，2012)。然而，CHO 细胞可以吞噬 Pluronic F-68 并在溶酶体中降解它。因此，除了在基础培养基中添加 Pluronic F-68 外，可能还需要连续补充该表面活性剂作为培养基补料的重要组分，以维持细胞培养物所需的浓度。此外，Pluronic F-68 变异已被证明会影响细胞生长和生产力，特别是在大规模的重组蛋白产品生产中。

五、细胞培养基的理化性质

动物细胞在培养基中不仅要存活，还要分裂增殖，合适的渗透压、pH 值等理化性质是细胞培养基必需具备的条件。

1. pH

动物细胞培养大多数需要轻微的碱性条件，最适 pH 在 7.2～7.4 之间。细胞培养基的 pH 值通常需经校正过的 pH 计来测定。细胞在代谢过程中，由于有氧氧化会产生一定量的二氧化碳，伴随培养时间的推移和细胞数量的增殖，二氧化碳的浓度会逐渐升高，因为其代谢过程会产生 HCO_3^-，培养液就会逐渐变酸，pH 值也随之发生变化。酚红是细胞培养基中最常用的 pH 指示剂，但仅仅依靠细胞培养基中的酚红等 pH 指示剂进行判断，即使实验员具备丰富的经验积累，也存在较大的主观性。实际上，很多个性化细胞培养基或无血清细胞培养基中酚红含量都较少或是不含酚红，pH 值的变化只能通过 pH 计或者 pH 电极进行即时检测，结果会更为准确可靠。

2. 缓冲能力

细胞培养基应具有一定的缓冲能力。细胞培养过程中造成细胞培养液 pH 波动的主要物质是细胞代谢产生的 CO_2。在封闭式培养环境中 CO_2 与水结合产生碳酸，碳酸会进一步解离出 H^+，细胞培养液 pH 很快下降；打开培养器具时 CO_2 逸出则会引起 pH 瞬时升高。细胞培养基通常采用 $NaHCO_3$-CO_2 缓冲系统，按下列化学反应方程式调节细胞培养基的 pH 值：

$$H_2O + CO_2 \longrightarrow H_2CO_3 \rightleftharpoons H^+ + HCO_3^-$$

$$NaHCO_3 \rightleftharpoons Na^+ + HCO_3^-$$

此外，还有缓冲能力较高的磷酸盐缓冲系统。但因为碳酸盐缓冲系统的细胞毒性小、成本低，在细胞培养中的应用更为广泛。另一种较为常用的缓冲液是 HEPES（羟乙基哌嗪乙硫磺酸）液，是一种氢离子缓冲剂，能较长时间控制恒定的 pH 范围。在 pH7.0～7.2 范围内具有较好的缓冲能力。但高浓度的 HEPES 可能对细胞有毒性作用，细胞培养时 HEPES 的添加浓度一般为 10～25mmol/L。

3. 渗透压

细胞正常形态的维持需要一个等渗的环境，当然由于代偿性，细胞对渗透压的改变有一定的耐受性。研究显示大多数哺乳类动物细胞，渗透压波动在 260～

320mOsmol/kg的范围内都是可以正常生存的。在生产、配制细胞培养基的过程中，渗透压的测定较为重要。很多因素，如水溶剂的添加、氨基酸的补充、蛋白质的消耗、代谢效率的改变等都会造成渗透压发生较大的变化，渗透压的过多改变会引起培养细胞形态与功能的障碍。因此在细胞培养尤其是在反应器高密度动物细胞培养过程中，在添加碳酸氢钠的过程中，在各类补料的添加过程中，都应注意渗透压的及时监控，防止渗透压过高对细胞的损害。

4. 温度

温度对细胞培养基的稳定性及细胞的生存均有较大的影响，温度过高可引起营养成分的降解或破坏，细胞培养基的pH、离子强度和电解常数p*Ka*也可能受到影响。比如细胞培养液中的谷氨酰胺，在高温条件下降解的速度较快，如35℃贮存时，放置3d降解25%左右，在4℃贮存3周降解约20%。

5. 黏滞性及表面张力

普通的液态细胞培养基的黏滞性主要是由血清引起的。在转瓶培养悬浮细胞时，培养液的黏滞性对细胞生长没有多大影响；但在生物反应器悬浮培养细胞时，细胞培养液的黏滞性则直接影响搅拌转速及搅拌剪切力，从而易对细胞造成损伤。

表面张力对细胞培养有较大的作用，尤其在利用生物反应器进行悬浮培养时，为了达到一定的溶氧率，需要不断地进行搅拌和通气，而搅拌和通气都会引起泡沫的产生。对于含血清培养液，由于血清中多种蛋白质的存在，搅拌时产生的气泡较多，气泡的上升运动对细胞的损伤程度还有争议，但气泡的破裂对细胞有明显的损伤作用。为降低这种损伤，可通过在细胞培养基中添加一些消泡剂，降低细胞-气体和细胞-液体的表面张力，减少气泡的形成。

六、细胞培养基的灭菌及储存

不同培养基的除菌方式及注意事项有所差异。哺乳动物细胞培养基灭菌的方式分为高压灭菌和膜过滤除菌。不同的培养基由于其营养成分不同，采用的灭菌方式也不同。

1. 高压灭菌

某些培养基（如MEM）可进行高压灭菌，这类培养基高压灭菌时应注意不能有L-谷氨酰胺和碳酸氢钠，因为它们会在高压下分解，实际操作中通常是在其他培养基组分添加完成及高压灭菌后再加入L-谷氨酰胺和碳酸氢钠。另外有学者提出可以用耐高压的L-丙氨酰-L-谷氨酰胺替代L-谷氨酰胺。培养基在121℃、103.42kPa(15psi)、15min的条件下营养成分的损失最小，同时也完全可以达到灭菌目的。

2. 膜过滤除菌

培养基成分中常常含有多肽类、蛋白质类、生长因子等物质，而这些物质在高温高压下会发生变性失活，因此实际上很多细胞培养基并不宜高压灭菌。这些培养基可以采用过滤的方式除去细菌。市场上用于过滤灭菌的滤膜型号类型多种多样，其材料多为聚醚砜（polyethersulphone，PES）、尼龙、多聚碳酸盐、醋酸纤维素、硝酸纤维素、聚四氟乙烯（PTFE）、陶瓷等。膜过滤除菌是当前较为常用及便捷的一种方法，常采用0.2μm孔径的滤膜，部分采用0.1μm的孔径。与高压过滤方式相比，滤膜使用期限短且价格较高，但对细胞培养基的营养成分破坏性较小。

3. 培养基的储存

不同细胞培养基存储过程中的注意事项各不一样。通常液体细胞培养基是在2～8℃避光保存，使用时提前从冰箱取出，先放在室温下平衡一段时间再行使用。由于液体培养基的成分复杂，各个成分性质不一，因而不能长久放置，一般的有效期是6到12个月。比如谷氨酰胺的稳定性比较差，会随着时间的延长慢慢分解，如果使用长期储存的培养基培养细胞时出现细胞生长欠佳的现象，就可以考虑检测培养基中的谷氨酰胺含量以确定是否需要再补加谷氨酰胺。使用干粉细胞培养基自行配制成液体以后，也应低温（2～8℃）贮存。应注意的是，培养基中除谷氨酰胺易降解之外，培养基中的其他成分随着温度的升高也可能会发生降解或析出。

4. 细胞培养基使用过程中常见问题分析

（1）细胞培养基的缓冲系统选择及pH变化问题　大多数哺乳动物细胞的最适pH在7.0～7.4之间，偏离此范围会影响到一些蛋白质的活性或一些酶促反应过程，进而影响细胞的生长状态。当然不同细胞对pH的要求是不一样的，例如，原代培养细胞对pH变化的耐受力一般比较差，无限细胞系耐受力则强一些。因此，原代培养时，培养液中的缓冲系统就显得更为重要。细胞培养基一般采用的都是平衡盐系统，但不同的培养基或是同一系列的不同培养基所用的平衡盐系统不同，如199系列培养基有Hanks'系统的培养基及Earle's系统的培养基。但是有些培养基不是上述常规的平衡盐系统，如RPMI1640培养基、F12培养基。

细胞培养过程中导致pH值下降的原因有很多。例如，在细胞增殖迅速时，CO_2积聚非常快，pH值就会迅速下降，此时可以通过及时传代或调节培养基组分等方法予以解决。此外，长期久置的培养基、实验室细菌的交叉污染、真菌或支原体的污染甚至培养瓶瓶盖拧得太紧等原因也能导致pH值快速下降。这时，可以通过以下几种方法解决：

1）增加培养液中$NaHCO_3$浓度或减少培养箱内CO_2浓度。$NaHCO_3$含量在2.0～3.7g/L之间时对应的CO_2浓度为5%～10%。

2）改用不依赖CO_2的培养液。

3）适当松动培养瓶瓶盖。

4）在培养液中加HEPES缓冲液，使终浓度为10～25mmol/L。

5）改用以Earle's盐为基础配制的培养基（CO_2培养环境中），或改用Hanks'盐为基础配制的培养基（大气培养环境中）。

6）污染引起的pH变化，需要迅速处理污染源如除菌、去除支原体等，严重的顽固污染必须丢弃培养物。

（2）细胞培养基常用几种重要的添加成分及使用过程中应注意的问题　酚红在

细胞培养基中用作 pH 值的指示剂，在普通培养基、低血清培养基、无血清培养基中酚红的含量有所差别。因为一般情况下，酚红不会对含血清培养基生产的各类产品造成显著影响，但酚红在无血清培养基中有引起胞内的钠/钾含量失衡的可能性，建议后期通过一些纯化技术去除酚红。通过酚红的指示作用判定 pH 值变化，必须注意不能单单依赖肉眼观察或仅凭经验做判断，建议应用 pH 计测定更为科学准确。

碳酸氢钠在细胞培养基中主要是作为缓冲系统，此外还具有调节渗透压的作用。通常产品使用说明中的碳酸氢钠推荐量是一个标准量、安全量，是在科学的基础上根据实践经验所得。但是由于不同的细胞系（株）不同，同一株细胞适应不同环境的能力也可能不同（细胞耐受性不同等），且存在的地域性水质差异等，在实际生产过程中也可稍作改动，但使用者需做相应的检测（理化性质及细胞生产实验等）。

HEPES 加入量通常是 10～25mmol/L，浓度太高会对细胞产生一定的毒副作用。HEPES 属于非离子缓冲液的一种，实验证实在 7.2～7.4 的 pH 范围内具有较好的缓冲能力。对于因 HEPES 加入引起的渗透压增加可通过与 0.34g/L 的碳酸钠共同使用予以抵消。

丙酮酸钠是一种常用的医药原料和添加剂，存在于正常人体，参与机体各个器官的代谢过程。细胞培养过程中常常被当成葡萄糖的替代物用作细胞的碳源，参与细胞的营养代谢过程。

谷氨酰胺是一种在溶液中很不稳定的物质，经测定 4℃储存的谷氨酰胺 1 周后有近一半被分解，所以久置的培养基使用时应密切关注谷氨酰胺含量变化，建议使用前单独配制后直接补加。

七、细胞培养基的配制

哺乳动物细胞培养基的优劣受到众多因素的影响，如血清的供体、试剂的来源、培养基成分的优化、配制的方法、仪器设备的规模、操作者的专业程度、实验室或厂房的生物等级等。其中培养基的配制过程直接影响到其质量好坏和细胞培养状态，在培养基的配制方面，流程已十分成熟，需要经过计算、称量、配制、调节等几个步骤，主要流程如图 6.2 所示。

在培养基的成分组成方面，也已经有各类成熟的培养基推向市场且得到有效的应用，如 DMEM、F12、RPMI 1640 等。对其成分组成列举一二，如下所示。

（一）DMEM 成分组成及配制比例

Dulbecco's Modified Eagle Medium（DMEM）是 1959 年 Dulbecco 在 Modified Eagle Medium（MEM）培养基的基础上开发成功的，含葡萄糖、丙酮酸、各类氨基酸、微量元素等，与 MEM 相比各种成分的用量有所增加，目前市场上有低于 4500mg/L 的高糖型和低于 1000mg/L 的低糖型两种。DMEM 细胞培养基（粉末型）成分及含量如表 6.11 所示。

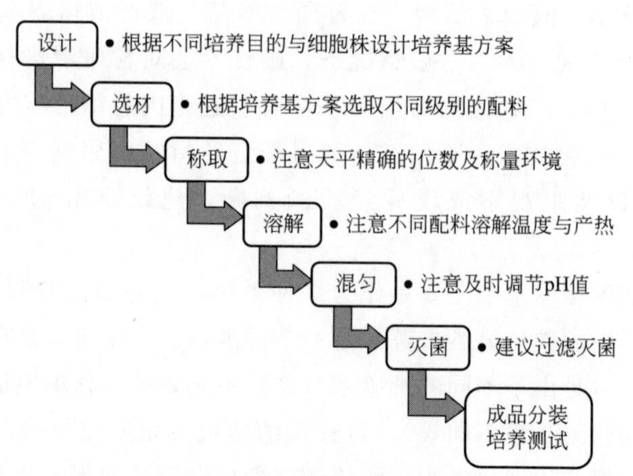

图 6.2　培养基配制的简易流程

表 6.11　DMEM 细胞培养基（粉末型）成分及含量

序号	化合物名称	含量/(mg/L)	序号	化合物名称	含量/(mg/L)
1	无水氯化钙·$2H_2O$	265.00	18	L-丝氨酸	42.00
2	硝酸铁·$9H_2O$	0.10	19	L-苏氨酸	95.00
3	氯化钾	400.00	20	L-色氨酸	16.00
4	无水硫酸镁	97.67	21	L-酪氨酸	72.00
5	氯化钠	6400.00	22	L-缬氨酸	6000.00
6	无水磷酸二氢钠	109.00	23	D-泛酸钙	2000.00
7	丁二酸	75.00	24	酒石酸胆碱	1.00
8	丁二酸钠	100.00	25	叶酸	4.00
9	L-盐酸精氨酸	84.00	26	肌醇	7.20
10	L-盐酸胱氨酸	63.00	27	烟酰胺	4.00
11	甘氨酸	30.00	28	核黄素	0.40
12	L-盐酸组氨酸	42.00	29	盐酸硫胺	4.00
13	L-异亮氨酸	105.00	30	盐酸吡哆辛	4.00
14	L-亮氨酸	105.00	31	葡萄糖	1000.00
15	L-盐酸赖氨酸	146.00	32	丙酮酸钠	110.00
16	L-甲硫氨酸	30.00	33	酚红	9.30
17	L-苯丙氨酸	66.00			

（二）Ham's F12 系列培养基成分组成及配制比例

Ham's F12 培养基由 Richard Ham 于 1984 年创建，相比较 MEM、DMEM 成分组成更为复杂，初期设想是开发一种无血清培养基应用，而现在在实际操作中经常补加血清作为低血清培养基用于转化细胞的增殖和正常细胞的生长。目前实验室细胞培养中更常用到的是 Gordon Sato 等发明的 DMEM/F12 培养基，由 DMEM 和 F12 以等比例混合而成。

1. 组成成分（如表 6.12 所示）

表 6.12　DMEM/F12 培养基成分组成及含量

成分	含量/(mg/L)	成分	含量/(mg/L)	成分	含量/(mg/L)
无水氯化钙	116.6	L-亮氨酸	59.05	亚油酸	0.042
五水硫酸铜	0.0013	L-赖氨酸盐酸盐	91.25	硫辛酸	0.105
九水硝酸铁	0.05	L-甲硫氨酸	17.24	酚红	8.1
七水硫酸亚铁	0.417	L-苯丙氨酸	35.48	1,4-丁二胺二盐酸盐	0.081
氯化钾	311.8	L-丝氨酸	26.25	丙酮酸钠	55.0
氯化镁	28.64	L-苏氨酸	53.45	维生素 H	0.0035
无水硫酸镁	48.84	L-丙氨酸	4.45	D-泛酸钙	2.24
氯化钠	6999.5	L-天门冬酰胺	7.5	氯化胆碱	8.98
无水磷酸二氢钠	54.35	L-天门冬氨酸	6.65	叶酸	2.65
磷酸氢二钠	71.02	L-半胱氨酸盐酸盐	17.56	异肌醇	12.6
七水硫酸锌	0.432	L-谷氨酸	7.35	烟酰胺	2.02
L-精氨酸盐酸盐	147.5	L-脯氨酸	17.25	盐酸吡哆醛	2.0
L-胱氨酸盐酸盐	31.29	L-色氨酸	9.02	盐酸吡哆醇	0.031
L-谷氨酰胺	365.0	L-酪氨酸	38.4	核黄素	0.219
甘氨酸	18.75	L-缬氨酸	52.85	盐酸硫胺	2.17
L-组氨酸盐酸盐	31.48	D-葡萄糖	3151	胸苷	0.365
L-异亮氨酸	54.47	次黄嘌呤	2.0	维生素 B_{12}	0.68

2. 产品指标

外观：粉红色固体粉末。

溶解性：完全溶解，溶液澄明。

（1）pH 值

1）加 $NaHCO_3$ 时：6.60～7.20。

2）不加 $NaHCO_3$ 时：5.50～6.10。

（2）水分（%）：≤5.0。

（3）渗透压（mOsmol/kg H_2O）

1）加 $NaHCO_3$ 时：274～302。

2）不加 $NaHCO_3$ 时：238～263。

（4）细菌内毒素（EU/mL）：≤10。

（5）微生物检查（CFU/g）：≤1000。

（6）细胞生长试验：细胞形态与标准细胞形态相似。

（7）细胞数量：加 10%小牛血清培养 4d，细胞密度从 10^4 个/mL 增加到 10^5 个/mL。

3. 配制方法

（1）将培养基各组分依次加入一无菌容器中，加入过程中难溶的成分可先行以少量溶剂溶解，部分成分应注意溶解过程中热量的释放。加 20～30℃注射用水，定容至 950mL，轻微搅拌至完全溶解。

（2）继续补加碳酸氢钠 2.438g。

（3）轻微搅拌至碳酸氢钠完全溶解，加注射用水至 1L。

（4）用 1mol/L 氢氧化钠溶液或 1mol/L 盐酸溶液调 pH 至所需值。

（5）用 0.2μm 滤膜正压过滤除菌。

（6）溶液应在 2～8℃下避光保存。

4. 贮藏

2～8℃冷藏，干燥、密封、避光贮藏。

（三）RPMI-1640 成分组成及配制比例

Roswell Park Memorial Institute 1640（RPMI-1640）是洛斯维公园纪念研究所于 1967 年研发的一种细胞培养基，1640 是研发过程中产生的培养基代号。RPMI-1640 中含有 10%胎牛血清，并提高了氨基酸和维生素的浓度。

RPMI-1640 细胞培养基成分（配制时添加碳酸氢钠 2000mg/L）见表 6.13。

表 6.13　RPMI-1640 细胞培养基成分组成及含量

序号	化合物名称	含量/(mg/L)	序号	化合物名称	含量/(mg/L)
1	L-精氨酸	290.00	21	硝酸钙	100.00
2	L-门冬酰胺	50.00	22	无水硫酸镁	48.84
3	L-门冬氨酸	20.00	23	无水磷酸二氢钠	676.13
4	L-胱氨酸二盐酸盐	65.15	24	氯化钾	400.00
5	L-谷氨酸	20.00	25	氯化钠	6000.00
6	甘氨酸	10.00	26	葡萄糖	2000.00
7	L-组氨酸	15.00	27	还原谷胱甘肽	1.00
8	L-羟脯氨酸	20.00	28	酚红	5.00
9	L-异亮氨酸	50.00	29	L-谷氨酰胺	300.00
10	L-亮氨酸	50.00	30	生物素	0.20
11	L-赖氨酸盐酸盐	40.00	31	D-泛酸钙	0.25
12	L-甲硫氨酸	15.00	32	叶酸	1.00
13	L-苯丙氨酸	15.00	33	异肌醇	35.00
14	L-脯氨酸	20.00	34	烟酰胺	1.00
15	L-丝氨酸	30.00	35	氯化胆碱	3.00
16	L-苏氨酸	20.00	36	盐酸吡哆醇	1.00
17	L-色氨酸	5.00	37	核黄素	0.20
18	L-酪氨酸	23.19	38	盐酸硫胺素	1.00
19	L-缬氨酸	20.00	39	维生素 B_{12}	0.005
20	对氨基苯甲酸	1.00			

第二节　CHO 细胞培养基

一、CHO 细胞培养基概况

CHO 细胞是目前生物制药工程中最重要的表达系统。相比较含血清或低血清培养过程，无血清培养 CHO 细胞更能避免血清对产物活性的影响、血清潜在的污染源、不同血清批次间的差异及高昂的成本等缺点，因而当今时代无血清培养更受国内外生物医药行业的关注。

（一）CHO 细胞培养基现状

CHO 细胞的培养早期多采用合成培养基或低血清培养基以贴壁的形式进行，相对比含血清培养基，无血清培养基具备诸如回避血清源污染等不可比拟的优点。因此现在越来越多的高校团队、科研院所、制药公司开始采用无血清培养基培养 CHO 细胞，并且很多科研机构投入大量资金和人力开发适于 CHO 细胞高效稳定生长和重组蛋白长期稳定表达的低成本无血清培养基。

1. CHO 细胞无血清培养基的成分

无血清培养基相对于天然培养基和合成培养基，在成分组成上主要是寻找能很好地替代血清维持细胞稳定生长和传代的添加物。添加物的不同会因为细胞的类型和最终表达蛋白质的种类等因素有所改变。

在不同的细胞系培养过程中，很多研究者都致力于从营养素种类或营养素配比上优化培养基，甚至制作有针对性的个性化培养基。譬如 Sung 等采用酵母提取水解物（Sung et al.，2004），Chun 等应用大豆水解物均能使 CHO 细胞在悬浮培养过程中稳定生长（Chun et al.，2007），说明某些蛋白质水解物的添加可以一定程度提高 CHO 细胞无血清培养的稳定性和生产力。

赵丽丽等在重组 CHO 细胞无血清培养基的研制过程中，采用了大豆蛋白水解物、酵母提取物、地塞米松及脂肪乳剂表达一种重组融合蛋白，通过成分比例的优化，找到了替代血清的最佳比例（赵丽丽 等，2014）。刘国庆等应用 CHO 细胞系在无蛋白质培养基中表达单克隆抗体，通过合理调整营养物的浓度配比，结果显示使培养的 CHO 细胞最高密度达到 5.26×10^6 个/mL，与初始培养基相比提高了 33%（刘国庆 等，2014）。由此证明，对于无蛋白质源培养基，即使没有蛋白质甚至无蛋白质水解物和肽类化合物的替代品，也可以通过调整培养基中各类营养物质的成分比例维持 CHO 细胞在较高密度下的继续存活。

一系列实验结果说明，通过无血清培养基或无蛋白质源培养基的成分调整和各组分浓度比例的改进，完全可以满足特定细胞系的稳定持久生长，并对重组蛋白表达未产生明显抑制，当然若要将这些改进应用到大规模工业化生产中还需要进一步的研究探索。

2. 无血清培养基悬浮培养 CHO 细胞

悬浮培养是大规模生产时常用的一种细胞培养方式。某些原本是贴壁型生长的细胞经过改造也可以用这个方法生产。因为悬浮培养时只要增加培养体积就可以大大提高生产规模，这一简便性使其深受很多企业的青睐。但是培养体积增大后发现，在培养基的深度超过 5cm 后，底层细胞接触上层营养物质和通气的能力会减弱，就需要及时搅动培养基，一旦超过 10cm，则气体将很难到达底层，因此需要一些专门的传输装置或设法向底层交换空气和 CO_2。当然也可以设法使细胞主动地分散悬浮于培养基内如常用的机械振荡法，但这时要注意搅动或振荡产生的剪切力对细胞的损伤作用。

悬浮培养因为具备培养体积可以扩大的优势，受到当今哺乳动物细胞大规模培养的青睐。但需要注意的是，CHO 细胞本身是一种贴壁依赖型细胞，因此 CHO 细胞在大量悬浮培养过程中很容易集结成团块，集结成团块后团块中心的细胞是很难接触到营养物质和气体的，那势必会影响细胞的生长，因此对悬浮培养尤其是大规模悬浮培养而言解决细胞结团是一个重要的问题。

在 CHO 细胞的悬浮培养过程中，培养基的组成成分及比例是影响细胞生长和重组蛋白表达的一个重要因素。刘兴茂等在 CHO 细胞无血清培养基的研发中，开发了一种 SFM-CHO-S 无血清培养基，其构成包括胰岛素、转铁蛋白、乙醇胺以及腐胺、β-巯基乙醇等，据其报道用 SFM-CHO-S 培养的 CHO 工程细胞培养效果甚至比同类商品化的无血清培养基还要更好（刘兴茂 等，2010）。郭纪元提出了一种个性化无血清培养基 Opti-BM，并在 Opti-BM 基础上发明了一种流加悬浮培养基 FM 与 FM plus，其成分组成主要是调整了起始葡萄糖与部分氨基酸的浓度以及酵母水解物、硫酸葡聚糖、柠檬酸铁的含量（郭纪元，2015）。Zhang 等以 CHO-GS 细胞表达一种重组的融合蛋白——TNFR-Fc，基础培养基采用的是 DMEM：F12：RPMI1640＝2：1：1 的复合成分，调整了氨基酸、转运蛋白、胰岛素、Pluronic F-68 的添加比例，最终发明了一种适合 CHO 细胞悬浮培养的个性化无血清培养基（Zhang et al.，2013）。

（二）CHO 细胞培养基应用缺陷

现在很多院校和科研机构的 CHO 细胞大规模无血清悬浮培养通常为了节省时间和增加批次间一致性使用一些商业化的无血清培养基。如 Lonza、Sigma 及 Thermo 等，各个公司均有针对不同细胞株开发的不同种类无血清培养基。比如用于生产重组蛋白药物的 CHO、NS0 细胞，均有其相应的无血清培养基。但商业培养基因为企业对利润的追求，其组成成分及组成比例都是严格保密的，甚至申请了各项专利技术予以维护，而且由于知识产权的问题价格通常因垄断而非常昂贵，因此大大增加了进一步的开发难度。因此，根据不同细胞生长特点及表达产物的性质特点，开发有针对性的个性化无血清培养基，并进一步优化培养工艺，才最终能实现细胞长期稳定的高效表达，最终提高重组目的蛋白质的表达产量与质量。

（三）CHO 细胞培养基的研究方法

无血清培养基的研究方法包括三个方面：培养过程分析法、分子生物学技术和统计学方法（叶星，2016）。培养过程又叫工艺流程或加工流程，是指在细胞培养过程中，从细胞接种到最终产品的提取纯化，通过一定的方法，利用各种设备，按特定的过程进行。具体到哺乳动物细胞培养涉及营养物质的配比和添加方式、代谢副产物的堆积和效应、替代营养素的衍生作用和效果、人员的配置、仪器设备的影响和规模等。

二、CHO细胞无血清培养基的成分组成及优化

（一）CHO细胞无血清培养基的成分组成

1. 无血清培养基的常见基本组分

相比较普通培养基，无血清培养基主要缺乏了动物血清成分，因此也随之失去了动物血清对细胞的保护作用，故而无血清培养基中通常需要添加一些额外的组分，才能帮助细胞贴壁生长。如无蛋白质无血清细胞培养基与化学成分确定的无血清细胞培养基。

（1）无蛋白质无血清细胞培养基（protein free midium，PFM）　这类培养基从组成成分上来看，已经去除了任何动物来源的蛋白质，通常只含有一些类固醇激素和脂类前体等，以替代动物激素、生长因子的作用，此外也会补充一些小分子肽类片段如植物蛋白小的水解片段或通过基因重组技术合成的某些多肽片段。其特点是没有蛋白质或蛋白质含量极低，有利于生物制品的进一步分离纯化。

（2）化学成分确定的无血清细胞培养基　此类培养基是目前最安全、最为理想的无血清细胞培养基，所有成分的浓度都完全明确，即使添加少量的蛋白质，也是可经过纯化处理、成分明确、浓度确定的蛋白质。这类培养基较为理想地减少了生产的可变性，提高了生产工艺的重复性，并有效降低了纯化成本。

（3）个性化的特殊类型的细胞培养基　个性化的细胞培养基并不在细胞培养基的传统分类之列，其具体是指一类根据细胞特性、细胞培养工艺特点、使用者需求习惯而量身定制的细胞培养基，主要目的是提高细胞产率、产品质量、产品安全性和降低血清的使用等。个性化细胞培养基可能是无血清培养基，也可能是低血清培养基，最终是为了满足某一种或某一类生物制品的生产需求。

相对于天然培养基，无血清培养基弥补了天然培养基和合成培养基的很多不足，但由于细胞培养的要求，仍然有很多地方值得进一步的改良和优化。

2. 无血清培养基的优势与劣势

相比传统培养基，无血清培养基具有独特的优势：①无血清培养基不含血清，从而避免了因血清添加而可能对细胞的毒性作用和各类血清源的污染，进而可以减少培养细胞受到血清未知成分的各种损伤；也避免了血清因批次间差异对细胞培养产生的影响，如此即可极大提高不同批次细胞培养结果的一致性和重复性；②无血清培养基的成分和含量都是相对比较明确的，这能提高细胞表达产品质量的稳定性并有利于表达产物的进一步分离提纯；③制备流程简易，操作简单；④不存在任何动物伦理学方

面的顾虑（郭芳睿 等，2018）。

无血清培养基因与天然培养基血清成分的差异，虽具备一些优势，也有培养制备及因无法完全替代血清的很多不足，如：①针对性很强，就目前市售的多数无血清培养基，其应用的细胞类型都是有限的，不具有通用性和普遍性，一种无血清培养基仅适合某一类细胞的培养；②某些组成成分来源及制作工艺导致无血清培养基的整体制作成本还是居高不下，这不利于产业化开发与大规模应用；③无血清培养过程中，因血清的去除使细胞失去了血清黏附性、血清生长因子等的保护作用，悬浮着的细胞极易受到来自机械搅拌产生的剪切力的伤害，组分添加产生的化学变化有时也会对细胞造成损伤；④由于技术壁垒，目前低血清培养基和无血清培养基还没有相关的网站交流支持，可查阅的开放性资料更是有限，影响了无血清细胞培养技术的发展。

（二）CHO 细胞无血清培养基成分的优化

无血清培养基的优化方法涉及多个方面，可以从辅料添加物方面进一步改善，近些年的研究主要围绕以下几大类物质：

1. 促贴壁类物质

促贴壁类物质通常是一些细胞外基质蛋白，如纤连蛋白、黏连蛋白等。其中常用的纤连蛋白可以促进细胞的贴壁过程，对其分化发育也有一定的促进作用，这些细胞多为来自中胚层的细胞，如 CHO 细胞、肾上腺皮质细胞、成纤维细胞、成肌细胞、肾上皮细胞、肉瘤细胞、粒细胞等。某些促贴壁类物质还有促分裂作用，可以维持细胞的正常分化，因此对细胞的分化和增殖都有很重要的作用（Frank et al.，2018）。

2. 促生长因子及激素类物质

促生长因子维持并促进细胞的正常生长发育。某些激素也可以刺激细胞的生长，甚至还有些激素如胰岛素是细胞生长过程中必不可少的成分。

3. 酶抑制剂类

在贴壁细胞的培养过程中，常需要用胰酶消化以传代，胰酶有强大的蛋白质水解能力，因此在无血清培养基中需要用到一些酶抑制剂，其作用是终止酶的消化作用，从而达到保护细胞免受自身消化水解的目的。其中最常用的是大豆胰酶抑制剂。

4. 结合蛋白和转运蛋白类

常见的结合蛋白和转运蛋白类如转铁蛋白和牛血清白蛋白。转铁蛋白参与铁的代谢过程；牛血清白蛋白具备蛋白质的基本属性，因此可增加黏滞度，通过培养基黏滞度的增加减少剪切力对培养细胞的损伤。市售的很多无血清培养基其补料中都有一定量的牛血清白蛋白添加物。

5. 各类微量元素

微量元素种类繁多，具备不同的生理功能。在培养基中含量少但不可或缺，其中铁、铜、锌、钴、硒均是非常常见的微量元素，多从其含量及化学结合方式优化培养基。

（三）已商业化的 CHO 细胞无血清培养基成分组成

伴随生物制药行业的迅速发展，基础研究也日新月异，细胞培养方面诞生了适于各类细胞不同层次的培养基，也随之出现了一大批专利和成果（如下所述），及几种常见的CHO细胞商业化培养基，其特点对比见表6.14。

表6.14　几种常见的CHO细胞商业化培养基特点对比

商业化培养基	培养基分类	培养细胞类型	培养方式	用途	备注
EX-CELL	CD、SF、AF	CHO细胞	悬浮	重组蛋白生产 细胞生长	含有植物源水解物
ISF-1	CF、SF	CHO细胞 杂交瘤细胞	悬浮	单抗生产 细胞生长	含有动物源（牛）胰岛素和白蛋白
CD-CHO	CD、SF、PF、AF	CHO细胞	悬浮	重组蛋白生产 细胞生长	无任何动物来源及蛋白质成分，化学成分明确
CDM4-CHO	CD、SF、PF、AF	CHO细胞	悬浮	重组蛋白生产 细胞生长	化学成分明确，可用于大规模悬浮培养
CHO-Ⅲ-A	SF、PF、AF	CHO细胞	贴壁	重组蛋白生产 细胞生长	含有植物源水解物
Octomed	SF、PF	CHO细胞	悬浮	重组蛋白生产 细胞生长	专门针对CHO细胞生长和重组蛋白生产为目的开发

注：CD：化学成分确定的培养基；SF：无血清培养基；AF：无动物源培养基；PF：无蛋白质成分培养基。

1. CHO-S-SFM系列及成分组成与配制比例

CHO-S-SFM系列可实现CHO细胞完全无血清培养。CHO-S-SFM Ⅱ是含有L-谷氨酰胺的完整的无血清低蛋白（少于100μg/mL）培养基，适合用于中国仓鼠卵巢细胞悬浮培养物的生长和维持以及使用CHO细胞表达重组蛋白。这种即用型培养基适合用于分批、连续和灌注培养系统中悬浮培养CHO细胞和其他细胞。

2. 一种CHO细胞的无动物源培养基

如曹殿秀、李一民发明的一种无动物源培养基（CN 106754648 A），去除了很多动物源性培养基成分不明确带来的很多不良影响（曹殿秀，2017）。不仅可以用于CHO系列细胞培养，也适用于培养NK细胞、T细胞、间充质干细胞系列、Vero细胞系列、293细胞系列、K562细胞系列、人皮肤角化细胞系列、纤维母细胞系列等。其组成成分特点如下（因申请阶段，具体配制尚处于保密阶段）：

① 该培养基是一种化学成分明确、无动物源成分的无动物源培养基。

② 该培养基有以下组分构成：L-精氨酸、L-门冬酰胺、L-门冬氨酸、L-胱氨酸二盐酸盐、L-谷氨酸、甘氨酸、L-组氨酸、L-羟脯氨酸、L-亮氨酸、L-赖氨酸盐酸盐、L-甲硫氨酸、L-苯丙氨酸、L-脯氨酸、L-丝氨酸、L-苏氨酸、L-色氨酸、L-酪氨酸、L-缬氨酸、L-谷氨酰胺、丁二酸、丙酮酸钠、对氨基苯甲酸、硝酸钙、硝酸钾、硝酸铵、无水硫酸镁、无水磷酸二氢钠、碳酸氢钠、氯化钾、氯化钠、无水氯化钙、葡萄糖、核糖、还原谷胱甘肽、酚红、生物素、D-泛酸钙、叶酸、氯化胆碱、盐酸

吡哆醇、核黄素盐酸、酒石酸胆碱、硫胺素、维生素 B_{12}、2-巯基乙醇、铁、钴、可溶性淀粉、糖醇、纤维素、维生素 E、肌醇、酸水解酪蛋白（N-Z-Amine）、2-氨基吡啶。

3. 一种 CHO 细胞的完全化学成分确定培养基

如陈亮、都业杰发明的一种高效的无血清培养基（CN 104293729 A），其成分组成与很多商业化培养基相似，但是经过优化后，各种营养成分含量确定、配比平衡，且不含有重组蛋白，极大地提高了 CHO 细胞的生长、提高了表达量，并且降低了成本，有利于重组蛋白质量的进一步提升（陈亮 等，2015）。其组成成分特点如下：

① 该无血清培养基含有保护细胞免受剪切力伤害的表面活性剂：嵌段式聚醚 F-68，含量为 0.5～2.0g/L。

② 该无血清培养基含有 pH 指示剂：酚红，含量为 1.0～2.0ng/L。

第三节　其他细胞系培养基

一、HEK293 细胞系培养基

HEK293 细胞来源都是人胚胎肾细胞，比较容易转染，在无 Ca^{2+} 或含 Ca^{2+} 的培养基上均可生长，是一个很常用的表达研究外源基因的细胞株。

目前 HEK293 细胞的培养方法多是采用贴壁培养，会导致培养效率下降，且增加仪器及耗材的消耗量。而培养过程对于培养基的选择目前多采用天然培养基或合成培养基，由于血清的存在，一方面导致培养批次间差异大，产品质量难以控制；另一方面增加了后期重组表达蛋白质检测及分离的成本。因而从细胞生存环境的角度看，HEK293 细胞仍具备进一步开发无血清或化学成分限定培养基以提高细胞增殖效率的巨大空间，并在培养过程中稳定细胞的原始生物学特性，增强表达效率，降低成本，提高重组蛋白的质量。

（一）示例 1：一种无血清的悬浮培养 293T 细胞的培养液

一项发明专利“一种用于无血清悬浮培养 293T 细胞的培养液（CN 108004202 A）”，是一种无血清的悬浮培养 293T 细胞的培养液（宋珂慧 等，2018）。其是以商业化的 DMEM-F12 培养基为基础，添加了 L-丙氨酰-L-谷氨酰胺、维生素 C、HEPES、类胰岛素生长因子-1（IGF-1）、表皮生长因子（EGF）、脂质浓缩物、人血白蛋白、转铁蛋白、海藻糖、肝素钠、Pluronic F-68。

1. 培养基特征

其培养液中 DMEM-F12 基础培养基是一种不含有 L-谷氨酰胺的高糖 DMEM-F12 培养基。

2. 各添加物组成

L-丙氨酰-L-谷氨酰胺、维生素 C、HEPES、类胰岛素生长因子-1（IGF-1）、表皮生长因子（EGF）、脂质浓缩物、人血白蛋白、转铁蛋白、海藻糖、肝素钠、Pluronic F-68。

3. 制备方法

（1）取出293T细胞，先在T形组织培养瓶中传代扩增，再转移到搅拌式细胞培养瓶中进一步传代扩增，而后转移到小规模反应器中进行培养，而后将培养得到的细胞用作下级培养的种子细胞；

（2）将获得的种子细胞用胰蛋白酶消化液消化，再用无血清293SFMⅡ培养基悬浮培养制成细胞悬液，按一定的细胞密度接种到生物反应器，调整培养条件为：培养温度控制在36～38℃，pH维持在7.0～7.4，溶氧浓度保持在40%～50%，反应器搅拌速度在100～135r/min之间，在培养至第1～3天时搅拌速度调整为100～120r/min，自培养的第4天开始在110～135r/min的范围内逐步提高搅拌速度持续培养；

（3）注意培养过程中每24h补充无血清293SFMⅡ培养基总量的20%（体积分数）的新鲜无血清293SFMⅡ培养基；

（4）最佳培养条件选择：所述293细胞的种子细胞在接种到T形组织培养瓶中之前先进行驯化培养；生物反应器建议采用自动控温搅拌罐式反应器；细胞接种密度建议分别采用5×10^5～1.5×10^6个/mL；培养温度和pH值分别为37℃和pH 7.2；溶氧浓度为45%。

（二）示例2：一种支持HEK293细胞的无血清无动物来源成分培养基

如一项发明专利“一种支持HEK293细胞贴附培养的无动物来源成分无血清培养基（CN200510109050.4）”（陈昭列 等，2006）。该发明开发了一种无血清无动物来源成分的培养基，该培养基可以支持HEK293细胞贴壁培养。从成分组成来看该无血清培养基以F12培养基作为基础，并额外添加了一定量的单糖及双糖、氨基酸、胰岛素、酵母水解物、微量元素、$CaCl_2$、透明质酸以及金精三羧酸、乙醇胺、羟丙基-β-环状糊精等培养基添加成分。

该发明阐述的无血清培养基具备如下优点：

① 支持HEK293细胞在组织培养瓶、微载体的表面贴壁生长；

② 化学成分基本明确，且不含任何动物来源物质；

③ 细胞培养过程中，生长状态良好，所培养细胞的密度、活细胞率与含血清培养基的相应参数基本相同；

④ 培养基制作成本降低。

二、HeLa细胞系培养基

HeLa细胞培养基目前应用比较多的是合成类培养基，合成类培养基多需要添加动物血清以维持细胞在体外的增殖和正常生长。而即便是低血清培养基，因为血清的添加带来很多弊端，诸如动物性病原微生物的污染问题、血清获取的批次间差异问题、动物伦理学问题等。因而无血清培养基及化学成分确定的培养基日益成为哺乳动物细胞培养中的研究热点。

如一项发明专利“一种支持 HeLa 细胞贴壁培养的无血清培养基（CN 201710484816. X）”王晓柯，2017。由氨基酸、维生素、无机盐及其他添加物组成。该培养基为支持 HeLa 细胞贴壁培养的无血清培养基，根据细胞体外生长的营养需求选择不同营养物质以替代动物血清所发挥的作用，并对不同营养物质的比例进行了合理调整。不需要补充血清就可以支持 HeLa 细胞贴壁生长，使其能够维持正常的细胞形态及正常的细胞生长速度。

在哺乳动物细胞培养过程中，哺乳动物细胞培养基的成分、优劣极大地影响了重组蛋白的表达产量和质量。从最早的天然培养基到含有各类复合水解产物的合成培养基，再到低血清、无血清培养基，乃至化学成分完全明确的培养基。不同细胞、细胞株生存环境并不完全相同。因此，除了通过去除血清以避免动物血清带来的动物源污染等问题，还要不断优化各组分的浓度比例，甚至是改变培养方法、培养器械等手段才能研发出适合某一类细胞的无血清培养基，培养基的优化应该结合细胞类型和细胞株，根据不同细胞的生物学性质、营养需求的差异、甚至不同细胞类型代谢上的不同设计出适应不同细胞或细胞株的“个性化培养基”。此外，细胞在体内体外、在不同的生长条件、不同的培养规模下生存及增殖效率稳定性也不尽相同，因此培养基组成成分确定后，需要进一步在培养条件如溶氧度、温度、pH 值、搅拌器等探索经济高效的培养方法。目前，很多已经商品化的细胞培养基大多以液体的形式提供，因此运输和储存上颇为不便，且通常因生产工艺和原材料组成导致价格昂贵，再加上很多公司因知识产权问题和经济效益考虑对培养基的成分配方秘而不宣。这在很大程度上限制了细胞培养基的进一步研发和在临床药物开发生产中的实际应用。针对这一现状，无论在动物培养基的成分组成还是生产工艺，甚至是产品形态、运输、存储等方面都需要进行进一步研发。伴随着各类重组蛋白药物的需求量越来越大，哺乳动物细胞无血清培养基、个性化培养基的相关研究也越来越多，随着基础理论研究如细胞凋亡、细胞自噬、信号转导、代谢组学及外源重组蛋白的表达机制研究越来越精确，新型的优质哺乳动物细胞培养基的研究必将被研发出来。

参考文献

曹殿秀，李一民. 一种无动物源培养基. CN 106754648A [P]. 2017-05-31.

陈亮，都业杰. 一种高效的无血清培养基. CN 104293729A [P]. 2015-01-21.

陈昭烈，刘红，熊福银，刘兴茂，叶玲玲，李世崇，吴本传，王启伟. 一种支持 HEK293 细胞贴附培养的无动物来源成分无血清培养基. CN 200510109050. 4 [P]. 2006-05-17.

郭芳睿，秦俊红，李彦霖，康玮笠，王晨曦，朱玲，徐志文，2018. 细胞无血清培养现状概述. 生物技术通讯，28：865-870.

郭纪元，2015. CHO DG44 稳定细胞株无血清培养基的研发与优化 [D]. 厦门：厦门大学.

国家食品药品监督管理总局，2015. 中华人民共和国国家药典（2015 年版）. 北京：中国医药科技出版社. 0631-0902.

黄薇，袁斌，万鹏，金利容，黄民松，2017. 不同钾钠比的查氏培养基对大丽轮枝菌生物学性状及致病力的影响. 湖北农业科学，55：5815-5820.

科学技术部社会发展科技司，中国生物技术发展中心，2014. 中国生物技术与产业发展报告. 北京：科学出版社. 88-89.

刘国庆，陈飞，赵亮，范里，谭文松，2014. 表达单克隆抗体的CHO细胞无蛋白培养基的优化. 高校化学工程报，27：96-101.

刘兴茂，刘红，叶玲玲，李世崇，吴本传，王海涛，谢靖，陈昭烈，2010. CHO工程细胞（11G－S）悬浮培养的无血清培养基的设计. 生物工程学报，26（8）：1116-1122.

FDA.，1993 药品质量控制微生物实验室检查指南，Ⅳ无菌检验.

宋珂慧，陈莉，郭栋，邢晓，张晓朋，罗昀，郭伟. 一种用于无血清悬浮培养293T细胞的培养液. CN 108004202A [P]. 2018-05-08.

王晓柯. 一种支持Hela细胞贴壁培养的无血清培养基. CN 201710484816. X [P]. 2017-10-10.

杨颜慈，郭斌，殷红，2013. 无血清培养基的成分改进及应用现状. 生物学杂志，30：82-85.

叶星，2016. 以CHO细胞为基质的重组单克隆抗体生产中无血清培养基的优化. 中国生物制品学杂志，29：315-322.

赵丽丽，刘忠，程凡亮，吴洪英，2014. 重组CHO细胞无血清培养基的研制. 中国生物制品学杂志，27：910-913.

中华人民共和国标准化法（第十二届全国人民代表大会常务委员会第三十次会议修订），2017. 北京.

Altamirano C，Illanes A，Becerra S，Cairó J J，Gòdia F，2006. Considerations on the lactate consumption by CHO cells in the presence of galactose. J Biotechnol，125：547-556.

Besson I，Creuly C，Gros J B，Larroche C，1997. High pyrazine production by Bacillus subtilis in solidsubstrate fermentation on ground soybean. Appl Microbiol Biotechnol，47：489-495.

Brühlmann D，Muhr A，Parker R，Vuillemin T，Bucsella B，Kalman F，Torre S，La Neve F，Lembo A，Haas T，Sauer M，Souquet J，Broly H，Hemberger J，Jordan M，2017. Cell culture media supplemented with raffinose reproducibly enhances high mannose glycan formation. J Biotechnol，252：32-42.

Chen P，Harcum S W，2005. Effects of amino acid additions on ammonium stressed CHO cells. J Biotechnol，117：277-286.

Chun B H，Kim J H，Lee H J，Chung N，2007. Usability of size-excluded fractions of soy protein hydrolysates for growth and viability of Chinese hamster ovary cells in protein-free suspension culture. Bioresour Technol，98：1000-1005.

Clark K J，Griffiths J，Bailey K M，Harcum S W，2005. Gene-expression profiles for five key glycosylation genes for galactose-fed CHO cells expressing recombinant IL-4/13 cytokine trap. Biotechnol Bioeng，90：568-577.

Clincke M F，Guedon E，Yen F T，Ogier V，Roitel O，Goergen J L，2012. Effect of surfactant pluronic F-68 on CHO cell growth，metabolism，production，and glycosylation of human recombinant IFN-γ in mild operating conditions. Biotechnol Progr，27：181-190.

Cruz H J，Freitas C M，Alves P M，Moreira J L，Carrondo M J，2000. Effects of ammonia and lactate on growth，metabolism，and productivity of BHK cells. Enzym Microb Technol，27：43-52.

Dean J，Reddy P，2013. Metabolic analysis of antibody producing CHO cells in fed-batch production. Biotechnol Bioeng，110：1735-1747.

Fan Y，Jimenez D V I，Müller C，Wagtberg S J，Rasmussen S K，Kontoravdi C，Weilguny D，Andersen M R，2015. Amino acid and glucose metabolism in fed-batch CHO cell culture affects antibody production and glycosylation. Biotechnol Bioeng，112：521-535.

Feng H，Guo L，Gao H，Li X A，2012. Deficiency of calcium and magnesium induces apoptosis via scavenger receptor BI. Life Sci，88：606-612.

Frank V，Yongqi W，Anurag K，2018. Cell Culture Media for Recombinant Protein Expression in Chinese Hamster Ovary (CHO) Cells: History, Key Components, and Optimization Strategies. Biotechnol Progress. DOI 10. 1002/btpr. 2706.

Gawlitzek M, Estacio M, Furch T, Kiss R, 2009. Identification of cell culture conditions to control N-glycosylation site-occupancy of recombinant glycoproteins expressed in CHO cells. Biotechnol Bioeng, 103: 1164-1175.

Gonzalez R, Altamirano C, Berrios J, Osses N, 2011. Continuous CHO cell cultures with improved recombinant protein productivity by using mannose as carbon source: Metabolic analysis and scale-up simulation. Chem Eng Sci, 66: 2431-2439.

Gramer M J, Eckblad J J, Donahue R, Brown J, Shultz C, Vickerman K, Priem P, van den Bremer E T, Gerritsen J, van Berkel P H, 2011. Modulation of antibody galactosylation through feeding of uridine, manganese chloride, andgalactose. Biotechnol Bioeng, 108: 1591-1602.

Hazeltine L B, Knueven K M, Zhang Y, Lian Z, Olson D J, Ouyang A, 2016. Chemically defined media modifications to lower tryptophan oxidation of biopharmaceuticals. Biotechnol Progr, 32: 178-188.

Kang S, Mullen J, Miranda L P, Deshpande R, 2012. Utilization of tyrosine-and histidine-containing dipeptides to enhance productivity and culture viability. Biotechnol Bioeng, 109: 2286-2294.

Lee J H, Kim Y G, Lee G M, 2016. Effect of Bcl-xL overexpression on sialylation of Fc-fusion protein in recombinant Chinese hamster ovary cell cultures. Biotechnol Progr, 31: 1133-1136.

Leist C, Meissner P, Schmidt J, Inventors, 2017. Improved cell culture medium. US patent US 9, 428, 727 B22013.

Li J, Wong C L, Vijayasankaran N, Hudson T, Amanullah A, 2012. Feeding lactate for CHO cell culture processes: impact on culture metabolism and performance. Biotechnol Bioeng, 109: 1173-1186.

Luo J, Vijayasankaran N, Autsen J, Santuray R, Hudson T, Amanullah A, Li F, 2013. Comparative metabolite analysis to understand lactate metabolism shift in Chinese hamster ovary cell culture process. Biotechnol Bioeng, 109: 146-156.

McElearney K, Ali A, Gilbert A, Kshirsagar R, Zang L, 2016. Tryptophan oxidation catabolite, N-formylkynurenine, in photo degraded cell culture medium results in reduced cell culture performance. Biotechnol Progr, 32: 74-82.

Neermann J, Wagner R, 1996. Comparative analysis of glucose and glutamine metabolism in transformed mammalian cell lines, insect and primary liver cells. J Cell Physiol, 166: 152-169.

Pegg A E, 2014. Toxicity of polyamines and their metabolic products. Chem Res Toxicol, 26: 1782-1800.

Prasad R Y, Simmons S O, Killius M G, Zucker R M, Kligerman A D, Blackman C F, Fry R C, Demarini D M, 2014. Cellular interactions and biological responses to titanium dioxide nanoparticles in HepG2 and BEAS-2B cells: role of cell culture media. Environ Mol Mutagen, 55: 336-342.

Qian Y, Khattak S F, Xing Z, He A, Kayne P S, Qian N X, Pan S H, Li Z J, 2012. Cell culture and gene transcription effects of copper sulfate on Chinese hamster ovary cells. Biotechnol Progr, 27: 1190-1194.

Ritacco F V, Wu Y, Khetan A, 2018. Cell Culture Media for Recombinant Protein Expression in Chinese Hamster Ovary (CHO) Cells: History, Key Components, and Optimization Strategies. Biotechnol Progr, 34: 1407-1426.

Slade P G, Caspary R G, Nargund S, Huang C J, 2016. Mannose metabolism in recombinant CHO cells and its effect on IgG glycosylation. Biotechnol Bioeng, 113: 1468-1480.

Sung Y H, Lim S W, Chung J Y, Lee G M, 2004. Yeast hydrolysate as a low cost additive to serum -free medium for the production of human thrombopoietin in suspension cultures of Chinese hamster ovary cells. Appl Microbiol Biotechnol, 63: 527-536.

Torkashvand F, Vaziri B, Maleknia S, Heydari A, Vossoughi M, Davami F, Mahboudi F, 2015. Designed amino acid feed in improvement of production and quality targets of a therapeutic monoclonal antibody. PLoS One, 10: e0140597.

Von Hagen J，Hecklau C，Seibel R，Pering S，Schnellbaecher A，Wehsling M，Eichhorn T，Zimmer A，2017. Simplification of Fed-Batch Processes with a Single-Feed Strategy. BioProcess International，15：44-46.

Xing Z，Kenty B，Koyrakh I，Borys M，Pan S H，Li Z J，2011. Optimizing amino acid composition of CHO cell culture media for a fusion protein production. Process Biochem，46：1423-1429.

Xu P，Dai X P，Graf E，Martel R，Russell R，2014. Effects of glutamine and asparagine on recombinant antibody production using CHO-GS cell lines. Biotechnol Progr，30：1457-1468.

Yang Q，An Y，Zhu S，Zhang R，Loke C M，Cipollo J F，Wang L X，2017. Glycan Remodeling of Human Erythropoietin (EPO) Through Combined Mammalian Cell Engineering and Chemoenzymatic Transglycosylation. ACS Chem Biol，12：1665-1673.

Yao T，Asayama Y，2017. Animal-cell culture media：History，characteristics，and current issues. Reprod Med Biol，16：99-117.

Yuk I H，Zhang J D，Ebeling M，Berrera M，Gomez N，Werz S，Meiringer C，Shao Z，Swanberg J C，Lee K H，Luo J，Szperalski B，2014. Effects of copper on CHO cells：insights from gene expression analyses. Biotechnol Progr，30：429-442.

Zang L，Frenkel R，Simeone J，Lanan M，Byers M，Lyubarskaya Y，2011. Metabolomics profiling of cell culture media leading to the identification of riboflavin photosensitized degradation of tryptophan causing slow growth in cell culture. Anal Chem，83：5422-5430.

Zhang H F，Wang H B，Liu M，Zhang T，Zhang J，Wang X，Xiang W，2013. Rational development of a serum free medium and fed-batch process for a GS-CHO cell line expressing recombinant antibody. Cytotechnology，65：363-378.

（赵春澎　张俊河）

第七章 培养工艺与大规模培养

20 世纪 40 年代开始，培养容器、培养基以及培养技术等方面大规模的革新为动物细胞的大规模培养打下了坚实的基础。20 世纪 60 年代，开始利用动物细胞培养技术大规模地生产大分子生物制品。本章主要从培养参数的监控、反应器的扩大、培养操作方式的选择等方面介绍大规模培养技术。

通过改造、筛选和驯化细胞，可以获得能够高密度生长并分泌大量靶蛋白的细胞系。细胞筛选驯化的目标是降低细胞凋亡率、提高存活率、延长生命周期，提高目标产物浓度，筛选出适合规模化生产的细胞株。利用 CHO 细胞、BHK 细胞、杂交瘤细胞等多种细胞已经成功生产了包括狂犬病疫苗、甲型肝炎疫苗、促红细胞生成素、单克隆抗体等一系列生物技术类药物。具有产业化价值的工程细胞系通常能够正确表达重组抗体，同时也具备了较强的生长能力、高水平表达能力且遗传稳定性能。

早期的动物细胞培养基中常含有胎牛血清或小牛血清，成本较高且容易引起支原体感染。近年来，工业化培养基的发展趋势已转向无蛋白质、无动物来源、化学成分明确的培养基。此外，在培养基开发过程中，生产厂家还应充分考虑培养基的成本（通常低于 20 美元/L）、生物安全性和质量稳定性（避免动物血清和植物蛋白水解物），以及下游纯化过程的兼容性。化学成分明确的培养基在成本、安全性、稳定性等方面具有明显的优势。

动物细胞是一种无细胞壁的真核细胞，生长缓慢，对培养环境要求较高。除了营养充足外，还需要建立一个合适的参数调控系统，以便在动物细胞的大规模培养中最佳地控制 pH 和溶解氧。细胞生物反应器可以通过微机控制，以定量在动物细胞培养池中的空气，保持系统中溶解氧处于最佳比例，满足动物细胞生长对溶解氧的需要。同时可通过 $CO_2/NaHCO_3$ 缓冲体系来控制培养基的 pH 值。

细胞培养技术中细胞扩增是细胞培养的关键环节。由于对细胞培养表达产物生产成本和稳定性的考究，通常细胞培养要先在实验室进行工艺试验，然后到试验中试阶段，最后至生产线大规模生产。

动物细胞和微生物细胞培养之间差异巨大，微生物反应器不适合细胞的大规模培养。首先，细胞培养需要在低剪切力下进行，且必须为细胞生长和产物合成提供足够的氧气。因此，必须开发一种新的生产技术方法。自20世纪70年代以来，细胞培养的生物反应器种类越来越多、规模越来越大。常见的用于细胞培养生物反应器包括无泡搅拌反应器、中空纤维管反应器、空气提升反应器和填充床生物反应器等。

选择反应器系统也就选择了大规模培养的操作方式。动物细胞大规模培养的生物反应器操作模式，一般分为分批培养、重复分批培养、流加培养、灌注培养和微载体培养五种操作模式。操作模式的选择将决定产品的产物浓度、杂质量和形式、底物转换度、添加形式、产量和成本等。

动物细胞的生产率相较于某些表达系统来说相对较低，因而获得大量的重组蛋白产品需要较大的细胞培养体积。例如，目前有关动物细胞悬浮培养已经达到20000L的规模，有关贴壁依赖型细胞的微载体培养已能达到6000L规模，它们两者都是很大的操作单元。与此同时，随着操作规模的逐渐增大，人力和物力的投入也随之大大地增加。有关细胞培养所需的条件也更为重要，因此一旦培养失败付出的代价往往也是非常高的。在大规模培养过程中有很多需要注意的环节，本章列出了有关哺乳动物细胞在大规模培养过程中需要注意的事项，为研究者提供一定的依据和参考，尽可能减少规模化培养过程中出现的问题。

第一节　动物细胞大规模培养参数

动物细胞大规模培养除了需要合适的培养基，还需要无菌无毒的培养环境、恒定的生长温度、合适的气体环境。要维持该环境需要对温度、通气、pH、渗透压等参数进行监控，并且培养过程中注意防止细胞污染。

一、温度

要求动物细胞培养系统的温度控制在所需设定点±0.25℃以内。较高的温度变化往往导致生长和生产速率下降或细胞死亡增加。因为罐外壁到培养系统内部总存在温度梯度，所以要严格监测和控制温度。根据系统的实际状态和所需的温度值，对系统进行加热或冷却。

二、通气

避免直接将通气鼓泡到动物细胞培养系统中，防止气泡对细胞损伤。同时泡沫会造成排气口堵塞、罐内压力上升及传感器信号漂移。此外，在微载体培养时，微载体往往在气液界面并在泡沫中积聚，导致细胞死亡。因此，要尽量减少气泡的产生，并在培养过程中提供95%的O_2和5%的CO_2。

三、pH

要求动物细胞培养系统的pH控制在所需设定点±0.05以内。细胞的生存、附着、生长和功能受到pH的影响。因此pH被严格控制，有利于细胞的生长和高产。如果使用含有碳酸氢钠的介质，则可以通过改变气相中的CO_2浓度来控制pH值。另外，在细胞浓度很高的情况下，可添加液体碱（如KOH或NaOH）或酸（如HCl）来控制培养pH。在这种情况下，介质应该至少具有一定的缓冲容量，以避免在设定点附近发生振荡。这种方法的问题表现在动物细胞培养系统渗透压增加，发酵液稀释，或培养基混合不足而增加细胞死亡。

四、渗透压

某些动物细胞对渗透压非常敏感，一般将渗透压控制在280～320mOsm/kg之间才能得到较高的产率。一般通过渗透压仪测定渗透压，计算要添加NaCl的量。由于动物细胞培养条件严格，在大规模生产中应使用计算机监控渗透压的变化，及时调整。

五、搅拌

由于动物细胞没有细胞壁，剪切力大时会对细胞造成损伤。特别是在微载体培养中，剪切力大会影响细胞与微载体的结合，因此搅拌要温和。为了保证微载体均匀悬浮、培养基组分均匀，并降低传递阻力，必须保证足够的搅拌速度，又要避免细胞从微载体表面剥离，可采用推动混合器或气升式搅拌等方法解决该问题。

六、防止污染

细胞培养过程中一定要注意防止细胞污染。由于培养基营养充足并且动物细胞培养时间长，且动物细胞不能抵抗外来细菌的感染，所以应严格注意各个操作环节。

① 支原体是一种严重的威胁，因为它的高传染性又不易被检测，可用荧光显微镜检查细胞是否含有荧光颗粒来检测。

② 病毒污染往往是由动物血清污染或细胞库管理不够严格造成的。

③ 在培养过程中加入少量的抗生素对细菌、真菌感染的防治有一定作用（如100U/mL的青霉素、100U/mL的链霉素或50μg/mL的庆大霉素，可加入50μg/mL的制霉菌素抑制真菌生长）。

在大规模培养时，考虑到培养基一旦被污染，经济损失过大，培养初期可加入少量抗生素。如果确定没有细菌，可以在以后更换培养基时降低抗生素的浓度。FDA还规定所有非青霉素的药品中青霉素含量不得超过1U/支，所以应考虑加入青霉素是否影响产品的质量。

第二节 动物细胞大规模培养

典型的细胞培养生产过程如图 7.1 所示。首先要复活冷冻保存的细胞。在低温条件下，将细胞保存在小容量瓶（2mL），最近也有保存在大容量瓶（5mL）或者高容量细胞袋中。在传统工艺中，细胞复苏后置于小的方瓶、摇瓶或旋转瓶中培养，并增加瓶子的数量和大小，以实现细胞在生物反应器中的接种。将大体积冷冻的细胞直接接种到小种子生物反应器（2～15L）中，可免除在培养瓶中多次传代的需求。除了培养瓶外，在细胞培养过程的接种物扩大培养阶段常常使用 Wave^{TM} 生物反应器。依照种子扩大培养和种子生物反应器使用步骤，将细胞接种到生产生物反应器中。在生物反应器生产过程中，细胞表达治疗性蛋白（Heidemann et al.，2010）。回收步骤主要是清除细胞和细胞碎片，并对未处理的部分进行净化。许多类型的生产生物反应器已经开发和研究多年，特别是在学术界。然而，目前商业化哺乳动物细胞培养过程中分批培养、流加培养和灌注培养是最主要的方式。本节主要介绍最常见的操作形式。

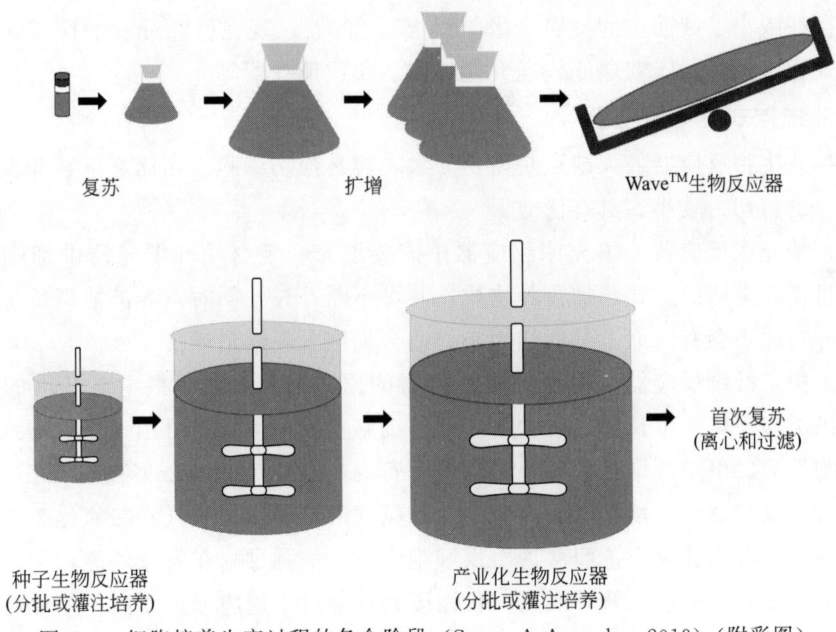

图 7.1 细胞培养生产过程的各个阶段（Susan A-A et al.，2013）（附彩图）

一、动物细胞大规模培养反应器

生物反应器是动物细胞体外培养时的关键设备，为细胞快速增殖和形成所需的生物组织产物提供了适宜的生长环境。由于在形态结构、培养方法以及所需的力学环境等方面动物细胞均与微生物细胞不同，传统的微生物反应器显然不适合动物细胞的大规模培养。尤其是组织工程的需要促进了新型生物反应器的研究和发展。

（一）分类及结构特点

目前动物细胞培养用的生物反应器主要包括：摇瓶培养器、填充床反应器、流化床反应器、中空纤维反应器、搅拌式反应器和气升式反应器。根据培养方式不同又可分为悬浮培养用反应器、贴壁培养用反应器和包埋培养用反应器。在动物细胞的大规模培养中所用的反应器一般分为搅拌式和非搅拌式生物反应器。

1. 搅拌式生物反应器

搅拌式反应器广泛用于生物反应，因为它们的操作范围宽、混合均匀及浓度均匀。然而，动物细胞对剪切力非常敏感，因为它们不受细胞壁的保护，直接的机械搅拌很容易破坏动物细胞。所以，通过改进搅拌反应器可以减少剪切力对动物细胞的伤害，包括改进氧气供应方式、搅拌桨的形状及反应器内的辅件等。氧气供应方式的改进：通常，搅拌反应器通过气泡来供氧，但气泡剪切力对细胞伤害较大，因此要改变供氧方式。笼式供氧是其中一种，即用丝网将气泡隔开，细胞不与气泡直接接触。不仅保证了混合效果，还减少了剪切力。搅拌桨的形状产生的剪切力也会对细胞造成影响，通过改变其形状或加装辅件减小剪切力。在反应器中安装双螺旋状搅拌桨，顶部的法兰盖上安装三块表面挡板。每块挡板相对于径向的夹角为30°，垂直插入液面。挡板的存在减小了液面上的旋涡（张前程 等，2002）。现在已经开发的搅拌式反应器包括笼式通气搅拌器、双层笼式通气搅拌器、桨式搅拌器等。

2. 非搅拌式生物反应器

搅拌式生物反应器最大缺点是剪切力大，容易损伤细胞。相比之下，非搅拌式反应器产生的剪切力较小，具有优势。

（1）填充床反应器　填充床反应器中需要填充一定材质的填充物供细胞贴壁生长。通过循环灌流的方式添加营养物质，并可不断补充。同时营养液能携带细胞生长所需氧分，而不会有气泡。其剪切力小，适合细胞大规模培养。

（2）中空纤维反应器　中空纤维反应器的原理是利用数千根中空纤维的纵向布置，提供类似于体内生长的三维状态，使得细胞不断地生长，可用于悬浮细胞培养和贴壁细胞培养。中空纤维是一种管状结构，管的内径约为200um，壁厚在50～70μm之间。管壁是半透膜，培养时管内充满含有氧气的培养基，氧气和二氧化碳等小分子以及营养物质可以通过半透膜渗透出供细胞生长；细胞黏附在管壁外侧，大分子营养物质（如血清等）必须从管外灌入。代谢废物也通过半透膜渗入管内，避免对细胞的毒害。该反应器有占用空间小、成本低、产量高和维持时间长等优点。由于剪切力小而广泛用于动物细胞的培养。

（3）气升式生物反应器　气升式生物反应器也是动物细胞高密度培养的一种设备，特点是罐内液体流动温和、均匀、剪切力小，对细胞损伤较小，通过喷射空气进行供氧，因而具有较高的氧传递效率；培养基的循环数大，养分和细胞都能够均匀地分布于培养液当中；结构简单并且利于密封。

生物反应器在细胞大规模培养中起着重要的作用，开发新的生物反应器具有重要意义。

（二）生物反应器的设计和放大原则

1. 生物反应器在设计的时候就要注意以下几个方面的原则

1）反应器的结构要严密，并且能够承受蒸汽灭菌，内壁要光滑、无死角，内部的辅件尽量少。

2）要有良好的气相-液相接触和液相-固相混合性能、热量交换性能。

3）要在能够保证产品质量、产量的前提下尽可能地减少能源消耗。

4）要减少气泡的产生或加装除气泡的装置。

5）要有准确的参数检测和控制装置，并可用计算机操控。

2. 生物反应器的放大

从实验室的小规模生成到工业化的大规模生产需要扩大生物反应器，每一级放大10～100倍。其放大从表面来看仅仅是体积或尺度的放大，但实际操作比较复杂。目前提出许多理论和方法，但是没有一种是能够通用的。只能半理论半经验进行放大，即抓住少数关键性参数或现象进行放大。

3. 热传递与制冷

动物细胞在生物反应器中的热传递也是需要考虑的。因为在细胞培养的过程中会发生合成作用和分解作用，一般分解作用释放能量，合成作用吸收能量。细胞的生长、繁殖、产物形成所需要的能量（为合成作用）来自培养基中的营养物质（需要分解营养物质）。从热力学的角度来讲，分解产生的能量超过合成产生的能量，多余能量会转化为热能释放。所释放的热量应及时除去，以免影响细胞的生长，因此一般都需要安装冷却装置。

（三）生物反应器的发展趋势

1. 代谢流分析为核心的生物反应器

发酵过程的操作和控制直接影响微生物的环境，最终影响代谢和生产的结果。长期以来，在微生物过程的优化研究中，只考虑了生物反应器的最佳温度、pH值、溶解氧（DO）、培养基成分等细胞外操作因素，以及与这些操作因素有关的混合转移研究。例如，在用氨调节pH时，往往关注最适pH，而忽略了氨添加量与其他参数之间的关系；当DO被确定和控制时，人们通常只关心最优临界值，忽视发酵过程中的耗氧率，很少考虑细胞代谢和形态特征的变化。这种以最优操作控制点为判据的静态操作方法，实际上是化工宏观动力学概念在发酵工程中的应用，限制了其在活细胞代谢发酵优化中的应用。因此，我们必须高度重视细胞中存在的代谢通量。随着过程传感技术、换能器和计算机技术的发展，上海国强生化工程设备有限公司设计并制造了一种新型发酵装置FUS-50L（A）。该生物反应器系统不仅具有温度、搅拌速度、pH、泡沫检测器等常规传感器，而且还具有发酵液的实际体积、准确的进料速率（底物、前驱物、油、酸/碱）以及精确的空气流量、背压的测定和控制，并配备了废气O_2和CO_2含量分析仪。整个系统拥有14个现场传感器/在线分析仪器，用于变量/参数的监测和控制，并可通过计算机对监测数据进行处理和分析。为实现变量/参数的监测和控制，开发了一套集成了各种过程和控制理论的发酵过程工艺分析和优化的复杂软件包。在鸟苷发酵过程中，从反应器测量参数上发现了细胞代谢流迁移，由此实现了工艺优化。该装置成功地应用于青霉素、饲料金霉素、黄霉素、红霉素、链霉素、泰乐霉素、棒酸、肌苷、鸟苷、基因工程疟疾疫苗、基因工程白蛋白、基因工程植酸酶和胰岛素原等产品的生产，大幅提高发酵单位能力，优化结果可直接由几十升发酵罐放大到几百立方米的工业生产发酵罐（张嗣良 等，2005）。

2. 动物细胞大规模培养生物反应器

许多有重要价值的蛋白质需要糖基化修饰，如基因工程药物、疫苗、抗体等，但原核细胞表达系统在转录后修饰中存在缺陷，哺乳动物细胞表达系统在此方面具有优势。因此，哺乳动物细胞表达系统备受关注，并在美国等西方国家发展了以大规模培养技术为基础的生物制药产业。动物细胞生物反应器有变大的趋势（最大的达到吨级），具有多参数监测和计算机控制系统以调节细胞的生长环境，这种生物反应器已经商业化。我国在该方向的研究也取得了较好的进展，然而，哺乳动物细胞的培养过程对控制精度提出了要求，应采用高质量的材料，关键部件的制造仍然非常困难。我国的动物细胞生物反应器行业几乎还是空白。

3. 带 pH 测量与补料控制的摇床

20 世纪 30 年代以来，摇床一直是生物反应过程中必不可少的专用设备。由于摇床设备的特点，无法实时测量相关参数和补料控制，因此，长期以来，摇床的放瓶结果一直作为实验数据。它实际上是一种静态分析方法，当作为研究培养基组成的作用以及温度、pH 等环境条件变化的基础时，缺乏对过程的研究。因此，国内外相关公司开发了一种具有 pH 测量功能的摇床。

4. 生物反应器中试系统设计

对于大量的传统生物技术产品，为了对已经通过前期研究（实验室研究和市场分析）的产品进行优化，在中试规模上达到高生产水平或质量，为车间生产和设备设计提供了基础，必要时也可以进行小批量的生产，提供试验样品或市场销售的一些产品。为此，近年来，许多与发酵有关的企业迫切需要建立多功能的中试发酵车间。

5. 大型生物反应器设计与制造技术研究

近几十年来，随着发酵工业的快速发展，发酵工程的规模、效率和自动化程度越来越高。对于传统的生物技术产品，如氨基酸、抗生素或轻化学发酵产品，其生物反应器的体积从几十立方米发展到数百立方米。一些较小的老厂已经迁移到新的发展地区，并普遍要求使用更大的生物反应器。一个例外是基因工程产品的生产，因为它们的高价值，小型生物反应器仍然可以满足生产的需要。但近年来随着基因工程技术的发展，大规模的生物反应器对高密度细胞培养和高表达基因工程产品的研究势在必行。

二、动物细胞大规模培养操作方式

哺乳动物细胞的规模化培养主要有分批培养、流加培养和灌注培养三种培养操作方式。

(一)分批培养

分批培养是在早期动物细胞培养过程中所采用的方式，这种培养方式采用的设备是机械搅拌式生物反应器，在开始进行细胞培养的初始阶段向反应器中加入培养基并进行细胞接种，在培养的整个过程中始终保持培养体积的恒定，反应过程中只需要控制温度、pH、溶解氧等参数，而不用进行补料以及放液的操作，待到培养过程结束后，产物积累到合适的浓度，将培养液全部取出。分批培养是最简单的操作模式，但是在这种操作方式条件下，随着营养物质的消耗以及有害代谢产物的积累，细胞所处的生长环境会而发生恶化，因此分批培养并不是一种理想的细胞培养方式。分批培养过程的特征如图 7.2 所示。分批培养通常应用于扩增和繁殖微生物以及废水的处理、发酵等不连续的培养系统。在某些分批培养过程中会定期地加入某些营养物质用来补充那些已经消耗掉的培养基，也就称为补料分批次培养，也称为流加培养。在分批培养的过程中，一次性的加入培养基，在整个过程中不予补充，不再更换。但是由于营养的消耗比较大，而且代谢产物的积累，对数生长期不能够长期维持。分批培养在每次培养之前都要经过一系列的步骤：灭菌、装料、接种、发酵、放料等过程，因此非生产时间的比例比较大，而且能耗也大。但是这种培养方式操作很简单，是一种广泛的培养方式。

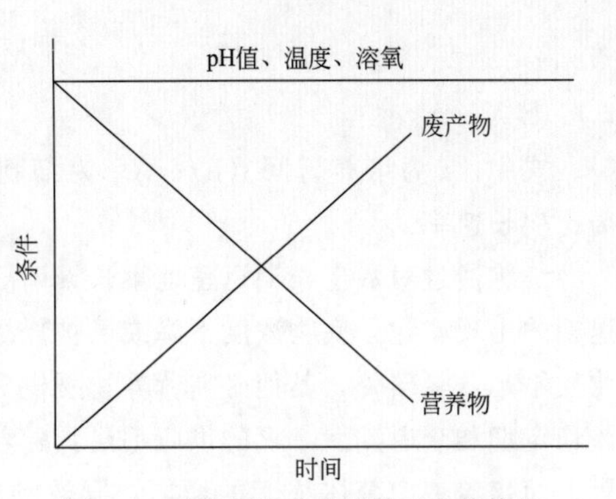

图 7.2　动物细胞分批培养过程的特征

在一些发酵操作中，微生物生长和代谢所需的某些营养成分可能需连续供应。例如好氧培养中微生物所需的氧气就必须连续供应，这是因为氧在培养液中的溶解度很小，不可能在发酵开始时一次供足。又如在许多发酵生产中，有关于含氮和含碳来源物质的加入也往往采用连续流加的方法。含氮物质的加入可能有两方面的原因，一是为了控制微生物的生长；二是当使用氨水、硫铵等碱性氮时，连续加入的方法有利于 pH 的调节。谷氨酸发酵中，氮的加入就是采用连续流加的方法。含磷物质的连续加入也有两个原因，一是可能有利于 pH 的调节控制；另一个原因是若在发酵开始时一次性投入磷酸，则磷酸根离子可能会与培养液中某些金属离子结合而沉淀，影响培养过程后期微生物的吸收和利用。第二种情况是重复的分批培养，所谓重复的分批培养就是当培养成熟后，在原反应器中，留一部分作为种子，接入新鲜培养基后继续培养。这种操作方法多见于种子培养阶段，如我国大多数酒精厂的酒母车间一般都采用这种操作。这种培养方法省去了前几级种子培养，节约了人力物力，但长期的重复分批培养会使菌种产生退化变异，影响后面工段的生产。因此，重复一定的次数后，就必须重新从菌种开始培养。

分批式培养的过程可以分为延迟期、对数生长期、减速期、稳定期和衰退期五个阶段，与微生物细胞的生长曲线基本相同。分批培养的延迟期是指细胞接种到细胞分裂和繁殖之间的时间。延迟时间的长短因环境条件的不同而异，并受细胞自身条件的影响。一般认为，细胞延迟期是为细胞分裂做准备阶段。一方面，细胞在进入新环境的过程中必须适应环境；另一方面，细胞不断积累一些分裂、繁殖所必需的活性物质。因此，为了缩短细胞培养的延迟期，我们通常选择生长较旺盛且处于对数生长期的细胞作为种子细胞。延迟期后，细胞开始快速增殖，进入对数生长期。在对数生长期，细胞可以在任何时间呈指数增长，细胞的比生长速率为一定的值，可以根据如下的公式来进行计算：

$$\mu=\frac{1}{X}\cdot\frac{\mathrm{d}X}{\mathrm{d}t}$$

则 $X=X_0e^{\mu t}$

式中，t 为培养时间（h）；X_0 为细胞的初始浓度；X 为 t 时刻的细胞浓度；μ 为比生长速率。

细胞通过对数生长期迅速地生长繁殖后逐渐进入到平稳期和衰退期。稳定期和衰退期的出现，除了底物浓度下降或已被耗尽外，一般认为还有下列原因。①其他营养物质不足：除碳外，其他必需营养物质供应的不足，同样会引起微生物停止生长，进入稳定期和衰退期。②氧的供应不足：随着培养液细胞浓度的增加，需氧速率越来越大，而培养液中菌体浓度的增加，导致黏度增大，溶氧困难，因而在分批培养的后期，容易造成供氧不足。供氧不足会造成细胞生长速率减慢，严重时会出现菌体自溶，进入衰退期。③抑制物质的积累：随着微生物的生长，培养液中各种代谢产物的浓度逐渐增高，而有些代谢产物对微生物本身的生长有抑制作用。④生长的空间不足：据经验，在培养细菌及酵母等时，当细胞浓度达到 $10^9\sim10^{10}$ 个/mL 时，培养液中还有充足的营养物质，但菌体的生长几乎停止。这种现象的出现有人认为是由生长抑制物质所引起，可是也有人认为是由于单个细胞必须占有最小的空间所致（Susan et al.，2013）。在分批培养的过程中，与细胞的生长、代谢相关的主要参数包括细胞密度以及其比生长速率、底物浓度以及其比消耗速率、产品浓度和其生成速率等。根据比速率的定义，分批培养过程有下述的方程：

$$\frac{\mathrm{d}X}{\mathrm{d}t}=\mu X$$

$$\frac{\mathrm{d}S}{\mathrm{d}t}=-q_sX$$

$$\frac{\mathrm{d}P}{\mathrm{d}t}=q_pX$$

式中，X 是活细胞浓度（10^6 个/mL）；S 是底物浓度（例如，葡萄糖，g/mL）；P 是产品浓度（g/mL）；μ 是比生长速率（d^{-1}）；q_s 是底物比消耗速率［g/(10^6 个·d)］；q_p 是产物生产速率［g/(10^6·d)］；t 为时间（d）。

随着培养量的增加，在动物细胞培养中接种物的繁殖通常采用一系列的分批培养。当达到足够的细胞数时，将种子生物反应器的内容物接种到产业化生物反应器。由于可获得的细胞数量和产品滴度有限，而且由于分批培养过程后期阶段会出现营养成分的缺乏或抑制性代谢物的积累，阻碍细胞的生长，因而分批培养在动物细胞大规模培养过程中效果不是太好。

（二）重复分批培养

重复分批培养，或称间歇收获，过程与先前描述的分批过程非常相似。细胞以分批方式生长，直到营养物接近不再支持指数生长，培养进入稳定期。此时，一部分细胞培养基和感兴趣的蛋白质一起被收获，并且移除的体积被新的培养基取代（Wlaschin，2006）。该过程可以重复多次以从每次收获中获得产品。可以在重复批次培养中产生在培养温度下短时间停留的活性蛋白质，例如重组因子Ⅷ。从生物反应器中获得产品仅需3～5天，而不是分批培养所需的几周。重复批次培养也可用于微载体培养，在一批培养结束时，用新鲜培养基代替旧培养基。此外，如果需要的话，细胞可以被分离并重新附着到微载体上。对于某些细胞类型，特别是干细胞，易在搅拌槽生物反应器培养基中发生显著的细胞聚集。细胞聚集可以在细胞分化和生产力方面提供有益的效果（Sen et al.，2002）。然而，由于聚集体中心的氧气和营养的限制，大的聚集体可使细胞死亡和坏死（Freyer et al.，1986）。重复批次培养可用于控制倾向聚合的细胞类型的聚合直径。可以调整沉降时间和交换培养基的百分比，以选择最适合培养的聚集体的大小范围。此外，还可以通过改变生物反应器在分批培养（Sen et al.，2001）和重复分批培养中（Kehoe et al.，2008）的液体搅拌速率来控制团聚体的尺寸。在生产过程的接种物扩增步骤中经常使用重复批次培养，在接种物扩增中重复批次培养的情况下，不用收获产物。细胞可以转移到另一个生物反应器中，或者在重新分批培养之前丢弃。

（三）流加培养

1. 流加培养简介

流加培养又称为补料分批培养，是在分批培养的基础上间歇或连续添加新鲜培养基的方法。流加培养属于半连续培养。小流量、连续不断地添加原料，同时连续不断地流出培养产物，进入下道工序。在分批培养的基础上，采用机械搅拌生物反应器系统对悬浮培养或悬浮微载体中的贴壁细胞进行培养。细胞初始接种的培养基体积一般为最终接种体积的1/2～1/3。在培养过程中，根据细胞对营养物质的不断消耗和需求，加入浓缩的营养物质或培养基，使细胞继续生长到更高的密度，目标产物达到更高的水平。细胞进入衰变后，整个反应体系终止并恢复，细胞和细胞碎片被分离、浓缩和纯化。流加培养动物细胞是大规模培养的主要培养技术，也是动物细胞大规模培养的热点（Lim et al.，2006）。流加培养中的关键技术是基础培养基以及流加培养所用的浓缩营养培养基。流加培养的时间大多处于指数增长的后期，细胞在衰亡期之前添加一次或多次高浓度的营养物质。流加培养可分为单次分批补料培养和重复分批补料培养两种类型。单次分批补料培养是指在培养初期加入一定量的基础培养基，经过一定的培养周期后不断添加浓缩营养物质。直到培养基体积达到生物反应器的最大操作体积，停止添加，最终一次释放细胞的全部培养基。该方式受反应器容积的限制。重复补料分批培养是指在单次补料分批操作的基础上，每隔一定时间一定比例地释放一部分培养基，使培养基的体积始终不超过反应器的最大工作体积。因此，延长了培养周期，直到降低了培养效率才释放培养基。

过去的几十年里，生物制药行业在细胞补料分批培养（fed-batch）实现高水平表达方面取得了巨大的进步，形成了一整套完整的工艺开发和生产体系，因其操作相对简单，易于监控和检测产品等特点，绝大多数企业均采用补料分批培养作为其药品生产的操作方式。流加培养的主要特点是能够在一定程度上对细胞所处的环境中的营养物质浓度进行调节。它可以有效地避免和防止某些特定的营养素在培养过程中逐渐被消耗，从而影响细胞的生长和最终产物的形成；其次，它可以防止某些营养成分初始浓度过高影响细胞生长和产品的形成。补料分批培养方式具有以下特点：①根据细胞生长状况、养分消耗情况和代谢副产物的抑制情况，加入一定浓度的营养物，并通过测定底物的浓度控制进料速率，保证细胞在生长条件下营养合理，代谢产物低；②补料培养过程中，必须掌握细胞生长动力学和能量代谢动力学，研究培养环境变化时的代谢行为，设计补料培养中的流加培养基和优化培养条件；③由于反应器中细胞的停留时间较长，细胞密度较高时目标产物的浓度也会较高；④工业化的生产中，补料培养过程参数的放大较易理解和掌握，因而较工艺参数的放大较直接。

流加培养由于其操作简单、灵活、易扩增、重复性好、成品浓度高等优点，在重组治疗产品的生产中得到了广泛应用，已经成为动物大规模培养技术的主流。流加培养技术主要是通过优化培养基和环境参数来优化细胞密度、培养周期和重组蛋白的比生产力三个重要参数。其实质是根据细胞生长和生产需求，来预测营养物质的摄取量，减缓低浓度营养物质的摄食速率，从而减轻营养耗竭和代谢副产物积累造成的不利影响。由此可见，营养平衡分批培养基的设计和精确的控制策略是流加培养技术实施成功的关键。然而，细胞对渗透压比较敏感，对浓缩培养基的补加有一定的限制；此外，细胞的生长和产物的分泌也会受到代谢副产物积累的抑制。

2. 流加培养方法及进展

对于补料-分批/延长补料-分批细胞培养操作，在细胞培养过程中添加生长支持养分，以促进细胞生长和生产率。这种操作模式具有四个阶段：滞后阶段、指数生长阶段、稳定阶段和死亡阶段。当营养物耗尽时，将饲料溶液添加到细胞培养基中。饲料溶液是含有微量元素的氨基酸和维生素的浓缩溶液，以维持细胞培养，同时避免生物反应器内含物的大量稀释。饲料的添加量可用来调节培养物的生长速度，有助于避免或减少不必要的糖酵解途径，如乳酸积累。在培养基健康显著下降之前，理想地收获该培养基。在补料分批操作中，由于添加饲料介质，生物反应器中原有的体积增加。补料分批操作可以用下列方程描述：

$$D=\frac{F}{V}$$

$$\frac{dX}{dt}=(\mu-k_d-D)X$$

$$\frac{dS}{dt}=D(S_M-S)-q_sX$$

$$\frac{dP}{dt}=q_pX-DP$$

式中，D 是稀释率（d^{-1}）；F 是进料率（L/d）；V 是培养体积（L）；X 是活细胞浓度（10^6/mL）；S 是底物浓度（例如，葡萄糖，g/mL）；S_M 是进料培养基中底物浓度（g/mL）；P 是产品浓度（g/mL）；μ 是比生长率（d^{-1}）；k_d 是比死亡率（d^{-1}）；q_s 是比底物消耗率［g/(10^6 · d)］；q_p 是比生产率［g/(10^6 · d)］；t 为时间（d）。

由于补料分批培养操作简单和倾向于利用已建立的系统和设施，已成为大规模生产的选择。然而，在缺乏基础设施的情况下，由于需要相对较大的生物反应器装置和相关的大型处理设备，补料分批培养模式可能涉及较高的启动成本。细胞系和培养基开发技术促进生产力的提高，导致了产能过剩，这种产能一度被认为是供不应求的。在某些情况下，制造商正在减少生产生物反应器的规模以补偿产能过剩。生产生物反应器尺寸的减小及补料分批培养的简单性促进了使用一次性生物反应器（Vicki，2005）。

补料分批培养设备的成本比灌注培养低。补料分批培养过程表征和验证相对简单。此外，补料分批培养从细胞库获得细胞，通过生产生物反应器的细胞膨胀可以实现相对较少的数量倍增。而灌注培养需要使用稳定的细胞系，通常是100个群体倍增或更多，补料分批培养的简单性可导致批量-批量高度的一致性，其中产品质量属性可随着细胞从培养期的开始到结束的年龄而变化。下游操作通常被设计为接受来自分批生物反应器的分批收获。此外，由于整个行业和卫生当局对进料分批培养过程很熟悉，与灌注培养相比，进料分批培养过程的批准时间可以减少。

通常，可以通过浓缩基础培养基的方法来配制简单的进料培养基。然而，要优化进料介质的组成和相关的进料策略，就需要考虑养分消耗、副产品积累、进料的时间和持续时间，以及生长条件等方面的优化（Chee Furng et al.，2005）。培养基的开发是劳动密集型的，可能需要较长的时间。可通过增加外包成本，从供应商获得培养基开发的专业知识。高通量、缩小规模的细胞培养系统或模型过程结合DOE实验设计方法可以用于优化开发过程（Castro et al.，1992）。

在生产生物反应器中逐步添加进料溶液通常用于工业过程，其简单且可扩展。这些饲养策略的一个缺点是补偿生长和营养需求的变化没有被调整。研究表明，通过频繁或连续进料，维持低葡萄糖和谷氨酰胺浓度，可以减少乳酸和氨等副产品。通过进料算法考虑细胞培养的实时状态的进料策略已经被证明可以减少副产物的积累。这些培养策略的重点是通过控制葡萄糖和/或谷氨酰胺来减少副产品的积累（Xie et al.，1996）。进料策略中氧消耗率的测量（OUR）被用于估计葡萄糖消耗率并用于确定维持低葡萄糖水平所需的进料培养基。由于操作和验证的复杂性，连续进料策略在工业中不常见。

3. 培养基与进料策略优化

补料的方式是获得高细胞密度培养成功的关键，它不仅影响最大可获得的细胞浓度，而且对于细胞的产率也会有影响。产物的形成也会受到各种补料策略的影响，最后高细胞密度的培养通常在营养限制的条件下进行。两种控制流加的策略是开环（无反馈）控制和闭环（反馈）控制。

开环控制的流加培养策略：恒定速度流加培养——以预先决定的且恒定的速率流入营养物质，比生长速率逐渐降低。①加速流加，以逐渐增加的速率流入营养物质，可补偿一些比生长速率的降低。②指数流加，以指数的速率流入营养物质，得到恒定的比生长速率。

闭环控制的流加培养策略：①间接反馈控制，即时的溶氧——当溶氧降低时补加营养物质。即时 pH——当含碳源耗尽引起 pH 上升时补加营养物质。二氧化碳释放率——其基本上与含碳能源的消耗速度成正比，这一方法最常应用于比生长速率的控制过程中。细胞浓度-营养物质的加入速率由细胞浓度决定。②直接反馈控制，底物浓度的控制-营养物质的速率主要由含碳能源物的浓度来控制，比如使用在线葡萄糖分析仪控制反应器中的葡萄糖浓度。

1）葡萄糖和乳酸代谢　虽然补料分批操作在工业中被广泛应用，但它并非没有挑战。低乳酸的细胞培养工艺是工业应用的首选，因为高浓度的乳酸可能会损害细胞的生长和生产率。在开发生产过程之前，建议选择低乳酸生产克隆。在开发的后期阶段实施减少乳酸生产的方案可能更具挑战性。在大多数情况下，50%～100%的葡萄糖在有氧条件下转化为乳酸（Zhou et al.，2015）。由于细胞能量需求大，在指数生长阶段迅速产生和积累乳酸。理想情况下，消耗乳酸来提供的能量用于维持细胞活性和蛋白质生产。

培养基优化是提高葡萄糖利用率的一种策略。用半乳糖和甘露糖等缓慢代谢的营养物代替葡萄糖，可以显著减少 CHO 细胞培养过程中乳酸的积累和促进乳酸的消耗（Altamirano et al.，2000）。理想的替代物是那些能够使细胞充分生长但防止过量代谢为乳酸的物质，从而实现更有效的培养基使用和更少的乳酸积累的目标。一些小规模的研究已经表明，将含水解物的饲料转变为化学定义的饲料培养基，CHO 培养基中乳酸的产生显著减少，甚至诱导乳酸的消耗（Huang et al.，2010）。此外，在基础和饲料培养基中使用代谢流分析优化氨基酸可使小规模 CHO 补料分批培养中乳酸生产率降低。同样，在 5 个非 GS-NS0 细胞系中，与以前使用优化程度较低的培养基相比，基础培养基和进料培养基优化后的乳酸消耗率很高，最终乳酸浓度较低（Ma et al.，2009）。这些结果表明，培养基优化是控制乳酸形成的有效方法之一。

加入铜离子促进了细胞生长并减少了某些细胞系中乳酸的生成。在补料分批培养

CHO时，使用含有5μmol/L $CuSO_4$的基础培养基乳酸积累减少了60%（Qian et al.，2011)。CHO微阵列和Western印迹实验鉴定和证实了乳酸脱氢酶和转铁蛋白受体的下调，以及细胞色素P450家族-1多肽的上调。在大规模生产中，通过在基础培养基中添加金属化合物观察到乳酸代谢显著改善。最近报道铜对另一个CHO细胞系在小规模培养时有相同影响（Luo et al.，2012)。比较代谢物分析表明，培养基中乳酸菌的产生对线粒体和能量代谢有影响。在GS-NS0细胞培养中发现磷酸盐的重要性。在小规模GS-NS0补料分批过程中，指数生长期中磷酸盐培养使活细胞密度增加两倍，比葡萄糖消耗率提高1.7倍，比乳酸生产率提高1.8倍，细胞代谢从乳酸的产生到消耗发生了延迟的转变（deZengotita et al.，2000)。

通过优化进料策略来限制细胞培养中的葡萄糖水平，这一做法也有利于控制乳酸的产生（Glacken et al.，1986)。数据表明，细胞在低葡萄糖浓度下生长比在高葡萄糖浓度下生长产生的乳酸更少。杂交瘤细胞的物质平衡研究表明，当葡萄糖过量时，81%的葡萄糖被转化为乳酸；当葡萄糖浓度有限时，转化率下降到52%（Xie et al.，1996)。以谷氨酰胺或葡萄糖为设置点的CHO补料分批培养的动态在线补料策略表明，将谷氨酰胺（0.1mmol/L）或葡萄糖（0.35mmol/L）维持在低水平可显著降低乳酸产量并促进其消耗。CHO进料分批培养在不同规模下，开发了基于pH的葡萄糖进料策略以控制的乳酸积累。该策略以在葡萄糖浓度低于1mol/L时细胞开始消耗乳酸为前提。乳酸消耗引起的pH升高触发了营养物质的摄取。因此，乳酸可以被抑制在低水平（34mmol/L)，即使是高乳酸产量的传统的进料分批培养工艺（45～140mmol/L)。进料策略成功地扩大到2500L，并证明显著改善多种蛋白质的生产。当达到完全的乳酸消耗时，二氧化碳浓度就会上升，因为二氧化碳是为了控制pH而喷射的。对于乳酸消耗量大的细胞系，通过摄取乳酸来控制pH值，这可以提供氨和二氧化碳还原的工艺效益（Li et al.，2012)。

代谢分析是一种有效的工具，以改善乳酸代谢与改变培养基成分。最近的一项研究表明，代谢通量的分布主要发生在与丙酮酸代谢有关的反应中（Wilkens et al.，2011)。实验还显示了氧化代谢降低与乳酸产量升高之间的相关性。有人认为，在固定相通过糖酵解抑制通量可能是触发乳酸消耗的必要条件。当葡萄糖和半乳糖混合时，所观察到的乳酸消耗可以用糖酵解来解释：细胞不能提供足够的丙酮酸（糖酵解通量限制)，以缓慢的速率消耗半乳糖来提供能量代谢，乳酸用于丙酮酸的合成以满足TCA循环。在这种情况下，乳酸的通量是“被迫的”，以达到足够的能量代谢。最近的研究表明，这种代谢转变不仅限于丙酮酸-乳酸转换，而且还涉及其他一些氨基酸中间体，如丙氨酸、异柠檬酸盐和琥珀酸盐（Zagariet al.，2013)。

2）细胞培养参数的调整　一些细胞培养参数［如pH、温度和溶解氧（DO)］极大地影响细胞生长动力学、抗体生成速率和细胞代谢。例如，在培养温度为32.5℃和37℃时，CHO和杂交瘤细胞的乳酸生成率明显下降，而其他代谢产物的产生量下降。当温度升高时，更多的葡萄糖被输送到乳酸生产。在不同的细胞株中，pH值的变化对乳酸的形成有很大的影响。在CHO分批培养过程中，当培养pH在

6.85～7.8范围内增加时，葡萄糖消耗率和乳酸生产率增加（Yoon et al.，2005）。在pH范围为6.6～7.2的GS-CHO进料分批培养过程和pH范围为6.8～7.4的CHO进料分批培养过程中，也观察到了类似的pH依赖性乳酸的代谢。葡萄糖消耗率和乳酸生产率的增加表现为CHO间歇培养pH在6.85～7.8之间的增加。在pH范围为6.6～7.2的GS-CHO进料分批培养过程和pH范围为6.8～7.4的CHO进料分批培养过程中，也观察到了类似的pH依赖性乳酸代谢（Tsao et al.，2005）。因为乳酸的形成是一个厌氧过程，所以很低的DO水平自然地促进乳酸的产生，而高的DO水平预计会减少乳酸的形成。然而，在指数生长阶段中，乳酸的生成率非常高，甚至在高DO时也是如此。低DO（0%～10%）时乳酸产量显著增加，而DO在10%～100%范围内的变化仅能使杂交瘤细胞产生较小的乳酸产量差异。在产生组织纤溶酶原激活物（t-PA）的CHO细胞系中，必须将DO维持在5%以下，才能观察到乳酸产生率的差异。在工业细胞系（30%～60%）中，DO水平的影响是微乎其微的。然而，DO梯度的大规模存在可能导致局部区域DO较低，从而导致乳酸盐的增加。

3）基于细胞工程的方法　人们对代谢途径的遗传操作进行了大量的研究，以减少乳酸的生成，同时提高蛋白质的产量（Mulukutla et al.，2010）。对杂交瘤细胞系的大规模基因谱分析表明，生化反应速率和基因表达水平变化均影响代谢变化（Korke et al.，2004）。为此，须经常对促进乳酸生产的具体目标进行评估，例如乳酸脱氢酶A（LDH-A），其催化丙酮酸转化为乳酸。下调LDH-A是抑制CHO和杂交瘤培养基中乳酸生成的常用策略，文献报道的比乳酸生产率减少了21%～79%（Chen et al.，2001）。丙酮酸盐被丙酮酸脱氢酶（PDH）转化为乙酰辅酶A，进入TCA循环，被丙酮酸脱氢酶激酶（PDHKs）磷酸化后，PDH的活性受到抑制。在最近的一项研究中，LDH-A和PDHK的下调导致进料分批摇瓶工艺中乳酸的产量降低90%，并在小型生物反应器中得到进一步证实。研究还发现，过量表达多种抗凋亡基因可改变CHO细胞的乳酸代谢（Zhou et al.，2011）。还探索了某些基因的上调，以使更多的丙酮酸进入TCA循环，丙酮酸活性一般较低。结果表明，酵母丙酮酸羧化酶（PC）在CHO细胞中的表达增加了TCA循环中的葡萄糖通量，减少了乳酸的生成，增加了蛋白质的产生，这与BHK-21细胞株的观察结果一致。通过表达人PC，无论是在贴壁培养还是在悬浮进料分批培养CHO细胞中都观察到相同的乳酸还原效果（Dorai et al.，2009）。反义LDH-A和甘油-3-磷酸脱氢酶（GPDH）的过度表达在降低乳酸产量方面也是有效的。

4. 扩大培养

在哺乳动物细胞培养过程中实现乳酸代谢的转变是可取的。从乳酸生产到乳酸消耗的转变为细胞维护/生产提供了能量，降低了废物的毒性，并维持了较低的渗透压。小规模的生物反应器系统用于开发和生产治疗性蛋白的补料分批工艺。这些小规模系统（B20L）不能完全等同于全尺寸生物反应器（C1000L）的条件。大型生物反应器系统的混合难度更大，它们比小规模系统在更大程度上积累了溶解的二氧化碳。此外，在扩大规模的过程中，乳酸代谢往往是一个挑战。与小规模相比，文献中的大规模数据相对较少。然而，现有数据提供的证据表明，与小规模生产的过程相比，大规模生产中乳酸的生产速度往往大幅度增加，而向乳酸消耗的代谢转变减少或不存在。例如，3L生物反应器的细胞密度比2500L Sp2/0补料分批培养的细胞密度高得多，在两种规模上产生的乳酸水平相同。最近的一份报告显示，在一个15000L的SS罐、一个200L的SS罐和一个250L的分罐中，NS0进料分批培养过程中的乳酸峰值水平为1∶0.31∶0.77，而15000L的反应器产生的乳酸水平最高，尽管不同尺度中的细胞密度趋势相当相似（Yang et al.，2007）。在另一个NS0补料分批工艺中，10000L生物反应器中的最终乳酸水平远高于2L和600L生物反应器（Smelko et al.，2011）。值得注意的是，当在多个非GS-NS0细胞系中，体积从2L增加到100L时，观察到乳酸消耗率的差异。报告显示在5000L CHO补料分批工艺中乳酸水平（62.5mmol/L）受到抑制，并在50L生物反应器中，获得了约20%的低乳酸水平。工艺性能（包括乳酸）在生产运行中经常存在很大的差异，在200次以上的12000L CHO补料分批处理过程中可以观察到该现象（Le et al.，2012）。

高渗透压可使CHO细胞产生较高的乳酸。在无血清CHO细胞培养基中，当渗透压从320mOsm/kg增加到440mOsm/kg时，比乳酸生产率增加了50%，渗透压从350mOsm/kg增加到490mOsm/kg时，比乳酸生产率增加了35%（Schmelzer et al.，2002）。同样，在CHO细胞进料分批培养过程中，更多的葡萄糖在高渗透度（381mOsm/kg与276mOsm/kg相比）下转变为乳酸（Zhu et al.，2005）。尽管渗透压对乳酸代谢的影响机制尚不完全清楚，但大规模调控渗透压可能对小规模上观察到的乳酸代谢变化的再现具有重要意义。

控制二氧化碳浓度是控制渗透压的重要因素。二氧化碳浓度高会导致加入更多的碱和更高的渗透压。众所周知，许多大型生物反应过程由于CO_2溶出能力差，或者由于生物反应器系统工程设计的局限性，或者由于对哺乳动物细胞剪切敏感性的关注而导致的保守操作，而受到大量二氧化碳积累的困扰。高浓度的二氧化碳积累会导致pH值的增加（通常比小规模时多几倍），并部分抑制葡萄糖的氧化。在特殊情况下，二氧化碳的增加会导致CHO灌注培养过程中乳酸的产生。因此，高二氧化碳分压对高乳酸产量和高渗透压有较大的促进作用。反过来，高渗透压也可以促进更多的乳酸形成。通过增加体积溶解氧传递系数（KL_a）和CO_2气体，较高的空气喷射率可以降低CO_2。在2000L GS-NS0补料分批工艺中，当空气喷射率从约1L/min增加到约2.5L/min时，乳酸浓度降低了50%。尽管已经研究了许多缓解措施，乳酸的积累仍然是工业补料分批过程的挑战。人们还没有完全了解难以捉摸的乳酸代谢变化，并在继续进行研究。在补料分批培养中，除了氨基酸、维生素和脂类等，常常会把葡萄糖的浓度作为工艺开发中加入不了的基准参数。葡萄糖对于细胞的生长以及目的产物的表达有着至关重要的作用，它既是细胞能量的来源又是其代谢中间体，同时也是糖基化作用的重要底物，所以控制和平衡葡萄糖的浓度对于最终产物的质量有着十分重要的作用。与此同时，把葡萄糖作为指示器来控制补料的速率会极大水平地提高补料的有效性，同时也能够避免因为营养成分的缺乏导致的过量补料，从而实现精准控制，降低培养基的成本。另外，细胞达到最高活细胞密度后设备运行的稳定性受到了极大挑战，如何使得细胞既能够维持高的密度，又能使得细胞的存活率保持在一个可以接受的范围内是大规模培养中需要解决的问题。

5. 常见问题及解决策略

1）产物或者是代谢副产物的积累对于生长的抑制　控制比生长速率在产生目标产物的临界值以下，选择合适的培养基或者是采用代谢工程的方法。

2）氧的限制　提高通气速率和搅拌速度、富氧空气和纯氧或者在加压环境下培养。

3）培养过程中黏度不断增加，引起混合不充分　研究反应器中的搅拌模型，找到改善搅拌的方法。

4）二氧化碳和热量的高释放率　降低细胞的比生长速率或者降低培养的温度。

（四）灌注培养

1. 灌注培养简介

灌注培养技术在有关CHO细胞高密度培养中得到了广泛的应用，从而极大地推动了现代生物医药产业的发展。对CHO细胞代谢的分析引出了灌注培养的优势以及特点，另外本章也对与常规培养系统组成结构以及核心装置（如细胞培养罐与截留装置）进行了描述。本章重点分析了应用于包括CHO细胞在内的多种动物细胞悬浮培养灌注系统的流程原理以及对灌注速率进行控制的方法。本章也对近年来国内外关于灌注培养在单抗生产、组织工程以及疫苗等方面的应用，同时也对于灌注系统研究及生产中存在的难点进行了探讨与研究，对灌注培养体系的应用前景进行了讨论。

现在一些公司开始开发连续流培养工艺模式，因为相对于传统的批次和补料批次培养方式，连续灌注培养生产能用更小的设备表达更多的产物，同时还能有效改善产品质量。而且在该培养模式中，补料营养成分连续加入，有害代谢产物会及时去除，从而使得细胞在长时间内维持高密度培养和存活率。这样不仅让细胞处于平衡稳定状态，表达的产物具备高度一致性，尤其是对敏感和不稳定的分子而言，及时持续地从罐体中收获纯化蛋白质能最大程度地保证产品的稳定性。因此，当反应体系内表达的是易降解或者半衰期很短的产品时，灌注的优势尤为明显。同时培养环境的优化、体系的精确稳定控制、细胞培养基的开发以及微膜过滤细胞截留设备的发展也进一步推动了连续灌注培养工艺的发展。在已经上市的生物产品中有很多是通过灌流工艺进行培养和生产的，比如拜耳公司生产的凝血因子产品，还有强生和诺华生产的酶制剂和单抗产品。

灌注培养是一种连续不断的细胞培养方法，培养过程中收集培养液的同时添加新鲜培养基，使反应器中营养物质的浓度不会限制细胞的产生生长，同时减少有毒代谢产物的积累，从而不会抑制细胞的正常生长代谢，细胞可以达到很高的密度。此外产物在反应容器的停留时间比较短，不易受到酶的降解，因此可以提高产品的产量。灌注培养的优点：①细胞截留操作系统将细胞截留在反应器中，使反应器中细胞浓度较高。一般细胞密度可以最终达到 $10^7 \sim 10^9$/mL，提高单位体积生物反应器中的生产能力。②细胞在培养过程中有害代谢产物并不会积累，从而确保细胞的生长环境较好。③可以提高产品的生产率和回收率。④产物在反应器中停留的时间较短，产品不易降解，提高产物的纯度和质量，尤其是对糖苷酶和蛋白酶等敏感的产品。缺点是灌注培养技术及操作模式比较复杂，同时对培养基的利用率较低，早期设备投入较高。具体见表 7.1。

流加培养和灌注培养的过程具有不同的特点，但在策略上并没有显著的差异，即保持营养物浓度较高，同时使代谢副产物的积累降低，保持细胞生长状态良好。流加培养需要搅拌式生物反应器，要最大程度地降低搅拌产生的剪切力对细胞的影响，提供合适的培养基和通气量；而灌注培养需要考虑细胞的截留问题。对于不同的细胞株、不同的产物而言细胞的培养方式也会不同。分别采用批次培养、流加培养以及灌注培养进行 CHO 细胞的培养，所得活细胞密度的最大值分别为 3.96×10^6/mL、5.47×10^6/mL 和 1.97×10^7/mL，抗体的产量分别达到了 378mg/L、1128mg/L 和 1854mg/L。在实际操作过程中，需要根据细胞的生长活力、产物的稳定性、产品的产量需求以及质量要求选择合适的培养方法。

表 7.1　灌注细胞培养的优点和缺点

优　点	缺　点
较高的细胞密度和增加的生物反应器运行时间可能意味着需要更小的生物反应器体积，从而减少投资资本	准备大量的培养基和收获液量大需要额外的投资。额外的工艺设备，如电池保留装置、泵、收获浓缩系统或连续下游处理系统，会增加投资资本
高细胞密度可维持时间较长	收获产品的效价通常较低
稳定运行可提供稳定的生长条件，营养供应稳定，无废物堆积	细胞系必须是稳定的，并且性能必须以延长运行的时间为特征
在较短的停留时间后从系统中去除产品可以减少不稳定产品的降解	增加了辅助工艺设备和控制系统复杂性，必须经过良好的设计、集成和监测
分批定义和质量体系可以允许过程连续进行，尽管存在子批次的问题	工艺开发和表征、平台开发和缩小规模建模可能更复杂

2. 灌注培养方式

目前有关连续灌注培养的方式主要有以下两种，根据其在截留设备中的流体流动方向分为切向流过滤（tangential flow filtration，TFF）和交替切向流过滤（alternative tangential filtration，ATF）。TFF 中细胞液通过泵的蠕动作用形成一个连续的环形流动方向，进入纤维膜后，废液会通过膜排出系统，细胞则会随着环路重新回到培养体系之内（Tang et al.，2009）。ATF 是目前采用最为广泛的一种方式，其通过隔膜泵的往复吹吸作用，实现罐体内培养液在截留设备中的回路流动，而液体中的代谢废物，如氨、乳酸和一些代谢氨基酸等，会通过膜排出体系之外，细胞则会重新回到罐体当中。另一方面，新鲜的培养基会等量持续加入使得平衡能够得以维持，如表 7.2 和图 7.3 所示。

表 7.2　ATF 与 TFF 的对比

项目	ATF	TFF
主要供应商	Repligen	Spectrum
驱动装置	往复式隔膜泵	可抛弃式磁悬浮泵
流路	双向流路,需灭菌	循环回路,可抛弃型,预灭菌
流速控制	隔膜泵往复运动频率	循环泵转速
膜反冲方式	料液双向流动冲洗	滤液泵瞬时反冲

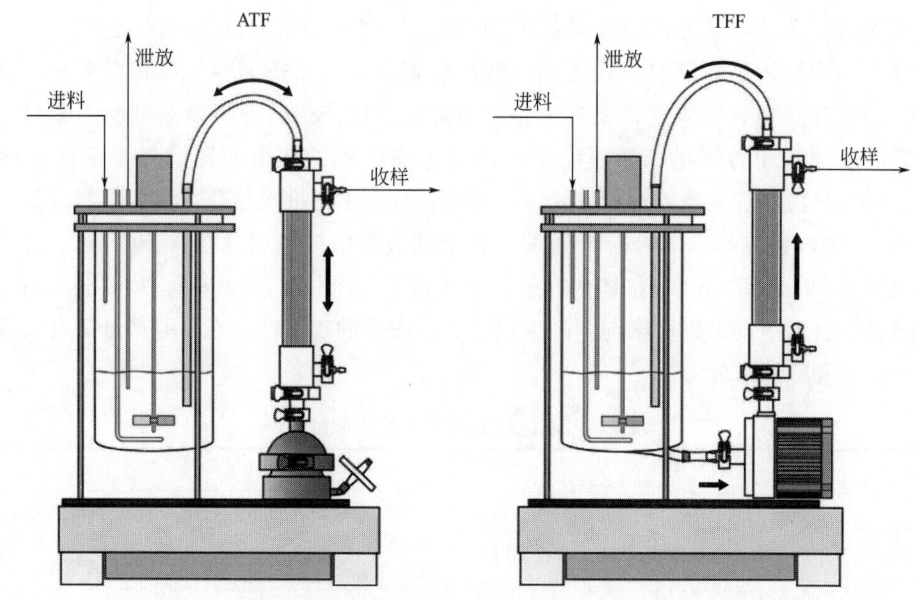

图 7.3　ATF 与 TFF 的结构示意图（Karst D et al.，2016）

连续灌注培养分为连续灌注培养和浓缩分批补料两种方式，其最主要的区别在于截留设备分子量的大小与目的产物的不同，表 7.3 比较了两种方式的不同。浓缩分批补料的主要目的是在相对较短的时间内，利用维持高密度和存活率来实现高表达，通常用于表达单克隆抗体等那些比较稳定的产品，它们并不会随着培养时间的增加（20～30d）而出现降解等与产品质量有关的问题。对于灌注生产而言，目标蛋白质通常会持续的通过截留设备而流出到反应体系的外面，因而有利于后续蛋白质持续的收获以及纯化，从而形成不同的亚批次，这种方法通常用于表达不稳定的细胞因子以及融合蛋白等产品。

表 7.3　浓缩分批补料和连续灌注培养的对比

项目	浓缩分批补料培养	连续灌注培养
培养天数	18～25d	30～60d
表达量	10～20g/L	0.5～1g/(L·d)
活细胞密度	(5～10)×10^7 个/mL	(5～20)×10^7 个/mL
收获	一个批次	多个亚批次
产物	适合性质稳定的蛋白质	不稳定细胞蛋白或细胞因子

3. 灌注培养流程

1）细胞截留　现有的细胞截留装置与细胞大小或密度有关。它们包括过滤器(横流、中空纤维)、离心机、重力沉降器和声波分离器。截留装置需要具备截留效率高、无菌可重复利用、对细胞的损伤小、不影响培养基的使用寿命等特点。过滤器或者重力沉降器是截留装置的主要部分。重力沉降器具有结构简单、不易堵塞、剪切力小和成本低的优点。缺点是细胞容易结团、在不良环境中停留的时间过长，会影响细胞的活性和产物产量。针对细胞在重力沉降器中黏附的问题，将装置底部的材料硅化处理，降低黏附，提高培养体系的运行效率。

目前，以旋转过滤器为主的截留装置灌注系统是悬浮培养的主要模式。旋转过滤器与桨叶位于同一轴上面，在旋转臂面上分布着孔径为 20～50μm 的筛孔。根据细胞的大小设计筛孔的大小，将活细胞截留下来。同时由于离心力可以使细胞黏附在筛面造成堵塞，需选择合适的筛网孔径、材质和搅拌速度避免这种现象的出现。在堵塞情况下，最大灌注速率与筛网表面的切向速度的平方有关。总之，选择适当的灌注速率和最佳的转速可使灌注培养系统充分发挥出其优势。

灌注培养不断地更换培养基会提高生产成本。对细胞进行实时监测有助于调控灌注培养操作参数（Lipscomb et al.，2004)。灌注培养可以实现细胞高密度的培养，高密度细胞培养所需要的氧气量也是相应增加的。一方面，灌注培养时间较长，并需要大量的培养基，培养基的优化显得尤为重要；另一方面，要优化搅拌装置能很好地实现分散溶氧以及良好的混合效果，同时又能够减少桨叶与气泡造成的剪切损伤。

细胞保存与截留系统对灌注系统至关重要。该设备的复杂性、吞吐能力、运行效率和操作可靠性对整个过程的性能和可用性有很大的影响。设备的选择会影响细胞的生长或产品质量，并可能对运营成本产生重大影响。许多类型的细胞滞留装置已经开发用于工业化生产，这些装置可以基于几种类型的固液分离技术，包括死角或切向流过滤、重力沉降、离心和细胞固定。过滤系统的功能是允许废液通过，同时保持细胞继续生长和生产。除非采取预防措施，否则切向流过滤系统和死角过滤系统都可能由于长期使用而受到阻塞和污染。这些措施包括定期清洗过滤器、反冲洗过滤器或更换过滤器。但是由于大分子成分（DNA、蛋白质、脂类）而造成的污垢很难在适合哺乳动物细胞的剪切水平上完全消除。自旋过滤器是安装在生物反应器内的细胞筛，通常安装在电机轴上，这些过滤器可以成功地运行几天。Wave 生物反应器可预先安装一个过滤装置，通过该过滤器可回收灌流液。在生物反应器中，过滤器相对于细胞培养悬浮液的运动可以帮助去除过滤器表面的细胞。这些系统在使用过程中都不能进行机械或化学清洗或去垢处理。

搅拌槽容器外部的过滤系统可以暂时关闭或切换到备用系统进行清洗，而阻塞的单用生物反应器系统（如 Wave）可以简单地转移到一个新的容器中，继续用一个干净的整体过滤器进行灌注。外部切向过滤系统允许反冲洗或自动清洗循环，超滤过滤器可用于保留细胞和产品，如果产品稳定，则可产生预浓缩用于下游加工的收获物。过滤器和宏观载体或微载体可以以固定方式支持细胞培养或帮助细胞保留。对于中空纤维，细胞通常位于管束的壳侧，而管侧用于将养分和气体灌注进去，以及将产品和废介质排出。这个系统从细胞中去除流体动力应力，并且可以与悬浮或贴壁细胞一起使用，但是也可能导致非常密集的细胞床，潜在地将缺氧或营养梯度作为另一个可变应力源添加到培养物中。宏载体和微载体也以不同的形式实现，以便在灌注环境中保留贴壁的细胞。微载体比单个细胞沉降更快，甚至可能具有磁力分离的能力。可以设计大载体和填充床以使细胞免受外部应力的影响，但是在所有这些情况下，通过持续的细胞生长和丢弃来更新细胞培养物比使用适应悬浮的细胞更复杂。这可能适合某些生长缓慢的细胞系或在缓慢生长条件下生产最好的细胞系，并且可能是贴壁细胞的唯一选择。基于重力的系统，如锥形或平板沉降器和离心机，不易堵塞，但对于细胞分离来说可能不如过滤器有效。它们还可能给细胞增加额外的压力，如温度变化或细胞长期处于细胞滞留系统时缺氧。声学分离也被用于灌注细胞培养，据报道，该系统工作效率较高，但可能导致细胞聚集，并且在规模上受到限制。氢氰酮可用于一次性灌注细胞培养（sartorius），这些可以在很宽的体积范围内运行，通过在分离所需的高流速下使用间歇流动装置。与大多数其他装置相比，它们在细胞分离方面效率较低，但它们不易堵塞，并且易于维护和操作，可通过复用标准单元来实现扩展。因此，细胞截留系统的选择必须结合细胞系和产品需求考虑可伸缩性、可控性和成本等多种因素。

2）通气装置　在大规模的培养过程中，生物反应器需要在长时间的培养过程中始终保持较高的精确度以及稳定性，通气装置的设计能满足细胞高氧传质系数要求的同时也能够及时地去除大量累积的 CO_2。目前通气装置的设计主要分为三类，分别是大泡鼓泡通气、微泡鼓泡通气或者将两者结合。大泡鼓泡通气的孔径一般是在 0.5～1.0mm 之间，泡的通气孔径一般是在 10～20μm 或者是 200～250μm 之间。大泡鼓泡通气产生的气泡直径比较大，且表面积更小，因而传质系数相对较低，虽然提高通气量能够在一定程度上提高传质系数，但是它的提高效果有一定的限度，而且会对尾气的出气造成潜在的不良影响。因此，大泡鼓泡通气的孔径以及孔的分布情况就显得非常的重要，它的直径能够影响到细胞代谢产生的二氧化碳能否及时的从反应体系中排出，从而不会形成过高的二氧化碳分压（pCO_2）。从氧气的传质来讲，具有较小孔径的鼓泡通气其传质系数也相对较高，但是在这个过程中也会伴随着新的问题出现，比如说在这些较小气泡的上升过程中会裹挟大量的细胞，在到达顶部气体与液体表面后会发生爆炸，此时所产生的爆炸冲击力会严重地影响细胞存活率，导致细胞存活率极大的降低。总的来说并不是孔径越小的鼓泡通气装置会越有利，在改善高密度细胞培养所需较高的传质需求的同时，我们也应该考虑到其表面由于气泡速度过高而对细胞造成的损伤。同样，不管是鼓泡通气还是大泡鼓泡通气，其搅拌与传质关系效果也有着密切的关系，CHO 细胞耐受搅拌剪切力的能力有限。但是随着人们对细胞尤其是 CHO 细胞研究的深入以及驯化，现在 CHO 细胞已经能够耐受相对较高的剪切力，因此在某些情况下可以考虑加入一个用于微生物培养的 6 叶桨，增加混合效果的同时也能够提高传质的效果，从另外的一个角度来看，也能够降低反应体系对通气量的需求，细胞在相对高密度的时候比在低密度的时候对于相同的剪切力有着更强的耐受能力，所以这可以作为一个可选择的方案。在高密度细胞培养条件下，大量鼓泡气体的进入会对培养体系的尾气排出提出更高的挑战，尤其是对于一次性的反应器而言，配备冷凝回流和尾气加热装置能够有效地避免因为尾气的堵塞而带来的风险。CHO 细胞在大规模培养的时候，尾气在进入到滤器之前经过充分的加热和气化，这样就能够避免因为气体中夹带着液体而对尾气疏水性滤器造成堵塞。同样反应器的搅拌混合方式与气体供应以及尾气出气的效率息息相关，能够在保证低剪切力的前提下最大程度地提高混合与传质的效果，减少因高密度的培养而需要极高的通气需求量。

3）操作系统　新鲜生长培养基的灌注速度可以根据体积或细胞特异性计算。前者表示为每天反应器的流速，并且可以在很宽的范围内变化，这取决于培养基的营养含量和产品的稳定性要求。细胞特异性灌注速率随反应器系统中的总细胞数而变化，旨在为每个细胞提供恒定的营养环境。这需要精确的细胞计数，这对于非悬浮细胞培养（例如，中空纤维系统或微载体系统）可能是有问题的。灌注速率也可以根据营养水平而改变，例如，维持恒定的葡萄糖水平。这允许细胞在恒定的低营养水平下生长，例如减少乳酸或氨的产生，并允许细胞系在可预测或优化的条件下生长。体积灌注率（CSPR）可用下列公式计算：

$$\mathrm{CSPR}=\frac{D}{X}$$

式中，D 为稀释率或灌注率（d^{-1}）；X 为活细胞浓度（10^6 个/mL）。

控制灌注生物反应器的一种方法是，从生物反应器丢弃细胞以保持更恒定的细胞密度。通过控制生物反应器中的细胞密度，在整个运行过程中不需要调整灌注率以保持恒定的 CSPR（Konstantinov et al.，2006）。灌注操作可以用下面的方程式来描述。由于通过不断添加营养物和去除废物来维持高细胞活力的能力，与细胞生长速率相比，灌注培养中细胞的死亡率常常可以忽略不计。此外，细胞丢弃率（CDR）对从生物反应器去除产品和底物的贡献也很低。

$$D=\frac{F}{V}$$

$$\frac{\mathrm{d}X}{\mathrm{d}t}=\left(\mu-k_{\mathrm{d}}-\frac{CDR}{V}\right)X-DX_{\mathrm{H}}$$

$$\frac{\mathrm{dS}}{\mathrm{d}t}=D(\mathrm{S}_{\mathrm{M}}-\mathrm{S})-q_{s}X-\frac{CDR}{V}S$$

$$\frac{\mathrm{d}P}{\mathrm{d}t}=q_{p}X-DP-\frac{CDR}{V}P$$

式中，D 是稀释率（d^{-1}）；F 是进料率（L/d）；V 是培养体积（L）；X 是活细胞浓度（10^6 个/mL）；X_{H} 是收获流中活细胞浓度（10^6 个/mL）；CDR 是细胞丢弃率（L/d）；S 是底物浓度（例如，葡萄糖，g/mL）；S_{M} 是进料培养基中底物浓度（g/mL）；P 是产品浓度（g/mL）；μ 是比生长率（d^{-1}）；k_{d} 是比死亡率（d^{-1}）；q_{s} 是比底物消耗率［g/(10^6 · d)］；q_p 是比生产率［g/(10^6 · d)］；t 为时间（d）。

可以专门设计进行灌注培养的细胞培养基，营养平衡和缓冲系统的需要可能与用于分批培养的那些有所不同。例如，灌注速率和细胞生长速率可以影响培养基的营养密度。对于不稳定的蛋白质，可以使用高灌注速率快速从生物反应器中除去产物。在这种情况下，具有高葡萄糖或谷氨酰胺浓度的培养基将是不合适的，因为细胞生长或生产率可能受到抑制。相反，可以通过合适的超滤保留装置将稳定的产品保留在生长室中，并且在这种情况下，使用更浓缩的生长培养基的缓慢灌注速率可能更合适。适当平衡的灌注介质将在稳定状态下提供细胞所消耗的营养，并使过度消耗最小化。培养缓冲液水平也可以在培养过程中变化，稳定状态期间可能需要的缓冲容量比在细胞积累阶段使用的要少。pH、温度、渗透压的变化，甚至稳态期间诱导剂的使用，可以用来选择生产过程中的生产力，但此类因素的效用与细胞系有关。如上所述，可以根据细胞生长和细胞计数来控制灌注速率。其他因素也可能相关，例如气体传递能力、传热能力（生物反应器在使用冷却介质和/或冷却外部细胞保持循环时保持温度的能力)、细胞保留系统能力、下游澄清和净化能力和产品稳定性。稳定的无控制灌注速率大大简化了整个系统，并且允许在许多控制回路中建立稳定状态，例如溶解氧、pH、温度控制，以及容器体积控制和细胞丢弃率。然而，如果系统漂移，这种稳定状态对于细胞培养可能不是最佳的，并且控制参数需要仔细监控。例如，介质供给中断可以扰乱温度、pH 值和氧含量，并且在这种情况下也必须控制容器的体积，以便去除废除的介质不会使容器排空。这些复杂性可以通过精心设计和集成的控制系统来克服，但是必须为灌注培养系统设计特定的连锁装置。与灌注培养相关的延长处理给细胞系增加了额外的压力，必须在细胞培养的极限下确认遗传稳定性以用于药品生产质量管理规定（GMP)，并且还可以观察到细胞表型漂移。例如，重力分离器倾向于选择较大的细胞和聚集体，因此可能需要采取措施来补偿或控制这些变化的程度。

由于灌注细胞培养过程的持续时间较长，过程开发和表征研究可能非常漫长。在整个培养时间上，由于细胞系的稳定性或在整个过程持续时间内完全表征工艺的需要，最终的生产过程形式可能受到限制。此外，灌注系统的缩小为模型系统做了额外的妥协。细胞保留系统并非都是理想的可伸缩系统，特别是那些使用专有设备且大小选择有限的系统。外部回路中的停留时间也应当进行调整以匹配全尺寸系统，但是循环速率的调整可能意味着抽水回路中的外部流体动力应力可能不能适当地缩放，可以使用风险评估方法来确定哪些缩放参数将是最接近的目标。

GMP 灌注培养中的分批策略的定义如果定义明确、符合逻辑，则被管理者所接受。每个单独的批次应该有一个特定的开始和结束事件、批号和与之相关联的测试数据集。单独的分批可以与单独的澄清过滤器、不同的净化运行或定时收获分离相关联。连续净化处理必须将分批分离和定义移到下游更远的地方，可能是批量填充，甚至是小瓶填充操作。无论该系统是如何设计的，该系统显然应该允许批量跟踪。

4）连续加工　未来的灌注细胞培养操作包括更完整的捕获步骤。最新研究结果描述了从灌注生物反应器半连续或连续捕获产品的技术。(半）连续捕获与传统的批量操作相比，对于产品的初级回收具有几个优点。传统的灌注培养需要冷冻澄清/浓缩的收获物，特别是不稳定的复杂糖蛋白，如凝血因子。膜吸附剂或树脂色谱的连续捕获使库存控制点进一步转移到下游，并可能以更高的浓度/更低的体积存在。连续加工可以缩短生物反应器收获的加工时间，这对于维持不稳定蛋白质的活性很重要。封闭系统操作在生物负载控制方面也具有优势。连续加工可以缩短开发时间，因为相同的规模可以用于过程开发、临床生产和商业制造。连续加工设备所需的占地面积比传统的分批加工小得多，并且可以通过增加单元数量轻松地扩大规模。连续的介质和缓冲液可以进一步减少操作占用空间。其他产品也经历了从批量到连续加工的逐步转换。在生物加工情况下的优点是产物的生产过程是单一的步骤（不同于小分子生产，这需要几个合成步骤）。单克隆抗体生产中为了使连续处理与进料分批方法竞争，必须保持低的培养基成本。然而，由于灌注培养使细胞密度较高，体积生产率比补料批次高约7倍。因此，补料分批培养的灌流滴度＞50％足以满足成本效益的要求。

5）监测和控制　无论采用何种培养模式，生物反应器的监测和控制对于确保商业生产中的稳健性能至关重要。最普遍的生物反应器监测仪器连续报告溶解氧、pH和温度的培养条件值。此外，离线程序的使用为细胞培养状态以及反应器的物理环境提供了数据。新的离线生产方法以及在线、非侵入性和监测生物反应器系统方面的定量工具和技术正在变得可用。使用基于近红外或拉曼光谱技术的光学探针，已经证实了多种生化物质的无创、实时测量。对于每次生产运行，都可以通过上面描述的监控监视方法生成非常大的数据集。因此，过程和设施设计的一个重要部分应该是数据收集和分析系统的选择和完善。一旦投入生产，分批处理的成功将在很大程度上取决于所收集的数据。数据系统的质量至关重要，因为这些测量数据将用于批次的实时控制、批后分析、产品发布和监管提交。在设计数据系统时，应仔细选择用于数据采集、数据聚合和数据分析的解决方案。

6）数据采集　现代设备通常包括大量数据采集仪器，为每批产生大量的数据。有助于数据积累的仪器通常包括温度传感器、压力传感器、pH探针、DO探针、尾气分析仪、代谢产物分析仪和细胞计数器等。然而，在实验室使用旧的设施，或设计不当的设施，可能仍然缺乏重要数据。仪器的选择和安放是工程师和科学家之间合作的理想结果，他们了解设备和工艺设计。协作的目的是通过记录可能影响过程性能、设备性能、环境稳定性、原材料可变性和产品质量的变量数据来捕获过程中的有用信息。比数据缺乏更糟糕的是不准确或误导性的数据。现实的例子如温度探测器太靠近相邻的蒸汽管线或易受温度裂变影响的应变计，这些情况最好的结果是导致无法使用的忽略数据。然而，更危险的是，不准确的数据可能导致对设备或过程的不必要甚至有害的操作。为了避免这种情况，所有生产系统都需要选择适当的仪器、设计它们的放置、定期校准、维护和更换。

7）数据聚合　因为大多数生产设施都会为给定的分批培养生成大量的数据，所以必须考虑数据归档和聚合。数据须存档，以便与批次发布、流程调查、过程性能监测和监管检查相关的回顾性分析。尽管数字存储器存储解决方案增加，但从在线数据流产生的大量数据仍然可能需要使用压缩算法进行归档。根据一种算法有选择地丢弃一些数据，使得“被遗忘”的数据可以通过用户定义的准确度进行插值来再现。并非所有感兴趣的数据都通过在线工具收集。许多重要数据将驻留在生产批次控制系统之外，必须进行汇总才能变得有用。这些数据包括原料信息，如批次号、有效期和发布测试信息。其他数据可以在分批培养完成后收集，例如离线实验室测试。还有其他数据只能以手写或打印的形式存在，如手写分批培养记录或供应商文档。从各种电子和人工数据档案中收集数据的过程是一个严峻的挑战，特别是对于庞大而复杂的数据网络来说更是如此，可以定制复杂的软件解决方案，以满足公司的需求。这些系统价格昂贵，需要定制才能安全地连接到公司的各个数据系统，并且必须经过验证和维护，以确保它们执行的数据汇总和分析是可靠的。快速访问准确数据的潜在好处是如此之大，因此这些大型信息技术项目通常都有可靠的商业论据。

8）数据分析　包含过程或分批培养信息的数据，通常可以采取以下几种形式。连续数字数据是可以在测量设备的限制范围内采用任何数字的数据。例如，温度可以是温度探测器刻度内的任何值。还可以收集许多其他类型的数据，例如非数值数据（通过/失败、小于检测限度、符合、原材料批号描述符）和顺序数据（低/中/高）。还可以连续地（在线探测）、定期（每日样本）或每批一次（释放结果）收集特定流内的数据。这种数据类型的结果是每个批次都有一个复杂的多维数据矩阵，需要不同的统计技术进行适当的分析。

9）实时数据分析　①过程控制：许多生产和实验室系统是通过自动化计算机系统控制的。在这样的系统中，在过程中产生的数据被用来决定未来的过程步骤。这类过程控制系统在控制算法和任何生产规模的硬件和软件解决方案方面都有很好的科学发展。显然，在这些应用中，数据的准确性、精确性和及时性对于保持预期的工艺性能和产品质量至关重要。②进程报警：除了使用过程数据直接控制过程功能之外，另一个重要用途是监视过程性能。过程监控最基本的应用是为各个变量设定限制。如果变量超过规定的限制，则必须由流程或操作人员采取某些操作（即调整过程控制、启动调查、拒绝分批处理）。限制可以从可接受性的一些知识中获得，例如显示在一定范围内的功效的临床数据，或显示超过某一点的过程失败的开发数据。理想情况下，任何给定过程变量的最大限制取决于对该变量如何影响产品客户需求的理解（例如，药品关键质量属性）。稳健的过程不在限定可接受产品的极限附近工作，它们将控制保持在更严格的范围内。该范围由过程固有的可变性决定，可通过测量的可变性、设备的可变性、原材料的可变性等来引入。给定足够的数据可以计算统计极限，该统计极限代表基于固有过程可变性的过程操作的预期范围，并假定过程所有者可接受的置信水平。这些统计推导出的限制应该在产品质量限制范围内，并应用于变量监控，以确保过程继续像过去一样进行。随着时间的推移，过程变量的性能，参照其质量接受极限、或上下规范极限（USL、LSL）和统计控制极限（UCL、LCL）。

10）在线多变量报警　个体变量在线监测和报警是过程控制的一种预期形式，但也存在着重要的缺陷。一个例子是单变量监测对变量之间的交互作用是盲目的。在实际过程中，许多变量彼此依赖，并且期望以可预测的模式变化。变量关系的改变将表明某些行为不像预期的那样表现，应予以调查。现有的高级统计技术和软件允许根据历史数据对多变量及其之间的关系进行建模，这被称为多元数据分析（MVDA）。这种建模的最常见的形式称为主成分分析（PCA）的数学技术。PCA 模型可以获取大型数据集，并将其简化为几个重要组件，这些组件捕获数据集中变量最多的部分。每个组件都受到多个独立变量和变量交互的影响，因此只需对几个组件进行监视就足以确保所有流程变量继续显示它们的历史行为。当多变量 PCA 模型发出模式或偏移信号时，为了理解模型数据的物理含义，必须将主要成分分解为对其贡献最大的测量值。

11）回顾性监测 除了实时监测和控制流程，强大的过程监控系统还包括回顾批量数据趋势，以检测批次性能随时间的变化。这项活动属于统计过程控制（SPC）的范畴，是管理机构的期望。在许多生产批次的过程中，经典 SPC 涉及绘制相同的过程变量。统计分析可以根据历史数据确定变量的预期范围，并且任何超出此范围的新批次都可以被识别为非典型。此外，可以分析数据的变化或趋势，表明该过程已经开始以不同的方式执行。若干批次的产量值下降的模式可能表明一个趋势正在发生，应该进行调查。工艺结果可变性的增加可能表明新的变性源已经进入该工艺。已经开发了许多统计技术来分析各种类型的过程数据，并且可在确保过程性能连续性方面有重要价值。在实时监测的情况下，也可以使用多变量模型对过程数据进行回顾性监测。再次使用多变量统计的优点包括将复杂数据集简化为更少的多变量指示器，以及监视参数交互的能力。多元统计已被广泛应用于生物加工，包括故障检测和诊断、放大和过程表征、过程可比性、根源确定和产品属性预测。

4. 灌注培养的关键点

不同于传统的补料分批培养定量加入浓缩补料，连续灌注培养需要精确地控制反应体系，使之能够达到相对平衡的状态（Pierce et al.，2004）。从培养工艺的角度来看，30～60 天，甚至更长的培养时间需要更为稳定的细胞株，因而在早期克隆筛选的过程中就要对细胞株的稳定性进行多方面的严格考察，如生长、表达、基因的拷贝数以及产品质量等方面的因素，而不是在建立了相应细胞库之后再对这些性质进行考察，这样会因细胞株自身存在的不稳定性而对产品质量的一致性等问题造成严重的影响。在连续灌注培养的过程中需要持续加入新鲜的培养基，因此有关培养基的配制与在储存过程中的稳定性就显得尤为重要，因为这会直接关系到培养基中营养物质成分是否一致且稳定。另外，新鲜培养基加入的量会随着培养时间的推移逐渐增大，因而有关培养基成分的优化将会在很大程度上降低大规模生产中成本过高的问题。与此同时有关补料、去除以及过滤的速率都会对反应体系内的营养物质产生影响，从而影响培养过程中的平衡状态。在设备极限的混合与传质条件下实现细胞高密度状态下的连续稳定培养也非常的重要，在实际的开发工艺中需要摸索与调整目标来实现控制条件的平衡。相较于传统的补料分批培养，工艺参数的优化也必不可少。它会影响到细胞存活率的维持时间以及蛋白质产品质量的一致性，比如说降低温度等就可以在维持细胞存活率的同时降低在高密度状态下细胞对培养基营养成分的过度消耗。因此在实际的工艺开发过程中，需要解决的关键点有很多，如表 7.4 所示。

表 7.4　连续灌注培养的关键点

工艺	硬件环境方面
稳定的细胞株	在线监测设备的稳定性
培养基的稳定性与优化	通气
补料以及去除速率	尾气
过滤的流速	精确的反馈控制
传质与混合	软件控制系统
反应器工艺参数的调整	ATF 与反应器之间的连接

（1）在灌注细胞培养中　细胞聚集期之后是潜在的长时间的稳态运行。在这两个阶段，新鲜的培养基被添加到生物反应器中，并去除废培养基（通常包含产品和潜在的细胞）。需要一种细胞保留的方法使细胞保持在生物反应器中，并且控制系统的设计必须保持一致的速率、体积和细胞密度，并需控制所有典型的生长条件（如温度、pH 和溶解氧）。与补料分批培养或分批培养工艺相比，由于分批培养工艺的若干限制被消除，灌注培养可以获得更高的细胞密度。通过更换培养基，可以连续地提供营养，并且可以连续地去除产品和废物。这使得细胞生长能够继续下去，直到达到第二阶段的工艺限制，如细胞装置的容量或生物反应器中氧的转移速率。此时，细胞必须被丢弃，要么与收获流一起丢弃（这可能增加对收获澄清系统的需求），要么在单独的浓缩细胞流中丢弃（这可能导致产品的少量损失）。所有类型的细胞培养生物反应器均适用于灌注培养，包括搅拌反应器、气升式生物反应器、中空纤维反应器、旋转反应器和填充床反应器。传统的和单一的系统可以使用，尽管细胞保留系统的选择目前仅限于单一系统。细胞系可能是悬浮的或贴壁的，可以是任何类型的真核细胞，包括从 CHO、NS0、杂交瘤、植物和昆虫细胞衍生出来的。注意，灌注培养也已应用于微生物发酵系统。任何类型的细胞培养基都可以应用，从化学成分明确培养基和无蛋白质培养基到含有复杂成分和生长因子的个性化培养基。生产的产品也可以不同，从单克隆抗体到病毒样颗粒和不稳定的蛋白质或肽。

由于 CHO 细胞自身具有的优势使得它在生物医药产品的工业生产中得到了广泛的应用，如在蛋白质药物的研发和疫苗生产等方面，大规模的 CHO 细胞培养已经成为生物制药领域最重要的关键技术之一，其研究的深入与进展推动了生物医药产业的迅速发展。灌注培养方式是提高 CHO 细胞密度的有效方法，灌注培养可以为细胞连续的补加新鲜的培养基，同时能够及时地排出有害的代谢产物，为 CHO 细胞的生长提供了一个良好的环境。灌注系统是多元化的，不同的哺乳动物细胞适应于不同的细胞培养反应器与截留装置，国内外的多家企业都致力于大规模生物反应器的研究与开发工作，如美国的 NBS 公司和德国的赛多利斯公司等。灌注培养系统的流程需要有一套稳定的控制系统，最近几年通过对细胞培养在线监测装置的改进，如葡萄糖电极和在线流动注射仪等应用对于灌注培养的补料过程进行了优化，因而灌注培养系统在包括 CHO 细胞高密度培养中得到了广泛应用。

（2）动物细胞的培养环境与条件　应模拟细胞体内环境，并保持环境稳定，提高细胞的存活率和产物的生成率，具体通过以下操作实现。

1）温度阶段培养　细胞最适宜的生长温度是 37℃，温度过高，细胞的死亡率会升高，由于细胞代谢速度加快，温度降低，细胞的生长速率会下降。温度降低到合适的温度时，细胞的功能不会受到影响，并且增加了细胞的存活时间，产品浓度会提高。但如果温度过低，影响细胞的功能，产品浓度仍然会下降。

2）pH 阶段培养　对于包括 CHO 细胞在内的多种动物细胞，其在培养基中最合适的 pH 范围在 7.2～7.4 之间。当培养基的 pH 低于 6.8 或者高于 7.6 都会影响细胞的存活。通过研究发现细胞内的 pH 降低 0.2，会降低磷酸果糖激酶的活性，从而抑制糖酵解途径，抑制细胞的生长。而细胞内的 pH 如果升高 0.2，糖酵解的速度会升高 50%。培养基中氨升高和细胞外 pH 的降低都会导致细胞内 pH 降低。随着培养基中乳酸的存在，在培养液中加入血清或者胰岛素都会使得细胞内的 pH 上升。把 CO_2 的浓度从 5%降低到 2.5%，细胞内的 pH 则会升高 0.2。由于细胞内 pH 难以检测，可以通过其他易检测的参数进行间接地控制。

3）溶氧阶段的培养　不同细胞或同种细胞的不同生长时期对于氧的需求量不同。CHO 细胞生长最适合的溶氧值在 60%～65%之间。溶氧影响细胞的增殖，从而间接影响产品的产量。细胞生长初期需要的氧气浓度偏低，而在生长对数期需要的氧气浓度相对较高，要控制在一个合适的数值。溶氧水平过高，会加速细胞代谢，代谢产物会对细胞产生一定的毒性，从而影响细胞的生长和产物的形成。溶氧过低同样会影响产物的生成。用低于最适合溶氧值（60%）以下的溶氧值 25%，在维持细胞存活率的同时，单抗的产量就会提高 50%。在产物生成期要降低氧气浓度，控制溶氧的水平又不会对细胞的生长产生影响，同时也会降低产物蛋白质受到的氧化作用以及酶解作用，从而能够维持蛋白质的稳定性。

4）代谢调控培养　代谢产生的副产物主要是乳酸与氨，其会抑制细胞的生长。在分批和补料分批培养时这个问题更加明显。在灌注培养过程虽然可以去除代谢副产物，但由于细胞的浓度较高，代谢副产物生成的速度会加快。另外，灌注速率提高使细胞的比生长速率提高，此时产物的比生产率降低。应考虑通过其他的办法来减少代谢过程中的副产物，从而提高产品生产率。调控代谢途径就是一条理想的途径，可以减少副产物的生成，降低细胞的死亡速率。

5）葡萄糖浓度的控制　葡萄糖的代谢副产物乳酸会抑制细胞的生长。当在培养液中的乳酸超过 55mmol/L 的时候细胞的比生长率就会降低 50%以上。可以把部分葡萄糖更换为果糖或者半乳糖来降低乳酸的产生，培养初期葡萄糖浓度应该较低，在培养的过程中再添加葡萄糖，这种方法较为常见。在控制葡萄糖浓度法进行生产的时候，在对数期可以提高葡萄糖浓度促进细胞生长，在产物合成期，可以降低其浓度，减少乳酸的产生，降低对细胞的毒性，使得活细胞数维持在一个较高的水平，还可以降低比生长速率，增加目标蛋白质的产生速率。对于一些乳酸耐受力比较强的细胞，这种方法一般比较适合。加入葡糖糖的同时要注意补充其他成分，同时控制谷氨酰胺的浓度，因为细胞也可以通过谷氨酰胺酵解，就会降低葡萄糖酵解。

6）控制谷氨酰胺　由于谷氨酰胺代谢会产生氨，氨对细胞的毒性比乳酸大，降低谷氨酰胺的浓度能够降低CHO细胞中氨的产生。控制葡萄糖与谷氨酰胺法是指在细胞中葡萄糖消耗高时，谷氨酰胺的消耗会降低。通常情况下，葡萄糖与谷氨酰胺的消耗速度和其浓度成正比。在对数生长期，增加葡萄糖和谷氨酰胺的浓度，为细胞提供充足的养分，促进细胞生长；在产物合成期，降低两者的浓度，可以增加产物的产率。代谢副产物的去除是指通常使用透析膜、吸附剂或超滤膜等去除乳酸、氨等，也可加入钾盐等化学试剂消除氨的影响。

灌注培养有着以下几个方面优势：①增加得率即灌注培养在连续的注入新鲜的培养基的同时，连续的相同量的排出含有代谢副产物的废液，细胞抑制在最适宜的营养环境下生长，因而会始终保持着较高的活力，从而实现了CHO细胞的高密度培养，细胞得率也会高水平的增加。②保持培养环境的稳定，代谢产物乳酸和氨等有害代谢产物会随着灌注培养的进行而排出，营养物质充足且均匀，因而细胞适合在这种良好的溶氧、温度、pH环境下持续地进行增殖和生长。③灌注培养对废液中的葡萄糖浓度和乳酸浓度进行检测，从而能够对细胞生长的微环境有着更为清楚的认识，对灌注速率适时提供营养提供参考。反应器中培养基的流动代谢产物以及旁分泌的因素被不断地移除。④灌注培养系统所提供的两个相互独立的液体通道，能够使得细胞双面梯度的培养效果能更好地分化。

5. 常见问题及解决策略

1）高灌注培养的效率不高　对动物细胞的培养环境进行改变，实施阶段培养；代谢进行调控。

2）乳酸含量过高　通过灌注葡萄糖来控制乳酸的产生。

3）氨的含量过高　限制培养基中的谷氨酰胺浓度。

作为一种新型的技术，连续培养极大地拓展了人们对于生产工艺方式的认识与理解，它既解决了因为蛋白质量的不稳定或者是由于蛋白质表达量较低，以及由于补料分批培养无法保证批次稳定控制等一系列的问题，而且把这中间一些不必要的放大步骤给去除掉了，从而对生产及培养工艺进行简化。但是我们应该也清醒地认识到，这种特定的培养模式也面临着很多的挑战，如在这一比较长的培养过程中如何有效地避免染菌，同时从验证开始到最后的纯化各批次之间都有一致性。上述讨论的工艺开发中各个关键点从表面上看是相互分离的，实际上它们属于牵一发而动全身的关系。在实际过程中切记不要只考虑单一因素对于结果的影响，而是应该采用多变量分析的方法来充分地考虑不同变量之间的关系，以及综合效应对最终产物表达与质量的影响。将上游与下游真正地融合成一个整体，实现生产工艺的优化。

（五）微载体培养

1. 微载体培养简介

微载体培养技术于1967年提出，用于动物细胞的大规模培养中，经过几十年的发展目前该技术已经日趋成熟和完善，并且已经广泛应用于疫苗生产、基因工程产品等。在微球表面培养可以在较短时间内得到大量的细胞，传代不需要胰酶消化，仅需要添加新的微载体，因而该技术具有划时代的意义。微载体培养目前被公认为是最有发展前途的一种用于动物细胞大规模培养的技术，该技术兼具贴壁培养和悬浮培养的优点，温度、pH值、二氧化碳等培养条件容易控制，培养过程系统化、自动化且不易被污染，易于后期的扩大培养。目前微载体培养广泛应用于CHO细胞、293细胞、Vero细胞等的培养。Parmacia公司开发出来的Cytodex1、Cytodex2和Cytodex3等以及Verax公司的Micmsphere均经过特殊的处理，但这些材料并不具有降解性或降解能力差，售价昂贵。理想的微载体应具有良好的生物相容性和可降解的特点，因此开发优质的微载体材料仍是该领域的研发热点。

当今生产生物技术产品最为迫切的需求就是更快的速度、更为低廉的成本以及更为广泛的适应性。在理想的情况下，一个生产单元是集成的（需要相对更少的投资），并且需要具有更为标准的组件（可以适用于不同种类的生产流程），如图7.4和图7.5所示。因此，使得同一个工厂可以培养细菌、酵母、昆虫细胞以及悬浮和贴壁依赖型的动物细胞，这样的设计具备了很大的优越性。所培养的动物细胞的单位生产力能够不断持续地得到开发和提高，从而使得所获得的动物细胞产品的成本有着明显的竞争优势。动物细胞的生产力相较于某些表达系统来说相对较低，因而当需要获得临床剂量的最终产品需要大量的细胞培养上清液，比如，生产数千克治疗用的单克隆抗体就需要很大的培养体积。目前，据报道的有关动物细胞悬浮培养已经达到20000L的规模，有关贴壁依赖型细胞的微载体培养业已能达到6000L规模，它们两者都是很大的操作单元。与此同时随着操作规模的逐渐增大，人力和物力的投入也随之大大地增加。有关细胞培养所要的条件也更为重要，所以一旦培养失败付出的代价往往也是非常昂贵的。在大规模细胞培养条件下，生产力的提高可以通过在$2\times10^6\sim3\times10^6$/mL的密度下进行放大，或是在更小的体积中来增大细胞的密度，一般为2×10^8/mL来强化这个培养过程。这个过程提高细胞密度时要频繁地更换培养液，与此同时还需要结合灌注培养。而在这中间，微载体技术来培养被俘获细胞或者贴壁依赖型细胞是属于前面提到的有关第二种提高生产力的方法，它降低了体积/细胞密度比。微载体可以应用于灌注或者分批模式，同时也适合于高效的过程开发和优化放大。此外，该技术还可以用来改进反应器，从而适用于其他生物体的生长。

细胞培养技术目前已经成为了一项用来研究动物细胞结构与功能及用来生产许多重要的生物物质，比如，疫苗、激素、酶类、干扰素、抗体和核酸等所必需的技术。微载体技术的引入为这些都提供了新的可能，而且首次实现了贴壁依赖型细胞的高效培养。使用微载体技术进行培养的时候，细胞在小球的表面呈现出单层生长，而在那

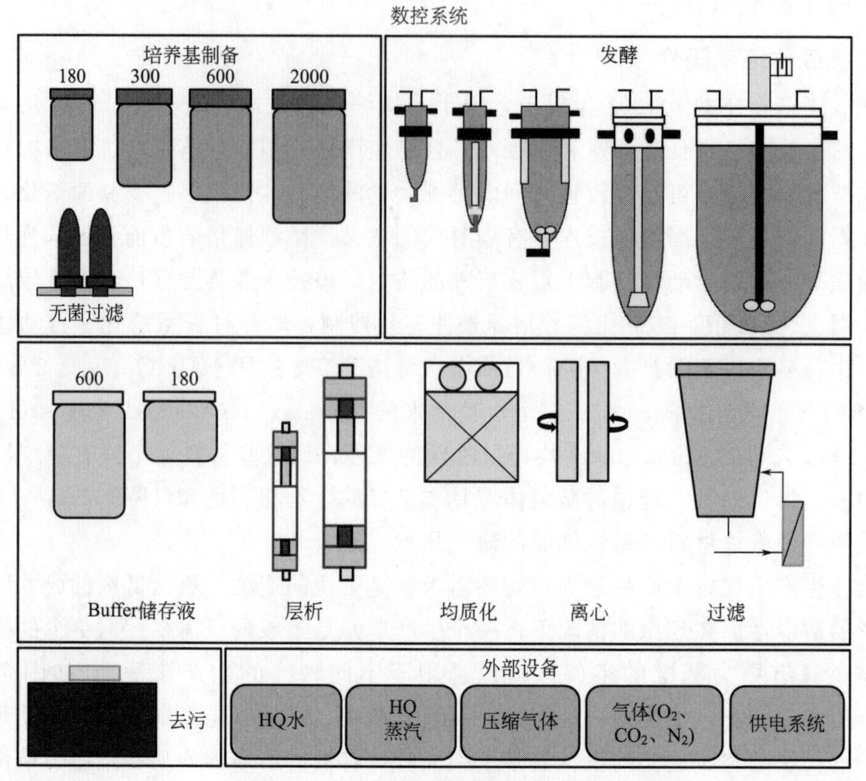

图 7.4　生产工艺流程图（附彩图）

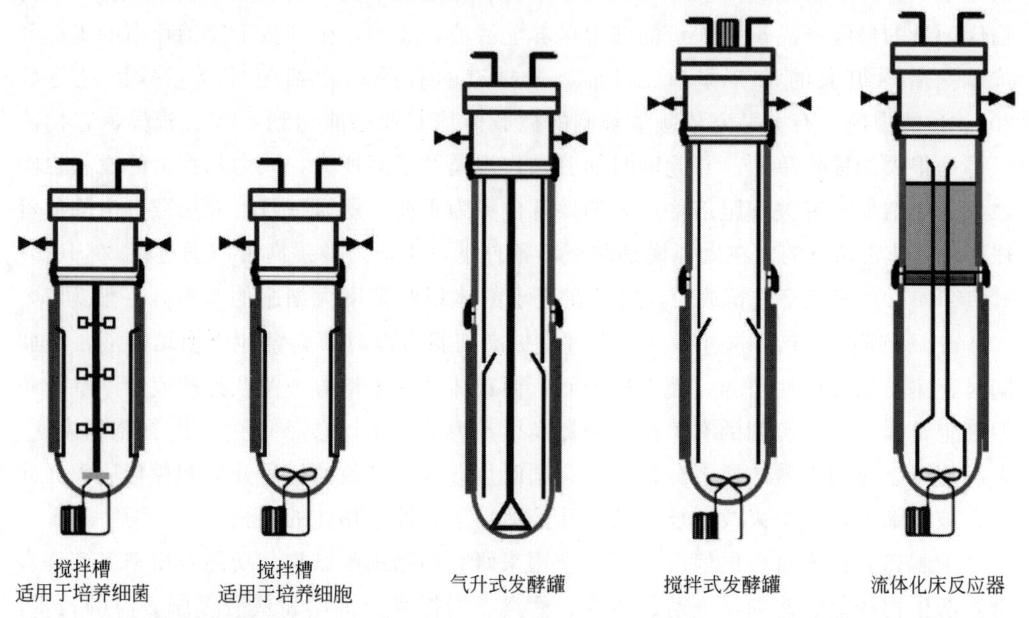

图 7.5　不同反应器的构造（Courtesy of Polymun Scientific Gmbh，Vienna，Austria）（附彩图）

些大孔径结构中表现出多层生长。通常条件下，那些大孔结构在培养基中通过温和搅拌而悬浮。在简单的悬浮培养或者填充床系统中运用微载体可以使每毫升的细胞数达到 2×10^8 个。

按照来源可以将微载体的制备材料分为以下两大类：人工合成聚合物以及天然聚合物和其衍生物。早期的微载体通常采用人工合成的聚合物，比如聚甲基丙烯酸-2-羟乙酯（PHEMA）、聚苯乙烯（PS）、聚丙烯酰胺、葡聚糖、聚氨酯泡沫和低聚合度乙烯醇等。近些年来，大量的研究开始采用天然的聚合物和其衍生物来制备微载体。因为天然的聚合物来源丰富，在功能的适应性、组织的相容性、理化性能、生物降解性以及造价等方面明显地优于人工合成材料。目前经常用到的天然聚合物有明胶、纤维素、胶原、甲壳质和其衍生物以及海藻酸盐等。以 Amersham Biosciences 公司的 Cytodex 微载体为例，它是专门为培养体积在几毫升乃至几千毫升的不同动物细胞高产量培养所研发的。为了更好地满足对微载体系统的特殊需求，它分为基质为葡聚糖的两种类型的 Cytodex 微球，基质为纤维素的两种类型的 Cytopore 微球，基质为聚乙烯的两种类型的 Cytoline 微球。

Cytodex 微球：它的表面经过优化，适合细胞的高效黏附以及伸展，它的大小和密度经过了优化，适于均匀的悬浮，并且有利于范围较宽的细胞优良生长和高产，由于基质是具有生物惰性的，这就为搅拌培养提供了一个坚硬却非刚性的底物，它是透明的，贴附的细胞使用简单的显微镜就能够观察到，这种微载体的广泛使用证明了 Cytodex 这种基质在微载体培养技术中的重要性及价值。

Cytopore 微球：作为一种大孔微载体，Cytopore 是基于 Cytodex 的逻辑而开发的，它能够增加细胞的密度，从而能提高产量，并且可以适用于细胞的悬浮和灌注培养。

Cytoline 微球：它也是一种大孔的微载体，能够用于流化床技术，在 Cytopilot 发酵装置中也是利用了这种基质相对较重的特性，并且它在细胞培养中能够均匀地分布。

微载体为动物细胞的生长提供了更为广阔的表面，或者是提高了标准单层培养容器以及灌注式的细胞产量。微载体系统能够提供极大的培养表面积/体积比，例如，5mg 的 Cytodex 加入 1mL 的培养基中，就可以获得 $30cm^2$ 表面积，这样就可以提高细胞的产量而不需要很大容量设备。相较于其他类型的单层培养而言，微载体培养很少的空间就能够生产一定量的细胞或者细胞产物。微载体技术就是一种细胞保留的方法，灌注速率（稀释速率）与细胞的生长速率并没有关系。在所获得的液体中只有很少量的细胞存在，因而下游的分离过程就变得尤为简单，同时也可以将部分澄清步骤返回到发酵的过程当中。相较于其他培养方式，微载体系统对于 pH 和气体压力等培养参数可以非常好地进行控制。这种技术为贴壁依赖型的细胞提供了一个能够在悬浮培养环境下生长的条件基础。这种培养的监测和取样比其他目前任何一种用于贴壁依赖型细胞生产的技术都要简单。在大规模的培养条件下，大孔的微载体能够保护细胞免于搅拌击打。如果细胞在微载体的孔内创造了一个微环境，则它们将能够耐受更大的化学压力，比如说乳酸、氧和氨。

与其他单层或者悬浮培养技术相比，搅拌微载体所培养的细胞产量在一定体积的培养基情况下能够高达100倍。较好的细胞产量已经在多种表达系统中得到报道，其中包括了CHO细胞。与此同时，对培养基需求的减少意味着培养成本高的问题可以得到有效的解决。大孔微载体也为细胞提供了一个良好的微环境，这就使得它们能够交换自己所产生的生长激素等，可以使用无蛋白质的培养基。微载体之所以只需要较小的培养容器，是因为它可以在小体积中获得大量的细胞，细胞每升可以高于10^{11}个。细胞的分离也较简单，停止搅拌即可，不需要离心。在细胞培养的过程中，污染的风险与生产特定量产物或者细胞所需要的处理步骤是正相关的。微载体的培养减少了处理步骤的数量，可降低污染的风险。本节阐述了Cytodex、Cytopore以及Cytoline微载体达到最优细胞培养结果的原理和方法。虽然这项技术作为目前动物细胞培养中最为先进的技术之一，但是它面对的不仅仅是有着丰富经验的细胞培养者，也适合有一定细胞培养基础的初学者。

2. 微载体背景

细胞与细胞之间和细胞与基质之间的黏附在高等生命形式中是重要的过程。这种机制使得那些已经特化了的细胞聚集产生了不同的器官、骨骼和组织结构。主要的组织类型在脊椎动物中有淋巴、上皮、神经和肌肉组织等。细胞间的连接按照功能理论上进行分类可以分为以下三种类型：通信连接、封闭连接和贴壁连接。其中贴壁连接是最有研究意义的一种连接方式，是机械地将细胞贴附到与它们相邻的细胞或者细胞外基质上。贴附过程中涉及许多位于胞外、胞内以及/或者胞膜上不同的分子。胞内的黏附蛋白能够将细胞骨架与跨膜连接蛋白结合到一起。跨膜连接蛋白以同体或异体方式与其他细胞的跨膜连接蛋白结合。同样，跨膜连接蛋白的结合也是由胞外的连接分子介导的。跨膜连接蛋白与细胞骨架的肌动蛋白丝之间的连接称作贴壁连接，它是由连环蛋白介导的。这种贴壁连接的方式包括以下四种不同的类型：细胞-细胞之间、细胞-基质之间、细胞桥粒以及半桥粒之间。

两大类胞外大分子组成的脊椎动物基质包括：①以蛋白多糖形式与蛋白质进行共价结合的多糖链（GAGs）；②按照功能分为由胶原和弹性蛋白组成的结构蛋白，由黏连蛋白等所组成的纤维蛋白。这两大类分子在膜的大小与形状方面有着特别大的差异。GAGs作为长链多糖，它是由重复的二糖单位所构成。它的二糖残基之一通常情况下是*N*-乙酰半乳糖胺等氨基糖，并且在大多数的情况下也是以硫酸盐的形式存在。作为第二种的糖是糖醛酸。之所以糖胺聚糖带有比较高的负电荷是因为在大多数的糖残基上面都有羧基或者是硫酸基团。糖胺聚糖按照硫酸基的数目和位置以及糖胺聚糖残基之间的连接方式分为玻璃酸、硫酸软骨素、硫酸乙酰肝素和硫酸角质素这四大类。蛋白多糖以及糖胺聚糖能够各自组装成大复合物，如同细菌大小，并且除了与其他蛋白多糖或者是糖胺聚糖结合外，还能够与胶原蛋白等纤维基质蛋白进行结合，同时也能够与基底膜等蛋白质网络结合，从而形成非常复杂的结构，表现不同的功能。由于糖胺聚糖没有弹性且亲水性很强，相比较于它的质量而言，它们具有非常大的体积，从而在极低的浓度下也能够形成凝胶。它们自身所带的高负电荷密度导致周围围绕着一层电子云（阳离子），使得基质的耐压缩力很强，与之相反的是胶原纤维的耐受伸展压力的程度很高。蛋白多糖也具有调节信号分子分泌的活性，或者是通过下面五种途径中的任意一种来调节和结合其他类型分泌蛋白的活性。①从空间上阻断蛋白质活性；②避免蛋白质被蛋白酶所降解，从而有效的延长蛋白质的活性；③蛋白质被固定在它们所在的生成位点，从而其活动范围受到限制；④使得蛋白质能够得到储存，延缓蛋白质的释放过程；⑤浓缩或者改变蛋白质从而与细胞表面受体更有效地结合。

胶原作为蛋白质的一个纤维性基团，是属于第二类的细胞外大分子，细胞通常都会与这些结构紧密地黏附。黏附通常是由黏连蛋白所引起的。这些黏连蛋白在构成基质的同时也使得这些细胞在它们的上面进行黏附。所形成的二聚体通过羧基末端与自身的大亚基以二硫键进行连接，每个亚基通过折叠被一系列柔性多肽分割成功能不同的棒状域。这些域与其在各类型细胞表面的受体、胶原和肝磷脂结合。与细胞所结合的相关序列是一个被称作 RGD 的特异性三肽（Arg-Gly-Asp）。那些即使很短的含 RGD 肽序列也会与黏连蛋白互相竞争结合细胞的表面位点。每个受体特异性识别其基质分子，说明了紧密的受体结合需要的不仅是 RGD 这一模块。

作为动物细胞中与细胞外基质中进行结合的最主要受体，整合素是异聚物。它的功能主要是导致肌动蛋白细胞骨架和细胞外基质之间的相互作用，就如同跨膜连接蛋白一样。与此同时，它们也可以被看成是信号的传递者，当它们被基质结合后激活细胞内的各种信号传导途径。细胞可以通过改变肌动蛋白纤维丝的黏附或者是它们与基质的结合位点来对整合素的活性进行调节。细胞的黏附过程是一个多步骤的过程，它包括了起始阶段细胞和表面的接触、细胞接触后在表面的伸展和细胞的生长或者是分化。这一过程涉及了如神经黏附因子和整合素等跨膜黏附受体与黏连蛋白等黏附蛋白之间的吸附。这种连接的方式导致了受体那些位于细胞质中的结构域的构象发生改变，从而导致了受体的聚集。自由的受体与所接触区域内的黏连蛋白形成了更多的作用，导致了接触区域尺寸得以扩大。细胞的伸展过程涉及了肌动蛋白丝、微管和黏附受体之间的互作，而这也是后续细胞得以生长和蛋白质能够生成的关键步骤。

贴壁依赖型的细胞在体外的增殖需要有一定数量的黏连蛋白，可以通过在培养过程中向培养基中添加血清或者在其生长的表面铺盖一层胶原或者是其他的黏附蛋白来实现。但是这也往往面临着一些问题，比如，这些物质通常情况下都属于动物产品，因而在生物安全性方面或多或少存在着风险。解决这一问题的方法就是用低等真核细胞或者是原核细胞来表达和生产重组蛋白，但是这种方法面临着成本和价格过高的问题。因此现阶段也可以通过来源于植物的生物分子来增强生产细胞的黏附。但是当来源于植物的大分子自身不能够增强黏附作用的时候就需要通过化学衍生的方法来设计生物模拟物。可以按照所需黏附特征来人工设计物质，并且已经得到了证实。这些生物大分子链的随机取代可以形成特异性的连接，黏附因子的不同功能或者步骤能够被模拟，它可能是已经商品化的 RGD 多肽或者是一个黏附蛋白相似识别位点。另外一种方法是模拟 GAGs。通常情况下，GAGs 具有不同的功能，因而，它往往能够更容易地达到所需要的效果。但是在工业化过程中，不一定必须知道这种人工生物分子究竟是如何工作的，只要能够达到所需作用就行。最后，操纵细胞黏附的方法是使用不同表面电荷和电荷密度的离子，如前所述，作为许多黏附蛋白和 GAGs 辅因子的 Mg^{2+} 或者 Ca^{2+}。降低培养基中 Ca^{2+} 浓度可降低悬浮培养模式下细胞间的黏附，同样，增加培养液中的钙离子浓度则可以提高在微载体培养过程中那些贴壁依赖型细胞的黏附作用。但是要注意的是，阳离子都能够对带负电荷的培养表面进行修饰，因而在寻找可以影响黏附性的物质时要对此进行考虑。

3. 微载体培养注意事项

对于动物细胞的培养而言，微载体技术是一个具有多种用途的技术，能够得到广泛应用。虽然微载体培养技术是一个先进的技术，但是它也是基于标准动物细胞培养程序来设计的，并不需要特别精细和复杂的方法。微载体的培养程序是基于已知将要培养的细胞类型的信息。因而，关于一个细胞系在传统单层培养过程中的形态和生长特性等信息在设计最适合微载体培养程序时就显得就毫无意义。最佳的程序需要在既能够保证接种细胞具有最大黏附率的同时又能够保证细胞快速、均匀并且高密度地生长，遵照微载体培养技术的基本原则就可以不需要花费大量时间在初期的实验摸索上。

微载体培养的一般要点可以用几个简单的步骤定义。第一步，基于细胞类型选择最为合适的微载体。第二步，为所选择的微载体选择最为合适的培养容器，最佳的结果以及最高的产量通常是从悬浮微载体培养中所得到的，但是在实验的初期往往采用的是静态的培养。第三步，水合以及灭菌微载体。第四步，细胞黏附到微载体上所用的时间对于后面培养周期及培养程序都会产生影响。细胞聚集成团以及圆形的形态，这些倾向都将对后面的搅拌速度造成影响。细胞培养液自身在使用三天后逐渐变成黄色，说明 pH 在快速下降，这对于高密度的细胞培养来说所使用的培养基需要进行改良。第五步，微载体培养过程中所选择的容器，最合适的微载体浓度、接种密度以及搅拌速度都已从已知的细胞信息和第四步的结果中推断出来。第六步，如果有必要的话对培养条件和培养程序进行优化。

微载体培养过程中最好的结果就是使用的设备使微载体能在搅拌条件下（温和搅拌）均匀地悬浮，并且使得培养基与气体能够充分地交换。因为这能够使得那些圆形的且处于有丝分裂期的细胞在无规律的搅拌条件下从微载体上面脱落。选择的搅拌器的形状以及培养容器的形状能够影响容器中任意部分的微载体沉降，所以通常选择底部略微呈球形的容器。此外，避免振动对于微载体的培养来说也是非常重要的，因而要对搅拌装置进行仔细的检查。容器中的磁力搅拌单元是产生振动最为常见的来源，在容器的底部单元表面放一个由塑料制成的薄片能够有效地减小振动，但是如果磁力搅拌单元是放置于培养箱中的时候要与电路进行隔离。依赖于研究的目的和预期的培养体积来合理地选择微载体培养所用的容器，在实验室的环境条件下，微载体的培养体积一般是小于 5L 的，各种容器均可使用。但是如果进行大规模的微载体培养，比如从 5L 到几千升不等的就需要有专门设计的容器，它们可以检测和控制包括气体压力和 pH 在内的各种参数。

使用具有玻璃表面的容器进行 Cytodex 培养时，为了防止微载体的黏附都必须对这些容器的表面进行适当的硅化处理。最好的硅化溶液是能够溶解于有机溶剂中的二甲基二氯硅烷溶液。将少量的硅化液体加入培养容器的表面，将可能与微载体接触的容器表面都进行润湿，并把多余的硅化液从容器中除去，之后把浸湿的容器晾干，再用蒸馏水将容器进行彻底冲洗，并进行消毒和灭菌。经过硅化后的容器可以满足大多数的实验需求。但是对于 Cytoline 这类的微载体来说，则不需要对容器进行硅化处理，即便对于已经抛光的不锈钢容器也不用进行硅化处理。

4. 大规模的培养设备

相较于较小规模的培养设备，大规模的微载体培养设备的要求非常相似，但是这涉及了大规模的培养体积，因而需要额外的一些检测和控制设备来对一些参数进行调节。不同的部件已经在大规模的培养中成功地运用。到目前为止，在商业化的产品中 Contact Holland 公司所开发的产品是应用最为广泛的，这样的培养系统已经成功运用于体积高达几百升的细胞体系，如病毒疫苗和干扰素的生产（Van Wezel et al.，2015）。由于微载体的悬浮特性和较低的搅拌速率，有关悬浮细胞的大规模培养设备应当进行改进。大规模培养过程中需要对每个应用和情形进行专门的设计。大的搅拌装置通常是由电抛光的医用级不锈钢制成，在不锈钢容器第一次使用之前，需要用 3.5%的氢氟酸、10%的柠檬酸和 86.5%水的混合液清洗。大规模反应器都有商品化的供应取样装置和旋转过滤装置。圆锥形的反应器可以提供一个较为宽广的变动体积，较大的顶部空间/表面积比用来通气。大型的搅拌反应器在发酵工业中有着最为广泛的应用，目前体积已经达到了 20000L。设计的传统、操作的验证、结果和良好的体积放大潜力是它最大的优点。然而作为低密度的系统，在大规模的培养过程中有着较高的剪切力以及氧气供应受到限制的缺点。

填充床：这种技术有两种不同的方法。第一种方法是用 Cytopore 或者 Cytoline 这些大孔的微载体填充到一个笼子中，之后把它放入到反应釜中，通过运用一个船用的叶轮使得培养基可以循环通过笼子，气体则是通过气泡来进行供应的。第二种方法是将 Cytopore 或者是 Cytoline 填充到一个柱子中去，然后用泵抽取培养基使之通过柱子，氧气的交换是在外部培养基回路中进行的。这种填充床的优点是表面剪切力较低、单位细胞密度高、产量高，并且不会存在颗粒与颗粒之间的磨损。但是这种容器氧的传递效率低、通路容易阻塞、从柱床中对生物质的回收较难，这些因素都限制了填充床的大规模运用。

流化床：外部循环的流化床，将这种技术引入到大规模动物细胞培养中的是 Verax。流化床配备了一个外部循环回路与中控纤维管、氧气、pH、加热元件以及一个循环泵。外部循环回路在某一方面存在着一些问题，比如泵所产生的剪切力以及大规模培养时的灭菌程序。在外部回路中，气体的交换器将氧气传递到培养基中。入口处有着一定的氧气压。上清液在从反应器底部上升到顶部通过流化床的过程中不断地将氧气耗尽，内部循环流化床，奥地利维也纳的 GmbH 公司与应用微生物研究所联合开发的内部循环流化床，它是由一个底部和上部的圆柱体所构成。底部的圆柱体有一个适用于特定流动条件的底部，而且配备了双夹套加热循环、取样和放罐装置、可以在两个方向旋转的磁力搅拌器，pH 和氧气探测器管口。磁力搅拌器搅动的液体能够通过分布板传递给容器上部圆柱体中的微载体。动力压提升了沉降的微载体，从而形成一个流化床，微载体与最上面的培养之间形成了一个很清晰的界面。流化床的收缩与扩张是搅拌速度的函数。培养基通过一个筛网进入到内部循环回路中，并且回到容器底部的搅拌器中。在汲取管中氧被均匀地喷射到向下流动的培养基中，通过叶轮均匀地分布。该系统将氧气连续地传递到液体中，这样既使得系统中的氧梯度最小化，又极大地提高了流化床的理论高度。

当培养基流经一个位于分布板之上的载体床时会有一个压降（$\triangle p$）。这个压降减少了载体床对分布板的压力（p）。当$\triangle p$ 与 p 相等时，气泡会膨胀，这时就是流化点。最大的流化速度依赖于微载体的沉降速度，当向上流动的速度高于沉降的速度时，微载体就会被带到顶部，即所谓的冲出。冲出的速度比流化点时的速度高 10～100 倍。流化床中的混合效率要比其他的系统高出很多，混合效率也随着载体颗粒尺寸的增加而提高。由于微载体之间没有细胞阻塞的通道，而且允许细胞从反应器中重新进行回收，流化床是对填充床反应器的一个改进。具有非常好的放大潜力是流化床的优点。相反，它的缺点是颗粒之间的磨损以及剪切力影响了细胞在微球表面的生长。

有机体保留在生物反应器中，为了克服连续培养所引起的生产极限。在这个过程中，增加细胞的密度或者稀释的速度都能提高产量。一个保留系统将营养供应以及抑制产物的去除与反应器中细胞的生长速率分开，这就是灌注反应器的原理。这样不仅使最大细胞倍增的时间与灌注的速率不相关，同时也把生产用的细胞与产品分开，这对于不稳定产品的生产是至关重要的。大多数细胞的保留系统可以用作保留微载体用。保留系统中悬浮细胞的出现会导致一些问题的发生，比如过滤器由于长期沉淀导致的污染以及营养过剩，但是在使用微载体培养时这种情况就会减少。细胞黏附在微载体上面，因而它的沉降时间是很短的，此外，保留系统中筛网的尺寸是比较大的。

旋转过滤器（也被称作旋转筛网或者转子过滤器）是一种避免膜污染的途径。当在一个狭窄的圆柱体中时会导致泰勒涡旋的形成，在筛网的附近产生湍流防止固体的沉降。旋转过滤器在动物细胞的培养过程中使用非常广泛，其透过液中基本没有细胞的存在。网眼的大小应该按照自身所需分离颗粒的大小来确定，一般 60～100μm 大小的筛网对于 Cytodex 和 Cytopore 等微载体就足够了。网眼的大小与旋转速度成正比。应当注意的是，剪切力也会随着旋转速度的增大而增加。当旋转过滤器放置在反应器内部时则不需要用泵来进行培养液的循环，可通过旁路分离出来进行清洗灭菌，以重新接入到反应器中。这种双过滤器系统能够在第一器清洗时可以使用第二个旋转过滤器，蠕动泵、磁力驱动传动泵、和隔膜泵能进行培养液循环的同时不损伤细胞。

利用沉降速率的不同进行分离的装置叫做沉降器，它是一种不动的装置。这种装置使微载体相较于细胞更容易分离。沉降器可以用于反应器外也可以用于反应器内。

用于搅拌釜式反应器最简单的沉降器只是一条与获得产物相连接的管子，它阻断了反应器内部的湍流。这种装置适合于有很高的沉降速率的Cytoline。如果细胞的密度不高，对于Cytodex和Cytopore也适合。沉降装置根据反应器的大小可以通过增大直径来进行放大。

中空纤维膜已用于医学领域，目前已经开发了具有特殊性质的反应器，它可以保留细胞也可以保留微载体。以Cytopore培养为例：CHO细胞在Cytopore上面生长，使用一个规格为0.2μm、110cm^2的中空纤维膜对微载体进行截留。反应器的工作体积约是5.5L，灌注的速率大概是每天1～3 L。这个膜整合在了一条外部的回路当中，蠕动泵的作用就是用来输送细胞悬液，用一个二级的蠕动泵，控制透过的培养基流速，速率从100mL/min到250mL/min，可使透过液的流速达到10mL/min。

对于不同密度物质的分离可以施加大于重力的外力。在生物培养过程中，离心通常是为了从细胞培养液中去除细胞碎片和细胞。当要分离的颗粒很大或者是液体的黏度比较低，或者颗粒与液体之间的密度有差异，这时采用离心的方法是最为有效的，最符合这种情况的是用于分离固定于微载体上的细胞。当发酵液或者是细胞循环回发酵罐时，所采用的是蒸汽灭菌离心机。现在的离心机不仅能够在反应器外部使用，同时也能够在反应器的内部进行使用。然而缺点是在大规模培养过程中设备的成本过高以及操作的复杂性增加。

5. 大规模培养

不同类型的培养基能够用于培养某一类特定类型的细胞，如果培养基能够支持一种特定类型细胞在其他系统里面的生长，那么它也能够支持这类细胞在微载体上面生长。因此在选择某种培养基来进行微载体培养时，最为合适的就是选用之前报道过的能够支持该类细胞生长的培养基。一旦确定了某种细胞类型在微载体中培养的基本条件，那么需要做的就是对培养基进行改良，从而获得最大的改良效果。这种对培养基的改良是非常必要的，这不仅是因为微载体培养需要较长的培养跨度，而且细胞在不同密度条件下生长对不同营养物质的需求不同。微载体培养在刚开始阶段需要营养物质非常丰富的培养基，尤其是使用低细胞密度的时候。在低密度情况下，细胞应当在接近克隆的条件下，每平方厘米（cm^2）只有较少细胞的情况下存活。另外，存在的副作用是由搅拌引起的，这是因为搅拌消除了特定的微环境，这种特定微环境指互相临近的细胞能够交换各自分泌的生长因子。一种改进细胞生长的方式是使用低密度生长所需要的重要组分的培养基，培养基应该含有大量的基本营养组分，以支持细胞生长到最后达到高于10^6个/mL的数量。培养基的组分受到细胞组织来源的影响，通常情况下，基于DMEM的培养基适合于大多数类型细胞的微载体培养。为了改善细胞培养周期早期阶段细胞的生长，可以在DMEM培养基中加入能够提高和改善低密度生长状况的组分。

1）气体供应　在微载体的大规模培养过程中，将O_2和CO_2的供应量控制在一个合适的范围内对于最终产物量的提高有着非常重要的作用。O_2和CO_2对于代谢都有着很重要的影响，而且CO_2对于pH也有着很重要的影响。无论是在微载体培养还是在其他的培养系统中单个细胞对于气体的需求都是一样的。与静态系统不同的是，搅拌的微载体培养在整个培养体系中的气体压力不同，而且监控整个培养过程，提供了精确的控制。培养基的流动有利于减少气体压力的微环境，目前所使用的气体压力往往是根据传统的经验值，对于那些特定类型的细胞培养并不一定适合。因此在对微载体的培养条件进行优化时观察不同气体压力将会具有很重要的价值。静止微载体培养过程中气体的供应与其他单层细胞培养技术中的一样，在细胞密度很高的培养末期取样时，需要在培养表面导入几秒钟 95%空气和 5% CO_2。体积达到 0.5～1L 的搅拌微载体培养通常是一个密闭的系统，如果容器里培养体积没有超过 50%，不连续供应新的气体也可以得到高的产量。换培养液或者取样时，顶部空间里面的气体被更新，在密封之前用巴斯德移液管在里面加入 15～20s 95%的空气、5%的 CO_2，这个过程常常是用来补足 O_2 和 CO_2 从而满足细胞的代谢需求。在培养液和顶部空间通过扩散的作用进行气体的交换是一个非常缓慢的过程，对微载体培养的一个重要功能就是改进这种交换。气体的交换速率低于传统旋转容器的搅拌速度，因而需要在搅拌速度低于 30r/min 的培养周期的最后步骤，或者是当培养的体积超过 250mL 时对气体的供应进行改进。同时在培养密度超过 2×10^6～3×10^6 个/mL 时也要充分改善气体的供应，提供连续的 95%的空气、5%的 CO_2 的供应，通过使用氧气含量高的气体混合物提高培养基上部空间的气压；提高搅拌速度，根据细胞类型与生长汇合将搅拌速度提高 25%～50%，在加入新鲜的培养基之前，先通气并适当的混合，通过外部的一个气体交换装置使得培养基能够循环，这些步骤改进后可以应用于大规模培养中气体的供应。当 pH 或细胞的生长速率突然下降时要考虑一下这些步骤和细节。需要注意的是，在微载体的培养过程中应该尽量避免气泡的产生，这是因为气泡的无规律运动能够导致细胞的损伤以及促使它们从微载体上面脱落。但是在大孔微载体培养中直接的通气起泡能有效地得到高密度的细胞，这是因为细胞保留在大孔内而得到保护。

氧气的代谢是一个关键因素。细胞培养对氧气的精确需求与细胞的类型、培养基以及培养周期的阶段有关。静止的单层培养相对厌氧，一般的传代细胞系都适应了这样的条件，因而他们可能不需要太高的氧气压来满足细胞正常代谢的需求。原代培养通常需要有氧条件，而且氧气压与其来源组织的压力应该相同或者相似。正常二倍体细胞生长所需要的氧气压倾向于介于原细胞系和传代细胞系所需要的氧气压之间。大多数培养基中使用的氧气压接近 20%氧气，适用于细胞生长的压力常常要低于这个值。总而言之，在细胞培养过程中不推荐使用过高的氧气压，这会对生长速率造成影响。氧气压不影响细胞的贴附过程，而只是影响细胞的增殖过程。在低密度的培养条件下，较低的氧气压（1%～6%）适合于传代细胞系和正常的二倍体细胞株的生长。在指数生长期，需要的氧气压通常会较高一点。当可以对氧气压进行检测和控制时，最合适的程序是在培养的初期阶段使用较低的氧气压（2%～5%），在培养周期中逐渐提高氧气压，在指数生长期的末期可以提高到 15%～20%，氧气压的提高也会有助于 pH 的控制。可将一个合适的电极浸没到培养基中来进行氧气压的测定。在使用大孔微载体进行高密度细胞培养时要使用高的氧气压（40%～50%）用来维持细胞在球中的生长。合适的氧气浓度可以通过氧气消耗-时间曲线来进行测定，当停止对发酵罐内的氧气供应时，氧气量的下降与细胞的消耗量是呈一定比例的。当细胞内氧气的传递由于细胞量而受到限制时，曲线将会呈现出一定的线性下降并至某一特定的氧气压，在此刻曲线将会变得比较平坦，此处是较为合适的氧气压。氧气在平衡缓冲液中的溶解度较低，大概在 7.6μg/mL。测得的平均细胞氧气利用速率为 6μg/(10^6 个·h)，氧气的供应与氧传递速率（OTR）有关，OTR 是细胞培养技术放大过程中最主要的限制因素。氧气的供应通常是通过表面通气来实现的，使用培养基的灌注培养可以提高氧气压，膜扩散或者是在培养基中直接通入氧气或空气的方法都能够直接增加氧气的供应。在高径比大的容器中，会增加 OTR，由于剪切力在容器的底部比较高，而且膜的扩散也不方便，需要增加许多管道，从而造成生产成本的增加。在一个容器中进行氧气交换和培养基的灌注对于微载体来说是非常有效的，0.22μm 的无菌滤器将用于氧气连续不断地供应至培养基中。

CO_2 在培养基中溶解后形成 HCO_3^-，其是细胞生长所需要的基本离子。细胞对 HCO_3^- 的需求与其缓冲作用是没有关系的。但是由于 pH 与 CO_2 和 HCO_3^- 密切相关，因此对于细胞生长合适的二氧化碳压力是很难确定的。在 95%的空气、5%的 CO_2 的混合气体中，CO_2 的浓度最初是依据肺泡中间的 CO_2 的浓度来选择的，现在已经成了细胞培养用的一般规则。0.5%～2%范围是一般细胞生长所需要的 CO_2 的压力，截止到目前，很多微载体工作所需要的 CO_2 的压力在 5%～10%，在这个范围内都能得到较高的产量。然而，也有许多在降低 CO_2 的压力后获得较高细胞产量的例子。在多数的大规模培养系统中，控制 pH 和气体压力可以用来对适合细胞生长所需 CO_2 的压力进行确定。需要注意的是，在大规模生长培养条件过程中，CO_2 的控制在 pH 中的作用是最需要我们考虑的因素。

在用于细胞培养的气体中，气体的纯度越高当然是越好的，在所供应的气体中，不含 CO、NO 以及烃类等是非常重要的。商业所供气体中实际的 CO_2 压力水平是有很大差异的，但是使用经过验证的且有品质保证的气体会在最大程度上减小这种差异。

2）培养的 pH　由于 pH 对细胞的生长、黏附、存活和功能的维持有着非常重要的作用，维持合适的 pH 对于细胞的生长以及细胞获得高产量有着非常重要的意义。在使用微载体进行培养时，pH 的控制显得尤为重要。因为在高密度的细胞培养条件下，培养基很快就会变成酸性，pH 的降低在微载体整个培养过程中是最为常见造成不良后果的原因之一。而 pH 的下降是由于在培养的过程中乳酸的积累所引起的，控制 pH 的方法通常是用缓冲液来最低限度的减少乳酸对于培养基 pH 所产生的影响，或者是通过改变培养的条件来使得细胞乳酸生成量降低。另外，需要注意的是，温度对于 pH 的影响也是不可忽视的因素。如果有可能，在培养温度下对 pH 进行检测，如果没有特殊要求，所指的 pH 均是在 37℃的条件下所测量的数值。接种时确保正确的 pH 值是非常关键的，正确的 pH 对于细胞在静电微载体表面的黏附有着重要的关系。在碱性条件下，pH 能够延长/阻止细胞的黏附，而更高的 pH 则会对细胞产生杀伤作用。pH 的较低数值一般设定在 7.0 左右，在 6.8 的条件下，pH 能够抑制细胞的生长。在大规模的培养过程中，高压灭菌的探针可以对 pH 的值进行控制。如果是用碱来对 pH 进行中和的话，首先选择的是 5.5%的 $NaHCO_3$ 来进行中和。在细胞的培养过程中使用最为广泛的 pH 是 7.2～7.4。在 CHO 细胞微载体培养过程中，稳定的 pH 对于细胞的生长速率以及最终的高产量都是最为重要的参数。

$CO_2/NaHCO_3$ 是细胞培养基中最为常用的缓冲系统，通常使用 10～20mmol/L 的 HEPES 缓冲系统来进行缓冲和替代，尤其是在缺乏血清缓冲能力的无血清培养基中使用。用来监测 pH 的方法与要求的精确度和培养规模有关。在大规模的培养过程中需用电极来对 pH 进行监测。但是在培养的后期阶段，$CO_2/NaHCO_3$ 缓冲系统不足以对抗 pH 值的降低。如果 CHO 细胞在大规模培养过程中产生了大量的 CO_2，那么 $NaHCO_3$ 缓冲体系比 Earle’s 培养基更为合适；如果细胞更倾向于生成大量的乳酸，则含高浓度的 $NaHCO_3$ 更为合适。在大规模的微载体培养中 pH 的微小变化可以通过导入 $NaHCO_3$ 或者是通入 CO_2 对压力进行控制。大规模的培养系统提供的连续监测以及控制意味着 HEPES 对于高细胞的产量来说不是所必须的，培养 pH 也可以通过更换新鲜的培养基来进行控制，需要注意的是，在加入缓冲液来对 pH 进行控制时，培养基的渗透压不要改变。

使用限制乳酸生成的培养体系是对 pH 控制的有效途径之一。细胞在培养的末期即使在有缓冲体系存在的条件下 pH 也会迅速地下降。pH 的降低影响了细胞的生长速率以及细胞的活力，导致细胞从微载体上脱落下来。细胞在培养的过程中能够将葡萄糖降解为乳酸或者是 CO_2，因而限制乳酸的生成能够使培养基具有较好的缓冲能力。培养的氧化还原状态与产物有着关系。高浓度的葡萄糖可以导致高浓度乳酸的生产。将培养条件优化就是在起始阶段使用葡萄糖（80μmol/L），并在培养的过程中使葡萄糖的浓度范围保持在 25～40μmol/L。这个过程减少了乳酸的产生，使细胞能够以谷氨酰胺作为碳源，作为主要能源物之一的谷氨酰胺比以葡萄糖作为能源时转化生成的乳酸量要少。另一种方法是通过提高氧气压来减少乳酸的生成量。在培养过程中氧气压的升高也会促进高密度时的有氧代谢。最后，将葡萄糖用碳水化合物等来进行替代，当使用碳水化合物替代葡萄糖时，应该保持谷氨酰胺的供应水平。

3）渗透压　细胞在培养以及生长过程中依赖于培养基中渗透压的维持。用于培养 CHO 细胞的培养基渗透压应该保持在 290～300mOsm/kg。控制培养基渗透压使得培养能够重复。在任何时候对于某一个特定的培养基进行改进，都应该对培养基的渗透压进行检测。由于与原始培养的稀释度不同，会导致渗透压发生改变。在高产培养的过程中都需要添加各种补充物以维持培养基的渗透压，并需要添加一定量的 NaCl 从而达到所需要的渗透压（添加 1mg/mL 的 NaCl 储液）。为了不对原有培养基成分稀释，应该避免较大体积的加入盐溶液或是缓冲液，测量渗透压最有效的办法就是冰点下降法。

4）氧化还原的能力　氧化还原的水平代表着培养基的带电状况。它是氧化状态与还原状态的化学物质、pH 与溶氧浓度之间的平衡。对于 CHO 细胞来说合适的氧化还原水平是在+75mV，大约相当于溶氧的浓度为10%左右。

5）搅拌　搅拌器活动的部分要与细胞与微载体分开，这避免了细胞或微载体受到损伤。如果不能够分开，使用具有顶部驱动的反应器是最好的。叶轮的几何形状与搅拌的速度能够极大影响 OTR，现阶段所设计的特殊容器和叶轮装置已经可以达到 150r/min 而不会对细胞产生损伤。

大规模的培养过程中为了保证终产物的质量，应该保持培养条件的稳定性。糖浓度的变化将会对产物的糖基化造成影响。在生物反应器中溶氧、pH 以及搅拌速度通常情况下是由程序控制的。通常加入 CO_2 降低了培养基的 pH，通入 N_2 可以排出 CO_2 从而提高 pH。培养液的利用情况一般是通过测定葡萄糖浓度或取样检测来进行鉴定的，既能通过人工取样，也能使培养液自动通过一个与反应器相连的流动代谢分析生物传感器系统进行在线分析。氧消耗的速率也用于测定细胞生长，在优化与修正底物代谢速率时，它可作为一个决定是否补料的重要参数。关闭氧气供应，观察它在特定时期的线性消耗以计算细胞的数目。

6. 常见问题及解决策略

在微载体最初的培养过程中会出现一些问题，下面列出了微载体使用过程中最为典型的也是最有可能的解决办法，为微载体的使用提供一些参考。

（1）培养基在微载体加入后变酸性　检测微载体的使用是否进行正确的制备与水合。

（2）培养基在加入微载体后变碱性　培养基中通入 5% CO_2 与 95%的空气。

（3）培养的容器表面黏附了微载体　检查培养容器的表面是否进行了硅化处理。

（4）细胞黏附比较弱，且在最初的生长速度很缓慢　检查培养容器的表面是否经过硅化处理，是否经过了充分的洗涤。灭菌之后残留的 PBS 能够对培养基进行稀释，在使用微载体之前需先用生长培养基对微载体进行润洗。对初始的培养条件进行改进，延长细胞静止的黏附时间，并且增加接种体，或是减少初始的培养体积。确保接种体是在优化后的条件下并且是在合适的时间收获的。搅拌单元产生的振动是否消除。在起始培养的初期阶段使用营养成分更加丰富的培养基。如果使用的是无血清培养基，则考虑增加纤黏连蛋白或者层黏连蛋白的浓度。检测培养基是否受到支原体的污染。

（5）细胞没有在微载体上面黏附　对初始培养条件进行改良，延长在静态条件下的黏附时间，并且初始培养体积要适当减少。对微载体的循环流动进行改进，使得球体在搅拌状态下悬浮。对接种条件进行检查，观察所接种的细胞是否是单一的细胞悬液。对接种的密度进行检查，观察细胞密度是否合适。

（6）细胞与微载体出现聚集的情况　在培养的初期对培养条件进行改善，减少静态条件下的培养时间。提高细胞在生长期的搅拌速度，对微载体的流动进行改善。如果使用含有血清的培养基，则应在细胞生长到汇合时减少血清添加物的浓度，减少培养基中 Ca^{2+} 和 Mg^{2+} 离子的浓度。在培养基中加入脯氨酸类似物等，以防止胶原的产生。

(7) 细胞在生长期数量很少或者不处于扁平的生长状态　对培养基进行更换。检查培养基的渗透压和 pH。如果使用了低浓度的血清，则要适当降低抗生素的使用浓度。检查是否是由于支原体的污染造成的。

(8) 细胞由于培养基的改变出现变圆的情况　检查所更换培养基的 pH、渗透压以及温度。降低使用血清的浓度。

(9) 在培养周期中，细胞的生长出现停滞　检查培养基的 pH 是否有利于细胞的生长。适当降低搅拌速度。更换不同配方成分的培养基或者是新鲜的培养基。改善容器内气体的供应或者容器的通气状况。检查是否是由于支原体的污染造成的。

(10) 在培养过程中不能够有效地控制 pH　检查所选用的缓冲体系是否合适。改善培养容器中气体的供应情况，增加氧气的供应或者是降低顶部空间 CO_2 的浓度。谷氨酰胺的供应情况是否改善，在培养基中使用半乳糖等碳源或是补加生物素。

(11) 汇合的单层状态难以维持　检测渗透压和 pH 是否合适。血清的浓度要适当降低。更换不同配方的培养基。抗生素的使用浓度要适当降低。在使用无血清培养基来培养和生产蛋白酶的细胞系时，要加入蛋白酶的抑制剂来防止细胞从微载体上脱落，尤其是 CHO 细胞，其能够分泌蛋白酶。

(12) 微载体出现破碎　确保干燥的微载体是经过小心处理的。检查搅拌桨/培养容器的设计是否使轴承浸没于培养液中。

(13) 在微载体上不能很容易的收获细胞　保证微载体经过了全面的混合与洗涤。检查是否是由于胰酶的活性受到损失。除了胰酶消化以外是否有足够的剪切力存在。

(14) 微载体由于通气因素而漂浮于泡沫中　通过硅胶管、旋转过滤器或者是外部的循环通气。

(15) 流化床常见问题。

1) 培养基的 pH 值太低

① 使用能够产生大气泡的喷头把 CO_2 排出。

② 加入氢氧化钠对 pH 进行滴定，观察渗透压的变化。

③ 尝试提高缓冲能力。

④ 对培养基进行优化并且增加氧气的供应，避免乳酸的过量产生。

2) 微载体之间架桥

提高流动速率会减少微载体之间的接触时间，扩张率在 150%～200%之间。

3) 细胞与微载体间没有黏附

① 培养初期细胞密度太低。

② 接种时溶解氧浓度与 pH 的水平不合适。

③ 微载体与细胞间的接触时间短。

④ 微载体并没有得到很好的洗涤。

⑤ 微载体没有得到平衡。

⑥ 细胞接种时并不是在指数生长期。

4）氧气的供应低

① 使用纯氧进行供气。

② 提高流动的速率。

目前，生物制药的主要技术是在无血清培养基中悬浮培养动物细胞，在大型机械搅拌反应器中进行进料培养。动物细胞大规模培养生产生物制品的核心技术是细胞悬浮。要实现悬浮培养，首先要选择合适的细胞。微载体悬浮培养的成本高于全悬浮培养的成本。细胞属于贴壁细胞时，要考虑将其驯化成悬浮细胞。驯化后要测量细胞的增殖能力、蛋白质表达和分泌能力，观察是否满足生产需求。在筛选和驯化过程中，应注意细胞的及时保存，以避免工作的重复和时间的浪费。培养基是大规模细胞培养中最重要的因素。不同的细胞代谢和营养需求不同，因此要提高产品的产量，需要配制个性化无血清培养基。无血清培养基避免了血清中可能存在的污染源，其成分清晰，便于产品的回收。目前，世界上50%以上的生物药品使用的是无血清培养基。

悬浮培养工艺的发展和应用主要是工艺的优化。悬浮培养技术目前可分为悬浮细胞培养技术和贴壁细胞微载体培养技术。悬浮细胞可直接在反应器内增殖，成本低，而贴壁细胞需使用微载体才可悬浮培养，培养条件难以控制，成本很高，但它能提高生产规模、产品质量和劳动效率，仍是细胞大规模培养的重要方式。目前，所报道的贴壁细胞生产工艺的最佳形式是机械搅拌并利用微载体悬浮培养体系高密度连续灌注培养。过程的控制在工艺选择后成为控制细胞培养的重要因素。需要在线监控培养过程中的各种参数，如温度、pH、溶氧量、渗透压等。在整个过程中，要对多个参数进行调控，调整至最佳点。

反应器是根据生产规模的大小进行选择的，可通过增加反应器的数量或体积扩大生产规模。虽然许多小型反应器运行灵活，但成本相对较高。大型生物反应器可以节约人力和大量的辅助工程。选择生物反应器还需要考虑生产技术和生产能力的需要。此外，应考虑售后服务的质量，以免延误生产。反应器悬浮培养技术在世界范围内得到了广泛的应用，发达国家由于产能过剩已经达到饱和，开始向发展中国家扩张。生物制品悬浮培养技术的升级换代是未来几年我国生物制药工业发展的关键。

参考文献

张前程，张凤宝，姚康德，张国亮，张晓萍，2002. 动物细胞培养生物反应器研究进展. 化工进展，560-563.

张嗣良，张恂，唐寅，刘健，2005. 发展我国大规模细胞培养生物反应器装备制造业. 中国生物工程杂志，1-8.

Altamirano C，Paredes C，Cairó J J，Gòdia F，2000. Improvement of CHO cell culture medium formulation：simultaneous substitution of glucose and glutamine. Biotechnol Prog，16 (1)：69-75.

Castro P M，Hayter P M，Ison A P，Bull A T，1992. Application of a statistical design to the optimization of culture medium for recombinant interferon-gamma production by Chinese hamster ovary cells. Appl Microbiol Biotechnol，38 (1)：84-90.

Chee Furng Wong D，Tin Kam Wong K，Tang Goh L，Kiat Heng C，Gek Sim Yap M，2005. Impact of dynamic online fed-batch strategies on metabolism，productivity and *N*-glycosylation quality in CHO cell cultures. Biotechnol Bioeng，89 (2)：164-177.

Chen K，Liu Q，Xie L，Sharp P A，Wang D I C，2001. Engineering of a mammalian cell line for reduction of lactate formation and high monoclonal antibody production. Biotechnol Bioeng, 72 (1): 55-61.

deZengotita V M, Miller W M, Aunins J G, Zhou W, 2000. Phosphate feeding improves high-cell-concentration NS0 myeloma culture performance for monoclonal antibody. Biotechnol Bioeng, 69 (5): 566-576.

Dorai H, Kyung Y S, Ellis D, Kinney C, Lin C, Jan D, Moore G, Betenbaugh M J, 2009. Expression of anti-apoptosis genes alters lactate metabolism of Chinese hamster ovary cells in culture. Biotechnol Bioeng, 103 (3): 592-608.

Freyer J P, Sutherland R M, 1986. Regulation of growth saturation and development of necrosis in EMT6/Ro multicellular spheroids by the glucose and oxygen supply. Cancer Res, 46 (7): 3504-3512.

Glacken M W, Fleischaker R J, Sinskey A J, 1986. Reduction of waste product excretion via nutrient control: Possible strategies for maximizing product and cell yields on serum in cultures of mammalian cells. Biotechnol Bioeng 28 (9): 1376-1389.

Heidemann R, Lunse S, Tran D, Zhang C, 2010. Characterization of cell-banking parameters for the cryopreservation of mammalian cell lines in 100-mL cryobags. Biotechnol Prog, 26 (4): 1154-1163.

Huang Y-M, Hu W, Rustandi E, Chang K, Yusuf-Makagiansar H, Ryll T, 2010. Maximizing productivity of CHO cell-based fed-batch culture using chemically defined media conditions and typical manufacturing equipment. Biotechnol Prog, 26 (5): 1400-1410.

Karst D, Serra E, Villiger T, Soos M, Morbidelli M, 2016. Characterization and comparison of ATF and TFF in stirred bioreactors for continuous mammalian cell culture processes Biochemical Engineering Journal, 110: 17-26.

Kehoe D E, Lock L T, Parikh A, Tzanakakis E S, 2008. Propagation of embryonic stem cells in stirred suspension without serum. Biotechnol Prog, 24 (6): 1342-1352.

Konstantinov K, Goudar C, Ng M, Meneses R, Thrift J, Chuppa S, Matanguihan C, Michaels J, Naveh D, 2006. The "push-to-low" approach for optimization of high-density perfusion cultures of animal cells. Adv Biochem Eng Biotechnol, 101: 75-98.

Korke R, Gatti M d L, Lau A L Y, Lim J W E, Seow T K, Chung M C M, Hu W-S, 2004. Large scale gene expression profiling of metabolic shift of mammalian cells in culture. Journal of Biotechnology, 107 (1): 1-17.

Le H, Kabbur S, Pollastrini L, Sun Z, Mills K, Johnson K, Karypis G, Hu W S, 2012. Multivariate analysis of cell culture bioprocess data-Lactate consumption as process indicator. J Biotechnol 162 (2-3): 210-223.

Li J, Wong C L, Vijayasankaran N, Hudson T, Amanullah A, 2012. Feeding lactate for CHO cell culture processes: Impact on culture metabolism and performance. Biotechnol Bioeng, 109 (5): 1173-1186.

Lim A C, Washbrook J, Titchener-Hooker N J, Farid S S, 2006. A computer-aided approach to compare the production economics of fed-batch and perfusion culture under uncertainty. Biotechnol Bioeng, 93 (4): 687-697.

Lipscomb M L, Mowry M C, Kompala D S, 2004. Production of a secreted glycoprotein from an inducible promoter system in a perfusion bioreactor. Biotechnol Prog, 20 (5): 1402-1407.

Luo J, Vijayasankaran N, Autsen J, Santuray R, Hudson T, Amanullah A, Li F, 2012. Comparative metabolite analysis to understand lactate metabolism shift in Chinese hamster ovary cell culture process. Biotechnol Bioeng 109 (1): 146-156.

Ma N, Ellet J, Okediadi C, Hermes P, McCormick E, Casnocha S, 2009. A single nutrient feed supports both chemically defined NSO and CHO fed-batch processes: Improved productivity and lactate metabolism. Biotechnol Prog, 25 (5): 1353-1363.

Mulukutla B C, Khan S, Lange A, Hu W-S, 2010. Glucose metabolism in mammalian cell culture: new insights for tweaking vintage pathways. Trends Biotechnol, 28 (9): 476-484.

Pierce L N, Shabram P W, 2004. Scalability of a disposable bioreactor from 25 L-500 L run in perfusion mode with a CHO-based cell line: A tech review. BioProcess J, 3 (4): 51-56.

Qian Y, Khattak S F, Xing Z, He A, Kayne P S, Qian N X, Pan S H, Li Z J, 2011. Cell culture and gene transcription effects of copper sulfate on Chinese hamster ovary cells. Biotechnol Prog，27 (4)：1190-1194.

Schmelzer A E，Miller W M，2002. Effects of osmoprotectant compounds on NCAM polysialylation under hyperosmotic stress and elevated *p*CO2. Biotechnol Bioeng，77 (4)：359-368.

Sen A，Kallos M S，Behie L A，2001. Effects of hydrodynamics on cultures of mammalian neural stem cell aggregates in suspension bioreactors. Ind Eng Chem Res，40 (23)：5350-5357.

Sen A，Kallos M S，Behie L A，2002. Passaging protocols for mammalian neural stem cells in suspension bioreactors. Biotechnol Prog，18 (2)：337-345.

Smelko J，Wiltberger K，Hickman E，Morris B，Blackburn T，Ryll T，2011. Performance of high intensity fed batch mammalian cell cultures in disposable bioreactor systems. Biotechnol Prog，27 (5)：1358-1364.

Susan A-A，Sen X，Hugh G，Nimish D，Marcus B，Kedar D，2013. Cell Culture Process Operations for Recombinant Protein Production. Adv Biochem Eng Biotechnol，139：35-68.

Tang X，Tan Y，Zhu H，Zhao K，Shen W，2009. Microbial conversion of glycerol to 1，3-propanediol by an engineered strain of Escherichia coli. Appl Environ Microbiol，75 (6)：1628-1634.

Tsao Y S，Cardoso A G，Condon R G G，Voloch M，Lio P，Lagos J C，Kearns B G，Liu Z，2005. Monitoring Chinese hamster ovary cell culture by the analysis of glucose and lactate metabolism. J Biotechnol，118 (3)：316-327.

Van Wezel A L，Van Steenis G，Hannik C A，Cohen H，2015. New approach to the production of concentrated and purified inactivated polio and rabies tissue culture vaccine. Dev Biol Stand，(41)：159-168.

Vicki G，2005. Disposable bioreactors become standard fare. Gen Eng News，25 (14)：80 Whitford WG. 2006. Fed batch mammalian cell culture in bioproduction. BioProcess Intern，4：30-40.

Wilkens C，Altamirano C，Gerdtzen Z，2011. Comparative metabolic analysis of lactate for CHO cells in glucose and galactose. Biotechnol Bioproc E，16 (4)：714-724.

Wlaschin K F，Hu W S，2006. Fedbatch culture and dynamic nutrient feeding. Adv Biochem Eng Biotechnol，101：43-74.

Xie L，Wang D I，1996. Material balance studies on animal cell metabolism using a stoichiometrically based reaction network. Biotechnol Bioeng ，52 (5)：579-590.

Yang J D，Lu C，Stasny B，Henley J，Guinto W，Gonzalez C，Gleason J，Fung M，Collopy B，Benjamino M，Gangi J，Hanson M，Ille E，2007. Fed-batch bioreactor process scale-up from 3-L to 2 500-L scale for monoclonal antibody production from cell culture. Biotechnol Bioeng，98 (1)：141-154.

Yoon S K，Choi S L，Song J Y，Lee G M，2005. Effect of culture pH on erythropoietin production by Chinese hamster ovary cells grown in suspension at 32. 5 and 37. 0℃. Biotechnol Bioeng，89 (3)：345-356.

Zagari F，Jordan M，Stettler M，Broly H，Wurm F M，2013. Lactate metabolism shift in CHO cell culture：the role of mitochondrial oxidative activity. New Biotechnol，30 (2)：238-245.

Zhou M，Crawford Y，Ng D，Tung J，Pynn A F J，Meier A，Yuk I H，Vijayasankaran N，Leach K，Joly J，Snedecor B，Shen A，2011. Decreasing lactate level and increasing antibody production in Chinese Hamster Ovary cells (CHO) by reducing the expression of lactate dehydrogenase and pyruvate dehydrogenase kinases. J Biotechnol，153 (1-2)：27-34.

Zhou W，Rehm J，Hu W S，2015. High viable cell concentration fed-batch cultures of hybridoma cells through on line nutrient feeding. Biotechnol Bioeng，46 (6)：579-587.

Zhu M M，Goyal A，Rank D L，Gupta S K，Boom T V，Lee S S，2005. Effects of elevated pCO_2 and osmolality on growth of CHO Cells and production of antibody-fusion protein B1：A case study. Biotechnol Prog，21 (1)：70-77.

（米春柳　倪天军）

第八章 哺乳动物细胞重组蛋白的分离及纯化

随着基因工程技术的不断发展，重组蛋白表达技术也得到了飞速的发展，逐渐被人们接受。到目前为止，基于重组蛋白表达的产品包括疫苗、抗体、蛋白酶类等。目前的重组表达系统主要分为原核表达系统和真核表达系统，其中原核表达系统以大肠杆菌表达系统最为常用；真核表达系统应用最为成熟的是酵母表达系统和哺乳动物细胞表达系统。由于哺乳动物细胞具有完整的翻译后修饰系统，可以使表达的外源重组蛋白进行翻译后修饰，表达的蛋白质与人源的蛋白质分子结构更为接近，使其更加稳定、有效。因此，哺乳动物细胞表达系统已经广泛用于重组蛋白的生产。

蛋白质纯化的总体目标是通过低成本、高效率的技术手段对目的蛋白质进行纯化，最终获得高纯度、高活性的目的蛋白质。但是往往目的蛋白质溶液中含有大量的其他杂蛋白，采用一种或一套简单的纯化方法很难将目的蛋白质从复杂的混合体系中纯化出来，并且采用此种方法常常无法得到高纯度的目的蛋白质。因此，合理科学的对目的蛋白质进行纯化是获得高纯度目的蛋白质的关键。

第一节 重组蛋白样品的预处理

蛋白质样品的预处理是指对含有目的蛋白质的复杂混合液进行简单处理，以初步提高目的蛋白质在复杂混合液中的比例或纯度，为进一步纯化做准备。在蛋白质的纯化过程中，首先要获得含有目的蛋白质的混合液，恰当的选择蛋白质样品的预处理方法将大大有助于后期的纯化过程及纯化效果，不同的蛋白质表达方法需采取不同的蛋白质预处理流程。

通过设定重组蛋白表达载体，转染细胞进行目的蛋白质的表达，对于分泌型哺乳动物细胞的蛋白质表达，目的蛋白质表达后通过信号肽的引导，被分泌至培养基中（Zhu，2012）。目前，最常用的细胞培养基为血清培养基，其中含有大量的血清蛋白及其他生长因子，使目的蛋白质的表达背景复杂，后期目的蛋白质的纯化困难，对于制备高纯度重组蛋白药物来说，无疑是困难重重，可行性极低，大大增加了下游蛋白质纯化的成本，难以大规模化。无血清培养基的出现则是一个良好的选择，该培养基成分简单，明晰，无杂蛋白，大大减少了下游目的蛋白质纯化成本。因此，无血清培养基替代传统血清培养基是未来哺乳动物细胞蛋白质表达用培养基的一个趋势（Merten，2002）。

由于分泌型哺乳动物蛋白质表达系统的强分泌性能，目的重组蛋白被分泌到细胞外培养基中，无须像非分泌型重组蛋白表达系统需要进行细胞破碎等烦琐步骤，具有操作简单，成本低等优势。通过设计分泌型重组表达载体，通过转染技术将重组表达载体转入哺乳动物细胞，随后筛选阳性克隆子进行蛋白质表达。蛋白质表达完毕后，通过离心收集培养基上清液（含目的重组蛋白），进而去除细胞和其他颗粒物质，以防止它们对后续的纯化过程造成干扰，特别地，若后续纯化需要用到色谱柱，则必须首先去除所有颗粒性物质，避免其污染和堵塞色谱柱。随后对重组蛋白进行预处理，预处理主要包含两个方面：蛋白质浓缩处理以及盐离子去除。一般情况下，哺乳动物细胞蛋白质表达量较低，需要对其进行浓缩处理提高浓度，减少样品体积，以方便后期的蛋白质纯化。高浓度的盐离子会对蛋白质活性造成影响，因此需要在进行后期蛋白质纯化之前对其中的盐离子进行去除，盐离子去除可以通过透析的方法进行。蛋白质浓缩的方法主要有透析法、超滤法、冷冻干燥法和双水相萃取法等。

一、透析法

透析法是指通过在透析袋表面添加具有高吸水性能的聚合物如聚乙二醇，其强吸水功能将蛋白质溶液中的水分吸走，进而减少蛋白质样品的体积，起到蛋白质浓缩的效果。聚乙二醇又名聚氧乙醇，是一类具有良好保湿性、黏接性及润滑性的聚合类化合物。聚乙二醇结构中链长的大小决定了聚乙二醇的分子量大小及其物理性质及应用。不同分子量的聚乙二醇其性质也不同，从无色无臭的黏稠液体到固体粉末等（Coukell et al.，1969）。低分子量的聚乙二醇具有较强的吸湿性能，因此可以用于蛋白质溶液的浓缩。具体的操作过程如下：将蛋白质溶液装入适当分子截留量大小的透析袋中，在透析袋表面覆盖适量的 PEG8000 或者 PEG20000，然后置于 4℃ 进行浓缩，每隔半小时更换新的 PEG8000 或 PEG20000 粉末，直至达到所需的浓缩效果为止。注意：聚乙二醇浓缩速率较快，应及时观察并更换新的聚乙二醇。

二、超滤法

超滤法是指通过选择适当孔径的半透膜（1～20nm），在离心力的作用下将水分或者其他小分子物质与蛋白质进行分离，进而达到蛋白质浓缩的方法。通过选择合适的分子截留量大小的超滤管对目的蛋白质进行浓缩，是简便、快速、有效的蛋白质浓缩方法。通过低速离心将目的蛋白质截留在半透膜上，而小分子蛋白质以及其他杂质离子则可以透过半透膜而被滤下，进而使目的蛋白质得到有效浓缩。超滤法与其他浓缩方法相比具有操作时间短、浓缩效率高等优势，并且与透析法相比，超滤法在蛋白质浓缩的过程中不易产生蛋白质沉淀，而透析法由于浓缩速率无法控制而容易产生蛋白质沉淀。

三、冷冻干燥法

冷冻干燥法是基于冰晶升华的原理与方法，将蛋白质置于高度真空的环境下，将已冻结的蛋白质样品中的水分不经过冰的融化直接从冰固体升华为蒸汽，进而达到蛋白质浓缩的目的。冷冻干燥技术对于一些热稳定性不强的蛋白质以及短肽类物质的浓缩及保存有着重要的作用。近年来，冷冻干燥技术的发展进入了成熟阶段，市面上已出现不同配置、不同规格的冷冻干燥设备，例如：自动整理设备、自动装瓶和倒瓶设备等。冷冻干燥系统是由真空系统、制冷系统以及干燥箱三部分组成。在冷冻干燥系统中最关键的一个组件是旋转式油泵，对蛋白质最终的干燥效果产生直接的影响。具体操作时，将欲冷冻干燥的蛋白质溶液置于冷冻干燥玻璃瓶中，并用橡皮塞部分的堵住瓶口（中间留有缝隙，以便水蒸气逸出），随后将冷冻干燥玻璃瓶放在金属托盘上，开启冻干机进行蛋白质浓缩。

四、双水相萃取法

双水相萃取是根据两种聚合物，或一种聚合物与一种盐在水相中的不相容性原理，从蛋白质混合液中分离、纯化蛋白质，进而起到浓缩蛋白质的一种方法。目前常用的双水相萃取体系见表 8.1。

表 8.1　常用的双水相萃取体系

双水相萃取体系种类	双水相萃取体系组成	
A	聚丙二醇 聚乙二醇	聚乙二醇、聚乙烯醇、葡聚糖、羟丙基葡聚糖 聚乙烯醇、葡聚糖、聚乙烯吡络烷酮
B	硫酸葡聚糖钠盐、羧基甲基葡聚糖钠盐	聚丙烯乙二醇，甲基纤维素
C	羧甲基葡聚糖钠盐	羧甲基纤维素钠盐
D	聚乙二醇	磷酸钾、硫酸铵、硫酸镁、酒石酸钾钠

注：A 指两种非离子型聚合物；B 指其中一种为带电荷的聚电解质；C 指两种都为聚电解质；D 指一种为聚合物，一种为盐类。

双水相萃取具有操作条件温和，可在室温下进行，一般不会造成蛋白质的变性失活，并且在双水相萃取过程中，聚合物的添加大大增强了蛋白质的稳定性；另外，双水相萃取技术易于放大，其各种参数均可按比例放大而产物的收率并不降低；其次，双水相系统之间的传输和平衡过程速度快，回收效率高，能耗小，速度快。一般情况下回收率可高达80%以上，提纯倍数可达2～20倍。

第二节　重组蛋白分离纯化的原理及方法

一、蛋白质沉淀

（一）盐析沉淀

1. 盐析沉淀的原理

盐析沉淀是指在蛋白质溶液中缓慢加入不同浓度的无机盐，进而导致蛋白质发生聚集析出的过程。蛋白质的盐析是最常用的蛋白质沉淀方法之一，由于其操作简便、成本低廉以及效果明显，蛋白质盐析沉淀在早期蛋白质纯化实验中被广泛应用。绝大多数的中性盐对蛋白质的溶解度都具有明显的影响，当溶液的盐离子浓度较低时，蛋白质的溶解度随着盐离子浓度的增大而增高，即所谓的盐溶；当溶液的盐离子浓度达到某一临界点时，蛋白质的溶解度随着盐离子浓度的增加而减少并逐渐被析出，此过程被称为盐析（Yano et al.，2011）。其具体的原理是：当盐离子浓度高于某一浓度值时，随着盐浓度的增加，高浓度的盐离子会破坏蛋白质表面的水化膜，造成其局部失水，致使蛋白质的溶解度降低，进而导致蛋白质析出，从溶液中沉淀出来。不同蛋白质的分子大小、溶解度不同，因此可以通过调节不同盐离子浓度来实现不同蛋白质的分离纯化（Deak et al.，2010）。

虽然蛋白质盐析操作温和简单，但是其盐析效率受到多种因素的影响，包括温度、pH以及沉淀蛋白质的浓度等。在高浓度的盐溶液中，绝大多数蛋白质的溶解度是随着温度的上升呈下降趋势。因此，一般情况下，盐析实验在常温下进行即可。但是对于某些稳定性较低的蛋白质，其盐析过程则在低温（4℃）条件下进行。pH值是影响蛋白质盐析沉淀的关键因素，一般情况下，蛋白质的溶解度与其所带的净电荷数成正比，即净电荷数越多溶解度越大，净电荷数越少溶解度越小。当盐溶液的pH为目的蛋白质的等电点时，其溶解度最低，盐析效果最好；蛋白质的浓度也是影响盐析效果的重要因素之一，当添加较低浓度的蛋白质溶液时，需要较高浓度的盐离子才能使该蛋白质发生盐析；相反，当添加较高浓度的蛋白质溶液时，较低浓度的盐离子即可使蛋白质发生盐析。另外，根据实验结果来看，当欲沉淀的蛋白质浓度较高时，盐析出来的蛋白质纯度较低，杂蛋白含量较高（共沉淀现象）。因此，为了避免共沉淀现象的出现，一般选择浓度较低的蛋白质溶液进行盐析，浓度为2%～3%的蛋白质溶液具有较好的盐析效果（Foster et al.，2010；Porath et al.，2010）。

2. 盐析沉淀的技术方法

在对含有多种不同种类蛋白质的混合液进行盐析沉淀时，一般按照低浓度到高浓度的盐离子添加顺序进行。通过不同浓度的高盐溶液的添加，不同种类的蛋白质依次被盐析沉淀出来，然后依次通过高速离心即可将不同种类的蛋白质逐一分离开来，达到蛋白质分离纯化的目的（Boué，2002）。不同盐离子由于存在颗粒半径大小、带电荷特性及数量的差异，选择不同的盐离子，其盐析效果也有较大差异。一般情况下，选择离子颗粒大、低电荷的盐离子具有较好的盐析效果。比如：磷酸盐的盐析效果好于硫酸盐和乙酸盐等。在蛋白质的盐析沉淀中，常用的中性盐包括硫酸铵、氯化钠、硫酸镁、磷酸钠以及硫酸钠等，其中最为常用的是硫酸铵沉淀。硫酸铵具有温度系数小、溶解度高等优点。比如饱和的硫酸铵溶液在25℃的溶解度为4.1mol/L（541g/L）；在0℃时的溶解度为3.9mol/L（515g/L）。在该溶解范围内，绝大多数的蛋白质都可以发生盐析沉淀，并且随着不同浓度硫酸铵溶液的添加，不同种类的蛋白质依次发生盐析沉淀，进而实现蛋白质的分离，分段效果极好。另外，高浓度的硫酸铵溶液不会引起蛋白质的变性，处理较为柔和，是蛋白质盐析沉淀实验的首要选择。硫酸铵溶液的pH值为4.5～5.5，一般情况下无需调节pH，若选择用其他pH进行盐析实验，可用氨水和硫酸进行调节（Rieman，1961）。当用硫酸铵进行蛋白质沉淀时，达到不同饱和度所需要的硫酸铵的添加量可参照表8.2。

表8.2　达到不同饱和度所需的硫酸铵的添加量　　单位：g/L

硫酸铵初始饱和度/%	硫酸铵最终饱和度/%									
	10	20	30	40	50	60	70	80	90	100
0	56	114	176	243	313	390	472	561	662	767
10		57	118	183	251	326	406	494	592	694
20			59	123	189	262	340	424	520	619
30				62	127	198	273	356	449	546
40					63	132	205	285	375	469
50						66	137	214	302	392
60							69	143	227	314
70								72	153	237
80									77	157
90										79

由于发生盐析沉淀后的蛋白质溶液中含有较高浓度的盐离子，为了方便后续实验，需要将纯化后的蛋白质溶液中的盐离子去除。去除蛋白质溶液中盐离子的方法有很多，比如：透析、超滤以及利用凝胶柱（葡萄糖凝胶G-50）的方法等。其中最为方便的方法是透析，将蛋白质溶液装入一定规格大小的透析袋中，按照1∶50的比例将其透析至低浓度盐离子的缓冲液中。一般透析在低温（4℃）条件下进行，其间不断地更换新的缓冲液以加速盐离子的透析，快速除去蛋白质溶液中的盐离子。透析完毕后，通过超滤浓缩的方法对蛋白质进行浓缩、保存，以备后续实验使用。

（二）有机溶剂沉淀

1. 有机溶剂沉淀的原理

有机溶剂沉淀是指当向蛋白质溶液中添加一定浓度的能够与水互溶的有机溶剂时，蛋白质在溶液中的溶解度逐渐降低进而使蛋白质发生沉淀，它常用于蛋白质或酶的提纯，常用的有机溶剂包括甲醇、乙醇、丙酮等。关于有机溶剂沉淀技术的应用已经有很久的历史，最早可以追溯到20世纪40年代，科学家们通过利用乙醇的低介电常数性质，首次确立利用不同浓度乙醇分级、分离多种医用人血浆蛋白的方法。随后关于有机溶剂沉淀等方法便得到广泛的推广和应用（马建 等，2013；严希康 等，2001）。到21世纪，随着技术的改进与革新，有机溶剂沉淀法在科研和工业生产中更占据着重要的地位。

有机溶剂沉淀的主要原理包括以下两个方面：一方面，由于有机溶剂的介电常数比较低，当向溶液中添加有机溶剂时，溶液的介电常数逐渐降低，致使蛋白质分子间的库伦引力增加，当有机溶剂的添加量达到一定浓度时，溶液中的蛋白质因相互引力增大而发生聚集、沉淀；另一方面，有机溶剂通过与水相互作用，破坏蛋白质的水化膜，使蛋白质间的静电斥力减弱甚至消失，从而降低了蛋白质的溶解度，致使蛋白质发生沉淀（Mahshid and Robiah，2011）。一般情况下，蛋白质分子量越大，越容易发生有机溶剂沉淀，所需要的有机溶剂浓度越低。有机溶剂沉淀蛋白质时，需加入的有机溶剂量可由下列公式计算：

$$V=(S_2-S_1)V_0/(S_0-S_2)$$

式中，V 指的是加入有机溶剂的体积（L）；V_0 指蛋白质样品的初始体积（L）；S_0 指加入的有机溶剂的浓度（%）；S_1 指蛋白质样品中的有机溶剂浓度（%）；S_2 指蛋白质样品中需达到的有机溶剂浓度（%）。

影响有机溶剂沉淀效果主要包括两个因素：溶液的pH值和沉淀温度。在保证生物分子的化学结构不被破坏、药物生物活性不削弱的pH范围内，生物分子的溶解度是随着pH的变化而改变的。为了得到良好的沉淀效果，需要找到使其溶解度最低时的pH。一般情况下，这个pH就是生物分子的等电点。溶液中存在有机溶剂时，该pH会有小幅度的偏离。选择合适pH可以有效地提高沉淀的效率。由于溶液中各种成分的溶解度随pH变化的曲线不同，控制pH还会大大提高沉淀分离的能力。值得注意的是，有少数生物分子在等电点附近不太稳定，会影响其活性，另外要避免溶液中的目的蛋白质与其他生物分子（特别是杂质）带有相反的电荷，这会加剧共沉淀现象，造成分离的困难。沉淀温度：在常温下，有机溶剂能够渗入生物分子的内部，使其内部的疏水基团暴露于表面，导致其结构发生改变，进而破坏生物分子结构的稳定性，甚至使生物分子变性。当温度降低到一定程度时，生物分子表面变得十分坚硬，有机溶剂无法渗入其中，这样能够防止变性的发生，因而可以采取低温的手段来防止这种变性的出现。对有机溶剂沉淀法来说温度是一个重要因素，温度偏高时，轻则由于生物分子的溶解度升高而不能有效地沉淀下来，重则造成生物分子的不可逆变性；同时低温可以减少有机溶剂的挥发，有利于安全沉淀，用有机溶剂沉淀的温度一般控制在零摄氏度以下（Liu et al.，2011）。小分子物质的结构比生物大分子要稳定得多，不易被破坏，因此用有机溶剂分离小分子物质时对温度的要求不必过分严格，然而低温对提高沉淀的效果同样有效。

2. 有机溶剂沉淀的技术方法

大多数的有机溶剂都可作为有机溶剂沉淀试剂进行蛋白质沉淀，比如乙醇、甲醇、丙酮等，使用较多的为丙酮和乙醇。在常温条件下，高浓度的有机溶剂容易引起蛋白质变性失活。但在低温条件下，蛋白质的变性进行较为缓慢。因此，有机溶剂沉淀蛋白质操作必须在低温条件下进行，并在加入有机溶剂时注意搅拌均匀以避免局部有机溶剂浓度过大造成蛋白质变性失活（Doblado-Maldonado et al.，2015）。在进行有机溶剂沉淀蛋白质实验中，缓冲液的 pH 值应控制在目的蛋白质的等电点附近。另外，有机溶剂在含中性盐的蛋白质溶液中对蛋白质的变性作用较弱，可以提高分离的效果，一般情况下，中性盐的最适浓度为 0.05mol/L 左右，中性盐浓度过高会导致蛋白质沉淀效果较差。蛋白质成功沉淀后，迅速将其溶解于适应的缓冲液中，以降低沉淀蛋白质中的有机溶剂浓度。与盐析法相比，有机溶剂沉淀蛋白质的分辨力高，并且沉淀后的有机溶剂容易除去，但是该方法容易使酶和具有活性的蛋白质变性。故操作时要求条件比盐析严格，应谨慎操作以保留蛋白质的活性（Shin et al.，2004）。

（三）透析及超滤

1. 透析及超滤的基本原理

透析是膜技术的一种，它是基于半透膜的选择透过性将不同分子量大小的物质进行分离的一种技术，如图 8.1(a) 所示。简单来说它是一个扩散过程。它的优点是处理条件温和、容易操作、价格低廉以及处理量大等。广泛应用于缓冲液置换、蛋白质纯化以及浓缩等方面。超滤技术也是一种基于半透膜的分离技术，与透析不同的是，超滤是通过以压力为推动力，将水和其他小分子物质与蛋白质等大分子物质进行分离的膜分离技术，如图 8.1(b) 所示。超滤技术最早起始于 18 世纪中期，科学家以滤膜或者棉花作为分离介质，将蛋白质等大分子物质从溶液中分离出来。19 世纪末，科学家制造出了第一张人工超滤膜，随后超滤技术进入了发展阶段，到 20 世纪 60 年代，超滤膜开始出现不同分子截留量的概念，到 20 世纪 70～80 年代，超滤技术进入高速发展阶段，直至发展到 20 世纪 90 年代趋于成熟（Shi et al.，2014）。

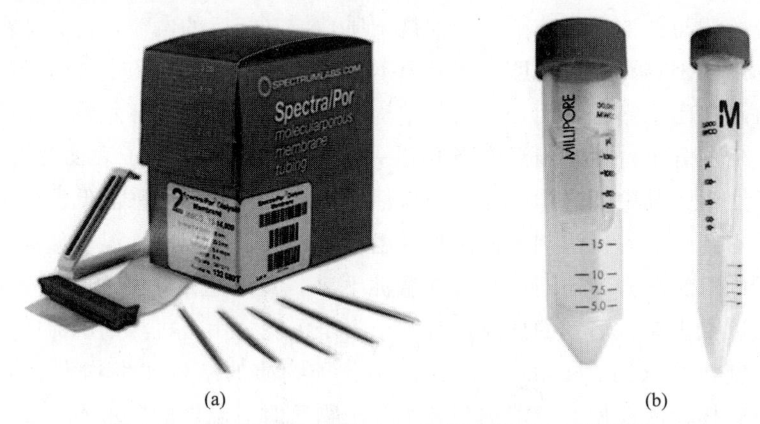

(a) (b)

图 8.1　商品化的透析膜（a）和超滤管（b）（附彩图）

透析是利用半透膜进行的一种选择性扩散操作，溶质中小分子物质从高浓度溶液透过半透膜扩散至低浓度溶液中，直至膜两侧的渗透压达到平衡。利用透析膜的选择透过性，溶质中分子量较小的物质可以透过半透膜，而分子量较大物质则被截留，基于透析膜的此种特性，透析技术可应用于不同物质的高效分离，比如：根据透析膜截留分子量（MWCO）的不同，可使不同分子量大小的蛋白质达到分离的目的。超滤技术的主要原理是在一定的压力条件下，使小分子溶质和溶剂透过半透膜，而大分子溶质由于其分子量较大而不能透过半透膜，达到分离纯化的目的。超滤原理也是一种膜分离过程，利用压力作为动力，在外界压力作用下将体系中分子量较大的物质进行保留，而水和分子量较小的溶质透过半透膜进行分离。以污水处理为例，选择截留分子量为 $3\times10^4\sim1\times10^4$ 的半透膜，当待纯化的污水在外界压力的作用以一定的流速通过膜表面时，水分子和分子量小于 300～500 的溶质透过膜，而大于膜孔的微粒、大分子等由于筛分作用被截留，从而使水得到净化。也就是说，当水通过超滤膜后，可将水中含有的大部分胶体硅除去，同时可去除大量的有机物等（Dutre B et al.，1994）。

2. 透析及超滤的技术方法

在蛋白质的透析处理中，通常是将半透膜制成袋状，将不同分子量大小的蛋白质溶液置于透析袋内，将此透析袋浸入透析缓冲液中，样品溶液中分子量较大的蛋白质分子被截留在袋内，而盐和小分子物质不断透过透析膜，扩散至透析缓冲液中，直至透析袋内外两侧的浓度达到平衡。保留在透析袋内的样品溶液成为“保留液”，膜外的溶液成为渗出液或透析液。在进行透析实验中，选择正确的透析膜是透析成败的关键。一般情况下，透析膜的选择主要参照以下几个方面：

1）根据欲分离目标蛋白质的分子量选择相应截留量大小的透析膜；

2）根据最终的实验目的选择不同材质的透析膜，包括 CE、RC 以及 PVDF 膜等；

3）根据处理蛋白质量的多少选择不同规格（直径）大小的透析膜等。

另外，在使用透析膜时，对透析膜的预处理也是决定透析效果优劣的一个重要因素。关于透析膜的预处理有多种方法，较为常用的是先用 50%的乙醇煮沸，然后用 50%的乙醇、0.01mol/L 的碳酸氢钠和 0.001mol/L 的 EDTA 溶液煮沸，最后用超纯水洗涤三次即可使用。透析时，先检查透析袋是否完好无损，确定无损后，开始向透析袋内添加蛋白质溶液，装液量一般不超过透析袋的三分之二。然后用透析夹固定透析袋的两端，将其置于缓冲液中进行透析。为了避免在透析过程中蛋白质的降解，一般将透析反应置于 4℃恒温柜中进行。为了加快透析效果，可以借助磁力搅拌器，增强蛋白质溶液与缓冲液之间的交换速度；也可以多次更换透析液等（Elgazzar et al.，1991）。

目前超滤技术已得到飞速的发展，目前市场上存在各种各样不同规格的超滤设备，包括不同规格的超滤离心管、全自动大型超滤设备等。实验室常用的是超滤离心管，具有操作简单、成本低、条件温和以及可重复使用等优势。按照不同分子截留量（MWCO）和不同离心体积，超滤管可以分为不同规格来满足不同的实验需求。因此，选择合适规格的超滤管是决定蛋白质分离效果的重要因素，一般情况下，选择分子截留量小于待分离蛋白质分子量的三分之一最为适宜。新的超滤管在使用之前需要进行预处理，具体为：向新的超滤管中加入无菌超纯水，水量要完全过膜，然后置于4℃冰箱进行预冷半小时，随后将水倒出，即可向超滤管中加入适量的蛋白质溶液，然后进行离心操作，整个过程需在冰上进行。由于超滤管滤膜较为脆弱，较高的离心力会对滤膜造成破损。因此，在使用超滤管进行离心时，应采取低速多次离心的方式进行超滤。常用的离心条件为4℃、5000*g*，具体的离心条件视纯化蛋白质量而定。超滤管的最大优势在于其可以重复使用，因此每次使用完毕后超滤管的保存处理极为重要。建议进行以下操作：向使用完毕后的超滤管内加入无菌超纯水进行洗涤（可以用移液枪轻柔吹打）三次，然后向其中加入20%的乙醇，置于4℃冰箱保存，以备下次使用（王健 等，2012）。

二、亲和色谱

（一）亲和色谱的原理

亲和色谱即基于待分离物质与它的特异性配体间的特异性亲和力，从而达到分离的目的。比如一对可逆结合和解离生物分子的一方作为配基，与亲水性、大孔径的固相载体相偶联作为填料，装柱制成亲和色谱柱，当样品通过亲和色谱柱时，能与配基特异性结合的物质由于特异性结合而被保留在亲和色谱柱上，其他杂质分子则不被吸附，从色谱柱中流出，进而达到分离纯化的目的，获得纯化的目的产物（Young et al.，2012；Tripathy et al.，2017）。亲和色谱具有特异性强，高分辨率等优势，其操作过程简单，耗时短，且分离效率高。

1. 基本流程

1）制备色谱柱　选择能与待纯化的目的蛋白质特异性结合的填料，并按照一定的流速将其填装在空柱上，制备色谱柱。

2）上样　将含有目的蛋白质的溶液按照一定的流速通过上述制备的色谱柱，由于目的蛋白质带有特异性标签，能与填料发生特异性结合而吸附在色谱柱上，其他杂蛋白则流出色谱柱。

3）洗脱　用特定的缓冲液冲洗色谱柱，将吸附在色谱柱上的目的蛋白质洗脱下来，获得纯度较高的目的蛋白质。

2. 固定相

亲和色谱固定相是由基体（matrix）、间隔臂（spacer-arm）和配位体（ligand）部分构成，以下分别介绍各部分的组成。

1）基体　亲和色谱中使用的基体材料可分为天然有机高聚物、合成有机聚合物和无机载体材料三类。此外基体在偶联间隔臂之前还需进行活化预处理。作为亲和色谱的基体材料应具备以下条件：①具有一定的物理强度；②表面具有一定的活性官能团，如羟基、氨基等；③能耐受适当范围的pH，不溶于普通试剂。

2）间隔臂　在亲和层析固定相中，需通过间隔臂将配位体连接在基体上，由于间隔臂占据一定的机动空间，当配位体与被测定的生物分子（尤其是生物大分子）产生亲和作用时，有利于克服存在的空间阻碍作用。当粒度小、孔径小的基体连接小分子配位体时，或当大分子配位体比较密集地分布在基体上时，其与被测定生物分子的亲和作用，会受到空间阻碍作用的影响。为了克服空间阻碍作用，并实现配位体与被测定生物分子间最佳的相互作用，必须解决好做间隔臂的化合物的选择和间隔臂长度的选择。

3）配位体　在亲和色谱固定相上键联的配位体，可为染料配位体、定位金属离子配位体、包合配合物配位体、生物特效配位体、电荷转移配位体和共价配位体（Alexander et al.，2006；Hage et al.，2006）。

3. 流动相

在亲和色谱中，分离、纯化的对象皆为氨基酸、蛋白质以及多糖等生物分子，大多数为极性化合物。在纯化该类生物分子时，应选择合适的缓冲液，以确保经洗脱纯化下来的生物分子具有活性。洗脱缓冲液常考虑的因素有：盐离子浓度、pH 等。

（二）亲和色谱的技术方法

1. 预处理

亲和色谱前需对样品进行离心、去除固形物和蛋白酶、浓缩、离子交换色谱及沉淀等预处理。预处理以速度和得率为第一考虑要素，不需要特别浓缩。

2. 柱的填充和制备

Bio-Rad 和 Amersham 等公司提供的预装填柱能保证可重复的结果和最高效能。然而，如果需要柱装填，下列指导方针适用于任何规模的操作：

1）使用高结合容量的介质，即使是低流速，也可以使用短粗的柱子进行快速纯化。

2）亲和介质一般有固定的每毫升结合量，除非另有说明。估计结合靶分子所需的介质数量，然后用 2～5 倍此体积的介质装填柱子。具体缓冲液、流速等参照产品说明书。

3）对于预活化的亲和介质，测定其结合容量。估计结合靶分子所需要的介质量，使用 5 倍此数量来填柱。

具体填充和制备柱的操作步骤如下：

1）预先将所需材料在装柱之前进行平衡。

2）用预先配制的缓冲液冲洗柱子，通过改变流速清除柱子中的空气。关闭柱出口，留下 1～2cm 缓冲液在柱内。

3）轻轻重悬介质，对于不是以悬浮液形式供给的介质，在水化时将缓冲液比例调到大致在 1∶2 用以混合。避免使用磁力搅拌子，它们会破坏基质。

4）根据供应商的推荐，估计所需的凝胶浆数量。

5）将所需体积的浆液倒入柱内。通过沿着一端靠着壁的玻璃棒倾倒可以将起泡降低到最小化。

6）马上将柱灌满缓冲液。用色谱柱柱盖密封色谱柱，然后连接泵。

7）然后打开色谱柱出口，调节流速。最大流速不能超过柱和介质所能承受的最大压力。

8）在获得了恒定的柱床高度后，维持装填速度，继续装填到至少3倍柱床体积，在柱上标记床高。纯化时不要超过填充速度的75%。

9）关闭泵并封闭色谱柱出口。打开色谱柱柱盖，用缓冲液灌满色谱柱。

10）将适配器（adaptor）以一定的角度插入色谱柱内，确保没有空气留于网下。

11）缓缓将适配器滑下柱子（适配器的出口应该开启），直到到达标记处。将适配器锁定在该位置。

12）将色谱柱与泵连接，开始平衡，如果有必要，再定位适配器。必须彻底清洗介质以去除储存液，通常是用20%的乙醇，但需注意残余的乙醇可能干扰后续操作。许多介质平衡在含有抗菌剂的无菌磷酸缓冲液中，于4℃储存一个月。总的来说要按照产品说明书的指导。

3. 上样注意事项

高容量色谱可用粗短柱，实验室使用一般1～5mL凝胶即可（例如AffiGel亲和色谱填料）。但对于弱结合力的亲和色谱，则宜用长柱。色谱前用0.1%吐温20消除柱及柱底多孔板聚苯乙烯和聚丙烯的疏水性质。

亲和色谱时pH决定了蛋白质与配位体分子的构象，这在整个吸附解吸过程都至关重要。

亲和色谱的最大结合量和最佳分离效果依赖于色谱操作的线性流速，一般最佳流速选择为每分钟不超过柱体积。

较高的流速不利于色谱柱的平衡，耗时长，并且会降低分离效果和容量；较低的流速有利于获得较纯产品和最大回收率。

中等盐浓度有利于减少由于离子交换引起的非特异性吸附；高盐则提高配位体与靶蛋白的疏水相互作用。

有些去垢剂（吐温20）可降低载体介质的疏水性及非特异性吸附作用。

10mmol/L EDTA可用来稳定蛋白质中易遭重金属氧化的巯基。

结合缓冲液组成的优化对削弱亲和色谱中非特异性结合也起关键作用。

4. 再平衡

样品与色谱柱结合后，需要用5～8柱体积的起始缓冲液进行过柱以洗去杂质，可以适量增加离子强度洗去静电吸附的非特异性结合物。当OD_{280}吸光值回到基线时，停止洗涤。

5. 洗脱

洗脱要求有一定的流速，通过经适当优化的洗脱液，需要时加入竞争性物质帮助洗脱等，一定的洗脱方式，阶段洗脱或梯度洗脱将把蛋白质洗脱出来。OD_{280}检测，一般只有1～3条吸收峰。分步收集做下一步分析，药品生产一般采用阶段式洗脱，大瓶收集。

免疫亲和色谱的整个工艺记录请参见图 8.2。

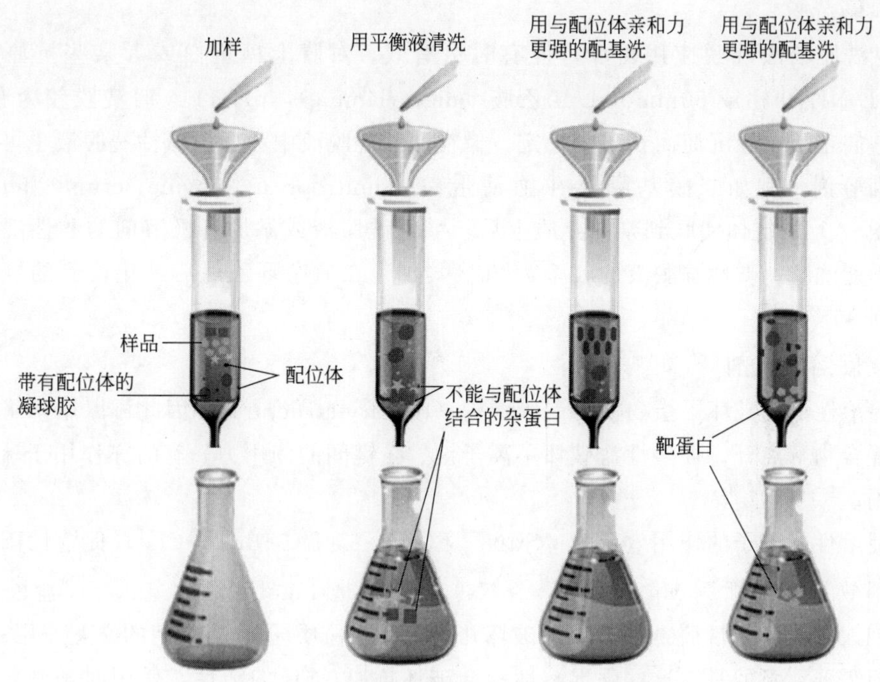

图 8.2　免疫亲和色谱的整个工艺记录（附彩图）

（三）注意事项

下面以免疫色谱为例，说明洗脱技术的要点和注意事项。

免疫亲和色谱中洗脱通常是最困难的一步。困难在于要获得高纯度和高回收率的稳定、有活性的产品。为了获得最大收率，采用的洗脱条件常常使蛋白质在一定程度上变性。通过离子键、氢键和疏水交互作用，使抗原和抗体结合在一起。不同抗原-抗体复合物的强度差异较大。其他如配基密度、空间定位（steric orientation）以及非特异性交互作用也很重要。可以用于免疫亲和色谱的溶剂很多，选择一个有效的洗脱液似乎是经验性的。因此面对一个新型免疫亲和实验，需要考虑洗脱的程序或策略。

1. 特异洗脱

首先需要考虑过量抗原或抗体情况下的特异洗脱（specific elution），由于高成本和特定洗脱液的获得，这样做常常不实际。此外就是可能把抗原-抗体复合物洗脱下来，但对复合物的分解既必需又难以完成。

2. 酸洗脱

酸洗脱是最常用的解吸附方法，通常很有效。洗脱液例如盐酸甜菜碱（lycine-HCl）pH 2.5、20mmol/L HCl，以及枸酸钠、pH 2.5 的条件下可以用来打断抗原抗体的交互作用。由于抗原抗体的交互作用，酸洗脱的回收率较低。在 1mol/L 丙酸

(propionic acid) 的洗脱液中，或者在酸性洗脱液中添加 10% 二氧杂环乙烷 (dioxane) 或乙二醇 (ethylene glycol)，复合物解偶联时就更有效。

3. 碱洗脱

碱洗脱较酸洗脱应用得少，但有时更有效。对膜上糖蛋白或者某些抗原采用 1mol/L NH_4OH 或 50mmol/L 二乙胺 (diethylamine)，pH 11.5 时洗脱较为有效，因为它们在酸中会沉淀而在碱中稳定。像在酸性洗脱液中一样，碱性洗脱液也可以加入有机溶剂。例如二硝基甲苯-牛血清蛋白 (dinitrophenyl-bovine serum albumin, DNP-BSA) 的抗体偶联到亲和介质上后，酸性洗脱液或添加有机溶剂的酸性洗脱液根本不能洗脱，碱性洗脱液的收率为 60%，加上二氧杂环乙烷后纯化得到的抗原收率达到 95%。

4. 促溶性试剂

促溶性试剂破坏了蛋白质的三级结构 (tertiary structure)，因此可以用来将抗原抗体复合物解离开。促溶性盐破坏了离子键、氢键间的作用力，有时亦作用于疏水交互作用。

促溶性阴离子的作用效果为：$SCN^- > ClO_4^- > I^- > Br^- > Cl^-$，促溶性阳离子的作用效果为：胍 $> Mg^{2+} > K^+ > Na^+$，类似地 8mol/L 脲、6mol/L 盐酸胍和 6mol/L NaSCN 等洗脱剂能有效地破坏几乎所有蛋白质-蛋白质之间的交互作用。

但需要注意的是，这些强促溶性盐会破坏抗原/抗体的活性，使用时条件要尽可能温和。洗脱液选定后，应该对洗脱条件如浓度、温度和时间等进行最优化，并且优化组合这些洗脱剂。尽快从洗脱液中去除被洗脱的抗原和抗体非常重要，这样可以将变性的机会最小化。如果使用酸或碱作为洗脱液，应该在洗脱后迅速中和样品。如果用的是促溶性盐作洗脱液，通过脱盐方法 (Econo-Pac 10DG 脱盐柱、Bio-Gel P-6 DG 脱盐凝胶、Econo-Pac P6 脱盐桶，或者非常小体积的 Bio-Spin 柱) 可以快速去除被洗脱的抗原和抗体。

5. 洗脱时支持物用量

使用了过量的亲和支持物，洗脱过程中，样品暴露于过多容量中导致峰形变宽；样品加于柱顶部，然后反向流动洗脱，由于采用最小用量树脂，结果峰形较尖锐。

6. 其他

另外，还可以以样品对凝胶滴定，每一次添加后检查上清液有无未结合的样品，分批或柱式都可采用此法，少量样品就可以测定出纯化所需的凝胶和容量。

洗脱时，如果用可溶性的配位体或类似物竞争性洗脱，解离可能成为限速步骤，载体的大孔性程度又会导致对不同形状、不同大小靶蛋白的转运限制，有时竞争性洗脱一段时间后停止 0.5～2h 再洗脱效果较好。大多数亲和色谱在重力作用下即可达到最佳结合。

最佳洗脱条件可使靶蛋白在最小体积内完全回收，溶剂组成对亲和常数影响很大，为实现洗脱时特异性竞争，可适当改变缓冲液，也可采取一些其他步骤如：①改变 pH 和离子强度，以降低静电作用；②加入聚乙二醇（$<60\%$）或 DMSO（$<10\%$）可降低极性，适用于靶蛋白与配位体之间的疏水相互作用，但缓冲液的黏度会受到影响，而且这类物质可能与糖蛋白的糖基发生作用；③整个纯化过程中低于临界浓度的去垢剂有利于减轻对柱体和亲和介质的非特异吸附，并有效地作用于疏水结合部位，还可抑制蛋白质聚合。有时配位体与靶分子的 K 值太大，可使用专一的化学裂解法断裂配位体与载体间连接键，得到不纯的靶蛋白，即靶蛋白-配体复合物，而且亲和介质不能再重复。

一般情况下，K 值随温度升高而降低，0～10℃是亲和色谱常用温度，操作中还可利用温度变换进行色谱以达到最佳的纯化效果，比如 4℃过柱，提高吸附量；25℃洗脱，提高洗脱效率。

某些抗原的稳定性比较麻烦，必须特别考虑。如需要尽可能温和的洗脱条件，以及快速洗脱时间和短暂的保留时间。对于不稳定的固定化的抗原，可以使用相对温和的洗脱条件。然后每 4～5 次色谱分析后就用变性剂进行一次较为彻底的再生。这样，将暴露于严格条件下的机会最低化，可以增加柱子的寿命，并且将结合在柱上的蛋白质脱离下来维持结合容量。其他方法有电洗脱，可以增加效益，通过电场的作用使吸附的蛋白质电泳离开亲和基质。

添加变性剂如盐酸胍（guanidine-HCl），再降低其浓度逐步透析，蛋白质可以复性。高浓度的盐酸胍将蛋白质变成随机卷曲构象。当变性剂逐步被去除后，蛋白质将恢复其天然形态。

三、高效液相色谱

高效液相色谱（high performance liquid chromatograph，HPLC）是一种区别于经典液相色谱，基于仪器实现物质高效分离的技术方法。其具有高效、快速、灵敏度高以及选择性好等优势，广泛应用于医药、环保、食品工业、石化、农业以及生命科学研究等领域。HPLC 具有物质分离及分析等功能，在规模化分离天然药物有效成分及制备手性药物单一对映体领域中应用广泛。高效液相色谱系统中集合了多种有效部件如高灵敏度检测器，使其在多药物的检测实验中达到了高灵敏度，其最低检测限度达到 pg 级甚至更低水平，对于含微量成分甚至痕量成分样品的检测分析起到了至关重要的作用。目前 HPLC 技术发展迅速并日趋完善，在蛋白质等大分子物质的分离、纯化和分析中发挥着重要的作用。

（一）HPLC 的基本理论

塔板理论的基本假设　塔板理论认为将色谱柱看成一个分馏塔，把组分在色谱柱内的分馏过程看成在分馏塔中的分馏过程，即把组分的色谱过程分解成在塔板间隔内的分配平衡过程。塔板理论的基本假设为：①色谱柱中存在着许多塔板，组分在塔板间隔内很快达到分配平衡。塔板间隔称为塔板高度（H），组分在塔板高度内完全服从分配定律。②样品的各组分都加在第 0 号塔板上，样品沿色谱柱纵向扩散忽略不计。③流动相是间歇式进入色谱柱，每次进入一个塔板体积。④在所有塔板上分配系数相等，与组分的进样量无关。

由于整个色谱过程是一个动态的过程，在色谱柱内很难达到分配平衡，并且很难避免样品在色谱柱内进行纵向扩散。但是，塔板理论能解释色谱柱流出的曲线形状呈正态分布，并导出了理论塔板公式用于评价色谱柱柱效。

液相色谱速率理论　Giddings 和 Snyder 等根据液体和气体的性质差异，提出了液相色谱方程式：

$$H=A+B/u+C_{m}u+C_{sm}u+C_{s}u$$

式中，A 指涡流扩散项；B/u 指纵向扩散项；$C_{m}u$ 指流动相传质阻抗项；$C_{sm}u$ 指静态流动相传质阻抗项；$C_{s}u$ 指固定相传质阻抗项；u 指流动相线速度。

涡流扩散项（eddy diffusion)：涡流扩散项 $A=2\lambda dp$，其中 dp 指的是色谱柱填料的直径大小；λ 指的是填充不规则因子，填充越不规则 λ 越大，需采用小粒度，粒度分布及球形或近球形固定相。固定相的直径一般 3～10μm，粒度分布 $RSD\leqslant 5\%$。纵向扩散系数 $B=2\gamma D_{m}$，而 $D_{m}\propto T/\eta$，其中 γ 指黏度，在 HPLC 中流动相为液体，其黏度（η）大，柱温（T）低（一般在室温)，因此 B 很小，若 $U>1\text{cm/s}$，则纵向扩散可以忽略不计。C_{m} 为流动相传质阻抗系数，C_{sm} 为静态流动相传质阻抗系数。流动相传质阻抗是由于处于一个流路中心和流路边沿的分子的迁移速度不同，而产生峰展宽。静态流动相传质阻抗是分子进入固定相孔穴内的静止流动相中，回到流路中而引起峰展宽。C_{s} 为固定相传质阻抗系数，在分配色谱中 C_{s} 与固定液厚度的平方成正比；在吸附色谱中 C_{s} 与吸附或解吸附速度成反比。只有在厚涂层固定液或深孔离子交换树脂或解吸速度慢的吸附色谱中 C_{s} 才有明显影响。用单分子层的化学键固定相时 C_{s} 可以忽略。

（二）基本概念

色谱流出曲线（elution profile)：即样品流经色谱柱，进入检测器后所得到的信号-洗脱时间曲线。

保留时间（retention time，t_{R})：即从样品进入色谱柱到某种组分浓度达到最大值时的时间间隔。

标准偏差（standard deviation，σ)：即峰高 0.607 倍处的峰宽之半。标准偏差的大小说明组分在流出色谱柱过程中的分散程度。σ 越小，分散程度越小、极点浓度越高、峰形瘦、柱效高。反之 σ 大，峰形胖、柱效低。

半峰宽（peak width at half-height，$W_{h/2}$)：即色谱峰高二分之一时的峰宽。半峰宽与标准偏差有以下关系：$W_{h/2}=2.355\sigma$。

理论塔板数（theoretical plate number，n)：理论塔板数可以由色谱峰的保留时间和区域宽度计算：

$$n=\left(\frac{t_{R}}{\sigma}\right)\text{也可写成 }n=5.54\left(\frac{t_{R}}{W_{h/2}}\right)^{2}=16\left(\frac{t_{R}}{W}\right)^{2}$$

用半峰宽计算理论塔板数是最常用的方法。组分的保留时间越长，标准偏差、半峰宽越小，理论塔板数就越大，柱效越高。

分配系数（distribution coefficient，K）：即在温度一定的情况下，分配平衡后组分在固定相中的浓度（C_s）与在流动相中的浓度（C_M）之间的比值。

$$K=\frac{C_s}{K_M}$$

理论状态下，当浓度较低、温度、流动相和固定相一定时，分配系数的大小只与组分的性质有关，此时得到的色谱峰为正常峰；随着浓度的增大，若分配系数 K 逐渐减小，此时出现“拖尾峰”；若分配系数 K 增大，此时出现“前沿峰”。因此，在具体实验操作时可通过减少进样量，使柱内组分的浓度降低，才能获得正常峰。

分离度（resolution，R）：相邻两峰分开的距离与平均峰宽的比值称为分离度。

$$R=\frac{(t_{R2}-t_{R1})}{(W_1+W_2)/2}$$

（三）高效液相色谱固定相、流动相

1. 固定相的类型和特点

1）薄壳型　一般在坚实无孔的玻璃核心上包裹一层数微米厚的多孔硅胶，直径约 25～70μm。由于这种填料没有深孔，颗粒表面薄而均匀，可以使样品组分与固定相之间有效的相互作用，加快样品组分在微孔中的传质速度，提高柱效。并且这种固定相装填容易、渗透性好、有利于快速分析。但其表面积小，柱容量有限。

2）全多孔微球型　是指填料颗粒本身是多孔性物质的固定相。为了加快传质过程，减少谱带扩张，这类固定相一般都制成 5～10μm 的全多孔微球型。由于颗粒小，填料微孔浅，既可改善传质，又可提高柱效。这种固定相柱容量大，分离效果好。但装柱技术要求高，渗透性不如薄壳型好。

3）化学键合型　它是利用特定的化学反应，把某种有机化合物（固定液）键合到载体表面的特定基团上，如—Si—OH 等，在载体表面形成一牢固的单分子薄层。这种以化学键合的方式代替固定液的机械涂渍，可以克服固定液涂渍不均匀和流失等缺点。化学键合固定相的种类很多，按表面结构分为单分子键合相和聚合键合相两种。按键的类型分为 Si—O—C 键，Si—O—Si—C 键和 Si—O—Si—N 键等几种。按键合固定相的色谱性质分为极性、非极性和离子型等三种。

2. 流动相

流动相的要求：稳定性好，不与固定相、样品发生化学反应；选择性好，对样品有足够的溶解度；纯度高，黏度小。为了减少流动相中所含微量气体对色谱分析带来的干扰，在应用流动相之前必须对流动相进行脱气处理。常用的脱气方法有：加热脱气法、抽气脱气法、超声波脱气法和吹氮气脱气法。

在色谱分析中，流动相的极性是直接关系分离效果的重要指标。在液-固吸附色谱中，流动相的极性常用溶剂强度参数 ε^0 表示。ε^0 的数值越大，流动相的极性越强。多数的情况下，分离复杂样品时，采用单一溶剂很难达到目的，此时可使用几种不同极性的溶剂，使流动相的极性强度随着组成的变化而变动。在液-液分配色谱中，溶剂的极性常用溶剂强度 δ 表示。δ 值反映了溶剂极性的大小，极性溶剂 δ 值大，非极性溶剂 δ 值小。同时，也反映了溶剂与样品组分之间的特殊作用。

因此，可以通过调整溶剂的 δ 值，以提高溶剂的选择性和分离效能。色谱分析中流动相的选择余地较大，这是液相色谱的一大特点。但要在种类繁多的溶剂中选择好流动相，并不是容易的事。作为液相色谱的流动相，除了要满足上述的一般要求外，还须考虑样品、流动相和固定相的性质以及它们三者之间的相互作用，如酸碱性、电负性、能否形成氢键等。一般情况下，极性大的样品，选用极性大的流动相；极性小的样品，选用极性小的流动相；离子交换色谱则应用 pH 值相近的流动相。对于在正相色谱法难分离的样品，可改用强极性的流动相和弱极性固定相的反相色谱法进行。因此，溶剂系统的选择，不仅取决于待分离的样品化合物，还取决于已经取得的使用分离系统的经验。

（四）高效液相色谱仪构成

高效液相色谱仪主要包括输液系统、进样系统、色谱柱系统、检测和数据记录系统。

1. 输液系统

输液系统按输液性质可分为恒压泵与恒流泵。由电动机带动凸轮转动，驱动柱塞在液缸内往复运动。当柱塞被推入液缸时，出口单向阀打开，入口单向阀关闭，流动相从液缸输出，流向色谱柱；当柱塞自液缸内抽出时，流动相自入口单向阀吸人液缸。如此前后往复运动，将流动相不断地输送到色谱柱内。

2. 进样系统

进样器可分为六通进样阀和自动进样系统。六通进样阀的进样过程如下：首先将样品注入定量管，转动进样手柄至进样位置，定量管内的样品由流动相带入色谱柱。六通进样阀进样量准确，重复性好。为了确保准确进样量，用微量注射器吸取样品时，要大于定量管容量的 2～3 倍。如果需要小体积进样，用微量注射器吸取样品时，要小于定量管容量的 1/2。另外，转动进样手柄时要迅速，不能停留，否则流动相受阻使柱内压力下降，泵内压力增大，造成仪器损坏。

3. 色谱柱系统

规范使用色谱柱可以延长色谱柱的使用寿命，提高色谱柱的柱效。尽量减少柱压和温度的急剧变化及任何机械振动。色谱柱尽量不要反冲，否则会降低柱效。不要使用 pH 3～8 范围以外的流动相，否则容易损坏色谱柱中的固定相。在生物样品注入色谱柱之前，需对样品进行过滤处理，以除去样品中的杂质，避免堵塞色谱柱。要注意经常更换保护柱，定期用强清洗溶剂冲洗色谱柱，以除去存留在柱内的杂质。硅胶柱的清洗溶剂及顺序：正己烷、二氯甲烷、甲醇，然后再反顺序清洗。反相柱的清洗溶剂及顺序：水、甲醇、乙腈、氯仿，然后再反顺序清洗。色谱柱长期不用时，柱内要用乙腈或甲醇充满。禁止缓冲溶液留在柱内过夜或长期存放。色谱柱使用一段时间后，柱压可能升高。原因有多种，比如柱进口端的保护片发生堵塞以及色谱柱污染等，或者是柱头出现凹陷。这时可打开柱接头，取出柱头1～2mm深度的填料，再用相同填料将柱头填平并拧紧柱接头。这样色谱柱的柱效能得到改善，但难以恢复早期的柱效。

4. 检测器

当进行HPLC分析时，样品流经色谱柱，然后进入检测器进行检测，此时检测器将组分变化转换成为电信号。检测器分为专属型和通用型两大类。专属型检测器只能检测样品的某一性质，如紫外检测器、荧光检测器等；通用型检测器可检测一般物质均有的性质，如示差折光检测器。高效液相色谱的检测器灵敏度高、噪音低、线性范围宽、重复性好、使用范围广。

1）紫外检测器（ultraviolet detector，UV） 也称紫外-可见检测器（检测波长包含可见光波长），灵敏度高。其工作原理是朗伯-比尔（Lambert-Beer）定律：当一束单色光透过流动池时，若流动相不吸收光，则吸光度（A）与吸光组分的浓度（C）和流动池的光径长度（b）成正比。

$$A=Ig(I_0/I)=Ig(I/T)=abC$$

式中，T为透光率；a为吸光系数；I_0为入射光强度；I为透射光强度。

紫外检测器主要分为固定波长检测器、可变波长检测器以及光电二极管阵列检测器三种：

① 固定波长检测器 检测波长为254nm，以低压汞灯作为光源，光强度大，光源单色性，灵敏度高。这种检测器对许多有紫外吸收的化合物，如具有芳环、芳杂环的化合物都能进行检测。共轭性越强的化合物吸光系数越大，检测灵敏度越高。

② 可变波长检测器 这是一种最常用的检测器，以氘灯或氢灯为光源，通过优化筛选组分能够将最大吸收的波长作为检测波长。这类检测器的光路系统和流动池构型与固定波长检测器相似。

③ 光电二极管阵列检测器 该检测器是在晶体硅上紧密排列一系列光电二极管(每个二极管相当于一个单色仪的出口狭缝)。当复光通过流动池时，被组分选择性吸收后，再进入单色器，照射在二极管阵列装置上，使每个纳米波长的光强变成相应的电信号强度，而获得组分的吸收光谱。经过计算机处理，将每个组分的吸收光谱和样品的色谱图结合在一张三维坐标图上，而获得三维光谱-色谱图。

2）荧光检测器（fluorophotometric detector） 该种检测器只适用于可发荧光的物质检测，比如生物胺、甾体以及维生素等的检测。也可以通过衍生化反应将不能发荧光的物质发荧光，然后采用这种检测器来测定，其具有灵敏度高等优势。原理是具有某种特殊结构的化合物，当该化合物受紫外光激发后，能发射出比激发光源波长更长的光，称为发射光。荧光强度（F）与激发光强度（I_0）及荧光物质浓度（C）之间的关系为：

$$F=2.3QKI_0\varepsilon Cl$$

式中，Q为量子产率；K为荧光收集效率；ε为摩尔吸光系数；l为光径长度。

一般激发波长（λ_{ex}）与化合物的最大吸收波长（λ_{max}）相近。选择激发波长时，把发射单色器固定在某一波长处，通过增大发射单色器的缝隙，改变激发波长进行扫描，得到激发光谱，光谱上的峰对应的波长即为激发波长。发射波长（λ_{ex}）的选择是把激发单色器固定在 λ_{ex} 处，改变发射波长进行扫描，得到荧光发射光谱，光谱上的峰对应的波长即为发射波长。检测多组分时，可改变发射单色器的波长，以获得较多色谱峰和较高灵敏度的波长为发射波长。

3）电化学检测器（electrochemical detector，ECD） 包括极谱、库仑和安培检测器等。其中应用较多的是安培检测器，其主要原理是通过在两个电极间施加一恒定电位，当电活性物质经过电极表面时发生氧化还原反应，发生电子转移。电量（Q）的大小符合法拉第定律 $Q=Nfn$。因此反应的电流（I）为

$$I=nF\frac{\mathrm{d}N}{\mathrm{d}t}$$

式中，N 为物质的摩尔数；t 为时间；n 为每摩尔物质在氧化还原过程中转移的电子数；F 为法拉第常数。当流动相流速一定时，$\mathrm{d}N/\mathrm{d}t$ 与组分在流动相中的浓度有关。

安培检测器的灵敏度较高，凡具氧化还原活性的物质都能进行检测，如生物胺、酚羰基化合物、巯基化合物等。对于没有氧化还原活性的物质可先通过衍生化，随后进行电化学检测。

（五）高效液相色谱分析方法

高效液相色谱用于合成药物含量的测定、制剂分析、药物代谢和动力学研究，还能进行蛋白质成分的分离和制备、纯化。这些分析方法大致可分为定性和定量分析两个部分。

1. 定性分析

HPLC 定性分析是基于相同物质在同一色谱系统中的保留时间一致的原理，向待检测样品中添加某种一致标准物，然后进行 HPLC 定性分析，通过比对分析加入前后的色谱图，如果峰形增多，说明不是同一物质；如果峰形增大，则说明是同一种物质。为了提高定性的可靠性，还应改变色谱分离条件，作进一步验证。

2. 定量分析

HPLC 定量分析是利用色谱峰峰高和峰面积与样品组分的含量呈正比。常用的定量方法有外标法和内标法。

1）外标法 用与待测样品同样的标准品作对照，以对照品的量为标准，来计算待测样品含量，即“外标法”。该方法要求进样量必须准确。外标法是 HPLC 定量分析中常用的方法。外标法分为外标一点法及外标工作曲线法。

① 外标一点法 即以已知浓度的样品作为对照，计算待测样品含量的方法。计算公式如下：

$$C_{样品}=C_{对照}\times A_{样品}/A_{对照}$$

式中，$C_{样品}$ 与 $A_{样品}$ 为分别样品的浓度与峰面积；$C_{对照}$ 与 $A_{对照}$ 分别为标准品的

浓度与峰面积。

② 外标工作曲线法　即将标准样品按照一定的梯度配制成不同浓度的标准样品，然后进样测其峰面积（A）或峰高（h），对浓度 C 绘制工作曲线，计算回归方程，用回归方程计算待测样品溶液的含量。

$$A=a+bC$$

式中，a 与 b 分别为直线的截距斜率。

2）内标法　即选择一适当的物质作为内标物，通过计算内标物的峰面积与待测样品组分峰面积的比值来计算待测样品的含量。应注意的是，选择的内标物是待测样品中没有的组分，并且其保留时间与待测样品组分相近。该方法可避免因系统不稳定、进样不准确等造成的误差。

① 工作曲线法　与外标工作曲线法相似，首先制备不同浓度的含内标物的标准溶液，然后分别测定 i 组分与内标物 s 的峰面积 A，以峰面积 $A\mathrm{i}/A\mathrm{s}$ 与 $C\mathrm{i}$ 绘制工作曲线，计算回归方程。

$$A_{\mathrm{i}}/A_{\mathrm{s}}=a+bC_{\mathrm{i}}$$

将与标准液中相同的内标物加到样品溶液中，分别测定样品中 i 组分与内标物峰面积，以两者峰面积之比代入回归方程计算出样品中 i 组分的含量。

② 内标对比法　此法只配制一个浓度的对照品溶液，然后在样品与对照品溶液中加入同量的内标物，分别进样。按下式计算样品浓度：

$$(C_{\mathrm{i}})_{\text{样品}}=\frac{(A_{\mathrm{i}}/A_{\mathrm{s}})_{\text{样品}}}{(A_{\mathrm{i}}/A_{\mathrm{s}})_{\text{对照}}}\times(\mathrm{C_i})_{\text{对照}}$$

与外标法相似，只有线性关系截距为零时才可用此法定量。

（六）氨基酸、多肽和蛋白质的 HPLC 分析

1. 氨基酸的 HPLC 分析

氨基酸是构成动物营养所需蛋白质的基本物质。是含有碱性氨基和酸性羧基的有机化合物。自 20 世纪 80 年代以来，氨基酸、多肽和蛋白质类药物在临床上的应用增多，HPLC 在分析这些物质方面也得到广泛的应用。

氨基酸为两性电解质，约 20 余种，分为脂肪族氨基酸、芳香族氨基酸及杂环氨基酸。通常除了苯丙氨酸和酪氨酸，大多数氨基酸为极性氨基酸。不同氨基酸结构及性质各有不同，但它们又有很多既有相似性。因此氨基酸的分离检测有较大难度，HPLC 法在这一方面展示出极大的优势。但大多数氨基酸无紫外吸收和荧光发射，为提高分析的检测灵敏度通常将氨基酸衍生化，衍生化方式有柱前衍生化和柱后衍生化两种。由于柱后衍生化所需色谱仪器复杂，操作烦琐，因而应用不广泛。近十年来，随着 RP-HPLC 及各种柱前衍生化试剂的出现，使得氨基酸分析的灵敏度有很大的提高，分析方法简便、快速。

2. 蛋白质的 HPLC 分析

目前常用的 HPLC 有凝胶过滤色谱、离子交换色谱、反相色谱和亲和色谱等。

反相色谱是基于蛋白质在极性流动相和非极性固定相间相互作用的差别将蛋白质加以分离，流动相多采用低离子强度的酸性水溶液加入有机溶剂作为有机改性剂，加入三氟醋酸或盐酸作为离子抑制剂。离子交换色谱利用蛋白质分子和离子交换剂之间发生的静电作用使填料表面的可交换基团与带相同电荷的蛋白质分子发生交换，采用的流动相为盐-水体系，通过调节 pH 梯度或盐离子强度梯度而分离蛋白质。凝胶过滤色谱法按蛋白质分子大小加以分离，填料具有一定孔径，大分子蛋白质不能进入小孔穴先出柱，洗脱液为盐的水溶液。亲和色谱利用蛋白质和固定相表面的某种特异吸附而进行选择性分离，没有这种特异吸附作用的分子不被保留而先出柱，然后改变流动相条件，将保留在柱上的样品组分洗脱。

用于蛋白质分离的 HPLC 系统应具有梯度洗脱功能，HPLC 检测主要分为荧光检测和紫外检测，荧光检测要求多数蛋白质应在检测前进行衍生化反应，应用范围较窄。紫外检测常用的波长为 280nm，检测灵敏度高。

多肽类药物为分子量较小的蛋白质，由于其同时具有氨基酸和蛋白质的共同性质，分子量较小的肽类化合物采用的 HPLC 法有许多与氨基酸接近，分子量较大的肽类更多使用与蛋白质相同的方法。用于肽类药物测定经常使用的 HPLC 法为 RP-HPLC 法，使用的固定相为十八烷基、苯基和氰基键合硅胶；填料孔径应在 10nm 以上，分子较大的肽则需要更大孔径填料，色谱柱长度多在 15cm 以下；流动相为缓冲溶液或离子对溶液；洗脱方式较多采用梯度洗脱，也可用等溶剂强度洗脱。离子交换色谱在肽类药物的分析中也较为常用。流动相多为与 RP-HPLC 相同的缓冲液；亦可采用梯度洗脱方式。肽类药物 HPLC 的检测多用紫外线 200～230nm，280nm 附近也可使用，但吸收较弱；一些小分子肽类药物，经衍生化以后用荧光检测器检测可提高检测灵敏度。

四、分子筛色谱

分子筛色谱（gel filtration chromatography，GFC）又名凝胶过滤，是利用凝胶颗粒为固定相，根据待纯化溶质分子量大小的差别进行分离的方法。理想的分离基于蛋白质在流动相液体和附着在凝胶上的固定相液体之间的分配系数的不同，分配系数的大小是有待分离物质的分子量大小及结构形状决定的，一般采用组分恒定的洗脱液进行洗脱，即恒定洗脱法（isocratic elution）。与离子交换色谱一致，在凝胶过滤色谱中，其分离效果以分辨率（resolution）表示，分辨率由系统的选择性及区带延宽效应所决定。当系统的分辨率大于 1.2 时两种物质的洗脱峰基线可以完全分开，从而获得理想的分离效果。选择高分辨率的分离条件是非常重要的。凝胶过滤的选择性由介质的分级范围或排阻限度决定。也就是说，它的选择性由介质的骨架体积、珠粒大小及珠孔体积决定。区带延宽效应受流速、颗粒的大小及均匀程度和被分离物质的分子量影响。当区带延宽效应小时，洗脱峰峰底宽度小，峰与峰之间不容易重叠，分离效果就相对好得多。除此以外，样品量、分离柱的长短与粗细、凝胶介质的等级等因素也可影响分离效果，当凝胶过滤色谱分离法用于分离活性生物物质时，上样样品的体积约为柱体积的1%～5%时比较理想；而用于脱盐缓冲液时，样品的体积可达到柱体积的15%～20%。因为柱子的分离效果是柱长的平方根的函数，因此，对于同样体积的柱子，长细柱分离效果较粗短柱分离效果要好，但是，也不能过长，过长的柱子会影响流速和样品的稀释度，通常用于分离的柱子的长度取100cm较理想。

（一）凝胶介质

凝胶过滤常用于蛋白质等生物大分子的分级分离和除盐，因此，良好的凝胶过滤介质应具有以下几个特性：具有恒定的孔径分布范围；亲水性高，凝胶与被分离的分子之间不能有反应，这种反应可通过调节柱的离子强度值高于0.1mol/L达到最小化；稳定性好，能耐受一定范围的pH，在高离子浓度的缓冲液及化学试剂中保持稳定；机械强度高，允许较高的操作压力（流速）。

大部分商品化的凝胶过滤介质为软胶，耐压能力较低。其中Sephadex是最传统的软凝胶过滤介质之一，是一系列由环氧氯丙烷交联制成的右旋糖苷凝胶。

琼脂糖凝胶是另一种常用的凝胶过滤介质，如Sepharose机械强度较低。Sepharose CL是利用环氧氯丙烷交联制备的琼脂糖凝胶，机械强度比普通的Sepharose高。

Superdex凝胶是将葡聚糖共价交联到高强度的琼脂糖珠体上制备的刚性凝胶，分离制备及凝胶的粒径为24～44pm，分离精度高（每米色谱柱的理论板数可达15000～20000），适用于高效液相色谱。Superpose是经两次交联制备的刚性琼脂糖凝胶，常用于高效离子交换色谱和高效亲和色谱的载体。

另外，还有交联的丙烯酰胺凝胶，它们具有一系列不同大小的网格，为不同分子量的蛋白质分离提供了可能。

亲水乙烯基聚合物树脂也被用作凝胶过滤色谱分离介质，这种材料是完全多孔的、半坚硬的，特别适用于中、低压液相色谱。它在高流速液相色谱法操作中具有高分辨率，所以尤其适用于大规模的蛋白质纯化。只要加入柱中的样品体积小于某一值（通常小于柱总体积的2%），凝胶过滤就可以用于任何纯化步骤中。它具有可以将蛋白质快速有效地转移到新溶剂中的优点，但这一过程通常会导致样品稀释，而这又需要额外的浓缩步骤。即便如此，由于它们提供了纯化和溶剂转移的方法、分子大小的信息、近定量回收，凝胶过滤仍是蛋白质纯化和分析中不可缺少的方法。

（二）凝胶特性

1）排阻极限（exclusion limit）　指不能发生扩散的最小分子的分子量大小，也就是某凝胶过滤介质可分离的最大分子的大小，不同的凝胶介质品牌具有不同的排阻极限。

2）分级范围（fraction range）　分级范围指可进入介质孔内的第一个和最后一个组分的分子大小的范围。

3）凝胶粒径　一般为球形，粒径越小，分离效率越高。软凝胶粒径较大，一般为50～150pm（100～200目），硬凝胶粒径较小，一般为5～50pm。

4）溶胀率　某些凝胶使用前要用水溶液进行溶胀处理，溶胀后每克干凝胶所吸收的水分的百分数为溶胀率，即：溶胀率=(溶胀处理平衡后质量－干重)/干重。

5）床体积　1g 干凝胶溶胀后所占的体积。凝胶的床体积可用于估算装满一定体积的色谱柱所需用的干凝胶的量。

6）空隙体积　指色谱柱中凝胶之间空隙的体积，可用分子量大于排阻极限的溶质来测定，一般使用平均分子质量为 2000kDa 的水溶性蓝色葡聚糖。

（三）凝胶色谱操作

1）选择凝胶　首先选择合适的凝胶及型号，然后充分溶胀。溶胀时首先将凝胶加水或将缓冲液搅拌、静置，倾去上层悬浮液，反复数次直至上清液澄清。

2）装柱　柱的长度对分离效果有很大影响，一般选用细长的柱子。脱盐时，柱高 50cm 比较合适，分级分离时需要 100cm。装好的柱子必须均匀，无气泡存在。

3）加样　色谱吸去胶面上的液体可以将除去不溶物的样品装载至凝胶柱上。一般的，被分离样品的浓度应该大一些，分析用量的上样量一般为 1～2mL/100mL 床体积，制备用量的上样量一般为 20～30mL/100mL 床体积，可以获得较为满意的效果。样品流进凝胶后，加入一些洗脱液。

4）洗脱　洗脱液成分应与膨胀凝胶所用的液体相同，不相同时可以通过平衡操作达到。选择合适的操作压力是非常重要的：压力过大流速快；但操作压力过大，则使凝胶压缩，流速很快减慢，影响分离操作。不同的凝胶有不同的操作压力范围，使用时应特别注意。

5）凝胶再生和保养　洗脱过程中一般所有成分都可以被洗脱下来，因此，装好的色谱柱可以反复使用。多次使用后，凝胶颗粒被压紧，流速变慢，此时需要重新装柱。短期不用可以加入防腐剂，长期不用可以用不同浓度的乙醇浸泡，最后用 95% 的乙醇脱水，60～80℃烘干。

五、离子交换色谱

（一）离子交换色谱的原理

离子交换色谱是基于不同蛋白质的等电点不同，通过优化改变缓冲液 pH 进而实现将目的蛋白质与其他蛋白质进行分离的目的。由于不同氨基酸的 R 基不同，导致不同氨基酸携带不同的电荷，基于此氨基酸分为：不带电荷氨基酸（如甘氨酸、丝氨酸、苏氨酸等）、正电荷氨基酸（如赖氨酸、精氨酸和组氨酸）、负电荷氨基酸（天冬氨酸和谷氨酸）以及非极性氨基酸（如丙氨酸、色氨酸、苯丙氨酸等）。在生理 pH 下，不同蛋白质由于其氨基酸组成不同，导致其带不同电荷，离子交换色谱就是根据蛋白质的带电类型（阳离子或阴离子）及相对电荷强度（例如强阴离子区别于弱阴离子）进行分离。目前纯化条件的改进及纯化周期的加快，在很大程度上得益于 20 世纪 80 年代早期快速蛋白质液相色谱（FPLC）的引入（Jungbauer，1993），自此以后，离子交换剂得到不断改进（Jungbauer，2005），其发展历程中最新的飞跃是整体柱（monolith）的引入（Jungbauer and Hahn，2004）。用这种色谱介质在 5min 之内就可能分离蛋白质（Jungbauer and Hahn，2008）。

离子交换色谱的原理如图8.3所示，通过计算待纯化蛋白质的等电点，设定缓冲液的pH，图8.3中选择的是阴离子交换树脂，在该pH下，蛋白质带负电荷，故可与带正电荷的固相树脂发生特异性结合而保留在树脂上。其他杂质由于不能与固相树脂结合而流出。然后用强结合能力的NaCl或KCl洗脱溶液进行洗脱，由于Cl^-可以竞争性的与蛋白质发生结合和交换，因此，用不同Cl^-浓度洗脱可以使结合力弱的蛋白质发生脱离，进而收集到高纯度的目的蛋白质。

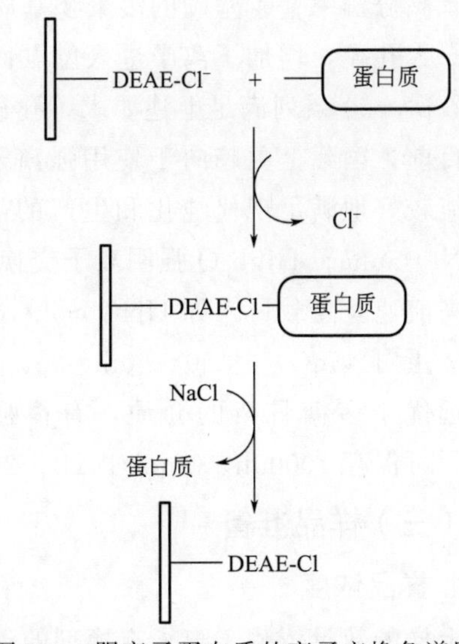

图8.3　阴离子蛋白质的离子交换色谱原理

蛋白质是两性介质，其离子交换有不同的情况。蛋白质在其等电点pH以下时带正电，而在其等电点pH以上时带负电，而且有一定的稳定范围。

待纯化的蛋白质与离子交换树脂的结合力大小主要取决于以下几个因素：蛋白质所带净电荷多少；溶液中离子强度的高低；缓冲液的pH。

蛋白质分子与固定相中的电荷形成离子键的能量大小可用库仑定律来表示。蛋白质与树脂作用力的强弱可通过调节缓冲液的pH和离子强度改变，因此选择适当pH值的缓冲液和洗脱方式可以将蛋白质根据结合力的不同按照一定的顺序洗脱下来。

（二）离子交换剂的种类

离子交换剂分为两大类：阴离子交换剂和阳离子交换剂。阳离子交换剂的不溶性载体上结合有中性pH条件下带负电的官能团，如羧甲基或磺丙基基团，适合分离等电点在中性pH以上的蛋白质，吸附时pH应低于蛋白质的等电点，而高于树脂官能团的pK。二乙氨基乙基（DEAE）衍生的或季铵乙基（QAE）衍生的阴离子交换树脂则在中性pH以下带正电，中性pH时能与酸性蛋白质相互作用。阴离子交换剂因为带有碱性基团，在pK值以下带正电，而阳离子交换剂因带有酸性基团，在其pK值以上带负电。

DEAE为弱碱性阴离子交换剂，季铵离子则是强碱性阴离子交换剂。如果待分离的蛋白质需很高的离子强度才能从离子交换剂上洗脱下来，可以考虑换一种较弱的离子交换剂，如果这样还不奏效，可以考虑调整pH。对于阳离子交换，提高pH可以降低蛋白质洗脱所需的离子强度，对于阴离子交换，降低pH可降低蛋白质洗脱时所需盐浓度。

像很多柱色谱技术一样，离子交换色谱要求有固定相，固定相常由不溶性的含水聚合体如纤维素、葡聚糖、交联葡聚糖组成。

另外，用于低压和中压操作条件下的离子交换色谱介质应该具有如下特点：①对生物分子具有较高载量；②在pH和离子强度变化时体积变化小；③对复杂生物混合物具有高分辨率；④坚硬的多聚物基质，耐压，高流速；⑤基质亲水，减少非特异结合；⑥大孔径，增加了离子进入位点；⑦化学、机械和热稳定性优异；⑧孔径均一。Macro-prep50系列满足上述要求，孔径均为50μm。

目前，国际上更趋向于使用强离子交换剂，它们具有流速高、交换容量大等优势，能较好地满足现代纯化和生产的需要。UNO Sphere High S强阳离子交换介质和UNO Sphere High Q强阴离子交换介质平均颗粒度为80μm，微型多孔的特性确保了高流速及高载量［如UNO Sphere High S流速为150～1200cm/h时，吸附血清免疫球蛋白（IgG）达30～60mg/mL］，特别适用于目标蛋白质的捕获步骤，化学稳定性远优于多糖骨架的介质，有很强的抗腐蚀性缓冲液能力（在1mol/L NaOH 20℃，可保存10000h，1mol/L HCl 20℃，可保存200h）。

（三）样品准备

1. 样品浓度

上样的数量依赖于离子交换剂的动态容量和所需分辨率。最佳分辨率一般允许上样量超过容量的10%～20%。

2. 样品组成

样品的离子成分应该与起始缓冲液的相同，如果不是则可以通过凝胶过滤或透析超滤等方法交换缓冲液。

3. 样品体积

如果采用相同洗脱技术，样品体积很重要，要限制在床体积的1%～5%。如果是梯度洗脱，起始缓冲也要保证所有重要的成分都被吸附在柱顶，这样，样品质量的重要性远远超过样品体积。来自凝胶过滤或细胞培养上清液的大体积溶液可以直接上到离子交换剂上。如果是让分子不吸附而让杂质吸附则上样体积较为不重要，也不会出现浓缩效应。

4. 样品黏度

黏度限制上样量，高黏度造成区带的不稳定以及不规则的流动模。关键是样品相对于洗脱液的黏度。首要原则是将4×10^{-3}Pa·s（4cP）作为样品的最大黏度，它相当于蛋白质浓度的5%左右。如果样品浓度太高，可以用起始缓冲液稀释。由核酸造成的黏度增加可以通过多聚阳离子大分子如聚乙烯或硫酸鱼精蛋白沉淀去除，或者用内切酶消除，在工业生产中终产品的检验必须证明无核酸存在才达到要求，因而应用受限。

5. 样品制备

各类色谱的柱寿命依赖于样品含有的颗粒程度。“胀”的样品可以通过过滤或者离心澄清。小粒径的凝胶尤其需要这一前处理步骤。

滤膜的级别依赖于所需要的离子交换剂粒径，在90μm粒径的介质上分离，需要1μm的滤膜过滤；对于粒径为3μm、10μm、15μm、30μm和34μm的介质，需要将样品通过 0.45μm 的滤膜过滤；对于制药用的无菌过滤，0.22μm 滤膜才可适用。

滤后的样品应该澄清而且没有可见的脂类污染物。10000g 离心 15min 也可以用来制备样品，但是由于处理量小，不适合大规模应用。

（四）柱装填

就像任何其他色谱技术一样，填充效果对于离子交换色谱也非常重要。一个装填质量很差的柱子会因流动性不均匀而使分离效果差，区带加宽并且降低分辨率。下面以大规模柱的装填为例讲述其相关因素。

1. 柱构造

配置可移动适配器的工艺柱的装填与带适配器的实验室规模柱的装填方法一样。将凝胶浆通过流体压缩到床高处稳定下来。此时，停止流体，降低适配器到凝胶表面并到位固定下来。

大规模柱子常常配置固定的末端，这需要不同的装填技术。安装在顶部的延伸管可以作为凝胶浆的存储地，当床被装填完毕并在柱与延伸管之间的连接处稳定下来，去除延伸管，将柱顶帽安置到位。采用该法需注意的是，计算时床体积所需的介质数量应准确。

2. 检查填充

柱装填结束后，将灯置于柱背后，通过透射光检查是否有不规则处和空气泡。用染料来检查时要注意有些染料带电并能结合在离子交换剂上，如蓝色葡聚糖 2000 与阴离子交换剂紧密结合。测试时将一种测试性物质注入柱内，然后计算理论塔板数（N）或者理论塔板高度（H）。

测试性物质要求不能与介质交互作用且分子量低，能完全进入颗粒内部。1%的（体积分数）丙酮可用于各种色谱介质，很容易被 UV 吸收检测。当样品进入柱内后保持样品小体积，这样的区带较窄。要获得最佳值，装填介质的粒径大约 30μm，则需样品体积≤柱体积的 0.5%；介质的粒径约为 100μm，则需样品体积≤柱体积的 2%。由于区带前沿或后部不平衡，线性流速要低以降低区带扩散。对于 30μm 的介质，流速应该为 30～60cm/h；100μm 的介质，流速应为 15～30cm/h。

作为一般规律，一个好的 H 值大约应该为所填充的凝胶珠平均粒径的 2～3 倍。对于一个 90μm 颗粒的填充，H 值应为 0.018～0.027cm。

对称系数（A_s）也是一个描述填充床的有用参数

$$A_s = b/a$$

式中，a 为在峰高 10%处的第一个半峰宽度值；b 为在峰高 10%处的第二个半峰宽度值。

A_s 应尽可能为 1。

离子交换色谱柱的 A_s 值为 0.80～1.80，对于较长的凝胶过滤柱该值可能降为 0.70～1.30。

扩展的前沿通常是柱填充太紧的信号，扩展的尾部通常是柱填充太松的信号。

（五）离子交换色谱的应用策略

由于离子交换色谱耗时短、样品处理量大而且得率较高，适合在蛋白质前期纯化中应用。选择色谱步骤的主要目的是，通过选择重要色谱参数的最适组合以达到预定的纯化水平和最高可能的产品回收率。

1. 结合条件

一个离子交换剂吸附时的选择性可以通过仔细选择起始缓冲液的 pH 和离子强度来提高。远离靶分子等电点的 pH 将增加柱的结合力和结合容量，但是也降低了选择性，因为杂质的结合力也上升了。如果靶分子的保留值因为起始缓冲液的 pH 非常接近等电点而较低，它将在上样时洗脱出柱，当在制备环境下上样体积增加时，最佳 pH 的选择将平衡选择性和结合容量，这依赖于每一个特异色谱步骤的目的和策略，缓冲体系的选择应该保证靶分子在高结合容量的最低允许离子强度下提供最大的缓冲能力。为此，缓冲液的 pK 值不应偏离所使用的 pH 值 0.5 单位以上。通常，10mmol/L 是最低限度，理想情况下，其中一种缓冲成分不带电荷，因此不影响离子强度，大规模应用时，由于经济因素的考虑经常选择乙酸、柠檬酸、磷酸或者其他廉价的组分。

当以起始缓冲液平衡时，结合缓冲液的 pH 和电导值有时会引起样品的集聚或者沉淀，这些集聚体会被排阻出颗粒并在洗脱过程中丢失，最终损失收得率。集聚/沉淀的程度依赖于柱前保留时间。

一般蛋白质都能被 UNO Sphere High S 或 UNO Sphere High Q 树脂吸附，吸附后就要着手改变 pH 以使靶蛋白处于一种不十分牢固的吸附状态，可将此 pH 作为色谱起始 pH 如果找到一种能使靶蛋白不吸附而杂蛋白被吸附的色谱条件，则可通过离子交换色谱滤去杂蛋白；而如果靶蛋白能被两类离子交换树脂吸附，则杂蛋白的去除就容易得多，不过一般说纯化一种蛋白质时不必也不止一次地使用同一种离子交换剂色谱。当然如果用同一类树脂纯化靶蛋白时，可先用分辨率低的，如 DEAE，再用分辨率高的，如 QAE。如果一根 UNO Sphere High S 柱需过两次，多半因为床体积或梯度选择小了，或起始条件不当。

在色谱过程中还应注意观察杂蛋白在何处出现并确定除去这些杂蛋白的最佳方法。

离子交换色谱所用的色谱柱有多家公司生产，用于蛋白质制药用的柱子应该满足以下条件：卫生级设计、零死气体密封圈、流路中死面积、流体分配均匀。

2. 容量

上样量应适中，若上样量过大会导致蛋白质纯化效率和蛋白质纯度降低；若上样量过小会导致检测灵敏度降低，无法收集到目的蛋白质，同样导致蛋白质的纯化率降低。最佳上样量可通过前期少量纯化探索确定。在线性放大时，需保持总蛋白质样品量（不是靶蛋白）与树脂床体积之比为一常数。

3. 起始条件

色谱所使用的缓冲溶液的种类和 pH 大小决定于此缓冲体系下待分离组分的稳定

性和溶解度，阴离子交换时，pH 要小于 pK；阳离子交换时，pH 要大于 pK。初始缓冲液浓度要尽可能低些（1～10mmol/L）以使柱上吸附更多样品，所选缓冲液的 pH 应在初始缓冲液 pK 值附近（±0.5），此时缓冲容量最大。另外，所选缓冲液绝不能干扰洗脱液的测定。

离子交换色谱第一影响因素是缓冲液的选择，应选择不与树脂相互作用的缓冲液，如阴离子交换用 Tris 缓冲液，阳离子交换用磷酸盐缓冲液，用反了会因离子交换损失缓冲能力，而缓冲液降低树脂交换容量。Macro-prep DEAE 树脂色谱操作如果一定要用磷酸缓冲液，磷酸盐浓度应很低（5～10mmol/L），但在这种低缓冲容量下，蛋白质的溶解度和水的性质将严重影响分离的结果及重现性，但 Good1996 年推出的 Good 氏缓冲液在很宽的 pH 范围内具有缓冲能力。

4. pH

缓冲液 pH 变化的主要影响是改变蛋白质或多肽等多聚离子所带的电荷数目和性质。pH 在 pI 时蛋白质电荷为零，pH<pI 时带正电，pH>pI 时带负电。pH 的变化直接影响了蛋白质对树脂的亲和力。

对 Macro-Prep DEAE 树脂，通常较高 pH 下让样品吸附上柱，然后逐渐降低 pH 进行洗脱。对于 CM 树脂则低 pH 上样，递增 pH 进行洗脱。但 pH 过高或过低会引起所分离蛋白质变性，所以洗脱中 pH 变化幅度要尽可能小。色谱初始 pH 一定要保证蛋白质稳定。《蛋白质纯化与鉴定实验指南》（马歇克，1999）中推荐了一种简单的试管实验法来确定最佳初始 pH：用间隔 0.5pH 单位的 pH（5.0～9.0）梯度的 Good 氏缓冲液平衡树脂，在各试管中加入等量样品，在拟定实验温度（通常是 4℃）下孵育 30～60min，并置于恒温振荡器中进行温和振荡。孵育结束后，低速离心，取上清液，测量其蛋白质活性。对阴离子交换，蛋白质应存在于较低 pH 值的上清液中，随着 pH 升高，蛋白质所携带的电荷逐渐发生变化，当达到某一 pH 值时，蛋白质由于携带电荷发生变化与树脂结合，则上清液中基本不含目的蛋白质。应选择比该活性物质开始与树脂结合的 pH 高 0.5 单位的 pH 作为色谱起始条件，pH 需足够高以使所有活性物质都能结合，但又不能高得必须用高盐洗脱。该实验可使用不到 1mL 的树脂，在 1.5mL 塑料离心管内 2h 内完成。

5. 离子强度

最适色谱起始离子强度也可依照上述 pH 的选择策略，在低离子强度下的缓冲液中，上清液中不含待纯化蛋白质，在较高盐离子浓度缓冲液的上清中含有待纯化蛋白质。因此，应选择刚刚低于能够洗脱该蛋白质所需的离子强度作为起始条件，比洗脱点低 0.1mol/L 的盐浓度较为合适。

6. 上样

像其他吸附色谱一样，离子交换色谱必须在分辨率、容量、速度和回收率之间获得最佳平衡时才能获得最高可能的生产力，样品的上样量和流速有两条路线可走。

1）较为典型，全部上样。非结合物质将先被洗出柱子，靶分子随后被一步洗脱。

这种模式允许将整个床体积都用来结合样品。靶蛋白的动态结合容量可以通过前沿分析测定，例如，连续上样直到靶分子从柱出口处洗脱出。

2）在许多中间纯化步骤以及精纯步骤中，需要一定的分辨率。上样的样品主要结合在床顶部，这样可以利用适当的床高和狭窄的梯度来分离那些不易分离的物质。最大上样量的选择应通过试验确定。

7. 洗脱

洗脱液中的离子强度的增加削弱了结合分子和吸附剂的静电作用。根据洗脱目的和策略的不同，特定的色谱步骤采用的解吸附方案亦有所不同，如阶段式洗脱、梯度洗脱、恒定洗脱。

大规模洗脱常常使用梯度洗脱，它在技术上较为简单，而且降低缓冲液的消耗，缩短循环时间，把分子洗脱成更浓缩的形式。梯度洗脱是一种采用离子强度和 pH 连续变化的缓冲液为洗脱剂的洗脱方法，进行梯度洗脱时，主要遵循以下几个方面：①洗脱液的体积要充足，一般要几十倍于床体积，使各梯度洗脱彻底；②可设置较高的梯度上限，以便吸附最强的物质；③梯度的间隔要合适，避免峰形过宽和拖尾。但实际操作中上述要求不是理论计算能达到的，需要系列试验摸索才行。

一步洗脱和两步洗脱被归为“组别洗脱”技术，常用于起始色谱步骤（捕获），用以去除大量杂质和与产品大为不同的物质。在大规模生产中，起始色谱步骤采用粗流加材料、大粒径介质以避免高反压，由于上样的高黏度和严重的淤塞现象，介质寿命将降低。这种情况下，除非选择性非常高，即使梯度很窄也很难将目的分子与密切相关的杂质分开。该策略将使靶分子所在的组别和杂质分子所在的组别分开。

采用部分纯化的流加材料和更高分辨力的色谱介质，通过多阶段或者梯度洗脱技术可将密切相关的物质分开。通过梯度的凸凹等形状或者斜率，在多步工艺中运用不同阶段中的洗脱强度可以获得最大分辨率。这种精细洗脱与上述组别洗脱不同。

在精纯阶段，通过应用较窄的浓度梯度甚至恒定洗脱和小粒径的高分辨凝胶可以将分辨率最大化。

使用阶段洗脱时，如果下一个梯度在峰尾后来得太早，要当心假峰的出现。此时推荐在起始色谱时使用连续浓度梯度以确定样品色谱的行为特征。此时 pH 梯度洗脱通常不被采用，因为缓冲液和弱离子交换剂本身吸附基团的缓冲能力有限。对于梯度洗脱，pH 梯度洗脱相当成功，由于滴定作用，梯度 pH 引起的变化相对滞后于新缓冲液的前沿，但是结合的分子最终因为 pH 的快速变化而解吸附。

8. 梯度形状的选择

1）线性梯度　实验开始解决新的分离问题时强烈推荐使用线性梯度洗脱，所得结果将作为优化工作的基础。改变梯度形状或斜率可能获得更好的分辨率。

2）凸梯度　凸梯度可提高梯度最后一部分的分辨率，或者在首峰分离良好时和最后几个峰得到充分分离时加速它们的分离时间。

3）凹梯度　凹梯度可用来提高梯度第一部分的分辨率或者在梯度峰的后面部分已经超过充分分离的程度时减短分离时间。

4）复合梯度 在分辨率不够的情况下使用较为陡的梯度。恒定技术可产生复合分离达到最大分辨率。复合梯度在同一个分离过程中给速度与分辨率提供了最大的灵活性。

9. 流速

在任何特定的离子交换色谱步骤中，最大流速将依它们在纯化中所处的阶段而异。低分子物质具有高扩散速率，大分子的扩散速率则较低，限制了吸附和解吸附时的流动速率。在系列不同流速下运行前沿分析测试（流穿）可以获得最大流动速率。

色谱最佳条件依赖于体系对速度和容量的需要。如果为了防止降解，可以在牺牲结合容量的代价下采用较高流速。如果速度不是个大问题，可以牺牲流速增加结合容量，以此来降低终产品工艺的规模。有时候流加液的粗制 NADPH 和黏度会带来高的反压，从而限定了上样时的最大流速。

洗脱阶段，流速将影响待分离的组分的分辨率以及它们的浓度。较低的流速将降低体积稀释率，从而获得较高的浓度。在下一步是凝胶过滤的情况下这一点特别重要，因为样品体积限制了上样量。

10. 缓冲液的配制

在离子交换色谱中，缓冲液离子强度和 pH 一定要精确，否则，实验结果很难重复，或者根本就达不到研究和生产的要求。因此要配备好的 pH 计和电导仪。

国际上，赛多利斯（Sartorius）公司和梅特勒公司的计量仪器比较出名。制药行业用的这些仪器不仅需要符合 ISO 要求，还要求其校准和测量结果记录符合 GLP、GMP 的认证要求。有时还需要能够借助打印机和电脑，即时输出结果。

Bio-Rad 公司的 EG-1 Econo Gradient Monitor 是用于色谱系统的电导仪，其检测池可以移动，灵活性较高，而且可以直接将流动池连接在柱上。

11. 规模放大

离子交换色谱在实验室规模优化后，就可以进入放大了。如果在设计导入（design-in）的开发中就考虑了可计算性，生产规模的放大将直接可行。设计导入（design-in）的可计算性必须处理好色谱步骤的设计及优化（简单性、成本和容量等）和色谱介质的适当选择（化学和物理稳定性、珠粒径、成本等）。表 8.3 所示为离子交换色谱规模放大的一些注意事项。

表 8.3 离子交换色谱规模放大的注意事项

维持的参数	增加的参数	需要检查的系统因素
床高	柱直径	分配系统
线性演速	体积流速	壁效应
样品浓度	上样量	额外的柱区带扩散
梯度体积/床体积	—	—

在实验室开发阶段，通过增加柱直径相应的体积流速以及上样量来增加床体积将会保证相同的批处理时间。床高、线性流速、样品浓度和对凝胶的上样比等在实

验室规模被优化的参数都将在规模放大中保存下来。如果是梯度洗脱，则梯度体积/床体积的比例也将维持恒定，因此在较大柱子上的梯度洗脱时间和分辨率将不会变化。

规模放大后不同的系统因素可能影响效能。例如，如果大柱的流动分配性能不如小柱有效，或者大柱的死体积较大，峰扩散将不可避免。这导致产品额外的稀释甚至是分辨率的下降。如果这一点对塔板数等敏感，规模放大将意味着绝大多数依靠对柱的摩擦力产生的床支持力将会丢失。因其床压增加，流动/压力特性将降低。如果提前处理好，这些色谱因素一般不会成为放大的障碍。

非色谱性因素对放大过程效能的影响更显著些。例如，改变样品的组成和浓度（发酵规模的增加），处理大规模样品时，由于较长的保留时间会使流加储存液中出现沉淀；由于缺乏足够的设备来连续制备大量溶液，造成缓冲液质量难以重复；再者，由于处理时间和保留时间的延长，会导致在缓冲液或流加储存液中微生物的生长。

（六）应用实例

离子交换色谱已成功地用于分离所有类别的荷电生物分子，代表性的有以下几种。

1. 酶

纯化生物活性的蛋白质，如酶，蛋白质的活性回收同蛋白质的质量得率或者均一性同样重要。在成千上万的酶纯化中，离子交换扮演了相当重要的角色，借助现代的基质和最优化分离，回收率极高。再如异构酶，因酶与它的异构体的分子质量相同，几乎很难用凝胶过滤的方法分开。但是氨基酸组成的改变导致电荷性质的差异，使得它们可以借助离子交换色谱得以分离。

2. 免疫球蛋白

离子交换常常用于免疫球蛋白的纯化。

3. 核酸分离

荷电分子核酸也可以通过离子交换色谱分离和纯化，例如细菌培养物中质粒的纯化。

4. 多肽和多核苷酸

离子交换色谱还可用于多肽和多核苷酸的分离。而在肽图上，离子交换色谱可以作为反相色谱的优先补充，因为二者都可以获得高分辨率，仅是基于不同的参数。

离子交换色谱在大规模纯化中经常被多次使用，但是不同阶段离子交换剂的角色和使用模式很不相同。例如，在同一个纯化设计中，阴离子交换剂 STREAMLINE DEAE 可以用于从粗的未过滤的 *E. coli* 裂解液中吸附产品，颗粒、大量杂质和水分都被基团分离掉；这个阶段的工艺优化是为了获得最大选择性，而分级洗脱可以获得最大浓缩。在该工艺的后半部分，再次使用了阴离子交换剂，但是这次是为了去除那些非常类似于产品的蛋白质。均一、小粒径的凝胶珠有利于在良好的流动速率下获得高分辨率以及低的反压。该步色谱中所用的线性盐梯度更进一步提高分辨率，不同的

pH 则可以增加结合强度。

还有些情况下，离子交换可以按照同样的工艺增加不同的条件反复使用。其中一步可能只是结合杂质并让产品流穿，而后面一步则是结合产品。更进一步，可以将阴离子和阳离子交换结合在同一个纯化方案中或者交替利用 pH 梯度和盐梯度洗脱来去除不同的杂质。所有这些都证明了离子交换在工业纯化中的作用。

离子交换也可以将 DEAE 或 CM 基团固定在一个筒里的滤器上，这些筒可在低压下或和快速液相蛋白质色谱系统起使用，在很低吸入压力的情况下，具有高分率、高流速的优点，这是由于使用了薄的滤器而不是玻璃珠作为固定相，少到 3～5min 就能分开目的产物和杂物。下面是离子交换色谱的具体操作。

（1）材料

1）缓冲液　所用缓冲液取决于目标蛋白质的性质。

对于没有经过 Macro-Prep DEAE-纤维素色谱分析过的蛋白质，如果已知目标蛋白质的 pI 将有助于选择缓冲液。一般情况下，蛋白质在 pH 大于 pI 时结合到阴离子交换剂上；而在 pH 小于 pI 时结合到阳离子交换剂如 CM 纤维素上。离子交换色谱常用浓度为 10～50mmol/L 的磷酸盐、三羧甲基氨基甲烷和其他常用缓冲液，如果要分离失活样品（如 Cnbr-generated 缩氨酸的色谱）可用浓度高达 8mol/L 的尿素（利用 Dowex 或其他分子生物学等级的混合床柱脱盐），注意色谱过程中尿素不能在柱内沉淀（特别是在低温时）。

缓冲液在使用前配制试剂均为高纯度化学试剂，用去离子水或蒸馏水配制。下列缓冲液可用于要求在 pH 8.0 下操作的柱。

缓冲液 A　200mmol/L 三羟甲基氨基甲烷（Tris)-HCl，pH 8.0。

缓冲液 B　10mmol/L Tris-HCl，pH 8.0。

缓冲液 C　10mmol/L Tris-HCl，pH 8.0，100mmol/L NaCl。

2）凝胶树脂 Macro-Prep DEAE 购自 Bio-Rad 公司，脱盐树脂如 Sephadex G25 购自瑞典乌普萨拉（Pharmacia LKB），两种树脂保存于含 0.1%叠氮钠的水溶液中，交联葡聚糖树脂用大量的水充分冲洗后可再利用，而 DEAE-纤维素需在利用前再生。(含纤维的 Macro-Prep DEAE-纤维素在 0.5mol/L HCl 中浸泡 60min，而不是 30min，Macro-Prep CM-纤维素的再生过程类似，不过应使树脂先在 0.5mol/L NaOH 中洗涤 30min，中间 pH 值为 8，而最终 pH 值为 5.5～6.5）。

3）在平衡和再生过程中需用一个 500mL 的烧结玻璃漏斗来洗涤树脂，它常和吸水管相连接。

4）脱盐和离子交换色谱（300mL 的柱体积）需用烧结玻璃柱（45cm×3cm)，更小的柱体积要用相应小的玻璃柱。

5）一个梯度发生器（2×500mL）用来产生盐梯度。

6）需要一个已校准的电导仪。

（2）方法

1）准备蛋白质样品在离子交换前需脱盐，可用透析或在 Sephadex G-25 柱上凝胶过滤，少量快速脱盐可用Bio-Rad公司生产的有关产品。

2）树脂平衡

使用前，在1～2L水中洗涤100～200g树脂除去碎屑，用玻璃棒搅拌树脂，允许大块树脂沉降，然后吸去含有碎屑的上清液，上述过程重复三次。

在500mL缓冲液A中洗涤上述处理过的树脂达到平衡（因浓缩的缓冲液比稀释的缓冲液需要的体积更少，浓缩缓冲液用于平衡和装载交换基团，使得平衡更快），树脂沉降后再吸去上清液，重复两次（总共洗三次）。把树脂搅成浆液，移入一个含有少量水的烧结玻璃柱中（阻止气泡带入熔渣），使缓冲液B流过柱直至完全平衡（通过测量pH、缓冲液B的电导率和柱洗出液来估计平衡，当上述值恒定时，柱就平衡了）。

3）色谱

① 将已脱盐的样品加到已平衡的树脂柱中，收集流出液并分析，以防目标蛋白质未结合（对于之前没用这种方法纯化过的蛋白质，常需要研制一种方法。主要的变量包括离子交换基团、pH、盐浓度和梯度斜率的选择。例如，70%的鼠肝脏细胞液蛋白质会结合于pH为7.5的Macro-Prep DEAE-纤维素，如果目标蛋白质的p*I*是碱性，流经pH 7.5的Macro-Prep DEAE-纤维素柱作为提纯的第一级步骤是可行的；反之，如果目标蛋白质结合于pH 7.5的Macro-Prep DEAE-纤维素，可以在逐渐升高的pH条件下重复此实验，仅强酸性蛋白质在pH 10.0会结合。估计一个盐梯度范围对实验也是有用的，一般说来，较窄的梯度（如0～100mmol/L、300～400mmol/L）有较好的分离度，但较宽的梯度（如0～1mol/L）可用于尝试性试验来确定目标蛋白质的洗脱位置；也可用阶梯式洗涤（如先用100mol/L NaCl再用200mmol/L NaCl）代替连续梯度洗涤。因此，研制一种新方法的最好步骤是小规模地研究在碱性和酸性范围内，目标蛋白质在Macro-Prep CM-纤维素和Macro-Prep DEAE-纤维素上相应的结合（即结合相对于非结合）；然后在目标蛋白质结合于宽范围梯度之处进行色谱分离；最后，在最理想的pH评价更窄的梯度，非线性的梯度也可以用于更难的分离。

② 然后用10mmol/L Tris缓冲液中0～100mmol/L NaCl梯度（2×500mL）洗涤被结合的蛋白质。

③ 在分段收集器中收集分离液，分析目标蛋白质、蛋白质浓度和电导率时，电导仪应仔细校准（注意和温度有关），以便电导率测量能反映NaCl的浓度，这样可以评价每个色谱实验的重现性。可用连接到电脑或图表记录器的紫外探测器和电导探测器在线测量。

④ 集中相应的分段，浓缩以便进一步研究或纯化（色谱成功分离的一个关键是集中各馏分，一般各馏分集中形成一个新的纯度之前先对其进行SDS聚丙烯酰胺凝胶电泳分析，这样就可以知道馏分纯度，也可能导致除去污染物而损失一些目标蛋白质。在不同的pH条件下进行色谱分离常常有不同的色谱图谱，这常用来移去污染物的峰）。

4）树脂再生树脂使用后常用含 2mol/ L NaCl 的 10mmol/L Tris-HCl 缓冲液（pH 8.0）再生，多数情况下树脂使用 3～4 次后才有必要充分再生，但某些情况下由于经过一系列高盐浓度梯度洗脱后柱被压实，使用一次后就需要充分再生。树脂再生操作方式如下。

① 把树脂放在盛有 15 倍树脂体积的 0.5mol/L HCl 的烧杯中 30min，然后倾去上清液。

② 在玻璃熔结上充分洗涤树脂，直至洗脱液的 pH 值达到 4.0 的中间值，然后把树脂放进盛有是其 15 倍体积的 0.5mol/L NaOH 的烧杯中 30min，倾去上清液，再用水充分洗涤树脂直到 pH 8.0～7.0，树脂就可以保存在 0.1%叠氮化钠中备用。

六、其他纯化技术

目前随着蛋白质表达技术的不断发展和日益成熟，下游蛋白质的分离纯化技术也获得了飞速的发展，经过科学家们的不断探索与发现，研发出了各种各样的蛋白质纯化技术方法，包括疏水蛋白如膜蛋白的分离与纯化、小分子蛋白质的纯化等。目前关于蛋白质纯化技术中出现的新的技术方法主要包括以下几个方面：

（一）探索和发现新的融合标签

随着对未知蛋白质的探索发现和蛋白质结构的不断研究，科学家们逐渐发现自然界中的一些蛋白质只需经过轻微改造就可以作为融合表达，应用于蛋白质的分离纯化中，进而提高蛋白质的纯化效率及纯度。

美国科学家们通过对细菌免疫系统的多年研究，设计并提出了一种新的蛋白质纯化方法与技术。根据研究发现，在细菌的免疫系统中，CE7 蛋白可以识别并消除外源 DNA，科学家基于 CE7 蛋白的这种特性，通过改造 CE7 蛋白，使 CE7 蛋白丧失 DNA 酶活性，改造后的蛋白质成为 CL7 标签。另外，在该免疫系统中，另一个蛋白质 Im7，可以与 CE7 蛋白进行特异性结合，科学家们通过将 Im7 蛋白固定到纯化基底（agarose beads）上。随后将待纯化的目的蛋白质与 CL7 蛋白进行融合表达，通过亲和色谱的方法实现目的蛋白质的纯化。该纯化方法具有特异性高，吸附能力强，可以获得高纯度的纯化蛋白质。同时，CL7 蛋白标签上具有蛋白酶特异性识别位点，纯化后的蛋白质只需要使用蛋白酶，就可以在不影响目标蛋白质的情况下切除标签。根据此种方法，科学家们已使用 CL7/Im7 纯化系统成功纯化获得价值 40000 美金的复杂蛋白质，纯度高达 97%～100%，并且耗时短（几个小时，传统纯化方法可能需要几天时间）。另外，该种技术对真核蛋白也具有较好的纯化效果。

（二）浊点萃取法

浊点萃取法（cloud point extraction，CPE），主要是以中性表面活性剂胶束水溶液的溶解性和浊点现象为基础，通过改变实验参数引发相分离，进而达到将疏水性物质与亲水性物质分离的目的。浊点萃取法具有不利用挥发性有机溶剂，不会造成环境污染等优点。目前已成功应用于生物大分子的分离与纯化以及金属螯合物的纯化等领域。

浊点现象是浊点萃取法进行分离纯化的重要基础。将溶液离心或者静置一段时间后，溶液会逐渐分层，形成两个透明的相：表面活性剂相（约占总体积的5%）和水相（胶束浓度等于CMC)。当外界条件（比如温度）发生变化时，两相消失，再次成为均一溶液。该方法在疏水性蛋白（比如膜蛋白）的纯化中应用较为广泛，疏水性物质通过与表面活性剂的疏水基团结合，被萃取进表面活性剂相，而亲水性物质留在水相，这种利用浊点现象使样品中疏水性物质与亲水性物质分离的萃取方法就是浊点萃取。

（三）新的、高稳定性、高特异性结合的固定相填料

在所有的蛋白质纯化技术中，色谱技术可谓是应用最为广泛，纯化效率最高的蛋白质纯化技术。为了进一步提高色谱技术的蛋白质纯化效率和减少纯化成本，研究和寻找新的吸附剂填料也是开发新的蛋白质纯化方法的重要方向。

碳纳米管（carbon nanotube，CNT）是一类新型的碳纳米材料，是一种由石墨烯片卷成的中空管状物，其具有优异的力学、热学及电学性质，如超高的比表面积、良好的导热性、超快的电荷迁移率，这些特性使它在化学分析方面拥有很大的应用价值，已经引起了科学家极大的兴趣，因此具有广阔的应用领域。碳纳米管具有π共轭结构，因此可与多环芳烃产生较强的亲和力，适合作为SPE填料，具有良好的萃取性能。

通过将碳纳米管分散液超声雾化，在N2驱动下通过高温管式炉，收集、干燥，得到碳纳米管固相萃取剂；向蛋白质溶液中加入固体氯化钠，磁力搅拌下充分溶解，上样于活化处理后的固相萃取柱，乙醇溶液淋洗，真空泵抽至尽干后用甲醇洗脱，收集洗脱液；随后再结合其他纯化技术如：离子交换色谱、疏水色谱等即可获得高纯度的目的蛋白质。

当前，随着生命科学技术日益进步与发展，对蛋白质结构与功能的研究也在飞速的进步，需要对不同功能蛋白质的结构进行深入了解。制备和获得高纯度的目的蛋白质是对蛋白质进行结构及功能研究的重要基础。因此，蛋白质表达及纯化也成为当前研究的重要领域。经过几十年的发展，科学家们探索并成功设计多种蛋白质纯化方法，包括：亲和色谱、高效液相、离子交换以及分子筛等。但是由于不同蛋白质的理化性质存在较大差异，比如：结构差异、稳定性差异以及表达难易程度等，使得基于当前的纯化策略仍不能满足所有蛋白质的纯化及制备。因此，继续探索和寻找新的蛋白质纯化方法成为当前蛋白质纯化领域研究的重点方向。

近年来，科学家们也在不停地探索新的蛋白质纯化途径，包括寻找新的、高效的蛋白质纯化标签；通过研究蛋白质相互作用，结合蛋白质突变技术，构造新的蛋白质纯化配位体等。相信通过大量科学家们的不懈努力，各种新型的、高效的蛋白质纯化方法将被成功研制，并被应用于工业生产领域。

参考文献

马建，朱义福，周新荣，郑明英，江燕斌，2013.有机溶剂沉淀法初步提纯谷胱甘肽抽提液的研究.现代化工，33（9），52-55.

王健，叶波平，2012.超滤技术在蛋白质分离纯化中的应用.药学进展，36（3），116-122.

严希康，2001.生化分离工程.化学工业出版社.

Alexander C，Andersson H S，Andersson L I，Ansell R J，Kirsch N，Nicholls，L A O′mahony，J，Whitcombe，M J，2006. Molecular imprinting science and technology：A survey of the literature for the years up to and including 2003. J. Mol. Recognit，19：106-180.

Boué O，Sanchez K，Tamayo G，Hernandez L，Reytor E，Enríquez A，1997. Single-step purification of recombinant bm86 protein produced in pichiapastoris by salting-out and by acid precipitation of contaminants. Biotechnol Techniques，11（8）：561-565.

Campbell D H，Luescher E，Lerman L S，1951. Immunologic adsorbents：I. Isolation of antibody by means of a cellulose-protein antigen. Proc. Natl. Acad. Sci. USA，37：575-578.

Coukell A J，Spencer C M，1997. Polyethylene glycol-liposomal doxorubicin. a review of its pharmacodynamic and pharmacokinetic properties，and therapeutic efficacy in the management of aids-related kaposi′s sarcoma. Drugs，53（3）：520-38.

Cuatrecasas P，Wilchek M，Anfinsen C B，1968. Selective enzyme puritication by affinity chromatography. Proc. Natl. Acad. Sci. USA，61：636-643.

Deak N A，Murphy P A，Johnson L A，2010. Effects of nacl concentration on salting-in and dilution during salting-out on soy protein fractionation. J Food Sci，71（4），C247-C254.

Doblado-Maldonado A F，Gomand S V，Goderis B，Delcour J A，2015. Methodologies for producing amylose：a review. C R C Critical Reviews in Food Technology，57（2）：407-417.

Dutre B，Trägårdh G，1994. Macrosolute-microsolute separation by ultrafiltration：a review of diafiltration processes and applications. Desalination，95（3）：227-267.

Elgazzar F E，Marth E H，1991. Ultrafiltration and reverse osmosis in dairy technology：a review. J Food Protect，54（10）：801-809.

Foster，P R，Dunnill P，Lilly M D，2010. The kinetics of protein salting-out：precipitation of yeast enzymes by ammonium sulfate. Biotechnol Bioneg，18（10），1496-1496.

Hage D S，Bian M，Burks R，Karle E，Ohanach C，Wa C，2006. Bioaffinity Chromatography. In "Handbook of Affinity Immobilization，" 101-126.

Jungbauer A，1993. Preparative chromatography of biomolecules. J. Chromatogr，639：3-16.

Jungbauer A，2005. Chromatographic media for bioseparation. J Chromatogr A，1065：3-12.

Jungbauer A，Hahn R，2004. Monoliths for fast bioseparation and bioconversion and their applications in biotechnology. J Sep Sci，27：767-778.

Jungbauer A，Hahn R，2008. Polymethacrylate monoliths for preparative and industrial separation of biomolecular assemblies. J Chromatogr A，1184：62-79.

Liu Q H，Zhang T W，Tian-Cai L I，2011. Review on extraction，purification and application of leaf protein. Science and Technology of Food Industry，32：468-471.

Mahshid，K，Robiah Y，2011. Application of supercritical antisolvent method in drug encapsulation：a review. Int J Nanomed，6：1429-1442.

Merten O W，2002. Development of serum-free media for cell growth and production of viruses/viral vaccines--safety issues of animal products used in serum-free media. Developments in Biologicals，111：233.

Porath J，2010. Salting-out adsorption techniques for protein purification. Biopolymers，26（S0），S193-S204.

Rieman W，1961. Salting-out chromatography：a review. J Chem Educ，38：338-343.

Shin Y O，Wahnon D，Weber M E，Vera J H，2004. Selective precipitation and recovery of xylanase using surfactant and organic solvent. Biotechnol Bioneg，86：698.

Shi X，Tal G，Hankins N P，Gitis V，2014. Fouling and cleaning of ultrafiltration membranes：a review. Journal of Water Process Engineering，1：121-138.

Tripathy B，Acharya R，2017. Production of Computationally Designed Small Soluble-and Membrane-Proteins：Cloning，Expression，and Purification. Methods Mol Biol，1529：95-106.

Yano Y F，Uruga T，Tanida H，Terada Y，Yamada H，2011. Protein salting out observed at an air-water interface. J. phys. chem. lett，2（9），995-999.

Young C L，Britton Z T，Robinson A S，2012. Recombinant protein expression and purification：A comprehensive review of affinity tags and microbial applications. Biotechnol J，7：620-634.

Zhu J，2012. Mammalian cell protein expression for biopharmaceutical production. Biotechnol Adv，30：1158-1170.

（倪天军　王　蒙）

第九章 重组蛋白分析与鉴定

目前，哺乳动物细胞由于具有与人类细胞类似的蛋白质折叠、组装和翻译后加工修饰等机制，能够产生大分子结构与功能蛋白。因此，哺乳动物细胞表达系统已被广泛用于重组蛋白、疫苗、抗癌试剂及其他临床相关的药物的生产中。而哺乳动物细胞系统中表达的外源基因在蛋白质转录或翻译以及整个生产过程中都可能发生结构或者活性的改变。重组蛋白大多数为大分子、分子量不是定值、稳定性差等，因而需要我们对重组蛋白进行质量分析和鉴定，确保生产的重组蛋白符合质量标准、安全有效。性质稳定均一的标准物质和精确可靠的检测方法是重组蛋白进行质控的两个重要方面。标准物质包括理化对照品和活性标准品。理化对照品在经过全面的分析和鉴定后，主要在常规质控中用于结构和翻译后修饰的确认，通过产品与理化对照品的比对分析，即可发现产品结构是否存在异常。理化对照品结构的全面鉴定一般包括质谱分子量测定、末端氨基酸序列测定、液质肽图或肽指纹图谱分析、二硫键配对方式以及翻译后修饰分析等。与原核表达系统产生的重组蛋白相比，其质量控制难度相对较大。由于蛋白质的结构决定其功能，我们还需对蛋白质空间结构进行分析，确保重组蛋白的空间结构稳定正确。蛋白质的空间结构包括二级、三级和四级结构。结构的测定和确认需要利用 N/C 端测序和全序列测定、核磁共振和生物质谱技术。

生物制药是 21 世纪高科技产业之一，重组蛋白药物的生产是生物制药的一个重要部分。重组蛋白药物在肿瘤、自身免疫、器官移植和感染性疾病中皆有重要的作用。目前，全世界重组蛋白药物的年产值已达 1 千多亿美元。因此，重组蛋白作为生物技术产业化的同时，如何通过质量控制确保其抗体安全有效备受关注。因此，必须从多个指标进行重组蛋白评价，如效价、纯度、含量和翻译后修饰等，确保蛋白质达到一定的质量标准要求。

第一节　重组蛋白理化性质分析

一、重组蛋白的电荷异质性分析

重组蛋白的电荷异质性是在其生产过程中产生的，由于电荷异构体形成的具体机制还不是很清楚。电荷异质性严重影响了重组蛋白的质量，如可能引起蛋白质各级结构的差异，包括蛋白质的多聚化修饰、糖基化修饰、C末端和N末端修饰、二硫键修饰、氧化水平和序列变异等。为了减少重组蛋白的电荷异构体对其质量和下游加工的影响，加速重组蛋白高效工业生产化，需要对电荷异质性进行控制和研究，对重组蛋白电荷异构体进行分离和进一步鉴定。

（一）电荷异质性的形成及影响因素

由于电荷异质性涉及重组蛋白的结合能力、生物学活性、亲和力、药代动力学、免疫原性以及结构的稳定性等多方面，因此电荷异质性是评价重组蛋白重要的质量指标之一。它的形成因素很多，在生产时由于宿主细胞本身产生的杂质形成，如宿主蛋白、DNA等；重组蛋白在生产过程前后产生；蛋白质在转录翻译后进行的一系列修饰中形成的。由此可以看出，电荷异构体在重组蛋白的形成机制十分复杂，在生产的整个过程中都要注意。类药物或细胞培养、纯化以及制剂生产、存储以及使用过程中由于以上因素可能通过改变电荷的数量或结构，改变了重组蛋白的电荷属性，从而产生不同的电荷异构体。

Mimura等（1998）分析鼠源单抗（1B7-11）电荷异构体的生成过程，二维电泳（two-dimensional electrophoresis）发现在胞内合成、加工过程中以及分泌胞外后整个过程均产生大量电荷异构体。Lam等（1997）发现重组单抗药物在高温存储过程中被氧化，导致碱性电荷异构体的生成。Gandihi等（2012）研究了电荷异构体和存储温度及时间的关系，发现与0℃条件存储过程相比，重组抗体在25℃的条件下存储一年后，其酸性电荷异构体的数量增加大约30%。以上研究表明，电荷异构体和许多因素密切相关，在生产的过程中容易产生。然而，识别和发现电荷异构体，对于评估重组蛋白的质量，减少电荷异构体对重组蛋白的结构和功能造成的不良影响至关重要。经研究发现重组蛋白的等电点能够直接反映电荷异质性，能显示蛋白质带电荷情况以及空间构象的均一性情况。同时，还可以利用不同异构体等电点的不同对重组蛋白进行分离和定量分析。因此，对重组蛋白等电点的测定至关重要，直接关系到重组蛋白的最终质量。

（二）电荷异质性的主要分析方法

电荷异质性是重组蛋白的关键质量属性，对重组蛋白的稳定性、溶解性、免疫原性、体内外生物学活性、药物动力学功能发挥具有重要的影响。选择一种灵敏度高、特异性强的电荷异质性检测分析方法，是控制和稳定重组蛋白生产质量的有效手段。

等电点（oisoelectric point，pI）是反映重组蛋白电荷异质性的重要性质之一，由于组成和结构不同，电荷异构体也不同，等电点通常也存在差异，因而可以利用不同电荷异构体等电点的差异对其进行分离和定量分析。目前，用于检测蛋白质等电点的主要分析方法有三种，即平板胶等电点聚焦电泳（isoelectric focusing，IEF）、离子交换色谱（ion exchange chromatography，IEC）和毛细管等电聚焦电泳（capillary isoelectric focusing，cIEF）三类技术。以下主要从电荷异质性方面介绍 3 种主要检测分析方法，为检测手段提供理论指导。

1. 平板胶等电点聚焦电泳

IEF 是一种根据重组蛋白等电点的不同而使其在 pH 梯度中相互分离的电泳技术。在电解池中加入正负极电流后，载体两性电解质由于各自等电点不同而移动位置不同，经过一段时间后当电流通过时，载体就由正极到负极形成 pH 值逐渐增加的 pH 梯度。重组蛋白由于等电点的不同而迁移速率不同，在等电点的位置保持不动，通过等电点不同而使重组蛋白分离。IEF 技术与常规电泳相比，IEF 法优势在于简便易操作；加样点的位置不受限制；由于聚焦效应的作用，微量样品同样分辨率高、区带界面清晰；分析速度快；操作方法简便；适用于蛋白质、肽类、同工酶、氨基酸等大分子量（10^4～10^5）生物组分的分离分析；对于单一电荷的蛋白质样品，可以利用此方法进行等电点区带的测定分析等，因此这种方法得到广泛应用。此方法虽然优点比较突出，但是也有其缺点。这种方法操作方法烦琐，需要操作人员有娴熟的操作技能，所以结果重复性一般较差。再者平板凝胶电泳无法有效区分分子量、分子结构非常接近的重组蛋白电荷异构体，因而不适用于分析重组蛋白异构体的组成和含量。

2. 离子交换色谱

离子交换色谱的分离机制是重组蛋白在特定条件下使之与离子交换剂带相反电荷，因而根据正负电荷相互吸引而能够与之结合。在此条件下，由于不同的重组蛋白带电荷的种类、数量及电荷的分布不同，与离子交换剂结合强度不同，在相互作用时可以按结合力由弱到强的顺序被洗脱而得以分离。

IEC 是发展最早的色谱技术之一。离子交换色谱广泛用于药用蛋白质的特征分析和不同蛋白质的定量、定性分析。根据离子交换色谱分离表面带电荷的性质，分为阳离子交换色谱（cation ex-change chromatography，CEX）和阴离子交换色谱（anion ex-change chromatography，AEX）。IEC 基于生物大分子的表面电荷分布状态的分析，可对各个峰进行分离回收并加以细化鉴别，对重组蛋白的质控尤为重要。陈捷敏等（2017）通过检测抗死亡受体-1（programmed death-1，PD-1）单克隆抗体经酶切前后的变化，对抗程序性 PD-1 单克隆抗体的电荷异质体进行结构鉴别及生物学功能分析。

3. 毛细管等电聚焦电泳

自从 20 世纪 80 年代初，毛细管等电聚焦电泳（capillary isoelectric focusing，cIEF）技术建立，到目前为止其理论、分离模式、仪器和应用研究一直在研究领域沿用。cIEF 技术是基于等电点具有差异性进行蛋白质分离的一种高分辨率分离技术。cIEF 的工作原理是将带有两性基团的蛋白质、载体两性电解质和添加剂的混合物注入毛细管内，在电场作用下形成 pH 梯度，重组蛋白依据其所带电性可以向负极或正极迁移。当柱内 pH 值与该蛋白质的 pI 相同时，净电荷为零，在蛋白质等电点处聚焦形成明显的区带而得到分离。该项技术可以根据所分离样品的种类和复杂性进行分离且操作方便。刘品多等（2017）发现 cIEF 可表征单克隆抗体特定区域的电荷异质性。于传飞等（2014）应用优化的成像毛细管等电聚焦电泳技术，对 2 种单克隆抗体制品酶切处理前后进行电荷异质性的分析。研究结果证明，引起电荷异质性的原因主要是 C 末端赖氨酸的不均一性和 *N*-糖的唾液酸修饰。这种优化技术，为保证产品的稳定性及质量控制提供了依据。孟晓光等（2017）利用全柱成像毛细管等电聚焦电泳（capillaryiso-electric focusing electrophoresis-whole columnimaging detection，cIEF-WCID）技术检测多肽与蛋白质等电点发现 cIEF-WCID 可快速、准确测定具有电荷异质性的重组蛋白等电点，分辨率和重复性好。cIEF-WCID 具有高的准确度和良好的重复性（相对标准偏差<0.50%），特别适合检测复杂电荷异质性的重组蛋白。李楠等（2017）提供了一种毛细管等电聚焦测定重组蛋白等电点的方法并取得较好的分离效果。尽管 cIEF 已广泛应用于重组蛋白类药物的质量分析，但是由于其分离峰通常位于检测图谱的末端，分离效果差，特别是对于 pI<4.1 的电荷异构体，样品出峰困难，则导致检测结果不准确（李楠 等，2017）。此外，酸性重组蛋白各电荷异构体的分离效果、峰容量和 cIEF 检测方法的重复性及重现性受很多因素的影响，比如检测样品离子强度、毛细管涂层材料、pH 梯度稳定性以及聚焦分离条件等都可对检测结果产生影响。因此，亟需发明一种可准确检测酸性重组蛋白电荷异质性的 cIEF 方法。毛细管电泳具有众多优点：可以分离复杂样品；分析速度较快；分离效率好；试剂用量极少等。同时也存在问题：如制备能力低；由于光路太短，光路检测需要高灵敏检测器联用；毛细管内壁存在吸附，影响电渗流，容易影响分离的重现性；制备凝胶管灌制技术复杂等。另外，毛细管电泳与质谱仪更好地结合，可对生物分子特性作出更快、更准确地分析，以进一步拓宽毛细管电泳在生物领域的应用范围。

（三）三种方法比较

上述提到的三种常用的检测电荷异质性的方法即平板胶等电点聚焦电泳法、离子交换色谱法以及毛细管等电聚焦电泳技术，三种方法由于原理不同，检测的灵敏度和结果的可视化也不同。三种方法各有其优点和缺点。例如，平板胶等电点聚焦电泳法显示等电点区带快速直观，但其操作烦琐，分辨率低，准确定量困难，部分蛋白图谱条带弥散，无法精确分析每个电荷异构体。而毛细管等电聚焦电泳作为一项新型发展的技术，弥补了平板电泳的缺陷，提升了分辨率及降低了准确定量难度，但会导致谱带展宽及变形。离子交换色谱结合色谱的高分辨率特性，能同时分离不同蛋白质等电点以及空间电荷分布不一致的电荷异构体，因此理论上分离效果会更好。如离子交换色谱法可以分离甲硫氨酸氧化而形成的抗体变体，IEF 则不能。由于交换色谱介质的限制以及各项实验参数优化的复杂性，因此对不同蛋白质的相互分离效果也不确定。

通过离子交换色谱（IEC）和等电聚焦（IEF）凝胶电泳等方法来对电荷异构体进行表征时分析发现，离子交换色谱法更方便、适用性广且分离度高。但要对生物制药开发过程中重组蛋白的电荷异质性进行深入表征，需要稳定高效的 IEC 方法。通常会需要对可能涉及的实验参数进行全面评估，例如，缓冲液离子强度、缓冲液 pH 值、盐梯度、流速和柱温等。然而各个实验参数评估需要进行冗长的迭代过程，减少电荷异质性的同时也会大幅降低纯化过程的得率，因此需要进行综合考虑。

cIEF 克服了平板胶等电点聚焦操作复杂、无法实现自动化和无法准确测定电荷异构体含量及等电点等缺点，因而广泛应用于检测分析蛋白质电荷异质性。与传统平板 IEF 相比，具有耗时短、样品用量少、易于自动化等优点，与毛细管区带电泳、毛细管电动力学色谱等其他分离模式相比，峰容量大、对两性溶质的选择性好。王文波等（2017）表达重组抗 TNFα 全人源单克隆抗体，利用离子交换色谱、毛细管区带电泳（CZE）、毛细管等电聚焦电泳和成像毛细管等电聚焦电泳（iCIEF）四种方法进行比对研究。cIEF 能对重组单抗的电荷异构体进行有效的分离和定量，IEC 和 CZE2 方法检测的电荷异构体峰面积百分比（酸性峰、主峰和碱性峰）较为一致，4 种方法检测的碱性峰比例较一致，CIEF 和 iCIEF 检测的主峰与酸性峰比例较其他方法偏高，抗体主峰等电点具有一定差异。其中，影响单抗 pI 值检测的主要因素是聚焦时间长短和 pI 标记（Marker）的选择。在工业化生产过程中，重组蛋白药物结构具有复杂性和多样性，因此准确选择和应用蛋白质检测分析方法非常关键。对于蛋白质电荷异质性的研究应不仅局限于使用某一种方法，而应采用多种不同原理的分析方法层层递进、相互佐证，以达到定量定性和分离纯化的效果。

（四）其他方法

此外，电荷异质性往往会引起重组蛋白其他理化性质的改变，如分子量、疏水性，还可以通过分子排阻色谱法（size-exclusion chromatography，SEC）、疏水色谱（hydrophobic interaction chromatography，HIC）、反相色谱（reversed phase chromatography，RPC）等色谱方法来深入分离和检测部分重组蛋白的电荷异质性。因此，除上述方法，还有一种更为先进的方法即氢氘交换质谱（hydrogen deuterium exchange mass spectrometry，HDX-MS），是研究蛋白质空间构象的一种质谱技术（Paul et al.，2018）。采用 HDX-MS 法对不同的赖氨酸变体进行分析发现，变体对抗原结合、构象改变和高级序列均无显著差异，该结果也可通过测量蛋白质在构象改变使得热变化的正交方法-差示热量扫描法（differential scanning calorimetry，DSC）进行确认，原因可能是 C 末端赖氨酸缺失部位与抗体功能区的空间距离较远（Hossler et al.，2015）。为了能更好地检测每种电荷异构体并分析其活性，国外已有公司使用置换色谱法分离制备对变体进行活性分析（郭亚军 等，2015）。

二、重组蛋白分子量测定

一般把分子量大于 10000 的称为蛋白质，小于 10000 的称作多肽。最大的蛋白质的分子量可上百万。测定的方法如凝胶过滤、SDS-聚丙烯酰胺凝胶电泳和超离心等，后者用于测定分子量较大的蛋白质，需使用精密而昂贵的仪器。分子量是有机化合物基本的理化性质参数。分子量正确与否往往代表着所测定的有机化合物及生物大分子的结构正确与否。分子量也是多肽、蛋白质等鉴定中首要的参数，也是基因工程产品报批的重要数据之一。

（一）SDS-PAGE 电泳

十二烷基硫酸钠-聚丙烯酰胺凝胶电泳（sodium dodecyl sulfate polyacrylamide-gel electrophoresis，SDS-PAGE）是较常用的一种蛋白质分子量分析技术。SDS-PAGE 电泳可根据不同蛋白质分子所带电荷的差异及分子大小的不同所产生的不同迁移率将蛋白质分离。SDS 是一种阴离子表面活性剂，能打断蛋白质的氢键和疏水键，并按一定的比例和蛋白质分子结合成复合物，使蛋白质带负电荷的量远远超过其本身原有的电荷，掩盖了各种蛋白质分子间天然的电荷差异。因此，各种蛋白质-SDS 复合物在电泳时的迁移速度仅由蛋白质分子量决定，不同蛋白质由于分子量的差异经过 SDS-PAGE 电泳后分离，再经由蛋白质染色对蛋白质电泳结果进行分析。利用还原型 SDS-PAGE 法测量分子量，蛋白质样品的上样量不低于 5μg。电泳时，需要已知分子量的蛋白质标准作对照。但结束后以迁移率为横坐标，分子量的对数为纵坐标作图，计算分子量。得到的测量值与重组蛋白理论值比较，一般为理论的分子量±10%以内为标准，并通过与理论对照的迁移率进行校正。

（二）质谱分析

目前广泛使用的用于蛋白质鉴定的质谱分析主要使用两种类型质谱：一种是 MALDI-TOF 直接对分子量进行测量，样品应溶解在具有较低含量的盐和洗涤剂的挥发性溶剂中。MALDI-TOF-MS 用于分子量鉴定的优点：可得到 MS/MS 谱，得到肽段氨基酸组成信息；分辨率高；灵敏度高；分析速度快，通量高；质量精度高（约 20×10^{-6}）；分子质量测量范围大（约 200000Da）；对样品中的盐等杂质有一定的耐受性。鉴于 MALDI 采用的是基质辅助激光解析这种软电离的方式，因此 MALDI 在进行蛋白质或者肽段样品分子量测定过程中可以对样品中蛋白质或者肽段是否存在多聚体进行分析。对某一蛋白质药物分子量进行测定，可以看出样品中的蛋白质是否存在二聚体和三聚体结构。另一种是使用 ESI-MS 高分辨率质谱分析电喷雾得到的多电荷信号，然后对信号进行去卷积分析，获得精确分子量数值。这两种方法各有其优点及适用的领域。这两种质谱分析系统，可用于各类蛋白质样品分子量测定，满足包括肽指纹图谱分析及蛋白质鉴定在内的多种蛋白质分子量分析。

MALDI 是在质谱中使用的软电离技术，适用于通过电离方法能产生碎片的蛋白质类样品的鉴定，与另一种软电离技术电喷雾电离（ESI）相比，MALDI 产生更少的多电荷离子，不需要额外的去卷积（deconvolution）步骤即可对蛋白质样品进行全谱分析。然而，对于分子量较大的蛋白质，平均分子量与准确分子量差别很大，所以大于 25kDa 分子质量的蛋白质类物质分子量鉴定推荐高分辨率质谱鉴定。MALDI-TOF-MS 分析适用于对分子质量低于 25kDa 的蛋白质的完整质量测定。

1. 大于 10kDa 分子质量的某蛋白质药物精确分子量测定

通过在线反相色谱分离后，直接用 QExactive 质谱仪对原始信号进行采集。然后使用 ProMass for Xcalibur TM 对原始数据进行去卷积计算，得到样品精确分子量。进入质谱之前的反相色谱分离过程中连接了紫外检测器，在实现对样品分离的同时，还会对样品的纯度进行评估；色谱分离的过程也降低了在精确分子量检测过程中对样品纯度的要求。利用软件对质谱原始数据进行分析时，可以根据 TIC（总离子流图）分别对样品中的主要成分和次要成分的分子量进行选择和分析，对主要成分进行分子量分析，可以找到该时刻得到的质谱原始数据。然后对上述原始数据进行去卷积处理，得到该蛋白质样品中主要成分的精确分子量。

2. 小于 10kDa 分子质量的某肽段药物精确分子量测定

通过在线反相色谱分离后，直接用 QExactive 质谱仪对原始信号进行采集，然后利用经典的计算分子量的方法对原始数据直接进行计算，得到样品精确分子量。进入质谱之前的反相色谱分离过程中连接了紫外检测器，在实现对样品分离的同时，还会对样品的纯度进行评估；色谱分离的过程同样也降低了在肽段精确分子量检测过程中对样品纯度的要求。在进行肽段精确分子量计算的过程中，只需要找到肽段洗脱时间点的质谱原始数据。按照经典的计算分子量的方法，同时对带有两个以上电荷的分子进行分子量计算，得到该肽段样品的精确分子量，还会获得高丰度的带电离子质谱原始数据。

（三）凝胶排阻色谱法

利用 PELC-235 高效液相色谱仪，TSK2000 色谱柱，将标准蛋白质分别加入仪器内，计算在仪器内保留的时间，最后根据标准蛋白质分子量的对数和保留时间进行线性回归分析；同样，将待测样品重组蛋白制品在其同样条件下加入，计算在仪器内保留的时间，然后代入上述计算的线性方程计算就可以得到重组蛋白的表观分子量。

三、重组蛋白的其他性质

（一）重组蛋白的酸碱稳定性

在生产重组蛋白的过程中，往往受到温度、pH 值的影响，蛋白质的稳定性会受到一定的影响。稳定性实验的目的是检出在收集、处理、贮存、制备及测定过程中重组蛋白的降解情况。因此测定其稳定性的时候，一般将空白样品进行稳定性实验，然后将实验结果外推至研究样品。

（二）重组蛋白的紫外吸收

由于大部分蛋白质含有带芳香环的苯丙氨酸、酪氨酸和色氨酸，这三种氨基酸在 280nm 附近有最大紫外吸收值。根据此性质，利用紫外光谱扫描可以对蛋白质进行定性鉴定。用全自动紫外分光光度计观察紫外线范围内光谱图，检查重组蛋白的光谱吸收值，最大吸收值应为 280nm±2nm。

（三）重组蛋白的表征

重组蛋白和重组蛋白复合物的不断发展及对精准测定需求的提升，结构表征技术也在不断更新。当传统的质谱技术不能完全满足重组蛋白复合物精准测定的需求，非变性质谱（Native MS）技术应运而生。非变性质谱的应用广泛，除了可以测定蛋白质和蛋白质复合物在天然结构状态下的分子量，还可用于单克隆抗体/抗体-药物偶联物药物（antibody-drug conjugates，ADCs）分析类药物、PEG修饰蛋白质、低聚蛋白药物、糖型和组装蛋白质的表征分析。与Protein Deconvolution 3.0软件结合的Exactive Plus EMR质谱仪具有超高分辨率、超快扫描速度、超高质量精度、超高灵敏度以及拓展的质量范围，精准分析的特点，用于研究类似天然状态下保留有三级和四级结构的蛋白质和蛋白质复合物的结构学、拓扑学和构造。同时，Exactive Plus EMR质谱仪也用于筛查多肽和小分子。

第二节　重组蛋白定量分析技术

在蛋白质分离纯化过程中，常常需要对蛋白质的含量或者某一特定蛋白质纯度进行测定。因此，重组蛋白含量测定是生物转基因蛋白质研究中最常用、最基本的分析方法之一。在工业生产上，蛋白质含量测定对比活性计算、残留杂质的限量控制以及产品的分装均具有重要意义。重组蛋白含量测定常用的方法有两大类：一类是利用蛋白质的共性，即蛋白质的含氮量、肽键等测定，如凯氏定氮法；另一类是利用蛋白质中特定的氨基酸残基、酸碱基团和芳香基团测定蛋白质含量，如分光光度法、Lowry法等。除凯氏定氮法以外，其余方法的原理均与蛋白质结构和氨基酸组成相关，且含量测定时对照品和供试品需一致（高凯 等，2007）。根据原理不同归纳三种，即：标准定量法（凯氏定氮法和氨基酸分析法）、比色分析法（Lowry法、双缩脲法、BCA法及Bradford法）、紫外吸收法。除《中国药典》2020版收载的6种方法外，氨基酸分析法在重组蛋白分析中应用越来越广。另外，对含量甚微的蛋白质可以选用酶联免疫吸附测定（enzyme linked immuno sorbent assay，ELISA）。ELISA方法适合于微量检测，具有高灵敏度（pg/mL级）、强特异性的特点（周光荣，2013）。值得注意的是，上述测定蛋白质含量的方法并不能在任何条件下适用于任何形式的蛋白质，因为一种蛋白质溶液用不同的方法测定，有可能得出不同的结果。每种测定法都不是完美无缺的，都有其优缺点。例如，Bradford法和Lowry法灵敏度最高，比紫外吸收法灵敏10～20倍、比Biuret法灵敏100倍以上。定氮法虽然比较复杂，但较准确，往往以定氮法测定的蛋白质作为其他方法的标准蛋白质。因此，要根据不同实验用不同的方法或者同时用几种方法进行比较。在选择测量方法时应考虑的因素包括：①实验所要求的灵敏度和精确度。②蛋白质的性质。③溶液中可能存在的干扰物质。④测定所需时间。下面对重组蛋白常用的定量方法根据其原理、应用及特点进行详细探讨。

一、标准定量法

（一）微量凯氏定氮法

该方法最早由丹麦科学家 Kjeldahl 于 1833 年发明，是测定化合物中总氮含量最经典的方法并沿用至今。其基本原理是，当待测样品与浓硫酸共热时，含氮有机物分解产生氨，氨又与硫酸作用变成硫酸铵。硫酸铵与强碱反应分解放出氨，借蒸汽将氨蒸至酸液中，根据此酸液被中和的程度可计算样品的氮含量。为提高反应效率，加快反应进度，可加入 $CuSO_4$ 作催化剂，加入 K_2SO_4 以提高溶液的沸点。收集氨可用硼酸溶液，滴定则用强酸。凯氏定氮法通过含氮量换算出蛋白质含量，蛋白质中的含氮量通常占其总质量的 16%左右，即用样品中蛋白质含氮量乘以 6.25 即得。但是，如果在制剂过程中使用到含氮添加剂，则需通过总氮量减去非蛋白质含氮量间接获得蛋白质含氮量。我们在检验蛋白质时，往往只限于测定总氮量，然后乘以蛋白质换算系数，得到蛋白质含量，需要指出的是，实际上核酸、生物碱、含氮类脂、卟啉和含氮色素等物质也含有氮元素，因此，一般将上述方法测定的蛋白质称为粗蛋白。通常情况下重组蛋白类药物纯度极高，采用该法时无须考虑其他含氮物质的影响。

（二）氨基酸分析法

氨基酸分析法可用于测定蛋白质、肽类及其他药物中的氨基酸含量。该方法首先需要对蛋白质样品进行酸水解，得到游离氨基酸；然后用异硫氰酸苯酯（PITC）、6-氨基喹啉-*N*-羟基琥珀酰亚氨基甲酸酯（AQC）法、邻苯二醛（OPA）等进行柱前衍生，赋予氨基酸疏水结构和吸收基团；最后进行液相分离并检测。计算时，先通过混标对各个氨基酸分别定量，再通过一系列公式获得蛋白质含量（Burns et al.，2009；Gheshlaghi et al.，2008）。由于各种氨基酸的水解情况不同，为了获得准确的蛋白质含量，使用水解稳定、含量较多、具有足够分离度且回收性良好的氨基酸进行计算（Song et al.，2011；毕华 等，2016）。凯氏定氮法和氨基酸分析法是目前国际上公认的两种测定蛋白质含量的“金标准”（Himly et al.，2009；Himly et al.，2016）。其中，凯氏定氮法最大的缺点就是耗样量大，测定一次约消耗 20mg 蛋白质。目前主要用来标定蛋白质含量用同质标准品。相较于其他方法，该类方法操作虽然较烦琐，但一些细胞因子的分装量往往只有几百微克左右，甚至更低，因此不适用于凯氏定氮法进行检测。相对于凯氏定氮法耗样量较大的缺点，氨基酸分析法样品剂量小、成本高的重组蛋白药物可采用此法。例如，PITC 法可检测的蛋白质浓度范围为 0.025～1.25μmol/mL，AQC 法可检测蛋白质浓度范围为 2.5～200nmol/mL，大大节约了样品的消耗量。此外，氨基酸分析法还能够进行消光系数计算及氨基酸组成分析，为重组蛋白的一级结构确认及功能研究提供依据。需要指出的是，氨基酸分析法并不适用高度糖基化蛋白质样品的蛋白质定量（Kato et al.，2009）。

二、比色分析法

（一）Folin-酚试剂法

Folin-酚试剂法（Lowry 法）最早由 Lowry 确定了测定的基本步骤，并在生物化学等领域得到广泛的应用，是测定蛋白质含量最灵敏的方法之一。此法的显色原理与双缩脲法是相同的，在碱性条件下，蛋白质中的肽键与铜结合生成有色复合物，只是加入了 Folin-酚试剂，增加显色量，从而提高了检测蛋白质的灵敏度。Folin-酚试剂中的磷钼酸盐-磷钨酸盐被蛋白质中的酪氨酸和苯丙氨酸残基还原，产生深蓝色（钼兰和钨兰的混合物）。在一定的蛋白质含量范围内，蓝色深度与蛋白质的量成正比。此法也适用于酪氨酸和色氨酸的定量测定。此法可检测的最低蛋白质量达 5μg，通常测定范围是 20～250μg。

此测定法的优点是灵敏度高，比紫外法灵敏 10～20 倍，比双缩脲法灵敏 100 倍，缺点是耗时较长，要精确控制操作时间，标准曲线也不是严格的直线形式，且专一性较差，干扰物质较多。对双缩脲反应干扰的离子，同样容易干扰 Lowry 反应，而且对后者的影响还要大得多。如对酚类、柠檬酸、硫酸铵、Tris 缓冲液、甘氨酸、糖类、甘油等均有干扰作用。因此，在应用本法进行测定时，应排除干扰因素或设立空白对照实验以消除影响。浓度较低的尿素（0.5%）、硫酸钠（1%）、硝酸钠（1%）、三氯乙酸（0.5%）、乙醇（5%）、乙醚（5%）、丙酮（0.5%）等溶液对显色无影响，但这些物质呈高浓度时，必须作校正曲线。含硫酸铵的溶液，只须加浓碳酸钠-氢氧化钠溶液，即可显色测定。若样品酸度较高，显色后会色浅，则必须提高碳酸钠-氢氧化钠溶液的浓度 1～2 倍。进行测定时，加 Folin-酚试剂时要特别小心，因为该试剂仅在酸性 pH 条件下稳定，但上述还原反应只在 pH=10 的情况下发生，故当 Folin-酚试剂加到碱性的铜-蛋白质溶液中时，必须立即混匀，以便在磷钼酸-磷钨酸试剂被破坏之前，即能发生还原反应。

（二）双缩脲法

凡具有两个酰胺基或两个直接相连的肽键，或能通过一个中间碳原子相连的肽键，这类化合物都能发生双缩脲反应。双缩脲（NH_3—CO—NH—CO—NH_3）是两个分子脲（尿素）经 180℃左右加热，放出一个分子氨（NH_3）后得到的产物。在强碱性溶液中，双缩脲可以与 $CuSO_4$ 形成紫色络合物，此反应称为双缩脲反应。在一范围内，紫色络合物颜色的深浅与蛋白质含量成正比，而与蛋白质的分子量或氨基酸种类无关，故可用来测定蛋白质含量。该方法测定的有效范围为 1～10mg 蛋白质。干扰这一测定的物质主要有：EDTA、Tris 缓冲液和某些氨基酸等。此法的优点是较快速，不同的蛋白质产生颜色的深浅相近以及干扰物质少。主要缺点为灵敏度差、所需样品量大。因此双缩脲法常用于需快速但不精确的蛋白质测定。

（三）二喹啉甲酸法

二喹啉甲酸（bicinchoninic acid，BCA）法是理想的蛋白质定量测定方法，该方法快速灵敏、稳定可靠，对不同种类蛋白质检测的结果稳定而备受青睐。BCA 法测定蛋白质浓度不受绝大部分样品中的化学物质的影响。在组织细胞裂解实验中，常用浓度的去垢剂如十二烷基硫酸钠（SDS）、Triton X-100、吐温不影响检测结果，但受螯合剂（EDTA、EGTA）、还原剂（DTT、巯基乙醇）和脂类的影响。实验中，若发现样品稀释液或裂解液本身背景值较高，可使用考马斯亮蓝法（Bradford）蛋白质浓度测定试剂盒。该试剂盒不受此影响，因此与之配合使用，可消除此影响。有的试剂盒在 31.25～2000μg/mL 浓度范围内有较好的线性关系。

BCA 是一种稳定的水溶性复合物，在碱性条件下，蛋白质的肽键结构将 Cu^{2+} 还原为 Cu^{+}，Cu^{+} 与 BCA 试剂相互作用，每两分子的 BCA 可螯合一个 Cu^{+} 形成稳定的紫色络合物，该复合物在 562nm 处有最大的光吸收值，在一定范围内，该复合物颜色深浅与蛋白质的浓度成正比，故可通过待测蛋白质在 562nm 处吸收值的大小对蛋白质含量进行测定。

（四）考马斯亮蓝法

1976 年，Bradford 建立了考马斯亮蓝（Bradford）法，该方法是根据蛋白质可与燃料相结合的原理进行设计的。与前述几种方法相比较，这种蛋白质测定法具有试剂配制简单、操作简便快捷、反应灵敏等诸多优点，因而得到广泛应用。由于蛋白质与染料结合后产生的颜色变化很大，蛋白质-染料复合物有更高的消光系数，因而光吸收值随蛋白质浓度的变化很大，Bradford 法的灵敏度高。目前，此法是灵敏度最高的测定蛋白质含量的方法，灵敏度比 Lowry 法还高 4 倍，可测定微克级蛋白质含量，其最低蛋白质检测量可达 2.5μg/mL，测定蛋白质浓度范围为 50～1000μg/mL，因而得到广泛的应用，是一种常用的微量蛋白质快速测定方法。该方法只需要加一种试剂便可完成一个样品的测定，测定方法快速、简便，只需要 5min 左右，样品颜色在 5～20min 之间稳定性也很好。抗干扰物质少，如干扰 Lowry 法的 K^{+}、Na^{+} 和 Mg^{2+}、Tris 缓冲液、糖和蔗糖、甘油、巯基乙醇、EDTA 等均不干扰此测定法。但是仍有些物质干扰此法测定：去污剂、Triton X-100、十二烷基硫酸钠（SDS）和 0.1mol/L 的 NaOH。标准曲线也有轻微的非线性，因而不能用朗伯-比尔定律进行计算，而只能用标准曲线来测定未知蛋白质的浓度。Bradford 法缺点是由于各种蛋白质中的精氨酸和芳香族氨基酸的含量存在差异，因此 Bradford 法用于不同蛋白质测定时有较大的偏差。

Lowry 法、双缩脲法、BCA 法以及 Bradford 法均是根据蛋白质中特定氨基酸或基团的显色反应，来确定蛋白质含量。结合蛋白质标准品采用该类方法定量时，合适标准品的选择是该类方法准确定量的关键。以前用于蛋白质定量多采用牛血清白蛋白或者人白蛋白作为替代标准品，但是不同蛋白质的氨基酸组成不同，其理化性质不同，会造成系统误差，不能准确反映待测蛋白质的真实含量（张桂涛 等，2015）。因此，只有采用与待测样品同质作为标准品，即建立同质标准品，才能有效避免上述系统误差。然而，对于开发早期的重组蛋白药物，其同质标准品一般情况下无法获取，这限制了此类方法在该阶段的应用。而一旦获得同质标准品，通过“标准定量法”标定后，可用此方法进行蛋白质含量检测。此外，相较于其他方法，该类方法特别适用于蛋白质的微量测定，由于形成的蛋白质-染料复合物具有极高的消光系数，大大提高了检测的灵敏度。

三、紫外吸收法

蛋白质分子中，芳香族氨基酸（酪氨酸、苯丙氨酸和色氨酸）残基的苯环含有共轭双键，在紫外光区内对某一波长具有一定的光选择吸收。在 280nm 下，蛋白质含量（3～8mg/mL）与光吸收成正比，因此，通过凯氏定氮法分析的标准样品，测定蛋白质溶液的吸光度测定蛋白质浓度，利用标准曲线即可查出蛋白质的含量。此外，蛋白质溶液在 238nm 的光吸收值与肽键含量成正比。利用一定波长下，蛋白质溶液的光吸收值与蛋白质浓度的正比关系，可用于蛋白质含量的测定。

根据朗伯-比尔定律，在已知光程和消光系数的前提下，通过测定蛋白质样品在 280nm 处的 OD 值，即可获得蛋白质含量。因此，如何确定消光系数是该法最核心的问题。已有报道确定蛋白质消光系数的方法主要有 4 种，包括 1 种经验公式法和 3 种实验测定法。其中，3 种实验测定法包括盐酸胍变性法、碱水解法和氨基酸分析法（曲耀成 等，2018）。在确定消光系数时，经验公式法只需知道蛋白质中 Trp、Tyr 以及 S-S 的数量即可对消光系数进行计算，也可将 DNA 序列输入生物信息学软件（Ex-PAsy）直接读取。但该法在一定程度上忽略了蛋白质三维空间结构对消光系数的影响（Pace et al.，1995）。3 种实验测定法均考虑了蛋白质空间结构的影响，弥补了该方面的不足，使得消光系数更加接近自然折叠状态，其中氨基酸分析法所得消光系数最为准确（王兰 等，2016）。因此，建议在实际应用中增加对消光系数的实验确证和比较（Veurink et al.，2011）。总之，相较于前述几种方法，紫外吸收法具有以下优势：操作简单、成本低、无污染且测定后样品可以回收使用。更重要的是，通过准确测定蛋白质消光系数，解决了该法一直饱受诟病的定量不准确的弊端。此外，通过基因重组技术获得重组蛋白的已知序列信息，极容易快速获取消光系数。因此，目前绝大多数重组蛋白类药物的蛋白质含量测定方法为紫外法（Miranda-Hernandez et al.，2016；Yu et al.，2014）。另外，由于此法基于芳香族氨基酸的紫外吸收特性，因此不适用蛋白质结构中不含色氨酸、酪氨酸、苯丙氨酸的重组蛋白。

四、ELISA 测定

ELISA 技术自 20 世纪 70 年代初问世以来应用广泛，尤其是在生物学和医学科学领域。ELISA 技术是指将可溶性的抗原或抗体吸附到聚苯乙烯等固相支持物上，进行相关免疫反应的定性和定量方法。ELISA 是以免疫学反应为基础，将抗原、抗体的特异性反应与酶对底物的高效催化作用相结合起来的一种新型、微量物质的测定方法。在实际应用中，通过不同的设计有多种方法：用于检测抗体的间接法、用于检测抗原的双抗体夹心法以及用于检测小分子抗原或半抗原的抗原竞争法等。比较常用的是ELISA双抗体夹心法及ELISA间接法。双抗体（原）夹心法，通常是结合在固相载体表面的抗原或抗体仍保持其免疫学活性，酶标记的抗原或抗体既保留其免疫学活性，又保留酶的活性。受检样品与固相载体表面的抗原或抗体起反应。用洗涤的方法使固相载体上形成的抗原抗体复合物与液体中的其他物质分开。加入酶标记的抗原或抗体，通过反应也结合在固相载体上。加入酶反应的底物后，底物被酶催化成为有色产物，产物的量与标本中受检物质的量直接相关，根据呈色的深浅进行定性或定量分析。由于酶的催化效率很高，间接地放大了免疫反应的结果，使测定方法具有很高的敏感度。

检测方法包括双抗夹心法、竞争法、细胞内检测等。ELISA方法具有快速、简便、能准确定量的优点。除此以外，用于测量重组蛋白的含量具有以下优点：预涂96孔板，优于免疫印迹法的高灵敏度；能够位点特异性检测；检测磷酸化蛋白质和总蛋白质；无需细胞裂解，节约时间和精力，手动操作时间最短；无需担心放射性危害。

五、蛋白质印迹法

蛋白质印迹法（western blot）是将经十二烷基硫酸钠-聚丙烯酰胺凝胶（sodiumdodecyl sulfate polyacrylamidegel electrophoresis，SDS-PAGE）电泳分离后的细胞总蛋白质从凝胶转移到固相支持物NC膜或PVDF膜上，然后用特异性抗体检测某特定抗原的一种蛋白质检测技术。电泳可根据不同蛋白质分子所带电荷的差异及分子大小的不同所产生的不同迁移率将蛋白质分离。然后分离的蛋白质样品可以经电转仪转移到固相载体上，而后利用抗原-抗体-标记物显色的原理检测样品，可以用于重组蛋白的定性和半定量分析。

以上所述为目前测定重组蛋白类药物中蛋白质含量常用的方法。这些方法适用于经过纯化后的样品，要求样品具有极高的纯度，且所含辅料不得干扰蛋白质。而对于含有较多非目标蛋白质的工艺样品或者辅料中含有添加蛋白质的蛋白质成品，其蛋白质含量的测定则必须采用特异性较强的方法，如基于抗原抗体特异结合原理的免疫学测定法、基于分离原理的将目标蛋白质与干扰成分先分离再定量的HPLC法。每种方法都有各自的优缺点，进行选择时应结合检测目的蛋白质样品的自身性质以及辅料成分进行恰当而有效地选择。

第三节　空间结构分析

蛋白质的空间结构又称为三维结构或空间构象，包括二级、三级和四级结构。随着对蛋白质分子结构研究的深入，又提出超二级结构和结构域。蛋白质的空间结构是蛋白质特有性质和功能的结构基础。

一、蛋白质的空间结构

（一）蛋白质的二级结构

蛋白质的二级结构（secondary structure）是指蛋白质分子中肽链的局部空间结构，也就是多肽链骨架中氨基酸残基相对空间位置。蛋白质的二级结构以一级结构为基础，即一级结构中氨基酸残基的排列顺序决定二级结构的类型。蛋白质二级结构有5种基本的构象单元：

① α螺旋（α-helix）：多肽链骨架围绕中心轴顺时针方向螺旋式上升，每上升1圈为3.6个氨基酸残基，螺距为0.54nm。根据主链骨架旋转方向不同，分为左手螺旋和右手螺旋。

② β折叠（β-pleated sheet）：呈折纸状，多肽链充分伸展，每个肽单元以α-碳原子为旋转点，依次折叠成锯齿状结构，氨基酸残基侧链交替的位于锯齿状结构的上下方，均与片层相垂直。β折叠有平行式和反平行式两类，前者肽链的N端都在同一端，后者所有肽链N端按正反方向排列，维持蛋白质空间结构的稳定性。

③ β转角：常发生在肽链进行180°回折时的转角上。肽链上一个残基的C=O隔2个氨基酸残基与第四个残基的氨基酸形成氢键，维持β转角结构的稳定性。

④ 无规则卷曲：指蛋白质分子中无规则卷曲的那部分肽链构象。

⑤ 无序结构：指蛋白质分子中没有确定空间结构的区域。

（二）超二级结构和结构域

1. 超二级结构

蛋白质分子中两种主要的二级结构单元由于折叠盘曲，在空间上进一步聚集、组合在一起，形成有规则的二级结构聚合体，可作为结构域的组成单位，或直接作为二级结构的“建筑块”，这种二级结构的聚合体称为超二级结构（super secondary structure）。常见的超二级结构有αα、βββ、βαβ三种类型。αα是相邻的α螺旋通过肽链连接而成，此种组合非常稳定，常存在于α-角蛋白和原肌球蛋白等纤维状蛋白之中；βββ是由3条或3条以上的β折叠聚集而成，它们之间以短链相连，有时可由多条β折叠形成超二级结构；βαβ是由一个α螺旋与之首尾相邻的β折叠聚合而成，有时两组βaβ聚合在一起，形成更为复杂的超二级结构，它存在于许多球蛋白之中。

2. 结构域

在较大蛋白质分子中多肽链上相邻的超二级结构可形成紧密、稳定而且在蛋白质分子构象上明显可分的区域，称为结构域（domain），各结构域之间的肽链松散、弯曲，形成分子内裂隙。结构域一般由100～200个氨基酸残基组成，各个结构域具有独特的空间结构，具有不同的生理学功能。在多肽链折叠卷曲时，结构域又能彼此靠近，形成球状蛋白质分子。一般较大的蛋白质分子可含有两个或多个结构域，如3-磷酸甘油醛脱氢酶的酶蛋白部分是由2个结构域组成，而IgG则含12个结构域。IgG两条轻链上各有2个结构域，两条重链上各有4个结构域，补体结合部分与抗原结合部分处于不同的结构域。同一蛋白质分子的结构域有的是相同的，也有的是不同的。不同蛋白质分子中可以有相似的结构域，如3-磷酸甘油醛脱氢酶、乳酸脱氢酶、苹果酸脱氢酶等均属于以NAD^+为辅酶的脱氢酶类，它们各由2个不同的结构域组成，其中与NAD^+结合的结构域基本相同。由于结构域之间连接的柔性，彼此之间可有相对运动，这种运动对表达蛋白质的功能是很重要的。

（三）蛋白质的三级结构

蛋白质的三级结构（tertiary structure）是指蛋白质分子中一条多肽链在二级结构、超二级结构和结构域的基础上进一步盘曲、折叠形成的空间结构，也就是整条肽链所有原子在三维空间的排布位置。三级结构靠次级键维系、二硫键加固。对单链蛋白质来说，三级结构就是蛋白质分子的特征性立体结构，具有了蛋白质的特性和功能。而对多链蛋白质来说，具有三级结构的多肽链，称为蛋白质分子的亚基，尚不具有蛋白质的生物学活性。具有三级结构的蛋白质其分子或亚基一般呈球状、椭球状或纤维状。锌指结构（zinc finger）是一种常见的模序例子。锌指结构由于其形似手指，具有结合锌离子的功能而得名。该模序有一个α螺旋和2个反平行的β折叠三个肽段白环组成。其N端有一对半胱氨酸（Cys）残基，C端有一对组氨酸（His）残基，此4个残基在空间上形成一个洞穴，恰好容纳1个Zn^{2+}。Zn^{2+}分别与2个Cys和2个His以配位键相连，可稳定模序中的α螺旋结构，使α螺旋能镶嵌于DNA的大沟中，故含锌指结构的蛋白质能与DNA或RNA结合，参与DNA的复制和转录。

（四）蛋白质的四级结构

有些蛋白质是由一条多肽链盘曲折叠而成，此类蛋白质仅涉及一、二、三级结构，有许多具有生物活性的蛋白质分子由两条或多条多肽链组成，每一条多肽链均具有其完整的三级结构，彼此以非共价键相连。此类蛋白质分子中的每条多肽链称为亚基（subunit），亚基与亚基之间呈特定的三维空间排布。这种蛋白质分子中各个亚基的空间排布和相互间的布局称为蛋白质的四级结构（quaternary structure）。在四级结构的蛋白质分子中，单独的亚基一般无生物学功能，只有具有完整的四级结构寡聚体才有生物学活性。在四级结构中亚基可以是相同的，也可以是不同的，前者称为均一四级结构，后者称非均一四级结构。血红蛋白是由2个α亚基和2个β亚基组成，两种亚基的三级结构相似，且每个亚基都结合一个血红素辅基，各亚基互相镶嵌，组成一个球状分子。四聚体的血红蛋白分子具有运输氧气和CO_2的功能，但每一个亚基单独存在时，虽可结合氧且与氧的亲和力增强，但在体内组织中难以释放氧。

二、X射线衍射晶体分析

X射线衍射法可以直接观察到蛋白质内部的原子和基团的排列，是测定蛋白质晶体结构的重要方法之一。X射线晶体结构分析是结构生物学最主要的研究手段（Xu Y et al.，2018）。通过X射线衍射法（X-ray diffraction method）对晶体结构的研究将帮助人们从原子水平上了解物质，可间接地研究蛋白质晶体的空间结构。

（一）基本原理

X 射线衍射分析是利用晶体形成的 X 射线衍射，根据晶体中原子重复出现的周期性结构，对物质内部原子的空间分布状况进行结构分析的方法。将具有一定波长的 X 射线照射到结晶性物质上时，X 射线因在晶体内遇到规则排列的原子或离子而发生散射，散射的 X 射线在某些方向上相位得到加强，从而显示与结晶结构相对应的特有的衍射现象。

当 X 射线穿过晶体的原子平面层时，只要原子层的距离 d 与 X 射线的入射角 θ、波长 λ 之间的关系能满足布拉格（Bragg）方程式：

$$2d\sin\theta = n\lambda \, (n = \pm 1, \pm 2, \pm 3, \cdots)$$

则反射波互相叠加形成复杂的衍射图谱，根据记录下来的衍射图谱，经过复杂的数学处理和计算，可推知晶体中原子的分布和分子的空间结构。不同物质的晶体形成各自独特的 X 射线衍射图。

（二）X 射线衍射技术在蛋白质分析中的应用

1959 年 Perutz 和 Kendrew 对肌红蛋白和血红蛋白进行结构分析，解决了三维空间结构，获 1962 年诺贝尔化学奖。1953 年克里克、沃森在 X 射线衍射资料的基础上，提出了 DNA 双螺旋结构的模型，获 1962 年生理或医学奖。20 世纪 50 年代后期，Karle 和 Hauptman 建立了应用 X 射线分析以直接法测定晶体结构的纯数学理论，特别在研究大分子生物物质如抗生素、激素、蛋白质及新型药物分子结构方面起到了重要推进作用，在晶体研究中具有划时代的意义，他们因此获 1985 年化学奖。

近年来，生物大分子三维结构的测定方法有很大的突破。20～40μm 大小的晶体解析高分辨率结构通过第三代同步辐射光源已经成为现实。晶体衍射中的相位问题，一些大而复杂的 DNA、RNA、蛋白质及其复合物，特别是一些病毒，亚细胞器精细结构通过多波长反常散射方法较好地得到解析。此外，用晶体电子衍射方法解析膜蛋白结构的分辨率已达 3Å。目前存入蛋白质数据库的生物大分子结构模型的数目呈快速增长。截至 2017 年 7 月，PDB 数据库中的三维结构数已达 10.5 万个，其中蛋白质所占的比例为 90.2%，X 射线晶体衍射法测定的蛋白质结构数目占 85.3%。

进行 X 射线衍射谱的分析，高品质的适合 X 射线衍射研究的晶体是必需的。小分子体系的结晶通常可用一般化学手段获得，然而对大分子体系如蛋白质则要求特殊技巧来产生结晶。由于数目众多的大分子体系结构中的原子结构确定很困难，同时对仪器要求的复杂性及数据分析都需要消耗大量的计算时间，大分子体系结构的测定比小分子要困难很多。值得注意的是，X 射线衍射必须在分子固相中进行，由此获得的结构信息可能就会与分子体系在生物活性状态的情况有所不同。近年来，科学家们努力地发展建立了结晶学软件，大大加快了蛋白质结构测定的步伐。以前需要几周甚至几个月才能完成的工作，现在有可能在几小时到几日内完成。

三、核磁共振

X 射线晶体衍射在蛋白质研究中受到一定限制，主要有两方面原因，一是因为要求用于结晶的样品必须具有相当高的纯度，二是因为从晶体得到的三维结构信息，可能与分子体系在生物条件下的溶液中结构信息有差别，因而确定蛋白质分子在溶液中结构信息广为使用的方法是核磁共振波谱技术，它使用较低强度辐射能测定蛋白质分子在流动化液态下的三维结构信息，从而确定小分子与大分子复合物的结构，真实地反映蛋白质在生物环境下的结构信息。

（一）NMR 的基本原理

核磁共振主要是由原子核的自旋运动引起的。不同的原子核，自旋运动的情况不同，它们可以用核的自旋量子数来表示。自旋量子数与原子的质量数和原子序数之间存在一定的关系。NMR 技术常用的参数如下：

1. 化学位移（chemical shift）

发生核磁共振时，如果有机化合物的所有质子的共振频率都相同，核磁共振谱上就只有一个吸收峰，这样，核磁共振技术对化学家就毫无意义。但事实并非如此，在 1946 年发现对于溶液或液体 N 的吸收频率取决于核的化学环境。这一特征很快被证明是一个普遍的规律。我们知道任何原子核都不是裸核，它的外围被电子云包围，不同类型的核，核外围电子云密度不同。换句话说，每一个化合物都含有不同的基团，以质子为例，不同类型的氢核由于在化合物分子中所处的化学环境不同，受到的实际磁场也不同，因此，每一种化学环境不同的质子都可观察到不同的信号。其实质是核的化学环境不同，拉摩尔进动频率不同。我们把由于原子和分子中核的化学环境不等价而引起拉摩尔进动频率的变化叫做化学位移。用 δ 表示，单位为 10^6。它的存在使核磁共振波谱成为测定分子结构的有用工具。对化学位移的测试可以了解价电子对核的屏蔽作用，从而鉴定分子中各种化学基团的存在。其表示公式为：

$$\delta=\frac{\upsilon_{样品}-\upsilon_{标准}}{\upsilon_{标准}}\times 10^6$$

2. 自旋-自旋耦合（spin-spin coupling）

乙醇在仪器分辨率不太高的情况下，可测得三个单峰。由此似乎可以认为化学上等价的原子核都同时发生共振，因而对应着一个单峰。但实际上，如果用分辨率稍高的仪器记录图谱时发现，有些单峰变成了多重峰。以乙醇为例，CH_2 分裂为四重峰；CH_3 分裂为三重峰。谱线的这种精细结构不是由于原子核化学环境的不等价而引起的，即它不是化学位移。产生这种精细结构的原因是分子内部原子核的磁相互作用。但这种作用不是直接发生的，而是通过电子壳层传递的。分子中的核首先在电子壳层中感应出一个磁矩，然后再作用到被侧核上，从而改变了被侧核的共振条件，使谱线分裂为多重线。因此这种作用称为自旋-自旋耦合，谱线的精细结构称为自旋-自旋分裂。

3. 弛豫时间（relaxation time）

核自旋系统由于受到外界作用离开平衡状态以后，能够自动地向平衡状态恢复，即从高能级恢复到基态的过程称为弛豫过程。弛豫时间是描述物质相互作用而发生的弛豫现象的参数。T_1 称为纵向弛豫时间，是描述核磁化强度 M 的纵向分量的恢复过程及自旋与晶格（周围介质）的相互作用，因此也称为自旋-晶格弛豫时间；而 T_2 称为横向弛豫时间，描述 M 的横向分量恢复的过程及自旋与自旋相互作用，因此也称为自旋-自旋弛豫时间。准确地测量弛豫时间，对研究物质相互作用的机理，研究物质结构与性质都有很重要的意义，可作为测定生物活性物质的运动及能量转换特征等有用指标。

（二）生物 NMR 常用的实验技术

近代生物 NMR 研究一般采用二维 NMR 实验技术，对于更复杂的生物大分子，还可采用更先进的三维和四维异核 NMR 实验技术，它需要同位素 N 和 C 标记的样品，目前国内还不能普及，因此这里介绍用于生物大分子溶液三维结构测定的同核二维 NMR 实验技术。

1. 同核相关谱

同核相关谱（COSY）用来鉴定具有耦合关系的质子对。其形态为矩形图谱中间分布着一些同心圆，实际上是一些吸收峰的等高线截面图，称之为交叉或相关峰，交叉峰的出现表示相应质子间存在着耦合关系。二维谱与一维谱相比，结果简单明了，分辨率高，信息量大，在一张图谱就可以显示全部质子间耦合关系。其缺点是：交叉峰与对角峰的相位差 90°，如果交叉峰为吸收线型，对角峰就为色散线型，因此普通 COSY 谱只能以绝对值方式表示，谱分辨率受影响，且缺少精细结构信息，灵敏度较差，故不多用。

2. 双量子滤波相关谱

双量子滤波相关谱（DQF-COSY）就是为了克服以上缺点而建立的。所谓滤波就是采用特殊的相循环，检出特定量子阶跃的磁化迁移而除去其他跃迁。它用于检出两个或两个以上自旋间的耦合相关，滤去不参与耦合的信号（主要是对角峰）。因此能明显改善靠近对角线的交叉峰的识别。DQF-COSY 谱一般采用所谓时间相位比例增量法（TPPI）记录谱图，即所谓的相敏 COSY 谱。其每一个交叉峰都由若干个正负相间的信号组成，其所构成的精细结构包含有质子间复杂的耦合关系和耦合常数等进一步的信息。

3. 全相关谱

全相关谱（TOCSY）又称 HOHAHA 谱，在它的脉冲序列中包含有自旋锁定的步骤，在有自旋锁定的条件下，相耦合的自旋之间会产生交叉极化转移的现象。对于有不止两个自旋的体系，取决于各向同性混合时间的长度，磁化矢量可沿耦合链传递，如果各向同性混合时间足够长，磁化矢量可从一端传到另一端，因此能将一个自旋体系的全部自旋相关联。TOCSY 谱的优点是相关峰所有分量都具有相同的相位，不会产生分量之间的自抵消，并且交叉峰和对角峰都具有吸收型线型。因此，TOCSY 谱具有比 COSY 谱更高的灵敏度，现广泛用于自旋体系（残基类型）的识别。

4. NOE 相关谱

NOE 相关谱（NOESY）用于鉴定质子在空间的相互接近。空间上相互接近的质子之间，会产生交叉弛豫的现象，即 NOE 效应。其谱的形态与 COSY 谱十分相近，但是谱中的交叉峰不是表示质子间通过化学键的相关，而是质子间在空间的相互接近 NOE 能提供质子间距离的信息，质子间距离可作为几何约束用于生物大分子结构计算，因此是 NMR 技术测定生物大分子三维结构的重要参数。由于化学交换也会产生 NOE 效应，NOESY 实验用的脉冲序列无法区别交叉弛豫和化学交换产生的磁化迁移。在生物大分子中，这两种机制产生符号与对角峰相同的交叉峰的区别还得采用 ROESY 实验。

5. ROESY 谱

这是在一种旋转坐标下测定的 NOESY 谱。采用类似于 TOCSY 实验中自旋锁定的脉冲序列，它对于上述两种机制产生不同的结果，交叉弛豫产生的 NOE 符号与对角峰相反，而化学交换产生与对角峰符号相同的交叉峰。

（三）NMR 在蛋白质研究中的应用

NMR 在生物学中的应用主要在：①研究生物大分子的结构。②研究蛋白质折叠和结构转换，用圆二色谱、荧光、微分差热（DSC）谱以及 NMR（特别是采用^{15}N、^{13}C 和^{19}F 标记蛋白质的异核多维 NMR 等）方法研究中等分子量大小有重要生理功能的蛋白质的溶液构象和结构转换。折叠/去折叠方面将逐步由体外系统转向体内系统。③研究蛋白质与蛋白质之间的相互作用，蛋白质折叠的研究主要是研究分子内的相互作用，而蛋白质和蛋白质之间的相互作用是研究分子间的相互作用。它们之间有内在的共性，但是由于研究的对象不同，也有各自的特点。蛋白质和蛋白质之间的相互作用包括亚基的相互作用，抗原和抗体的相互作用，一些蛋白质和受体的相互作用等，揭示它们的本质规律有重要的理论意义，同时，也是分子设计和药物开发的结构基础。利用生物 NMR 技术着重在不同类型亚基的相互作用，具体内容包括建立蛋白质-蛋白质相互作用的数据库、分析结合区的结构特征、构象模块的确认、自由能的分析、热力学和动力学的研究和比较蛋白质分子内识别与分子间识别的差异性。④研究蛋白质三维结构和构效关系，采用近代 NMR 波谱技术，系统研究同源蛋白质的溶液三维结构，并在此基础上探讨其构效关系，进一步揭示了这类毒素与不同靶受体结合特异性和选择性的分子基础，完成了 2 个钠离子通道抑制剂和 2 个钾离子通道抑制剂的溶液三维结构测定。⑤生物体系内代谢过程的研究。⑥蛋白质空间特定区域的动力学过程研究。

（四）MRM 在蛋白质研究中的应用

质谱多反应监测（multiple reaction monitoring，MRM）是一种研究目标蛋白质分子的靶向定量蛋白质组学研究方法（Breindel et al.，2019）。MRM 基于目标分子的信息，对于符合目标离子规则的信号，有针对性地选择数据进行质谱数据采集，去除不符合规则的离子信号的干扰。

MRM质谱分析经过三个阶段：①通过MS筛选出与目标分子特异性一致的母离子；②碰撞碎裂这些母离子，去除其他离子的干扰；③对选定的特异MS/MS2离子进行质谱信号的采集。MRM质谱技术是高精准度的蛋白质定量鉴定技术，是一次性精准定量研究复杂样品中多个目标蛋白质的绝佳方法。如果借助同位素标记的目标肽段作为内参，可以实现蛋白质绝对定量鉴定（图9.1）。

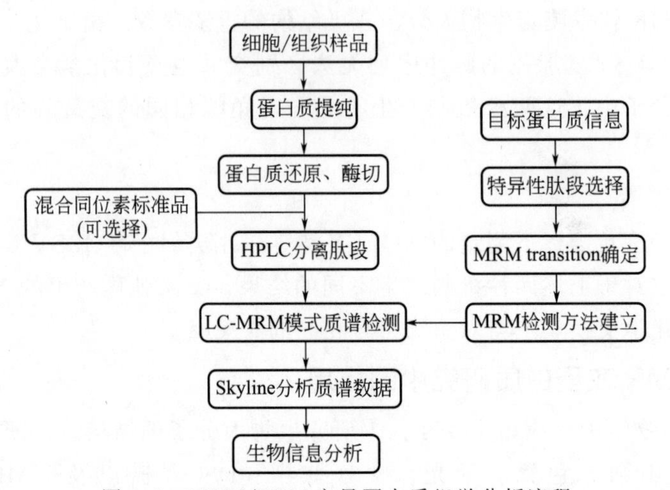

图9.1　MRM/PRM定量蛋白质组学分析流程

四、生物质谱技术

质谱（mass spectrum，MS）技术，由于其所具有的高灵敏度、高准确度、易于自动化等特点，在生命科学领域已成为蛋白质和多肽结构分析的重要手段。质谱仪器一般由样品导入系统、离子源、质量分析器、检测器、数据处理系统等部分组成。

（一）质谱技术的基本原理

质谱分析是一种测量离子荷质比（电荷-质量比）的分析方法，通过质谱分析，我们可以获得分析样品的分子量、分子式、分子中同位素构成和分子结构等多方面的信息。其基本原理为样品分子经不同方法被电离、裂解成各种质量不同的带电正离子，在加速电场的作用下，形成离子束射入质量分析器。由于受磁场的作用，入射的离子束便改变运动的方向。当离子的速度和磁场强度不变时，离子做等速圆周运动，其轨迹与质荷比的大小有关。于是，各种离子会按其质荷比的大小分离开。然后，由记录系统记录而得质谱图。因为质谱图中谱线的位置是严格地按照与质荷比的数值成正比的规律排列的，所以，根据谱线的位置及相应离子的电荷数，就可知道其质量数，可以进行定性分析；根据谱线的黑度或相应的离子流的相对强度，可以进行定量分析。质谱仪由进样系统、离子源、质量分析器、检测器、记录系统、真空系统及计算机等部分组成（图9.2）。

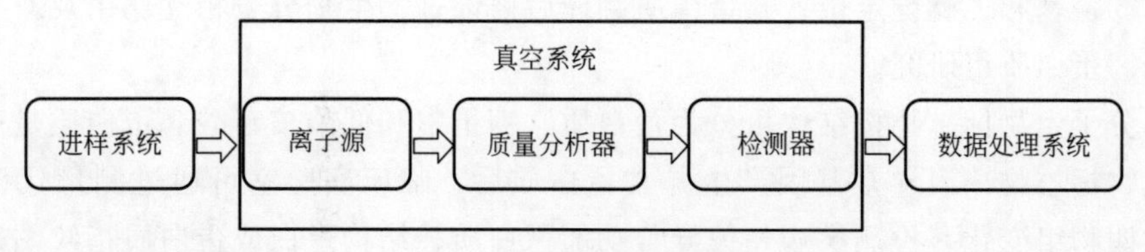

图 9.2 质谱仪示意图

(二)生物质谱仪

生物样品极不稳定，导致电子轰击电离（EI）、化学电离（CI）等传统电离技术无能为力。为此，20 世纪 80 年代初推出了快原子轰击电离（FAB）技术，到了 20 世纪 80 年代末，随着 2 种适合蛋白质研究的软电离技术 ES1（电喷雾电离）和 MALDI（基质辅助激光解析电离）的出现，质谱成为现代蛋白质科学中最重要和不可缺少的组成部分。电喷雾电离常采用四极杆质量分析器，所构成的仪器称为电喷雾（四极杆）质谱仪（ESI-MS）；基质辅助激光解析电离常用飞行时间作为质量分析器，所构成的仪器称为基质辅助激光解析电离飞行时间质谱仪（MALDI-TOF-MS）。ESI-MS 的特点之一是可以和液相色谱、毛细管电泳等现代化的分离手段联用，从而大大扩展了其在生命科学领域的应用范围，包括药物代谢、临床和法医学的应用等；MALDI-TOF-MS 的特点是对盐和添加物的耐受能力高，且测样速度快，操作简单（Gaia et al.，2011）。此外，可用于生物大分子测定的质谱仪还有离子阱（ion trap，IT）质谱和傅里叶变换离子回旋共振（Fourier transform ion cyclotron resonance，FTICR）质谱等。而最近面市的最新型的生物质谱仪是液相色谱-电喷雾-四极杆飞行时间串联质谱（LC-ESI-MS-MS）与带有串联质谱功能的 MALDI-TOF 质谱仪，前者是在传统的电喷雾质谱仪的基础上采用飞行时间质量分析器代替四极杆质量分析器，大大提高了仪器的分辨率、灵敏度和质量范围，其商品名有 Q-TOF 和 Q-STAR 等；后者是在质谱中加入了源后降解（post-source decay，PSD）模式或碰撞诱导解离（collisionally induced dissociation，CID）模式，从而使生物大分子的测序成为可能。

(三)生物质谱在蛋白质和多肽结构测定中的应用

生物质谱分析（biological mass spectrometry）可提供快速、易解的多组分的分析方法，且具有灵敏度高、选择性强、准确性好等特点，其适用范围远远超过放射性免疫检测和化学检测范围，可用于精确测量生物体内的生物大分子，如蛋白质、糖类和核苷酸等组分序列分析、结构分析、分子量测定和各组分含量测定。一般的方法有：电喷雾电离质谱（ESI-MS）、基质辅助激光解吸电离质谱（MALDI-MS）、快原子轰击质谱（FAB-MS）、离子喷雾电离质谱（ISI-MS）。

质谱是蛋白质一级结构测定中的一个重要手段：①可以准确测定一个不纯蛋白质或者未知蛋白质各组分的分子量，对于较复杂的蛋白质裂解的肽片段混合物中每个肽片段的分子量及顺序也可灵敏、快速、准确给出，并且所需的样品量少，一般需几十个皮摩尔（pmol）的数量级；②肽谱测定；③肽指纹图谱；④肽、蛋白质序列测定技术；⑤巯基和二硫键定位；⑥蛋白质翻译后修饰；⑦生物分子相互作用及非共价复合物；⑧蛋白质组研究。

大分子生物标志物按结构可分为蛋白质、糖蛋白和低聚核苷酸。蛋白质是疾病的重要生物标志物，当异常基因产生异常蛋白质后，临床实验室可通过测量代谢物浓度、代谢物组变化、检测疾病相关异常功能蛋白质、结构蛋白或蛋白质指纹图谱等来提供用于诊断疾病的数据。代谢物组、蛋白质组、基因组分析间的相互作用将是今后几年我们面临的主要挑战与发展机遇。临床检验将通过连续地进行这些分析，先鉴别与疾病有关系的代谢物组，然后通过对蛋白质和（或）DNA 的分析验证鉴别结论，再连同其他临床信息和实验室数据，最后确定疾病的严重程度，并制定治疗策略。肿瘤标志物的测定是生物质谱技术在临床检验应用中最为突出和有价值的领域，生物质谱技术最有希望成为肿瘤的早期检测方法。根据生物质谱技术对乳腺癌等 12 种肿瘤的血清及尿液检测结果已证实，其检测灵敏度为 82％～99％；诊断特异性为 85％～99％，这是一个令人震惊的结果。

重组蛋白特别是作为生物药物在研发阶段需要进行严格的特性分析鉴定以确保产品安全有效，并在此基础上建立并确定产品的质量标准。其中大部分内容是理化分析，采用包括利用色谱、电泳、质谱等技术手段，从而对目标分子的生物活性、理化性质（分子量大小、电荷、等电点、氨基酸组成、疏水性等）、糖基化、各种翻译后修饰等进行充分鉴定，并确认产品具有预期的构象，对其聚集和（或）降解状态以及高级结构进行分析。必要时，应采用新型分析先进技术用于特性分析。在生产的过程中利用各种技术方法测定重组蛋白的生物学活性测定方法、含量测定、理化性质分析与检定方法、氨基酸组成、紫外光谱、纯度测定方法、外源残留物质测定方法、安全性评价、质量标准提高、理化对照品鉴定等方面的应用。利用现代分析技术如核磁共振、质谱分析和测序技术等对蛋白质结构进行分析。重组蛋白作为抗体药物除含量、生物学活性及必要的理化特性检测外，还应该按照注射剂的要求，进行其他常规项目的检测，包括鉴别试验、外观、可见异物、装量、水分、pH 值、无菌检查、细菌内毒素检查、异常毒性检查等。因此，我们在重组蛋白的生产、保管、供应、调配及临床应用等过程中，对每种产品应用各种有效的方法进行严格的检验，如物理学、化学、物理化学、微生物学、生物学、免疫学等方法，在上述各个环节当中控制和研究该产品的质量，以全面控制生物蛋白的质量，保障其安全性、合理性及有效性。

参考文献

毕华，史新昌，刘兰，等，2016. 氨基酸分析法对蛋白含量国家标准品定量的初步分析. 中国生物制品学杂志，29：188-191.

陈捷敏，郑欣桐，周芳，等，2017. 一种单克隆抗体的电荷异质体分析. 中国生物制品学杂志，30：828-832.

高凯，丁有学，张翊，等，2007. 第 4 批蛋白含量测定国家标准品的制备和标定. 药物分析杂志，27（8）：1215-1217.

郭亚军，2015. 基于单克隆抗体的肿瘤免疫疗法研究进展. 生物工程学报，31：857-870.

李楠，罗荣，等，2017. 一种毛细管等电聚焦测定重组蛋白质等电点的改进方法. 中国专利：106814122. 2017-

06-09.

刘品多，孙淼，刘晓慧，等，2017.2016年毛细管电泳技术年度回顾.色谱，35：359-367.

孟晓光，刘悦玫，等，2017.全柱成像毛细管等电聚焦电泳分析蛋白质药物电荷异质性.分析测试学报，36：343-348.

曲耀成，姚雪静，2018.重组蛋白类药物蛋白含量测定方法研究进展.药学研究，37：174-177.

王文波，武刚，于传飞，等，2017.治疗性单克隆抗体电荷异质性分析方法比较.药物分析杂志，37：1383-1388.

王兰，武刚，于传飞，等，2016.一种单抗制品理论消光系数与实验确证结果的比较.中国药学杂志，51：1508-1512.

于传飞，郭玮，等，2014.成像毛细管等点聚焦电泳法对单克隆抗体制品的电荷异质性分析.药物分析杂志，34：1212-1215.

张桂涛，阳勇，李庆昌，等，2015.紫外法测定重组人红细胞生成素（Fc）融合蛋白的含量.中国医药指南，13：65-66.

周光荣，2013.免疫学原理.北京：科学出版社.

Breindel L，Burz D，Shekhtman A，2019. Interaction proteomics by using in-cell NMR spectroscopy. Journal of Proteomics，191：202-211.

Burns C，Rigsby P，Moore M，Rafferty B，2009. The first international standard for insulin-like growth factor-1 (igf-1) for immunoassay：Preparation and calibration in an international collaborative study. Growth hormone & IGF research ：official journal of the Growth Hormone Research Society and the International IGF Research Society，19：457-462.

Edward Wong H，Huang C，and Zhang Z，2018. Amino acid misincorporation in recombinant proteins. Biotechnology Advances. 36：168-181.

Gaia V，Casati S，Tonolla M，2011. Rapid identification of Legionella spp. by MALDI-TOF MS based protein mass fingerprinting. Systematic and Applied Microbiology，34：40-44.

Gandhi S，Ren D，Xiao G，Bondarenko P，Sloey C，Ricci M S，et al.，2012. Elucidation of degradants in acidic peak of cation exchange chromatography in an igg1 monoclonal antibody formed on long-term storage in a liquid formulation. Pharmaceutical research，29：209-224.

Gheshlaghi R，Scharer J M，Moo-Young M，Douglas P L，2008. Application of statistical design for the optimization of amino acid separation by reverse-phase hplc. Analytical biochemistry，383：93-102.

Himly M，Nandy A，Kahlert H，Thilker M，Steiner M，Briza P，et al.，2016. Standardization of allergen products：2. Detailed characterization of gmp-produced recombinant phl p 5.0109 as european pharmacopoeia reference standard. Allergy，71：495-504.

Himly M，Nony E，Chabre H，Van Overtvelt L，Neubauer A，van Ree R，et ah.，2009. Standardization of allergen products：1. Detailed characterization of gmp-produced recombinant bet v 1.0101 as biological reference preparation. Allergy，64：1038-1045.

Hossler P，Wang M，McDermott S，Racicot C，Chemfe K，Zhang Y，et al.，2015. Cell culture media supplementation of bioflavonoids for the targeted reduction of acidic species charge variants on recombinant therapeutic proteins. Biotechnology progress，31：1039-1052.

Kato M，Kato H，Eyama S，Takatsu A，2009. Application of amino acid analysis using hydrophilic interaction liquid chromatography coupled with isotope dilution mass spectrometry for peptide and protein quantification. Journal of chromatography B，Analytical technologies in the biomedical and life sciences，877：3059-306.

Lam X M，Yang J Y，Cleland J L，1997. Antioxidants for prevention of methionine oxidation in recombinant monoclonal antibody her2. Journal of pharmaceutical sciences，86：1250-1255.

Liao X，Tugarinov V，2011. Selective detection of 13CHD2 signals from a mixture of 13CH3/13CH2D/ 13CHD2 methyl isotopomers in proteins. Journal of Magnetic Resonance，209：101-107.

Mimura Y，Nakamura K，Tanaka T，Fujimoto M，1998. Evidence of intra-and extracellular modifications of monoclonal igg polypeptide chains generating charge heterogeneity. Electrophoresis，19：767-775.

Miranda-Hernandez M P，Valle-Gonzalez E R，Ferreira-Gomez D，Perez N O，Flores-Ortiz L F，Medina-Rivero E，2016. Theoretical approximations and experimental extinction coefficients of biopharmaceuticals. Analytical and bioanalytical chemistry，408：1523-1530.

Pace C N，Vajdos F，Fee L，Grimsley G，Gray T，1995. How to measure and predict the molar absorption coefficient of a protein. Protein Science，4（11）：2411-2423.

Pacheco J，Camidge D，2018. Antibody drug conjugates in thoracic malignancies. Lung Cancer，124，260-269.

Paul A J，Handrick R，Ebert S，Hesse F.，2018. Identification of process conditions influencing protein aggregation in chinese hamster ovary cell culture. Biotechnology and bioengineering，115：1173-1185.

Ralf S，Peter S，Anne T，Henk S，Bernhard H，Alois J.，2014. Combined polyethylene glycol and CaCl2 precipitation for the capture and purification of recombinant antibodies. Process Biochemistry. 49：2001-2009.

Snider N T，Omary M B，2014. Post-translational modifications of intermediate filament proteins：mechanisms and functions. Nature Reviews Molecular Cell Biology，15：163-177.

Song Y，Funatsu T，Tsunoda M，2011. Amino acids analysis using a monolithic silica column after derivatization with 4-fluoro-7-nitro-2，1，3-benzoxadiazole nbd-f. Journal of chromatography B，Analytical technologies in the biomedical and life sciences，879：335-340.

Szabolcs F，Imre M，and Davy G，2017. Separation of antibody drug conjugate species by RPLC：Ageneric method development approach. Journal of Pharmaceutical and Biomedical Analysis，137：60-69.

Usaj M，Styles E，Verster A，Friesen H，Boone C，and Andrews B，2016. High-Content Screening for Quantitative Cell Biology. Trends in Cell Biology，26：598-611.

Veurink M，Stella C，Tabatabay C，Pournaras C J，Gurny R，2011. Association of ranibizumab（lucentis（r））or bevacizumab（avastin（r））with dexamethasone and triamcinolone acetonide：An in vitro stability assessment. European journal of pharmaceutics and biopharmaceutics，78：271-277.

Vidova V，Spacil Z，2017. A review on mass spectrometry-based quantitative proteomics：Targeted and data independent acquisition. Analytica Chimica Acta，964：7-23.

Xu Y，Kuhlmann J，Brennich M，Komorowski K，Jahnd R，Steinem C，Salditt T，2018. Reconstitution of SNARE proteins into solid-supported lipid bilayer stacks and X-ray structure analysis. Biomembranes，1860：566-578.

Yu C F，Wang L，Zhang F，Liu C Y，Wang W B，Li M，Wang J Z，Gao K，2014. Development of a method for quality control of recombinant humanized anti-DR5 monoclonal antibody. Chin J Biologicals，27（9）：1168-117.

（倪天军　林　艳）

第十章 重组蛋白糖基化修饰与控制

基因发生转录和翻译后，能够产生含有某些特定序列的氨基酸侧链，也就是蛋白质的前体，经过共价修饰后可以形成某种特定的空间构象，即成为能发挥正常生理学功能的成熟蛋白质。而在这种成熟的过程中，共价修饰发挥着非常重要的调节作用。糖类在生物合成、结构功能方面，都和蛋白质存在着本质区别，但对于蛋白质的功能却能起着重要的作用。蛋白质若要正常发挥并行使其生物学功能，必须进行翻译后加工，其加工过程涉及多种修饰方式，比如磷酸化、泛素化、乙酰化、甲基化、糖基化（glycation）等（Härmä et al.，2018）。其中，糖基化修饰对于蛋白质的结构形成和功能发挥着重要作用。在生物体内，细胞黏附、分子识别和信号转导等过程中均伴随着糖基化蛋白质的参与，糖基化修饰在细胞信号传导、免疫功能调节、蛋白质翻译水平的调控以及蛋白质降解等方面均发挥着重要的作用（Higel et al.，2016），在蛋白质行使其生物学功能方面也至关重要（Rodriguez Benavente and Argüeso，2018）。目前，随着蛋白质组学技术的迅猛发展，有关糖基化的研究也越来越受到人们的广泛关注。

第一节　糖基化修饰类型及其作用

一、糖基化及其修饰类型

蛋白质糖基化是指蛋白质与葡萄糖之间发生的一系列非酶性反应，进一步生成糖化蛋白的过程，也称为 Maillrd 反应（Hayase et al.，1989）。蛋白质的糖基化修饰通常是在蛋白质翻译的同时或者翻译后发生，在不同种类酶的作用下，将糖基或者糖链连接到多肽链上，经过剪切或置换最终形成糖化蛋白的过程。通常情况下，机体内的蛋白质糖基化反应大致分为两种：一种是在细胞质的内质网内发生的，由酶所催化介导的缩合反应。另一种是由非酶介导的糖基化反应，该反应是由葡萄糖等醛糖物质的醛基与蛋白质分子中氨基酸（一般为赖氨酸）的氨基通过缩合形成席夫（Shiff）碱；接着，经过分子重排，进而形成非常稳定的糖基化产物。根据糖蛋白分子中的糖基或糖链和蛋白质连接方式的不同，蛋白质的糖基化修饰一般分为四大类：*N*-糖基化、*O*-糖基化、*C*-糖基化以及糖基磷脂酰肌醇（glyeosylphosphatidylinositol，GPI）介导的糖基化（Krasnova and Wong，2016）。

（一）N-糖基化

糖链和蛋白质分子中天冬氨酸的氨基（—NH_2）发生共价连接，通常把这种糖基化称为 *N*-糖基化。*N*-糖基化是指主要发生在内质网上，由糖基转移酶催化转移到新生肽 Asn-X-Ser/Thr（X 是指除脯氨酸外的任何一种氨基酸；Asn 指天冬酰胺；Ser 指丝氨酸；Thr 指苏氨酸）基序中 Asn 残基的过程，是蛋白质糖基化修饰的一种重要形式。这一过程开始于内质网，完成于高尔基体。胞外的分泌蛋白、膜整合蛋白和构成内膜系统的某些可溶性蛋白，一般均需要经过 *N*-糖基化修饰的作用。*N*-糖基链合成的首要步骤是将一个具有十四糖的核心寡糖转移到新生肽 Asn-X-Ser/Thr 中的天冬酰胺分子上，天冬酰胺可以作为糖链的受体。核心寡糖通常包括两分子的 *N*-乙酰葡萄糖胺、九分子的甘露糖和三分子的葡萄糖，第一位的 *N*-乙酰葡萄糖胺和内质网（endoplasmic reticulum，ER）脂质双分子层膜中的磷酸多萜醇的磷酸基相结合，一旦 ER 膜上合成了新生的多肽，整个糖链分子都将会一起转移。待寡聚糖转移至新生肽后，在 ER 中能够进一步加工，会依次切除三分子的葡萄糖和一分子的甘露糖。此外，在 ER 形成的糖蛋白一般均具有相似的糖链，由顺面进入到高尔基体后，在各膜囊之间的转运过程中，原来糖链的大部分甘露糖被切除，然而，由于多种糖基转移酶又会依次加上不同种类的糖分子，进而又会形成具有结构差异的寡糖链（Nagashima et al.，2018）。*N*-糖基化大多发生于血浆等体液中，故 *N*-糖蛋白亦称为血浆型糖蛋白。*N*-糖基化是目前研究最多的一种糖基化形式。

（二）O-糖基化

O-糖基化是指糖链和蛋白质分子中的苏氨酸、丝氨酸、赖氨酸中的羟基（—OH）发生共价连接，进一步形成的糖蛋白。*O*-糖基化是在粗面内质网或高尔基体中进行，由不同的糖基转移酶催化，每次加上一个单糖，进而连接至蛋白质分子中的丝氨酸、苏氨酸、羟赖氨酸或羟脯氨酸的羟基上，修饰的糖一般仅含有 1～4 个糖残基，第一个糖残基为 *N*-乙酰半乳糖胺，通过 *N*-乙酰半乳糖胺转移酶将其连接到丝氨酸或苏氨酸的残基上（Harvey and Haltiwanger，2018）。整个过程从内质网开始，最终在高尔基体内完成。*O*-糖基化位点一般没有保守序列，糖链中也没有固定的核心结构，其分子组成从一个单糖到较大的磺酸化多糖不等，没有一个固定的核心结构，也没有

非常保守的氨基酸序列。与*N*-连接寡糖的合成不同，*O*-连接寡糖的生物合成往往是在多肽链合成后发生的，通常没有糖链载体。和*N*-糖基化相比，*O*-糖基化分析会更为复杂，因此，目前对*O*-糖基化的研究较少。

（三）C-糖基化

C-糖基化是较为少见的一种糖基化的形式，目前发现该类型糖基化仅存在于少量的天然产物中。C-糖基化是借助于稀有的C—C键，将甘露吡喃糖基（α-mannopyranosyl）进一步连接至色氨酸吲哚环中的C2上，一般会发生在W-X-X-W或者W-XX-C/W-X-X-F模体分子中的第一个色氨酸残基。催化该反应的*C*-糖基转移酶，可以作为一种新型的生物资源，有望在药物研发等方面发挥巨大的应用价值。

（四）糖基磷脂酰肌醇介导的糖基化

糖基磷脂酰肌醇（glyeosylphosphatidylinositol，GPI）锚区是蛋白质结合细胞膜的唯一方式，和*N*-糖基化以及*O*-糖基化修饰比较，其结构相当复杂。GPI锚区为糖链借助于磷脂酰肌醇与蛋白质发生连接，主要分布于细胞膜。GPI的核心结构是乙醇胺磷酸盐、甘露糖苷、葡糖胺以及纤维醇磷脂。研究表明，许多有生物活性的蛋白质都是借助于GPI结构与细胞膜结合的，其中包括一些受体以及分化抗原等。

二、糖基化修饰的生物学作用

蛋白质糖基化是架起蛋白质和糖类物质的桥梁，经过糖基化修饰后，蛋白质分子表面中的糖链能对蛋白质分子结构产生很大的影响。蛋白质糖基化在维持蛋白质的稳定性、发挥生物学功能和免疫原性等方面，具有非常重要且不可预测的作用。与此同时，糖基化修饰也是大多数重组蛋白药物维持其理化性质以及发挥相应生物学功能的基础。

（一）糖基化作用对重组蛋白生物活性的影响

糖基化蛋白的糖侧链是其有效发挥功能的关键，蛋白质分子中的糖链能够识别并结合细胞表面蛋白，从而有效发挥其生物学功能。因此，糖基化修饰是重组蛋白进一步发挥生物学功能的必需阶段。经过糖基化修饰后，蛋白质的稳定性通常会发生改变，并且蛋白质分子的生物学活性也会发生明显的变化。比如，阿法达贝泊（darbepoetin alfa，DA）是通过糖工程生产的一类重组人促红细胞生成素（recombinant human erythropoietin，rhEPO）的高糖基化类似物。EPO糖基化类似物的相关实验直接验证了糖链数目与体内活性之间的相关性。虽然糖链分子的连接位置也会影响到重组蛋白的生物学活性，糖链数目却能起到更为重要的作用。就胞内的信号来讲，rhEPO与DA的反应动力学以及反应量大致相当，DA与rhEPO具有相似的构象和稳定性。但由于DA含有过量的唾液酸，其血浆半衰期会明显延长，并且在体内的活性也会明显增强。然而，对于其他的蛋白质分子，如人绒毛膜促性腺激素（human chorionicgonadotrophin，HCG)，糖基化修饰也是其正常发挥生物学活性的有效形式。此外，改变蛋白质的糖基化，还可以使蛋白质分子产生新的生物学活性。比如，乳清蛋白经过糖基化修饰后，抗氧化活性将随着糖基化浓度的增加而增加，其溶解性、稳定性和乳化性质均有明显的提高。

（二）糖基化作用对重组蛋白理化性质的影响

糖基化能够增加蛋白质对于不同变性条件（比如变性剂、热等）的稳定性，有效防止蛋白质的聚集作用，进一步维持蛋白质结构的完整性。在变性的环境下，蛋白质的稳定性会受到很大影响，相互聚集在一起，但糖基化可以避免蛋白质发生类似问题。此外，糖基化的蛋白质具有极强的对抗热变性作用的能力，与此同时，蛋白质的溶解性能随着蛋白质表面糖链的增加而升高。糖基化修饰还可以增加蛋白质构象的稳定性和水溶性。来普汀（Leptin）是一种与控制体重相关的非糖基化蛋白，Elliott 等报道，将天然的来普汀经过糖基化修饰，连接上 5 个 *N*-连接糖链之后，其溶解度大约增加 15 倍，并且能使肥胖小鼠减肥效果更为显著（Elliott et al.，2003）。此外，氯霉素经过糖基化修饰后，将会明显提高其水溶性以及人体对该药物的吸收率，进而降低了原来药物的毒副作用（Jarvis et al.，1998）。

（三）糖基化作用对重组蛋白药物动力学的影响

药物代谢动力学（pharmacokinetics，PK）在评价治疗性蛋白效果方面扮演着十分重要的角色。影响蛋白质分子循环半衰期的因素有许多，比如净电荷数和分子的大小，上述两大因素均与是否存在糖链以及糖链的组成有关。糖基化可以明显增加糖蛋白的水动力学容积以及电荷数，尤其是唾液酸能明显增加净负电荷数，明显提高糖蛋白的药效（如 EPO）。糖基化作用还可以增加重组蛋白的分子量大小，降低药物清除率，从而延长其半衰期，明显提高蛋白质在机体内的生物活性（Cong et al.，2016）。

（四）糖基化作用对重组蛋白免疫原性的影响

免疫反应的基础为抗原和抗体之间的相互识别，重组蛋白的糖基化修饰是一个对抗原加工的过程，经糖基化修饰的蛋白质，将会对免疫反应起到重要的作用。此外，机体内的免疫系统与蛋白质糖基化作用存在紧密的联系，糖基化作用在药物研发及疾病的诊疗方面也具有极大的潜力。首先，糖基化修饰蛋白可引起特定的免疫反应，相关研究证实，经过糖基化修饰后的蛋白质，能够增强免疫反应。研究人员将糖基化修饰后的骨髓瘤树突状细胞和正常细胞相比较，发现糖基化的细胞能有效诱导 $CD4^+$ 和 $CD8^+$ T 细胞活化，且明显增加了激发骨髓瘤特异性 T 细胞的反应能力，为靶向杀伤骨髓瘤的研究奠定基础（熊红 等，2007）。其次，糖基化修饰能降低重组蛋白的免疫原性。其作用机制在于糖基化修饰后的糖链，可以部分覆盖于蛋白质分子表面的识别位点，阻断抗原和抗体的识别作用，可以水解蛋白质侧链上连接的糖链，进而改变免疫反应强度。这些表明糖链能够对蛋白质表面的某些免疫反应必需的识别位点发挥一定的保护作用。

第二节　重组蛋白糖基化工程及其应用

一、重组蛋白糖基化工程

蛋白质糖基化工程是通过改造蛋白质分子表面的糖链，进而改良蛋白质性质的一项技术。该技术是为了解决重组蛋白和天然的人源化蛋白之间的差异而产生的，其目的在于通过改变非人源化宿主细胞对重组蛋白的糖基化作用，从而提高重组蛋白的生物学功能。糖基化策略大致可分为两种，包括基因修饰策略和非基因修饰策略。目前，尽管这些方法存在一定的局限性，但仍是重组蛋白工艺改良的重要内容。当前，改造糖链的主要方法有以下几种：①通过定点突变技术，增加或减少蛋白质分子的糖基化位点，进一步增加或减少蛋白质分子表面糖链。②利用基因工程技术改变宿主细胞内糖基化相关途径中的糖苷酶以及糖基转移酶的表达，进一步改变在该系统内糖蛋白糖基化的形式。③在体外，通过化学或酶法对糖链进行修饰。④细胞培养条件也会影响糖基化。因此，通过进一步改变细胞培养基中的糖分和氨离子浓度等相关条件，可以改变蛋白质糖基化。

二、重组蛋白糖基化修饰改造策略

非基因修饰策略在前面影响蛋白质糖基化的因素中已经论述，在某种程度上均会影响到重组蛋白的表达水平。近年来，随着基因工程和基因编辑技术的不断发展，基因修饰策略在蛋白质糖基化工程中的应用也在不断扩展。基因修饰策略是通过基因工程以及基因编辑技术，进一步改变宿主细胞内参与糖基化修饰的关键酶蛋白（如糖苷酶及糖基转移酶），影响重组蛋白的糖基化，从而改变重组蛋白的表达水平。可以将该策略分为基因过表达策略和基因沉默策略两类。

（一）基因过表达策略

基因过表达策略是通过基因工程技术，将强启动子驱动表达的糖基化相关酶蛋白基因转染到宿主细胞内，以获得相关基因稳定高效表达的宿主细胞的策略。根据该策略所获得的宿主细胞，可显著提高特定酶蛋白表达水平，进而提高特定糖基化步骤中的蛋白酶活性。

在糖蛋白的组成中，末端唾液酸是非常重要的组成成分。作为一类带负电荷的酸性九碳单糖，唾液酸可通过 α-糖苷键连接到其他糖的不同位置，一般连接在半乳糖或 N-乙酰半乳糖胺上，很少连接到唾液酸自身分子中。末端唾液酸残留物可改变蛋白质的特性，包括生物活性和体内半衰期。因此，在哺乳动物细胞中，通常需要最大限度地提高糖蛋白的末端唾液酸含量，以确保重组蛋白发挥最佳的疗效。糖蛋白上的唾液酸含量受两个作用相反的过程影响。首先，在细胞内添加由唾液酸转移酶催化的胞苷单磷酸唾液酸（cytidine monophosphate-sialic acid，CMP-SA）底物；接着，通过唾液酸酶的裂解作用，在细胞外去除掉唾液酸。许多糖、酶和共有底物参与了唾液酸的代谢（Yin et al.，2017）。通过细胞工程的修饰以及细胞培养条件的改变，均可以改善或减少糖蛋白中唾液酸的含量。

在6种哺乳动物细胞（CHO、BHK-21、HEK293、NS0、Cos-7和3T3）中表达内源性上游糖原，结果显示，上游糖原的过表达未能在上述所有细胞系中改善唾液酸化作用，这表明上游糖原的表达水平普遍较高，并且可以被看作是“管家基因”（Zhang et al.，2010）。因此，这些细胞系的唾液酸化似乎受下游基因的调控，尤其是唾液酸转移酶。当前，大量的研究表明，在不同的哺乳动物细胞系表达唾液酸转移酶可以明显改善糖蛋白的唾液酸化。如前所述，人源化细胞可以同时表达α-2,3-唾液酸转移酶和α-2,6-唾液酸转移酶，CHO细胞仅表达α-2,3-唾液酸转移酶。因此，在CHO细胞中若能实现α-2,6-唾液酸转移酶的过表达，可以明显提高重组蛋白中的唾液酸含量。比如，将鼠的α-2,6-唾液酸转移酶引入到CHO细胞后，可以明显提高重组IgG3类抗体的治疗活性（Jassal et al.，2001）。*N*-聚糖在发生唾液酸化之前，通常会在其分支上的*N*-聚糖链上进行半乳糖修饰。如果缺乏相应的受体底物，半乳糖基化修饰就会受到影响，进而也限制了唾液酸化作用。由过表达的糖基转移酶合成的*N*-连接的寡糖结构细胞，通常比对照细胞系具有更高的均质性。

在富集寡聚糖的抗体中，可以在CHO细胞中观察到β-1,4-*N*-乙酰氨基葡萄糖转移酶（GnT-Ⅲ）的表达。这种抗体一方面增加了抗体依赖细胞介导的细胞毒性作用（antibody-dependent cell-mediated cytotoxicity，ADCC），同时也减弱了补体依赖的细胞毒性（complement dependent cytotoxicity，CDC）（Schuster et al.，2005）。实际上，过表达GnT-Ⅲ，可以当作是抑制抗体岩藻糖基化的替代策略。Davies等建立了一种能产生人/小鼠嵌合型的抗CD20抗体的GnT-Ⅲ过表达CHO细胞系，抗体分子中的聚糖链的增加，能够增强抗体的ADCC效应（Davies et al.，2001）。

为了增强唾液酸化修饰，糖核苷酸的供体CMP-SA在细胞核中生成后，将通过CMP-唾液酸转运蛋白转运到高尔基体中，进而转运至高尔基体的受体寡糖中。大多数糖核苷酸可以作为反应的共同底物，在细胞质中合成。然而，唾液酸是一个例外，它可以在细胞核内被修饰为CMP-唾液酸（Noel et al.，2017）。糖核苷酸和糖蛋白转运到高尔基体，是蛋白质糖基化程度的重要决定因素。在重组IFN-γ生产的CHO细胞系中，如在蛋白质水平能实现CMP-唾液酸转运体的过表达，IFN-γ的唾液酸化程度可以提高2倍左右（Wong et al.，2006）。

（二）基因沉默策略

基因沉默策略主要通过RNA干扰技术来实现，是通过在宿主细胞中抑制基因的转录和降低转录产物的稳定性等方法，进而获得沉默特定基因表达的新宿主细胞。目前，该策略主要应用是改造治疗性抗体的糖基化结构，特别是降低糖基化中岩藻糖的含量，以提高抗体的ADCC效应。

为了提高重组蛋白产量，一种广泛使用的策略是抑制或敲除岩藻糖转移酶基因。在哺乳动物细胞中，编码α-1,6-岩藻糖转移酶的FUT8基因在高尔基体内侧，α-1,6-糖苷键催化岩藻糖从GDP-岩藻糖转移到GlcNAc核心结构的内侧（Mori et al.，

2004)。为了提高非岩藻糖基化抗体的水平，也可以利用细胞糖基化工程在细胞系中敲除岩藻糖基化基因，这样可以明显提高蛋白质产量（Mori et al.，2007)。利用siRNA 技术将 α-1,6-岩藻糖基化相关基因敲除以后，可以在 CHO-DG44 细胞内降低 FUT8 基因的表达水平。携带沉默基因的 shRNA，也用于降低 IgG1 抗体的岩藻糖基化水平。

利用基因组编辑技术，可以将负责 α-1,6-岩藻糖基化的基因位点进行改造。比如，与靶序列结合的含有 DNA 结合位点基序的锌指结构与 *Fol*k 核酸酶结合后，然后通过非同源末端连接（NHEJ）的修饰方式产生双链断裂（DSB）（Urnov et al.，2010)。与其他重组技术（化学方法、抗生素筛选或病毒载体整合）不同，这种方法仅需要锌指核酸酶（ZFN）介导的载体在靶细胞内进行瞬时转染。此外，最初从黄单胞菌中发现的类转录激活样效应蛋白（TALE)，最近已被应用于基因组编辑技术领域。在一项研究中，Cristea 等应用 TALE 技术建立了一个 FUT8 基因完全敲除的 CHO 细胞系（Cristea et al.，2013)。最近，研究人员采用 CRISPR/Cas9 技术在 CHO 细胞中敲除 FUT8 基因。目前，减少内源性 α-1,6-岩藻糖基化作用的细胞系已被应用。例如，在 CHO 细胞系中，利用 CRISPR/Cas9 技术干扰 FUT8 基因的表达，可以对抗体的岩藻糖基化作用产生很大的影响（Wang et al.，2018)。

另外一种方法是通过抑制或阻断供体底物 GDP-岩藻糖的生成，从而降低岩藻糖基化作用。岩藻糖的合成过程非常复杂，我们可以通过阻断和减少相关底物的合成，抑制岩藻糖基化的修饰作用，提高重组蛋白的产量。Kanda 等利用 siRNA 技术，在二氢叶酸还原酶缺陷型的 CHO 细胞系（CHO-DG44）中实现对 GDP-甘露糖-4,6-脱氢酶（GMD）的敲除（Kanda et al.，2007)。由这种细胞系生产的抗体，要比亲代 CHO 细胞系具有更高的 ADCC 效应。Omasa 等在 CHO 细胞内转染由 GDP-岩藻糖转运体（GFT）介导的 siRNA 质粒，该细胞系可以稳定生产人抗凝血酶Ⅲ（AT-Ⅲ)，使高尔基体内的 GDP-岩藻糖的含量降低了大约 75%，但可提高 AT-Ⅲ的表达水平 10%～40%（Omasa et al.，2008)。此外，在 CHO-Lec13 细胞系中，进行 GMD 活性的失活，与亲本 CHO 细胞系相比较，在糖原链上仅残留 10%的岩藻糖。随后，Shields 等研究发现，在人 IgG1 的 *N*-连接寡糖链上缺乏岩藻糖，将能明显提高 ADCC 效应（Shields et al.，2002)。然而，在两种 Lec13 细胞系中，若只用单一的 shRNA，宿主细胞内的岩藻糖基化通常不会被完全消除掉。实际上，这些系统中的非岩藻糖基化作用的范围很大程度上取决于单个细胞系的特征、培养条件和生长周期。

三、重组蛋白糖基化工程的应用

（一）糖基化工程可以增加重组蛋白药物的半衰期

重组蛋白药物一般具有低生物活性、高清除率的缺点，通过糖基化工程的策略可向靶蛋白引入含有唾液酸或糖基/糖链的碳水化合物，增加其半衰期、水溶性等，从而增加其生物活性。EPO 是一个高度糖基化的酸性糖蛋白，主要由 165 个氨基酸组成，包括60%的蛋白质成分和40%糖成分（质量分数）。EPO含有3个*N*-糖链以及1个*O*-糖链。糖基化的EPO不会影响其体外生物学活性，能进一步延长体内的半衰期（Egrie and Browne，2001）。

糖基化的IL-3可被细胞外基质所捕获，并且其分布容积较高，糖基化作用增强了它与细胞外基质的结合，从而使它更容易积聚在组织中，然后，糖基化的IL-3再缓慢释放进入循环系统。糖基化的IL-3可以有效提高骨髓中组氨酸羧化酶活性，和未糖基化形式进行比较，血浆半衰期大约可延长2倍。

（二）糖基化工程可以提高重组蛋白药物的靶向性

蛋白质表面的糖链可以作为蛋白质分子的胞内定位信号，如干扰素，有一定的抗丙型肝炎病毒作用，但是在治疗过程中，往往会受到剂量毒性限制。因此，如果生产携带特异性靶向病毒复制位点的糖型干扰素，可能会降低其毒性，提高其疗效。甘露糖受体是多凝集素类受体，它不但可以识别出病原体细胞表面的不同类型的糖分子，还可以参与受体的吞噬和内吞作用，结合获得性免疫和天然免疫，形成一定的免疫防御系统，使机体的内环境更稳定。

高歇氏（Gaucher′s）病是一种由葡糖脑苷脂酶基因缺陷所导致的单基因遗传病。Stahl和Ezekowitz（1998）在巨噬细胞的表面发现了一种膜蛋白，这种膜蛋白能和糖链末端为甘露糖的糖蛋白相结合，将它内吞入胞中。CHO细胞系统表达出来的人葡糖脑苷脂酶糖基化，是以唾液酸为末端的另外一种糖基化形式，因此不能和甘露糖受体相结合。基于上述情况，若要实现葡糖脑苷脂酶被巨噬细胞表面的甘露糖受体进一步摄取，Genzyme公司依次选择唾液酸苷酶、*β*-半乳糖苷酶和*β*-*N*-乙酰氨基己糖苷酶，去处理人葡糖脑苷脂酶，使其甘露糖残基充分暴露出来，从而明显地提高人葡糖脑苷脂酶对于巨噬细胞的靶向性，使得高歇氏病的酶替代疗法取得较好的治疗效果。

（三）糖基化工程可以增加抗体分子的效应功能

一般来讲，抗体与抗原结合，很少能对机体提供直接保护作用，但多数情况下，需要灭活效应功能以清除外来抗原，进一步保护机体。抗体的重链恒定区（Fc段）介导着抗体的效应功能，可以对靶细胞发挥杀伤作用，促进细胞吞噬，从而诱发释放生物活性物质，最终引起炎症反应。引起抗体分子效应功能的机制，通常可分为两大类：一类是由补体的激活作用产生的，另一类是由抗体分子的Fc段和不同细胞膜表面的Fc受体相互作用产生的。

第三节　重组蛋白糖基化控制

一、基因组学水平

蛋白质糖基化的控制方法，对于不同的控制点往往有着不同的结果，而且需要从不同的侧面去理解糖基化控制。此外，对于糖基化的研究并不是一成不变的，因为在不同的时间点都会涉及逐个的过程变量、培养基成分或蛋白质糖基化酶。通过基因组学和大规模基因表达分析工具，研究人员已经能够采取更为多元的方法去理解蛋白质糖基化途径，以及糖基化与其他生物学途径的关系。目前已经获得了一些有趣的研究成果，这有利于我们对蛋白质糖基化途径的理解，对糖基化与其他代谢途径的关系以及它对整个系统相对敏感性的认识。通过这些相关研究得到的信息，让我们对蛋白质糖基化控制的理解更为透彻。

代谢废物的增多对重组蛋白糖基化基因表达的影响已经进行了相应的评估。Chen 和 Harcum（2006）通过实时定量聚合酶链反应（qRT-PCR）技术评估了高氨对 CHO 细胞中 12 个基因的影响。结果发现，许多在细胞质和 ER 定位的、与早期糖基化步骤相关的基因对氨不太敏感，在高尔基体中参与聚糖加工的后期步骤中对氨非常敏感。研究还发现 α-1,3-糖基转移酶和唾液酸酶并没有随着时间的推移而提高铵盐的含量。相反，在较高的铵盐培养条件下，UDP-半乳糖转运蛋白会随着时间的推移呈现低表达。CMP-NeuAc 转运蛋白和 UDP-葡萄糖焦磷酸化酶对铵盐较为敏感，但不是在细胞培养阶段。目前，仅发现一种基因，即 UDP-半乳糖转运蛋白基因，在较高的铵盐培养条件下，其表达水平更高。无论培养条件中的铵含量如何，唾液酸酶的水平均未出现太大的差异。此方面的研究就是一个通过糖基化基因表达信息理解蛋白质糖基化控制的较好案例。

细胞培养基成分及其添加物对糖基化基因表达的影响也进行了相应的评估。我们知道，丁酸钠是一种能增加产品滴度水平的常用添加物，也是一种染色质结构调节剂，其在细胞内如何提高生产效率的研究也得到了人们的广泛关注（Yin et al.，2018）。在一项有趣的研究中，研究人员将丁酸钠分别添加到杂交瘤和 CHO 细胞培养物中，并且通过小鼠和 CHO cDNA 微阵列检测相对于对照培养物的基因表达（De Leon Gatti et al.，2007）。结果显示，在杂交瘤和 CHO 细胞培养物中，加入丁酸钠可以导致适量的蛋白质糖基化基因的差异表达。这些结果表明，常用的细胞培养基添加物可以对蛋白质糖基化基因表达谱的调节起到十分重要的作用。虽然能观察到差异性表达，但不确定这些培养物的糖型是否发生了改变。然而，其他研究报告指出，添加丁酸钠并不能明显改变表达蛋白质的糖型（Mimura et al.，2001）。

另一项研究探讨了培养基条件对基因表达水平的影响，Korke 等在低葡萄糖水平下持续培养的杂交瘤细胞中发现其促进了低乳酸盐的生成（Korke et al.，2004）。利用小鼠 cDNA 和寡核苷酸微阵列分析，研究人员评估了不同代谢状态下的基因表达谱变化。然而，在低乳酸生成的细胞系中，他们并没有发现蛋白质糖基化基因的差异性表达情况。在另一项研究中，研究人员利用衣霉素和低葡萄糖培养液原代培养了成纤维细胞，并检测了其相对基因的表达（Lecca et al.，2005）。结果发现，与低葡萄糖培养相比较，使用衣霉素更能提高基因的表达水平（大约提高了 2 倍）。因此，通过比较上述两种情况发现，在低营养水平下不会引起蛋白质糖基化基因表达的显著性变化。总之，细胞培养基条件对于蛋白质糖基化基因表达谱的影响，可能在未来几年里继续受到人们的广泛关注。

在细胞培养基中补充核苷酸-糖前体物质，是蛋白质糖基化控制的是一种重要策略。研究人员利用糖基化途径特异性基因的微阵列和qRT-PCR的方法，在表达IFN-γ的CHO细胞的摇瓶培养物中加入各种核苷酸-糖，分析79种蛋白质糖基化相关基因对细胞内糖基化的影响（Wong et al.，2010a）。结果表明，在培养物中添加半乳糖和尿苷后，能明显上调参与CMP-NeuAc生物合成的基因表达水平。然而，在单个条件下进行评估，却未发现核苷酸-糖转运蛋白的表达水平变化。与之前讨论的相类似，参与早期聚糖加工的基因并没有随着培养条件而发生变化，但那些参与聚糖分支和末端加工（半乳糖基化和唾液酸化）的基因却发生了明显变化。GnT Ⅱ和GnT Ⅳ的表达水平在含有葡萄糖胺±尿苷和*N*-乙酰甘露糖胺±胞苷的培养物中上调。溶酶体中唾液酸酶和细胞质中唾液酸酶的表达水平在含有葡糖糖胺±尿苷和*N*-乙酰甘露糖胺±胞苷的培养物中也上调。另一项研究指出，在添加了核苷酸-糖前体后，参与蛋白质折叠的相关基因出现了下调，其中包括伴侣蛋白、钙连蛋白、钙网织蛋白和蛋白质二硫键异构酶。因此，蛋白质糖基化与蛋白质分泌途径中涉及的其他蛋白质加工之间是相互关联的。

在评估生物反应器培养时间对蛋白质糖基化的影响过程中，研究人员通过qRT-PCR技术，在表达IFN-γ的CHO细胞的流加培养过程中的指数期、静止期和死亡期，分别针对24个*N*-糖基化基因的表达进行了分析（Wong et al.，2010b）。这些基因参与包括*N*-聚糖链延长、聚糖分支、末端唾液酸化、核苷酸-糖合成和转运，以及*N*-聚糖降解等过程。研究人员发现，在24个基因分析中，21个基因在整个实验过程中出现上调或者下调。随着培养过程的推进，CMP-NeuAc生物合成基因表达减少，唾液酸酶的表达增加。唾液酸酶基因的表达在整个培养过程中均有增加，表明降低了CMP-唾液酸的生物合成，这可能是唾液酸附着蛋白质减少的主要原因。随着时间的推移，核苷酸-糖转运蛋白的基因表达并没有发生显著性变化。进一步的研究分析了在低谷氨酰胺水平控制的CHO细胞流加培养生物反应器中的基因表达情况，发现GnT Ⅴ的表达上调和GnT Ⅳ的表达下调，这与此前的*N*-聚糖检测是一致的。此外，较低的谷氨酰胺水平，也会导致唾液酸化水平降低。上述结果表明，相关基因的表达和此前的糖基化结果是一致的。

保持高细胞特异性生产效率是任何生物反应器的目标。然而，实现这种目标不能以牺牲产品质量为代价。最近，研究人员在11种不同的GS-NS0细胞克隆中和不同的IgG生产水平上，研究基因的差异表达情况（Seth et al.，2007）。在该项研究中，使用寡核苷酸芯片评估其差异性表达。大量的统计学分析结果显示，许多基因在蛋白质翻译后修饰的差异性，是出现不同生产水平的直接结果。在所探讨的细胞系中能否观察到糖型的差异也是十分有趣的。关于糖基化的机制，随着基因表达的增加生产水平是否提高，目前尚不清楚。然而，在蛋白质合成速率与蛋白质糖基化之间存在着直接和反向关系。在一项研究中，通过放线菌酮降低蛋白质合成速率，从而提高了C127细胞中重组催乳素的聚糖位点占有率（Shelikoff et al.，1994）。在HL-60细胞中将培养温度降至21℃以减少分泌途径活性，可以导致*N*-乙酰乳糖胺重复序列增加

30%～50%（Wang et al.，1991）。然而，在CHO细胞中有关tPA的合成研究表明，蛋白质合成速率对蛋白质糖基化的影响很小。

当前，根据细胞培养过程中的糖基化基因表达结果表明，与早期的聚糖加工酶相比较，末期聚糖加工酶对细胞环境的变化更为敏感。Comelli等使用哺乳动物组织探讨了糖基化相关基因表达谱变化，并且已证实了这一点（Comelli et al.，2006）。研究人员进行了一种含有436个糖基化相关基因的寡核苷酸微阵列的研究，包括人和鼠糖基转移酶、核苷酸糖转运蛋白、核苷酸合成酶、糖苷酶、蛋白质多糖和聚糖结合蛋白。其中对9个小鼠组织的相对表达谱进行研究。负责*N*-聚糖和*O*-寡聚糖核心区域的生物合成酶在组织中普遍表达；然而，用于添加末端糖的酶则具有组织特异性。这些酶包括唾液酸转移酶类和岩藻糖基转移酶类。上述基因表达结果表明，大多数基因表达的多样性通常与添加的末端糖相关，即与那些位于高尔基体的蛋白质糖基化密切相关，而与在内质网起始阶段的蛋白质糖基化无关。

二、系统生物学水平

细胞和代谢途径各参数之间的复杂关系重塑了最终的糖型，这就需要对糖基化控制有更加深入的理解。如前所述，蛋白质糖基化途径非常复杂，对于产生的每个聚糖产物，存在着很多种可能的途径。随着蛋白质的额外聚糖位点的占位变化，以及与核苷酸-糖生物合成途径的错综复杂关系，人们可以感受到该系统的复杂性。特定糖型的生成取决于所涉及酶的相对浓度、聚糖与不同酶的结合、酶穿过高尔基体和内质网时的空间定位、核苷酸-糖的相对浓度、每种反应物聚糖的底物特异性和它们的聚糖产物、以及与蛋白质*N*-糖基化、*O*-糖基化途径发生相互作用的其他因素。在细胞培养过程中，上述变量可以调节蛋白质糖基化，从而达到理想化的修饰。

关于这些参数是如何调节微观和宏观的异质性的，目前尚不完全清楚。在所有调节糖基化途径的措施中，通常会有类似的研究，但它们可能对糖基化没有产生任何影响。采用系统生物学方法和代谢模型，可以对蛋白质*N*-糖基化和*O*-糖基化进行全方位的理解。众多的系统生物学方法用来理解蛋白质*N*-糖基化和*O*-糖基化途径。从众多研究中收集的信息，更有利于我们认识这些途径的复杂性，同时也有助于我们了解各种控制参数对糖型的敏感性。

一些常用的数学和统计工具经常被用于系统生物学的研究，包括代谢动力学模型、灵敏度分析、数值优化和主要成分分析。灵敏度分析可以对特定的参数进行评估检测或计算，这种变化大小不一，但这些变化通常是针对性的。数值优化是为了确定最佳条件，对指定的标准有更好的反应性。这些数学和统计工具已被用于代谢途径分析，包括蛋白质的*N*-糖基化和*O*-糖基化途径。在早期研究蛋白质糖基化的系统生物学方法中，Umana和Bailey（1997）开发了一种针对33种不同的*N*-聚糖微观异质性的代谢模型，包括高甘露糖、杂合型和复合型寡聚糖类。从文献中获得动力学参数，研究人员从中能够模拟出各种模型参数对糖型谱的影响。该模型实际上是一个反应转运系统，其中10种高尔基体蛋白糖基化酶在被运输到下一个亚细胞时，必须对基质聚糖有一定的反应。通过系统生物学，借助于研究人员开发的模型，可以加深对糖基化复杂途径的理解。

模拟高尔基体成熟模型的结果显示，所得到的最终聚糖谱对几个关键酶非常敏感，特别是GalT，即在特定分支步骤上加入Gal，可能对所得到的*N*-聚糖产生潜在的显著影响。对于某些聚糖来讲，聚糖均质性可以实现，但并不是全部，这是由于代谢途径的内在性质和关键分支点的位置。控制单糖的添加顺序，也是决定最终糖型的一个重要变量。此外，研究还发现，在高尔基体成熟模型中结合一个多间隔系统，在最终的糖型谱中就会更早观察到加工的*N*-聚糖。

模拟囊泡转运模型，揭示了可以在更为广泛的范围探讨加工的*N*-聚糖。对于高尔基体成熟模型来讲，它与高尔基体外转运的机制非常相似，可能涉及成熟和囊泡运输的混合机制。然而，两个模型都强调了单糖添加的特定顺序，对于最终的*N*-聚糖谱确定的重要性。使用分隔的高尔基体成熟模型，每个末端加工的*N*-聚糖可以产生聚糖均质性。这可以通过糖基化酶的错误定位来实现，以确保产生正确的序列，进而防止酶性聚糖底物从其目标产物*N*-聚糖分子中流失。关于糖基化酶的错误定位已在文献中有记载，表明这种糖基化工程策略也是一种可行的糖基化研究方法（Tarantino et al.，2018）。

在另外一项研究中，研究人员将基因表达检测数据与糖基转移酶活性结合起来，通过它们细胞表面的HL-60细胞和中性粒细胞，以试图预测P-选择素糖蛋白配位体-1（P-selectinglycoprotein ligand-1，PSGL-1）表达的*O*-糖型（Marathe et al.，2008）。尽管研究人员在中性粒细胞和HL-60细胞之间，观察到了酶活性的明显差异，他们发现，在检测的酶活性和相应的酶基因表达之间存在着紧密的联系（虽然不是严格的线性关系）。研究人员推测，酶活性和表达结果之间存在差异，可能是由于基因表达变化明显快于细胞内酶水平变化的原因，这是因为酶学水平的变化需要更长的周期。目前，在哺乳动物细胞中的蛋白质糖基化酶是否都具有缓慢的细胞内转换时间，仍然有待于进一步的观察。研究人员还发现，和基因表达检测相比较，酶活性检测对于最终的*O*-聚糖谱更具有相关性。为了更加精确地预测最终的*O*-聚糖谱，除了基因表达数据外，其他信息包括在高尔基体中的酶定位和额外的聚糖底物特异性，均是需要考虑的因素。以上结果进一步指出了系统生物学在糖型预测中的有效性和实用性。

三、质量控制与评价

重组蛋白药物的质量控制，主要是对生产工艺过程控制以及质量标准控制。工艺过程的控制是在研究、再验证、重现性生产基础上，有效控制那些关键工艺参数。研究阶段是回答相关工艺参数的确立问题，包括确定需要控制哪些参数、控制的标准以及控制范围等。再验证阶段是回答应用研究阶段所确立的工艺参数是否能够获得目的修饰蛋白质，比如验证不同糖型修饰的蛋白质含量是否一致。重现性阶段是回答在批次生产时获得的重组蛋白修饰形式是否一致，比如含糖量等。质量标准则是衡量每一批产品安全性、有效性的基本工具，是针对产品的组合性检验控制。通过对糖基化糖链的特性、作用机制和安全性等方面研究，可以制定糖基化质量控制的相关策略。

此外，对于发挥着重要生物功能的糖链，要加强其质量控制，包括批次间的糖型、糖含量控制以及糖链性质变化等。虽然在生产过程中严格控制了工艺过程，糖蛋白的糖基化修饰还会表现出一定的批次间差异，研究人员需要参考临床试验样品中糖基化修饰的大致变化范围，对重组蛋白产品中可能出现的批次间差异进行合理控制。

生物药物的生产，常常会伴有变更，包括生产工艺变更、生产场地变更以及原材料变更等，上述变更均会影响到产品质量，尤其是糖基化修饰，因此需要开展对比研究，以确保产品质量。为了比对出产品变更前、后的糖基化修饰水平的差异，糖基化修饰位点、含糖量以及糖型分析等，均是常规的检测项目。然而，结合生物学功能研究是最为重要的，可以指出产品质量属性的差异是否和糖基化修饰相关。

综上所述，糖基化修饰对于重组蛋白功能产生很大的影响，故蛋白质类药物的审批也变得更加严格。在美国，使用糖蛋白药物时，FDA 要求申报人提供完整的糖蛋白糖型分析结果。在我国，也有许多单位开始了这方面的研究工作。蛋白质糖基化也与细胞的生长状态密切相关，因此，保证培养细胞处于最佳的生长状态，也是一项首要工作。另外，在上游构建研究过程中，选择合适的表达系统和宿主细胞，也是非常关键的一环。目前，随着基因工程技术的迅猛发展，完全有可能通过基因手段获得理想的糖链，从而改变或装配得到理想的糖链形式，进而获得稳定高效表达的重组蛋白。

当前，糖基化修饰在生物制药产业中显示出其非常重要的一面，因此，充分认识聚糖的结构并加以修饰，对糖蛋白的生物活性有着重要影响。对于糖基化的每种组分和条件进行有效控制，是确保重组蛋白质量的关键所在。对功能糖组学的深入研究，可以帮助我们快速地揭示特定糖型的生物学活性。然而，在合成糖蛋白之前，我们需要对宿主细胞和生物反应器中控制蛋白质糖基化的参数进行充分了解，这样才能生产出活性更高的重组蛋白药物。

随着各种组学和基因技术的发展，蛋白质糖基化受到了很多研究人员的极大关注，也使得蛋白质糖基化成为当前一个十分重要的课题方向。然而，要想较为全面地研究蛋白质糖基化，目前尚存在一定的困难，主要的原因如下：首先，糖蛋白分子中的糖成分没有合成模板，仅仅是通过多种单个酶的催化组装而成，加上产生的结构又不是唯一的，具有一定的异质性；其次，在糖的结构和其功能之间，并不是呈现一对一的线性关系，糖结构中的构象具有不均一性，这些将为后续功能研究带来诸多挑战；最后，目前的糖组学研究往往是静态的，而生物体内的糖基化过程往往是动态的，这就要求研究方法实现动态化，这也是一种必然的发展趋势。总之，未来重组蛋白药物的生产，会基于糖基化修饰的策略，对其进行加工和改进，降低制备的成本，提高临床治疗效果。随着一些新的分离技术出现，加上新型仪器的改进，研究人员将能获得糖蛋白的更多结构及信息，从而更加深入地了解蛋白质糖基化的生物学功能，为取得重组蛋白药物的更快发展提供新的动力，也从根本上真正揭示其参与生命活动的奥秘。

参 考 文 献

熊红，吴秋业，廖洪利，赵庆杰，侯健，2007. 糖基化修饰的树突状细胞疫苗激发的骨髓瘤特异性 T 细胞免疫反应. 现代免疫学，27：53-58.

Chen P，Harcum S W，2006. Effects of elevated ammonium on glycosylation gene expression in CHO cells. Metab Eng，8：123-132.

Comelli E M，Head S R，Gilmartin T，Whisenant T，Haslam S M，North S J，Wong N K，Kudo T，Narimatsu H，Esko J D，Drickamer K，Dell A，Paulson J C，2006. A focused microarray approach to functional glycomics：transcriptional regulation of the glycome. Glycobiology，16：117-131.

Cong Y，Zhang Z，Zhang S，Hu L，Gu J，2016. Quantitative MS analysis of therapeutic mAbs and their glycosylation for pharmacokinetics study. Proteomics Clin Appl，10：303-314.

Cristea S，Freyvert Y，Santiago Y，Holmes M C，Urnov F D，Gregory P D，Cost G J，2013. In vivo cleavage of transgene donors promotes nuclease-mediated targeted integration. Biotechnol Bioeng，110：871-880.

Davies J，Jiang L，Pan L Z，LaBarre M J，Anderson D，Reff M，2001. Expression of GnT Ⅲ in a recombinant anti-CD20 CHO production cell line：expression of antibodies with altered glycoforms leads to an increase in ADCC through higher affinity for FC gamma R Ⅲ. Biotechnol Bioeng，74：288-294.

De Leon Gatti M，Wlaschin K F，Nissom P M，Yap M，Hu W S，2007. Comparative transcriptional analysis of mouse hybridoma and recombinant Chinese hamster ovary cells undergoing butyrate treatment. J Biosci Bioeng，103：82-91.

Egrie J C，Browne J K，2001. Development and characterization of novel erythropoiesis stimulating protein (NESP). Br J Cancer，Suppl 1：3-10.

Elliott S，Lorenzini T，Asher S，Aoki K，Brankow D，Buck L，Busse L，Chang D，Fuller J，Grant J，Hernday N，Hokum M，Hu S，Knudten A，Levin N，Komorowski R，Martin F，Navarro R，Osslund T，Rogers G，Rogers N，Trail G，Egrie J，2003. Enhancement of therapeutic protein in vivo activities through glycoengineering. Nat Biotechnol，21：414-421.

Härmä H，Tong-Ochoa N，van Adrichem A J，Jelesarov I，Wennerberg K，Kopra K，2018. Toward universal protein post-translational modification detection in high throughput format. Chem Commun (Camb)，54：2910-2913.

Harvey B M，Haltiwanger R S，2018. Regulation of Notch Function by O-Glycosylation. Adv Exp Med Biol，1066：59-78.

Hayase F，Nagaraj R H，Miyata S，Njoroge F G，Monnier V M，1989. Aging of proteins：immunological detection of aglucose-derived pyrrole formed during maillard reaction in vivo. J Biol Chem，264：3758-3764.

Higel F，Seidl A，Sörgel F，Friess W，2016. N-glycosylation heterogeneity and the influence on structure，function and pharmacokinetics of monoclonal antibodies and Fc fusion proteins. Eur J Pharm Biopharm，100：94-100.

Jarvis D L，Kawar Z S，Hollister J R，1998. Engineering N-glycosylation pathways in the baculovirus-insect cell system. Curr Opin Biotechnol，9：528-533.

Jassal R，Jenkins N，Charlwood J，Camilleri P，Jefferis R，Lund J，2001. Sialylation of human IgG-Fc carbohydrate by transfected rat alpha 2，6-sialyltransferase. Biochem Biophys Res Commun，286：243-249.

Kanda Y，Imai-Nishiya H，Kuni-Kamochi R，Mori K，Inoue M，Kitajima-Miyama K，Okazaki A，Iida S，Shitara K，Satoh M，2007. Establishment of a GDP-mannose 4，6-dehydratase (GMD) knockout host cell line：a new strategy for generating completely non-fucosylated recombinant therapeutics. J Biotechnol，130：300-310.

Korke R，Gatti Mde L，Lau A L，Lim J W，Seow T K，Chung M C，Hu W S，2004. Large scale gene expression profiling of metabolic shift of mammalian cells in culture. J Biotechnol，107：1-17.

Krasnova L，Wong C H，2016. Understanding the chemistry and biology of glycosylation with glycan synthesis. Annu Rev Biochem，85：599-630.

Lecca M R，Wagner U，Patrignani A，Berger E G，Hennet T，2005. Genome-wide analysis of the unfolded protein response in fibroblasts from congenital disorders of glycosylation type-I patients. FASEB J，19：240-242.

Marathe D D，Chandrasekaran E V，Lau J T，Matta K L，Neelamegham S，2008. Systems-level studies of glycosyltransferase gene expression and enzyme activity that are associated with the selectin binding function of human leukocytes. FASEB J，22：4154-4167.

Mimura Y，Lund J，Church S，Dong S，Li J，Goodall M，Jefferis R，2001. Butyrate increases production of human chimeric IgG in CHO-K1 cells whilst maintaining function and glycoform profile. J Immunol Methods，247：205-216.

Mori K，Iida S，Yamane-Ohnuki N，Kanda Y，Kuni-Kamochi R，Nakano R，Imai-Nishiya H，Okazaki A，Shinkawa T，Natsume A，Niwa R，Shitara K，Satoh M，2007. Non-fucosylated therapeutic antibodies，the next generation of therapeutic antibodies. Cytotechnology，55：109-114.

Mori K，Kuni-Karnochi R，Yarnane-Ohnuki N，Wakitani M，Yamano K，Imai H，Kanda Y，Niwa R，Iida S，Uchida K，Shitara K，Satoh M，2004. Engineering Chinese hamster ovary cells to maximize effector function of produced antibodies using FUT8 siRNA. Biotechnol Bioeng，88：901-908.

Nagashima Y，von Schaewen A，Koiwa H，2018. Function of N-glycosylation in plants. Plant Sci，274：70-79.

Noel M，Gilormini P A，Cogez V，Yamakawa N，Vicogne D，Lion C，Biot C，Guérardel Y，Harduin-Lepers A，2017. Probing the CMP-Sialic Acid Donor Specificity of Two Human β-d-Galactoside Sialyltransferases（ST3GalI and ST6GalI）Selectively Acting on *O*- and *N*-Glycosylproteins. Chembiochem，18：1251-1259 .

Oh S K，Vig P，Chua F，Teo W K，Yap M G，1993. Substantial overproduction of antibodies by applying osmotic pressure and sodium butyrate. Biotechnol Bioeng，42：601-610.

Omasa T，Tanaka R，Doi T，Ando M，Kitamoto Y，Honda K，Kishimoto M，Ohtake H，2008. Decrease in antithrombin Ⅲ fucosylation byexpressing GDP-fucose transporter siRNA in Chinese hamster ovary cells. J Biosci Bioeng，106：168-173.

Rodriguez Benavente M C，Argüeso P，2018. Glycosylation pathways at the ocular surface. Biochem Soc Trans，46：343-350.

Schuster M，Umana P，Ferrara C，Brünker P，Gerdes C，Waxenecker G，Wiederkum S，Schwager C，Loibner H，Himmler G，Mudde G C，2005. Improved effector functions of a therapeutic monoclonal Lewis Y-specific antibody by glycoform engineering. Cancer Res，65：7934-7941.

Seth G，Philp R J，Lau A，Jiun K Y，Yap M，Hu W S，2007. Molecular portrait of high productivity in recombinant NS0 cells. Biotechnol Bioeng，97：933-951.

Shields R L，Lai J，Keck R，O'Connell L Y，Hong K，Meng Y G，Weikert S H，Presta L G，2002. Lack of fucose on human IgG1 N-linked oligosaccharide improves binding to human Fcgamma RIII and antibody-dependent cellular toxicity. J Biol Chem，277：26733-26740.

Shelikoff M，Sinskey A J，Stephanopoulos G，1994. ，The effect of protein synthesis inhibitors on the glycosylation site occupancy of recombinant human prolactin. Cytotechnology，15：195-208.

Stahl P D，Ezekowitz R A，1998. The mannose receptor is a pattern recognition receptor involved in host defense. Curr Opin Immunol，10：50-55.

Tarantino M E，Dow B J，Drohat A C，Delaney S，2018. Nucleosomes and the three glycosylases：High，medium，and low levels of excision by the uracil DNA glycosylase superfamily. DNA Repair（Amst），72：56-63.

Tric M，Lederle M，Neuner L，Dolgowjasow I，Wiedemann P，Wölfl S，Werner T，2017. Optical biosensor optimized for continuous in-line glucose monitoring in animal cell culture. Anal Bioanal Chem，409：5711-5721.

Umana P，Bailey J E，1997. A mathematical model of N-linked glycoform biosynthesis. Biotechnol Bioeng，55：890-908.

Urnov F D，Rebar E J，Holmes M C，Zhang H S，Gregory P D，2010. Genome editing with engineered zinc finger nucleases. Nat Rev Genet，11：636-646.

Wang Q，Chung C Y，Rosenberg J N，Yu G，Betenbaugh M J，2018. Application of the CRISPR/Cas9 gene editing method for modulating antibody fucosylation in CHO cells. Methods Mol Biol，1850：237-257.

Wang W C，Lee N，Aoki D，Fukuda M N，Fukuda M，1991. The poly-N-acetyllactosamines attached to lysosomal membrane glycoproteins are increased by the prolonged association with the Golgi complex. J Biol Chem，266：23185-23190.

Wong N S，Wati L，Nissom P M，Feng H T，Lee M M，Yap M G，2010. An investigation of intracellular glycosylation activities in CHO cells：effects of nucleotide sugar precursor feeding. Biotechnol Bioeng，107：321-336.

Wong D C，Wong N S，Goh J S，May L M，Yap M G，2010. Profiling of N-glycosylation gene expression in CHO cell fed-batch cultures. Biotechnol Bioeng，107：516-528.

Wong N S，Yap M G，Wang D I，2006. Enhancing recombinant glycoprotein sialylation through CMP-sialic acid transporter over expression in Chinese hamster ovary cells. Biotechnol Bioeng，93：1005-1016.

Yin B，Wang Q，Chung C Y，Bhattacharya R，Ren X，Tang J，Yarema K J，Betenbaugh M J，2017. A novel sugar analog enhances sialic acid production and biotherapeutic sialylation in CHO cells. Biotechnol Bioeng，114：1899-1902.

Yin B，Wang Q，Chung C Y，Ren X，Bhattacharya R，Yarema K J，Betenbaugh M J，2018. Butyrated ManNAc analog improves protein expression in Chinese hamster ovary cells. Biotechnol Bioeng，115：1531-1541.

Zhang P，Tan D L，Heng D，Wang T，Mariati，Yang Y，Song Z，2010. A functional analysis of N-glycosylation-related genes on sialylation of recombinant erythropoietin in six commonly used mammalian cell lines. Metab Eng，12：526-536.

（张俊河　赵春澎）

第十一章 重组抗体质量控制

抗体药物起源于20世纪的末期，抗体对于抗原具有较高的亲和力和特异性，并且还不会产生比较明显的毒副作用，故抗体药物在疾病诊断与临床治疗过程中具有广阔的应用前景。大多数单克隆抗体分子是通过四条多肽链组成的对称结构：两条为较长、分子量较大的相同的重链（HC），另两条为较短、分子量较小的相同的轻链（LC），并且轻链与重链之间通过二硫键相连接。在抗体药物的漫长研制过程中，抗体的制备技术大致经历了三个时代：采用抗原免疫高等脊椎动物所制备的多克隆抗体，称之为第一代抗体；通过杂交瘤技术生产的、仅仅针对某一特定抗原决定簇的单克隆抗体，称之为第二代抗体；利用重组DNA技术以及基因突变方法，改造抗体基因中的编码序列，使之生产自然界中本来就存在的抗体分子，称之为第三代抗体，也称之为重组抗体。因此，利用分子生物学、基因工程等技术手段对抗体进行不同的改造，并在原核、真核细胞内表达制备的工程技术，称为抗体工程。

近些年来，随着现代分子生物学技术的快速发展，加上人们对抗体分子的立体结构和作用机制的深入探讨，重组抗体药物陆续面世。重组抗体药物主要经历了鼠源单克隆抗体、人-鼠嵌合抗体、人源化抗体以及全人源抗体等阶段（图11.1），目前已应用于抗肿瘤、抗自身免疫性疾病和生物传感器等多个领域。保持和提高抗体的亲和力、降低抗体的免疫原性，是抗体药物基因工程改造的两大基本原则。抗体药物的发展较为迅猛，据业内统计显示，1997年的全球抗体药物年销售额仅为3亿美元，2012年已达600多亿美元，2017年首次突破1000亿美元，2018年已高达1232亿美元。目前，抗体药物研发已成为全球医药产业中发展速度最快、盈利能力最强、潜力最大的生物制药领域之一。截至目前，重组抗体药物的生产，大多是通过基因工程技术构建体外的表达载体实现的。但是，由于重组抗体往往需要经过一系列翻译后修饰

(如糖基化修饰)、折叠和正确的切割，才能产生具有生物活性和低免疫原性的重组抗体药物，只有哺乳动物细胞较为适合重组抗体的生产。与大肠杆菌等表达系统相比，哺乳动物细胞表达系统产生的重组抗体，和天然抗体的分子结构、糖基化类型等较为相似，并且哺乳动物细胞能以悬浮培养或者在无血清培养基中进行大规模培养。在哺乳动物细胞表达系统中，CHO 细胞是目前重组抗体生产的首选体系。然而，该细胞系统的表达水平低，大规模培养细胞时成本较高，从而导致生产的重组抗体药物成本较高。因此，为了提高重组抗体的表达量，有必要对抗体的基因序列、表达载体进行优化与设计，并在改造抗体宿主细胞系、优化细胞培养工艺条件等方面深入研究，提高对产业化生产过程中关键参数的认识，促进重组抗体药物乃至生物医药产业的健康发展。

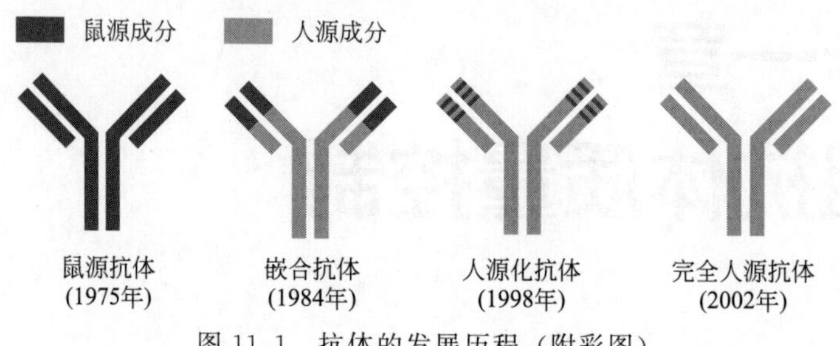

图 11.1　抗体的发展历程（附彩图）

重组抗体是当前生物技术产业化领域开发的最成功产品之一。因此，如何通过质量控制确保抗体药物安全有效，一直是本行业领域关注的热点。重组抗体的整个生产过程包括了细胞培养、工程细胞的建构和扩增、抗体纯化及产品保存分装等，这就要求生产单位严格遵循生产质量管理的相关规定，建立药物质量体系，保证抗体药物的安全有效。本节就重组抗体的生产细胞和生产产品的质量控制等方面进行阐述。

第一节　重组抗体生产细胞的质量控制

一、建构工程细胞和细胞库

首先应结合相关的背景资料，建构工程细胞。此过程需要明确建构的步骤和方法、克隆基因的序列信息、插入载体的目的基因编码区及引入细胞的方法等；此外，还需要明确细胞所需要的培养条件、培养基组成及培养模式、生产特点和所导入目的基因后的表达水平等。细胞库的建立，可为重组抗体的生产提供检验合格、质量相同、持续稳定的细胞，从而保证抗体药物生产的一致性。细胞库一般分为三级管理，即初级细胞库、主细胞库和工作细胞库。每个细胞库的建立，均应该有相应的建库记录，记录细胞来源、复苏时间、传代时间、冻存日期、冻存细胞批号、冻存的细胞代次、冻存数量等。每个库的细胞冻存后，应定期抽取细胞进行复苏，检查有无染菌，复苏后的细胞活力应该大于 80%。生产单位的初级细胞库最多不得超过两个细胞代次，工作细胞库必须限定是同一个细胞代次。

二、细胞质控

按照《中华人民共和国药典》2020版的要求，对生产细胞进行质量评估与检测。抗体药物的生产细胞检定包括生产细胞的鉴别、病原微生物、致瘤性等方面，其中，需要着重关注的检测指标为支原体和病毒。

首先，鉴别生产细胞应根据以下几个方面联合检测，包括细胞形态、代谢酶的亚型谱分析和某些特定的基因表达产物等。抗体基因或其表达产物可通过PCR技术、限制性内切酶谱分析或者Southern印迹等方法进行鉴别。其次，应参照现行版《中华人民共和国药典》2020版中的生物制品无菌试验和支原体的检测规程，对细菌、真菌或支原体污染进行检测。通常情况下，支原体的存在会导致细胞生长变慢，也会大量消耗培养基中的营养成分，从而造成细胞蛋白质合成障碍。病毒的存在往往会造成产物中含有病毒相关蛋白质，当应用到病人时会引起过敏反应，影响药物的质量安全。对于重组工程细胞而言，还应对细胞裂解液或收获液进行外源因子的检测。最后，考虑到安全性，生产单位还需要进一步优化抗体药物的纯化工艺，并在最终产品的放行中，严格限量控制残余的DNA等具有潜在致瘤性风险的成分。

第二节　重组抗体的质控标准物质

标准物质和检测方法是控制重组抗体质量的两个重要技术支撑点。质控标准物质主要有两种：理化对照品和活性标准品。理化对照品主要用于重组抗体的理化性质分析，如分子量、等电点、肽图等；活性标准品主要用于抗体活性的检测，应通过协作标定进行赋值（Schumacher and Seitz，2016）。

一、理化对照品的结构验证

重组抗体药物的空间结构较为复杂，正确的结构是其生物学活性的前提和基础，因此，需要对抗体的结构进行验证。在抗体药物的常规质控中，如果对每批产品都要进行全面的结构分析，不仅成本昂贵，而且工作量巨大，难以实现。在这种情况下，理化对照品就变得尤为必要，我们只需要通过对照品的结构充分分析，来证明其结构正确；与此同时，在常规质控中，将待测产品与对照品同时测定，如果它们的结果一致，可以基本说明待测样品的结构正确。理化对照品的结构分析包括以下内容：

1. 质谱分子量测定

该方法可以直接测定完整抗体的分子量，也可以先用糖苷酶将糖基切除后再测定抗体蛋白部分的分子量，还可以使用还原剂将抗体的二硫键打开，分别测定轻、重链的分子量。测出抗体的分子量后，将其与理论分子量进行比较，从而初步判断蛋白质部分的氨基酸序列是否正确。

2. N末端氨基酸序列测定

该方法测定的主要目的是确认抗体的N末端氨基酸序列与理论序列是否一致，

一般只对 N 末端 15 个氨基酸进行分析。N 末端测序常用的方法为 Edman 降解法，然而，Edman 降解法不能测出 N 末端封闭、修饰等情况下的 N 末端序列。质谱法可以克服上述不足，而且可以检测出相应的修饰，基本上无任何限制。

3. C 末端氨基酸序列测定

C 末端测序不像 N 末端测序那样有常规通用的方法，目前主要采用以下几种方法（Hamberg et al.，2006）。一是采用酶法或化学法将 C 末端肽段切下来并收集，然后用 N 末端测序方法测定；二是采用串联质谱法分析 C 末端氨基酸序列；三是采用羧肽酶酶解分子量梯度法测定。

4. 液质肽图

液质肽图是借助高效液相色谱仪来完成的。采用蛋白酶将抗体酶解成肽段后，一般用反相色谱柱进行梯度洗脱，再连接质谱仪和紫外检测器，测定肽段的质谱信号和紫外吸收信号，得到相对应的两张肽图，根据质谱测定结果对各肽段进行定性，所得图谱称为液质肽图。若最后所得肽段的实测分子量和理论值相一致，就可以认为该肽段的氨基酸序列和理论相符合。

5. 二硫键配对方式验证

二硫键是蛋白质中经常出现的一种共价键，在 IgG1 型抗体中共有 16 条二硫键。二硫键的正确形成对于抗体的结构和功能非常重要。可以应用液质肽图法来验证二硫键的配对方式，不用直接还原抗体，而是直接对蛋白酶进行酶切，酶切后有些肽段仍可以通过二硫键连接在一起，进而对酶解肽段质谱鉴定，即可验证二硫键的配对方式。

6. 糖链分析

糖基化是蛋白质的一种重要的翻译后修饰。抗体类型不同，其糖基化程度和糖链位置也不尽相同。糖链在维持抗体的正常结构以及与其他蛋白质的相互作用中发挥着重要作用。糖链分析内容主要有以下几个方面：

① 单糖组成分析：单糖组成分析是指糖链由哪几种单糖组成以及各单糖所占的比例。

② 寡糖层析图：用于分析测定抗体中寡糖链的组成情况，即不同形式的寡糖链在抗体分子中所占的比例情况。

③ 糖基化位点测定：糖基化位点即糖链和蛋白质相连接的部位。糖基化位点可通过液质肽图的方法进行测定。

④ 糖链结构测定：糖链的结构主要包括各单糖之间的连接顺序和连接方式。在测定糖链的结构时，可以首先测定糖链的分子量，大致判断出糖链的结构；然后借助其他方法，比如糖苷酶顺次酶解法以及串联质谱法，作进一步的验证。

二、活性标准品的协作标定

抗体的活性测定，通常是模拟重组抗体在体内发挥作用的过程。作为一个生物活性测定过程，抗体活性测定的变异性很大。通常情况下，可以将待测样品和活性标准品进行平行操作，然后以样品活性测定结果（比如 IC_{50}、EC_{50}）占标准品百分比作为活性的评价指标。生物标准物质的建立和更替，主要基于品种的性质、难度以及精密度等要求，由 3 家以上的单位参与协作标定。

第三节　重组抗体生产产品的质量控制

重组抗体产品质量控制应参照相关法规、行业指导原则和产品的自身特性严格执行，这些包括产品质量的一致性分析、生物活性检测、蛋白质含量和纯度检测、残留杂质分析及安全性和其他检测项目等。

一、产品质量一致性分析

如前所述，抗体分子是由两条重链和两条轻链组成的复杂四聚体糖蛋白。在重组抗体的生产和储存过程中，常常会发生抗体产品聚集和降解等修饰，从而导致产品的不均一性以及产生相应的变体。因此，有必要对抗体产品质量进行一致性分析，以推动重组抗体药物产业更大的发展。

1. 分子大小异质性

众所周知，蛋白质分子仅在折叠状态下呈现相对稳定状态，在展开的状态下，很多蛋白质分子更容易形成聚集体，此时破坏了蛋白质分子的高级结构，暴露出蛋白质的疏水区域，易于发生聚集作用。聚集体的分子大小、结构和可溶性，均会影响到抗体的生物学活性，从而也对抗体分子的安全性和有效性造成一定的影响（Ignjatovic et al.，2018）。因此，应开发应用新的分离纯化技术，去除聚集体或片段，从而提高抗体药物的治疗效果。比如，高效排阻液相色谱法可用于分析超滤滤过液的分子量分布，以达到抗体质量控制的策略。

2. 多聚体

多聚体含量是蛋白质药物关键质量属性之一，在抗体生产过程中形成的蛋白质多聚体，将会影响最终产品的安全性和功效性。据报道，仅 10% 的多聚体含量就会引发人的免疫反应，甚至导致死亡，因此，要严格控制生产过程中多聚体的形成（Moussa et al.，2016）。在重组抗体的生产过程中，下游纯化工艺可以去除一部分多聚体，然而，如果能在上游工艺中有效防止多聚体的形成，将会减轻下游过程的负担，进而显著提高抗体药物的产量。因此，在“质量源于设计”的理念指导下，建立减少多聚体的培养方法是十分必要的。Paul 等在 CHO 细胞培养物中建立了一种影响蛋白质聚集体的过程变量和细胞培养添加物的方法，同时摸索了在细胞培养过程中减少蛋白质聚集体的最佳条件。研究发现，将培养温度降低至 31℃、渗透压高于 420mOsmol/kg、搅拌速度调整至 100r/min，可以显著减少聚集体的形成并且不会影响单克隆抗体质量。此外，该方法也在其他生产体系中，使用不同的培养基和其他 CHO 细胞系得到了进一步的证实，为在哺乳动物细胞系统抑制多聚体的形成提供了新的视角（Paul et al.，2018）。

3. 片段化

抗体样品中经常会出现抗体片段化现象。片段化产物是一种普遍存在的形式，一般来源于自发的或酶促反应所导致的蛋白质分子共价键断裂。抗体分子的片段化能够用来评估蛋白质的纯度及完整性，也是亟需关注的关键属性。一般情况下，溶剂的条件（pH、温度）变化、金属离子或者自由基基团的存在，均容易形成片段化的产物（Vlasak and Ionescu 2011）。此外，片段化可通过改变聚集速率进而影响到单抗的质量属性。因此，需要对抗体片段进行纯化，以加强对重组抗体药物的质量控制。

4. 抗体的电荷异质性

电荷异质性是指抗体分子等电点的改变以及空间电荷分布差异所导致的异质性。电荷异质性是重组抗体药物的一项关键质量属性，在重组抗体药物的有效性及安全性等方面发挥着重要作用。几乎所有的变体均能导致抗体表面电荷分布的差异，因此，电荷变量也成为监测抗体降解最灵敏的方式。然而，由于人们缺乏对电荷异质性与细胞培养过程之间关系的认识，如何有效控制抗体药物的电荷异质性仍是当今抗体药物产业化生产面临的一大难题。因此，充分认识重组抗体的电荷异质性，是评价抗体质量优劣的一项重要指标。一般来讲，采用阳离子交换色谱法可以将抗体大致分成3组峰，其中，中间峰称为主峰，在主峰前洗脱出峰的是早期峰（也称为酸性变异体峰），在主峰后洗脱出峰的是晚出峰（也称为碱性变异体峰）（Du et al.，2012）。其酸性峰主要来源于唾液酸化、糖基化等；碱性峰主要来源于肽链的C末端赖氨酸不均一性、异构化等。电荷异质性严重影响了抗体稳定性、免疫原性、结构稳定性和药代动力学，并且抗体电荷变异体也是抗体质量控制的关键。故在抗体药物实际开发中，表面电荷不均一性检测通常作为质量控制的一项关键指标。在重组抗体的研发和生产过程中，对于抗体的电荷异质性研究不能局限于使用某一种分析方法，而应该根据不同方法来相互佐证，从而达到对电荷异构体进行定性、定量分析等。

5. 糖基化异质性

如前所述，重组抗体的糖基化无模板可以遵循，其糖基化主要受细胞类型和培养条件的影响。人天然的IgG和由CHO细胞生产的重组抗体的Fc片段上的297位天冬氨酸都有一个保守的*N*-糖基化修饰位点，许多单糖转移酶在其末端分别添加唾液酸、岩藻糖和半乳糖后，抗体分子就会呈现较高的异质性（Cymer et al.，2018）。聚糖链通常呈现中性，如果糖链末端增加了携带负电荷的唾液酸，将会导致电荷改变，从而导致电荷异质性。然而，在CHO细胞内产生的抗体唾液酸化修饰水平通常偏低。尽管糖链的质量仅占抗体分子的较小比例，但其糖基化还会严重影响到抗体的安全性，特别是非人类的聚糖分子，具有一定的免疫原性，也会影响重组抗体的疗效和安全性。因此，在重组抗体的生产过程中，检测和控制唾液酸化修饰也是十分必要的。Borys等选择*N*-葡萄糖代神经氨酸（NeuGc）生成较少的CHO细胞表达体系，调节细胞培养液中的丁酸钠、CO_2以及渗透压，进而达到控制重组抗体唾液酸化修饰的目的（Borys et al.，2010）。

6. 肽链的氨基酸修饰

抗体分子的 N 末端和 C 末端肽链的氨基酸修饰，对于抗体的组成结构、稳定性以及功能方面均能产生实质性影响。此外，在抗体药物的结构分析中，肽链的氨基酸修饰也是必不可少的组成部分。氨基酸修饰的种类主要包括 N 末端谷氨酸环化、C 末端赖氨酸截除等。

众所周知，谷氨酸和谷氨酰胺是抗体轻、重链中 N 末端常见的氨基酸，而 N 末端翻译后修饰主要以 N 末端谷氨酰胺/谷氨酸的环化作用最为常见。在所有抗体分子中，几乎均发生焦谷氨酸作用，它通常是利用 N 末端谷氨酰胺环化生成的。有关焦谷氨酸的形成机制，目前尚不清楚，但它在重组抗体产品的生命周期内几乎均有形成。通常该环化作用是在自发条件下所形成的，并且在轻链生成的 N 末端焦谷氨酸要快于重链；制剂的温度和 pH 对谷氨酸环化均有重要影响，环化作用在中性条件下最有效，并且高温可以加速环化作用（Yu et al.，2006）。而谷氨酸环化是根据其侧链的羧基和 N 末端的氨基发生脱水反应缩合形成，由于此环化作用发生后，其净电荷数并未发生任何变化，只是疏水性发生了某些改变。因此，N 末端谷氨酰胺环化作用可采用基于电荷的分析策略。目前，人们经常使用色谱法或者质谱法来鉴定以及定量分析谷氨酰胺环化，对其质量控制策略主要考虑其制剂工艺的开发以及稳定性实验等，从而优化最佳的制剂配方及储存条件。目前，对焦谷氨酸的检测可用于抗体药物研发以及产品一致性评估。

人 IgG 抗体重链的 C 末端大多以脯氨酸-甘氨酸-赖氨酸结尾，在抗体的生物合成和分泌中，C 末端的赖氨酸经常被细胞内外的羧肽酶作用而发生截除，从而存在不同程度的赖氨酸变体，并且 C 末端赖氨酸变体是引起抗体电荷异质性以及批次间电荷差异的主要因素（Hintersteiner et al.，2016）。此外，抗体的赖氨酸变体程度也可以从侧面反映出生产工艺稳定性以及产品一致性，尤其在抗体药物的生产工艺变更之后，更应该检测评估产品的赖氨酸变体程度。因此，在抗体药物研发过程中，应该严格地监控 C 末端赖氨酸变体，深入了解其与产品质量和安全性之间的关系。通常为了达到重组抗体的安全性、质量可控以及产品的均一性，在生产过程中，一般对赖氨酸变体采取以下几种控制策略：在培养过程中，需要严格控制铜离子浓度、降低培养温度以及增加培养时间等。另外，研究发现，同一种抗体在适宜的细胞生长条件下，在培养基内添加血清能够减少赖氨酸变体的生成，以上表明外源血清内可能有一定的羧肽酶，导致细胞培养过程中有更多的赖氨酸截除（Antes et al.，2007）。但是，在规模化生产过程中，如果借助于外源血清去控制赖氨酸变体的生成，将给下游的纯化工作带来诸多不便。

二、生物学活性测定

根据生物学活性所建立起来的测定效价体系，是对重组抗体进行定量的依据，也是保证产品药效的重要手段。重组抗体的生物活性测定，是通过在体外建立细胞评价模型，模拟其作用机制，进一步产生客观的全程量效反应，通过与活性标准品的进一步比较，评价其生物学活性。具体方法如下：

1. 细胞增殖抑制法

细胞增殖抑制法是针对以生长因子为靶点的抗体药物来进一步反映抗体分子的生物学活性，包括抗血管内皮生长因子（vascular endothelial growth factor，VEGF）单抗以及抗人表皮生长因子受体 2（human epidermal growth factor receptor 2，HER2）单抗等。抗 VEGF 单抗采用的是经典的人脐静脉内皮细胞（human umbilical vein endothelial cell，HUVEC）增殖抑制法，抗 HER2 单抗检测一般会采用 HER2 阳性的乳腺癌细胞，比如 BT474 作为靶细胞，抗体和靶细胞表面的 HER2 抗原发生结合后，可以抑制细胞的生长信号传递过程，进一步抑制细胞增殖。

2. 补体依赖的细胞毒法

补体依赖的细胞毒法（CDC）检测中一个关键环节，就是选择合适的补体，并对其质量进行控制。由于补体的组分较多，并且具有热不稳定性的特性，容易失活，加上来源复杂，因此，在 CDC 的活性检测中，人们需要充分考虑补体的效力和稳定性，尽量减少测定结果出现变异。以分化抗原（cluster of differentiation，CD）分子作为靶点的单抗药物，比如抗 CD20 单抗，通常采用 CDC 法评价其生物学活性，具体方法是将抗体梯度稀释以后，与高表达相对应的 CD 抗原靶细胞发生结合，在补体存在时，抗体与细胞表面的抗原就会形成抗原-抗体复合物，进而激活补体经典的活化途径，完成攻膜复合物装配过程，最终引发细胞溶解。

3. 细胞 ELISA 法

酶联免疫吸附测定法（enzyme-linked immunosorbent assay，ELISA）也是评价重组抗体的结合活性常用方法之一。具体方法如下：首先包被可溶性抗原，将不同梯度稀释的供试品、标准品以及一定浓度的酶标抗体，去竞争性结合包被抗原，将抗体浓度和吸光值的量效关系通过四个参数拟合，进而计算出供试品和标准品的 EC_{50} 值，最终评价抗体的结合活性。

三、蛋白质含量及纯度测定

1. 蛋白质含量的测定

此项目主要用于原液比活性计算以及成品规格的控制。目前，常用的蛋白质含量测定方法有 Folin-酚试剂法（Lowry 法）、分光光度法、染色法（Bradford 法）、高效液相色谱法（HPLC 法）以及凯氏定氮法等。除凯氏定氮法外，其余方法均和蛋白质的结构以及氨基酸的组成相关。当前，重组抗体的蛋白质含量测定大多使用分光光度法。

2. 蛋白质纯度的测定

蛋白质纯度是重组抗体药物的重要指标之一。按照 WHO 的规定，一般采用 HPLC 和非还原 SDS-PAGE 两种方法进行测定，其纯度均应达到 95%以上，有的甚至要求达到 99%以上。纯度的检测通常需要在原液中进行。抗体纯度测定的常用方法有 SDS-PAGE 法、HPLC 法以及毛细管电泳等。其中，SDS-PAGE 电泳是较为常用的方法。

四、残留杂质分析

在对重组抗体进行质控的过程中，各生产单位需要结合自身实际情况，制备相对应的残量控制对照品和抗体，并且还应当制定相应的检测方法。这是因为残留杂质可能具有毒性，引发安全性问题；同时也可能影响产品的生物学活性和药理活性，导致产品变质。残留杂质主要为外来污染物，包括微生物、热源、细胞成分（蛋白质、DNA)、培养基成分等，以及一些与产品相关的杂质，包括突变物、错误裂解物和二硫化物异构体等。其中，残留杂质分析研究最多的是对蛋白质和核酸的检测。目前，在控制重组抗体药物中的核酸残量方法中，一般采用杂交技术、荧光染色技术，以提升标准品的回收率。对抗体药物蛋白质类杂质的检测方法有 ELISA 法、凝胶电泳、免疫学分析等。

五、安全性和其他检测项目

除了上述项目需要检测外，重组抗体药物的成品检测也是需要生产单位考虑的一大关键因素。成品检测主要通过无菌试验、热源试验、异常毒性试验等检测验证。此外，还要检测其他一些常规的项目，包括鉴别试验、外观、水分、pH 值以及可见异物等，具体测定方法可以参见现行《中华人民共和国药典》2020 版以及其他有关技术文件。

第四节　重组抗体生产实例——质量属性评价

本部分通过一些实例，采用毛细管电泳法、高效液相色谱法、表面等离子共振(SPR）技术以及圆二色谱技术等多种实验方法，对重组抗体的纯度、杂质以及结构等关键属性进行了对比分析和评价。

一、还原型毛细管凝胶电泳测定重组抗体的纯度及杂质

抗体样品经β-巯基乙醇还原和 SDS 变性后，在 Beckman PA800 Plus 毛细管电泳仪上进行毛细管凝胶电泳（capillary electrophoresis sodium dodecyl sulfate，CE-SDS）检测，在 10 kV 的电压条件下上样，在 15 kV 的电压条件下进行分离，利用 214nm UV 的检测器采集信号。最终，还原型 CE-SDS 利用分子量大小的差异，将抗体的轻链、重链、非糖基化重链和其他杂质分离出来，该方法主要用于非糖基化重链杂质和抗体轻、重链的纯度检测。

二、分子排阻高效液相色谱测定重组抗体的纯度及杂质

使用 Thermo Fisher 公司的戴安 U-3000 高效液相色谱仪和 TSK-GEL G3000SWxL 凝胶柱，5μm 的液相色谱柱对抗体样品进一步分离，20μg 样品通过 200mmol/L 的磷酸盐缓冲液进行等度洗脱后，利用 280nm UV 的检测器采集信号。

使用高效液相分析系统分析实验数据，利用面积归一化方法计算其纯度。分子排阻高效液相色谱（size exclusion-highperformance liquid chromatography，SEC-HPLC）也是根据抗体分子的大小，分离主要成分和杂质的一种方法，其优势主要在于能够准确定量聚体和单体。

三、分子排阻色谱分离静态光散射测定聚体的分子量

利用 Agilent 公司的高效液相色谱系统和 TSK-GEL G3000SWxL 色谱柱（7.8mm×300mm，5μm）对抗体样品进一步分离，200μg 样品通过 200mmol/L 的磷酸盐缓冲液进行等度洗脱后，利用 280nm UV 的检测器采集信号，接着根据串联动态光散射粒度分析仪进一步测定散射光强，最后计算出样品的分子量。分子排阻色谱分离静态光散射（size exclusion chromatography-dynamic light scattering，SEC-DLS）可以用于进一步鉴定聚体的聚合度。

四、成像毛细管等电聚焦电泳检测电荷异质性

取一定量的样品，使用去离子水进行稀释，向 10μL 稀释后的样品中加入 5mg/mL 的羧肽酶 B 1μL，室温孵育 30min，进行末端赖氨酸切除处理。然后，在 20μL 样品中加入 1μL 的 *N*-糖苷酶（5×10^5 U/mL），37℃酶切过夜，进行 *N*-糖切除处理。取 2μL 的 Pharmalyte 3-10、8μL 的 Pharmalyte 8-10.5、0.5μL 的 *p*I Marker 7.40、0.5μL 的 *p*I Marker 9.77、70μL 的 1%甲基纤维素和 69μL 的去离子水，充分混合后，配制成两性电解质溶液，接着将 50μL 羧肽酶 B 处理后的样品加入两性电解质溶液中，混匀后进行上机分析。成像毛细管等电聚焦电泳（imaged capillary isoelectric focusing，iCIEF）分析参数为：预聚焦电压 1.5 kV 持续 1min，聚焦电压 3 kV 持续 10min，设置样品管理器温度为 8℃。根据抗体的主峰及酸碱峰比例分析其电荷异质性。

五、圆二色谱分析抗体分子的结构

圆二色谱扫描通过圆二色谱仪来完成。分别在远紫外区和近紫外区的波段下，对抗体样品扫描分析，远紫外区使用 0.5mm 光径长的石英比色皿，样品质量浓度为 0.2mg/mL；近紫外区使用 10mm 的比色皿，样品质量浓度为 1.0mg/mL。圆二色谱法通过扫描检测，根据远紫外波段和近紫外波段下的偏振光吸收率差异，从而反映出抗体分子的二级结构（比如 α 螺旋和 β 折叠等）以及三级结构（氨基酸中的侧链残基）的折叠信息。

近年来，随着蛋白质组学技术的不断发展与应用，使得用于抗体药物生产的动物细胞大规模培养的工艺开发，从最初的一些工艺参数的简单优化，发展到最近的组学研究，生产细胞的复杂代谢网络和重组抗体的生产机制也逐渐清晰。目前，重组抗体的表达水平一直是制约抗体药物开发的重要瓶颈之一。重组抗体的高效表达受多种因素的影响，可以通过基因工程手段获得重组抗体高效表达的优化策略，包括优化的抗

体基因序列、糖基化位点修饰、高效表达载体的构建、抗体表达系统、宿主细胞株和哺乳动物细胞培养工艺等。这些优化策略的应用，可以有效缩短筛选出高产单克隆细胞的时间，提高目标抗体的表达量。然而，不同的优化策略各有利弊，如何有效地整合这些优化策略，使其成为一个高效运转的系统还需要做进一步研究。在不同的工艺条件下，生产细胞株的重组抗体产量方面的差异，可以从基因组学、蛋白质组学和代谢组学等层次来分析和解释，为后期的规模化细胞培养工艺奠定坚实的基础。此外，伴随着新的生产理念的不断涌现，更多的新技术也应用于细胞培养的过程，如培养基检测、培养过程监控和多批次数据分析等，旨在通过加强关键过程参数的监控来确保抗体药物的质量。未来，重组抗体的规模化生产以及培养工艺开发，将沿着稳定产能以及提高质量的方向飞速发展。因此，如何科学、合理地控制重组抗体药物质量，应进一步结合临床评价和产品上市后的安全性监测，不断对质控学以及相关标准物质进行探讨和研究。

参考文献

Antes B，Amon S，Rizzi A，Wiederkum S，Kainer M，Szolar O，Fido M，Kircheis R，Nechansky A，2007. Analysis of lysine clipping of a humanized Lewis-Y specific IgG antibody and its relation to Fc-mediated effector function. J Chromatogr B Analyt Technol Biomed Life Sci，852：250-256.

Borys M C，Dalal N G，Abu-Absi N R，Khattak S F，Jing Y，Xing Z，Li Z J，2010. Effects of culture conditions on N-glycolylneuraminic acid（Neu5Gc）content of a recombinant fusion protein produced in CHO cells. Biotechnol Bioeng，105：1048-1057.

Cymer F，Beck H，Rohde A，Reusch D，2018. Therapeutic monoclonal antibody N-glycosylation-Structure，function and therapeutic potential. Biologicals，52：1-11.

Du Y，Walsh A，Ehrick R，Xu W，May K，Liu H，2012. Chromatographic analysis of the acidic and basic species of recombinant monoclonal antibodies. MAbs，4：578-585.

Hamberg A，Kempka M，Sjödahl J，Roeraade J，Hult K，2006. C-terminal ladder sequencing of peptides using an alternative nucleophile in carboxypeptidase Y digests. Anal Biochem，357：167-172.

Hintersteiner B，Lingg N，Zhang P，Woen S，Hoi K M，Stranner S，Wiederkum S，Mutschlechner O，Schuster M，Loibner H，Jungbauer A，2016. Charge heterogeneity：Basic antibody charge variants with increased binding to Fc receptors. MAbs，8：1548-1560.

Ignjatovic J，Svajger U，Ravnikar M，Molek P，Zadravec D，Paris A，Strukelj B，2018. Aggregation of Recombinant Monoclonal Antibodies and Its Role in Potential Immunogenicity. Curr Pharm Biotechnol，19：343-356.

Moussa E M，Panchal J P，Moorthy B S，Blum J S，Joubert M K，Narhi L O，Topp E M，2016. Immunogenicity of therapeutic protein aggregates. J Pharm Sci，105：417-430.

Paul A J，Handrick R，Ebert S，Hesse F，2018. Identification of process conditions influencing protein aggregation in Chinese hamster ovary cell culture. Biotechnol Bioeng，115：1173-1185.

Schumacher S，Seitz H，2016. Quality control of antibodies for assay development. N Biotechnol 33：544-550.

Vlasak J，Ionescu R.，2011. Fragmentation of monoclonal antibodies. MAbs，3：253-263.

Yu L，Vizel A，Huff M B，Young M，Remmele R L Jr，He B，2006. Investigation of N-terminal glutamate cyclization of recombinant monoclonal antibody in formulation development. J Pharm Biomed Anal，42：455-463.

（张俊河　赵春澎）

第十二章 重组蛋白药物的研究开发与管理

近年来，随着重组蛋白技术的不断发展和成熟，重组蛋白药物种类越来越多，应用范围越来越广泛，经济效益巨大，前景广阔（Ermak，2015；WHO，2016）。未来越来越多的分子量大、结构复杂的功能蛋白质将被开发成相关产品投入市场，哺乳动物细胞系表达的重组蛋白产品将占主导地位（Bertolini et al.，2016）；此外，为了改善药物的性能，进行结构重组、蛋白质融合、体外化学修饰等受到越来越多的关注（Remmele et al.，2012）。

生物技术药物的研发过程一般包括实验室研究、中试研究、临床前研究、临床研究等几个阶段，在这一过程中需要遵循一整套相关的管理制度，在满足生物安全的要求基础上，获得质量合格的产品。

第一节　重组蛋白药物研究开发的一般过程

无论是代表小分子化合物药物的新化学实体（new chemical entities）还是代表生物大分子药物的新分子实体（new molecular entities）或新生物实体（new biological entities），药物评价都遵循安全、有效、可控等基本特征。

药物研发是一个高度复杂的系统工程。与小分子化合物药物相比，生物大分子药物结构更加复杂，轻微的生产工艺改变常常会造成药性的巨大差别，质控标准复杂、生产工艺精细，因此其研发除具有与小分子化合物药物相同的共性外，还有一些特性（Cox et al.，2000；王军志，2017）。

重组蛋白药物产品开发涉及比较复杂的研究环节，包括目的基因的筛选、获取及制备，表达载体和宿主细胞的选择等上游研究，进入关键工艺参数确定的中试工艺研究和进入到产品的规模化工艺研究（冯化作 等，2014）。重组蛋白技术药物产品从实验室研究开始到国家药品监督管理局（National Medical Products Administration，NMPA）批准并进行正式生产和销售，一般先进行实验室研究、通过中试及临床前研究，随后进行药物临床研究，并且需要得到正式批准后方可进行大规模的生产与销售（图 12.1）。2015 年国家食品药品监督管理总局（China Food and Drug Administration，CFDA）颁布《生物类似药研发与评价技术指导原则（试行）》，相关生物产品的研发及上市应满足相关指南要求。现将对重组蛋白药物研究开发的各个阶段进行介绍。

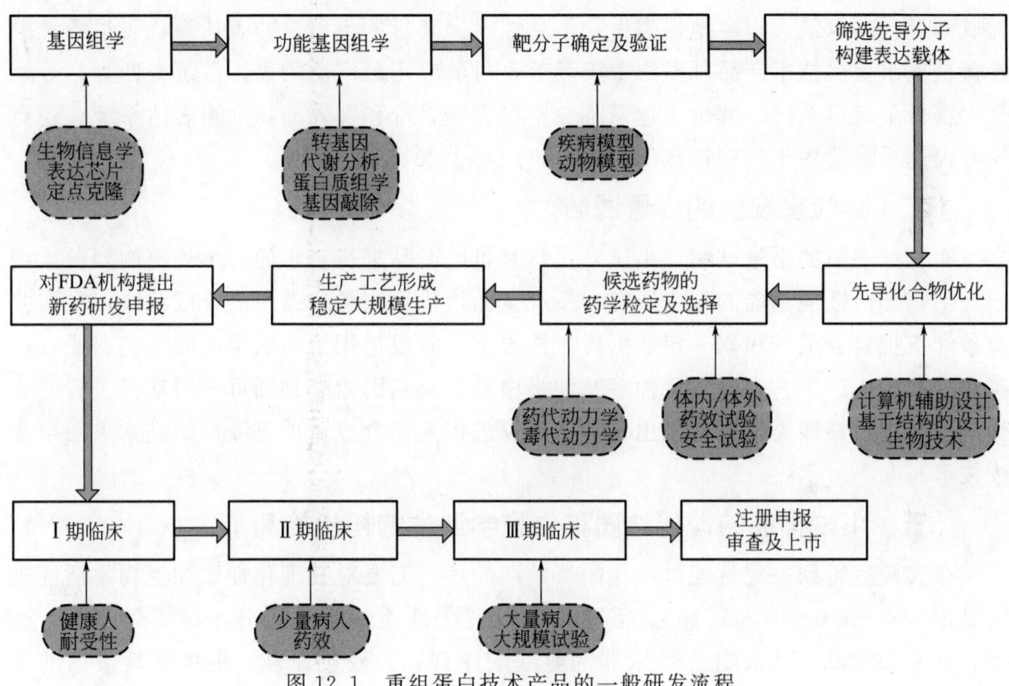

图 12.1　重组蛋白技术产品的一般研发流程

一、上游研究

重组蛋白药物的研发在实验室研究阶段，主要通过对特定基因和蛋白质结构、功能的研究，获得目的基因，进行相关功能研究、检测及鉴定后，构建及筛选相关表达载体，并进行小量试制，探索其作为药物和诊断试剂的可能性（Rathore et al.，2009）。目前研究主要集中在对新功能基因的发现和开发，对已发现基因的改造及开发应用，对已发现基因的药物开发等方面（EonDuval et al.，2012）。这一阶段的研究根据具体情况不同，需要的时间也差异较大，少则 1～2 年，多则 10～20 年。在此研究阶段一般包括以下的研究内容：

（一）重组蛋白药物的发现和筛选

生物技术新药物的发现一般需要经过大量的基础研究过程，研究者采用相关技术和手段对研究对象进行大量的研究，发现某个靶位（基因或蛋白质等）具有可能的治疗或诊断意义，并对其研究开发的前景进行初步的评估，决定其是否能够进行开发。药物靶点发现与确证的一般流程：①查找与疾病相关的生物分子线索；②确定候选药物的作用靶标，对相关生物分子进行功能研究；③针对候选药物的作用靶点，设计大分子或者小分子化合物，在分子、细胞以及整体动物水平进行药理学相关研究，以验证靶标的有效性。一般来说，这些工作进行得越扎实，开发的风险性越小。

在得到目的基因后，选择适当的表达载体，这是上游研究向新药开发过渡的重要构成部分，可以最大限度地提高生物学活性，提高目的蛋白质的表达量。表达系统的选择是重组蛋白技术产品开发的重要环节，目前应用最广泛的表达系统有四类，分别是大肠杆菌表达系统、酵母表达系统、昆虫表达系统和哺乳动物细胞表达系统，还有一些表达系统适用于一些特殊的蛋白质（FDA，2015）。

（二）实验室规模的小量试制

实验室规模的小量试制（小试）是指对目的产品进行初步的、小规模的制备，用于其生物学活性或功能的初步研究，系统全面地优化实验室通用的合成路线，在实验室条件下批量合成、积累一定数据后，提出下一阶段适用于中试生产的工艺路线，以确定后续的生产工艺。对于活性多肽和蛋白质以及基因治疗制剂可采用基因工程的方法进行生产，核酸类药物常采用核酸合成仪进行人工合成，单克隆抗体则常采用杂交瘤技术。

（三）小试样品的理化性质和生物学活性的初步检测

在实验室得到一定量经过纯化的目的产品后，需要对其理化性质和生物学活性进行鉴定（Wang et al.，2016）。需要检测的理化性质一般包括分子量、等电点、纯度、氨基酸组成、N末端及C末端的氨基酸序列，以及抗原性。根据活性蛋白的生物学性质，其生物学活性的检测可以采用体外细胞培养测定法、体内动物模型测定法、生化酶促反应测定法、离体动物器官测定法等进行（Lan et al.，2017；Larocque et al.，2015）。

在这个阶段，需要遵守国家关于实验室安全方面的规定。生产生物技术产品及重组蛋白药物应当注意，工艺路线的选择应当考虑到生产时“三废”问题可能带来的影响，并因此提出相应的处理措施。

二、中试研究

中试研究阶段在重组蛋白药物从实验室小试研究阶段到工业大规模生产阶段起到了重要的桥梁作用，是对产品制备工艺一系列参数和条件进行研究、工艺参数确认的过程（Shukla et al.，2007）。中试生产的主要任务是小试的扩大，是工业大规模生产的缩影，一般应在工厂或专门的中试车间进行。中试研究的目的是要充分考虑生产要求，建立一条完全模拟生产实际的小型生产和在生产过程中能很好控制质量，并达到基本质控标准的流水线。通过中试研究在生产条件下生产稳定可靠的产品，一般需要连续生产 3～5 批产品以考察制备工艺的稳定性，中试研究阶段是决定产品能否研发成功的最重要环节，中试研究可参考国家药品监督管理局颁布的《人用重组 DNA 蛋白制品总论》《人基因治疗研究和质量控制指导原则》等相关技术指导文件，随着我国相关法规进一步与国际接轨，中试研究还需参考国际上相关指南的要求（Hinrichs et al.，2015）。

本阶段一般包括以下研究内容：建立细胞和种子库、探索生产工艺的可行性、相关制剂和成品的初步稳定性研究、中试的质量控制方法和质控标准的建立、中试工艺科学验证、制作和检定记录及规程草案、参比品的制备和标定、进一步提供动物实验和临床研究用产品（王军志，2017）。主要有以下几个方面：

（一）生产工艺的研究

对于重组蛋白药物的生产来说，一般将中试工艺分为几个阶段：培养阶段、分离纯化阶段、原液和半成品配制分装（冻干）成品阶段（Anurag et al.，2012）。在进行中试研究时，应对生产工艺的一系列参数和条件进行确定。中试放大的目的在于验证、复核、进一步完善实验室小试工艺研究确定的条件参数和选定的工业化生产装置装备，包括设备的材质和结构，以及未来生产车间的安装、空间布置等各个方面，在正式大规模生产前提供物质量消耗和其他相关数据支撑。通过对培养条件、工艺流程、分量纯化方案、色谱条件、制剂配方等各个方面进行研究。确定一套既合理又经济，能安全生产稳定可靠产品，并能放大至规模生产的工艺条件。

（二）质控方法的研究

在进行细胞培养、产品分离纯化等一系列研究过程中，质控方法和体系的建立是工艺研究的前提保证。对中间品和最终产品的分析鉴定，包括组分含量测定、理化性质鉴定、生物学活性测定、免疫学性质测定，以及纯度、杂质和污染物的鉴定（国际药品注册协调组织指导委员会，2011）。

含量一般指目的蛋白质的含量，理化性质鉴定包括组分鉴定、物理性质、一级结构测定以及高级结构分析。蛋白质生物学活性的评价是确定产品全面特征的关键步骤，通常包括：①测定产品对生物体产生生物反应的动物实验方法。②细胞水平测定产品生物化学和生理效应的细胞培养检测方法。③利用酶反应速率或免疫相互作用诱导的生物反应等方法测定生物活性的生化检测方法。④配体/受体结合实验，纯度分析的分析结果与分析方法密切相关，不同实验室的检测结果往往相差较大，对纯度的分析应用多种方法合并进行分析。

（三）质控体系的建立

质量控制体系的建立是规模化生产的重要保障，应贯穿在整个中试研究的过程中，重组蛋白类产品质控体系的建立通常分为以下几个方面：①用于生产重组 DNA

来源蛋白质产品的细胞表达载体的构建分析；②用于重组蛋白生产的细胞的来源和鉴定；③重组蛋白的稳定性试验；④中间品和最终产品的检测方法和质控标准的建立（饶春明，2016）。

重组蛋白药物的结构特性易受到各种外部理化因素的影响，且分离纯化工艺相对复杂，因此其质量控制体系贯穿整个生产全过程，主要采用理化和生物学等手段而进行的全程、实时的质控和评价，对生产中使用的各种原材料和辅料进行标准检测，对各生产工艺环节的参数进行严格的控制。生产过程中某一环节或制备条件发生改变均有可能影响其非临床安全性评价的合理性（Dempster，2000；国家食品药品监督管理总局，2014a）。

三、临床前研究

推进药物非临床研究实施《药物非临床研究质量管理规范》（Good Laboratory Practice，GLP），旨在从根本上提高药物研发水平，并有效保证药物研发质量。国家药品监督管理局规定：自 2007 年 1 月 1 日起，在国内上市销售的生物技术产品的临床前安全性评价必须在通过 GLP 的认证并且在符合该规范要求的实验室进行，才可以申请受理其药品注册。

临床前研究阶段主要是对新药进行评选及对其生物学安全性进行临床前的评价，包括其药理学、动物药代动力学和相关毒理学研究（Vargas et al.，2013）。重组蛋白药物的临床前研究应当遵循的原则是不同制品区别对待，具体问题具体分析，要特别强调全过程的质量控制，以活性定含量，通常在 2～8℃保存。

（一）临床前药理学研究

临床前药理学研究的主要目的是确证一个产品是否有防治或诊断疾病的作用，即是否有效。包含新药用于临床预防、诊断及治疗作用相关的药物药效研究，一般分为药理研究、复方药理研究和药理作用机制研究等方面的工作（Vugmeyster et al.，2012）。

在重组蛋白药物作为新药进行申报时一般只涉及前两项研究的资料。评选新药一般首先是评价它的主要药效作用，主要药效研究的任务从它预期用于临床预防、诊断、治疗目的的药理作用开始，通过研究，明确受试药物的作用强度和特点，与老药相比有何优点，从而决定有没有必要进行进一步的系统评价。在评价主要药效的同时，还应尽可能阐明药物作用的位点和机制（Braeckman，2012；Dempster，2010）。

新药的药理学研究除研究新药主要药效作用以外，还对其药理作用的观察和作用机理进行探讨，尤其是其对心血管系统、呼吸系统和神经系统等方面的影响，为临床提供更多的信息。其主要内容为观测受试者的生理机能、生化指标、组织形态学等方面的变化情况。

此外还应当进行生物药物稳定性实验，目的是验证随时间等因素改变条件下原料产品在温度、湿度及光线影响下的变化情况，为药品的生产、包装、贮存和运输提供可靠数据依据，并且通过稳定性试验为药品有效期提供参考。稳定性试验一般包括影响因素试验、加速试验和长期试验。

（二）临床前药代动力学研究

药物代谢动力学（pharmacokinetics），简称药代动力学，主要研究药物在机体内的物质代谢变化规律。临床前药物代谢动力学是指为临床合理用药提供参考，运用动物体内外研究方法，了解药物在体内的动态变化规律，获得药物的基本药物动力学参数，阐明药物的吸收、分布、代谢和排泄的过程和特点的方法（Ezan，2013；Glassman et al.，2016）。针对Ⅱ期临床研究提示受试药物在有效性和安全性方面具有开发前景，在申报生产前应进一步研究并阐明主要代谢产物的可能代谢途径、结构及代谢酶（国家食品药品监督管理总局，2014b）。

生物技术类药物由于其产品的特殊性，它们的药代动力学特点不同于传统药物小分子。动物种属间差别也将对生物技术类药物药代动力学特点产生一定差别，因此需要选择合适的动物种属，并应考虑与药理学和毒理学研究中选用有关的动物种属，以保持资料的一贯性和可比性。

如临床药物动力学实验的受试对象是人，全过程必须贯彻《药物临床试验质量管理规范》（Good Clinical Practice，GCP）并严格执行，试验方案应注意对受试者进行保护，按照GCP原则制定试验方案并经伦理委员会讨论批准。

（三）毒理学研究

新药毒理学研究的目的是使上市新药在临床治疗剂量下保证无毒副作用，提高临床使用的安全性（FDA，2001；ICH，2005）。要达到这一目的，就要完成急性毒性、长期毒性、特殊毒性和其他有关毒性试验（国家食品药品监督管理总局，2014c）。

1. 急性毒性试验

急性毒性试验（或单次给药的毒性试验）是观察单次或24h内多次给予动物受试物后，观察其一定时间内所出现的毒性反应。一般包括定性观察试验和定量观察试验。

定性观察试验通常是观察服药后动物中毒反应的表现状况，中毒反应发生和结束的持续时间，具体作用在哪些组织器官上，从中分析最主要的可能毒性靶器官，以及损伤的性质和是否具有一定程度可逆性，出现中毒死亡时可能引起的原因及死亡过程的特点等。定量试验主要以死亡为评价的核心，观察药物的毒性反应剂量。测定指标包括致死剂量（lethal dose，LD）、近似致死剂量（approximate lethal dose，ALD）和半数致死剂量（median lethal dose，LD_{50}），其中以LD_{50}为主要定量指标（小动物）（Michael et al.，2013）。

美国食品与药物管理局单单不要求LD_{50}。在国际药品注册协调组织会议上，普遍认为LD_{50}不再作为急性毒性试验的一般要求，其要求重点是暴露动物在死亡之前出现的毒性反应及其与药物剂量的关系，比如对于毒性较大的动物及细胞毒类的抗癌药物，推算Ⅰ期临床的起始剂量时，就要求提供准确的LD_{50}值。

2. 长期毒性试验

所谓长期毒性试验（或重复给药的毒性试验）是反复多次对动物给予受试药物，观察药物对实验动物的毒性反应，一般是指连续给药 14 天以上，具体给药期限的长短原则上应根据临床拟用的疗程而确定。当完成一个新药的主要药效和急性毒性试验，并确认有进一步研究的价值后，才考虑进行长期毒性试验。目的是通过连续重复给予动物受试药物，根据其出现的症状及毒性程度、作用的靶器官及恢复情况，预测其可在人体出现产生的不良反应，为拟定人用药的安全剂量提供参考，降低临床受试者及药品上市后目标人群的用药风险。

长期毒性试验在非临床安全性评价中非常重要，是新药报批临床的重点评审项目，为临床安全用药剂量设计提供参考，这关系到该新药是否具有继续开发的价值并且能否过渡到临床试用，也为临床毒性试验、不良反应的监护和生理生化指标的检测提供数据支撑（Michael et al.，2013；OECD，2010）。

基于对新药临床前研究的全面评价，也鼓励对其进行毒物代谢动力学研究。毒物代谢动力学指结合长期毒性研究的考察药物系统暴露的代谢动力学研究，可用来评价长期毒物研究的结果。

3. 特殊毒性试验

特殊毒性试验主要研究哪些外源性物质可能对遗传物质造成损伤以及肿瘤、衰老和畸胎发生的可能性，而不是对机体的一半损伤及其机制的研究。主要包括致突变试验、致癌试验、生殖毒性试验、免疫毒理学试验等生物非临床安全性评价研究（FDA，2001）。

4. 其他毒性试验

针对某些特殊药品，还需进行其他的毒性试验，如皮肤给药毒性试验、腔道用药毒性试验、药物依赖性试验、抗生育药毒理研究和细胞毒抗肿瘤药毒理研究等。

但是新药毒理学研究具有一定的局限性，人与动物对同一种药物的反应不会完全一致，实验动物与人对药物的反应也有明显差异。

四、临床研究

药物的临床研究通常包括临床试验和生物等效性试验（国家食品药品监督管理总局，2011b）。

临床试验是指通过患者或健康志愿者作为受试者进行的药物系统性科学研究，观察受试药物在试验过程中的吸收、分布、代谢及排泄情况，以证实受试药物的作用、不良反应，研究药物的有效性、安全性和质量等问题，以考察其能否上市用于目标人群（李丽 等，2014）。生物等效性试验则是指采用生物利用度研究的方法，参考药代动力学指标，对同一种药物的相同或者不同剂型的制剂，对比其在相同试验条件下，活性成分的吸收程度和速度有无统计学差异的人体试验（EMA，2013a；李丽 等，2014）。

国家药品监督管理局药物的临床研究应当依照《药物临床试验质量管理规范》的规定实施进行。临床试验一般分为四个阶段，即Ⅰ期、Ⅱ期、Ⅲ期和Ⅳ期。前三个阶段为新药上市前的临床试验，第四阶段为上市后的临床试验。申请新药注册时应当进行前三个阶段的临床试验，特殊情况下可不进行Ⅰ期试验或只进行Ⅲ期试验（国家食品药品监督管理总局，2003）。

临床试验各期的研究内容如下：

（一）Ⅰ期临床试验

一般每个剂量采用病例8～12例，是新药进行人体试验的起始阶段。该阶段只进行初步的临床药理学试验，考察人体对新药的耐受程度及药代动力学表现，并在此阶段进行人体安全性初步评价试验，了解人体的生物利用度及药动学参数，为制订可靠的给药方案提供相应的参考。在新药申请注册过程中，申请方必须在Ⅱ、Ⅲ期试验开始前获得国家药品监督管理局的临床批件。

（二）Ⅱ期临床试验

以新药预期的目标人群样本为受试对象，是治疗作用的初步评价阶段，初步评价药物对目标适应证患者的安全性和疗效，确定Ⅲ期试验的给药剂量和研究设计的方案，可采用对对照组进行盲法随机对照试验，常选择双盲随机平行对照试验。通常盲法随机对照采用病例100例，试验组和对照组各采用病例100例。

（三）Ⅲ期临床试验

一般要求实验组采用病例大于或等于300例，采用随机盲法对照试验，是治疗作用的确证阶段，通过增加样本量并根据试验目的调整选择受试对象的标准，丰富需要观察监测的项目或指标，进而考察对不同目标适应证患者所需药物的剂量及依从性，验证其疗效及安全性，Ⅲ期临床试验的条件应尽可能接近该药的正常使用条件，以期为药物申请注册获得批准提供完善的依据。Ⅲ期临床试验结束后方可递交新药生产的申请要求。

（四）Ⅳ期临床试验

Ⅳ期是新药上市后的临床应用研究开放实验阶段，由申请人自主进行。该阶段考察在广泛使用条件下药物的治疗效果及不良反应，评价其使用在目标人群中的利益及风险关系，同时改进给药剂量等。该阶段不要求设对照组，一般按照国家药品监督管理局要求临床试验病例数应大于2000例，但有时根据需要对某些适应证或某些特殊试验对象进行小样本随机对照试验。Ⅳ期是在上市前对前个三阶段试验进行的补充完善，不但在新药上市前验证结果，而且尽可能在上市之前对临床试验纠正偏差并弥补缺乏的资料信息，为临床合理用药提供参考数据。Ⅳ期临床试验虽为开放试验，但有关病例选择标准、退出标准、排除标准、疗效评价标准、不良反应标准、判定疗效与不良反应的各项指标等都可参考Ⅱ期临床试验方案的设计规范。

药物临床试验的受试例数必须满足临床试验的目的和相关统计学要求，不得少于

《药品管理注册办法》规定的最低临床试验例数。如一些罕见病、特殊病种等情况，要求减少临床试验例数或者免做临床试验的，应当及时在申请临床试验时提出，并经国家药品监督管理局审查批准。

临床试验用药物应当符合《药品生产质量管理规范》（Good Manufacturing Practices，GMP）的车间制备。制备过程应当严格执行《药品生产质量管理规范》的要求。申请人需对临床试验用药物的质量负责（国家食品药品监督管理总局，2007）。

五、新药临床研究与生产的申报和审批

世界各国的药品管理机构，如美国食品与药物管理局，中国国家药品监督管理局都对新药的研发及申报的各个流程有具体的规定（EMA，2013b；国际药品注册协调组织指导委员会，2011；国家食品药品监督管理总局，2002）。我国现行的《药品注册管理办法》自2007年10月1日起施行，对具体的每个步骤都有详细的“指南”可供参考，新的修订稿已于2017年发布，近期准备更新（国家食品药品监督管理总局，2007，2016b）。

（一）新药临床试验的申报与审批

按照现行《药品注册管理办法》的规定，研制新药须按照国家药品监督管理局的规定如实报送药物研制方法、生产工艺质量指标、药理及毒理试验结果等有关资料和样品，经国家药品监督管理局审批获准后，方可进行临床试验。该阶段的申报与审批的程序一般如下（图12.2）。

（二）新药生产的申报与审批

新药完成药物临床研究后，须要向国家药品监督管理局进行申报，经审批获得新药证书和药品批准文号后，才能进行生产和上市销售。该审批过程一般如图12.3所示。

（三）药品注册受理调整

依据《国务院关于改革药品医疗器械审评审批制度的意见》，为建立审评主导的药品注册技术体系，实现以审评为核心，现场检查、产品检验为技术支持的审评审批机制，国家食品药品监督管理总局研究决定自2017年12月1日起，将由省级食品药品监督管理部门受理、国家药品监督管理局审评审批的药品注册申请，调整为国家药品监督管理局集中受理（国务院，2015）。

凡依据现行法律、法规和规章，由国家药品监督管理局审评审批、备案的注册申请均由国家药品监督管理局受理，包括新药临床试验申请、新药生产（含新药证书）申请、仿制药申请、国家药品监督管理局审批的补充申请等；由省级食品药品监督管理部门审批、备案的药品注册申请仍由省级食品药品监督管理部门受理。

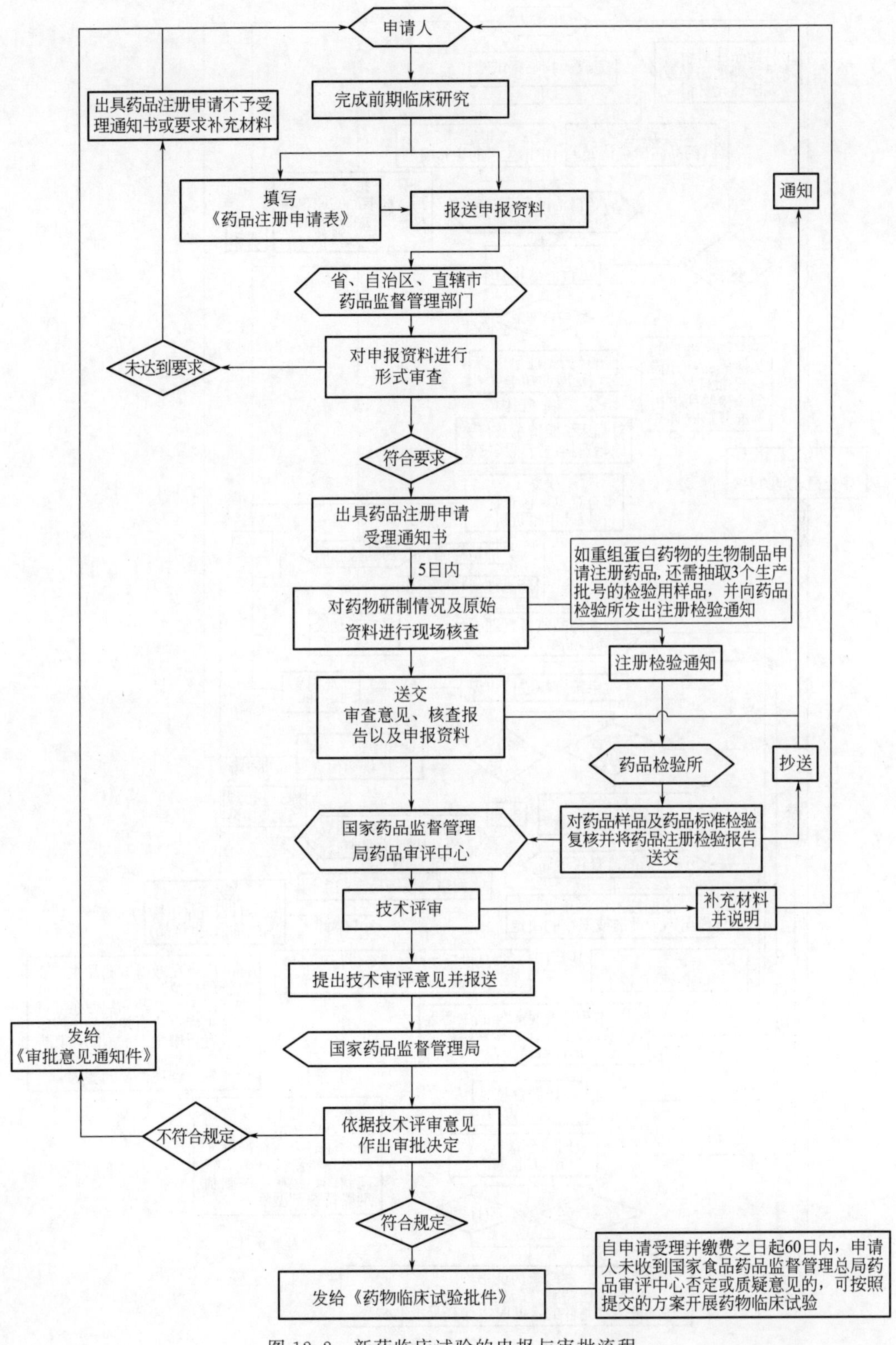

图 12.2　新药临床试验的申报与审批流程

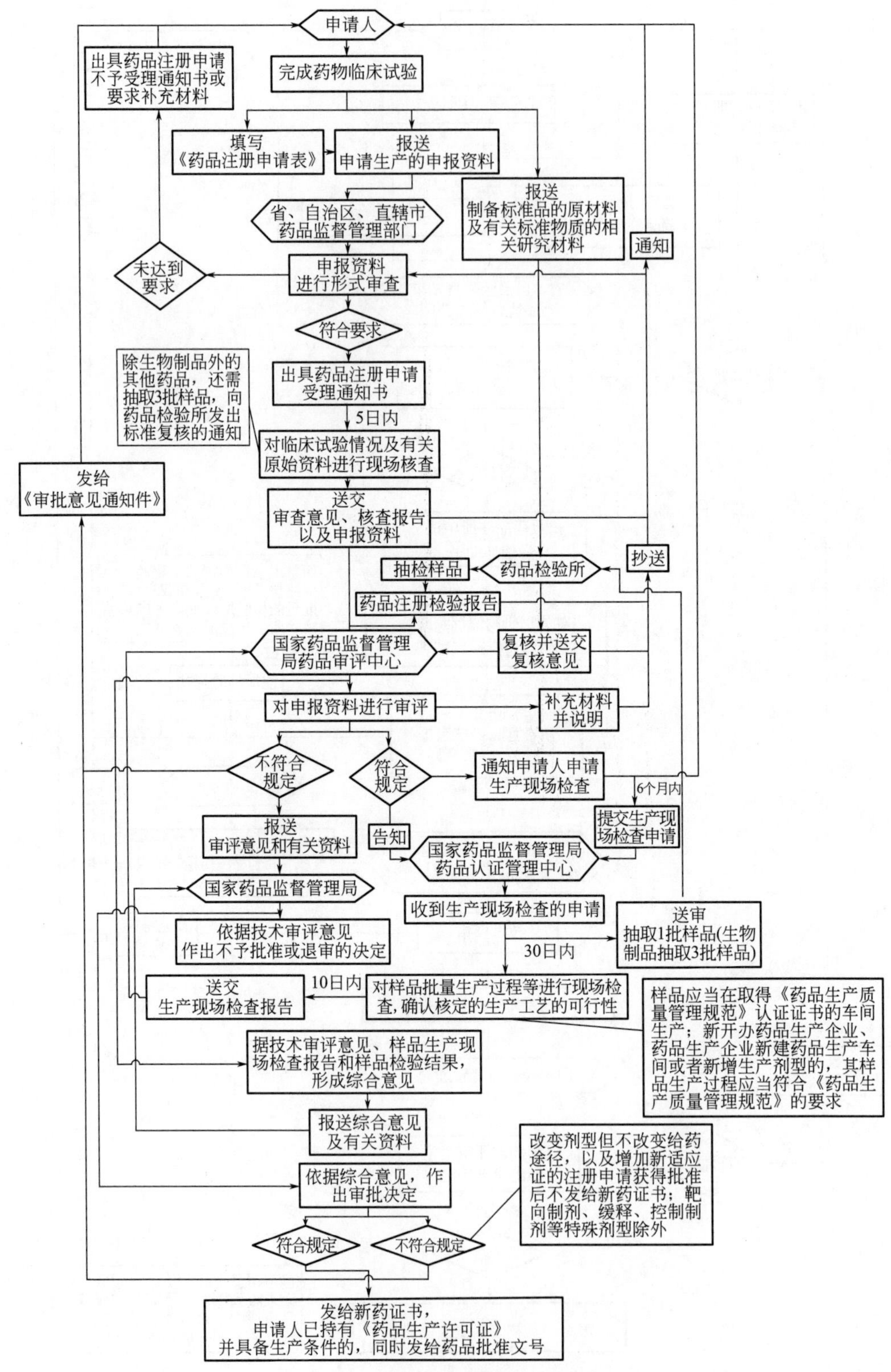

图 12.3　新药生产的申报与审批流程

第二节　重组蛋白药物研究开发的相关法规

良好的生物技术产品发展，离不开相关法律法规的出台。推进我国生物技术产业保障性立法，要从解决生物技术的发展战略问题开始，完善相应的配套政策和法律保障，同时制订操作性的法律规范建立有序的管理体制、完善生物技术产品的管理程序、质量标准及鉴定方法。对于生物技术发展采用既加大法律保障又加强法律监控的基本策略，这是由生物技术的两面性决定的。

近年来世界卫生组织（World Health Organization，WHO）、国际药品注册协调组织（International Conference on Harmonization of technical requirements for registration of pharmaceutical for human use，ICH）、美国食品与药物管理局（Food and Drug Administration，FDA）等颁布一系列有关生物技术药物的生产和检定规程、技术指南及质量控制要点（国际药品注册协调组织指导委员会，2011）。

为了加强管理包括重组蛋白药物在内的医药产品，国务院于 1998 年专门成立了国家食品药品监督管理局进行管理，该局下设机构有中国药品生物制品检定所、药品审评中心、药品认证管理中心、国家药典委员会、国家中药品种保护审评委员会、药品评价中心等相关部门，负责对各种医药产品的研究、生产、流通和使用的安全和质量监督管理。2017 年 6 月，CFDA 正式加入 ICH，成为其全球第 8 个监管机构成员。这标志着中国的药品监管部门、制药行业和研发机构将逐步转化和实施国际最高技术标准和指南，并积极参与规则制定。

重组蛋白药物研究开发的目的是为了提供用生物技术进行疾病的治疗、诊断和预防的新手段，为了确保所开发药品的质量，保证其安全、有效、可控，我国已建立了一整套的管理制度，下面介绍重组蛋白药物研究开发相关法规的主要内容，并重点介绍在临床前研究、临床研究以及生产阶段分别应遵守的质量管理规范。

一、重组蛋白技术产品研究开发相关法规的主要内容

为切实保证药品质量安全，提高药品治疗效果，保障人民群众用药安全和身心健康，切实加强药品监管，我国及国际上均制订了相关法律法规及技术指导性文件，其中与重组蛋白产品研究开发相关的部分有以下几个方面：

（一）国家有关法律

主要包含：《中华人民共和国药品管理法》和《中华人民共和国药品管理法实施条例》。

1984 年 9 月 20 日，《中华人民共和国药品管理法》首次经由第六届全国人民代表大会常务委员会第七次会议审议通过，1985 年 7 月 1 日起施行。于 2001 年 2 月 28 日修订，自 2001 年 12 月 1 日起施行（国家食品药品监督管理局，2001）。

《中华人民共和国药品管理法实施条例》于 2002 年 8 月 4 日由国务院公布，自 2002 年 9 月 15 日起施行。《中华人民共和国药品管理法》第二十九条、三十条、三

十一条以及《中华人民共和国药品管理法实施条例》第二十八条、二十九条、三十条规定，新药的临床试验及生产都须经国务院药品监督管理部门审核批准，进行药物非临床安全性评价研究和药物临床试验的机构必须分别执行《药物非临床研究质量管理规范》和《药物临床试验质量管理规范》（国家食品药品监督管理局，2002）。

（二）部门规章

近年来，我国主管药品监督管理的部门先后制定了一系列新药管理的法规。主要有2020版《中国药典》《新药审批办法》《新生物制品审批办法》《仿制药品审批办法》《新药保护和技术转让的规定》《药品注册管理办法》《进口药品管理办法》和《药品生产质量管理规范》等，这些都是《中华人民共和国药品管理法》的重要配套规章。

《人用重组DNA技术产品总论》纳入对重组蛋白药物的生产和质量控制的一般原则要求，该总论内容由概述、制造、质量控制等几部分构成（高凯 等，2014）。

2007年6月18日，现行的《药品注册管理办法》经国家食品药品监督管理局局务会审议通过，于2007年10月1日起施行，是目前对药品注册进行规范化管理的主要依据。中国加入WTO后，在新的医药经济形势的大环境下，它的制定总结了我国多年的药品注册管理经验并借鉴了国外先进注册管理方法，与现行的《药品管理法》及其《实施条例》对药品注册管理要求相一致。新的《药品注册管理办法》共15章177条，包括药物的临床试验、新药的申报与审批、药品注册检验等内容，其中附件3生物制品注册分类涉及针对治疗用生物制品的指导意见（国家食品药品监督管理局，2007）。

另外，国家药品监督管理局制定了指导药品研发、临床研究及生产的规范性要求，主要有：《药物非临床研究质量管理规范》（GLP）、《药物临床试验质量管理规范》（GCP）和《药品生产质量管理规范》（GMP）。

（三）技术指导性文件

旨在指导新药研发单位在新药研究申报时更加规范科学，国家药品监督管理部门在结合国外现行标准及我国当前实际的情况下，对新药技术要求进行了完善的规定。它们既是新药审批时的依据，也在很大程度上帮助研究单位获得更为可靠的研究成果。主要包括以下几方面的指导原则：①关于新药（西药）临床前药学、药理学和毒理学评价方面；②关于新药（西药）临床研究方面；③关于中药新药研究方面，这其中包含针对中药新药临床前药学、药理学和毒理学评价等方面。

自1992年起，食品药品监督管理局（State Food and Drug Administration，SF-DA，2013年后更名为国家食品药品监督管理总局，2018后合并为国家市场监督管理总局，下设国家药品监督管理局）先后出台了一系列技术指南（表12.1），这是我国重组技术产品的质量控制研究的主要依据。近几年，国家药品监督管理局又公布了包含《生物类似药研发与评价技术指导原则》在内的多部相关指导性文件指导生物技术产品的研发和申报（国家食品药品监督管理总局，2015a，2017a）（表12.2）。

表 12.1　我国重组蛋白技术产品研究开发相关技术指导性文件（SFDA，1992-2010）

机构	文件名称	时间
SFDA（食品药品监督管理局）	《人用重组 DNA 制品质量控制要点》	1992
	《人用鼠源性单克隆抗体质量控制要点》	1994
	《人用重组 DNA 制品质量控制技术指导原则》	2003
	《人用单克隆抗体质量控制技术指导原则》	2003
	《人基因治疗研究和制剂质量控制技术指导原则》	2003
	《细胞培养用牛血清生产和质量控制技术指导原则》	2003
	《人体细胞治疗研究和制剂质量控制技术指导原则》	2003
	《艾滋病疫苗临床研究技术指导原则》	2004
	《预防用 DNA 疫苗临床前研究技术指导原则》	2004
	《进口药品注册检验指导原则》	2004
	《生物制品生产工艺过程变更管理技术指导》	2005
	《联合疫苗临床前和临床研究技术指导原则》	2005
	《生物制品生产工艺过程变更管理技术指导》	2005
	《多肽疫苗生产及质控技术指导原则》	2005
	《联合疫苗临床前和临床研究技术指导原则》	2005
	《结合疫苗质量控制和临床研究技术指导原则》	2005
	《预防用疫苗临床试验不良反应分级标准指导原则》	2005
	《预防用疫苗临床前研究技术指导原则》	2010

表 12.2　我国重组蛋白技术产品研究开发相关技术指导性文件（CFDA，2012-2017）

机构	文件名称	时间
CFDA（国家食品药品监督管理总局）	《药物代谢产物安全性试验技术指导原则》	2012
	《生物制品稳定性研究技术指导原则(试行)》	2015
	《生物类似药研发与评价技术指导原则(试行)》	2015
	《细胞治疗产品研究与评价技术指导原则》(试行)	2017

其中，为指导和规范生物类似药的研发与评价，CFDA 于 2015 年 2 月发布的《生物制品稳定性研究技术指导原则（试行）》明确了重组蛋白类似药研发与评价的基本原则为“比对原则、逐步递进原则、一致性原则和相似性评价原则”，与质量控制关系密切的“药学研究和评价部分”，规定了应采用先进灵敏的技术方法对产品进行质量特性分析和质量控制，包括“理化特性、生物学活性、纯度和有效成分、免疫学特性”，建立科学的质量标准，并开展稳定性研究（国家食品药品监督管理总局，2015b）。该指导原则的发布为规范和指导重组蛋白类似药的研发，提高其安全性、有效性和质量控制水平奠定了基础。

（四）国际法规

早在 1977 年美国食品与药物管理局（FDA）颁布了《联邦管理法典》，提出了“临床试验质量管理规范”和“数据完整性”的概念。1996 年，国际药品注册协调组织（ICH）制定的临床试验规范的国际性指导原则为欧盟、日本和美国的临床研究提供了统一的标准（ICH，1997）。FDA、欧洲药品管理局（EMA）、国际药品注册协调组织（ICH）、世界卫生组织（WHO）、经济合作与发展组织（Organization for Economic Co-operation and Development，OECD）等颁布了欧洲及美国药典、一些相关法规和技术性指导文件等（FDA，1997；ICH，1997，2005；WHO，1994，2010），这些文件有一定的前瞻性，可为重组蛋白药物的研究及生产提供参考。我国目前尚有部分研究项目未制订相应的技术指导性文件，如 siRNA、反义核酸药物、肿瘤免疫药物等的研究，这些项目的技术问题也可参考国际上相关指导文件制订的质量标准实施（Geigert，2013；OECD，2010）。

针对生物技术产品，主要有以下指导性文件（表 12.3～表 12.6）：

表 12.3　国际上重组蛋白技术产品研究开发相关规范及技术指导性文件（FDA）

机构	文件名称	时间
FDA（美国食品与药物管理局）	《生物技术产品稳定性试验》	1995
	《人用单克隆抗体制品生产与检定》	1997
	《特定生物技术和合成生物制品的已批准申请的变更》	1997
	《支持与参考产品具有相似性的临床药理学数据：指导原则草案》	2014
	《药品和生物制品的分析程序和方法验证》	2015
	《生物类似药申请者的正式会议：行业指导原则》	2015
	《证明治疗性蛋白制品与生物类似药相似性的质量考虑：行业指导原则》	2015
	《证明与参考产品互换性的考虑：行业指导原则草案》	2017

表 12.4　国际上重组蛋白技术产品研究开发相关规范及技术指导性文件（EMA）

机构	文件名称	时间
EMA（欧洲药品管理局）	《重组 DNA 技术衍生的医药产品的生产质量控制》	1995
	《临床试验中研究用生物药品的质量文件要求指导原则》	2012
	《含基因修饰细胞治疗产品的质量、非临床和临床指导原则》	2012
	《含有生物技术衍生蛋白作为活性物质的生物类似药医用制品指导原则》	2014
	《生物类似药医用制品指南》	2014
	《生物技术衍生活性物质的制造工艺验证指南和提交监管机构所提供的数据》	2016

表 12.5　国际上重组蛋白技术产品研究开发相关规范及技术指导性文件（ICH）

机构	文件名称	时间
ICH（国际药品注册协调组织）	《生物技术药物的临床前安全性评价》	2000
	《人用药物的安全药理研究》	2000
	《人用药物的免疫毒理研究》	2005

表 12.6　国际上重组蛋白技术产品研究开发相关规范及技术指导性文件（WHO）

机构	文件名称	时间
WHO（世界卫生组织）	《用于保证人用单克隆抗体质量的指导原则》	1992
	《生物制品生产企业 GMP 检查指南》	1994
	《DNA 疫苗质量保证指南》	1997
	《DNA 疫苗的质量控制及非临床安全性评估指南》	2005
	《生物类似药评价指导原则》	2009
	《国际和其他生物参考标准品的制备、鉴别和建立的建议》	2014
	《由重组 DNA 技术制备的生物治疗产品的质量、安全性和有效性指导原则》	2014
	《已批准的重组 DNA 衍生生物治疗产品的监管评估、技术报告系列》	2016
	《生物制品的良好生产规范，技术报告系列》	2016
	《单克隆抗体生物类似药评价指导原则》	2016

二、研发各个环节的质量管理规范

（一）药物非临床研究质量管理规范

《药物非临床研究质量管理规范》（Good Laboratory Practice，GLP）是为申请新药注册而进行的非临床安全性评价研究须遵守的规定。非临床研究通常指在实验室进行的安全性毒理学评价、药理学和药效学评价，包括药代动力学和毒代动力学研究。

早在 1979 年美国首先颁布了 GLP 规范，其后很多国家和组织都制订并颁布了适合自身的 GLP 管理规范，使得 GLP 作为国际间相互认定新药的支撑。为保障人民群众用药安全，提高药物非临床安全性评价研究质量，2017 年 8 月 3 日，我国国家食品药品监督管理总局发布了最新的《药物非临床研究质量管理规范》，自 2017 年 9 月 1 日起实施，极大地满足了我国药品研发领域应对国际化趋势的需要，促进了我国药品 GLP 与国际法规标准的一致，为提高药品研发的质量管理水平提供了有力支撑（国家食品药品监督管理总局，2017c）。

GLP 原则实质上是一套为了保障数据质量而制订的基本要求。适用范围主要是：①非临床试验，主要为动物和体外实验，包括与之相关的分析实验。②用于获取受试物对人类健康和环境安全有关的安全性数据。③提交国家药品监督机构进行产品注册所需要的数据。其主要内容包括如下方面（图 12.4）。

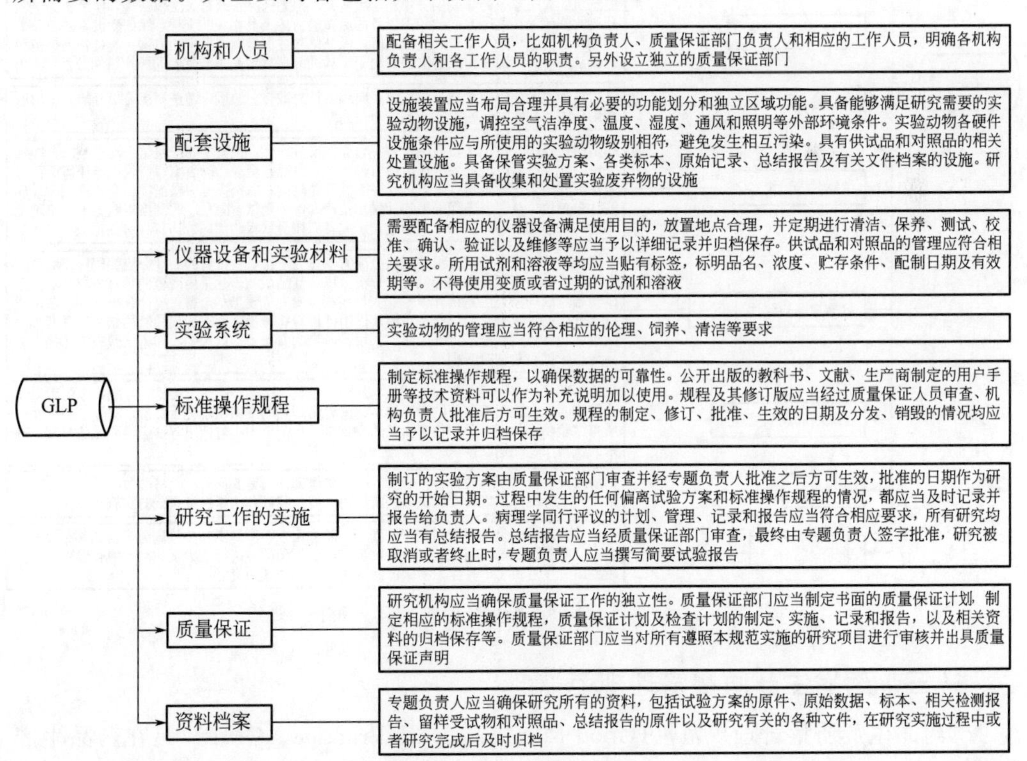

图 12.4 《药物非临床研究质量管理规范》（GLP）要点

（二）药物临床试验质量管理规范

《药物临床试验质量管理规范》（Good Clinical Practice，GCP）是临床试验全部过程的标准规定，该文件的制定旨在保证药品临床过程规范有序，结果科学可靠，保障受试者的权益及安全。内容包括以下几方面：方案设计、组织实施、监察、稽查、记录、分析总结和报告等。2003 年 8 月 6 日，国家食品药品监督管理总局发布了现行的《药物临床试验质量管理规范》，并于 2003 年 9 月 1 日起施行，共 13 章 70 条，新的修订稿已于 2016 年发布，近期可能更新（国家食品药品监督管理总局，2003，2016a）。本规范的主要内容有如下几个方面（图 12.5）。

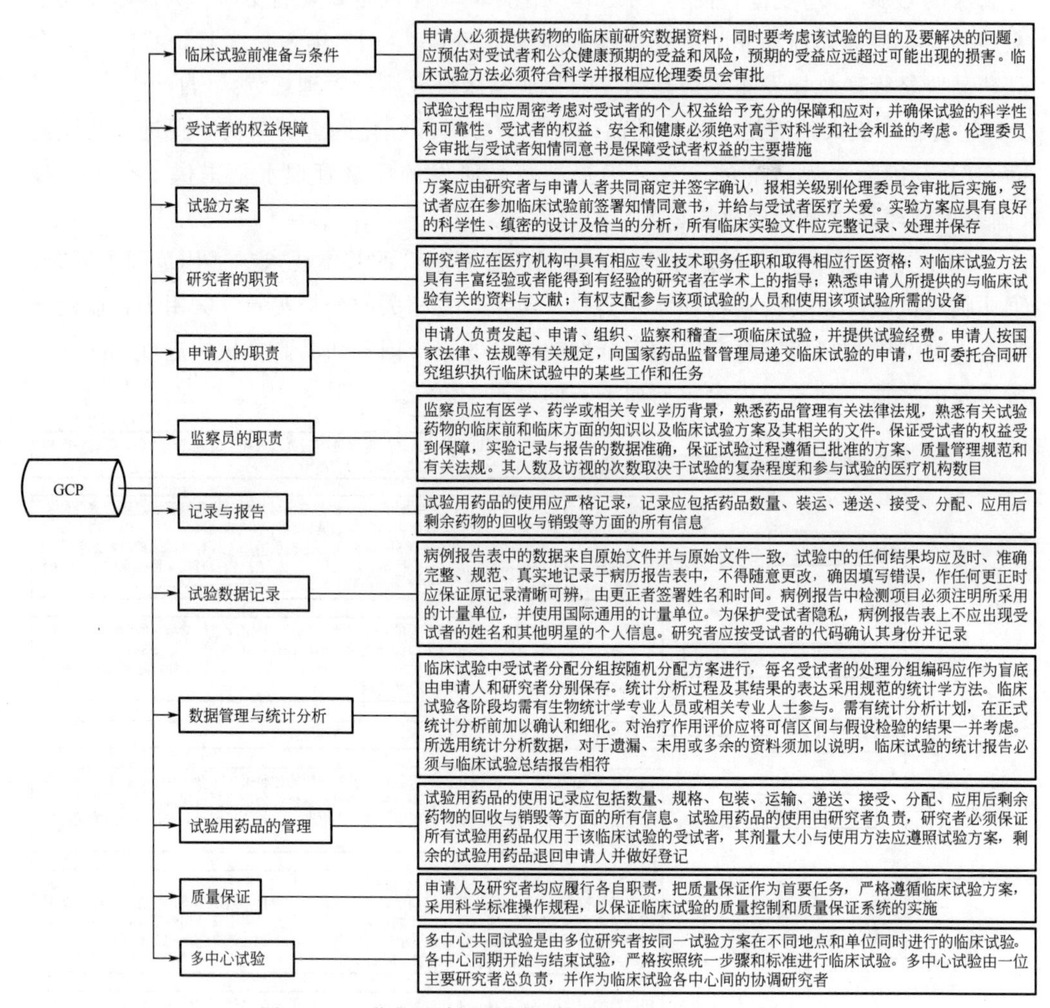

图 12.5 《药物临床试验质量管理规范》（GCP）要点

（三）药品生产质量管理规范

《药品生产质量管理规范》（Good Manufacturing Practice，GMP）是在药品生产全过程中，保证生产出优质药品的管理制度。美国最先通过立法制定了药品生产管理规范，以后人们均简称此制度为“GMP”（WHO，1994）。1982 年，我国制药工业组织制定的 GMP 是我国最早的 GMP，是由中国医药工业公司和中国药材公司分别制定的《药品生产管理规范（试行）》《中成药生产质量管理办法》。1999 年，国家食品药品监督管理局发布了适用于我国的《药品生产质量管理规范》，旨在指导药品生产企业克服因不良生产导致劣质药品产生的情况，保证优质生产合格药品，是所有药品生产企业生产所有药品都必须考量的规范性文件。

1984 年颁布的《中华人民共和国药品管理法》第九条规定：“药品生产企业必须按照国务院卫生行政主管制定的《药品生产质量管理规范》的要求，制定和执行保证药品质量的规章制度和卫生要求”。2010 年 10 月 19 日经卫生部部务会议审议通过《药品生产质量管理规范（2010 年修订）》，并于 2011 年 3 月 1 日起施行，共 14 章 313 条，并于 2017 年根据发布生化药品附录，作为《药品生产质量管理规范（2010 年修订）》配套文件，自 2017 年 9 月 1 日起施行（国家食品药品监督管理总局，2011a，2017b）。本规范的主要内容包括如下几个方面（图 12.6）。

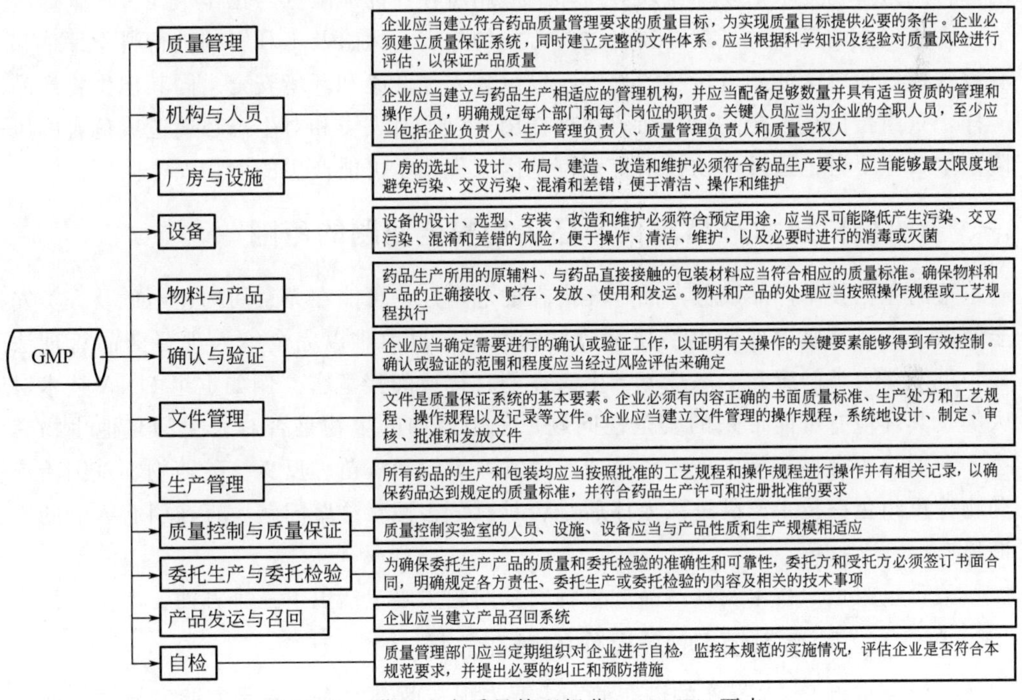

图 12.6 《药品生产质量管理规范》（GMP）要点

第三节　重组蛋白技术产品的生物安全问题

由生物因子引发的安全危害从未停止过，伴随着人类社会的演进呈现着从简单到复杂、从偶发到频发、防范难度加大的趋向。由生物因素引发的各类安全威胁逐步甚嚣尘上，并以其复杂性、多样化、简单易用等特点，成为人类面临的新型安全威胁。

在2018年11月26日，世界首例基因编辑婴儿在中国健康诞生这一消息由南方科技大学贺建奎团队宣布。该消息立刻引发国内外学界强烈关注和有关伦理问题的巨大争议。虽然我国已出台了关于基因科技的相关法律，并且在2016年10月，国家卫生和计划生育委员会颁布了《涉及人的生物医学研究伦理审查办法》，以行政规章的形式规范了涉及人的生物医学研究领域和研究对象、需要研究者遵循的程序和行为准则。但由于人类胚胎法律地位的不确定性，并未对涉及人体胚胎的基因编辑研究做出具体详细的规定，也因此未能杜绝出现基因编辑婴儿此类对生物安全引起巨大威胁的事件发生。但涉及生物安全问题像一个潘多拉魔盒揭开了人们重新审视生物安全的广泛关注和讨论。

生物安全这一概念最初只涉及重组DNA材料由实验室向外扩散可能对人体、其他生物和环境的危害。广义的“生物安全”是指在特定空间范围，由于外来物种迁入及入侵等与生物有关的各种因素对于当地物种和生态环境所造成的危害或潜在风险，对生物多样化可能产生的威胁，对人类健康、生活环境和社会生活可能引起的不利影响，特别是生物技术活动本身及其产品的应用所存在的风险（冯化作 等，2014）。

生物安全的科学含义就是要对这些可能的危害、风险及不利影响进行科学评估和有效管控，使之降低到可接受的程度，以保障人类健康和环境安全。同其他生物产品一样，重组蛋白技术产品也存在药物副作用，以及对人类和对生态环境造成危害的风险。本节主要讨论通过生物技术特别是基因工程技术可能产生的生物安全问题。

一、重组蛋白技术产品及其产品生物安全问题的范围

重组蛋白技术产品及其产品存在潜在的危险性，可能在无意间构建出危及人类安全的微生物；这些由现代生物技术产生的因素，目前难以完全纳入现行药品管理法规，可能对人类健康和生态环境产生潜在的直接或间接危害。例如重组DNA技术对人类及其环境有可能带来的安全性问题，重组修饰的生物是否对人类和其他生物有害？它们是否会在环境中极度繁殖造成危害？重组活疫苗、反义核酸药物、基因治疗药物等重组蛋白技术产品进入人体后是否具有危害性？这些问题一直在引起人们的不断思考。

关于重组蛋白技术及其产品的生物安全问题主要包括以下三个方面：

（一）实验室重组DNA操作的潜在危害

实验室重组DNA操作的潜在危害主要表现在两个方面：一是实验室病原体或重组病原体感染操作者所造成的实验室性感染；二是带有重组DNA的载体或受体的动植物、细菌及病毒逃逸出实验室造成社会性污染。

实验室性感染的途径很多，由于生命科学及生物技术的特殊性，其实验过程中使用或诱发的各类基因片段、蛋白质、细菌、病毒等一旦进入环境，会对人体健康和生态安全造成威胁。实验室性感染一方面在于危害实验室工作人员的身体健康；另一方面若实验室病原体通过操作者的社会活动带至实验室外扩散，有可能进一步危害社会。

（二）基因工程工业化生产的潜在危害

大规模基因工程工业化生产所涉及的安全性问题比实验室中进行重组DNA实验更为复杂。主要有：①感染危险，即由于接活菌体或病毒而使人、动物及植物可能发生疾病；②生产过程中的死菌体或死细胞及其组分或代谢产物对人体及其他生物造成的毒性、致敏性及其他生物学效应；③产品的毒性、致敏性及其他生物学效应；④环境效应。在工业生产中使用遗传工程体，由于体积大、密度高和持续较长以及操作人员所受教育程度的参差不齐，使用发生危害的可能性比小规模的实验室工作要大得多，并且，一旦出现问题，后果也会更加严重。

（三）生物技术产品的临床安全存在风险因素

目前基因工程、疫苗和单克隆抗体已有大量上市，新的生物技术产品如包括基因治疗、DNA药物、组织工程产品等犹如雨后春笋不断涌现。这些近十年发展起来的与传统医药不同的治疗方法，由于其临床经验少，科学发展的阶段性所限，对于外源基因进入人体后长远的影响目前尚不能完全了解，国内外研究参考文献也很有限，对这些新类型的药物究竟对人体及环境有何不良影响作用，我们需要非常慎重地对待。如同其他药物一样，重组蛋白药物也存在引发副作用的风险，因重组蛋白药物的功能并不是单一的，或许是立体交叉相互作用的，但其作用程度是很难精确控制，存在可能导致严重的副作用的重大风险。临床安全风险也是影响新药审批的直接因素，也势必会影响市场发展

二、重组蛋白技术产品及其产品生物安全问题的预防和控制

（一）实验室生物安全

重组蛋白技术产品的源头在实验室，再次进行大量的研究工作，实验室是规范重组蛋白技术研究时实现其生物安全性的基本环节和重要场所（OECD，1998）。1975年，美国国立卫生研究院（National Institutes of Health，NIH）制定了世界上第一部专门针对生物安全的规范性文件，即《NIH实验室操作规范》并首次提到生物安全，是指“为了使病原微生物在实验室受到安全控制而采取的一系列措施”（FDA，1976）。实验室生物安全即避免危险生物因子可能造成实验室人员暴露、向实验室外扩散并导致危害的综合措施。

（二）实验室生物安全保障

实验室生物安全保障则是指单位或者个人为防止病原体或毒素丢失、被窃、滥用、转移或有意释放而采取的安全措施。实践证明，重组DNA操作的潜在危害是可以采用适当措施加以防止的。第一，提高重组DNA操作的实验人员从事微生物操作的能力，储备关于安全防护的基本知识，正确认识实验室生物的危害等级，熟练掌握根据重组DNA工作的类型采用不同的操作技术和封闭措施；第二，在重组DNA过程中尽可能采用具有较强生物控制功能的宿主-载体系统；第三，希望国家进一步加强立法管理，是保障生物安全的重要环节。

在实验方案方面，与小分子量的化学药物明细不同之处，重组蛋白药物的安全性不局限于产品毒性问题，更包括微生物学性、免疫学性、药理学性、致病性、生物分布及一般安全性等系列问题。这些都应在重组蛋白药物临床前安全性评价实验设计中予以考虑（国家食品药品监督管理局，2011c）。

（三）生物安全相关政策

为了预防重组蛋白技术产品的潜在危险，目前各国重组蛋白技术产品的安全管理纳入现行药品管理体系（Cox et al.，2000）。国际药品注册协调组织（ICH）、世界卫生组织（WHO）、美国食品与药物管理局（FDA）等国际相关组织和机构颁布的一系列有关重组蛋白技术药物安全的相关文件。根据新药应具有安全、有效、可控的原则要求之外，以特殊个案处理的方式，具体评价每一个重组蛋白技术产品或治疗方案的安全性，其项目除常规新药必须进行的急性毒性试验、亚急性毒性试验、长期毒性试验、特殊毒性试验外，还必须考察由于采用重组 DNA 技术而可能产生的特殊安全性问题而导致对人和生态环境的潜在危险。对于重组 DNA 试验的安全控制措施、重组 DNA 药物和单克隆抗体质量控制要点、DNA 疫苗质量保障指南以及体细胞治疗和基因治疗考虑要点等都具有相应的安全管理措施（国际药品注册协调组织指导委员会，2011）。

为了加强对包括重组蛋白技术产品在内的医药产品的安全管理，国家食品药品监督管理局于 2010 年重新修订了我国医药行业的《药品生产质量管理规范》（GMP），保证包括重组蛋白技术产品在内的药品生产全过程中对人员和内外环境的安全和产品的质量。重新修订了新的生物制品审批办法，加强对生物制品在研制过程中的资料审查，制订了严格的临床前安全和毒性试验检查方案和方法。制订了若干个对各类制品的安全和质量具有指导性的技术指南（国家食品药品监督管理局，2011b；国家食品药品监督管理总局，2016a）。这些文件在保障重组蛋白技术产品在研究、开发、生产和使用过程中对内外环境和人体的安全、疗效等方面起到了极为重要的作用。鉴于重组蛋白技术产品存在不可预估的潜在危险性，对此类产品的研究和生产应建立定期或不定期的监测、跟踪及报告制度，以便随时发现可能的危险并采取强有力的措施。

三、生物安全性评价

生物安全性评价是在技术层面上分析生物技术及其产品、引种和生物资源交流的潜在危险性，并确定相应的管控措施。主要针对人类涉及生物材料的活动，特别是生物技术操作及其产品应用的安全性，进行科学、客观、公正的评价（Dempster，2000）。

生物安全性评价已成为生物安全管理的依据、核心和基础。生物安全性评价已形成法定的规程和方法（Hinrichs et al.，2015）。因而在重组蛋白类产品的研发及生产应用上，也应当对其进行相关的生物安全性评价。

（一）生物安全性评价的目的

生物安全性评价的目的是在越来越多重组 DNA 技术和相关产品生产条件下，提供更加科学的决策保护人类健康和生态环境安全，回复公众质疑，促进国际贸易，维护国家权益，并促进生物技术产业的健康发展，更好地造福人类。

（二）生物安全性评价的程序和方法

我国生物安全管理重点在重组DNA方面的基因工程，1993年国家科学技术委员会出台了的《基因工程安全管理办法》，依据基因工程操作对人类健康和生态环境的危险程度分为四个安全等级：Ⅰ级等级，尚不存在危险；Ⅱ级等级，有低度危险；Ⅲ级等级，有中度危险；Ⅳ级等级，有高度危险。

通常根据受体生物种类、操作技术、重组体及其产品特性、预期用途和接受环境，对其进行评价，确定安全等级；安全性评价采用个案评审原则。通常从以下三方面分析：是否有生物安全潜在危险？其危险程度大小？采取怎样的监管措施？并由此形成相应的安全性评价报告。

（三）生物安全性评价的内容

生物安全评价主要包括对人类健康和生态环境的影响，各方面的评价内容有：受体生物的安全等级、遗传工程体（重组体）的安全等级、遗传工程产品的安全等级、基因操作对受体生物安全性的影响情况综合评价和监控管理的建议（Hinrichs et al.，2015）。

（四）生物安全控制措施

为防止重组蛋白技术产品在研发、生产、储运和使用过程中可能发生的潜在危险，需要针对生物安全采取相应的防范措施；在重组蛋白技术产品的试验、中试、环境释放、生产和应用前，都必须通过安全性评价，并采取相应措施。

常用的理化措施包括：物理措施如设栅栏、网罩屏障、高温等；对生物材料工具和有关设施进行消毒；生物设施如设隔离区及监控区、消除区内外杂交等；环境设施如控制水分、温度、光周期等；规模控制设施如控制试验的生物个体数量、减少试验的面积或空间等。

重组蛋白药物研发是一个高度复杂的系统工程。在研发过程中其实验室阶段主要是：目的基因的筛选、获取和制备，进行相关功能研究、检测及鉴定后，构建及筛选相关表达载体，并进行小量试制。中试研究是蛋白质药物从实验室小试研究阶段到工业大规模生产的过渡阶段，主要是对产品制备工艺的一系列参数和条件进行优化确认的过程，同时相应的质量监控体系也逐步确立。临床前研究主要是新药进行评选及其生物学安全性进行临床前的评价，包括药理学、药代动力学、毒理学研究等方面。临床试验一般分为四个阶段，Ⅰ期、Ⅱ期、Ⅲ期为新药上市前的临床试验，Ⅳ期为上市后的临床试验。研制新药须按照国家药品监督管理局的规定如实报送药物研制方法、生产工艺质量指标、药理及毒理试验结果等有关资料和样品，经国家药品监督管理局审批获准后，方可进行临床试验。新药完成药物临床研究后，需要向国家药品监督管理局进行申报，经审批获得新药证书和药品批准文号后，才能进行生产和上市销售。为了确保所开发药品的质量，保证其安全、有效、可控，我国和世界其他各国都建立了一系列重组蛋白药物研究开发的相关法规和管理制度，除了《中华人民共和国药品管理法》《中国药典》《药品注册管理办法》等通用法律法规，还制定了指导药品研发、临床研究及生产的规范性要求的《药物非临床研究质量管理规范》（GLP）、《药物临床试验质量管理规范》（GCP）和《药品生产质量管理规范》（GMP）等系列管理规范，为重组蛋白药物的健康发展提供了保障。同其他药物类似，重组蛋白药物也存在药物副作用，同时也存在对人类及生态环境造成潜在危害的风险，相关生物安全也不得不引起人们的重视和思考。因重组蛋白药物显著的临床优势，引领未来生物医药产业发展方向，我们需不断加强生物安全保障，推动技术与质量标准发展，重组蛋白药物将为人类健康做出新的贡献。

参考文献

冯化作，周春燕，2014.，医学分子生物学（第3版）.

高凯，任跃明，王兰，郭中平.王军志，2014.，关于我国药典重组DNA技术产品总论的思考.中国生物工程杂志，34（5）：107-115.

国际药品注册协调组织指导委员会，2011.药品注册的国际技术要求（中英对照）.周海钧译.北京：人民卫生出版社.

国家食品药品监督管理局，2001.药品管理法.

国家食品药品监督管理局，2002.药品管理法实施条例.

国家食品药品监督管理局，2003.药物临床试验质量管理规范（局令第3号）.

国家食品药品监督管理局，2007.药品注册管理办法（局令第28号）

国家食品药品监督管理局，2011a.药品生产质量管理规范（2010年修订）（卫计委令第79号）

国家食品药品监督管理局，2011b.药物临床试验的一般考虑指导原则.

国家食品药品监督管理局，2011c.药物临床试验生物样本分析实验室管理指南（试行）.

国家食品药品监督管理总局，2014a.药物非临床安全性评价供试品检测要求的Q&A.

国家食品药品监督管理总局，2014b.药物非临床药代动力学研究技术指导原则.

国家食品药品监督管理总局，2014c.药物重复给药毒性试验技术指导原则.

国家食品药品监督管理总局，2015a.生物类似药研究与评价技术指导原则（试行）.

国家食品药品监督管理总局，2015b.生物制品稳定性研究技术指导原则（试行）.

国家食品药品监督管理总局，2016a.药物临床试验质量管理规范（征求意见稿）.

国家食品药品监督管理总局，2016b.药品注册管理办法（修订稿）.

国家食品药品监督管理总局，2017a.细胞治疗产品研究与评价技术指导原则（试行）.

国家食品药品监督管理总局，2017b.药品生产质量管理规范（2010年修订生化药品附录）（2017年第29号公告）.

国家食品药品监督管理总局，2017c.药物非临床研究质量管理规范（局令第34号）

国家药典委员会，2015.中华人民共和国药典（三部）.北京：中国医药科技出版社.

国务院，2015.国务院关于改革药品医疗器械审评审批制度的意见（国发〔2015〕44号）.

李丽，张玉琥，2014.FDA新药生物利用度和生物等效性试验指导原则更新要点介绍.中国新药杂志（8）：932-935.

饶春明，2016.我国重组药物质量控制技术体系的建立和应用研究.中国药学杂志，51（13）：1057-1066.

饶春明，王军志，2015.2015年版《中国药典》生物技术药质量控制相关内容介绍.中国药学杂志，50（20）：1776-1781.

王军志，2017.生物技术药物研究开发和质量控制（第3版）.

Anurag R，Gail S，2012.Process Validation in Manufacturing of Biopharmaceuticals.3rd.Boca Raton：CRC

Press.

Bertolini L R，Meade H，Lazzarotto C R，Martins L T，Tavares K C，Bertolini M，Murray J D，2016. The transgenic animal platform for biopharmaceutical production. Transgenic Res，25 (3)：1-15.

Braeckman R，2012. Pharmacokinetics and Pharmacodynamics of Protein Therapeutics. In：Ronald ER ed Peptide and Protein Drug Analysis. New York：Marcel Dekker Press.

Cox T J S，2000. Molecular Biology in Medicine. Oxford Blackwell Science Limited.

Dempster A M，2000. Nonclinical safety evaluation of biotechnologically derived pharmaceuticals. Biotechno Annu Rev，5 (00)：221.

Dempster A M，2010. Pharmacological testing of recombinant human erythropoietin：Implications for other biotechnology products. Drug Dev Res，35 (3)：173-178.

EMA，2013a. Guidance for Industry：Bioequivalence Studies with Pharmacokinetic Endpoints for Drugs Submitted Under an ANDA.

EMA，2013b. Guidance for industry：bioanalytical method validation (draft).

EonDuval A，Broly H R G，2012. Quality attributes of recombinant therapeutic proteins：an assessment of impact on safety and efficacy as part of a quality by design development approach. Biotechnol Progr，28 (3).

Ermak G，2015. Emerging Medical Technologies. World Scientific.

Ezan E，2013. Pharmacokinetic studies of protein drugs：Past，present and future☆. Adv Drug Deliver Rev，65 (8)：1065-1073.

FDA，1976. Good Laboratory Practice For Non-clinical Laboratory Studies.

FDA，1997. Points to consider in the manufacure and testing of monoclonal antibody products for human use.

FDA，2001. Immunotoxicology Evaluation of Investigational new drugs.

FDA，2015. Recommendations for Microbial Vectors used for Gene Therapy.

Geigert J，2013. The Challenge of CMC Regulatory Compliance for Biopharmaceuticals and Other Biologics. Springer.

Glassman P M，Balthasar J P，2016. Physiologically-based pharmacokinetic modeling to predict the clinical pharmacokinetics of monoclonal antibodies. J Pharmacokinetics Phar，43 (4)：427-446.

Hinrichs M J M，Dixit R，2015. Antibody Drug Conjugates：Nonclinical Safety Considerations. Aaps J，17 (5)：1055-1064.

ICH，1997. Preclinical safety testing for biological products.

ICH，2005. S8：Immunotoxicity Studies for Human Pharmaceuticals.

Lan W，Yu C，Yang Y，Kai ，G，Wang J，2017. Development of a robust reporter gene assay to measure the bioactivity of anti-PD-1/anti-PD-L1 therapeutic antibodies. J Pharmaceut Biomed，145：447-453.

Larocque L，Bliu A，Xu R，Diress A，Wang J，Lin R，He R，Girard M，Li X，2015. Bioactivity Determination of Native and Variant Forms of Therapeutic Interferons. Biomed Res Int，2011 (6)：174615.

Michael S，Kelly R，2013. A comprehensiveguide to toxicology in preclinical drug development. London：Elsevier Inc.

OECD，1998. OECD Series on Principles of Good Laboratory Practice and Compliance Monitoring.

OECD，2010. Guideline for the Testing of Chemicals：Toxicokinetics.

Rathore A S，Winkle H，2009. Quality by design for biopharmaceuticals. Nat Biotechnol，27 (1)：26-34.

Remmele R L，Krishnan S，Callahan W J，2012. Development of stable lyophilized protein drug products. Curr Pharm Biotechno，13 (3)：471-496.

Shukla A A，Etzel M R，Gadam S，2007. Process Scale Bioseparations for the Biophamaceutical Industry. Springer.

Vargas H M，Amouzadeh H R，Engwall M J，2013. Nonclinical strategy considerations for safety pharmacology：evaluation of biopharmaceuticals. Expert Opin Drug Saf，12 (1)：91-102.

Vugmeyster Y，Frank P，Leslie T，Michael K，2012. Pharmacokinetics and toxicology of therapeutic proteins：

Advances and challenges. World J Biol Chem，3 (4)：73-92.

Wang L，Xu G L，Gao K，Wilkinson J，Zhang F，Yu L，Liu C Y，Yu C F，Wang W B，Li M，2016. Development of a robust reporter-based assay for the bioactivity determination of anti-VEGF therapeutic antibodies. J Pharmaceut Biomed，125：212-218.

WHO，1994. Good manufacturing practices for pharmaceutical products：main principles.

WHO，2010. Guidelines on Evaluation of Similar Biotherapeutic Products (SBPs).

WHO，2016. WHO Technical Report Series，No 999. 66threport WHO Expert Committee on Biological Standardization.

（姚朝阳　王　芳）

附录 中英文词汇表

中文词汇	英文词汇
A	
阿西尼亚扁刺蛾病毒	thosea asigna virus
艾杜糖醛酸-2-硫酸酯酶	iduronate-2-sulfatase,idursulfase
爱泼斯坦-巴尔病毒	epstein-Barr virus
B	
靶基因整合	targeting gene integration
白色念珠菌	*Monilia albican* (*Candida albicans*)
白色葡萄球菌	*Staphylococcus albus*
白细胞介素	interleukin
半峰宽	peak width at half-height
半乳糖基转移酶	galactosyltransferase
半数致死剂量	median lethal dose
胞苷单磷酸唾液酸	cytidine monophosphate-sialic acid
胞苷-磷酸-*N*-乙酰神经氨酸羟化酶	cytidine monophosphate-*N*-acetyl-neuraminic acid hydroxylase
胞嘧啶	cytosine
保留时间	retention time
杯状病毒科	caliciviridae
苯扎氯铵	benzalkonium chloride
必需氨基酸	essential amino acids
变性	denaturating
遍在染色质区域开放元件	ubiquitous chromatin region opening elements
标准偏差	standard deviation
表达序列标签	expressed sequencing tags
表达载体	expression vectors
表皮生长因子受体	epithelial growth factor receptor

续表

中文词汇	英文词汇
丙酸	propionic acid
丙酮酸脱氢酶激酶	pyruvate dehydrogenase kinase
病毒启动子	viral heterologous promoters
病毒侵入基因	viral entry genes
病毒外源因子检测	adventitious agent testing
补体依赖的细胞毒性	complement dependent cytotoxicity
哺乳动物西罗莫司靶蛋白	mammalian target of rapamycin
布尼亚病毒科	Bunyaviridae
Bcl-2-关联 X 蛋白	BAX
Bcl-2-拮抗物	BAK
C	
仓鼠幼肾细胞	baby hamster kidney
插入缺失	insertion deletion
差示热量扫描法	differential scanning calorimetry
超级核心启动子 1	super core promoter
穿梭载体	shuttle vector
传代	passage or subculture
次黄嘌呤	hypoxanthin
促红细胞生成素	erythropoietin
碳纳米管	carbon nanotube
重组人促红细胞生成素	recombinant human erthropoietin
重组人凝血因子Ⅷ	Kogenate
cDNA 文库	cDNA library
CMP-唾液酸合成酶	CMP-sialic acid synthetase
CMV 增强子/鸡 β-肌动蛋白启动子	CMV enhancer/chicken β-actin promoter
D	
大肠杆菌	*Escherichia coli*
大沟深度	major groove depth
大量的平行测序	massive parallel sequencing
代谢工程	metabolic engineering
单纯疱疹病毒	herpes simplex virus，HSV
单核苷酸多态性	single nucleotide polymorphisms
单碱基编辑	base editors
单克隆抗体	monoclonal antibodies，mAbs
弹状病毒科	rhabdoviridae
等电点	oisoelectric point
低温响应增强子	mild-cold responsive enhancer
低温诱导 RNA 结合蛋白	cold-inducible RNA-binding protein
典型分析	canonical analysis
电化学检测器	electrochemical detector，ECD
短串联重复序列	short tandem repeat
短发夹 RNAs	short hairpin RNAs
短干扰 RNA	short interfering RNA
多聚腺苷酸化	polyadenylation
多克隆位点	multiple cloning site
多元数据分析	Multivariate data analysis，MVDA
DMEM 培养基	dulbecco's modified Minimal Essential Medium

续表

中文词汇	英文词汇
DNA 重组技术	DNA recombinant technique
DNA 甲基转移酶	DNA acetyl-transferases
DNA 结合结构域	DNA binding domain
DNA 聚合酶	DNA polymerase
DNA 开放元件	DNA Opening Elements
DNA 连接酶	DNA ligase
DNA 双链断裂	double-strand breaks
E	
二甲基亚砜	dimethyl sulfoxide
二氢叶酸还原酶	dihydrofolate reductase
二维电泳	two-dimensional electrophoresis
二硝基甲苯-牛血清蛋白	dinitrophenyl-bovine serum
二氧杂环乙烷	dioxane
二乙胺	diethylamine
EB 病毒	epstein-barr virus
F	
发酵支原体	mycoplasma fermentans
发卡结构	hairpin
法布里病	fabry disease
翻译后修饰	post-translational modification
反式激活 RNA	trans-activating crRNA
反相色谱	reversed phase chromatography
反向的四环素激活蛋白	reverse tetracycline activator protein
反向末端重复	inverted terminal repeats
非靶向转基因整合	non-targeted transgene integration
非必需氨基酸	non-essential amino acids
非编码 RNAs	non-coding RNAs
非翻译区域	non-translation region,UTR
非劣效	non-inferiority
非同源末端连接修复	non-homologous End joining
分辨率	resolution
分级范围	fraction range
分离度	resolution
分泌型碱性磷酸酶	secreted alkaline phosphatase
分配系数	distribution coefficient
分子克隆	molecular cloning
弗林蛋白酶 2A 肽	Furin-2A
分子排阻色谱法	size-exclusion chromatography
辅助载体	helper vector
附着体载体	episome vector
副流感病毒 1/2/3	parainfluenza virus1/2/3
副黏液病毒科	paramyxoviridae
Fas 凋亡途径抑制剂分子	Fas apoptotic pathway inhibitor molecule,FAIM
G	
甘油醛-3-磷酸脱氢酶	glyceraldehyde-3-phosphate dehydrogenase
感染的多重性	multiplicity of infection
干扰素	interferon

续表

中文词汇	英文词汇
高保真的碱基编辑器	high-fidelity base editor
高尔基 α-甘露糖苷酶Ⅱ	golgi alphamannosidase Ⅱ
高甘露糖基化	hypermannosylation
高斯-塞德尔迭代法	Gauss-Seidel iterative method
高通量、全基因组易位测序	high-throughput，genome-wide translocation sequencing
高效液相色谱法	high performance liquid chromatograph
共济失调毛细血管扩张症 Rad3	ataxia telangiectasia and Rad3 related
共价结合的多糖链	GAGs
供体载体	donor vector
谷氨酰胺合成酶	glutamine synthetase
骨髓瘤细胞白血病 1	MCL1
广谱型启动子	dispersed core or broad type promoters
归巢核酸内切酶	homing endonuclease
规律成簇的间隔短回文重复	clustered regularly interspaced short palindromic repeats
国际细胞系认证委员会	Internationalcell line authentication committee
国际药品注册协调组织	International Conference on Harmonization of technical requirements for registration of pharmaceutical for human use
国家食品药品监督管理总局	China Food and Drug Administration
过表达蛋白质二硫键异构酶	overexpressed protein disulfide isomerase
GDP-6-脱氧-4-己酮酶还原酶	GDP-6-deoxy-d-lyxo-4-hexulose reductase
H	
海床黄杆菌	*Favobacterium okeanokoitesl*
合成内含子	synthetic intron
合成启动子	synthetic promoters
核定位信号	nucleus location signal
核骨架结合区	scaffold attachment regions
核基质附着区	matrix attachment regions
核糖核酸酶保护实验	ribonuclease protection assay
核糖体结合位点	ribosome binding site
核心启动子	core promoter
黑曲霉	*Aspergillus niger*
恒定洗脱法	isocratic elution
呼肠病毒科	reoviridae
呼肠孤病毒 1/2/3	reovirus 1/2/3
化脓性链球菌 Cas9	*Streptococcus pyogenes* Cas9
化学成分明确的培养基	chemically defined medium
3-*O*-磺基转移酶	HS3ST
J	
基础培养基	minimal essential medium
基体	matrix
基序	sequence motifs
基序十元件	motif ten element
基因本体	gene ontology
基因工程	genetic engineering
基因扩增	gene amplification
基因密码子适应指数	codon adaption index
基因枪	gene gun

续表

中文词汇	英文词汇
基因数量	gene content
基因治疗	gene therapy
基因组编辑技术	genome-editing technology
基因组编辑技术	genome-editing technology
基因组工程	genome engineering
基因组文库	genomic library
基因座控制区	locus control region
基质蛋白酶-1	matriptase-1
基质辅助激光解吸电离	matrix-assisted iaser desorption/ionization
集落刺激因子	colony stimulating factor
家畜流行病出血性疾病病毒	epizootic hemorrhagic disease virus
甲氨蝶呤	methotrexate
甲磺酸乙酯	ethyl methanesulfonate
甲硫氨酸亚砜亚胺	MSX
假病毒	pseudorabies virus
假单胞菌	pseudomonadaceae
间隔臂	spacer-arm
剪接位点	splice sites
碱基切除修复	base excision repair,BER
碱基未配对区模序	base uppairing regions
交替切向流过滤	alternative tangential filtration
酵母菌	yeast
接头	linker
介体	herpes virus entry mediator
近似致死剂量	approximate lethal dose
经济合作与发展组织	Organization for Economic Co-operation and Development
精氨酸支原体	Mycoplasmaarginini
巨细胞病毒	cytomegalovirus
聚苯乙烯	polystyrene,PS
聚合酶链反应	polymerase chain reaction
聚甲基丙烯酸-2-羟乙酯	PHEMA
聚焦核心型	focused core type
绝缘子	insulators
K	
卡希谷病毒	Cache Valley virus
开放阅读框	open reading frame,ORF
抗死亡受体-1	programmed death-1
抗体-药物偶联物	antibody-drug conjugates,ADC
抗体依赖细胞介导的细胞毒作用	antibody-dependent cell-mediated cytotoxicity
拷贝数变异	copy number variations
柯萨奇病毒 B-3	Coxsackie virus B-3
空斑试验	plaque assay
控制极限	UCL、LCL
口腔支原体	mycoplasma orale
口蹄疫病毒	foot-and-momh disease virus
枯草芽孢杆菌	*Bacillus subtilis*

续表

中文词汇	英文词汇
框架移位的插入或缺失	frame-shifting indels
L	
莱氏无胆甾原体	acholeplasma Laidlawii
蓝舌病病毒	bluetongue virus
朗伯-比尔定律	Lambert-Beer
劳斯肉瘤病毒	Rous sarcoma virus
劳斯肉瘤病毒启动子	Rous sarcoma virus promoter
类转录激活样效应蛋白	transcription-activator-like effector
类转录激活样效应因子核酸酶	transcription activator-like effector nuclease
累积基因开关	cumate gene-switches
累积基因整合系统	accumulative gene integration system
累积敏感的细菌操纵子序列	cumate-sensitive bacterial operon sequences
离子交换色谱	ion exchange chromatography
梨支原体	Mycoplasma pirum
理论塔板数	theoretical plate number
粒-巨噬细胞集落刺激因子	granulocyte-macrophage colony stimulating factor
磷酸缓冲盐溶液	phosphate buffer saline
磷酸肌醇 3-激酶	phosphoinositide 3-kinase
流穿	fow through
流感 A / B 病毒	influenza A/B virus
流式细胞术	flow cytometry
硫代转移酶，硫酸基转移酶	sulfotransferases
硫酸乙酰肝素	heparan sulfate
硫酸乙酰肝素氨基葡萄糖 *O*-磺基转移酶	heparan sulfate glucosamine *O*-sulfotransferases
M	
马鼻炎 A 病毒	equine rhinitis A virus
慢病毒载体	lentivirus vectors
毛霉菌	*Mucor* sp
毛细管等电聚焦电泳	capillary isoelectric focusing
毛细管凝胶电泳	capillary electrophoresis sodium dodecyl sulfate
酶联免疫吸附分析	enzyme-linked immunosorbent assay
美国典型培养物保藏中心	American Type Culture Collection
美国国立卫生研究院	National Institutes of Health
美国食品与药物管理局	US Food and Drug Administration
免疫球蛋白	immunoglobulin
目的基因	gene of interest
N	
脑心肌炎病毒	encephalomyocarditis virus
内部核糖体进入位点	internal ribosome entry site
内含子	intron
内源启动子	endogenous promoters
内质网	endoplasmic reticulum
逆转录 PCR	reverse transcription-PCR
逆转录病毒	retrovirus
尿嘧啶二磷酸-*N*-乙酰基葡萄糖 2-异构酶	uridine diphosphate-*N*-acetyl glucosamine 2-epimerase
尿嘧啶糖基化酶抑制子	uracil DNA glycosylase inhibitor

续表

中文词汇	英文词汇
凝胶过滤或分子筛色谱	gel filtration chromatography
牛痘宿主范围因子 CP77	cowpox host range factor CP77
牛海绵状脑病	novine spongiformous encephalopathy
牛呼吸道合胞体病毒	bovine respiratory syncytial virus
牛乳头瘤病毒	bovine papillomavirus
牛肾细胞	bovine kidney cell
Northern 印迹	northern blot
O	
欧洲标准细胞收藏中心	European Collection of Authenticated Cell Cultures
欧洲药品管理局	European Medicines Agency
P	
排阻极限	exclusion limit
疱疹病毒科	herpesviridae
培养基	medium
配位体	ligand
披膜病毒科	Togaviridae
偏爱密码子	referred codons
平板胶等电点聚焦电泳	isoelectric focusing
平分型乙酰氨基葡萄糖	bisecting *N*-acetylglucosamine GlcNAc
葡萄胺聚糖	glycosaminoglycan
PPLO 肉汤培养基	pleuropneumo-nia-like organisms broth base
Q	
启动子	promoter
起始区	initiator region
气升式生物反应器	Air-lift bioreactor
前间区序列邻近基序	protospacer adjacent motif
潜伏期	latent phase
N-羟乙酰神经氨酸	*N*-glycolylneuraminic acid
鞘氨醇单胞菌	*Sphingomonas* sp.
鞘氨醇单胞菌去乙酰化酶抑制剂	*Sphingomonas* sptrichostatin A
切向流过滤	tangential flow filtration, TFF
氢氘交换质谱	hydrogen deuterium exchange mass spectrometry
全柱成像毛细管等电聚焦电泳	capillaryiso-electric focusing electrophoresis-whole columnimaging detection
R	
染色体免疫共沉淀	chromatin immunoprecipitation
染色质免疫沉淀-测序	chromatin immunoprecipitation-sequencing
染色质相关阻遏因子	chromatin-associated repressor factors
热响应元件	heat-response elements
人巨细胞病毒主要早期增强子/启动子	human cytomegalovirus major immediate-early enhancer/promoter
人类泛素 C	human ubiquitin C
人类胚肾细胞 293	human embryonic kidney 293
人型支原体	Mycoplasma hominis
人延长因子-1α 启动子	human elongation factor-1α
人组织型纤溶酶原激活剂	human tissue plamnipen activator

续表

中文词汇	英文词汇
人表皮生长因子受体 2	human epidermal growth factor receptor 2
人绒毛膜促性腺激素	human chorionic gonadotrophin
人脐静脉内皮细胞	human umbilical vein endothelial cell
乳酸脱氢酶	lactate dehydrogenase
乳酸脱氢酶 A	lactate dehydrogenase A
RPMI 1640	Roswell Park Memorial Institute 1640
S	
腮腺炎病毒	mumps virus
塞姆利基森林病毒	Semliki Forest virus
十二烷基硫酸钠-聚丙烯酰胺凝胶电泳	Sodium dodecyl sulfate polyacrylamide gel electrophoresis
实时定量 PCR	real-time quantitative polymerase chain reaction
世界卫生组织	World Health Organization
受调控基因	regulation gene
双链断裂	double strand break，DSBs
水泡疹病毒 2117	Vesivirus 2117
水疱性口炎病毒	Vesicular stomatitis virus
睡美人	sleeping beauty
四环素	tetracycline
四氢叶酸	tetrahydrofolic Acid
松散 DNA	unwinding DNA
T	
胎牛血清	fetal bovine serum
肽 Fc 融合蛋白	dulaglutide
糖基磷脂酰肌醇	glyeosylphosphatidylinositol
体积灌注率	CSPR
体积生产率	volumetric productivity
体外培养	in vitro cultrue
体亚单位 C5 编码蛋白 VIIa 因子	C5-encoding proteinNovoSeven
贴附期	attachment phase
停滞期	stagnate phase
同源重组修复	homology directed repair
统计过程控制	statistical process control，SPC
土拨鼠肝炎转录后调控件	woodchuck hepatitis post-transcriptional regulatory element
退火	annealling
唾液酸蛋白	glycosylated and sialylated protein
TATA 结合蛋白-蛋白酶	TATA-binding protein-proteasomal subunit
W	
弯曲 DNA	curved DNA
弯曲角	bending angle
微环载体	minicircle vector
微小病毒科	parvoviridae
伪狂犬病病毒	pseudorabies virus
未折叠蛋白质反应	unfolded protein response
稳定抗阻遏元件	stabilizing anti-repressor elements
无蛋白无血清细胞培养基	protein free medium
无动物源培养基	animal component free medium
无缝克隆	seamless cloning/in-fusion coning

续表

中文词汇	英文词汇
无特殊病原体	specific pathogen free
无细胞蛋白质表达系统	cell-free protein synthesis system
无血清培养基	serum-free medium
Western 印迹	western blot
X	
细胞补料分批培养	fed-batch
细胞池	cell pool
细胞凋亡抑制剂	inhibitors of apoptosis
细胞丢弃率	CDR
细胞世代	cell generation
细胞特异性生产率	cell-specific productivity
细胞指数生长条件下	exponential growth conditions
细胞周期蛋白依赖性蛋白激酶	cyclin-dependent protein kinases
下游核心元件	downstream core element
下游启动子元件	downstream promoter element
纤维肉瘤细胞系 HT-1080	fibrosarcoma HT-1080
衔接子	adaptor
现行药品生产管理规范	Current Good Manufacture Practices
限定化学成分细胞培养基	chemical defined medium
限制性核酸内切酶	restriction endonuclease
限制性片段长度多态性	restriction fragment length polymorphism
腺病毒	adenovirus
腺病毒科	adenoviridae
腺病毒相关病毒	adeno-associated virus
腺病毒载体	adenovirus vector
响应变量	response variables
响应曲面法	response surface methodology
向导 RNA	single guide RNA
小 RNA 病毒科	Picornaviridae
小沟深度	minor groove width
小鼠磷酸甘油酸激酶 1	mouse phosphoglycerate kinase
小鼠微小病毒	mice minute virus
小鼠细小病毒	murine minute virus
辛德毕斯病毒	Sindbis virus
锌指蛋白结构域	zinc finger protein domain
锌指核酸酶	zinc finger nucleases
锌指基序	zinc finger motif
新分子实体	new molecular entities
新化学实体	new chemical entities
新生物实体	new biological entities
新型单碱基编辑器-腺嘌呤碱基编辑器	adenine base editors
新型启动子鉴定	identifying novel promoters
新药生产申请	new drug application
信号识别颗粒	signal recognition particle
信使 RNA	mRNA
胸苷	thymidine
选择标记	selection marker

续表

中文词汇	英文词汇
P-选择素糖蛋白配位体-1	P-selectin glycoprotein ligand-1
血管内皮生长因子	cascular endothelial growth factor
血管性假血友病因子	Von Willebrand factor
X 核心启动子元件 1	X core promoter element
Y	
烟曲霉	*Aspergillus funigatus*
延伸	extension
O-岩藻糖基化转移蛋白质酶	*O*-Fucosyltransferases
岩藻糖基化转移酶	fucosyltransferase
岩藻糖基化转移酶-8	fucosyltransferase 8
盐酸胍	guanidine-HCl
阳离子交换色谱	cation ex-change chromatography
氧传递速率	oxygen transfer rate,OTR
药品生产质量管理规范	Good Manufacturing Practices
药物非临床研究质量管理规范	Good Laboratory Practice
药物临床试验质量管理规范	Good Clinical Practice
伊米苷酶	imiglucerase
遗传工程	genetic engineering
N-乙醇基神经氨酸	*N*-glycolylneuraminic acid
乙二醇	ethylene glycol
N-乙酰半乳糖	*N*-acetylgalactosamine
N-乙酰葡萄糖胺	*N*-acetylglucosamine
N-乙酰神经氨酸	*N*-acetylneuraminicacid
乙型肝炎病毒	HBV
乙型肝炎病毒调节元件	hepatitis B virus regulatory element
异质核糖核蛋白 A2/B1-异染色质蛋白 1Hs-γ	heterogeneous nuclear ribonucleoprotein A2/B1-heterochromatin protein 1Hs-gamma
阴离子交换色谱	anion ex-change chromatography
荧光检测器	fluorophotometric detector
荧光素酶	luciferase
有丝分裂指数	mitotic index
诱导型启动子	inducible promoters
于利拉鲁肽	liraglutide
圆环病毒科	circoviridae
猿猴病毒 40 早期启动子	simian virus 40 early promoter
Z	
增强型绿色荧光蛋白	enhanced green fluorescent protein
增强子	enhancer
增强子-阻止子	enhancer-blockers
长末端重复序列	long terminal repeats
真核生物异源启动子	eukaryotic heterologous promoter
整体活细胞密度	integrated viable cell density
正交方法-差示热量扫描法	differential scanning calorimetry
正粘病毒科	orthomyxoviridae
指数增生期	logarithmic growth phase
致死剂量	lethal dose
中国仓鼠	Chinese hamster,*Cricetulus griseus*, *C. griseus*

续表

中文词汇	英文词汇
中国仓鼠卵巢	Chinese hamster ovary
中国仓鼠延长因子-1α启动子	Chinese hamster elongation factor-1α
肿瘤坏死因子	tumor necrosis factor
猪鼻支原体	Mycoplasma hyorhinis
猪环状病毒1	Porcine circovirus 1
猪特斯琴病毒-1	Porcine teschovirus
主成分分析	principal component analysis,PCA
主细胞库	master cell bank
转基因沉默	transgene silencing
转录后调控元件	post-transcriptional regulatory elements
转录起始位点	transcription starting site
转录起始位点核心	transcription starting site core
转录抑制性	transcriptionally repressive
转录因子	transcription factors
转录因子ⅡB上游识别元件	transcription factor ⅡB recognition element upstream
转录因子ⅡB下游识别元件	transcription factor ⅡB recognition element downstream
转录因子调控元件结合位点	transcription factor regulatory element binding sites
转座子	transposons
浊点萃取法	cloud point extraction
紫外检测器	ultraviolet detector
自主复制序列	autonomously replicating sequence
组成型基因	constitutive gene
组蛋白去乙酰化酶	Histone deacetylases
组织纤溶酶原激活剂	tissue plasminogen activator
组织型纤溶酶原激活剂	tissue-type plasminngen activator
最低熔解温度	the lowest melting temperature
最可能数法	most-probable-number method
最速上升法	steepest ascent